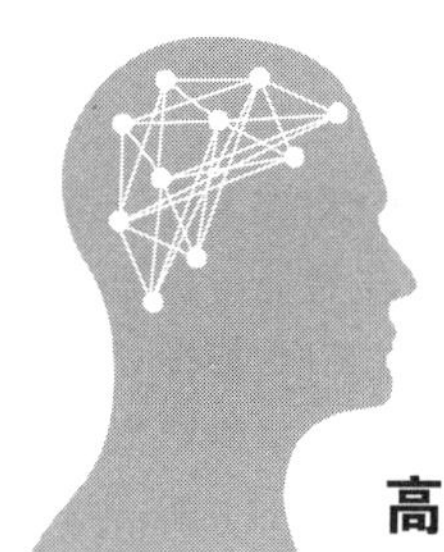

高等学校智能科学与技术/人工智能专业教材

机器学习

——基于腾讯云机器学习应用工程师认证（TCP）

李 然 主编

清华大学出版社
北京

内容简介

机器学习是人工智能的重要技术基础。本书涵盖了机器学习的基础知识，精选了机器学习常用算法，紧密结合腾讯云培训认证中心的机器学习应用工程师认证体系，主要包括人工智能与机器学习概念、数学基础、编程基础、数据结构与算法、分类算法、回归算法、无监督学习算法、数据获取、特征处理、模型选取与调优、模型评估等，并给出了基于腾讯 TI-ONE 平台的操作实例。全书深入浅出、案例丰富，兼具广度与深度，便于学生巩固学习，适合作为高等院校本科生或研究生机器学习、数据分析、数据挖掘等课程的教材，也可供对机器学习感兴趣并希望从事机器学习等领域相关工作的个人开发者阅读参考。

图书在版编目(CIP)数据

机器学习：基于腾讯云机器学习应用工程师认证(TCP)/李然主编. —北京：清华大学出版社，2021.11
高等学校智能科学与技术/人工智能专业教材
ISBN 978-7-302-58447-6

Ⅰ. ①机… Ⅱ. ①李… Ⅲ. ①机器学习 Ⅳ. ①TP181

中国版本图书馆 CIP 数据核字(2021)第 120640 号

责任编辑：谢 琛
封面设计：常雪影
责任校对：李建庄
责任印制：朱雨萌

出版发行：清华大学出版社
网　　址：http://www.tup.com.cn，http://www.wqbook.com
地　　址：北京清华大学学研大厦 A 座　　**邮　　编**：100084
社 总 机：010-62770175　　**邮　　购**：010-83470235
投稿与读者服务：010-62776969，c-service@tup.tsinghua.edu.cn
质量反馈：010-62772015，zhiliang@tup.tsinghua.edu.cn
课件下载：http://www.tup.com.cn，010-83470236
印 装 者：三河市龙大印装有限公司
经　　销：全国新华书店
开　　本：185mm×260mm　　**印　　张**：23.75　　**字　　数**：563 千字
版　　次：2021 年 11 月第 1 版　　**印　　次**：2021 年 11 月第 1 次印刷
定　　价：79.00 元

产品编号：088722-01

高等学校智能科学与技术/人工智能专业教材

编　委　会

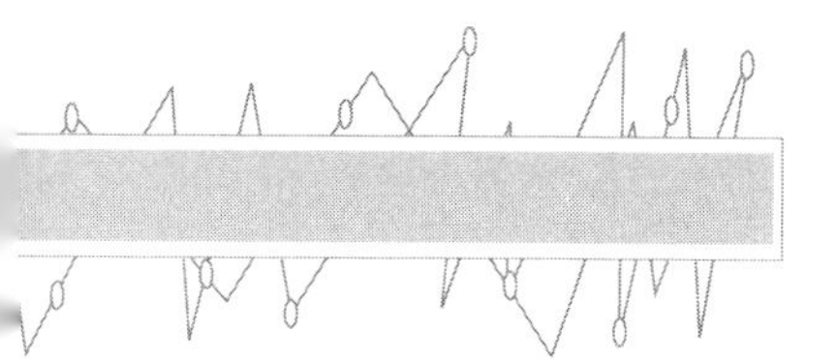

出版说明

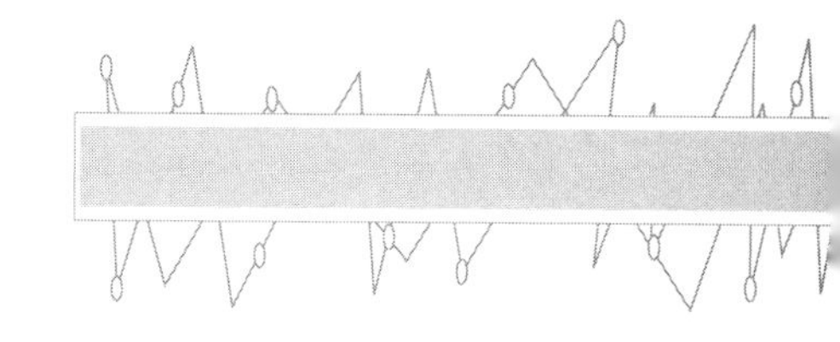

当今时代，以互联网、云计算、大数据、物联网、新一代器件、超级计算机等，特别是新一代人工智能为代表的信息技术飞速发展，正深刻地影响着我们的工作、学习与生活。

随着人工智能成为引领新一轮科技革命和产业变革的战略性技术，世界主要发达国家纷纷制定了人工智能国家发展计划。2017 年 7 月，国务院正式发布《新一代人工智能发展规划》（以下简称《规划》），将人工智能技术与产业的发展上升为国家重大发展战略。《规划》要求“牢牢把握人工智能发展的重大历史机遇，带动国家竞争力整体跃升和跨越式发展”，提出要“开展跨学科探索性研究”，并强调“完善人工智能领域学科布局，设立人工智能专业，推动人工智能领域一级学科建设”。

为贯彻落实《规划》，2018 年 4 月，教育部印发了《高等学校人工智能创新行动计划》，强调了“优化高校人工智能领域科技创新体系，完善人工智能领域人才培养体系”的重点任务，提出高校要不断推动人工智能与实体经济（产业）深度融合，鼓励建立人工智能学院/研究院，开展高层次人才培养。早在 2004 年，北京大学就率先设立了智能科学与技术本科专业。为了加快人工智能高层次人才培养，教育部又于 2018 年增设了“人工智能”本科专业。2020 年 2 月，教育部、国家发展改革委、财政部联合印发了《关于“双一流”建设高校促进学科融合，加快人工智能领域研究生培养的若干意见》的通知，提出依托“双一流”建设，深化人工智能内涵，构建基础理论人才与“人工智能＋X”复合型人才并重的培养体系，探索深度融合的学科建设和人才培养新模式，着力提升人工智能领域研究生培养水平，为我国抢占世界科技前沿，实现引领性原创成果的重大突破提供更加充分的人才支撑。至今，全国共有超过 400 所高校获批智能科学与技术或人工智能本科专业，我国正在建立人工智能类本科和研究生层次人才培养体系。

教材建设是人才培养体系工作的重要基础环节。近年来，为了满足智能专业的人才培养和教学需要，国内一些学者或高校教师在总结科研和教学成果的基础上编写了一系列教材，其中有些教材已成为该专业必选的优秀教材，在一定程度上缓解了专业人才培养对教材的需求，如由南京大学周志华教授编写、我社出版的《机器学习》就是其中的佼佼者。同时，我们应该看到，目前市场上的教材还不能完全满足智能专业的教学需要，突出的问题主要表现在内容比较陈旧，不能反映理论前沿、技术热点和产业应用与趋势等；缺乏系统性，基础教材多、专业教材少，理论教材多、技术或实践教材少。

为了满足智能专业人才培养和教学需要，编写反映最新理论与技术且系统化、系列化的教材势在必行。早在 2013 年，北京邮电大学钟义信教授就受邀担任第一届“全国高等学校智能科学与技术/人工智能专业规划教材编委会”主任，组织和指导教材的编写工作。2019年，第二届编委会成立，清华大学陆建华院士受邀担任编委会主任，全国各省市开设智能科学与技术/人工智能专业的院系负责人担任编委会成员，在第一届编委会的工作基础上继续开展工作。

编委会认真研讨了国内外高等院校智能科学与技术专业的教学体系和课程设置，制定了编委会工作简章、编写规则和注意事项，规划了核心课程和自选课程。经过编委会全体委员及专家的推荐和审定，本套丛书的作者应运而生，他们大多是在本专业领域有深厚造诣的骨干教师，同时从事一线教学工作，有丰富的教学经验和研究功底。

本套教材是我社针对智能科学与技术/人工智能专业策划的第一套规划教材，遵循以下编写原则：

(1) 智能科学技术/人工智能既具有十分深刻的基础科学特性(智能科学)，又具有极其广泛的应用技术特性(智能技术)。因此，本专业教材面向理科或工科，鼓励理工融通。

(2) 处理好本学科与其他学科的共生关系。要考虑智能科学与技术/人工智能与计算机、自动控制、电子信息等相关学科的关系问题，考虑把“互联网＋”与智能科学联系起来，体现新理念和新内容。

(3) 处理好国外和国内的关系。在教材的内容、案例、实验等方面，除了体现国外先进的研究成果，一定要体现我国科研人员在智能领域的创新和成果，优先出版具有自己特色的教材。

(4) 处理好理论学习与技能培养的关系。对理科学生，注重对思维方式的培养；对工科学生，注重对实践能力的培养。各有侧重。鼓励各校根据本校的智能专业特色编写教材。

(5) 根据新时代教学和学习的需要，在纸质教材的基础上融合多种形式的教学辅助材料。鼓励包括纸质教材、微课视频、案例库、试题库等教学资源的多形态、多媒质、多层次的立体化教材建设。

(6) 鉴于智能专业的特点和学科建设需求，鼓励高校教师联合编写，促进优质教材共建共享。鼓励校企合作教材编写，加速产学研深度融合。

本套教材具有以下出版特色：

(1) 体系结构完整，内容具有开放性和先进性，结构合理。

(2) 除满足智能科学与技术/人工智能专业的教学要求外，还能够满足计算机、自动化等相关专业对智能领域课程的教材需求。

(3) 既引进国外优秀教材，也鼓励我国作者编写原创教材，内容丰富，特点突出。

(4) 既有理论类教材，也有实践类教材，注重理论与实践相结合。

(5) 根据学科建设和教学需要，优先出版多媒体、融媒体的新形态教材。

(6) 紧跟科学技术的新发展，及时更新版本。

为了保证出版质量，满足教学需要，我们坚持成熟一本，出版一本的出版原则。在每本书的编写过程中，除作者积累的大量素材，还力求将智能科学与技术/人工智能领域的最新成果和成熟经验反映到教材中，本专业专家学者也反复提出宝贵意见和建议，进行审核定稿，以提高本套丛书的含金量。热切期望广大教师和科研工作者加入我们的队伍，并欢迎广大读者对本系列教材提出宝贵意见，以便我们不断改进策划、组织、编写与出版工作，为我国智能科学与技术/人工智能专业人才的培养做出更多的贡献。

联系方式是：

联系人：谢琛

联系电话：010-83470176

清华大学出版社

2020 年夏

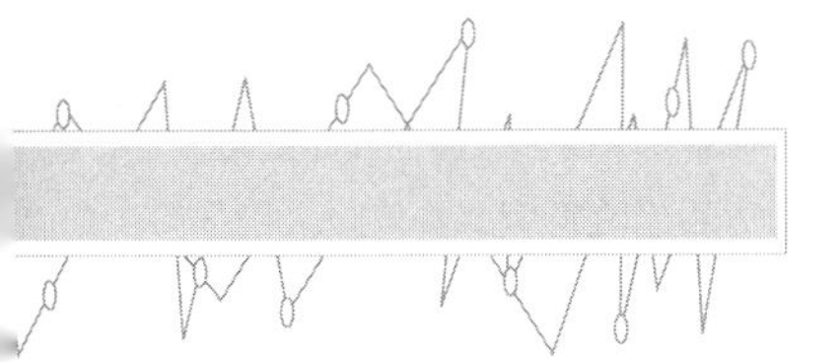

总　　序

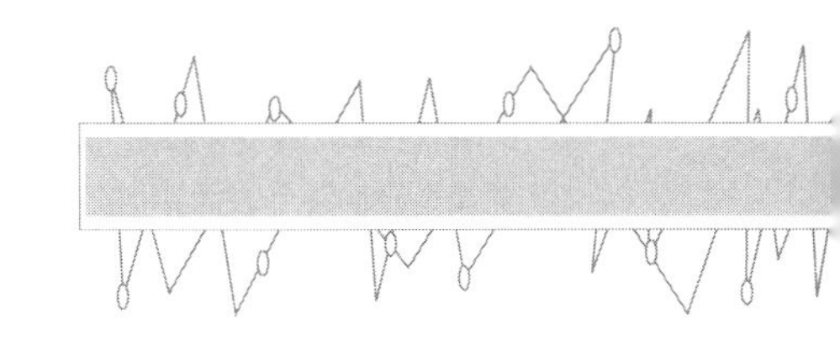

以智慧地球、智能驾驶、智慧城市为代表的人工智能技术与应用迎来了新的发展热潮，世界主要发达国家和我国都制定了人工智能国家发展计划，人工智能现已成为世界科技竞争新的制高点。另一方面，智能科技/人工智能的发展也面临新的挑战，首先是其理论基础有待进一步夯实，其次是其技术体系有待进一步完善。抓基础、抓教材、抓人才，稳妥推进智能科技的发展，已成为教育界、科技界的广泛共识。我国高校也积极行动、快速响应，陆续开设了智能科学与技术、人工智能、大数据等专业方向。截至2020年底，全国共有超过400所高校获批智能科学与技术或人工智能本科专业，面向人工智能的本、硕、博人才培养体系正在形成。

教材乃基础之基础。2013年10月，"全国高等学校智能科学与技术/人工智能专业规划教材"第一届编委会成立。编委会在深入分析我国智能科学与技术专业的教学计划和课程设置的基础上，重点规划了《机器智能》等核心课程教材。南京大学、西安电子科技大学、西安交通大学等高校陆续出版了人工智能专业教育培养体系、本科专业知识体系与课程设置等专著，为相关高校开展全方位、立体化的智能科技人才培养起到了示范作用。

2019年10月，第二届(本届)编委会成立。在第一届编委会教材规划工作的基础上，编委会通过对斯坦福大学、麻省理工学院、加州大学伯克利分校、卡内基·梅隆大学、牛津大学、剑桥大学、东京大学等国外高校和国内相关高校人工智能相关的课程和教材的跟踪调研，进一步丰富和完善了本套专业规划教材。同时，本届编委会继续推进专业知识结构和课程体系的研究及教材的出版工作，期望编写出更具创新性和专业性的系列教材。

智能科学技术正处在迅速发展和不断创新的阶段，其综合性和交叉性特征鲜明，因而其人才培养宜分层次、分类型，且要与时俱进。本套教材的规划既注重学科的交叉融合，又兼顾不同学校、不同类型人才培养的需要，既有强化理论基础的，也有强化应用实践的。编委会为此将系列教材分为基础理论、实验实践和创新应用三大类，并按照课程体系将其分为数学与物理基础课程、计算机与电子信息基础课程、专业基础课程、专业实验课程、专业选修课程和"智能＋"课程。该规划得到了相关专业的院校骨干教师的共识和积极响应，不少教师/学者也开始组织编写各具特色的专业课程教材。

编委会希望，本套教材的编写，在取材范围上要符合人才培养定位和课程要求，体现学科交叉融合；在内容上要强调体系性、开放性和前瞻性，并注重理论和实践的结合；在章节安排上要遵循知识体系逻辑及其认知规律；在叙述方式上要能激发读者兴趣，引导读者积极思考；在文字风格上要规范严谨，语言格调要力求亲和、清新、简练。

编委会相信，通过广大教师/学者的共同努力，编写好本套专业规划教材，可以更好地满足智能科学与技术/人工智能专业的教学需要，更高质量地培养智能科技专门人才。

饮水思源。在全国高校智能科学与技术/人工智能专业规划教材陆续出版之际，我们对为此做出贡献的有关单位、学术团体、老师/专家表示崇高的敬意和衷心的感谢。

感谢中国人工智能学会及其教育工作委员会对推动设立我国高校智能科学与技术本科专业所做的积极努力；感谢清华大学、北京大学、南京大学、西安电子科技大学、北京邮电大学、南开大学等高校，以及华为、百度、腾讯等企业为发展智能科学与技术/人工智能专业所做出的实实在在的贡献。

特别感谢清华大学出版社对本系列教材的编辑、出版、发行给予高度重视和大力支持。清华大学出版社主动与中国人工智能学会教育工作委员会开展合作，并组织和支持了该套专业规划教材的策划、编审委员会的组建和日常工作。

编委会真诚希望，本套规划教材的出版不仅对我国高校智能科学与技术/人工智能专业的学科建设和人才培养发挥积极的作用，还将对世界智能科学与技术的研究与教育做出积极的贡献。

另一方面，由于编委会对智能科学与技术的认识、认知的局限，本套系列教材难免存在错误和不足，恳切希望广大读者对本套教材存在的问题提出意见建议，帮助我们不断改进，不断完善。

高等学校智能科学与技术/人工智能专业教材编委会主任

2020 年 12 月

前　言

FOREWORD

近年来，随着大数据、智能芯片等技术的成熟，机器学习日益受到全社会的关注，在学术界与产业界都迎来了蓬勃发展。机器学习无疑是当今最炙手可热的领域，机器学习工程师、数据科学家和大数据工程师逐渐成为最为热门的新兴职业，相关企业都在寻求具备这些技能的人才。对于企业而言，权威认证可以帮助企业快速识别和鉴定人才；对于求职者个人，权威认证也可以作为求职者掌握相关技能及熟练度的认可，使个人技术综合能力得到有效评估。腾讯云机器学习应用工程师认证在业界具有很高的认可度，能够助力求职者在求职中获得成功。因此，一本基于腾讯云机器学习应用工程师认证的机器学习书籍将有助于学习者在获得机器学习知识的同时获得就职机会。

本书突出机器学习系统内容，精选机器学习常用算法，同时紧扣腾讯云机器学习专项认证知识点。主要内容包括两部分：基础知识和编程实践。本书首先讲述了机器学习常用算法的基本原理，并提供实际案例配合理解，深入浅出，兼具广度与深度。学习并深入理解这些精挑细选的算法后，读者能够了解基本的机器学习算法，使用适合的算法来解决实际问题。其次，本书使用腾讯的 TI-ONE 平台实现了常用的机器学习算法，读者能亲眼看见算法的工作过程和结果，加深对抽象公式和算法的理解，逐步掌握机器学习的原理和技能，拉近理论与实践的距离。最后，本书提供所有案例的源代码，读者可在清华大学出版社官网下载，以便快速掌握相关知识。

在本书编写过程中，大连海洋大学与腾讯公司、蓝鸥科技（大连）有限公司积极合作，探索校企协同育人新模式，内容选择既考虑到学习者基础知识的掌握，又兼顾企业对人才能力的需求，讲解了目前主要的机器学习知识，同时覆盖腾讯云机器学习专项认证知识点，书中的实例均使用腾讯的 TI-ONE 机器学习平台实现。

全书由李然、孔令花、黄璐、赵学达、郝学森、刘明剑、张红编写。李然任主编，孔令花、黄璐、赵学达任副主编。其中李然编写第 1 章、第 7 章及第 8 章；张红编写第 2 章的 2.1 节、2.3 节和 2.4 节；刘明剑编写第 3 章；黄璐编写第 4 章；赵学达编写第 2 章的 2.2 节，第 5 章的 5.1 节、5.2 节，孔令花编写第 5 章的 5.3 节～5.8 节；郝学森编写第 6 章。全书由李然统阅定稿，学生曹凯惠、王佳乐参与了部分程序调试。本书的出版也得到了清华大学出版社的大力支持，在此一并表示衷心的感谢。

由于作者水平有限，书中难免有不足之处，敬请读者批评指正。作者的邮箱是 liran@dlou.edu.cn。

作　者
于大连海洋大学
2021 年 8 月

目 录

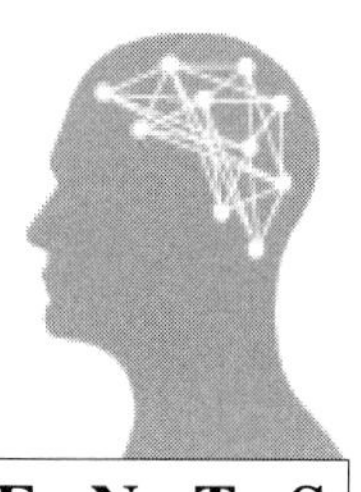

CONTENTS

目 录

目　录

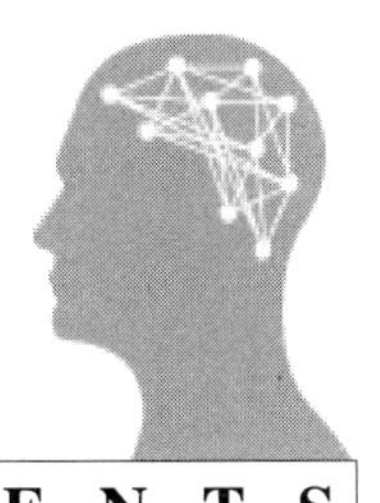

CONTENTS

目录

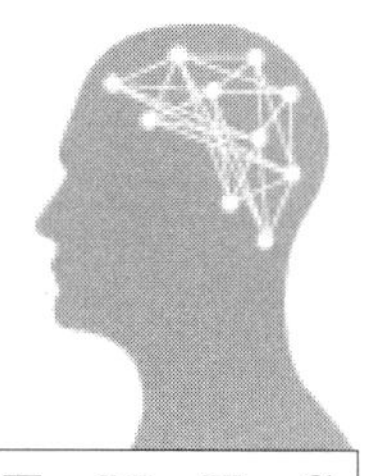

目 录 CONTENTS

CONTENTS 目录

第1章　人工智能与机器学习的概念

本章学习目标

- 了解人工智能的定义；
- 了解人工智能的历史；
- 了解人工智能的技术发展；
- 了解人工智能的应用领域；
- 了解机器学习的定义；
- 了解机器学习的历史；
- 了解机器学习的技术发展；
- 了解机器学习的应用领域。

1.1　人工智能的定义

智能机器是一种能够呈现出人类智能行为的机器。人工智能(Artificial Intelligence，AI)是计算机科学或智能科学的一个分支，亦称智械、机器智能，指由人制造出来的机器所表现出来的智能。人工智能是计算机科学、控制论、信息论、神经生理学、语言学等多种学科互相渗透而发展的一门学科，是研究、设计和应用智能机器或智能系统，来模拟人类智能活动的能力，以延伸人类智能的科学。通过人工智能，人们可实现判断、推理、证明、识别、感知、理解、通信、设计、思考、规划、学习和问题求解等思维活动的自动化。

人工智能企图了解智能的实质，并生产出一种新的能与人类智能相似的方式做出反应的智能机器，该领域的研究包括机器人、语言识别、图像识别、自然语言处理和专家系统等。人工智能从诞生以来，理论和技术日益成熟，应用领域也不断扩大，人工智能可以对人的意识、思维的信息过程进行模拟。可以设想，未来人工智能带来的科技产品将会是人类智慧的“容器”。人工智能不能等同于人的智能，而是能像人那样思考、也可能超过人的智能。

同时，人工智能也具有很强的实用价值。例如，繁重的科学和工程计算本来是需要人脑来承担的，如今计算机不但能完成这种计算，而且能够比人脑做得更快、更准确。因此，当代人已不再把这种计算看作是“需要人类智能才能完成的复杂任务”。可见，复杂工作的定义是随着时代的发展和技术的进步而变化的，人工智能这门科学的具体目标也自然随着时代的变化而发展。它一方面不断获得新的进展，另一方面又转向更有意义、更加困难的目标。

关于人工智能定义的详解，也可以分为两部分，即“人工”和“智能”。“人工”比较容易理

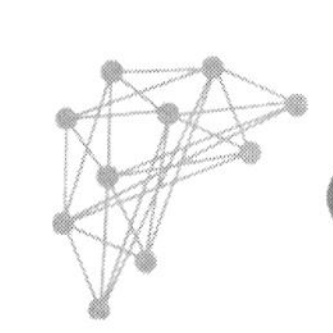

解,争议性也不大。关于什么是“智能”,则存在诸多问题。这涉及其他诸如意识(consciousness)、自我(self)、思维(mind)(包括无意识的思维(unconscious mind))等问题。人唯一了解的智能是人本身的智能,这是普遍认同的观点。但是人们对自身智能的理解都非常有限,对构成人的智能的必要元素也了解有限,所以就很难定义什么是“人工”制造的“智能”了。因此,人工智能的研究往往涉及对人的智能本身的研究,关于其他动物或其他人造系统的智能也普遍被认为是人工智能相关的研究课题。近年来,人工智能在计算机领域内得到了愈加广泛的重视,并在机器人、经济政治决策、控制系统、仿真系统中得到了应用。美国斯坦福大学的尼尔逊教授对人工智能下了这样一个定义:“人工智能是关于知识的学科——怎样表示知识以及怎样获得并使用知识的科学。”而美国麻省理工学院的温斯顿教授认为:“人工智能就是研究如何使计算机去做过去只有人才能做的智能工作的科学。”这些说法反映了人工智能学科的基本思想和基本内容,即人工智能是研究人类智能活动的规律,构造具有一定智能的人工系统,研究如何让计算机去完成以往需要人的智力才能胜任的工作,也就是研究如何应用计算机的软硬件来模拟人类某些智能行为的基本理论、方法和技术。20 世纪 70 年代以来人工智能被称为世界三大尖端技术(空间技术、能源技术、人工智能)之一,也被认为是 21 世纪三大尖端技术(基因工程、纳米科学、人工智能)之一。这是因为近 30 年来它获得了迅速的发展,在很多学科领域都获得了广泛应用,并取得了丰硕的成果。

1.2 人工智能的历史

人工智能技术传说可以追溯到古埃及,随着 1941 年后电子计算机的发展,已可以创造出机器智能。1956 年夏季,美国达特茅斯学院的麦卡锡邀请了 10 位相关领域专家讨论了两个月后,第一次正式使用了“人工智能”这个术语,标志着人工智能这门新兴学科的正式诞生。从那以后,研究者们发展了众多理论和原理,人工智能的概念也随之扩展。人工智能的发展比预想的要慢,但一直在前进,至今,已经出现了许多 AI 程序,它们也影响了其他技术的发展。

人工智能充满未知的探索,道路曲折起伏。如何描述人工智能自 1956 年以来的发展历程,学术界可谓仁者见仁、智者见智。现将人工智能的发展历程划分为以下 7 个阶段。

第一阶段——梦的开始期。1900 年—20 世纪 50 年代中期。1900 年,希尔伯特在数学家大会上庄严地向全世界数学家宣布了 23 道未解的难题。这 23 道难题中的第二个问题和第十个问题和人工智能密切相关,并最终促进了计算机的发明。这段时间关于人工智能发展的思想基础主要分为三点:第一点是人类追求用工具来替代人的脑力活动;第二点是世界上第一台机械式加法器研制成功,成为用工具代替人的部分脑力劳动的真正开端;第三点是 1915 年西班牙研制的能下国际象棋残局的机器,揭开了人类用机器进行推理的新篇章。这段时期的理论基础主要分为五点:第一点是 19 世纪英国数学家乔治·布尔建立布尔代数,提出用符号描述思维活动的基本法则,为数理逻辑打下了坚实的基础;第二点是 20 世纪中期英国数学家图灵提出了自动机(图灵机)理论,建立了理想计算机模型,圆满地刻画了机械化运算过程的含义,并最终为计算机的发明铺平了道路;第三点是 1948 年美国数学家维

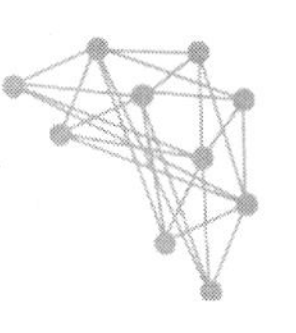

纳创立了控制论；第四点是 1948 年美国数学家香农创立了信息论；第五点是同期美籍奥地利生物学家贝塔朗菲建立了系统论。物质基础主要分为两点：第一点，1946 年美国数学家莫克利发明了世界上第一台通用电子计算机 ENIAC，1954 年，冯·诺依曼完成了早期的计算机 EDVAC 的设计，并提出了“冯·诺依曼体系结构”；第二点，美国神经生物学家 McCulloch 研制创建了神经网络模型，开创了微观 AI 研究工作，为 ANN 研究奠定了基础。物质基础使得用机器人代替部分脑力劳动有进一步实现的可能。

第二阶段——形成期。1956 年—20 世纪 70 年代中期。1956 年，在由麦卡锡、明斯基等科学家举办的“达特茅斯会议”上首次提出了“人工智能”这一概念，标志着人工智能学科的诞生，如图 1.1 所示。1956 年，纽厄尔和西蒙的“逻辑理论家”程序模拟了人们用数理逻辑证明定理时的思维规律。1956 年，乔姆斯基提出形式语言的理论。这种理论对计算机科学有着深刻的影响，特别是对程序设计语言的设计、编译方法和计算复杂性等方面有重大的作用。1958 年麦卡锡提出表处理语言 LISP，LISP 语言由一系列函数组成，各函数之间相互独立，程序与数据等价，可以把程序当数据处理，也可把数据当程序处理。目前 LISP 语言仍然是人工智能系统重要的程序设计语言和开发工具。1965 年，罗宾逊提出归结法，被认为是一个重大的突破，也为定理证明的研究带来了又一次高潮。1965 年，斯坦福大学的费根鲍姆和化学家勒德贝格合作研制化学分析专家系统 DENDRAL。1968 年，DENDRAL 系统研制成功。1972—1976 年，费根鲍姆成功开发医疗专家系统 MYCIN。

图 1.1　达特茅斯会议主要成员

第三阶段——反思发展期。20 世纪 70 年代中期—80 年代初期。人工智能发展初期的突破性进展大大提升了人们对人工智能的期望，高估了科学技术的发展速度。于是，人们开始尝试更具挑战性的任务，并提出了一些不切实际的研发目标。然而，接二连三的失败和预期目标的落空（如无法用机器证明两个连续函数之和还是连续函数、机器翻译闹出笑话等），使人工智能的发展走入低谷。1973 年，莱特希尔关于人工智能的报告拉开了人工智能寒冬的序幕。此后，科学界对人工智能进行了一轮深入的拷问，使 AI 遭受到严厉的批评和对其

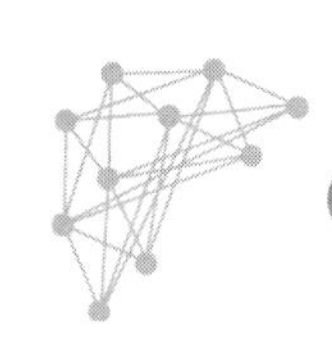

实际价值的质疑。随后,各国政府和机构也停止或减少了资金投入,人工智能在20世纪70年代陷入了第一次寒冬。计算能力有限、缺乏大量常识数据使人工智能的发展陷入瓶颈,特别是过分依赖于计算力和经验数据量的神经网络技术,长时间内没有取得实质性的进展。《感知器》一书的发表对神经网络技术产生了毁灭性的打击,后续十年内几乎没有人投入更进一步的研究。专家系统在这个时代开始起步,并开启了下一个时代。

第四阶段——应用发展期。20世纪80年代初期—80年代中期。20世纪70年代出现的专家系统可以模拟人类专家的知识和经验解决特定领域的问题,实现了人工智能从理论研究走向实际应用、从一般推理策略探讨转向运用专门知识的重大突破。专家系统在医疗、化学、地质等领域取得了成功,推动人工智能走入应用发展的新高潮。1980年卡内基梅隆大学(CMU)研发的XCON正式投入使用,这成了一个新时期的里程碑,也带动人工智能技术进入了一个繁荣阶段。沉寂10年之后,神经网络又有了新的研究进展,具有学习能力的神经网络算法的发现使得神经网络一路发展,在20世纪90年代开始商业化,被用于文字图像识别和语音识别。这一阶段的相关成就还有:1981年,日本宣布了第五代电子计算机的研制计划,其研制的计算机主要特征是具有智能接口,具有知识库管理、自动解决问题的能力,并在其他方面具有人的智能行为;1984年,莱斯利·瓦利安特(Leslie Valiant)将计算科学和数学领域的远见及认知理论与其他技术结合后,提出了可学习理论,开创了机器学习和通信的新时代。专家系统结构图如图1.2所示。

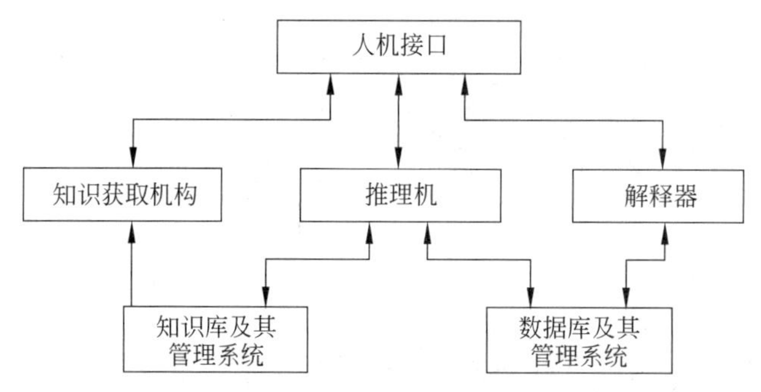

图1.2 专家系统结构图

第五阶段——低迷发展期。20世纪80年代中期—90年代中期。随着人工智能的应用规模不断扩大,专家系统存在的应用领域狭窄、缺乏常识性知识、知识获取困难、推理方法单一、缺乏分布式功能、难以与现有数据库兼容等问题逐渐暴露出来。人工智能领域当时主要使用约翰·麦卡锡的LISP编程语言,逐步发展的LISP机器被蓬勃发展的个人计算机击败,专用的LISP机器硬件销售市场严重崩溃,人工智能领域再一次进入寒冬。硬件市场的溃败和理论研究的迷茫,加上各国政府和机构纷纷停止向人工智能研究领域投入资金,导致了数年的低谷,但另一方面也取得了一些重要成就。1988年,美国科学家朱迪亚·皮尔将概率统计方法引入人工智能的推理过程中,这对后来人工智能的发展起到了重大影响。IBM公司的沃森研究中心把概率统计方法引入人工智能的语言处理中。1992年,李开复使用统计学的方法,设计开发了世界上第一个与扬声无关的连续语音识别程序。1989年,AT&T贝尔实验室的Yann LeCun和团队使用卷积神经网络技术,实现了用人工智能识别

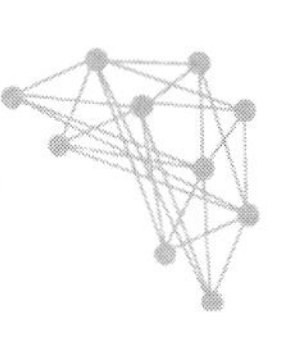

手写的邮政编码数字图像。

第六阶段——稳步发展期。20世纪90年代中期—2010年。网络技术，特别是互联网技术的发展，加速了人工智能的创新研究，促使人工智能技术进一步走向实用化。1995年，理查德·华莱士开发了新的聊天机器人程序Alice，它能够利用互联网不断增加自身的数据集，优化内容。1997年，IBM的计算机“深蓝”(Deep blue)战胜了人类世界象棋冠军卡斯帕罗夫。1997年，德国科学家霍克赖特和施米德赫伯提出了长短期记忆(LSTM)，这是一种今天仍被用于手写识别和语音识别的递归神经网络，对后来人工智能的研究有着深远影响。2004年，美国神经科学家杰夫·霍金斯在《人工智能的未来》一书中提出了全新的大脑记忆预测理论，指出了依照此理论如何去建造真正的智能机器，这本书对后来神经科学的深入研究产生了深刻的影响。2006年，杰弗里·辛顿出版了*Learning Multiple Layers of Representation*，奠定了后来神经网络的全新架构，至今仍然是人工智能深度学习的核心技术。2008年，IBM公司提出“智慧地球”的概念。以上都是这一时期的标志性事件。

第七阶段——蓬勃发展期。2011年至今。随着大数据、云计算、互联网、物联网等信息技术的发展，感知数据和图形处理器等计算平台推动以深度神经网络为代表的人工智能技术飞速发展，大幅跨越了科学与应用之间的技术鸿沟。其中，2012年，在ImageNet举办的视觉识别挑战赛上，多伦多大学的团队设计出了深度卷积神经网络算法。同年，加拿大神经学家团队创造了一个具备简单认知能力、有250万个模拟“神经元”的虚拟大脑，命名为Spaun，并通过了最基本的智商测试，如图1.3所示。2013年，深度学习算法被广泛运用在产品开发中，Facebook成立人工智能实验室，探索深度学习领域，借此为Facebook用户提供更智能化的产品体验；谷歌(Google)收购了语音和图像识别公司DNNResearch，推广深度学习平台；百度公司创立了深度学习研究院等。2014年，伊恩·古德费罗提出GANs生成对抗网络算法，这是一种用于无监督学习的人工智能算法，这种算法由生成网络和评估网络构成，很快被人工智能很多技术领域采用。2015年是人工智能突破之年，Google公司开源了利用大量数据直接就能训练计算机来完成任务的第二代机器学习平台TensorFlow；剑桥大学建立人工智能研究所等。2016年和2017年，Google发起了两场轰动世界的围棋人机

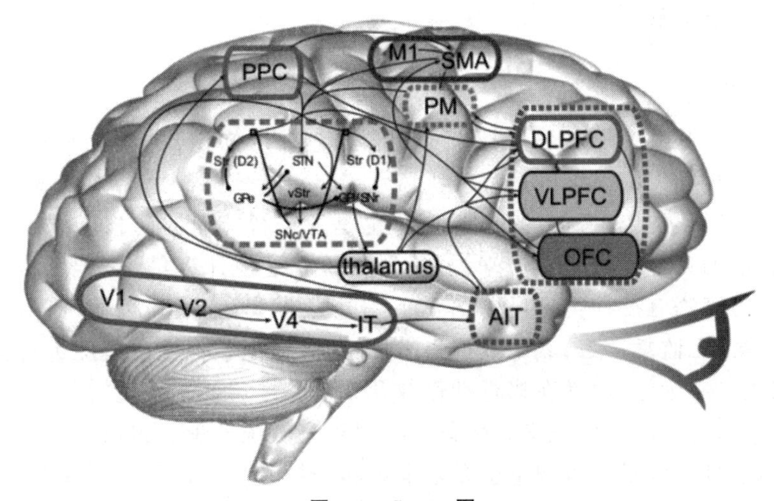

图1.3　Spaun图

之战,其人工智能程序 AlphaGo 连续战胜曾经的围棋世界冠军李世石,以及现任的围棋世界冠军柯洁,引起巨大轰动。语音识别、图像识别、无人驾驶等技术不断深入。

1.3 人工智能的技术发展

用来研究人工智能的主要物质基础以及能够实现人工智能技术平台的机器就是计算机,人工智能的发展历史是和计算机科学技术的发展史联系在一起的。除了计算机科学以外,人工智能还涉及信息论、控制论、自动化、仿生学、生物学、心理学、数理逻辑、语言学、医学和哲学等多门学科。人工智能技术包含专家系统、机器学习、机器视觉、机器人技术、自然语言处理、自动化、大数据、语音识别等。

1.3.1 专家系统

专家系统(expert system,ES)是一个智能计算机程序系统,其内部包含大量的某个领域专家水平的知识与经验,能够利用人类专家的知识和解决问题的方法来处理该领域问题。专家系统是人工智能领域最活跃和最广泛的领域之一,它实现了人工智能从理论研究走向实际应用、从一般推理策略探讨转向运用专门知识的重大突破。按照发展阶段的不同,可以将 ES 分为 5 个阶段:基于规则的、基于框架的、基于案例的、基于模型的、基于 Web 的。专家系统通常由人机交互界面、知识库、推理机、解释器、综合数据库、知识获取 6 部分构成,其中尤以知识库与推理机相互分离而别具特色。专家系统的体系结构随专家系统的类型、功能和规模的不同而有所差异。为了使计算机能运用专家的领域知识,必须要采用一定的方式表示知识。目前常用的知识表示方式有产生式规则、语义网络、框架、状态空间、逻辑模式、脚本、过程、面向对象等。基于规则的产生式系统是目前实现知识运用最基本的方法。产生式系统由综合数据库、知识库和推理机 3 个主要部分组成,综合数据库包含待求解问题在世界范围内的事实和断言。知识库包含所有用“如果:〈前提〉,于是:〈结果〉”形式表达的知识规则。推理机(又称规则解释器)的任务是运用控制策略找到可以应用的规则。

1.3.2 机器学习

机器学习(Machine Learning,ML)就是机器自己获取知识,机器学习的研究主要是研究人类学习的机理和人脑思维的过程。机器学习是继专家系统之后人工智能的又一重要应用领域,是使计算机具有智能的根本途径,也是人工智能研究的核心课题之一,它的应用遍及人工智能的各个领域。总体来说,机器学习就是使计算机不需要编程即可行动的科学。机器学习算法有三种类型:监督学习,其中数据集已标记,以便可以检测模式并用于标记新数据集;无监督学习,其中数据集未标记,并根据相似性或差异进行排序;强化学习,其中数据集没有标记,但是在执行动作或几个动作之后,AI 系统被给予反馈。机器学习是近 20 年兴起的一门多领域交叉学科,涉及概率论、统计学、逼近论、凸分析、算法复杂度理论等多门学科。机器学习理论主要是设计和分析一些让计算机可以自动“学习”的算法。机器学习算法是一类从数据中自动分析获得规律,并利用规律对未知数据进行预测

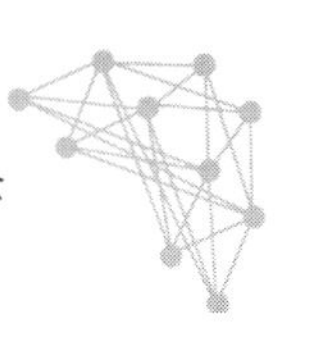

的算法。因为学习算法中涉及了大量的统计学理论，机器学习与统计推断学联系尤为密切，也被称为统计学习理论。算法设计方面，机器学习理论关注可以实现的，行之有效的学习算法。很多推论问题属于无程序可循的难度，所以部分的机器学习研究是开发容易处理的近似算法。

1.3.3　机器视觉

机器视觉就是用计算机模拟人眼的视觉功能，从图像或图像序列中提取信息，对客观世界的三维景物和物体进行形态和运动识别。机器视觉使用相机、模数转换和数字信号处理来捕获和分析视觉信息，常用于从签名识别到医学图像分析的各种应用中。它通常被用于和人类视力进行比较，但机器视觉不受生物学的约束，并且可以编程使之透视墙壁。专注基于机器的图像处理的计算机视觉通常与机器视觉相混淆。机器视觉系统是通过机器视觉产品将被摄取目标转换成图像信号，传送给专用的图像处理系统，得到被摄目标的形态信息，根据像素分布和亮度、颜色等信息，转变成数字化信号；图像系统对这些信号进行各种运算来抽取目标的特征，进而根据判别的结果来控制现场的设备动作。机器视觉是一项综合技术，包括图像处理、机械工程技术、控制、电光源照明、光学成像、传感器、模拟与数字视频技术、计算机软硬件技术（图像增强和分析算法、图像卡、I/O 卡等）。一个典型的机器视觉应用系统包括图像捕捉、光源系统、图像数字化模块、数字图像处理模块、智能判断决策模块和机械控制执行模块。机器视觉系统最基本的特点就是提高生产的灵活性和自动化程度。在一些不适于人工作业的危险工作环境或者人工视觉难以满足要求的场合，常用机器视觉来替代人工视觉。同时，在大批量重复性工业生产过程中，用机器视觉检测方法可以大大提高生产的效率和自动化程度。

1.3.4　机器人技术

机器人技术专注于机器人设计和制造的工程领域。机器人是一种靠自身动力和控制能力来实现各种功能的机器。联合国标准化组织采纳了美国机器人协会给机器人下的定义："一种可编程和多功能的操作机；或是为了执行不同的任务而具有可用计算机改变和可编程动作的专门系统。"机器人能为人类带来许多方便，通常用于执行人类难以执行或执行起来较为单调重复的任务，是高级整合控制论、机械电子、计算机、材料和仿生学的产物，在工业、医学、农业、建筑业甚至军事等领域中均有重要用途。最近，研究人员正在使用机器学习来构建可以在社交环境中进行交互的机器人。

1.3.5　自然语言处理

自然语言处理是通过计算机程序处理人类语言而非计算机语言，是所有与自然语言的计算机处理有关的技术的统称，是计算机科学、人工智能、语言学在计算机和人类（自然）语言之间相互作用的领域。人们长期以来所追求的便是用自然语言与计算机进行通信。因为它既有明显的实际意义，同时也有重要的理论意义：人们可以用自己最习惯的语言来使用计算机，而无须再花大量的时间和精力去学习不习惯的各种计算机语言；人们也可通过与计算机通信进一步了解人类的语言能力和智能的机制。但是实现人机间自然语言通信意味着要使计算机既能理解自然语言文本的意义,也能以自然语言文本来表达给定的意图、思想等。前者称为自然语言理解,后者称为自然语言生成。因此,自然语言处理大体包括了自然语言理解和自然语言生成两部分。无论实现自然语言理解,还是自然语言生成,都远不如人们原来想象的那么简单。从现有的理论和技术现状看,通用的、高质量的自然语言处理系统仍然是科学家们较长期的努力目标,但是针对一定应用,具有相当自然语言处理能力的实用系统已经出现,有些已商品化,甚至开始产业化。

1.3.6 自动化

自动化的概念是一个动态发展过程。过去,人们对自动化的理解主要是以机械的动作代替人力操作,自动地完成特定的作业。这实质上是自动化代替人的体力劳动的观点。后来随着电子和信息技术的发展,特别是随着计算机的出现和广泛应用,自动化的概念已扩展为用机器(包括计算机),不仅代替人的体力劳动,而且还代替或辅助脑力劳动,以自动地完成特定的作业。自动化是一门涉及学科较多、应用广泛的综合性科学技术。作为一个系统工程,它由5个单元——程序单元、作用单元、传感单元、制定单元、控制单元组成。

1.3.7 大数据

关于大数据,麦肯锡全球研究所给出的定义是:一种规模大到在获取、存储、管理、分析方面大大超出了传统数据库软件工具能力范围的数据集合,具有海量的数据规模、快速的数据流转、多样的数据类型和价值密度低这四大特征。大数据技术的战略意义不在于掌握庞大的数据信息,而在于对这些含有意义的数据进行专业化处理。如果把大数据比作一种产业,那么这种产业实现盈利的关键在于提高对数据的"加工能力",通过"加工"实现数据的"增值"。大数据分析常和云计算联系到一起,因为实时的大型数据集分析需要像MapReduce一样的框架来向数十、数百或甚至数千的计算机分配工作。大数据需要特殊的技术,以有效地处理大量时间内生成的数据。适用于大数据的技术包括大规模并行处理(MPP)数据库、数据挖掘、分布式文件系统、分布式数据库、云计算平台、互联网和可扩展的存储系统。

1.3.8 语音识别技术

语音识别技术也被称为自动语音识别(Automatic Speech Recognition,ASR),其目标是将人类的语音中的词汇内容转换为计算机可读的输入,如按键、二进制编码或者字符序列。与说话人识别及说话人确认不同,后者尝试识别或确认发出语音的说话人而非其中所包含的词汇内容。同时语音识别也是涉及心理学、生理学、声学、语言学、信息理论、信号处理、计算机科学、模式识别等多个学科的交叉学科,具有广阔的应用前景,如语音检索、命令控制、自动客户服务、机器自动翻译等。当今信息社会的高速发展迫切需要性能优越的、能满足各种不同需求的自动语音识别技术。

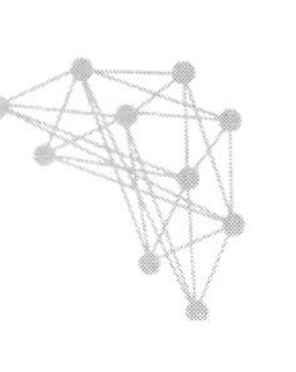

1.4　人工智能的应用领域

当今社会，人工智能的应用十分广泛。人工智能在现阶段已经可以很好地推动各行各业的发展，人工智能的机器思维也可用来帮助当下的人们完成一些操作上比较复杂的任务。人工智能的应用领域还可以随着社会经济的发展不断推进，能够对人类社会产生非常积极的影响。人工智能的应用领域包括智能金融、智能农业、智能教育、智能娱乐、卫生领域、智慧城市等。

1. 智能金融

2017 年 6 月 20 日，百度公司与中国农业银行在北京签署战略合作协议，百度公司董事长兼首席执行官李彦宏提出"智能金融"概念。智能金融（Ai Fintech）即人工智能与金融的全面融合，以人工智能、大数据、云计算、区块链等高新科技为核心要素，全面赋能金融机构，提升金融机构的服务效率，拓展金融服务的广度和深度，使得全社会都能获得平等、高效、专业的金融服务，实现金融服务的智能化、个性化、定制化。"智能金融"基于不断成熟的人工智能技术在金融领域的应用，逐渐获得金融行业的认同。在"智能金融"概念被提及的背景之下，业界认为，中国农业银行与百度公司通过 AI Fintech 的联合创新，将推动银行业进入智能金融时代。

2. 智能农业

智能农业（或称工厂化农业）是指在相对可控的环境条件下，采用工业化生产，实现集约高效可持续发展的现代超前农业生产方式，是农业先进设施与陆地相配套、具有高度的技术规范和高效益的集约化规模经营的生产方式。它集科研、生产、加工、销售于一体，实现周年性、全天候、反季节的企业化规模生产；它集成现代生物技术、农业工程、农用新材料等学科，以现代化农业设施为依托，科技含量高，产品附加值高，土地产出率高和劳动生产率高，是我国农业新技术革命的跨世纪工程。智能农业生产可通过实时采集温室内温度、土壤温度、CO_2 浓度、光照、叶面湿度、露点温度等环境参数，自动开启或者关闭指定设备。可以根据用户需求，随时进行处理，为设施农业综合生态信息自动监测、对环境进行自动控制和智能化管理提供科学依据。

智能农业还包括智能粮库系统，该系统通过将粮库内温湿度变化的感知与计算机或手机的连接进行实时观察，记录现场情况以保证量粮库的温湿度平衡。

智慧农业是推动城乡发展一体化的战略引擎。传统农业生产活动中的浇水灌溉、施肥、打药过程，农民全凭经验和感觉来完成。而应用物联网，诸如瓜果蔬菜的浇水、施肥、打药过程中怎样保持精确的浓度，如何实行按需供给等一系列作物在不同生长周期曾被"模糊"处理的问题，都有信息化智能监控系统实时定量精确把关，农民只需按动开关，做出选择，或是完全听"指令"，就能种好菜、养好花。从传统农业到现代农业转变的过程中，农业信息化的发展大致经历了计算机农业、数字农业、精准农业和智慧农业 4 个过程。

3. 智能家居

智能家居是在互联网影响之下物联化的体现。智能家居通过物联网技术将家中的各种设备（如音视频设备、照明系统、窗帘控制、空调控制、安防系统、数字影院系统、影音服

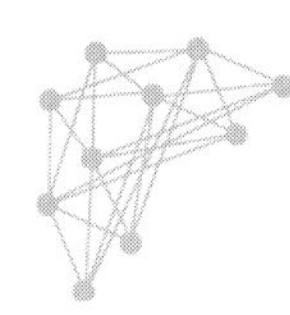

务器、影柜系统、网络家电等)连接到一起,提供家电控制、照明控制、电话远程控制、室内外遥控、防盗报警、环境监测、暖通控制、红外转发以及可编程定时控制等多种功能和手段。与普通家居相比,智能家居不仅具有传统的居住功能,还兼备建筑、网络通信、信息家电、设备自动化,提供全方位的信息交互功能,甚至为各种能源费用节约资金。智能家居的概念起源很早,但一直未有具体的建筑案例出现,直到1984年美国联合科技公司(United Technologies Building System)将建筑设备信息化、整合化概念应用于美国康涅狄格州哈特佛市的都市办公大楼时,才出现了首栋"智能型建筑",从此揭开了全世界争相建造智能家居的序幕。

4. 卫生领域

人工智能主要应用在卫生领域的院前管理、院中诊疗、院后康复、临床科研、药物研发、行业管理这几个主要方面。以下为几个方面的详细介绍。

(1) 院前管理:主要目的在于提高整体健康水平,减小大病、大规模疾病爆发的概率,人工智能的加入可以突破这一领域的人力资源障碍,如全科医生、护士的缺乏,可以提供相应的健康管理与风险预测。健康管理主要涉及个性化、泛在化的健康管理服务,包括智能化的可穿戴、生物兼容的生理监测系统,其服务内容与互联网医疗有一定的交叉。风险预测主要包括对个人健康风险的预测,对临床医生诊断、检验检查、治疗流程的风险监控与辅助决策,以及对公共卫生事件预警的相关应用。

(2) 院中诊疗:当前人工智能与健康医疗结合的热门领域,其融合了自然语言处理、认知技术、自动推理、机器学习等人工智能技术,提供了快速、高效、精准的医学诊断结果和个性化治疗方案。人工智能在诊疗中的核心作用是使医生提升其诊疗效率和水平,最终决策权依然在医生。辅助诊疗主要包含3部分:智能影像,临床辅助决策,手术机器人。智能影像这部分研究范围为"大影像",涉及领域包含但不限于放射影像、病理影像、内窥镜成像等;临床辅助决策这部分主要涉及人机协同临床智能诊疗方案及智能多学科会诊,以及临床医学信息结构化、精准化展示;手术机器人主要指人机协同的手术机器人。

(3) 院后康复:广义的院后康复既包括需要借助器械的功能康复,也涵盖出院患者的依从性管理,其关键在治疗与康复体系的衔接,以及患者和医生、康复师的配合。人工智能+院后康复可以通过软硬结合的方式呈现,即通过虚拟助理应用结合人工智能+康复器械(康复机器人)来实现。康复机器人是指智能辅助肢体功能性损伤康复的智能器械,与机器人外骨骼、脑机接口、虚拟现实等技术存在交叉。虚拟助理主要指协助医生开展院后随访,或协助制订康复方案的语音交互类人工智能应用。

(4) 临床科研:当前医学技术的发展面临的主要挑战之一是科研向临床转化的速度较为滞后。临床医学科研(临床科研),指以疾病的诊断、治疗、预后、病因和预防为主要研究内容,以患者为主要研究对象,以医疗服务机构为主要研究基地,由多学科人员共同参与组织实施的科学研究活动,目的在于认识疾病的本质,并进行有效防治,达到保障人类健康和促进社会进步的目的。人工智能技术加速了临床科研,包含疾病病因和治疗方案研究、临床研究信息汇总与分析、临床试验匹配。

(5) 药物研发:药物研发人员需要对各种不同的化合物及化学物质进行测试,这个试验过程中的错误尝试耗费了太多的时间和金钱。由于不断试错的成本太高,越来越多的药物

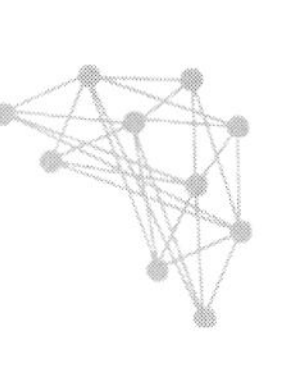

开发厂商开始转向计算机和人工智能，希望利用这种技术来缩小潜在药物分子的范围，从而节省后续测试的时间和金钱。目前人工智能辅助药物研发主要被应用于三大医学领域：抗肿瘤药、心血管药、孤儿药及经济欠发达地区常见传染病药。

(6) 行业管理：主要包含智慧医院管理以及智能行业监管。智慧医院管理主要包括利用人工智能开展精细化医院管理及流程优化的应用。智能行业监管主要指协助监管部门开展医疗服务质量、医药流通、医保费用等方面监管的应用。

5. 智慧城市

智慧城市简单来说就是将感应器装备到城市物体中，在物物相连的基础上，利用云计算、超级计算机对其进行整合、优化，从而实现物理世界和社会的有效结合。人工智能主要应用在智慧城市的城区空气质量监测、安防、交通、旅游、智能超市、智能电子商务这几个主要方面。以下分几个方面详细介绍。

(1) 城区空气质量监测：将城区划分成网格，从每个网格区域提取属性如气象数据、交通实况数据、人口流动数据、POI数据、路网数据等。同时针对每种程度污染进行建模，提出Co-training-based半监督学习模型，预测AQI值(区间)。

(2) 安防：有专家认为，智慧城市的刚性标准是摄像头的数量，实现智慧城市需要更多具备人脸识别功能的摄像头。如人们熟知的在演唱会上抓获多名逃犯，其背后智能安防系统的完善起到很重要的作用。不仅如此，智能门禁、智能监控等系统也越来越普及，在技术的不断创新升级中，人工智能改变着安防行业，使人们能够处在更加舒适安全的环境中，为人们的生活提供一份舒适与安心。

(3) 交通：人工智能在交通方面的应用也是非常广泛的，在山东济南、江苏宿迁等地，针对行人"闯红灯"的现象上岗了一批"电子警察"，能对闯红灯人员进行面部识别并抓拍，通过路边大屏实时曝光，这一举措大幅降低了闯红灯的人数，既保护了群众的生命财产安全也遏制了闯红灯的现象。不仅如此，越来越多的城市开始依靠科技手段来解决日益严重的交通拥堵问题，人工智能在缓解交通拥堵、改善城市交通秩序等方面也发挥着重大的作用。

(4) 智能超市：人工智能可以对消费者行为进行预测，预测目标为探索消费者购物行为，实现超市科学布局，优化商品货架摆放，为营销策划提供决策支持，如提供超市春节促销方案。

(5) 智能电子商务：主要包含智能客服机器人、推荐引擎、图片搜索、库存智能预测、智能分拣、用户画像等。智能客服机器人涉及机器学习、大数据、自然语言处理、语义分析和理解等多项人工智能技术，其主要功能是自动回复顾客问题，消费者可以通过文字、图片、语音与机器人进行交流。智能客服机器人可以有效降低人工成本、优化用户体验、提升服务质量、最大程度挽回夜间流量，以及帮助客服解决重复咨询问题。推荐引擎是建立在算法框架基础之上的一套完整的推荐系统。利用人工智能算法可以实现海量数据集的深度学习，分析消费者的行为，并且预测哪些产品可能会吸引消费者，从而为他们推荐商品，这有效降低了消费者的选择成本。

1.5 机器学习概述

1.5.1 什么是机器学习

机器学习研究的是计算机怎样模拟人类的学习行为,以获取新的知识或技能,并重新组织已有的知识结构使之不断改善自身。机器学习是一门多学科交叉专业,涵盖概率论知识、统计学知识、近似理论知识和复杂算法知识,使用计算机作为工具并致力于真实且实时地模拟人类学习方式,并将现有内容进行知识结构划分,有效提高学习效率。

机器学习有以下 3 种定义。

(1) 机器学习是一门人工智能的科学,该领域的主要研究对象是人工智能,特别是如何在经验学习中改善具体算法的性能。

(2) 机器学习是对能通过经验自动改进的计算机算法的研究。

(3) 机器学习是用数据或以往的经验,来优化计算机程序的性能标准。

1.5.2 机器学习的发展历程

机器学习实际上已经历了几十年发展,广义上也可以认为存在了几个世纪。17 世纪,贝叶斯、拉普拉斯关于最小二乘法的推导和马尔可夫链构成了机器学习广泛使用的工具和基础理论。1950 年(艾伦·图灵提议建立一个学习机器)到 21 世纪初(有深度学习的实际应用以及最近的进展,比如 2012 年的 Alex Net),机器学习有了很大的进展。

从 20 世纪 50 年代人们开始研究机器学习以来,不同时期的研究途径和目标并不相同,可以将机器学习的发展历程简单划分为 4 个阶段,如图 1.4 所示。

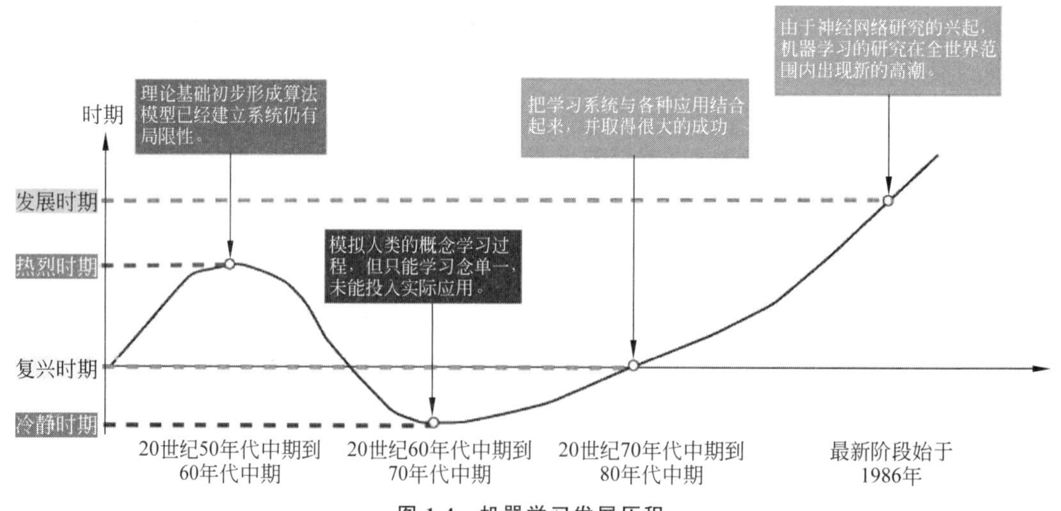

图 1.4 机器学习发展历程

第一阶段从 20 世纪 50 年代中期到 60 年代中期,这个时期主要研究"有无知识的学习",主要通过对机器的环境及其相应性能参数的改变来检测系统所反馈的数据,就如同给系统一个程序,通过改变它们的自由空间作用,系统将会受到程序的影响而改变自身的组

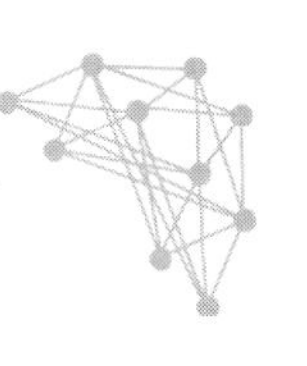

织，最后这个系统将会选择一个最优的环境生存。在这个时期最具有代表性的研究就是 Samuel 的下棋程序。但这种机器学习的方法还远远不能满足人类的需要。

第二阶段从 20 世纪 60 年代中期到 70 年代中期，这个时期主要研究将各个领域的知识植入系统中，本阶段的目的是通过机器模拟人类学习的过程。这一时期还采用了图结构及其逻辑结构方面的知识进行系统描述，在这一研究阶段主要用各种符号表示了机器语言。研究人员在进行实验时意识到学习是一个长期的过程，因此研究人员将各专家学者的知识加入到系统中，经过实践证明这种方法能够取得一定的成效。

第三阶段从 20 世纪 70 年代中期到 80 年代中期，称为复兴时期。在此期间，人们从学习单个概念扩展到学习多个概念，探索不同的学习策略和学习方法，且在本阶段已开始把学习系统与各种应用结合起来，并取得了很大的成功。同时，专家系统在知识获取方面的需求也极大地刺激了机器学习的研究和发展。在出现第一个专家学习系统之后，示例归纳学习系统成为了研究的主流，自动知识获取成为机器学习应用的研究目标。1980 年美国卡内基梅隆(CMU)大学召开的第一届机器学习国际研讨会标志着机器学习研究已在全世界兴起。此后，机器学习开始得到了大量的应用。1984 年，Simon 等 20 余位人工智能专家共同撰文编写的《机器学习文集》第二卷出版，显示出机器学习突飞猛进的发展趋势。这一阶段代表性的工作有 Mostow 的指导式学习、Lenat 的数学概念发现程序、Langley 的 BACON 程序及其改进程序。

第四阶段为 20 世纪 80 年代中期至今，是机器学习的最新阶段。这个时期的机器学习具有如下特点：

(1) 机器学习已成为新的学科，它综合了心理学、生物学、神经生理学、数学、自动化和计算机科学等学科形成了机器学习理论基础；

(2) 融合了各种学习方法，且形式多样的集成学习系统研究正在兴起；

(3) 机器学习与人工智能各种基础问题的统一性观点正在形成；

(4) 各种学习方法的应用范围不断扩大，部分应用研究成果已转化为产品；

(5) 与机器学习有关的学术活动空前活跃。

机器学习的各阶段发展历程列表如表 1.1 所示。

表 1.1 机器学习各阶段发展历程

时间段	机器学习理论	代表性成果
20 世纪 50 年代初期	人工智能研究处于推理期	A. Newell 和 H. Simon 的“逻辑理论家”(Logic Theorist)程序(LT 系统)证明了数学原理，以及此后的“通用问题求解”(General Problem Solving)程序
	已出现机器学习的相关研究	1952 年，Samuel 在 IBM 公司研制了一个西洋跳棋程序，这是人工智能下棋问题的由来
20 世纪 50 年代中后期	开始出现基于神经网络的“连接主义”(Connectionism)学习	F. Rosenblatt 提出了感知机(Perceptron)，但该感知机只能处理线性分类问题，无法处理“异或”逻辑。B. Widrow 提出 Adaline

续表

时间段	机器学习理论	代表性成果
20 世纪 60 年代—20 世纪 70 年代	基于逻辑表示的“符号主义”(Symbolism)学习技术蓬勃发展	P. Winston 的结构学习系统,R. S. Michalski 的基于逻辑的归纳学习系统,以及 E. B. Hunt 的概念学习系统
	以决策理论为基础的学习技术	
	强化学习技术	N. J.Nilson 的“学习机器”
	统计学习理论的一些奠基性成果	支持向量,VC 维,结构风险最小化原则
20 世纪 80 年代至 90 年代中期	机械学习(死记硬背式学习) 示教学习(从指令中学习) 类比学习(通过观察和发现学习) 归纳学习(从样例中学习)	学习方式分类
	从样例中学习的主流技术之一: (1) 符号主义学习 (2) 基于逻辑的学习	(1) 决策树(decision tree)。 (2) 归纳逻辑程序设计(Inductive Logic Programming, ILP)具有很强的知识表示能力,可以较容易地表达出复杂的数据关系,但会导致学习过程面临的假设空间太大,复杂度极高,因此,问题规模稍大就难以有效地进行学习
	从样例中学习的主流技术之二:基于神经网络的连接主义学习	1983 年,J. J. Hopfield 利用神经网络求解“流动推销员问题”这个 NP 难题。1986 年,D. E. Rumelhart 等人重新发明了 BP 算法,BP 算法一直是被应用最广泛的机器学习算法之一
	20 世纪 80 年代是机器学习成为一个独立的学科领域,各种机器学习技术百花初绽的时期	连接主义学习的最大局限是“试错性”,学习过程涉及大量参数,而参数的设置缺乏理论指导,主要靠手工“调参”,参数调节失之毫厘,学习结果可能谬以千里
20 世纪 90 年代中期	统计学习(Statistical Learning)	支持向量机(Support Vector Machine, SVM),核方法(Kernel Methods)
21 世纪初期至今	深度学习(Deep Learning)	深度学习兴起的原因有二:数据量大,机器计算能力强

1.5.3 机器学习的系统结构

环境向系统的学习部分提供某些信息,学习部分利用这些信息修改知识库,以增进系统执行部分完成任务的效能;而执行部分根据知识库完成任务,同时把获得的信息反馈给学习部分。在具体的应用中,环境、知识库和执行部分决定了具体的工作内容,学习部分所需要解决的问题完全由上述三部分确定。下面分别叙述这三部分对设计学习系统的影响。

1. 环境

影响学习系统设计最重要的因素是环境向系统提供的信息,更具体地说是信息的质量。知识库中存放的是指导执行部分动作的一般原则,但环境向学习系统提供的信息却是各种各样的。如果信息的质量比较高,与一般原则的差别比较小,则学习部分比较容易处理。如果向学习系统提供的是杂乱无章的指导执行具体动作的具体信息,则学习系统需要在获得足够数据之后删除不必要的细节,进行总结推广,形成指导动作的一般原则,放入知识库,这样学习部分的任务就比较繁重,设计起来也较为困难。

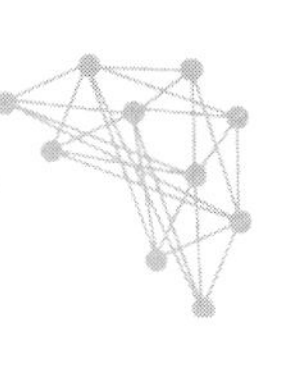

因为学习系统获得的信息往往是不完全的，所以学习系统所进行的推理并不完全是可靠的，它总结出来的规则可能正确，也可能不正确，需要通过执行效果加以检验。正确的规则能使系统的效能提高，应予保留；不正确的规则应予修改，或从数据库中删除。

2. 知识库

知识库是影响学习系统设计的第二个因素。知识的表示有多种形式，比如特征向量、一阶逻辑语句、产生式规则、语义网络和框架等。这些表示方式各有特点，在选择表示方式时要兼顾以下四个方面：

①表达能力强；②易于推理；③容易修改知识库；④知识表示易于扩展。

对于知识库最后需要说明的一个问题是，学习系统不能在没有任何知识的情况下凭空获取知识，每一个学习系统都要求具有某些知识理解环境提供的信息，分析比较，做出假设，并对这些假设进行检验和修改。因此，更确切地说，学习系统是对现有知识的扩展和改进。

3. 执行部分

执行部分是整个学习系统的核心，因为执行部分的动作就是学习部分力求改进的动作。同执行部分有关的问题有三个：复杂性、反馈和透明性。

1.5.4　机器学习的分类

1. 基于学习策略的分类

学习策略是指学习过程中系统所采用的推理策略。一个学习系统总是由学习和环境两部分组成的。环境（如书本或教师）提供信息，学习部分则实现信息转换，用能够理解的形式记忆下来，并从中获取有用的信息。在学习过程中，学生（学习部分）使用的推理越少，他对教师（环境）的依赖就越大，教师的负担也就越重。基于学习策略的分类就是根据学生实现信息转换所需的推理多少和难易程度来分类的，按从简单到复杂，从少到多的次序可分为以下六种基本类型。

1）机械学习

学习者不需要任何推理或其他的知识转换，直接吸取环境所提供的信息。如 Samuel 的跳棋程序，Newell 和 Simon 的 LT 系统。这类学习系统主要考虑的是如何索引存储的知识并加以利用。系统的学习方法是直接通过事先编好、构造好的程序来学习，学习者不作任何工作，或者通过直接接收既定的事实和数据进行学习，对输入信息不作任何推理。

2）示教学习

学生从环境（教师或其他信息源，如教科书等）获取信息，把知识转换成内部可使用的表示形式，并将新的知识和原有知识有机地结合为一体。示教学习要求学生有一定程度的推理能力，但环境仍要做大量的工作。教师以某种形式提出和组织知识，使学生拥有的知识可以不断地增加。这种学习方法和人类社会的学校教学方式相似，学习的任务就是建立一个系统，使它能接受教导和建议，并有效地存储和应用学到的知识。目前，不少专家系统在建立知识库时使用这种方法实现知识获取。示教学习的一个典型应用是 FOO 程序。

3）演绎学习

学生所用的推理形式为演绎推理。推理从公理出发，经过逻辑变换推导出结论。这种推理是“保真”变换和特化的过程，学生在推理过程中可以获取有用的知识。这种学习方法包含宏操作学习、知识编辑和组块技术。演绎学习的逆过程是归纳学习。

4）类比学习

利用两个不同领域（源域、目标域）中的知识相似性，可以通过类比，从源域的知识（包括相似的特征和其他性质）推导出目标域的相应知识，从而实现学习。类比学习系统可以使一个已有的计算机应用系统转变以适应新的领域，来完成原先没有设计的相类似的功能。类比学习比起上述三种学习方式需要更多的推理。它一般要求先从知识源（源域）中检索出可用的知识，再将其转换成新的形式，用到新的状况（目标域）中。类比学习在人类科学技术发展史上起着重要作用，许多科学发现就是通过类比得到的，例如著名的卢瑟福类比就是通过将原子结构（目标域）同太阳系（源域）作类比，揭示了原子结构的奥秘。

5）基于解释的学习

学生根据教师提供的目标概念、该概念的一个例子、领域理论及可操作准则，首先构造一个解释来说明为什么该例子满足目标概念，然后将解释推广为目标概念的一个满足可操作准则的充分条件。EBL 已被广泛应用于知识库求精和改善系统性能。著名的 EBL 系统有迪乔恩（G. DeJong）的 GENESIS，米切尔（T. Mitchell）的 LEXII 和 LEAP，以及明顿（S. Minton）等的 PRODIGY。

6）归纳学习

归纳学习是由教师或环境提供某概念的一些实例或反例，让学生通过归纳推理得出该概念的一般描述。这种学习的推理工作量远大于示教学习和演绎学习，因为环境并不提供一般性概念描述（如公理）。从某种程度上说，归纳学习的推理量也比类比学习大，因为没有一个类似的概念可以作为“源概念”加以取用。归纳学习是最基本的，发展也较为成熟的学习方法，在人工智能领域中已经得到广泛的研究和应用。

2. 基于所获取知识的表示形式分类

学习系统获取的知识可能有行为规则、物理对象的描述、问题求解策略、各种分类及其他用于任务实现的知识类型。对于学习中获取的知识，主要有以下 10 种表示形式。

1）代数表达式参数

学习的目标是调节一个固定函数形式的代数表达式参数或系数来达到一个理想的性能。

2）决策树

用决策树可以划分物体的类属，树中每一个内部结点对应一个物体属性，而每一边对应这些属性的可选值，树的叶结点则对应物体的每个基本分类。

3）形式文法

在识别一个特定语言的学习中，通过对该语言的一系列表达式进行归纳，可形成该语言的形式文法。

4）产生式规则

产生式规则表示为条件-动作对，已被极为广泛地使用。学习系统中的学习行为主要是：生成、泛化、特化或合成产生式规则。

5）形式逻辑表达式

形式逻辑表达式的基本成分是命题、谓词、变量、约束变量范围的语句，及嵌入的逻辑表达式。

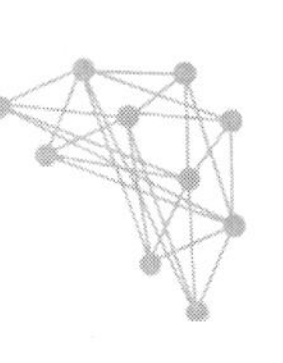

6）图和网络

有的系统采用图匹配和图转换方案来有效地比较和索引知识。

7）框架和模式

每个框架包含一组槽，用于描述事物（概念和个体）的各个方面。

8）计算机程序和其他过程编码

获取这种形式的知识，目的在于取得一种能实现特定过程的能力，而不是为了推断该过程的内部结构。

9）神经网络

主要用在连接学习中。学习所获取的知识，最后归纳为一个神经网络。

10）多种表示形式的组合

有时，一个学习系统中获取的知识需要综合应用上述几种知识表示形式。

根据表示的精细程度，可将知识表示形式分为两大类：泛化程度高的粗粒度符号表示，和泛化程度低的精粒度亚符号（sub-symbolic）表示。决策树、形式文法、产生式规则、形式逻辑表达式、框架和模式等属于符号表示类；而代数表达式参数、图和网络、神经网络等则属于亚符号表示类。

3. 按应用领域分类

最主要的应用领域有专家系统、认知模拟、规划和问题求解、数据挖掘、网络信息服务、图像识别、故障诊断、自然语言理解、机器人和博弈等。

从机器学习的执行部分所反映的任务类型上看，目前大部分的应用研究领域基本上集中于分类和问题求解两个范畴。

1）分类任务

分类任务要求系统依据已知的分类知识对输入的未知模式（该模式的描述）作分析，以确定输入模式的类属。相应的学习目标就是学习用于分类的准则（如分类规则）。

2）问题求解任务

问题求解任务要求对于给定的目标状态，寻找一个将当前状态转换为目标状态的动作序列。机器学习在这一领域的研究工作大部分集中于通过学习来获取能提高问题求解效率的知识（如搜索控制知识，启发式知识等）。

4. 综合分类

综合考虑各种学习方法出现的历史渊源、知识表示、推理策略、结果评估的相似性、研究人员交流的相对集中性以及应用领域等诸因素，将机器学习方法区分为以下6类。

1）经验性归纳学习

经验性归纳学习采用一些数据密集的经验方法（如版本空间法、ID3法、定律发现方法）对例子进行归纳学习。其例子和学习结果一般都采用属性、谓词、关系等符号表示。它相当于基于学习策略分类中的归纳学习，但扣除连接学习、遗传算法、加强学习的部分。

2）分析学习

分析学习方法是从一个或少数几个实例出发，运用领域知识进行分析。其主要特征如下。

① 推理策略主要是演绎，而非归纳；

② 使用过去的问题求解经验(实例)指导新的问题求解,或产生能更有效地运用领域知识的搜索控制规则。

分析学习的目标是改善系统的性能,而不是新的概念描述。分析学习包括应用解释学习、演绎学习、多级结构组块以及宏操作学习等技术。

3) 类比学习

类比学习基于学习策略分类。目前,这一类型的学习中比较引人注目的研究是通过与过去经历的具体事例作类比来学习,称为基于范例的学习,或简称范例学习。

4) 遗传算法

遗传算法模拟生物繁殖的突变、交换和达尔文的自然选择(在每一生态环境中适者生存)。它把问题可能的解编码为一个向量,称为个体,向量的每一个元素称为基因,并利用目标函数(相应于自然选择标准)对群体(个体的集合)中的每一个个体进行评价,根据评价值(适应度)对个体进行选择、交换、变异等遗传操作,从而得到新的群体。遗传算法适用于非常复杂和困难的环境,例如,带有大量噪声和无关数据、事物不断更新、问题目标不能明显和精确地定义,以及通过很长的执行过程才能确定当前行为的价值等。同神经网络一样,遗传算法的研究已经发展为人工智能的一个独立分支,其代表人物为霍勒德(J. H. Holland)。

5) 连接学习

典型的连接模型实现为人工神经网络,其由称为神经元的一些简单计算单元以及单元间的加权连接组成。

6) 强化学习

强化学习的特点是通过与环境的试探性(trial and error)交互来确定和优化动作的选择,以实现所谓的序列决策任务。在这种任务中,学习机制通过选择并执行动作,导致系统状态的变化,并有可能得到某种强化信号(立即回报),从而实现与环境的交互。强化信号就是对系统行为的一种标量化的奖惩。系统学习的目标是寻找一个合适的动作选择策略,即在任一给定的状态下选择哪种动作的方法,使产生的动作序列可获得某种最优的结果(如累计立即回报最大)。

在综合分类中,经验归纳学习、遗传算法、连接学习和强化学习均属于归纳学习,其中经验归纳学习采用符号表示方式;而遗传算法、连接学习和强化学习则采用亚符号表示方式;分析学习属于演绎学习。

实际上,类比策略可以看成是归纳和演绎策略的综合。

从学习内容的角度看,由于采用归纳策略的学习是对输入进行归纳,所学习的知识显然超过原有系统知识库所能蕴含的范围,所学结果改变了系统的知识演绎闭包,因而这种类型的学习又可称为知识级学习;而采用演绎策略的学习,尽管所学的知识能提高系统的效率,但仍能被原有系统的知识库所蕴含,即所学的知识未能改变系统的演绎闭包,因而这种类型的学习又被称为符号级学习。

5. 按学习形式分类

按学习形式分类可将机器学习分为引导性学习和非引导性学习两类。

1) 引导性学习

引导性学习,即在机械学习过程中提供对错指示。一般要在数据组中包含最终结果(0,1)。

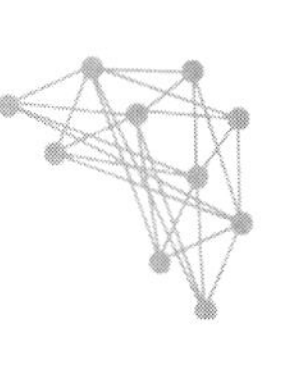

通过算法让机器自我减少误差。这一类学习主要应用于分类和预测。

2）非引导性学习

非引导性学习，又称归纳性学习。利用 K 均值聚类算法（K-means），建立中心，通过循环和递减运算来减小误差，达到分类的目的。

1.5.5　机器学习的常见算法

机器学习是人工智能重要的一部分，是实现人工智能的一个途径。机器学习包含不同种类的算法，而为了解决不同类型的问题，机器学习算法可以分为特定的种类，如图 1.5 所示，要使用最适合的算法来解决它最擅长的问题。

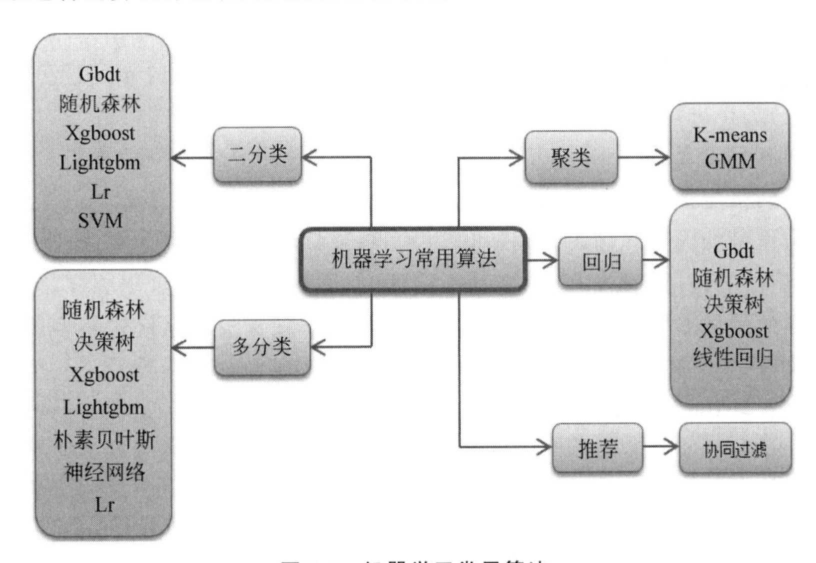

图 1.5　机器学习常用算法

1. 决策树算法

决策树及其变种是一类将输入空间分成不同的区域，每个区域有独立参数的算法。决策树算法充分利用了树形模型，根结点到一个叶结点是一条分类的路径规则，每个叶结点象征一个判断类别。先将样本分成不同的子集，再进行分割递推，直至每个子集得到同类型的样本，从根结点开始测试，到子树再到叶结点，即可得出预测类别。此方法的特点是结构简单、处理数据效率较高。

2. 朴素贝叶斯算法

朴素贝叶斯算法是一种分类算法。它不是单一算法，而是一系列算法，它们都有一个共同的原则，即被分类的每个特征都与任何其他特征的值无关。朴素贝叶斯分类器认为这些特征中的每一个都独立地贡献概率，而不管特征之间的任何相关性。然而，特征并不总是独立的，这通常被视为朴素贝叶斯算法的缺点。简而言之，朴素贝叶斯算法允许使用概率给出一组特征来预测一个类。与其他常见的分类方法相比，朴素贝叶斯算法需要的训练很少。在进行预测之前必须完成的唯一工作是找到特征的个体概率分布的参数，这通常可以快速且确定地完成。即使对于高维数据点或大量数据点，朴素贝叶斯分类器也可以表现良好。

3. 支持向量机算法

支持向量机算法的基本思想可概括为：首先，要利用一种变换将空间高维化，当然这种变换是非线性的；然后，在新的复杂空间取最优线性分类表面。由此种方式获得的分类函数在形式上类似于神经网络算法。支持向量机算法是统计学习领域中的代表性算法，通过输入空间、提高维度将问题简短化，使问题归结为线性可分的经典解问题。支持向量机算法可应用于垃圾邮件识别、人脸识别等多种分类问题。

4. 随机森林算法

控制数据树生成的方式有多种，根据前人的经验，大多数时候更倾向选择分裂属性和剪枝，但这并不能解决所有问题，偶尔会遇到噪声或分裂属性过多的问题。基于这种情况，总结每次的结果可以得到袋外数据的估计误差，将它和测试样本的估计误差相结合可以评估组合树学习器的拟合及预测精度。此方法的优点有很多，可以产生高精度的分类器，并能够处理大量的变数，也可以平衡分类资料集之间的误差。

5. 人工神经网络算法

人工神经网络与神经元组成的异常复杂的网络大体相似，是由个体单元互相连接而成，每个单元有数值量的输入和输出，形式可以为实数或线性组合函数。它先要以一种学习准则去学习，然后才能进行工作。当网络判断错误时，学习可使其减少犯同样错误的可能性。此方法有很强的泛化能力和非线性映射能力，可以对信息量少的系统进行模型处理。从功能模拟角度来看，人工神经网络算法具有并行性，且传递信息速度极快。

6. Boosting 与 Bagging 算法

Boosting 是一种通用的增强基础算法性能的回归分析算法。该算法不需构造一个高精度的回归分析，只需一个粗糙的基础算法即可，再反复调整基础算法，就可以得到较好的组合回归模型。它可以将弱学习算法提高为强学习算法，可以应用到其他基础回归算法，如线性回归、神经网络等，来提高精度。Bagging 和 Boosting 算法大体相似但又略有差别，主要思路是给出已知的弱学习算法和训练集，需要经过多轮计算才可以得到预测函数列，最后采用投票方式对示例进行判别。

7. 机器学习关联规则算法

关联规则是用规则去描述两个变量或多个变量之间的关系，是客观反映数据本身性质的方法。它是机器学习的一大类任务，可分为两个阶段，先从资料集中找到高频项目组，再去研究它们的关联规则。其得到的分析结果即是对变量间规律的总结。

8. EM(期望最大化)算法

在进行机器学习的过程中需要用到极大似然估计等参数估计方法，在有潜在变量的情况下，通常选择 EM 算法，不是直接对函数对象进行极大估计，而是添加一些数据进行简化计算，再进行极大化模拟。它是对本身受限制或比较难直接处理的数据的极大似然估计算法。

9. 深度学习

深度学习(Deep Learning，DL)是机器学习领域中一个新的研究方向，它被引入机器学习使其更接近于最初的目标——人工智能，如图 1.6 所示。

深度学习是学习样本数据的内在规律和表示层次，这些学习过程中获得的信息对诸如

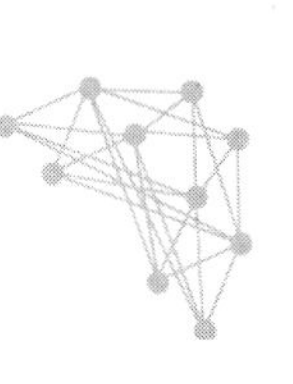

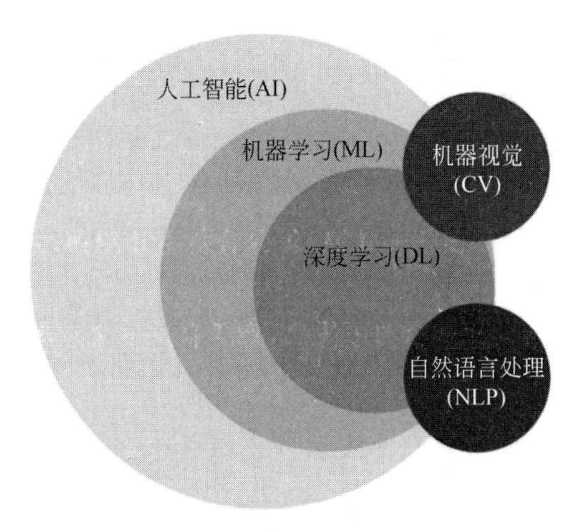

图 1.6　深度学习、机器学习和人工智能的关系

文字、图像和声音等数据的解释有很大的帮助。它的最终目标是让机器能够像人一样具有分析学习能力，能够识别文字、图像和声音等数据。深度学习是一个复杂的机器学习算法，在语音和图像识别方面取得的效果远远超过先前相关技术。

深度学习在搜索技术、数据挖掘、机器学习、机器翻译、自然语言处理、多媒体学习、语音、推荐和个性化技术，以及其他相关领域都取得了很多成果。深度学习使机器模仿视听和思考等人类的活动，解决了很多复杂的模式识别难题，使得人工智能相关技术取得了很大进步。

1.5.6　机器学习应用场景

机器学习领域的研究工作主要围绕以下 3 方面进行。

(1) 面向任务的研究：研究和分析改进一组预定任务的执行性能的学习系统。

(2) 认知模型：研究人类学习过程并进行计算机模拟。

(3) 理论分析：从理论上探索各种可能的学习方法和独立于应用领域的算法。

机器学习是继专家系统之后人工智能应用的又一重要研究领域，也是人工智能和神经计算的核心研究课题之一。现有的计算机系统和人工智能系统学习能力有限，因而不能满足科技和生产提出的新要求。对机器学习的讨论和机器学习研究的进展必将促使人工智能的进一步发展。

机器学习已经有了十分广泛的应用，例如：数据挖掘、计算机视觉、自然语言处理、生物特征识别、搜索引擎、医学诊断、DNA 序列测序、语音和手写识别、战略游戏和机器人运用等。

参 考 文 献

[1]　蔡自兴. 中国人工智能 40 年[J]. 科技导报(15 期)：12-32.

[2]　余妹兰，张永晖. 人工智能的历史和未来[J]. 信息与电脑(理论版)，2010(2)：54-55.

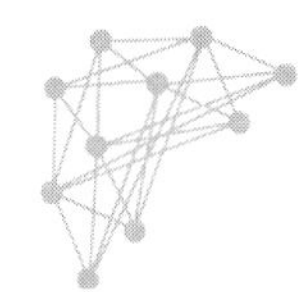

[3] 刘毅. 人工智能的历史与未来[J]. 科技管理研究，2004(06)：125-128.

[4] 布辉，刘冉. LISP 语言的特点及其文法的 BNF 描述[J]. 福建电脑，2006(10)：87-88.

[5] 谭铁牛. 人工智能的历史、现状和未来[N]. 2019.02.03.

[6] 张煜东. 专家系统发展综述[J]. journal6，2006，46(19)：43-47.

[7] 邹蕾，张先锋. 人工智能及其发展应用[J]. 信息网络安全，2012，000(002)：11-13.

[8] 刘曙光，刘明远，何钺. 机器视觉及其应用[J]. 机械制造，2000，38(7)：11-15.

[9] 陈肇雄，高庆狮. 自然语言处理[J]. 计算机研究与发展，1989(11)：3-18.

[10] 李天祥. Android 物联网开发细致入门与最佳实践[M]. 北京：中国铁道出版社，2016.

[11] 李成名，李兵. 从数字城市走向智慧城市[J]. 地理空间信息，2013(S1)：8-10.

[12] 李昊朋. 基于机器学习方法的智能机器人探究[J]. 通讯世界. 2019，2019，26(04)：247-248.

[13] E.Z.Naeini，K.Prindle，汪忠德. 机器学习和向机器学习[J]. 世界地震译丛，2019，v.50；No.305.05(2019)：44-54.

[14] 陈海虹，黄彪，刘峰，等. 机器学习原理及应用[M]. 成都：电子科技大学出版社，2017.

[15] 周昀锴. 机器学习及其相关算法简介[J]. 科技传播，2019，011(006)：153-154，165.

[16] 蔡加欣. 半监督学习及其在 MR 图像分割中的应用[D].南方医科大学，2011.

第2章 数学基础

本章学习目标

- 掌握高等数学基础知识；
- 掌握线性代数基础知识；
- 掌握概率论与数理统计基础知识。

机器学习，特别是深度学习离不开数学，深度学习的算法和模型的搭建，都需要重要的数学工具作为支撑。本章全面系统地阐述了机器学习所需的数学知识，包括高等数学、线性代数、概率论与数理统计。这将确保数学不会成为学好机器学习和深度学习的障碍。

2.1 高等数学

高等数学是由微积分学、代数学、几何学以及它们之间的交叉内容所形成的一门基础学科。在机器学习中，微积分主要用到了微分部分，作用是求函数的极值，就是很多机器学习库中的求解器(solver)所实现的功能。下面详细介绍高等数学的相关理论。

2.1.1 函数与极限

将变量引进数学，是数学发展过程中的一个重要转折点，高等数学中的微积分就是在变量被引进数学以后，人们在研究变量之间关系的问题中形成和发展起来的。所谓函数关系是变量之间的依赖关系，极限方法是研究变量的一种基本方法。下面介绍函数的概念、函数的极限、函数的连续性。

1. 函数的概念

在数学中，函数为两个非空集合间的一种对应关系：输入值集合中的每个元素皆能对应唯一一个输出值集合中的元素。

【定义 2.1】 设 x 和 y 是两个变量，D 是 x 的取值集合，如果对于每个 $x\in D$，按某一法则 f，变量 y 总有确定的值与之对应，则称变量 y 是 x 的一元函数，或称 y 是 x 的函数，记为

$$y=f(x),\quad x\in D$$

其中，x 称为自变量；y 称为因变量；D 称为函数 $f(x)$的定义域。如果 D 由区间构成，称 D 为函数的定义区间。当 x 遍取 D 内的各个数值时，由对应函数值的全体组成的数集

$$W = \{y \mid y = f(x), x \in D\}$$

称为函数 $f(x)$的值域。

表示函数的主要方法有三种：公式法、表格法、图形法。

常量函数 $y=c$(c 为常数)和下列 5 种函数被称为基本初等函数：

(1) 幂函数 $y=x^a$(a 为实数,$x\neq 0$)；

(2) 指数函数 $y=a^x$($a>0,a\neq 1$)；

(3) 对数函数 $y=\log_a x$($a>0,a\neq 1,x>0$)；

(4) 三角函数 $y=\sin x$, $y=\cos x$, $y=\tan x$, $y=\cot x$, $y=\sec x$, $y=\csc x$；

(5) 反三角函数 $y=\arcsin x$, $y=\arccos x$, $y=\arctan x$, $y=\operatorname{arccot} x$。

函数之间可以进行复合运算。设变量 y 为变量 u 的函数,定义域为 D_1,即

$$y = f(u), \quad u \in D_1$$

变量 u 是变量 x 的函数,定义域为 D_2,即

$$u = g(x), \quad x \in D_2$$

则称 $y=f[g(x)]$是 $y=f(u)$和 $u=g(x)$的复合函数,u 称为复合函数的中间变量。

由基本初等函数经过有限次复合运算和有限次四则运算(加、减、乘、除)所得到的并能用一个表达式表示的函数称为初等函数。大多数的分段函数不是初等函数。

函数多种多样,有的函数可能具有奇偶性、有界性、单调性和周期性等特性中的一种或几种,了解这些特性会为进一步研究函数带来方便。

1) 函数的有界性

设 D 为函数 $f(x)$的定义域,集合 $X\subset D$,如果存在正数 K,使得对于任意 $x\in D$,有

$$|f(x)| \leqslant K$$

则称函数 $f(x)$在 X 上有界;否则,称 $f(x)$在 X 上无界。

2) 函数的单调性

设 D 为函数 $f(x)$的定义域,区间 $I\subset D$,x_1,x_2 为区间 I 上任意两点,当 $x_1<x_2$ 时,如果恒有

$$f(x_1) < f(x_2)$$

则称函数 $f(x)$在区间 I 上是单调增加的,I 称为 $f(x)$的单调增区间;如果恒有

$$f(x_1) > f(x_2)$$

则称函数 $f(x)$在区间 I 上是单调减少的,I 称为 $f(x)$的单调减区间。

3) 函数的奇偶性

设 D 为函数 $f(x)$的定义域,如果 D 关于原点对称,且对于任意 $x\in D$,有

$$f(-x) = f(x)$$

则函数 $f(x)$称为偶函数;如果 D 关于原点对称,且对于任意 $x\in D$,有

$$f(-x) = -f(x)$$

则函数 $f(x)$称为奇函数。

4) 函数的周期性

设 D 为函数 $f(x)$的定义域,如果有正数 T,对于任意的 $x\in D$,$x+T\in D$,恒有

$$f(x+T) = f(x)$$

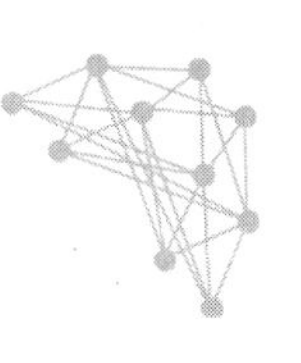

那么函数 $f(x)$称为周期函数，T 为 $f(x)$的周期。周期函数的周期是指它的最小正周期。

2. 极限

极限是深入研究函数变化时要用到的一个基本概念，它是在解决某些实际问题中产生的。本书分数列极限和函数极限两部分来阐述。

1）数列极限

数列是以正整数集为定义域的函数，是一列有序的数，如

$$x_1, x_2, x_3, \cdots, x_n, \cdots$$

数列可以简记为$\{x_n\}$。数列中的每一数称为数列的项，第 n 项 x_n 称为数列的通项，例如

$$\frac{1}{2}, \frac{2}{3}, \frac{3}{4}, \cdots, \frac{n}{n+1}, \cdots$$

是一个数列，它的通项是$\frac{n}{n+1}$，该数列可简记为$\left\{\frac{n}{n+1}\right\}$。

数列极限的定义如下。

【定义 2.2】 设数列$\{x_n\}$和常数 a，如果对于任意给定的数 $\varepsilon>0$，总存在正整数 N，使得对于 $n>N$ 的一切 x_n，都有

$$|x_n - a| < \varepsilon$$

成立，那么数列$\{x_n\}$的极限存在，并称 a 为数列$\{x_n\}$的极限，记为

$$\lim_{n\to\infty} x_n = a \text{ 或 } x_n \to a (n \to \infty)$$

数列极限的这一定义，称为极限的 ε-N 定义。

数列极限的性质如下：

（1）收敛数列的极限是唯一的；

（2）收敛数列是有界的；

（3）如果 a 为数列$\{x_n\}$的极限，$a>0$(或 $a<0$)，那么存在正整数 N，对于 $n>N$ 的一切 x_n，都有 $x_n>0$(或 $x_n<0$)；

（4）如果数列$\{x_n\}$的极限为 a，那么它的任一子列的极限也为 a。

2）函数极限

在自变量的某个变化过程中，如果对应的函数值无限接近于某个确定的数，那么这个确定的数就称为这一变化过程中的函数极限。下面是函数极限的严格定义。

【定义 2.3】 设正数 M，函数 $f(x)$在$|x|>M$ 有定义，A 为常数，如果对于任意给定的正数 ε，总存在数 $X(X\geqslant M)$，使得对于当$|x|>X$ 的一切 $f(x)$值，都有

$$|f(x) - A| < \varepsilon$$

成立，则称 A 为函数 $f(x)$当 $x\to\infty$时的极限，记为

$$\lim_{x\to\infty} f(x) = A \text{ 或 } f(x) \to A (x \to \infty)$$

【定义 2.4】 设正数 η，函数 $f(x)$在 $0<|x-x_0|<\eta$ 有定义，A 为常数，如果对于任意给定的正数 ε，总存在正数 $\delta(\delta<\eta)$，使得对于 $0<|x-x_0|<\delta$ 的一切 $f(x)$值，都有

$$|f(x) - A| < \varepsilon$$

成立，则称 A 为函数 $f(x)$当 $x\to x_0$ 时的极限，记为

$$\lim_{x \to x_0} f(x) = A \text{ 或 } f(x) \to A(x \to x_0)$$

类似地，存在左右极限的概念。如果 x 从 x_0 的左侧趋近于 x_0（即 $x \to x_0^-$）时，函数 $f(x)$ 的极限是 A，则称 A 为函数 $f(x)$ 当 $x \to x_0$ 时的左极限，记为

$$\lim_{x \to x_0^-} f(x) = A \text{ 或 } f(x_0^-) = A \text{ 或 } f(x_0 - 0) = A$$

如果 x 从 x_0 的右侧趋近于 x_0（即 $x \to x_0^+$）时，函数 $f(x)$ 的极限是 B，则称 B 为函数 $f(x)$ 当 $x \to x_0$ 时的右极限，记为

$$\lim_{x \to x_0^+} f(x) = B \text{ 或 } f(x_0^+) = B \text{ 或 } f(x_0 + 0) = B$$

函数的左极限与右极限统称为函数的单侧极限。

函数极限与数列极限有类似的性质，列举如下（仅以自变量 $x \to x_0$ 时的情况为代表）：

(1) 如果函数 $f(x)$ 在 $x \to x_0$ 时极限存在，那么此极限必唯一；

(2) 如果 $f(x) \to A(x \to x_0)$，那么存在正数 M 和 δ，使得对于 $0 < |x - x_0| < \delta$ 的一切 $f(x)$ 值，有 $|f(x)| \leqslant M$；

(3) 如果 $f(x) \to A(x \to x_0)$，$A > 0$（或 $A < 0$），那么存在正数 δ，使得对于 $0 < |x - x_0| < \delta$ 的一切 $f(x)$ 值，有 $f(x) > 0$（或 $f(x) < 0$）。

如何来判断一个数列极限或函数极限存在还是不存在呢？常用的判定准则有夹逼准则、单调有界准则和柯西极限存在准则。

(1) 夹逼准则。

准则Ⅰ 数列 $\{x_n\}$、$\{y_n\}$ 和 $\{z_n\}$，满足如下条件：

① 存在正整数 N，当 $n > N$ 时，有 $y_n \leqslant x_n \leqslant z_n$；

② $y_n \to a(n \to \infty)$，$z_n \to a(n \to \infty)$，则数列 $\{x_n\}$ 极限存在，且等于 a。

准则Ⅰ′ 函数 $f(x)$、$g(x)$ 和 $h(x)$，满足如下条件：

① 存在正数 δ，对于 $0 < |x - x_0| < \delta$ 内的任意 x，有 $g(x) \leqslant f(x) \leqslant h(x)$；

② $g(x) \to A(x \to x_0)$，$h(x) \to A(x \to x_0)$，则 $f(x)$ 在 $x \to x_0$ 时极限存在，且等于 A。

其他类型的函数极限也有类似的准则。

(2) 单调有界准则。

准则Ⅱ 单调有界数列必有极限。

函数极限也有类似的准则。对于自变量的不同变化（$x \to x_0^-$，$x \to x_0^+$，$x \to -\infty$，$x \to +\infty$），有不同的形式的准则，以 $x \to +\infty$ 为例，相应的准则如下：

准则Ⅱ′ 设正数 M，在 $x > M$ 内，函数 $f(x)$ 单调有界，则 $f(x)$ 在 $x \to +\infty$ 时极限存在。

(3) 柯西极限存在准则。

准则Ⅲ 数列 $\{x_n\}$ 极限存在，当且仅当对于任意 $\varepsilon > 0$，存在正整数 N，当 $m, n > N$ 时，有

$$|x_m - x_n| < \varepsilon$$

关于函数极限的求法，此处主要给出极限的四则运算法则和复合函数的极限运算法则（法则没有标注自变量的变化过程，对 $x \to x_0$，$x \to \infty$ 都成立）。

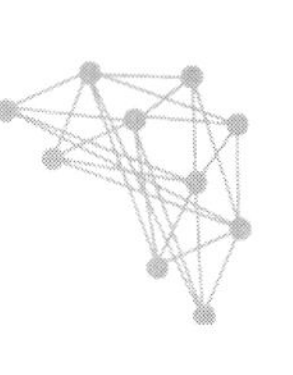

(1) 四则运算法则。

如果 $\lim f(x)=A$，$\lim g(x)=B$，c 为常数，n 为正整数，那么

① $\lim[f(x)\pm g(x)]=A\pm B$；

② $\lim[f(x)\cdot g(x)]=A\cdot B$；

③ 如有 $B\neq 0$，则

$$\lim\frac{f(x)}{g(x)}=\frac{A}{B}$$

④ $\lim[cf(x)]=c\lim f(x)$；

⑤ $\lim[f(x)]^n=[\lim f(x)]^n$。

(2) 复合函数的极限运算法则。

设函数 $y=f[g(x)]$是由函数 $u=g(x)$与函数 $y=f(u)$复合而成，存在正数 δ，$y=f[g(x)]$在$0<|x-x_0|<\delta$ 内有定义，如果 $g(x)\to u_0(x\to x_0)$，$f(u)\to A(u\to u_0)$，且 $g(x)\neq u_0$，则 $f[g(x)]\to A(x\to x_0)$。

下面介绍一类极限为零的变量——无穷小。

无穷小是高等数学中的一个重要概念，无穷小通常以函数、序列等形式出现。如果函数 $f(x)\to 0(x\to x_0$ 或 $x\to\infty)$，则称函数 $f(x)$为当 $x\to x_0$(或 $x\to\infty$)时的无穷小。不能把无穷小跟很小的数混为一谈，无穷小是函数，在 $x\to x_0$(或 $x\to\infty$)的过程中，它的绝对值可以小于任意给定的正数 ε，而很小的数是不能小于任意给定的正数的，但零可以作为无穷小的唯一常数。

无穷小的性质有：

① 有限个无穷小之和仍是无穷小；

② 有限个无穷小之积仍是无穷小；

③ 无穷小与常数的乘积仍为无穷小；

④ 无穷小与有界函数的乘积仍是无穷小。

在自变量的同一变化过程中，不同无穷小趋近零的快慢速度并不都是一样的。为了用趋近零的速度来区分不同的无穷小，此处引进无穷小的阶的概念。

设 α、β 为自变量同一变化过程中的无穷小，且 $\alpha\neq 0$，如果 $\lim\dfrac{\beta}{\alpha}=0$，那么称 β 是比 α 高阶的无穷小，记为 $\beta=o(\alpha)$；如果 $\lim\dfrac{\beta}{\alpha}=\infty$，那么称 β 是比 α 低阶的无穷小；如果 $\lim\dfrac{\beta}{\alpha}=c\neq 0$，那么称 β 与 α 是同阶无穷小；如果 $\lim\dfrac{\beta}{\alpha^k}=c\neq 0$，$k>0$，那么称 β 是关于 α 的 k 阶无穷小；$\lim\dfrac{\beta}{\alpha}=1$，那么称 β 与 α 是等价无穷小，记为 $\alpha\sim\beta$。

无穷小对于整个近代数学的发展，甚至现代科技的发展都有着至关重要的作用。

3. 函数的连续性

自然界中许多事物的变化是连续的，这种变化反映在函数关系上就是函数的连续性。连续性指当函数 $y=f(x)$的自变量 x 的变化很小时，引起因变量 y 的变化也很小。下面用增量来描述连续性，给出连续函数的定义。

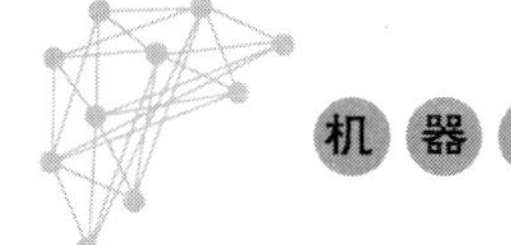

【定义 2.5】 设存在正数 δ，函数 $f(x)$ 在 $|x-x_0|<\delta$ 内有定义，如果

$$\lim_{\Delta x \to 0}\Delta y=\lim_{\Delta x \to 0}[f(x_0+\Delta x)-f(x_0)]=0$$

则称函数 $y=f(x)$ 在点 x_0 连续，其中 Δx 为自变量 x 的增量，Δy 为函数 $f(x)$ 的增量。

设 $x=x_0+\Delta x$，$\Delta x\to 0$ 即为 $x\to x_0$，于是，函数 $y=f(x)$ 在点 x_0 连续的定义中的极限可以写成

$$\lim_{x\to x_0}f(x)=f(x_0)$$

类似地，可以定义函数 $f(x)$ 在 x_0 的左连续和右连续。如果

$$f(x_0^-)=\lim_{x\to x_0^-}f(x)=f(x_0)$$

则称函数 $y=f(x)$ 在点 x_0 左连续；如果

$$f(x_0^+)=\lim_{x\to x_0^+}f(x)=f(x_0)$$

则称函数 $y=f(x)$ 在点 x_0 右连续。

如果函数 $f(x)$ 在开区间 (a,b) 内每个点都连续，则称 $f(x)$ 在开区间 (a,b) 内连续；如果 $f(x)$ 在 (a,b) 内连续，且在点 a 处右连续，在点 b 处左连续，则称 $f(x)$ 在闭区间 $[a,b]$ 上连续。

连续函数的性质有：

(1) 某点连续的有限个函数的和、差、积、商(分母不为 0)在该点连续；

(2) 连续单调递增(递减)函数的反函数也是连续单调递增(递减)的；

(3) 连续函数的复合函数仍是连续函数；

(4) 闭区间上的连续函数在该区间上有界，且在该区间上一定能取得最大值和最小值。

2.1.2 导数与微分

一元函数微分学中最基本的概念是导数，导数用来表示函数相对于自变量的变化快慢程度，即因变量关于自变量的变化率。微分学的另一个基本概念是微分，它与导数概念紧密相关。下面主要讨论导数与微分的概念以及它们的计算方法。

1. 导数概念和函数求导法则

导数的思想最初是由法国数学家费马(Fermat)在研究极限问题时引入的。与导数概念直接相关联的是这样两个问题：已知运动规律求速度，以及已知曲线求其切线。导数的概念是英国数学家牛顿(Newton)和德国数学家莱布尼茨(Leibniz)分别在研究这两个问题的过程中建立起来的。

下面以瞬时速度为背景引入导数的概念。

已知一个质点的直线运动规律为 $s=s(t)$，求质点在某一确定时刻 t_0 的速度。

我们之前学过平均速度 $\frac{\Delta s}{\Delta t}$，平均速度只能对物体在一段时间内运动的大致情况有所了解，这种粗略的了解对于火箭发射控制是不够的，就是对于比火箭速度慢很多的火车、汽车的运动情况也是不够的，火车上坡、下坡、转弯时速度要求都是不一样的，至于火箭升空就不仅要掌握火箭的速度，而且要掌握火箭飞行速度的变化规律。

瞬时速度的概念并不神秘，它可以通过平均速度的概念来把握。由牛顿第一运动定律

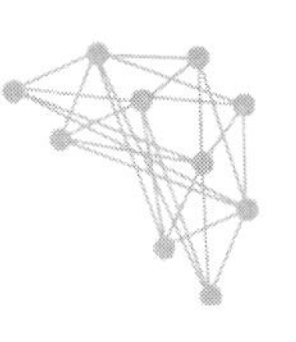

可知，不管物体运动速度变化多快，在一段充分短的时间内，它的速度变化总是不大，近似看作匀速运动。质点在时刻 t_0 到 $t_0+\Delta t$ 这一时间段内，平均速度为

$$\bar{v}=\frac{s(t_0+\Delta t)-s(t_0)}{\Delta t}$$

Δt 越小，$\bar{v}$ 与 t_0 时刻的瞬时速度越接近，当 $\Delta t\to 0$ 时，平均速度 $\bar{v}$ 就转化为 t_0 时刻的瞬时速度，即 t_0 时刻的瞬时速度为

$$v=\lim_{\Delta t\to 0}\frac{s(t_0+\Delta t)-s(t_0)}{\Delta t}$$

在自然科学和工程领域，很多概念都可以归结为上述数学形式，撇开其量的具体意义，可以得到函数的导数概念。

【定义 2.6】 设存在正数 δ，函数 $y=f(x)$ 在 $|x-x_0|<\delta$ 内有定义，当自变量 x 在 x_0 处有增量 Δx（$x_0+\Delta x$ 仍在定义域内）时，函数相应地有增量 $\Delta y=f(x_0+\Delta x)-f(x_0)$，如果极限

$$\lim_{\Delta x\to 0}\frac{\Delta y}{\Delta x}=\lim_{\Delta x\to 0}\frac{f(x_0+\Delta x)-f(x_0)}{\Delta x}$$

存在，那么函数 $f(x)$ 在 x_0 处可导，这个极限称为函数 $f(x)$ 在 x_0 处的导数，记为

$$y'\Big|_{x=x_0} \text{ 或 } f'(x_0) \text{ 或 } \frac{\mathrm{d}y}{\mathrm{d}x}\Big|_{x=x_0} \text{ 或 } \frac{\mathrm{d}f(x)}{\mathrm{d}x}\Big|_{x=x_0}$$

函数 $f(x)$ 在 x_0 处的导数的极限表达式，常见的还有

$$f'(x_0)=\lim_{h\to 0}\frac{f(x_0+h)-f(x_0)}{h} \text{ 和 } f'(x_0)=\lim_{x\to x_0}\frac{f(x)-f(x_0)}{x-x_0}$$

如果函数 $y=f(x)$ 在开区间 I 内的每点处都可导，则称函数 $y=f(x)$ 在开区间 I 内可导。对于区间 I 内的任意点 x，都有一个确定的导数值与之对应，这就构成了函数，这个函数称为函数 $y=f(x)$ 的导函数，简称为导数，记为

$$y',f'(x),\frac{\mathrm{d}y}{\mathrm{d}x} \text{ 或 } \frac{\mathrm{d}f(x)}{\mathrm{d}x}$$

将函数在 x_0 处的导数的极限表达式中的 x_0 换成 x，即得导数的定义式

$$f'(x)=\lim_{\Delta x\to 0}\frac{f(x+\Delta x)-f(x)}{\Delta x} \text{ 或 } f'(x)=\lim_{h\to 0}\frac{f(x+h)-f(x)}{h}$$

导数的实质是一个比值的极限，当且仅当其左右极限存在且相等时，函数极限存在，因此当且仅当其左右极限

$$\lim_{h\to 0^-}\frac{f(x_0+h)-f(x_0)}{h} \text{ 及 } \lim_{h\to 0^+}\frac{f(x_0+h)-f(x_0)}{h}$$

都存在且相等时，$f'(x_0)$ 存在。这两个极限分别为函数 $f(x)$ 在点 x_0 处的左导数和右导数，记为 $f'_-(x_0)$ 和 $f'_+(x_0)$，即

$$f'_-(x_0)=\lim_{h\to 0^-}\frac{f(x_0+h)-f(x_0)}{h},\quad f'_+(x_0)=\lim_{h\to 0^+}\frac{f(x_0+h)-f(x_0)}{h}$$

左导数和右导数统称为单侧导数。

如果函数 $f(x)$ 在开区间 (a,b) 内可导，且 $f'_+(a)$，$f'_-(b)$ 都存在，则称 $f(x)$ 在闭区间

$[a,b]$上可导。

如图 2.1 所示，函数 $y=f(x)$在点 x_0 处的导数 $f'(x_0)$在几何上表示曲线 $y=f(x)$在点$(x_0,f(x_0))$处的切线的斜率，即

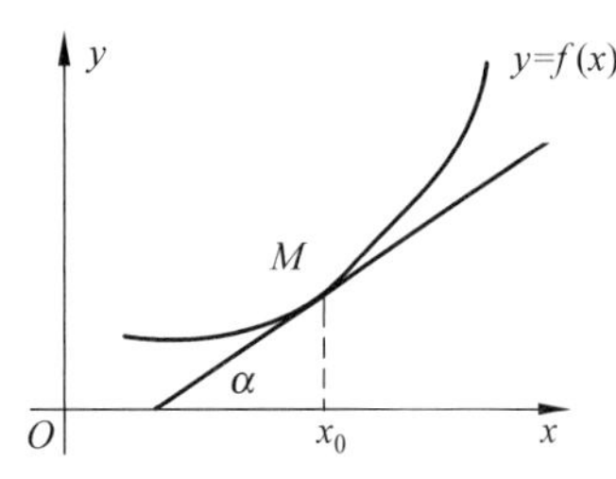

图 2.1 导数的几何意义

$$f'(x_0)=\tan\alpha$$

其中 α 是切线的倾斜角。

根据导数的几何意义可知，曲线 $y=f(x)$在点 $M(x_0,y_0)$处的切线方程为

$$y-y_0=f'(x_0)(x-x_0)$$

函数可导性和连续性的关系为某点处可导的函数在该点必连续。

如何来求函数的导数，利用基本初等函数的导数公式和求导法则，很容易求得初等函数的导数。导数公式和求导法则归纳如下：

1）导数公式

$(C)'=0$，$(x^\mu)'=\mu x^{\mu-1}$，$(\sin x)'=\cos x$，$(\cos x)'=-\sin x$，$(\tan x)'=\sec^2 x$，$(\cot x)'=-\csc^2 x$，$(\sec x)'=\sec x\tan x$，$(\csc x)'=-\csc x\cot x$，$(a^x)'=a^x\ln a\ (a>0,a\neq1)$，$(\mathrm{e}^x)'=\mathrm{e}^x$，$(\log_a x)'=\dfrac{1}{x\ln a}(a>0,a\neq1)$，$(\arcsin x)'=\dfrac{1}{\sqrt{1-x^2}}$，$(\arccos x)'=-\dfrac{1}{\sqrt{1-x^2}}$，$(\arctan x)'=\dfrac{1}{1+x^2}$，$(\mathrm{arccot}\,x)'=-\dfrac{1}{1+x^2}$，$(\ln x)'=\dfrac{1}{x}$。

2）函数的和、差、积、商的求导法则

设函数 $u=u(x)$及 $v=v(x)$都在点 x 具有导数，那么它们的和、差、积、商(分母不能为0)都在点 x 具有导数，且

- $[u(x)\pm v(x)]'=u'(x)\pm v'(x)$
- $[u(x)v(x)]'=u'(x)v(x)+u(x)v'(x)$
- $\left[\dfrac{u(x)}{v(x)}\right]'=\dfrac{u'(x)v(x)-u(x)v'(x)}{v^2(x)}\quad(v(x)\neq0)$

3）反函数的求导法则

如果函数 $x=f(y)$在区间 I_y 内单调可导，且 $f'(y)\neq0$，那么它的反函数 $y=f^{-1}(x)$在区间 $I_x=\{x\,|\,x=f(y),\ y\in I_y\}$内可导，且

$$[f^{-1}(x)]'=\frac{1}{f'(y)}\text{ 或 }\frac{\mathrm{d}y}{\mathrm{d}x}=\frac{1}{\frac{\mathrm{d}x}{\mathrm{d}y}}$$

4）复合函数的求导法则

如果 $u=g(x)$在点 x 处可导，而 $y=f(u)$在点 $u=g(x)$处可导，那么复合函数 $y=f[g(x)]$在点 x 处可导，且

$$\frac{\mathrm{d}y}{\mathrm{d}x}=f'(u)g'(x)\text{ 或 }\frac{\mathrm{d}y}{\mathrm{d}x}=\frac{\mathrm{d}y}{\mathrm{d}u}\cdot\frac{\mathrm{d}u}{\mathrm{d}x}$$

2. 高阶导数

一个函数的导数一般还是函数，原函数导数的导数称为此函数的二阶导数，如果原函数

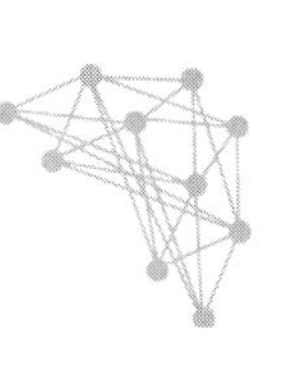

为 $y=f(x)$，则它的二阶导数记为 y'' 或 $\frac{d^2y}{dx^2}$，即

$$y''=(y')' \text{ 或 } \frac{d^2y}{dx^2}=\frac{d}{dx}\left(\frac{dy}{dx}\right)$$

类似地，原函数的导数称为一阶导数，二阶导数的导数为三阶导数，……，$n-1$ 阶导数的导数为 n 阶导数，分别记为

$$y''',y^{(4)},\cdots,y^{(n)} \text{ 或 } \frac{d^3y}{dx^3},\frac{d^4y}{dx^4},\cdots,\frac{d^ny}{dx^n}$$

二阶及以上的导数统称为高阶导数。

求高阶导数就是按照前面介绍的函数求导法则和求导公式多次接连求导数，如果想求函数的 n 阶导数，要在逐次求导过程中寻求其规律。

除此之外，在求高阶导数时，下面的一些高阶导数运算法则也能用到（设 $y=f(x)$ 及 $y=g(x)$ 都在 x 处 n 阶可导）：

(1) $[f\pm g]^{(n)}=f^{(n)}\pm g^{(n)}$

(2) $[fg]^{(n)}=f^{(n)}g+nf^{(n-1)}g'+\frac{n(n-1)}{2!}f^{(n-2)}g''+\cdots+\frac{n(n-1)\cdots(n-k+1)}{k!}f^{(n-k)}g^{(k)}+\cdots+fg^{(n)}$

3. 隐函数及由参数方程确定的函数的导数

1）隐函数的导数

前面提到的函数，大部分是自变量的某个表达式，这种函数称为显函数；但有些函数自变量和因变量之间的对应法则是由一个方程 $F(x,y)=0$ 所确定的，其称为隐函数。

隐函数求导一般可以采用以下方法：

(1) 对于可以显化的隐函数来说，可以先显化，再求导；

(2) 对于无法显化的隐函数，可以用复合函数求导法则来进行求导。在方程两边都对 x 进行求导，注意 y 是 x 的函数，可以得到带有 y' 的一个方程，然后化简得到 y' 表达式。

2）由参数方程确定的函数的导数

一般地，设 y 与 x 间的函数关系是由参数方程

$$\begin{cases} x=\varphi(t) \\ y=\psi(t) \end{cases} \tag{2.1}$$

所确定，则称这样的函数为由参数方程所确定的函数，其中 t 为参变量。

如何来求由参数方程所确定的函数的导数呢？如果方程消参容易，可以显化函数，再求导；如果参数方程消参困难，则可以根据复合函数的求导法则与反函数的求导法则，得到求导公式

$$\frac{dy}{dx}=\frac{dy}{dt}\cdot\frac{dt}{dx}=\frac{dy}{dt}\cdot\frac{1}{\frac{dx}{dt}}=\frac{\psi'(t)}{\varphi'(t)}$$

即

$$\frac{dy}{dx}=\frac{\psi'(t)}{\varphi'(t)}$$

如果 $x=\varphi(t)$，$y=\psi(t)$ 有二阶导数，由参数方程式(2.1)可确定函数的二阶导数公式

$$\frac{d^2y}{dx^2}=\frac{d}{dx}\left(\frac{dy}{dx}\right)=\frac{d}{dt}\left[\frac{\psi'(t)}{\varphi'(t)}\right]\cdot\frac{dt}{dx}=\frac{\psi''(t)\varphi'(t)-\psi'(t)\varphi''(t)}{\varphi'^2(t)}\cdot\frac{1}{\varphi'(t)}$$

即

$$\frac{d^2y}{dx^2}=\frac{\psi''(t)\varphi'(t)-\psi'(t)\varphi''(t)}{\varphi'^3(t)}$$

4. 函数的微分

微分的概念是人们在解决直与曲的矛盾中产生的。在一个微小的部分，可以用直线近似代替曲线，这种思想用到函数上就是线性化。下面给出微分的定义。

【定义 2.7】 设 D 为函数 $y=f(x)$ 的定义区间，x_0，$x_0+\Delta x\in D$，如果

$$\Delta y=f(x_0+\Delta x)-f(x_0)$$

可表示为

$$\Delta y=A\Delta x+o(\Delta x)$$

其中 A 是常数，那么称函数 $f(x)$ 在 x_0 处是可微的，且 $A\Delta x$ 称为函数 $f(x)$ 在 x_0 处对应于 Δx 的微分，记为 dy，即

$$dy=A\Delta x$$

函数 $y=f(x)$ 在 x_0 处可微，当且仅当函数 $f(x)$ 在 x_0 处可导，且其微分一定是

$$dy=f'(x_0)\Delta x$$

又因为当 $f'(x_0)\neq 0$ 时，有

$$\lim_{\Delta x\to 0}\frac{\Delta y}{dy}=\lim_{\Delta x\to 0}\frac{\Delta y}{f'(x_0)\Delta x}=\frac{1}{f'(x_0)}\lim_{\Delta x\to 0}\frac{\Delta y}{\Delta x}=\frac{1}{f'(x_0)}\cdot f'(x_0)=1$$

Δy 与 dy 是 $\Delta x\to 0$ 时的等价无穷小，$dy=f'(x_0)\Delta x$ 是 Δy 的线性主要部分，误差为 $o(dy)$。因此，当 $|\Delta x|$ 很小时，有 $\Delta y\approx dy$。

设 x 为区间 D 内任意一点，函数在 x 处的微分称为函数的微分，记为 dy 或 $df(x)$，即

$$dy=f'(x)\Delta x$$

当 $f(x)=x$ 时，即 $dx=\Delta x$。于是函数 $y=f(x)$ 的微分可记为

$$dy=f'(x)dx$$

为了更直观地了解微分，此处引入微分的几何意义：如图 2.2 所示，设 Δx 是曲线 $y=f(x)$ 上的点 M 在横坐标上的增量，Δy 是曲线在点 M 对应 Δx 在纵坐标上的增量，dy 是曲线在点 M 的切线对应 Δx 在纵坐标上的增量。当 $|\Delta x|$ 很小时，$|\Delta y-dy|$ 比 $|\Delta x|$ 要小得多(高阶无穷小)，因此，在点 M 附近可以用切线段来近似代替曲线段。

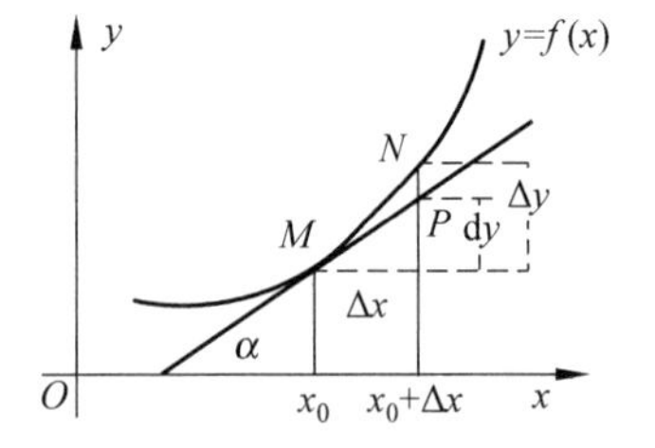

图 2.2　微分的几何意义

从函数微分的表达式

$$dy=f'(x)dx$$

看，要计算函数的微分，只需计算函数的导数，再将其乘以自变量的微分。

2.1.3　微分中值定理与导数的应用

导数是微积分的初步知识，是研究函数、解决实际问题的有力工具。应用导数刻画函数

比初等方法更精准细微，而解决实际问题应用导数更简便。为此，本节先介绍微积分的几个中值定理，它们是导数应用的理论基础。

1. 微分中值定理

微分中值定理是一系列中值定理的总称，是研究函数的有力工具，其中最重要的内容是拉格朗日定理，其他中值定理都是拉格朗日中值定理的特殊情况或推广。微分中值定理反映了导数的局部性与函数的整体性之间的关系，应用十分广泛。

1）罗尔定理

【定理 2.1】 如果函数 $f(x)$满足如下条件：

（1）在$[a,b]$上连续；

（2）在(a,b)内可导；

（3）端点值相等，即 $f(a)=f(b)$，那么在(a,b)内至少存在一点 ξ，使得 $f'(\xi)=0$。

几何上，罗尔定理的条件可表示为：如图 2.3(a)所示，函数 $f(x)$的曲线弧$\overset{\frown}{AB}$是一条连续弧，除端点外，每一点都有不平行于 y 轴的切线，且两端点的纵坐标相等。而定理结论表明：弧$\overset{\frown}{AB}$上至少有一点 C，C 处的切线是水平的。

2）拉格朗日中值定理

【定理 2.2】 如果函数 $f(x)$满足如下条件：

（1）在$[a,b]$上连续；

（2）在(a,b)内可导，那么在(a,b)内至少存在一点 ξ，使得

$$f'(\xi)=\frac{f(b)-f(a)}{b-a}$$

成立。

因为$\frac{f(b)-f(a)}{b-a}$为弦 AB 的斜率，$f'(\xi)$为曲线上 C 处的切线斜率，所以，如图 2.3(b)所示，拉格朗日中值定理的几何意义是如果函数 $f(x)$的连续曲线弧$\overset{\frown}{AB}$上除端点外，每点都有不平行于 y 轴的切线，那么在曲线弧$\overset{\frown}{AB}$上至少有一点 C，C 处的切线平行于弦 AB。

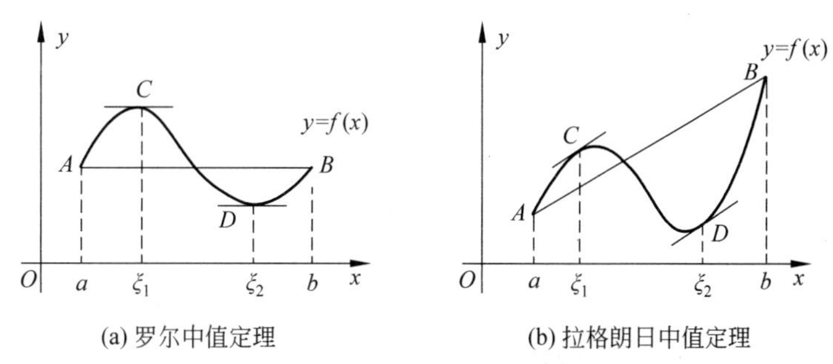

(a) 罗尔中值定理　　(b) 拉格朗日中值定理

图 2.3　中值定理的几何意义

3）柯西中值定理

【定理 2.3】 如果函数 $f(x)$及 $F(x)$满足如下条件：

（1）在$[a,b]$上连续；

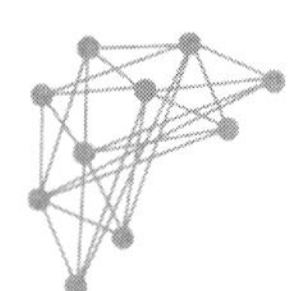

(2) 在(a,b)内可导；

(3) 对于(a,b)上任意一点x，有$F'(x)\neq 0$，那么在(a,b)内至少存在一点ξ，使得

$$\frac{f'(\xi)}{F'(\xi)}=\frac{f(b)-f(a)}{F(b)-F(a)}$$

成立。

4) 泰勒中值定理

【定理 2.4】 (泰勒中值定理 1)如果函数$f(x)$在x_0处n阶可导，那么存在正数δ，对于$|x-x_0|<\delta$内的任意x，有

$$f(x)=f(x_0)+f'(x_0)(x-x_0)+\frac{f''(x_0)}{2!}(x-x_0)^2+\cdots+\frac{f^{(n)}(x_0)}{n!}(x-x_0)^n+R_n(x)$$

其中
$$R_n(x)=o[(x-x_0)^n]$$
此公式称为函数$f(x)$在x_0处的带有佩亚诺余项的n次泰勒公式，$R(x)$的表达式为佩亚诺余项。

当$x_0=0$时，

$$f(x)=f(0)+f'(0)x+\cdots+\frac{f^{(n)}(0)}{n!}x^n+o(x^n)$$

称为带有佩亚诺余项的麦克劳林公式。

【定理 2.5】 (泰勒中值定理 2)如果存在正数δ，函数$f(x)$在$|x-x_0|<\delta$内$n+1$阶可导，那么对于$|x-x_0|<\delta$内的任意x，有

$$f(x)=f(x_0)+f'(x_0)(x-x_0)+\frac{f''(x_0)}{2!}(x-x_0)^2+\cdots+$$
$$\frac{f^{(n)}(x_0)}{n!}(x-x_0)^n+R_n(x)$$

其中

$$R_n(x)=\frac{f^{(n+1)}(\xi)}{(n+1)!}(x-x_0)^{n+1}$$

这里ξ是在x_0与x之间的某一值，此公式称为函数$f(x)$在x_0处的带有拉格朗日余项的n次泰勒公式，$R_n(x)$的表达式为拉格朗日余项。

对于确定的n值，当$x\in\{x\,|\,|x-x_0|<\delta\}$时，$f^{(n+1)}(x)$是个有界量，即$|f^{(n+1)}(x)|\leqslant M$，就得到了估计式

$$|R_n(x)|=\left|\frac{f^{(n+1)}(\xi)}{(n+1)!}(x-x_0)^{n+1}\right|\leqslant\frac{M}{(n+1)!}|x-x_0|^{n+1}$$

当$x_0=0$时，

$$f(x)=f(0)+f'(0)x+\cdots+\frac{f^{(n)}(0)}{n!}x^n+\frac{f^{(n+1)}(\theta x)}{(n+1)!}x^{n+1}(0<\theta<1)$$

称为带有拉格朗日余项的麦克劳林公式。

下面列举一些常用函数的泰勒公式：

(1) $\mathrm{e}^x=1+x+\frac{x^2}{2!}+\cdots+\frac{x^n}{n!}+o(x^n)$；

(2) $\sin x=x-\frac{x^3}{3!}+\frac{x^5}{5!}-\frac{x^7}{7!}\cdots+(-1)^{n-1}\frac{x^{2n-1}}{(2n-1)!}+o(x^{2n})$；

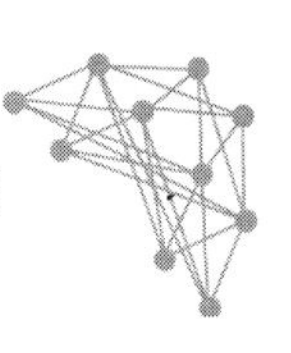

(3) $\cos x=1-\frac{x^2}{2!}+\frac{x^4}{4!}-\frac{x^6}{6!}\cdots+(-1)^n\frac{x^{2n}}{(2n)!}+o(x^{2n+1})$；

(4) $\ln(1+x)=x-\frac{x^2}{2}+\frac{x^3}{3}-\frac{x^4}{4}\cdots+(-1)^{n-1}\frac{x^n}{n}+o(x^n)$；

(5) $(1+x)^\alpha=1+\alpha x+\frac{\alpha(\alpha-1)}{2!}x^2+\cdots+\frac{\alpha(\alpha-1)\cdots(\alpha-n+1)}{n!}x^n+o(x^n)$。

泰勒公式常应用于数学、物理领域，是一个用函数在某点的信息描述其附近取值的公式。如果函数足够平滑，且已知函数在某一点的各阶导数值的情况下，泰勒公式可以用这些导数值作为系数构建一个多项式，来近似函数在这一点邻域中的值。泰勒公式还给出了这个多项式和实际函数之间的偏差。

2. 导数的应用

1) 洛必达法则

作为柯西中值定理的一个应用，先来介绍求未定式极限的简便而重要的方法——洛必达法则。

无穷小量之比或者无穷大量之比的极限在数学中很常见，这样的极限可能存在，也可能不存在，称这样的极限为未定式，并分别记为$\frac{0}{0}$型或$\frac{\infty}{\infty}$型。这类极限可以用洛必达法则求解。

【定理 2.6】 设存在正数δ，函数$f(x)$与$g(x)$在$0<|x-x_0|<\delta$内可导，且$g'(x)\neq 0$，又满足条件：

(1) $f(x)\to 0, g(x)\to 0\ (x\to x_0)$；

(2) 极限$\lim\limits_{x\to x_0}\frac{f'(x)}{g'(x)}$存在(或无穷大)，

则

$$\lim_{x\to x_0}\frac{f(x)}{g(x)}=\lim_{x\to x_0}\frac{f'(x)}{g'(x)}$$

由定理可知，在一定条件下，可以通过对分母分子分别求导再求极限来确定未定式的值，这种方法称为洛必达法则。

如果$\lim\limits_{x\to x_0}\frac{f'(x)}{g'(x)}$仍是$\frac{0}{0}$型，且满足洛必达法则的条件，那么可以继续使用洛必达法则。

对于自变量的其他变化过程，也有类似的$\frac{0}{0}$型洛必达法则。

下面给出$x\to x_0$时的$\frac{\infty}{\infty}$型洛必达法则。

【定理 2.7】 设存在正数δ，函数$f(x)$与$g(x)$在$0<|x-x_0|<\delta$内可导，且$g'(x)\neq 0$，又满足条件：

(1) $f(x)\to\infty, g(x)\to\infty\ (x\to x_0)$；

(2) 极限$\lim\limits_{x\to x_0}\frac{f'(x)}{g'(x)}$存在(或无穷大)，

则

$$\lim_{x \to x_0} \frac{f(x)}{g(x)} = \lim_{x \to x_0} \frac{f'(x)}{g'(x)}$$

除了$\frac{0}{0}$型和$\frac{\infty}{\infty}$型未定式外，还有$0 \cdot \infty$，$\infty - \infty$，∞^0，0^0，1^∞等类型的未定式。对于这些未定式，可以将其化为$\frac{0}{0}$型或$\frac{\infty}{\infty}$型未定式计算。例如$0 \cdot \infty$，$\infty - \infty$两种未定式，可通过代数恒等变形化为$\frac{0}{0}$型或$\frac{\infty}{\infty}$型；1^∞，0^0，∞^0三种幂指函数未定式，则可通过取对数的方式，转化为$\frac{0}{0}$型或$\frac{\infty}{\infty}$型。

2）导数与函数性质

(1) 函数的单调性。

前面介绍了函数单调的概念，然而利用定义来讨论函数的单调性往往是非常困难的，下面介绍一种利用拉格朗日中值定理建立的判断可导函数单调性的简单方法。

如图2.4所示，如果函数$y=f(x)$的图像是一条沿x轴正向上升(下降)的曲线弧，那么它在对应区间上就是单调增加(单调减少)。我们发现曲线弧每点的切线斜率是正的(负的)，即该点处的导数值是正的(负的)。由此可见，函数的单调性与其导数的符号有着密切的联系。

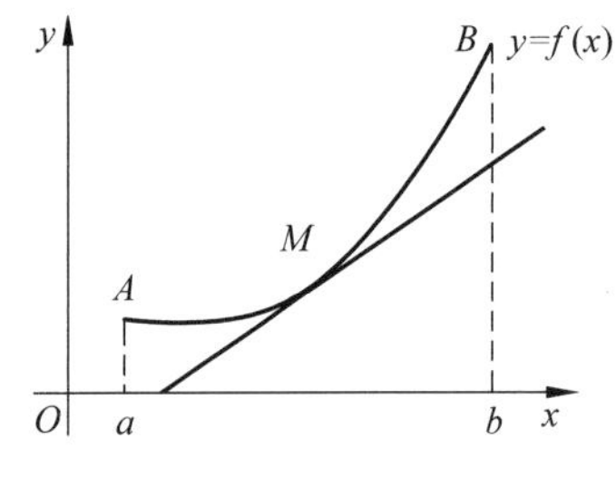

(a) 曲线弧上升时，切线斜率非负

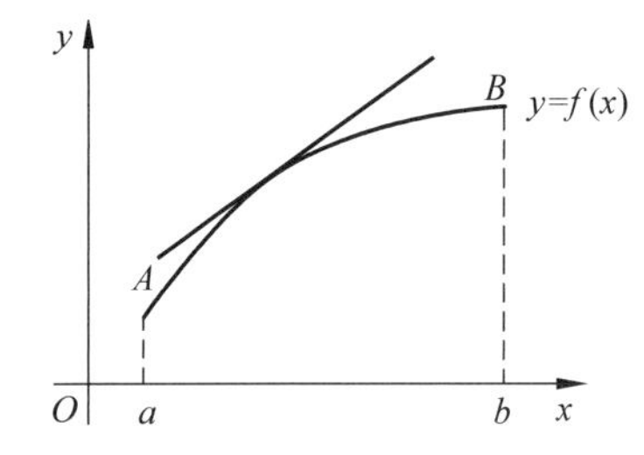

(b) 曲线弧下降时，切线斜率非正

图 2.4　单调函数图像

于是有如下定理：

【定理 2.8】 设函数$y=f(x)$在闭区间$[a,b]$上连续，在开区间(a,b)内可导，

① 如果在(a,b)内，$f'(x)>0$，那么$y=f(x)$在$[a,b]$上单调增加；

② 如果在(a,b)内，$f'(x)<0$，那么$y=f(x)$在$[a,b]$上单调减少。

(2) 曲线凹凸性及拐点。

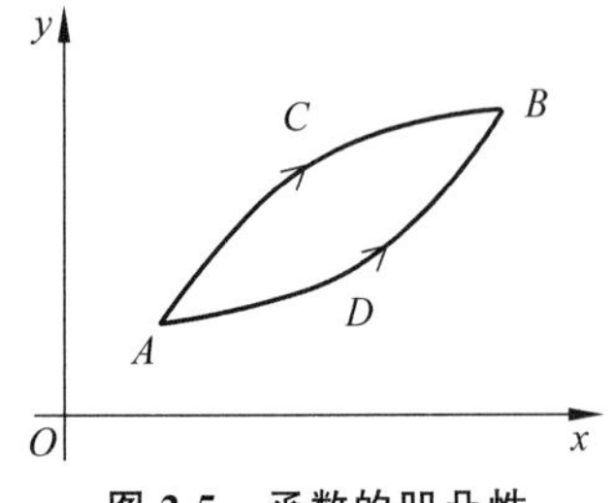

图 2.5　函数的凹凸性

研究函数单调性时会发现，函数图形在上升(或下降)过程中，还有一个弯曲方向的问题。

如图2.5所示，有两条曲线弧，虽然都是上升的，但图像有显著的不同：$\overset{\frown}{ACB}$是向上凸的曲线(简称曲线弧是凸的)，$\overset{\frown}{ADB}$是向上凹的(简称曲线弧是凹的)，下面给出凹凸性的概念及其判定方法。

【定义 2.8】 设函数$f(x)$在区间I上连续，如果对于任

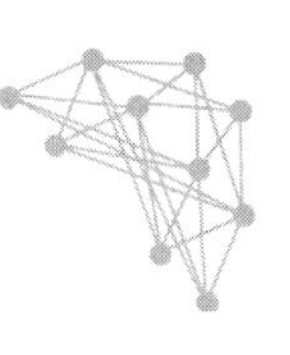

意 $x_1, x_2 \in I$（不妨设 $x_1 < x_2$）及任意正数 $\lambda(0<\lambda<1)$ 恒有

$$f[\lambda x_1 + (1-\lambda)x_2] < \lambda f(x_1) + (1-\lambda)f(x_2)$$

那么称 $f(x)$ 在区间 I 上的图形是（向上）凹的；如果恒有

$$f[\lambda x_1 + (1-\lambda)x_2] > \lambda f(x_1) + (1-\lambda)f(x_2)$$

那么称 $f(x)$ 在区间 I 上的图形是（向上）凸的。

直接利用定义来判断曲线的凹凸性是困难的，下面利用二阶导数来判别曲线的凹凸性。

【定理 2.9】 设函数 $y=f(x)$ 在区间 I 上具有二阶导数，

① 如果在区间 I 上，$f''(x)>0$，那么曲线 $y=f(x)$ 是凹的；

② 如果在区间 I 上，$f''(x)<0$，那么曲线 $y=f(x)$ 是凸的。

一般地，连续曲线 $y=f(x)$ 上凹弧与凸弧的分界点称为拐点。

连续函数 $y=f(x)$ 的拐点可由 $f''(x)$ 的符号来判定。如果 $f''(x)$ 在 x_0 的邻近两侧异号，则 $(x_0, f(x_0))$ 就是曲线的拐点。显然，如果 $f(x)$ 在区间 I 上的二阶导数 $f''(x)$ 连续，则使 $f''(x)$ 异号的分界点必有 $f''(x)=0$。所以二阶导数等于零的点对应的点可能是曲线拐点。另外，$f''(x)$ 不存在的点对应的点也可能是曲线拐点。

所以，首先求解方程 $f''(x)=0$ 的实根或 $f''(x)$ 不存在的点 x_0，再判断 $f''(x)$ 在 x_0 的左、右两侧符号，如果异号，则 $(x_0, f(x_0))$ 是曲线的拐点；如果同号，则 $(x_0, f(x_0))$ 不是曲线的拐点。

(3) 函数的极值与最值。

下面首先给出极值的定义。

【定义 2.9】 设存在正数 δ，函数 $f(x)$ 在 $|x-x_0|<\delta$ 内有定义，如果对于 $0<|x-x_0|<\delta$ 内的任意 x，有

$$f(x) < f(x_0)(\text{或 } f(x) > f(x_0))$$

那么称 $f(x_0)$ 为函数 $f(x)$ 的一个极大值（或极小值）。

函数的极大值与极小值统称为极值，函数取得极值的点称为极值点。函数的极大值和极小值概念是局部特性。下面给出极值的判定定理。

【定理 2.10】（必要条件） 设函数 $f(x)$ 在 x_0 处可导且取得极值，则 $f'(x_0)=0$。

【定理 2.11】（第一充分条件） 设函数 $f(x)$ 在 x_0 处连续，且存在正数 δ，函数 $f(x)$ 在 $0<|x-x_0|<\delta$ 内可导，

① 当 $x\in(x_0-\delta, x_0)$ 时，$f'(x)>0$，当 $x\in(x_0, x_0+\delta)$ 时，$f'(x)<0$，则 $f(x)$ 在 x_0 处取极大值；

② 当 $x\in(x_0-\delta, x_0)$ 时，$f'(x)<0$，当 $x\in(x_0, x_0+\delta)$ 时，$f'(x)>0$，则 $f(x)$ 在 x_0 处取极小值；

③ 当 $x\in\{x \mid 0<|x-x_0|<\delta\}$ 时，$f'(x)$ 的符号不改变，则 $f(x)$ 在 x_0 处无极值。

【定理 2.12】（第二充分条件） 设函数 $f(x)$ 点 x_0 处二阶可导且 $f'(x_0)=0$，$f''(x_0)\neq 0$，则

① 当 $f''(x_0)<0$ 时，函数 $f(x)$ 在 x_0 处取极大值；

② 当 $f''(x_0)>0$ 时，函数 $f(x)$ 在 x_0 处取极小值。

在很多学科领域与实际问题中，经常提到如用料最省、成本最低、时间最短、效益最高等问题，这些问题统称为最优化问题，数学上，它们常归结为求一个函数在某个范围内的最大

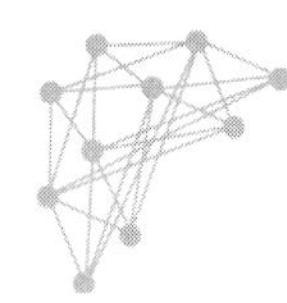

值、最小值问题。

假设函数 $f(x)$ 在闭区间 $[a,b]$ 上连续，在开区间 (a,b) 内除了有限个点外可导，且至多有有限个驻点，在上述条件下，给出 $f(x)$ 在 $[a,b]$ 上的最大值和最小值的求法：首先求出 $f(x)$ 在 (a,b) 内的驻点和不可导点，然后计算 $f(x)$ 在上述驻点、不可导点处的函数值及 $f(a)$、$f(b)$，最后比较诸值大小，其中最大的便是 $f(x)$ 在 $[a,b]$ 上的最大值，最小的便是 $f(x)$ 在 $[a,b]$ 上的最小值。

2.1.4 空间解析几何和向量代数

1. 向量及其运算

1）向量的概念

向量是数学中的一个基本概念。通常将既有大小，又有方向的量称为向量。在数学上，常用一条有向线段来表示向量，以 A 为起点、B 为终点的有向线段所表示的向量记为 $\overrightarrow{AB}$，有时也用一个黑体字母来表示向量，例如 $\boldsymbol{a}$、$\boldsymbol{u}$、$\boldsymbol{F}$ 等。

有些向量与起点有关，有些向量与起点无关，我们主要研究与起点无关的向量，称为自由向量，后面简称为向量。一旦遇到与起点有关的向量，再做特殊处理。

如果向量 $\boldsymbol{a}$ 和 $\boldsymbol{b}$ 的大小相等，方向相同，那么称 $\boldsymbol{a}$ 和 $\boldsymbol{b}$ 相等，记作 $\boldsymbol{a}=\boldsymbol{b}$。

向量的大小称为向量的模，记为 $|\overrightarrow{AB}|$ 或 $|\boldsymbol{a}|$。模为 1 的向量称为单位向量。模为零的向量称为零向量，记为 $\boldsymbol{0}$，零向量的起点和终点重合，所以零向量的方向是任意的。

设非零向量 $\boldsymbol{a}$、$\boldsymbol{b}$，空间上任取一点 O，作 $\overrightarrow{OA}=\boldsymbol{a}$，$\overrightarrow{OB}=\boldsymbol{b}$，规定 $\angle AOB(0\leqslant\angle AOB\leqslant\pi)$ 称为向量 $\boldsymbol{a}$ 与 $\boldsymbol{b}$ 的夹角。如果 $\boldsymbol{a}$ 与 $\boldsymbol{b}$ 中有一个零向量，规定它们的夹角可以是 0 到 π 之间的任意取值。如果 $\boldsymbol{a}$ 与 $\boldsymbol{b}$ 的夹角为 0 或 π，则称 $\boldsymbol{a}$ 与 $\boldsymbol{b}$ 平行，记作 $\boldsymbol{a}/\!/\boldsymbol{b}$；如果 $\boldsymbol{a}$ 与 $\boldsymbol{b}$ 的夹角为 $\frac{\pi}{2}$，则称 $\boldsymbol{a}$ 与 $\boldsymbol{b}$ 垂直，记作 $\boldsymbol{a}\perp\boldsymbol{b}$。零向量与任何向量平行，也与任何向量垂直。

当将平行的两个向量的起点放到同一点时，它们的终点应该在一条直线上，所以，两向量平行，又称为两向量共线；如果把 k 个向量的起点放到同一点上，当它们的终点在同一个平面上时，称这 k 个向量共面。

2）向量的线性运算

（1）向量的加减法。

设向量 $\boldsymbol{a}$ 与 $\boldsymbol{b}$，任取点 A，作 $\overrightarrow{AB}=\boldsymbol{a}$，再以 B 为起点，作 $\overrightarrow{BC}=\boldsymbol{b}$，连接 AC（见图 2.6），那么向量 $\overrightarrow{AC}=\boldsymbol{c}$ 称为向量 $\boldsymbol{a}$ 与 $\boldsymbol{b}$ 的和，记为 $\boldsymbol{a}+\boldsymbol{b}$，即

$$\boldsymbol{c}=\boldsymbol{a}+\boldsymbol{b}$$

上述运算法则称为向量相加的三角形法则。

向量的加法符合下列运算规律。

① 交换律：$\boldsymbol{a}+\boldsymbol{b}=\boldsymbol{b}+\boldsymbol{a}$；

② 结合律：$(\boldsymbol{a}+\boldsymbol{b})+\boldsymbol{c}=\boldsymbol{a}+(\boldsymbol{b}+\boldsymbol{c})$。

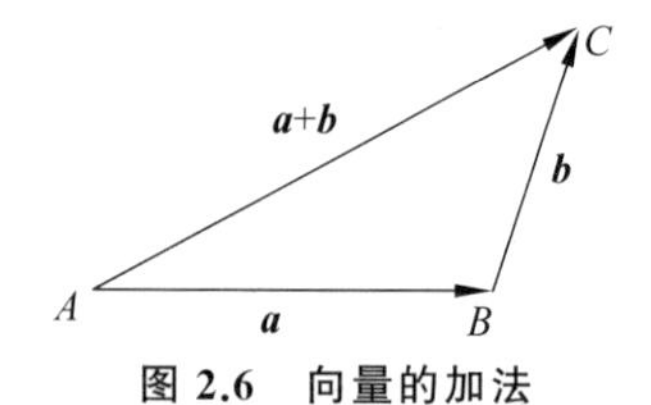

图 2.6 向量的加法

设向量 $\boldsymbol{a}$，与 $\boldsymbol{a}$ 的模相等，方向相反的向量称为 $\boldsymbol{a}$ 的负向量，记为 $-\boldsymbol{a}$。同样，可以规定两个向量 $\boldsymbol{b}$ 与 $\boldsymbol{a}$ 的差（见图 2.7）

$$\boldsymbol{b}-\boldsymbol{a}=\boldsymbol{b}+(-\boldsymbol{a})$$

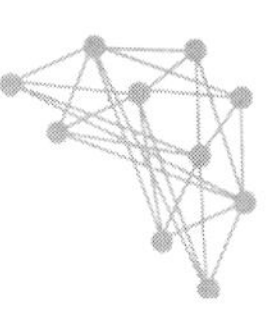

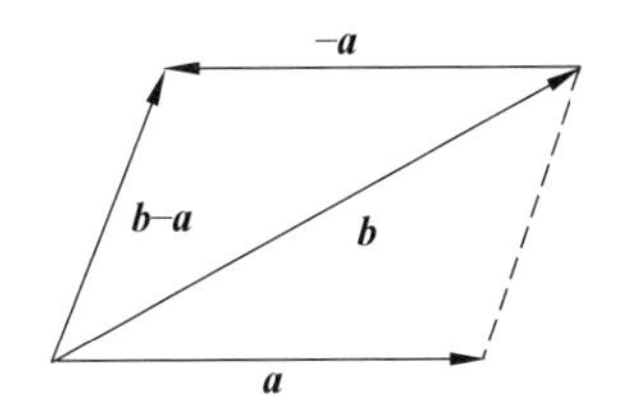

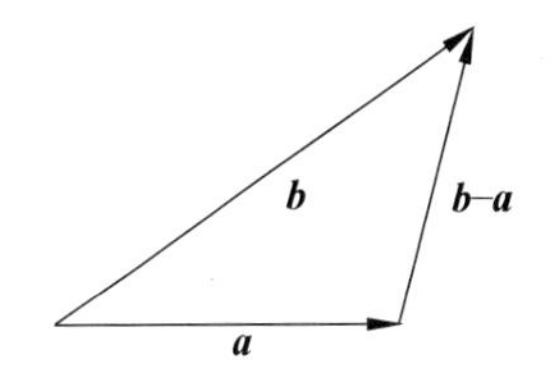

图 2.7　向量的减法

(2) 向量与数的乘法。

向量 $\boldsymbol{a}$ 与实数 λ 的积记为 $\lambda\boldsymbol{a}$，规定 $|\lambda\boldsymbol{a}|=|\lambda||\boldsymbol{a}|$，当 $\lambda>0$ 时，$\lambda\boldsymbol{a}$ 与 $\boldsymbol{a}$ 方向相同；当 $\lambda<0$ 时，$\lambda\boldsymbol{a}$ 与 $\boldsymbol{a}$ 方向相反；当 $\lambda=0$ 时，$\lambda\boldsymbol{a}=\boldsymbol{0}$，方向是任意的。

向量与数的乘法符合下列运算规律。

① 结合律：$\lambda(\mu\boldsymbol{a})=\mu(\lambda\boldsymbol{a})=(\lambda\mu)\boldsymbol{a}$；

② 分配律：$(\lambda+\mu)\boldsymbol{a}=\lambda\boldsymbol{a}+\mu\boldsymbol{a}$，$\lambda(\boldsymbol{a}+\boldsymbol{b})=\lambda\boldsymbol{a}+\lambda\boldsymbol{b}$。

向量的加法和数乘运算统称为向量的线性运算。

3) 利用坐标作向量的线性运算

在空间取点 O 和三个两两垂直的单位向量 $\boldsymbol{i}$、$\boldsymbol{j}$、$\boldsymbol{k}$，确定了三条都以 O 为原点的数轴，依次记为 x 轴、y 轴、z 轴，统称为坐标轴，这样就构成了一个空间直角坐标系，称为 $Oxyz$ 坐标系。任意两条坐标轴确定的平面称为坐标平面，分别称为 xOy 面、yOz 面、zOx 面。三个坐标平面把空间分成八个部分，每个部分为一个卦限，其中 xOy 面上方、yOz 面前方、zOx 面右方为第一卦限，xOy 面上按逆时针依次是第二、第三、第四卦限，xOy 面下即第一卦限下面是第五卦限，按逆时针依次为第六、第七、第八卦限。

任意给定向量 $\boldsymbol{r}$ 有对应点 M，使得 $\overrightarrow{OM}=\boldsymbol{r}$，则在 $Oxyz$ 坐标下的坐标分解式为

$$\boldsymbol{r}=\overrightarrow{OM}=x\boldsymbol{i}+y\boldsymbol{j}+z\boldsymbol{k}$$

其中 $x\boldsymbol{i}$，$y\boldsymbol{j}$，$z\boldsymbol{k}$ 称为向量 $\boldsymbol{r}$ 沿三个坐标轴方向的分量，x，y，z 称为向量 $\boldsymbol{r}$ 的坐标，记为 $\boldsymbol{r}=(x,y,z)$，有序数 x，y，z 也称为点 M 的坐标，记为 $M(x,y,z)$。

利用向量坐标，可得向量的加法、减法和数乘运算如下：

设 $\boldsymbol{a}=(a_x,a_y,a_z)$，$\boldsymbol{b}=(b_x,b_y,b_z)$，则

$$\boldsymbol{a}+\boldsymbol{b}=(a_x+b_x,a_y+b_y,a_z+b_z)$$

$$\boldsymbol{a}-\boldsymbol{b}=(a_x-b_x,a_y-b_y,a_z-b_z)$$

$$\lambda\boldsymbol{a}=(\lambda a_x,\lambda a_y,\lambda a_z)$$

4) 向量的模、方向角、投影

(1) 向量的模与两点间的距离公式。

设向量 $\boldsymbol{r}=(x,y,z)$，则向量的模的坐标表示为

$$|r|=\sqrt{x^2+y^2+z^2}$$

设点 $A=(x_1,y_1,z_1)$ 和点 $B=(x_2,y_2,z_2)$，则点 A 与 B 间的距离 $|AB|$ 为

$$|AB|=|\overrightarrow{AB}|=\sqrt{(x_2-x_1)^2+(y_2-y_1)^2+(z_2-z_1)^2}$$

(2) 方向角与方向余弦。

非零向量 $\boldsymbol{r}$ 与三个坐标轴的夹角 α、β、γ 称为向量 $\boldsymbol{r}$ 的方向角，设 $\boldsymbol{r}=(x,y,z)$，则

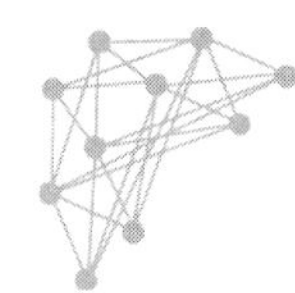

$$(\cos\alpha,\cos\beta,\cos\gamma)=\left(\frac{x}{|r|},\frac{y}{|r|},\frac{z}{|r|}\right)=\frac{1}{|r|}(x,y,z)=\frac{r}{|r|}=\mathrm{e}_r$$

$\cos\alpha,\cos\beta,\cos\gamma$ 称为向量 $\boldsymbol{r}$ 的方向余弦。

(3) 向量在轴上的投影。

设任取一点 O 及单位向量 $\boldsymbol{e}$ 确定 u 轴,给定向量 $\boldsymbol{r}$,作$\overrightarrow{OM}=\boldsymbol{r}$,过点 M 作一平面,与 u 轴垂直,交 u 轴于 M'(见图 2.8),称$\overrightarrow{OM'}$为 $\boldsymbol{r}$ 在 u 轴上的分向量,设$\overrightarrow{OM'}=\lambda e$,则称数 λ 为 $\boldsymbol{r}$ 在 u 轴上的投影,记为 $\mathrm{Prj}_u\boldsymbol{r}$。

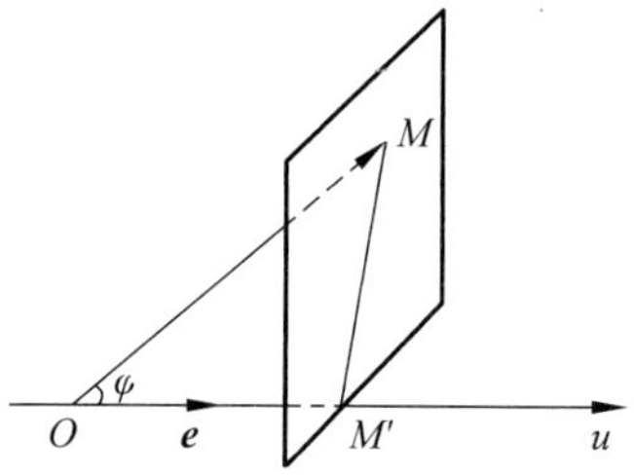

向量 $\boldsymbol{a}$ 在直角坐标系 $Oxyz$ 中的坐标 a_x、a_y、a_z 就是 $\boldsymbol{a}$ 在 x 轴、y 轴、z 轴上的投影,即

$$a_x=\mathrm{Prj}_x\boldsymbol{a},\quad a_y=\mathrm{Prj}_y\boldsymbol{a},\quad a_z=\mathrm{Prj}_z\boldsymbol{a}$$

图 2.8 向量 $\boldsymbol{r}$ 在 u 轴上的投影

向量的投影具有如下性质。

① 设 φ 为向量 $\boldsymbol{a}$ 与 u 轴的夹角,则 $\mathrm{Prj}_u\boldsymbol{a}=|\boldsymbol{a}|\cos\varphi$;

② $\mathrm{Prj}_u(\boldsymbol{a}+\boldsymbol{b})=\mathrm{Prj}_u\boldsymbol{a}+\mathrm{Prj}_u\boldsymbol{b}$;

③ $\mathrm{Prj}_u\lambda\boldsymbol{a}=\lambda\mathrm{Prj}_u\boldsymbol{a}$。

2. 数量积和向量积

1) 数量积

设向量 $\boldsymbol{a}$ 和 $\boldsymbol{b}$,称 $|\boldsymbol{a}|$、$|\boldsymbol{b}|$ 及它们夹角 θ 的余弦的乘积为向量 $\boldsymbol{a}$ 和 $\boldsymbol{b}$ 的数量积,记为 $\boldsymbol{a}\cdot\boldsymbol{b}$,即

$$\boldsymbol{a}\cdot\boldsymbol{b}=|\boldsymbol{a}||\boldsymbol{b}|\cos\theta$$

由定义知 $\boldsymbol{a}\cdot\boldsymbol{a}=|\boldsymbol{a}|^2$,当 $\boldsymbol{a}\cdot\boldsymbol{b}=\boldsymbol{0}$ 时,必有 $\boldsymbol{a}\perp\boldsymbol{b}$。

数量积的运算定律如下。

(1) 交换律:$\boldsymbol{b}\cdot\boldsymbol{a}=\boldsymbol{a}\cdot\boldsymbol{b}$;

(2) 分配律:$\boldsymbol{c}\cdot(\boldsymbol{a}+\boldsymbol{b})=\boldsymbol{c}\cdot\boldsymbol{a}+\boldsymbol{c}\cdot\boldsymbol{b}$;

(3) 结合律:$(\mu\boldsymbol{a})\cdot\boldsymbol{b}=\mu(\boldsymbol{a}\cdot\boldsymbol{b})$,$\mu$ 为数。

数量积的坐标表达式:设 $\boldsymbol{a}=(a_x,a_y,a_z)$,$\boldsymbol{b}=(b_x,b_y,b_z)$,则

$$\boldsymbol{a}\cdot\boldsymbol{b}=a_xb_x+a_yb_y+a_zb_z$$

因为 $\boldsymbol{a}\cdot\boldsymbol{b}=|\boldsymbol{a}||\boldsymbol{b}|\cos\theta$,所以当 $\boldsymbol{a}$ 和 $\boldsymbol{b}$ 都不是 $\boldsymbol{0}$ 向量时,有

$$\cos\theta=\frac{\boldsymbol{a}\cdot\boldsymbol{b}}{|\boldsymbol{a}||\boldsymbol{b}|}$$

其两个向量夹角的余弦的坐标表达式为

$$\cos\theta=\frac{a_xb_x+a_yb_y+a_zb_z}{\sqrt{a_x^2+a_y^2+a_z^2}\sqrt{b_x^2+b_y^2+b_z^2}}$$

2) 向量积

设向量 $\boldsymbol{a}$ 和 $\boldsymbol{b}$,θ 为向量 $\boldsymbol{a}$ 和 $\boldsymbol{b}$ 的夹角,向量 $\boldsymbol{c}$ 的模 $|\boldsymbol{c}|=|\boldsymbol{a}||\boldsymbol{b}|\sin\theta$;向量 $\boldsymbol{c}$ 的方向垂直于向量 $\boldsymbol{a}$ 和 $\boldsymbol{b}$ 所确定的平面,$\boldsymbol{c}$ 的指向按右手规则(右手四个手指从 $\boldsymbol{a}$ 转向 $\boldsymbol{b}$ 握拳,大拇指的指向为向量 $\boldsymbol{c}$ 的指向)来确定,向量 $\boldsymbol{c}$ 称为向量 $\boldsymbol{a}$ 和 $\boldsymbol{b}$ 的向量积,记为 $\boldsymbol{a}\times\boldsymbol{b}$,即 $\boldsymbol{c}=\boldsymbol{a}\times\boldsymbol{b}$。

由定义知 $\boldsymbol{a}\times\boldsymbol{a}=\boldsymbol{0}$。当 $\boldsymbol{a}\neq\boldsymbol{0},\boldsymbol{b}\neq\boldsymbol{0},\boldsymbol{a}\times\boldsymbol{b}=\boldsymbol{0}$ 时,$\boldsymbol{a}/\!/\boldsymbol{b}$。

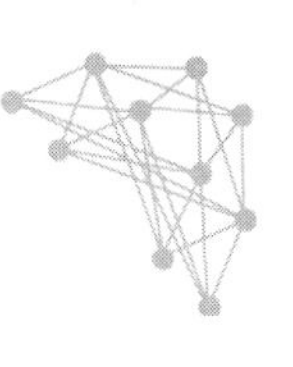

向量积的运算定律如下。

(1) 交换律：$\boldsymbol{a}\times\boldsymbol{b}=\boldsymbol{b}\times\boldsymbol{a}$；

(2) 分配律：$\boldsymbol{c}\times(\boldsymbol{a}+\boldsymbol{b})=\boldsymbol{c}\times\boldsymbol{a}+\boldsymbol{c}\times\boldsymbol{b}$；

(3) 结合律：$(\mu\boldsymbol{a})\times\boldsymbol{b}=\boldsymbol{a}\times(\mu\boldsymbol{b})=\mu(\boldsymbol{a}\times\boldsymbol{b})$，$\mu$ 为数。

向量积的坐标表达式：设 $\boldsymbol{a}=a_x\boldsymbol{i}+a_y\boldsymbol{j}+a_z\boldsymbol{k}$，$\boldsymbol{b}=b_x\boldsymbol{i}+b_y\boldsymbol{j}+b_z\boldsymbol{k}$，则

$$\boldsymbol{a}\times\boldsymbol{b}=(a_yb_z-a_zb_y)\boldsymbol{i}+(a_zb_x-a_xb_z)\boldsymbol{j}+(a_xb_y-a_yb_x)\boldsymbol{k}$$

3. 平面及其方程

垂直于平面的非零向量称为该平面的法线向量。因为过空间一点可以且仅能作一个平面垂直于已知直线，所以当平面 Π 上一点 $M_0(x_0,y_0,z_0)$ 和平面的法线向量 $\boldsymbol{n}=(A,B,C)$ 已知时，平面 Π 就确定了。

设平面 Π 上的任一点为 $M(x,y,z)$，向量 $\overrightarrow{MM_0}$ 必与法线向量 $\boldsymbol{n}$ 垂直，即它们的数量积为 0，即

$$\boldsymbol{n}\cdot\overrightarrow{MM_0}=0$$

因为 $\boldsymbol{n}=(A,B,C)$，$\overrightarrow{MM_0}=(x-x_0,y-y_0,z-z_0)$，所以

$$A(x-x_0)+B(y-y_0)+C(z-z_0)=0$$

这就是平面 Π 上任一点 M 满足的方程，称为平面的点法式方程。

将平面的点法式方程整理变形为

$$Ax+By+Cz+D=0$$

称此方程为平面的一般方程，其中 x,y,z 的系数为平面的一个法线向量 $\boldsymbol{n}$ 的坐标。

设 $P(a,0,0)$、$Q(0,b,0)$、$R(0,0,c)$ 分别为平面与 x 轴、y 轴、z 轴的交点($a\neq0,b\neq0,c\neq0$)。三点坐标已知，则将其代入平面的一般方程 $Ax+By+Cz+D=0$ 中，可得到方程

$$\frac{x}{a}+\frac{y}{b}+\frac{z}{c}=1$$

称此方程为平面的截距式方程，其中 a,b,c 依次为平面在 x 轴、y 轴、z 轴上的截距。

两平面的法线向量的夹角(锐角或直角)(见图 2.9)称为两个平面的夹角。设平面 Π_1 和平面 Π_2 的法线向量分别为 $\boldsymbol{n}_1=(A_1,B_1,C_1)$，$\boldsymbol{n}_2=(A_2,B_2,C_2)$，则平面 Π_1 和平面 Π_2 的夹角 θ 可由

$$\cos\theta=\frac{|A_1A_2+B_1B_2+C_1C_2|}{\sqrt{A_1^2+B_1^2+C_1^2}\sqrt{A_2^2+B_2^2+C_2^2}}$$

求得。

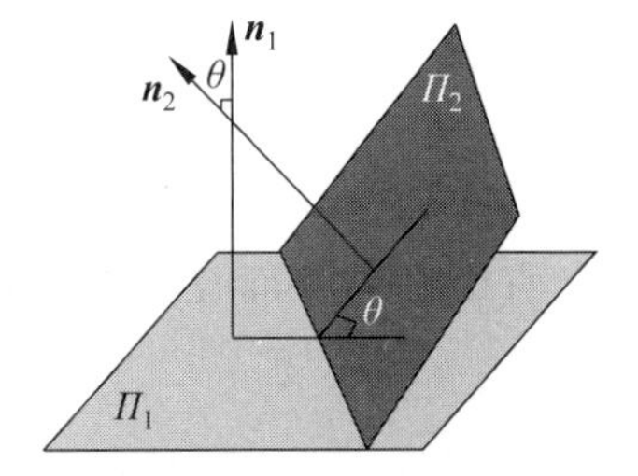

图 2.9　两个平面的夹角

4. 空间直线及其方程

空间直线 L 可以看作两个平面 Π_1 和 Π_2 的交线，平面 Π_1 和 Π_2 的一般方程分别为 $A_1x+B_1y+C_1z+D_1=0$ 和 $A_2x+B_2y+C_2z+D_2=0$，则空间直线 L 的一般方程为

$$\begin{cases}A_1x+B_1y+C_1z+D_1=0\\A_2x+B_2y+C_2z+D_2=0\end{cases}$$

一般称平行于已知直线的非零向量为这条直线的方向向量。因为过空间一点可以且仅能作一条直线平行于已知直线，所以当直线 L 上的点 $M_0(x_0,y_0,z_0)$ 和直线的方向向量 $\boldsymbol{s}=$

(m,n,p)已知时,直线 L 就确定了。

设直线 L 上的任一点为 $M(x,y,z)$,向量$\overrightarrow{MM_0}$必与 $\boldsymbol{s}$ 平行,所以两个向量的对应坐标成比例,有

$$\frac{x-x_0}{m}=\frac{y-y_0}{n}=\frac{z-z_0}{p}$$

称此方程组为直线 L 的对称式方程。m,n,p 称为直线的一组方向数,而向量 $\boldsymbol{s}$ 的方向余弦称为该直线的方向余弦。

由

$$\frac{x-x_0}{m}=\frac{y-y_0}{n}=\frac{z-z_0}{p}=u$$

很容易得到直线 L 的参数方程

$$\begin{cases}x=x_0+mu\\y=y_0+nu\\z=z_0+pu\end{cases}$$

两条直线的方向向量的夹角(锐角或直角)称为两个直线的夹角。设直线 L_1 和直线 L_2 的方向向量分别为 $\boldsymbol{s_1}=(m_1,n_1,p_1)$,$\boldsymbol{s_2}=(m_2,n_2,p_2)$,则直线 L_1 和直线 L_2 的夹角 φ 可由

$$\cos\varphi=\frac{|m_1m_2+n_1n_2+p_1p_2|}{\sqrt{m_1^2+n_1^2+p_1^2}\sqrt{m_2^2+n_2^2+p_2^2}}$$

得知。

直线 L_1 和直线 L_2 互相垂直,当且仅当 $m_1m_2+n_1n_2+p_1p_2=0$;直线 L_1 和直线 L_2 互相平行或重合,当且仅当$\frac{m_1}{m_2}=\frac{n_1}{n_2}=\frac{p_1}{p_2}$。

直线和它在平面上的投影直线的夹角 $\varphi\left(0\leqslant\varphi\leqslant\frac{\pi}{2}\right)$称为直线和平面的夹角。

设 $\boldsymbol{s}=(m,n,p)$为直线 L 的方向向量,$\boldsymbol{n}=(A,B,C)$为平面 Π 的法线向量,直线 L 和平面 Π 的夹角为 φ,则

$$\sin\varphi=\frac{|Am+Bn+Cp|}{\sqrt{A^2+B^2+C^2}\sqrt{m^2+n^2+p^2}}$$

直线 L 与平面 Π 平行,当且仅当 $Am+Bn+Cp=0$;直线 L 与平面 Π 垂直,当且仅当 $\frac{A}{m}=\frac{B}{n}=\frac{C}{p}$。

2.1.5 多元函数微分法及其应用

前面讨论的函数只有一个自变量,称这样的函数为一元函数,但很多实际问题涉及很多因素,也就是一个函数依赖于多个变量。本节在一元函数微分学的基础上,讨论多元函数的微分法及其应用,以二元函数为主。

1. 多元函数的基本概念

1) 平面点集

在平面上建立一个直角坐标系后,平面上的点 P 与(x,y)之间建立了一一对应关系。

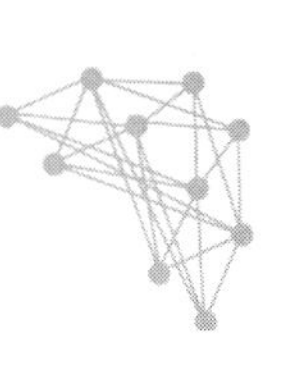

建立坐标系的平面称为坐标平面，即

$$\mathbf{R}^2=\{(x,y)\mid x,y\in\mathbf{R}\}$$

具有性质 P 的坐标平面上的点集，称为平面点集，记为

$$E=\{(x,y)\mid(x,y)\text{具有性质 }P\}$$

例如以原点为圆心，2 为半径的圆内所有点的集合为

$$S=\{(x,y)\mid x^2+y^2<4\}$$

设坐标平面上的一个点 $P_0=(x_0,y_0)$，给定正数 δ，则称与点 $P_0=(x_0,y_0)$ 距离小于 δ 的点 (x,y) 的全体为点 P_0 的 δ 邻域，记为 $U(P_0,\delta)$，即

$$U(P_0,\delta)=\{(x,y)\mid\sqrt{(x-x_0)^2+(y-y_0)^2}<\delta\}$$

通常把点 P_0 的某个邻域记为 $U(P_0)$，点 P_0 的某个去心邻域记为 $U^o(P_0)$。

坐标平面上点 P 和点集 E 之间的关系如下：

(1) 内点：如果存在 $U(P)$，使得 $U(P)\subset E$，那么称 P 为 E 的内点(图 2.10 中，P_1 是 E 的内点)。

(2) 外点：如果存在 $U(P)$，使得 $U(P)\cap E=\phi$，那么称 P 为 E 的外点(图 2.10 中，P_3 是 E 的外点)。

(3) 边界点：如果 P 的任一 $U(P)$ 中既含有属于 E 的点，又含有不属于 E 的点，那么称 P 为 E 的边界点(图 2.10 中，P_2 是 E 的边界点)。E 的边界点的全体称为 E 的边界。

图 2.10　点 P 和点集 E 的关系

E 的外点都不属于 E；E 的内点都属于 E；E 的边界点有可能属于 E，也有可能不属于 E。

除此之外，还有一种关系：聚点。如果对于任何正数 δ，$U^o(P,\delta)\cap E\neq\phi$，那么称 P 是 E 的聚点。聚点 P 有可能属于 E，也有可能不属于 E。

根据点与点集的关系，给出几个重要的平面点集定义。

(1) 开集：如果属于 E 的点都是 E 的内点，那么称 E 为开集。

(2) 闭集：如果 E 的边界点都属于 E，那么称 E 为闭集。

(3) 连通集：如果 E 中的任意两点都能用折线连接起来，且折线上点都属于 E，那么称 E 为连通集。

(4) 区域(开区域)：连通的开集称为区域或开区域。

(5) 闭区域：开区域和它的边界一起所构成的点集称为闭区域。

(6) 有界集：如果存在一个整数 r，使得 $E\subset U(O,r)$，那么称 E 为有界集。

2) 多元函数的概念

【定义 2.10】 设 D 是 $\mathbf{R}^2$ 的一个非空子集，如果对于每个点 $P(x,y)\in D$，按某一法则 f，变量 z 总有确定的值与之对应，则称 z 是变量 x,y 的二元函数，记为

$$z=f(x,y),(x,y)\in D$$

其中，x,y 称为自变量；z 称为因变量；点集 D 称为函数的定义域。当 (x,y) 遍取 D 内的各个点时，则由对应函数值的全体组成的数集

$$f(D)=\{z\mid z=f(x,y),(x,y)\in D\}$$

称为函数 f 的值域。

以 x 为横坐标，y 为纵坐标，$z=f(x,y)$ 为竖坐标，在空间上确定一个点 $M(x,y,z)$，当 (x,y) 取 D 内的所有点时，得到的一个空间点集

$$\{(x,y,z) \mid z=f(x,y),(x,y) \in D\}$$

称为二元函数的图形。二元函数的图形一般为空间曲面。

类似地，可定义三元及三元以上函数。当 $n \geqslant 2$ 时，n 元函数统称为多元函数。

3) 多元函数的极限

与一元函数的极限概念类似，下面用 $\varepsilon-\delta$ 语言描述极限的定义。

【定义 2.11】 设 D 是二元函数 $f(x,y)$ 的定义域，$P_0(x_0,y_0)$ 是 D 的一个聚点，如果存在一个常数 A，对于给定的任意正数 ε，总存在正数 δ，当点 $P(x,y) \in D \cap U^o(P_0,\delta)$ 时，都有

$$|f(x,y)-A|<\varepsilon$$

成立，那么称 A 为函数 $f(x,y)$ 当 $(x,y) \rightarrow (x_0,y_0)$ 时的二重极限，记为

$$\lim_{(x,y) \rightarrow (x_0,y_0)} f(x,y)=A \text{ 或 } f(x,y) \rightarrow A \ ((x,y) \rightarrow (x_0,y_0))$$

二元函数 $f(x,y)$ 在 $P_0(x_0,y_0)$ 处二重极限存在指的是 $P(x,y)$ 以任何方式趋近于 $P_0(x_0,y_0)$ 时，$f(x,y)$ 都无限接近于 A。如果 $P(x,y)$ 以某一特定方式趋近于 $P_0(x_0,y_0)$，即使 $f(x,y)$ 也无限接近于某一常数，但却无法确定函数 $f(x,y)$ 的极限是否存在。

类似地，可定义 n 元函数的极限。

多元函数的极限运算有与一元函数类似的运算法则。

4) 多元函数的连续性

下面在多元函数极限的定义基础上说明多元函数的连续性。

【定义 2.12】 设 D 是二元函数 $f(x,y)$ 的定义域，$P_0(x_0,y_0)$ 是 D 的一个聚点，且 $P_0 \in D$，如果

$$\lim_{(x,y) \rightarrow (x_0,y_0)} f(x,y)=f(x_0,y_0)$$

那么称二元函数 $f(x,y)$ 在点 $P_0(x_0,y_0)$ 连续；否则，$f(x,y)$ 在点 $P_0(x_0,y_0)$ 不连续，$P_0(x_0,y_0)$ 称为二元函数 $f(x,y)$ 的间断点。

如果定义域 D 内的每一点都是 D 的聚点且二元函数 $f(x,y)$ 在 D 内的每一点都连续，则称二元函数 $f(x,y)$ 在 D 上连续，$f(x,y)$ 称为 D 上的连续函数。

与一元函数类似，多元连续函数的和、差、积、商(分母不为零)仍为连续函数；多元连续函数的复合仍为连续函数。

2. 偏导数

1) 偏导数的定义及其计算法

一元函数的变化率引入了导数的概念。多元函数也需要研究函数变化率。多元函数变化率受多个自变量影响，比较复杂。首先考虑多元函数关于其中一个自变量的变化率，引入偏导数的概念。

【定义 2.13】 设二元函数 $z=f(x,y)$ 在 $P_0(x_0,y_0)$ 的某一邻域 $U(P_0)$ 内有定义，当 $y=y_0$，$x=x_0+\Delta x$ 时，函数的增量是 $f(x_0+\Delta x,y_0)-f(x_0,y_0)$，如果

$$\lim_{\Delta x \rightarrow 0} \frac{f(x_0+\Delta x,y_0)-f(x_0,y_0)}{\Delta x}$$

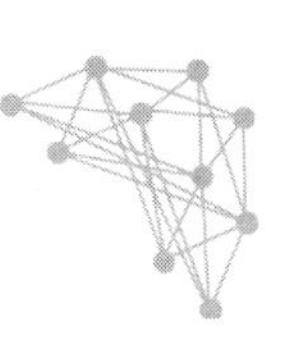

存在，那么称此极限为函数 $f(x,y)$ 在点 $P_0(x_0,y_0)$ 处对 x 的偏导数，记为

$$\left.\frac{\partial z}{\partial x}\right|_{\substack{x=x_0\\y=y_0}},\left.\frac{\partial f}{\partial x}\right|_{\substack{x=x_0\\y=y_0}},z_x\left|_{\substack{x=x_0\\y=y_0}}\right.\text{或 } f_x(x_0,y_0)$$

类似地，二元函数 $z=f(x,y)$ 在点 $P_0(x_0,y_0)$ 处对 y 的偏导数为

$$\lim_{\Delta y\to 0}\frac{f(x_0,y_0+\Delta y)-f(x_0,y_0)}{\Delta y}$$

记为

$$\left.\frac{\partial z}{\partial y}\right|_{\substack{x=x_0\\y=y_0}},\left.\frac{\partial f}{\partial y}\right|_{\substack{x=x_0\\y=y_0}},z_y\left|_{\substack{x=x_0\\y=y_0}}\right.\text{或 } f_y(x_0,y_0)$$

如果二元函数 $z=f(x,y)$ 在区域 D 内的每一点 $P(x,y)$ 处对 x 的偏导数都存在，偏导数值构成的函数称为二元函数 $z=f(x,y)$ 对 x 的偏导函数，记为

$$\frac{\partial z}{\partial x},\frac{\partial f}{\partial x},z_x\text{ 或 } f_x(x,y)$$

类似地，函数 $f(x,y)$ 对 y 的偏导函数记为

$$\frac{\partial z}{\partial y},\frac{\partial f}{\partial y},z_y\text{ 或 } f_y(x,y)$$

在不混淆的情况下，一般将偏导函数简称为偏导数。

偏导数的概念可以推广到二元以上函数。

二元函数的偏导数的几何意义如下：

设 $M_0(x_0,y_0,z_0)$ 为曲面 $z=f(x,y)$ 上的一点，过 M_0 作平面 $y=y_0$，与曲面相交于曲线 L，则 $f_x(x_0,y_0)$ 就是曲线 L 在点 M_0 处的切线 M_0T_x（M_0T_x 在平面 $y=y_0$ 上）对 x 的斜率；同样，$f_y(x_0,y_0)$ 就是曲面被平面 $x=x_0$ 截取的曲线在点 M_0 处的切线 M_0T_y（M_0T_y 在平面 $x=x_0$ 上）对 y 的斜率（如图 2.11 所示）。

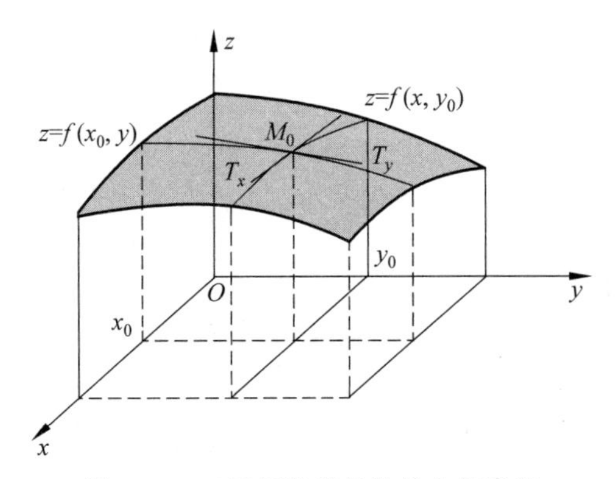

图 2.11　二元函数偏导数的几何意义

二元函数在某点处各偏导数存在，也不能保证此二元函数在该点处连续。

求函数 $f(x,y)$ 的偏导数时，因为其中一个变量是固定不变的，所以实质上仍然是一元函数，所以采用一元函数微分法求取。这里仅就二元函数的复合函数求导法则和隐函数求导法则，分如下几种情况给予说明。

(1) 一元函数与二元函数复合。

如果一元函数 $u=u(x),v=v(x)$都在 x 处可导,二元函数 $z=f(u,v)$在(u,v)处具有连续偏导数,那么复合函数 $z=f(u(x),v(x))$在 x 处可导,且

$$\frac{\mathrm{d}z}{\mathrm{d}x}=\frac{\partial z}{\partial u}\frac{\mathrm{d}u}{\mathrm{d}x}+\frac{\partial z}{\partial v}\frac{\mathrm{d}v}{\mathrm{d}x}$$

(2) 二元函数与二元函数复合。

如果二元函数 $u=u(x,y),v=v(x,y)$都在(x,y)处具有偏导数,二元函数 $z=f(u,v)$在(u,v)处具有连续偏导数,那么复合函数 $z=f(u(x,y),v(x,y))$在(x,y)处偏导数都存在,且

$$\frac{\partial z}{\partial x}=\frac{\partial z}{\partial u}\frac{\partial u}{\partial x}+\frac{\partial z}{\partial v}\frac{\partial v}{\partial x},\quad \frac{\partial z}{\partial y}=\frac{\partial z}{\partial u}\frac{\partial u}{\partial y}+\frac{\partial z}{\partial v}\frac{\partial v}{\partial y}$$

(3) 其他复合。

如果二元函数 $u=u(x,y)$在(x,y)处具有偏导数,一元函数 $v=v(y)$在 y 处可导,二元函数 $z=f(u,v)$在(u,v)处具有连续偏导数,那么复合函数 $z=f(u(x,y),v(y))$在(x,y)处偏导数都存在,且

$$\frac{\partial z}{\partial x}=\frac{\partial z}{\partial u}\frac{\partial u}{\partial x},\quad \frac{\partial z}{\partial y}=\frac{\partial z}{\partial u}\frac{\partial u}{\partial y}+\frac{\partial z}{\partial v}\frac{\mathrm{d}v}{\mathrm{d}y}$$

(4) 由一个方程确定的隐函数。

如果函数 $F(x,y)$在 $P_0(x_0,y_0)$的某一邻域 $U(P_0)$内具有连续的偏导数,同时 $F(x_0,y_0)=0$ 且 $F_z(x_0,y_0)\neq 0$,那么方程 $F(x,y)=0$ 在 $U(P_0)$内唯一确定一个连续函数 $y=f(x)$,满足 $y_0=f(x_0)$,$y=f(x)$具有连续导数,且

$$\frac{\mathrm{d}y}{\mathrm{d}x}=-\frac{F_x(x,y)}{F_y(x,y)}$$

如果函数 $F(x,y,z)$在 $P_0(x_0,y_0,z_0)$的某一邻域 $U(P_0)$内具有连续的偏导数,同时 $F(x_0,y_0,z_0)=0$ 且 $F_z(x_0,y_0,z_0)\neq 0$,那么方程 $F(x,y,z)=0$ 在 $U(P_0)$内唯一确定一个连续二元函数 $z=f(x,y)$,满足 $z_0=f(x_0,y_0)$,$z=f(x,y)$具有连续偏导数,且

$$\frac{\partial z}{\partial x}=-\frac{F_x(x,y,z)}{F_z(x,y,z)},\quad \frac{\partial z}{\partial y}=-\frac{F_y(x,y,z)}{F_z(x,y,z)}$$

(5) 由方程组确定的隐函数。

如果函数 $F(x,y,u,v)$,$G(x,y,u,v)$在 $P_0(x_0,y_0,u_0,v_0)$的某一邻域 $U(P_0)$内具有连续的偏导数,同时 $F(x_0,y_0,u_0,v_0)=0$ 且 $G(x_0,y_0,u_0,v_0)=0$,且偏导数组成的雅可比行列式

$$J=\frac{\partial(F,G)}{\partial(u,v)}=\begin{vmatrix} F_u & F_v \\ G_u & G_v \end{vmatrix}$$

在 $P_0(x_0,y_0,u_0,v_0)$不为 0,则方程组

$$\begin{cases} F(x,y,u,v)=0 \\ G(x,y,u,v)=0 \end{cases}$$

在 $U(P_0)$内唯一确定一组连续函数 $\begin{cases} u=u(x,y) \\ v=v(x,y) \end{cases}$,满足 $u_0=u(x_0,y_0)$,$v_0=v(x_0,y_0)$,且

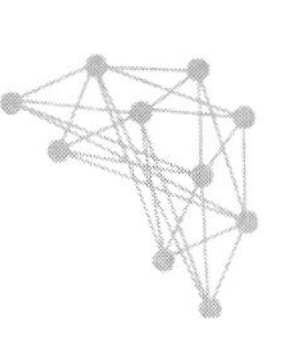

$\begin{cases} u=u(x,y) \\ v=v(x,y) \end{cases}$具有连续偏导数，并有

$$\frac{\partial u}{\partial x}=-\frac{1}{J}\frac{\partial(F,G)}{\partial(x,v)}=-\frac{1}{J}\begin{vmatrix} F_x & F_v \\ G_x & G_v \end{vmatrix},\quad \frac{\partial v}{\partial x}=-\frac{1}{J}\frac{\partial(F,G)}{\partial(u,x)}=-\frac{1}{J}\begin{vmatrix} F_u & F_x \\ G_u & G_x \end{vmatrix}$$

$$\frac{\partial u}{\partial y}=-\frac{1}{J}\frac{\partial(F,G)}{\partial(y,v)}=-\frac{1}{J}\begin{vmatrix} F_y & F_v \\ G_y & G_v \end{vmatrix},\quad \frac{\partial v}{\partial y}=-\frac{1}{J}\frac{\partial(F,G)}{\partial(u,y)}=-\frac{1}{J}\begin{vmatrix} F_u & F_y \\ G_u & G_y \end{vmatrix}$$

2）高阶偏导数

设二元函数 $z=f(x,y)$在区域 D 内具有偏导数 $f_x(x,y)$与 $f_y(x,y)$，如果在 D 内 $f_x(x,y)$与$f_y(x,y)$的偏导数也存在，那么称它们是函数 $z=f(x,y)$的二阶偏导数。记为

$$\frac{\partial}{\partial x}\left(\frac{\partial z}{\partial x}\right)=\frac{\partial^2 z}{\partial x^2}=f_{xx}(x,y),\quad \frac{\partial}{\partial y}\left(\frac{\partial z}{\partial x}\right)=\frac{\partial^2 z}{\partial x\partial y}=f_{xy}(x,y)$$

$$\frac{\partial}{\partial x}\left(\frac{\partial z}{\partial y}\right)=\frac{\partial^2 z}{\partial y\partial x}=f_{yx}(x,y),\quad \frac{\partial}{\partial y}\left(\frac{\partial z}{\partial y}\right)=\frac{\partial^2 z}{\partial y^2}=f_{yy}(x,y)$$

同样可以得到三阶、四阶……以及 n 阶偏导数。二阶及二阶以上偏导数统称为高阶偏导数。

如果二元函数 $z=f(x,y)$的两个二阶偏导数 $f_{xy}(x,y)$和 $f_{yx}(x,y)$在区域 D 上连续，那么在 D 上有 $f_{xy}(x,y)=f_{yx}(x,y)$。

3. 全微分

设二元函数 $z=f(x,y)$在 $P(x,y)$的某一邻域 $U(P)$内有定义，$P'(x+\Delta x,y+\Delta y)\in U(P)$，则称

$$f(x+\Delta x,y+\Delta y)-f(x,y)$$

为函数在 $P(x,y)$处对应 Δx 和 Δy 的全增量。

【定义 2.14】 设二元函数 $z=f(x,y)$在 $P(x,y)$的某一邻域 $U(P)$内有定义，如果函数的全增量 $f(x+\Delta x,y+\Delta y)-f(x,y)$可以表示为

$$\Delta z=A\Delta x+B\Delta y+o(\rho)$$

其中 A,B 只与 x,y 有关，与 Δx,Δy 无关，$\rho=\sqrt{(\Delta x)^2+(\Delta y)^2}$，那么称二元函数 $z=f(x,y)$在 $P(x,y)$处可微分，$A\Delta x+B\Delta y$ 称为二元函数 $z=f(x,y)$在 P 处的全微分，记为

$$dz=A\Delta x+B\Delta y$$

如果二元函数在区域 D 内处处可微分，那么称此函数在 D 内可微分。

下面讨论二元函数 $z=f(x,y)$在 $P(x,y)$处可微分的条件，得到如下结论。

【定理 2.13】（必要条件） 如果二元函数 $z=f(x,y)$在 $P(x,y)$处可微分，那么该函数在 $P(x,y)$处的偏导数 $f_x(x,y)$与 $f_y(x,y)$存在，且函数 $z=f(x,y)$在 $P(x,y)$处的全微分为

$$dz=f_x(x,y)\Delta x+f_y(x,y)\Delta y$$

【定理 2.14】（充分条件） 如果二元函数 $z=f(x,y)$的偏导数 $f_x(x,y)$与 $f_y(x,y)$在 $P(x,y)$处连续，那么该函数在 $P(x,y)$处可微分。

通常将 Δx 与 Δy 分别记为 dx 与 dy，函数 $z=f(x,y)$的全微分可以写作

$$dz=f_x(x,y)dx+f_y(x,y)dy$$

以上关于二元函数的全微分定义和可微分条件可以推广到三元及三元以上的多元函数。

4. 方向导数与梯度

方向导数反映的是函数沿着任一指定方向的变化率问题。

在 xOy 平面上,设 l 是以 $P_0(x_0,y_0)$ 为端点的一条射线,$\boldsymbol{e}_l=(\cos\alpha,\cos\beta)$ 是一个单位向量且与射线 l 同方向,射线 l 的参数方程写成

$$\begin{cases}x=x_0+t\cos\alpha\\y=y_0+t\cos\beta\end{cases}\quad(t\geqslant 0)$$

其中 α,β 为 $\boldsymbol{e}_l$ 的方向角。

【定义 2.15】 设二元函数 $z=f(x,y)$ 在点 $P_0(x_0,y_0)$ 的某一邻域 $U(P_0)$ 内有定义,$P(x_0+t\cos\alpha,y_0+t\cos\beta)\in l\cap U(P_0)$,$P$ 与 P_0 的距离 $|PP_0|=t$,如果

$$\frac{f(x_0+t\cos\alpha,y_0+t\cos\beta)-f(x_0,y_0)}{t}$$

当 P 沿着 l 趋近于 P_0(即 $t\to 0^+$)时极限存在,那么称此极限为二元函数 $f(x,y)$ 在 $P_0(x_0,y_0)$ 沿着 l 的方向导数,记为 $\left.\frac{\partial f}{\partial l}\right|_{(x_0,y_0)}$,即

$$\left.\frac{\partial f}{\partial l}\right|_{(x_0,y_0)}=\lim_{t\to 0+}\frac{f(x_0+t\cos\alpha,y_0+t\cos\beta)-f(x_0,y_0)}{t}$$

如果二元函数 $z=f(x,y)$ 在 $P_0(x_0,y_0)$ 的偏导数存在,取 $\boldsymbol{e}_l=(1,0)$,则

$$\left.\frac{\partial f}{\partial l}\right|_{(x_0,y_0)}=f_x(x_0,y_0)$$

又取 $\boldsymbol{e}_l=(0,1)$,则

$$\left.\frac{\partial f}{\partial l}\right|_{(x_0,y_0)}=f_y(x_0,y_0)$$

计算一个方向导数可以通过如下定理。

【定理 2.15】 如果二元函数 $z=f(x,y)$ 在 $P_0(x_0,y_0)$ 可微分,那么函数在 $P_0(x_0,y_0)$ 沿任一指定方向 l 的方向导数都存在,且

$$\left.\frac{\partial f}{\partial l}\right|_{(x_0,y_0)}=f_x(x_0,y_0)\cos\alpha+f_y(x_0,y_0)\cos\beta$$

其中 $\cos\alpha,\cos\beta$ 为 $\boldsymbol{e}_l$ 的方向余弦。

与方向导数有联系的一个概念就是函数的梯度。

设二元函数 $z=f(x,y)$ 在区域 D 内具有连续的一阶偏导数,则对于 $P_0(x_0,y_0)\in D$,向量

$$f_x(x_0,y_0)\boldsymbol{i}+f_y(x_0,y_0)\boldsymbol{j}$$

称为函数 $f(x,y)$ 在点 $P_0(x_0,y_0)$ 的梯度,记为 $\mathrm{grad}f(x_0,y_0)$ 或 $\nabla f(x_0,y_0)$。

$\nabla=\frac{\partial}{\partial x}\boldsymbol{i}+\frac{\partial}{\partial y}\boldsymbol{j}$ 称为向量微分算子或 Nabla 算子,$\nabla \boldsymbol{f}=\frac{\partial f}{\partial x}\boldsymbol{i}+\frac{\partial f}{\partial y}\boldsymbol{j}$。

如果二元函数 $z=f(x,y)$ 在 $P_0(x_0,y_0)$ 可微分,$\boldsymbol{e}_l=(\cos\alpha,\cos\beta)$ 是一个单位向量且与方向 l 同向,那么

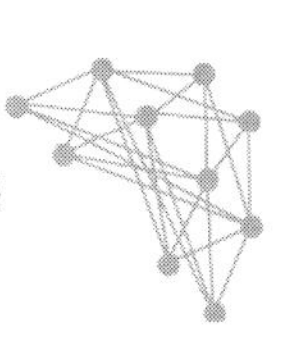

$$\left.\frac{\partial f}{\partial l}\right|_{(x_0,y_0)}=f_x(x_0,y_0)\cos\alpha+f_y(x_0,y_0)\cos\beta$$

$$=\mathrm{grad}f(x_0,y_0)\cdot \boldsymbol{e}_l=|\mathrm{grad}f(x_0,y_0)|\cos\theta$$

其中，θ 为 $\mathrm{grad}f(x_0,y_0)$与 $\boldsymbol{e}_l$ 的夹角。

由此可以得到函数在某点的梯度与该点处的方向导数的关系：

(1) 当 $\mathrm{grad}f(x_0,y_0)$与 $\boldsymbol{e}_l$ 的方向相同，即 $\theta=0$ 时，二元函数 $z=f(x,y)$增加最快。函数在这个方向的方向导数最大，其最大值是梯度的模$|\mathrm{grad}f(x_0,y_0)|$，即

$$\left.\frac{\partial f}{\partial l}\right|_{(x_0,y_0)}=|\mathrm{grad}f(x_0,y_0)|$$

(2) 当 $\mathrm{grad}f(x_0,y_0)$与 $\boldsymbol{e}_l$ 的方向相反，即 $\theta=\pi$ 时，二元函数 $z=f(x,y)$减少最快。函数在这个方向的方向导数最小，其最小值为

$$\left.\frac{\partial f}{\partial l}\right|_{(x_0,y_0)}=-|\mathrm{grad}f(x_0,y_0)|$$

(3) 当 $\mathrm{grad}f(x_0,y_0)$与 $\boldsymbol{e}_l$ 的方向垂直，即 $\theta=\frac{\pi}{2}$时，$\left.\frac{\partial f}{\partial l}\right|_{(x_0,y_0)}=0$。

在 $Oxyz$ 坐标系中，二元函数 $z=f(x,y)$的图像是一个曲面，此曲面与平面 $z=c$ 相交于空间曲线 L，其方程为

$$\begin{cases}z=f(x,y)\\ z=c\end{cases}$$

空间曲线 L 在 xOy 面上的投影为平面曲线 L^*，其方程为

$$f(x,y)=c$$

则称平面曲线 L^* 为二元函数 $z=f(x,y)$的等值线。如果 f_x、f_y 不同时为0，那么 $f(x,y)=c$ 上任意点 $P_0(x_0,y_0)$处的单位法向量为

$$\boldsymbol{n}=\frac{(f_x(x_0,y_0),f_y(x_0,y_0))}{\sqrt{f_x^2(x_0,y_0)+f_y^2(x_0,y_0)}}=\frac{\nabla f(x_0,y_0)}{|\nabla f(x_0,y_0)|}$$

函数 $f(x,y)$在 $P_0(x_0,y_0)$处的梯度$\nabla f(x_0,y_0)$的方向就是 $f(x,y)=c$ 在该点的法线方向，梯度的模等于沿着法线方向的方向导数$\frac{\partial f}{\partial n}$，所以有

$$\nabla f(x_0,y_0)=\frac{\partial f}{\partial n}\boldsymbol{n}$$

梯度概念可以类似推广到三元函数。

5. 多元函数的极值及其求法

1) 多元函数的极值

与一元函数类似，此处以二元函数为例，讨论多元函数的极值问题。

【定义 2.16】 设二元函数 $z=f(x,y)$在区域 D 内有定义，$P_0(x_0,y_0)$为 D 的一个内点，如果存在 $U(P_0)\subseteq D$，使得异于 P_0 的任一点$(x,y)\in D$，都有

$$f(x,y)<f(x_0,y_0)$$

那么称函数 $z=f(x,y)$在 $P_0(x_0,y_0)$有极大值 $f(x_0,y_0)$，(x_0,y_0)称为函数 $z=f(x,y)$的极大值点；如果在该邻域内异于 P_0 的任一点$(x,y)\in D$，都有

$$f(x,y) > f(x_0,y_0)$$

那么称函数 $z=f(x,y)$ 在 $P_0(x_0,y_0)$ 有极小值 $f(x_0,y_0)$,(x_0,y_0) 称为函数 $z=f(x,y)$ 的极小值点。极大值和极小值统称为极值,取到极值的点称为极值点。

关于二元函数的极值问题,有如下结论。

【定理 2.16】(必要条件) 设二元函数 $z=f(x,y)$ 在 $P_0(x_0,y_0)$ 处具有偏导数,且在 $P_0(x_0,y_0)$ 处取得极值,则 $f_x(x_0,y_0)=0$, $f_y(x_0,y_0)=0$。

【定理 2.17】(充分条件) 如果二元函数 $z=f(x,y)$ 在 $P_0(x_0,y_0)$ 的某一邻域 $U(P_0)$ 内连续且具有一阶连续偏导数、二阶连续偏导数,又有 $f_x(x_0,y_0)=0$, $f_y(x_0,y_0)=0$,令 $f_{xx}(x_0,y_0)=A$,$f_{xy}(x_0,y_0)=B$,$f_{yy}(x_0,y_0)=C$,那么 $f(x,y)$ 在 $P_0(x_0,y_0)$ 处取极值的条件如下:

(1) $AC-B^2>0$ 时具有极值,当 $A<0$ 时取到极大值,当 $A>0$ 时取到极小值;

(2) $AC-B^2<0$ 时没有极值;

(3) $AC-B^2=0$ 时可能有极值,也可能没有极值,另作讨论。

与一元函数类似,二元函数也可能在偏导数不存在的点处取到极值。

2) 条件极值与拉格朗日乘数法

上面讨论的极值问题,除了定义域外,自变量无其他条件限制,称为无条件极值。但现实问题中,很多极值问题都对自变量附加条件,这样的极值问题称为条件极值。

寻求条件极值的方法就是拉格朗日乘数法。

拉格朗日乘数法 要寻求二元函数 $z=f(x,y)$ 在条件 $\varphi(x,y)=0$ 下的可能极值点,先作拉格朗日函数

$$L(x,y)=f(x,y)+\lambda\varphi(x,y)$$

其中 λ 为参数,然后对其求一阶偏导数,并使偏导数为零,与 $\varphi(x,y)=0$ 联立方程组:

$$\begin{cases} f_x(x,y)+\lambda\varphi_x(x,y)=0 \\ f_y(x,y)+\lambda\varphi_y(x,y)=0 \\ \varphi(x,y)=0 \end{cases}$$

解方程得到 x,y 和 λ,这样得到的 (x,y) 就是函数 $z=f(x,y)$ 在条件 $\varphi(x,y)=0$ 下的可能极值点。

上述关于二元函数的极值和条件极值问题,可以类似地推广到 $n(n\geqslant 3)$ 元函数。

2.2 线性代数

线性代数是代数学的一个分支,它允许对自然现象进行建模并高效计算,所以它在整个科学和工程中被广泛应用。线性代数是理解机器学习背后理论的关键,尤其是深度学习。线性代数使人们更直观地了解算法是如何工作的,从而帮助人们做出更好的决策。本节将介绍用于机器学习的一些线性代数概念和理论。

2.2.1 矩阵及其运算

在机器学习的过程中,经常会用到矩阵,例如一张图片的像素(如 320×320)在计算机中

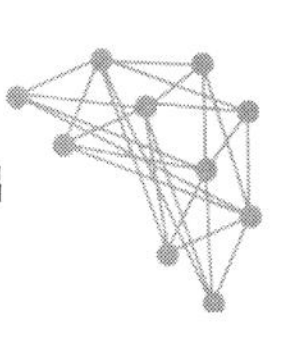

事实上就是 320×320 的矩阵，每一个元素都代表这个像素点的颜色。很多算法都是基于矩阵和向量的，也就需要用到矩阵的一些运算。下面介绍矩阵的概念和运算。

1. 矩阵的基本概念

【定义 2.17】 m 行 n 列的数表

$$\begin{matrix} a_{11} & a_{12} & \cdots & a_{1n} \\ a_{21} & a_{22} & \cdots & a_{2n} \\ \vdots & \vdots & \ddots & \vdots \\ a_{m1} & a_{m2} & \cdots & a_{mn} \end{matrix}$$

称为 m 行 n 列矩阵，简称 $m\times n$ 矩阵，为了说明它是一个整体，加一对括号，并用大写字母表示，记为

$$\boldsymbol{A}=\begin{pmatrix} a_{11} & a_{12} & \cdots & a_{1n} \\ a_{21} & a_{22} & \cdots & a_{2n} \\ \vdots & \vdots & \ddots & \vdots \\ a_{m1} & a_{m2} & \cdots & a_{mn} \end{pmatrix}$$

其中 $m\times n$ 个数 $a_{ij}(i=1,2,\cdots,m;j=1,2,\cdots,n)$称为矩阵 $\boldsymbol{A}$ 的元素，以数 a_{ij} 为(i,j)元素的矩阵简记为(a_{ij})或$(a_{ij})_{m\times n}$，矩阵 $\boldsymbol{A}$ 也记为 $\boldsymbol{A}_{m\times n}$。

以实数为元素的矩阵称为实矩阵，以复数为元素的矩阵称为复矩阵。

当 $m=n$ 时，矩阵 $\boldsymbol{A}$ 称为 n 阶矩阵或 n 阶方阵，记为 $\boldsymbol{A}_n$。

称只有一行的矩阵

$$\boldsymbol{A}=(a_1 \quad a_2 \quad \cdots \quad a_n)$$

为行矩阵，又称行向量。行矩阵也记为 $\boldsymbol{A}=(a_1,a_2,\cdots,a_n)$。

称只有一列的矩阵

$$\boldsymbol{B}=\begin{pmatrix} b_1 \\ b_2 \\ \vdots \\ b_m \end{pmatrix}$$

为列矩阵，又称列向量。

同型矩阵指的是两个矩阵的行数、列数对应相等。如果 $\boldsymbol{A}=(a_{ij})$与 $\boldsymbol{B}=(b_{ij})$是同型矩阵，并且它们的对应元素相等，那么就称矩阵 $\boldsymbol{A}$ 与 $\boldsymbol{B}$ 相等，记为 $\boldsymbol{A}=\boldsymbol{B}$。

下面介绍几个特殊矩阵。零矩阵是所有元素都为零的矩阵，记为 $\boldsymbol{O}$；对角矩阵，又称对角阵，指只有主对角线上有非零元素的矩阵，即

$$\begin{pmatrix} \lambda_1 & 0 & \cdots & 0 \\ 0 & \lambda_2 & \cdots & 0 \\ \vdots & \vdots & \ddots & \vdots \\ 0 & 0 & \cdots & \lambda_n \end{pmatrix}$$

对角阵也记为 $\boldsymbol{A}=\mathrm{diag}(\lambda_1,\lambda_2,\cdots,\lambda_n)$；单位矩阵指主对角线上元素都为 1，其余元素为 0 的矩阵，

即
$$\begin{pmatrix} 1 & 0 & \cdots & 0 \\ 0 & 1 & \cdots & 0 \\ \vdots & \vdots & \ddots & \vdots \\ 0 & 0 & \cdots & 1 \end{pmatrix}$$
记为 $\boldsymbol{E}$。对于非齐次线性方程组
$$\begin{cases} a_{11}x_1 + a_{12}x_2 + \cdots + a_{1n}x_n = b_1 \\ a_{21}x_1 + a_{22}x_2 + \cdots + a_{2n}x_n = b_2 \\ \qquad\qquad\vdots \\ a_{m1}x_1 + a_{m2}x_2 + \cdots + a_{mn}x_n = b_m \end{cases}$$
会涉及如下矩阵
$$\boldsymbol{A} = (a_{ij}), \quad \boldsymbol{x} = \begin{pmatrix} x_1 \\ x_2 \\ \vdots \\ x_n \end{pmatrix}, \quad \boldsymbol{b} = \begin{pmatrix} b_1 \\ b_2 \\ \vdots \\ b_m \end{pmatrix}, \quad \boldsymbol{B} = \begin{pmatrix} a_{11} & a_{12} & \cdots & a_{1n} & b_1 \\ a_{21} & a_{22} & \cdots & a_{2n} & b_2 \\ \vdots & \vdots & \ddots & \vdots & \vdots \\ a_{m1} & a_{m2} & \cdots & a_{mn} & b_m \end{pmatrix}$$
依次为系数矩阵 $\boldsymbol{A}$，未知数矩阵 $\boldsymbol{x}$，常数项矩阵 $\boldsymbol{b}$，增广矩阵 $\boldsymbol{B}$。

2. 矩阵的运算

下面介绍几种基本的矩阵运算。

1）矩阵的加法

【定义 2.18】 设矩阵 $\boldsymbol{A} = (a_{ij})_{m \times n}$ 与 $\boldsymbol{B} = (b_{ij})_{m \times n}$，那么矩阵 $\boldsymbol{A}$ 与 $\boldsymbol{B}$ 的和记为 $\boldsymbol{A}+\boldsymbol{B}$，规定为
$$\boldsymbol{A}+\boldsymbol{B} = \begin{pmatrix} a_{11}+b_{11} & a_{12}+b_{12} & \cdots & a_{1n}+b_{1n} \\ a_{21}+b_{21} & a_{22}+b_{22} & \cdots & a_{2n}+b_{2n} \\ \vdots & \vdots & \ddots & \vdots \\ a_{m1}+b_{m1} & a_{m2}+b_{m2} & \cdots & a_{mn}+b_{mn} \end{pmatrix}$$
只有两个同型矩阵之间才能进行加法运算。

矩阵加法满足的运算规律如下。设 $\boldsymbol{A}, \boldsymbol{B}, \boldsymbol{C}$ 都是同型矩阵，

(1) 交换律 $\boldsymbol{A}+\boldsymbol{B} = \boldsymbol{B}+\boldsymbol{A}$；

(2) 结合律 $(\boldsymbol{A}+\boldsymbol{B})+\boldsymbol{C} = \boldsymbol{A}+(\boldsymbol{B}+\boldsymbol{C})$。

设矩阵 $\boldsymbol{A} = (a_{ij})$，矩阵 $\boldsymbol{A}$ 的负矩阵指 $-\boldsymbol{A} = (-a_{ij})$，显然有 $\boldsymbol{A}+(-\boldsymbol{A}) = \boldsymbol{O}$。由此规定矩阵的减法为 $\boldsymbol{A}-\boldsymbol{B} = \boldsymbol{A}+(-\boldsymbol{B})$。

2）数与矩阵相乘

【定义 2.19】 矩阵 $\boldsymbol{A}$ 与数 λ 的乘积称为数乘，记为 $\lambda\boldsymbol{A}$ 或 $\boldsymbol{A}\lambda$，规定
$$\lambda\boldsymbol{A} = \boldsymbol{A}\lambda = \begin{pmatrix} \lambda a_{11} & \lambda a_{12} & \cdots & \lambda a_{1n} \\ \lambda a_{21} & \lambda a_{22} & \cdots & \lambda a_{2n} \\ \vdots & \vdots & \ddots & \vdots \\ \lambda a_{m1} & \lambda a_{m2} & \cdots & \lambda a_{mn} \end{pmatrix}$$
数乘满足的运算规律如下。设 $\boldsymbol{A}, \boldsymbol{B}$ 是同型矩阵，λ，μ 为数，

(1) 结合律 $(\lambda\mu)\boldsymbol{A} = \lambda(\mu\boldsymbol{A})$；

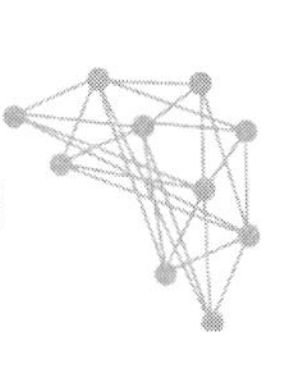

(2) 分配律 $(\lambda+\mu)\boldsymbol{A}=\lambda\boldsymbol{A}+\mu\boldsymbol{A}$，$\lambda(\boldsymbol{A}+\boldsymbol{B})=\lambda\boldsymbol{A}+\lambda\boldsymbol{B}$。

矩阵加法和数乘统称为矩阵的线性运算。

3) 矩阵与矩阵相乘

【定义 2.20】 设矩阵 $\boldsymbol{A}=(a_{ij})_{m\times s}$ 与 $\boldsymbol{B}=(b_{ij})_{s\times n}$，规定矩阵 $\boldsymbol{A}$ 与 $\boldsymbol{B}$ 的乘积是一个 $m\times n$ 矩阵 $\boldsymbol{C}=(c_{ij})$，其中

$$c_{ij}=a_{i1}b_{1j}+a_{i2}b_{2j}+\cdots+a_{is}b_{sj}=\sum_{k=1}^{s}a_{ik}b_{kj}\ (i=1,2,\cdots,m;j=1,2,\cdots,n)$$

记为 $\boldsymbol{C}=\boldsymbol{AB}$。

于是，$1\times s$ 行矩阵与 $s\times 1$ 列矩阵的乘积是 1 阶方阵，即为数。

强调两个矩阵能相乘，必须满足第一个矩阵的列数等于第二个矩阵的行数。

下面来求矩阵

$$\boldsymbol{A}=\begin{pmatrix}-2 & 4\\ 1 & -2\end{pmatrix} \text{与} \boldsymbol{B}=\begin{pmatrix}2 & 4\\ -3 & -6\end{pmatrix}$$

的乘积 $\boldsymbol{AB}$ 及 $\boldsymbol{BA}$。

$$\boldsymbol{AB}=\begin{pmatrix}-2 & 4\\ 1 & -2\end{pmatrix}\begin{pmatrix}2 & 4\\ -3 & -6\end{pmatrix}=\begin{pmatrix}-16 & -32\\ 8 & 16\end{pmatrix}$$

$$\boldsymbol{BA}=\begin{pmatrix}2 & 4\\ -3 & -6\end{pmatrix}\begin{pmatrix}-2 & 4\\ 1 & -2\end{pmatrix}=\begin{pmatrix}0 & 0\\ 0 & 0\end{pmatrix}$$

可以看出 $\boldsymbol{AB}\neq\boldsymbol{BA}$。所以矩阵乘法不满足交换律。

如果两个 n 阶矩阵 $\boldsymbol{A}$，$\boldsymbol{B}$，$\boldsymbol{AB}=\boldsymbol{BA}$，那么称矩阵 $\boldsymbol{A}$ 与 $\boldsymbol{B}$ 是可交换的。

从上面的矩阵乘法运算结果还可以看出，矩阵 $\boldsymbol{A}\neq\boldsymbol{O}$，$\boldsymbol{B}\neq\boldsymbol{O}$，但却有 $\boldsymbol{AB}=\boldsymbol{O}$。这表明：如果 $\boldsymbol{AB}=\boldsymbol{O}$，并不能得到 $\boldsymbol{A}=\boldsymbol{O}$ 或 $\boldsymbol{B}=\boldsymbol{O}$ 的结论；如果 $\boldsymbol{A}\neq\boldsymbol{O}$，$\boldsymbol{A}(\boldsymbol{X}-\boldsymbol{Y})=\boldsymbol{O}$，也不能得出 $\boldsymbol{X}=\boldsymbol{Y}$ 的结论。

矩阵乘法满足的运算律如下：

(1) 结合律 $(\boldsymbol{AB})\boldsymbol{C}=\boldsymbol{A}(\boldsymbol{BC})$，$\lambda(\boldsymbol{AB})=(\lambda\boldsymbol{A})\boldsymbol{B}=\boldsymbol{A}(\lambda\boldsymbol{B})$，其中 λ 为数；

(2) 分配律 $\boldsymbol{A}(\boldsymbol{B}+\boldsymbol{C})=\boldsymbol{AB}+\boldsymbol{AC}$，$(\boldsymbol{B}+\boldsymbol{C})\boldsymbol{A}=\boldsymbol{BA}+\boldsymbol{CA}$。

单位矩阵 $\boldsymbol{E}$ 与矩阵 $\boldsymbol{A}$ 相乘，有

$$\boldsymbol{E}_m\boldsymbol{A}_{m\times n}=\boldsymbol{A}_{m\times n},\quad \boldsymbol{A}_{m\times n}\boldsymbol{E}_n=\boldsymbol{A}_{m\times n}$$

或简写为 $\boldsymbol{EA}=\boldsymbol{AE}=\boldsymbol{A}$。

单位矩阵做数乘运算得到的矩阵称为纯量阵，即

$$\lambda\boldsymbol{E}=\begin{pmatrix}\lambda & 0 & \cdots & 0\\ 0 & \lambda & \cdots & 0\\ \vdots & \vdots & \ddots & \vdots\\ 0 & 0 & \cdots & \lambda\end{pmatrix}$$

因为 $(\lambda\boldsymbol{E})\boldsymbol{A}=\lambda\boldsymbol{A}$，$\boldsymbol{A}(\lambda\boldsymbol{E})=\lambda\boldsymbol{A}$，所以 $(\lambda\boldsymbol{E})\boldsymbol{A}=\lambda\boldsymbol{A}=\boldsymbol{A}(\lambda\boldsymbol{E})$。说明纯量阵 $\lambda\boldsymbol{E}$ 与任何同阶方阵都是可交换的。

通过矩阵的乘法，可以定义矩阵的幂。设 $\boldsymbol{A}$ 是 n 阶方阵，定义

$$\boldsymbol{A}^1=\boldsymbol{A},\boldsymbol{A}^2=\boldsymbol{A}^1\boldsymbol{A}^1,\cdots,\boldsymbol{A}^{k+1}=\boldsymbol{A}^k\boldsymbol{A}^1$$

其中 k 为正整数,$\boldsymbol{A}^k$ 就是 k 个 $\boldsymbol{A}$ 连乘。

矩阵的幂运算满足的运算规律如下。设 k,l 为正整数,

(1) $\boldsymbol{A}^k\boldsymbol{A}^l=\boldsymbol{A}^{k+l}$;

(2) $(\boldsymbol{A}^k)^l=\boldsymbol{A}^{kl}$。

对于矩阵 $\boldsymbol{A},\boldsymbol{B}$,一般来说 $(\boldsymbol{AB})^k\neq\boldsymbol{A}^k\boldsymbol{B}^k$。只有当 $\boldsymbol{A}$ 与 $\boldsymbol{B}$ 可交换时,才有 $(\boldsymbol{AB})^k=\boldsymbol{A}^k\boldsymbol{B}^k$。

4) 矩阵的转置

【定义 2.21】 对于矩阵 $\boldsymbol{A}$,将行换成同序数的列,得到的新矩阵称为 $\boldsymbol{A}$ 的转置矩阵,记为 $\boldsymbol{A}^{\mathrm{T}}$。

矩阵的转置运算满足的运算规律如下。假设运算是可行的,

(1) $(\boldsymbol{A}^{\mathrm{T}})^{\mathrm{T}}=\boldsymbol{A}$;

(2) $(\boldsymbol{A}+\boldsymbol{B})^{\mathrm{T}}=\boldsymbol{A}^{\mathrm{T}}+\boldsymbol{B}^{\mathrm{T}}$;

(3) $(\lambda\boldsymbol{A})^{\mathrm{T}}=\lambda\boldsymbol{A}^{\mathrm{T}}$;

(4) $(\boldsymbol{AB})^{\mathrm{T}}=\boldsymbol{B}^{\mathrm{T}}\boldsymbol{A}^{\mathrm{T}}$。

对于矩阵 $\boldsymbol{A}_n$,如果满足 $\boldsymbol{A}_n^{\mathrm{T}}=\boldsymbol{A}_n$,即 $a_{ij}=a_{ji}(i,j=1,2,\cdots,n)$,那么 $\boldsymbol{A}_n$ 称为对称矩阵,简称对称阵。

5) 方阵的行列式

首先给出行列式的概念。

【定义 2.22】 设 n 行 n 列的数表

$$\begin{matrix} a_{11} & a_{12} & \cdots & a_{1n} \\ a_{21} & a_{22} & \cdots & a_{2n} \\ \vdots & \vdots & \ddots & \vdots \\ a_{n1} & a_{n2} & \cdots & a_{nn} \end{matrix}$$

表中位于不同行不同列的 n 个数的乘积,并乘上符号 $(-1)^t$,得到

$$(-1)^t a_{1p_1}a_{2p_2}\cdots a_{np_n}$$

其中 t 为排列 $p_1,p_2,\cdots,p_n$ 的逆序数。把所有这样的 $n!$ 项相加,得到的

$$\sum(-1)^t a_{1p_1}a_{2p_2}\cdots a_{np_n}$$

称为 n 阶行列式,记为

$$D=\begin{vmatrix} a_{11} & a_{12} & \cdots & a_{1n} \\ a_{21} & a_{22} & \cdots & a_{2n} \\ \vdots & \vdots & \ddots & \vdots \\ a_{n1} & a_{n2} & \cdots & a_{nn} \end{vmatrix}$$

简记为 $\det(a_{ij})$。

方阵的行列式指的是由 n 阶方阵 $\boldsymbol{A}$ 的元素所构成的行列式(元素位置不变),记为 $\det\boldsymbol{A}$ 或 $|\boldsymbol{A}|$。

方阵 $\boldsymbol{A}$ 的行列式运算满足的运算规律如下。设 $\boldsymbol{A},\boldsymbol{B}$ 为 n 阶方阵,λ 为数,

(1) $|\boldsymbol{A}^{\mathrm{T}}|=|\boldsymbol{A}|$;

(2) $|\lambda\boldsymbol{A}|=\lambda^n|\boldsymbol{A}|$;

(3) $|\boldsymbol{AB}|=|\boldsymbol{A}||\boldsymbol{B}|$。

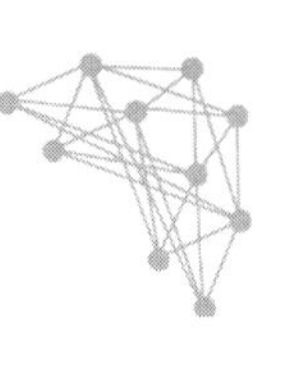

下面给出代数余子式的概念，进而得到一个重要的矩阵——伴随矩阵。

对于 n 阶行列式 $|\boldsymbol{A}|$ 来说，元素 a_{ij} 的代数余子式指的是在 $|\boldsymbol{A}|$ 中划去 a_{ij} 所在的第 i 行和第 j 列后，留下来的 $n-1$ 阶行列式 M_{ij} 再乘以 $(-1)^{i+j}$ 得到的数。

伴随矩阵是行列式 $|\boldsymbol{A}|$ 的各个元素的代数余子式 $\boldsymbol{A}_{ij}$ 所构成的如下矩阵

$$\boldsymbol{A}^*=\begin{pmatrix} A_{11} & A_{21} & \cdots & A_{n1} \\ A_{12} & A_{22} & \cdots & A_{n2} \\ \vdots & \vdots & \ddots & \vdots \\ A_{1n} & A_{2n} & \cdots & A_{nn} \end{pmatrix}$$

简称伴随阵。

6）逆矩阵

利用倒数的概念，此处引入逆矩阵的定义。

【定义 2.23】 对于 n 阶方阵 $\boldsymbol{A}$，如果存在一个 n 阶方阵 $\boldsymbol{B}$，使

$$\boldsymbol{AB}=\boldsymbol{BA}=\boldsymbol{E}$$

那么方阵 $\boldsymbol{A}$ 是可逆的，称方阵 $\boldsymbol{B}$ 为 $\boldsymbol{A}$ 的逆矩阵，简称逆阵，记为 $\boldsymbol{A}^{-1}$，即 $\boldsymbol{B}=\boldsymbol{A}^{-1}$。

如果矩阵 $\boldsymbol{A}$ 有逆矩阵，那么逆矩阵是唯一的。

关于逆矩阵有如下结论。

【定理 2.18】 对于 n 阶方阵 $\boldsymbol{A}$，$\boldsymbol{A}$ 可逆，则 $|\boldsymbol{A}|\neq 0$。

【定理 2.19】 对于 n 阶方阵 $\boldsymbol{A}$，如果 $|\boldsymbol{A}|\neq 0$，则 $\boldsymbol{A}$ 可逆，且

$$\boldsymbol{A}^{-1}=\frac{1}{|\boldsymbol{A}|}\boldsymbol{A}^*$$

其中 $\boldsymbol{A}^*$ 为 $\boldsymbol{A}$ 的伴随阵。

对于 n 阶方阵 $\boldsymbol{A}$，当 $|\boldsymbol{A}|=0$ 时，$\boldsymbol{A}$ 称为奇异矩阵，当 $|\boldsymbol{A}|\neq 0$ 时，$\boldsymbol{A}$ 称为非奇异矩阵。

矩阵的求逆运算满足的运算规律如下。假设 $\boldsymbol{A}$，$\boldsymbol{B}$ 为同阶矩阵且可逆，数 $\lambda\neq 0$，

（1）$(\boldsymbol{A}^{-1})^{-1}=\boldsymbol{A}$；

（2）$(\lambda\boldsymbol{A})^{-1}=\frac{1}{\lambda}\boldsymbol{A}^{-1}$；

（3）$(\boldsymbol{AB})^{-1}=\boldsymbol{B}^{-1}\boldsymbol{A}^{-1}$。

在线性代数中，可逆矩阵的应用是多方面的。下面举例说明。

【例 2.1】 设 $\boldsymbol{P}=\begin{pmatrix} 1 & 2 \\ 1 & 4 \end{pmatrix}$，$\boldsymbol{\Lambda}=\begin{pmatrix} 1 & 0 \\ 0 & 2 \end{pmatrix}$，$\boldsymbol{AP}=\boldsymbol{P\Lambda}$，求 $\boldsymbol{A}^n$。

解

$$|\boldsymbol{P}|=2,\boldsymbol{P}^{-1}=\frac{1}{2}\begin{pmatrix} 4 & -2 \\ -1 & 1 \end{pmatrix}$$

$$\boldsymbol{A}=\boldsymbol{P\Lambda P}^{-1},\boldsymbol{A}^2=\boldsymbol{P\Lambda P}^{-1}\boldsymbol{P\Lambda P}^{-1}=\boldsymbol{P\Lambda}^2\boldsymbol{P}^{-1},\cdots,\boldsymbol{A}^n=\boldsymbol{P\Lambda}^n\boldsymbol{P}^{-1}$$

而

$$\boldsymbol{\Lambda}=\begin{pmatrix} 1 & 0 \\ 0 & 2 \end{pmatrix},\boldsymbol{\Lambda}^2=\begin{pmatrix} 1 & 0 \\ 0 & 2 \end{pmatrix}\begin{pmatrix} 1 & 0 \\ 0 & 2 \end{pmatrix}=\begin{pmatrix} 1 & 0 \\ 0 & 2^2 \end{pmatrix},\cdots,\boldsymbol{\Lambda}^n=\begin{pmatrix} 1 & 0 \\ 0 & 2^n \end{pmatrix}$$

故

$$\boldsymbol{A}^n=\begin{pmatrix} 1 & 2 \\ 1 & 4 \end{pmatrix}\begin{pmatrix} 1 & 0 \\ 0 & 2^n \end{pmatrix}\frac{1}{2}\begin{pmatrix} 4 & -2 \\ -1 & 1 \end{pmatrix}=\frac{1}{2}\begin{pmatrix} 1 & 2^{n+1} \\ 1 & 2^{n+2} \end{pmatrix}\begin{pmatrix} 4 & -2 \\ -1 & 1 \end{pmatrix}$$

$$=\frac{1}{2}\begin{pmatrix} 4-2^{n+1} & 2^{n+1}-2 \\ 4-2^{n+2} & 2^{n+2}-2 \end{pmatrix}=\begin{pmatrix} 2-2^n & 2^n-1 \\ 2-2^{n+1} & 2^{n+1}-1 \end{pmatrix}$$

利用可逆矩阵,可以求解线性方程组。

克拉默法则 设 n 个 n 元线性方程组成的方程组

$$\begin{cases} a_{11}x_1+a_{12}x_2+\cdots+a_{1n}x_n=b_1 \\ a_{21}x_1+a_{22}x_2+\cdots+a_{2n}x_n=b_2 \\ \qquad\vdots \\ a_{n1}x_1+a_{n2}x_2+\cdots+a_{nn}x_n=b_n \end{cases} \tag{2.2}$$

的解可以用系数矩阵 $\boldsymbol{A}$ 的行列式

$$|\boldsymbol{A}|=\begin{vmatrix} a_{11} & a_{12} & \cdots & a_{1n} \\ a_{21} & a_{22} & \cdots & a_{2n} \\ \vdots & \vdots & \ddots & \vdots \\ a_{n1} & a_{n2} & \cdots & a_{nn} \end{vmatrix}\neq 0$$

那么式(2.2)的解存在且唯一,为

$$x_1=\frac{|\boldsymbol{A}_1|}{|\boldsymbol{A}|},x_2=\frac{|\boldsymbol{A}_2|}{|\boldsymbol{A}|},\cdots,x_n=\frac{|\boldsymbol{A}_n|}{|\boldsymbol{A}|}$$

其中 $\boldsymbol{A}_j(j=1,2,\cdots,n)$ 是把 $\boldsymbol{A}$ 中第 j 列的元素用方程组右侧的常数项代替后得到的方阵,即

$$\boldsymbol{A}_j=\begin{pmatrix} a_{11} & \cdots & a_{1j-1} & b_1 & a_{1j+1} & \cdots & a_{1n} \\ \vdots & \ddots & \vdots & \vdots & \vdots & \ddots & \vdots \\ a_{n1} & \cdots & a_{nj-1} & b_n & a_{nj+1} & \cdots & a_{nn} \end{pmatrix}$$

克拉默法则是行列式的一个应用,其证明是逆矩阵的一个应用。

证 把式(2.2)写成矩阵形式 $\boldsymbol{Ax}=\boldsymbol{b}$,因为 $|\boldsymbol{A}|\neq 0$,所以 $\boldsymbol{A}^{-1}$ 存在,把 $\boldsymbol{x}=\boldsymbol{A}^{-1}\boldsymbol{b}$ 代入矩阵方程 $\boldsymbol{Ax}=\boldsymbol{b}$ 中得

$$\boldsymbol{Ax}=\boldsymbol{AA}^{-1}\boldsymbol{b}=\boldsymbol{b}$$

所以 $\boldsymbol{x}=\boldsymbol{A}^{-1}\boldsymbol{b}$ 为该方程的解向量。又因为 $\boldsymbol{A}^{-1}\boldsymbol{Ax}=\boldsymbol{A}^{-1}\boldsymbol{b}$,得 $\boldsymbol{x}=\boldsymbol{A}^{-1}\boldsymbol{b}$,所以该方程的解向量唯一。

由 $\boldsymbol{A}^{-1}=\frac{1}{|\boldsymbol{A}|}\boldsymbol{A}^*$,得 $\boldsymbol{x}=\boldsymbol{A}^{-1}\boldsymbol{b}=\frac{1}{|\boldsymbol{A}|}\boldsymbol{A}^*\boldsymbol{b}$,即

$$\boldsymbol{x}=\begin{pmatrix} x_1 \\ x_2 \\ \vdots \\ x_n \end{pmatrix}=\frac{1}{|\boldsymbol{A}|}\begin{pmatrix} \boldsymbol{A}_{11} & \boldsymbol{A}_{21} & \cdots & \boldsymbol{A}_{n1} \\ \boldsymbol{A}_{12} & \boldsymbol{A}_{22} & \cdots & \boldsymbol{A}_{n2} \\ \vdots & \vdots & \ddots & \vdots \\ \boldsymbol{A}_{1n} & \boldsymbol{A}_{2n} & \cdots & \boldsymbol{A}_{nn} \end{pmatrix}\begin{pmatrix} b_1 \\ b_2 \\ \vdots \\ b_n \end{pmatrix}=\frac{1}{|\boldsymbol{A}|}\begin{pmatrix} b_1\boldsymbol{A}_{11}+b_2\boldsymbol{A}_{21}+\cdots+b_n\boldsymbol{A}_{n1} \\ b_1\boldsymbol{A}_{12}+b_2\boldsymbol{A}_{22}+\cdots+b_n\boldsymbol{A}_{n2} \\ \vdots \\ b_1\boldsymbol{A}_{1n}+b_2\boldsymbol{A}_{2n}+\cdots+b_n\boldsymbol{A}_{nn} \end{pmatrix}$$

则 $x_j=\frac{1}{|\boldsymbol{A}|}(b_1\boldsymbol{A}_{1j}+b_2\boldsymbol{A}_{2j}+\cdots+b_n\boldsymbol{A}_{nj})=\frac{|\boldsymbol{A}_j|}{|\boldsymbol{A}|}(j=1,2,\cdots,n)$。

7) 矩阵分块法

对于行数和列数都很大的矩阵,运算的时候可采用分块法。对矩阵进行适当分块,可使高阶矩阵的运算转化为低阶矩阵的运算,同时也使原矩阵的结构显得简单清晰,从而大大简化运算步骤,给矩阵的理论推导带来方便。有很多数学问题利用分块矩阵来处理或证明。

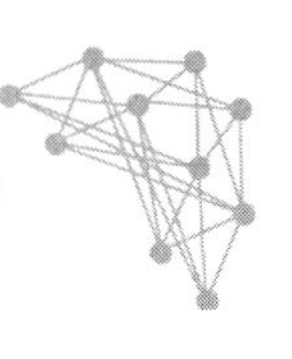

将一个矩阵用若干条横线和竖线分成许多个小矩阵，每个小矩阵称为该矩阵的子块，以子块为元素的矩阵称为分块矩阵。

例如将 4×5 矩阵

$$\boldsymbol{A}=\begin{pmatrix} a_{11} & a_{12} & a_{13} & a_{14} & a_{15} \\ a_{21} & a_{22} & a_{23} & a_{24} & a_{25} \\ a_{31} & a_{32} & a_{33} & a_{34} & a_{35} \\ a_{41} & a_{42} & a_{43} & a_{44} & a_{45} \end{pmatrix}$$

分块方法很多，列举三种

$$\left(\begin{array}{cc:ccc} a_{11} & a_{12} & a_{13} & a_{14} & a_{15} \\ a_{21} & a_{22} & a_{23} & a_{24} & a_{25} \\ \hdashline a_{31} & a_{32} & a_{33} & a_{34} & a_{35} \\ a_{41} & a_{42} & a_{43} & a_{44} & a_{45} \end{array}\right),\left(\begin{array}{c:c:c:c:c} a_{11} & a_{12} & a_{13} & a_{14} & a_{15} \\ a_{21} & a_{22} & a_{23} & a_{24} & a_{25} \\ a_{31} & a_{32} & a_{33} & a_{34} & a_{35} \\ a_{41} & a_{42} & a_{43} & a_{44} & a_{45} \end{array}\right),\left(\begin{array}{ccccc} a_{11} & a_{12} & a_{13} & a_{14} & a_{15} \\ \hdashline a_{21} & a_{22} & a_{23} & a_{24} & a_{25} \\ \hdashline a_{31} & a_{32} & a_{33} & a_{34} & a_{35} \\ \hdashline a_{41} & a_{42} & a_{43} & a_{44} & a_{45} \end{array}\right)$$

第一种分法可记为

$$\boldsymbol{A}=\begin{pmatrix} \boldsymbol{A}_{11} & \boldsymbol{A}_{12} \\ \boldsymbol{A}_{21} & \boldsymbol{A}_{22} \end{pmatrix}$$

其中

$$\boldsymbol{A}_{11}=\begin{pmatrix} a_{11} & a_{12} \\ a_{21} & a_{22} \end{pmatrix},\boldsymbol{A}_{12}=\begin{pmatrix} a_{13} & a_{14} & a_{15} \\ a_{23} & a_{24} & a_{25} \end{pmatrix},\boldsymbol{A}_{21}=\begin{pmatrix} a_{31} & a_{32} \\ a_{41} & a_{42} \end{pmatrix},\boldsymbol{A}_{22}=\begin{pmatrix} a_{33} & a_{34} & a_{35} \\ a_{43} & a_{44} & a_{45} \end{pmatrix}$$

其他两种分法的分块矩阵请读者写出。

矩阵 $\boldsymbol{A}_{m\times n}$ 按列分块为 $\boldsymbol{A}=(\boldsymbol{a}_1,\boldsymbol{a}_2,\cdots,\boldsymbol{a}_n)$，其中

$$\boldsymbol{a}_j=\begin{pmatrix} a_{1j} \\ a_{2j} \\ \vdots \\ a_{mj} \end{pmatrix}\quad (j=1,2,\cdots,n)$$

按行分块为

$$\boldsymbol{A}=\begin{pmatrix} \boldsymbol{a}_1^{\mathrm{T}} \\ \boldsymbol{a}_2^{\mathrm{T}} \\ \vdots \\ \boldsymbol{a}_m^{\mathrm{T}} \end{pmatrix}$$

其中 $\boldsymbol{a}_i^{\mathrm{T}}=(a_{i_1},a_{i_2},\cdots,a_{i_n})(i=1,2,\cdots,m)$。

列向量用小写字母 $\boldsymbol{a},\boldsymbol{b},\boldsymbol{\alpha},\boldsymbol{\beta}$ 等表示，行向量则用 $\boldsymbol{a}^{\mathrm{T}}$，$\boldsymbol{b}^{\mathrm{T}}$，$\boldsymbol{\alpha}^{\mathrm{T}}$，$\boldsymbol{\beta}^{\mathrm{T}}$ 等表示。

分块矩阵的运算规则和普通矩阵的运算规则相似，如下。

(1) 行数相同，列数相同，分块方法相同的矩阵 $\boldsymbol{A}$，$\boldsymbol{B}$，

$$\boldsymbol{A}=\begin{pmatrix} \boldsymbol{A}_{11} & \cdots & \boldsymbol{A}_{1t} \\ \vdots & & \vdots \\ \boldsymbol{A}_{s1} & \cdots & \boldsymbol{A}_{st} \end{pmatrix},\boldsymbol{B}=\begin{pmatrix} \boldsymbol{B}_{11} & \cdots & \boldsymbol{B}_{1t} \\ \vdots & & \vdots \\ \boldsymbol{B}_{s1} & \cdots & \boldsymbol{B}_{st} \end{pmatrix}\text{则 }\boldsymbol{A}+\boldsymbol{B}=\begin{pmatrix} \boldsymbol{A}_{11}+\boldsymbol{B}_{11} & \cdots & \boldsymbol{A}_{1t}+\boldsymbol{B}_{1t} \\ \vdots & & \vdots \\ \boldsymbol{A}_{s1}+\boldsymbol{B}_{s1} & \cdots & \boldsymbol{A}_{st}+\boldsymbol{B}_{st} \end{pmatrix}$$

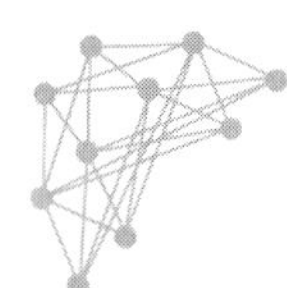

(2) 设 $\boldsymbol{A}=\begin{pmatrix}\boldsymbol{A}_{11} & \cdots & \boldsymbol{A}_{1t}\\ \vdots & & \vdots\\ \boldsymbol{A}_{s1} & \cdots & \boldsymbol{A}_{st}\end{pmatrix}$,$\lambda$ 为数,则 $\lambda\boldsymbol{A}=\begin{pmatrix}\lambda\boldsymbol{A}_{11} & \cdots & \lambda\boldsymbol{A}_{1t}\\ \vdots & & \vdots\\ \lambda\boldsymbol{A}_{s1} & \cdots & \lambda\boldsymbol{A}_{st}\end{pmatrix}$

(3) 设 $\boldsymbol{A}$ 为 $m\times l$ 矩阵,$\boldsymbol{B}$ 为 $l\times n$ 矩阵,分块为

$$\boldsymbol{A}=\begin{pmatrix}\boldsymbol{A}_{11} & \cdots & \boldsymbol{A}_{1r}\\ \vdots & & \vdots\\ \boldsymbol{A}_{s1} & \cdots & \boldsymbol{A}_{sr}\end{pmatrix},\quad \boldsymbol{B}=\begin{pmatrix}\boldsymbol{B}_{11} & \cdots & \boldsymbol{B}_{1t}\\ \vdots & & \vdots\\ \boldsymbol{B}_{r1} & \cdots & \boldsymbol{B}_{rt}\end{pmatrix}$$

其中 $\boldsymbol{A}_{i1},\boldsymbol{A}_{i2},\cdots,\boldsymbol{A}_{ir}$ 的列数分别与 $\boldsymbol{B}_{1j},\boldsymbol{B}_{2j},\cdots,\boldsymbol{B}_{rj}$ 的行数相同,则

$$\boldsymbol{AB}=\begin{pmatrix}\boldsymbol{C}_{11} & \cdots & \boldsymbol{C}_{1t}\\ \vdots & & \vdots\\ \boldsymbol{C}_{s1} & \cdots & \boldsymbol{C}_{st}\end{pmatrix}$$

其中

$$\boldsymbol{C}_{ij}=\sum_{k=1}^{r}\boldsymbol{A}_{ik}\boldsymbol{B}_{kj}\ (i=1,2,\cdots,s;\ j=1,2,\cdots,t)$$

(4) 设 $\boldsymbol{A}=\begin{pmatrix}\boldsymbol{A}_{11} & \cdots & \boldsymbol{A}_{1t}\\ \vdots & & \vdots\\ \boldsymbol{A}_{s1} & \cdots & \boldsymbol{A}_{st}\end{pmatrix}$,则 $\boldsymbol{A}^{\mathrm{T}}=\begin{pmatrix}\boldsymbol{A}_{11}^{\mathrm{T}} & \cdots & \boldsymbol{A}_{s1}^{\mathrm{T}}\\ \vdots & & \vdots\\ \boldsymbol{A}_{1t}^{\mathrm{T}} & \cdots & \boldsymbol{A}_{st}^{\mathrm{T}}\end{pmatrix}$

(5) 设 $\boldsymbol{A}$ 为分块对角矩阵,即

$$\boldsymbol{A}=\begin{pmatrix}\boldsymbol{A}_1 & & & \boldsymbol{O}\\ & \boldsymbol{A}_2 & & \\ & & \ddots & \\ \boldsymbol{O} & & & \boldsymbol{A}_t\end{pmatrix}$$

其中非零子块 $\boldsymbol{A}_i(i=1,2,\cdots,t)$都是方阵,则矩阵 $\boldsymbol{A}$ 的行列式

$$|\boldsymbol{A}|=|\boldsymbol{A}_1||\boldsymbol{A}_2|\cdots|\boldsymbol{A}_t|$$

且如果$|\boldsymbol{A}_i|\neq 0(i=1,2,\cdots,t)$,则$|\boldsymbol{A}|\neq 0$,有

$$\boldsymbol{A}^{-1}=\begin{pmatrix}\boldsymbol{A}_1^{-1} & & & \boldsymbol{O}\\ & \boldsymbol{A}_2^{-1} & & \\ & & \ddots & \\ \boldsymbol{O} & & & \boldsymbol{A}_t^{-1}\end{pmatrix}$$

2.2.2 矩阵的初等变换与矩阵的秩

矩阵的初等变换是线性代数中一种重要的计算工具,利用矩阵初等变换,可以求解行列式的值,求解线性方程组,求矩阵的秩,确定向量组向量间的线性关系。下面介绍矩阵的初等变换,并利用矩阵的初等变换讨论矩阵的秩,求解线性方程组。

1. 矩阵的初等变换

【定义 2.24】 给定矩阵 $\boldsymbol{A}$,下列三种变换称为矩阵的初等行变换:

(1) 对换两行,记为 $r_i\leftrightarrow r_j$;

(2) 用数 $k\neq 0$ 乘某一行中的所有元素,记为 $r_i\times k$;

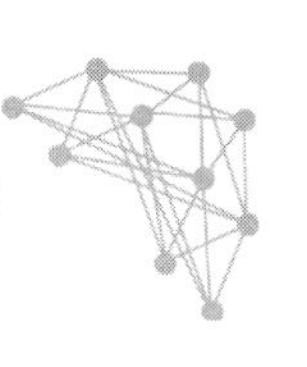

(3) 某一行所有元素乘 k 加到另一行的对应元素上去,记为 r_i+kr_j。

类似给出矩阵的初等列变换,分别记为 $c_i\leftrightarrow c_j$,$c_i\times k$, c_i+kc_j。

初等行变换和初等列变换统称为初等变换。

初等变换是可逆的。初等行变换 $r_i\leftrightarrow r_j$ 的逆变换是其自身;初等行变换 $r_i\times k$ 的逆变换是 $r_i\times\left(\frac{1}{k}\right)$;初等行变换 r_i+kr_j 的逆变换是 $r_i+(-k)r_j$。初等列变换也有类似的结论。

如果矩阵 $\boldsymbol{A}$ 经过有限次的初等行变换得到 $\boldsymbol{B}$,则称矩阵 $\boldsymbol{A}$ 和 $\boldsymbol{B}$ 行等价,记为 $\boldsymbol{A}\overset{r}{\sim}\boldsymbol{B}$;如果矩阵 $\boldsymbol{A}$ 经过有限次的初等列变换得到 $\boldsymbol{B}$,则称矩阵 $\boldsymbol{A}$ 和 $\boldsymbol{B}$ 列等价,记为 $\boldsymbol{A}\overset{c}{\sim}\boldsymbol{B}$;如果矩阵 $\boldsymbol{A}$ 经过有限次的初等变换得到 $\boldsymbol{B}$,则称矩阵 $\boldsymbol{A}$ 和 $\boldsymbol{B}$ 等价,记为 $\boldsymbol{A}\sim\boldsymbol{B}$。

由单位矩阵 $\boldsymbol{E}$ 经过一次初等变换得到的矩阵称为初等矩阵。三种初等矩阵分别为

$$\boldsymbol{E}(i,j)=\begin{pmatrix}1&&&&&&&&&\\&\ddots&&&&&&&&\\&&1&&&&&&&\\&&&0&&\cdots&&1&&&\\&&&&1&&&&&&\\&&&\vdots&&\ddots&&\vdots&&&\\&&&&&&1&&&&\\&&&1&&\cdots&&0&&&\\&&&&&&&&1&&\\&&&&&&&&&\ddots&\\&&&&&&&&&&1\end{pmatrix}$$

$$\boldsymbol{E}(i(k))=\begin{pmatrix}1&&&&&&\\&\ddots&&&&&\\&&1&&&&\\&&&k&&&\\&&&&1&&\\&&&&&\ddots&\\&&&&&&1\end{pmatrix}$$

$$\boldsymbol{E}(ij(k))=\begin{pmatrix}1&&&&&&\\&\ddots&&&&&\\&&1&\cdots&k&&\\&&&\ddots&\vdots&&\\&&&&1&&\\&&&&&\ddots&\\&&&&&&1\end{pmatrix}$$

显然有:$\boldsymbol{E}(i,j)^{-1}=\boldsymbol{E}(i,j)$, $\boldsymbol{E}(i(k))^{-1}=\boldsymbol{E}(i(1/k))$, $\boldsymbol{E}(ij(k))^{-1}=\boldsymbol{E}(ij(-k))$。由

$$\boldsymbol{E}_m(i,j)\boldsymbol{A}_{m\times n}=\begin{pmatrix} a_{11} & a_{12} & \cdots & a_{1n} \\ \vdots & \vdots & \ddots & \vdots \\ a_{j1} & a_{j2} & \cdots & a_{jn} \\ \vdots & \vdots & \ddots & \vdots \\ a_{i1} & a_{i2} & \cdots & a_{in} \\ \vdots & \vdots & \ddots & \vdots \\ a_{m1} & a_{m2} & \cdots & a_{mn} \end{pmatrix}\begin{matrix} \\ \\ \to 第\ j\ 行 \\ \\ \to 第\ i\ 行 \\ \\ \\ \end{matrix}$$

$$\boldsymbol{A}_{m\times n}\boldsymbol{E}_n(i(k))=\begin{pmatrix} a_{11} & \cdots & ka_{1i} & \cdots & a_{1n} \\ a_{21} & \cdots & ka_{2i} & \cdots & a_{2n} \\ \vdots & \ddots & \vdots & \ddots & \vdots \\ a_{m1} & \cdots & ka_{mi} & \cdots & a_{mn} \end{pmatrix}$$

等运算，可以得到结论：对矩阵 $\boldsymbol{A}_{m\times n}$ 进行一次初等行变换，相当于在 $\boldsymbol{A}_{m\times n}$ 的左边乘相应的 m 阶初等矩阵；对 $\boldsymbol{A}_{m\times n}$ 进行一次初等列变换，相当于在 $\boldsymbol{A}_{m\times n}$ 的右边乘相应的 n 阶初等矩阵。

矩阵 $\boldsymbol{A}$ 经过有限次初等行变换得到 $\boldsymbol{B}$，相当于存在有限个初等矩阵 $\boldsymbol{P}_1,\boldsymbol{P}_2,\cdots,\boldsymbol{P}_l$，使得

$$\boldsymbol{P}_l\cdots\boldsymbol{P}_2\boldsymbol{P}_1\boldsymbol{A}=\boldsymbol{B}。$$

将矩阵的初等变换与矩阵的乘法联系起来，得到初等变换的基本性质如下。

【定理 2.20】 设矩阵 $\boldsymbol{A}_{m\times n}$ 和 $\boldsymbol{B}_{m\times n}$，则

(1) $\boldsymbol{A}\overset{r}{\sim}\boldsymbol{B}$，当且仅当存在 m 阶方阵 $\boldsymbol{P}$，$\boldsymbol{P}$ 可逆，使得 $\boldsymbol{PA}=\boldsymbol{B}$；

(2) $\boldsymbol{A}\overset{c}{\sim}\boldsymbol{B}$，当且仅当存在 n 阶方阵 $\boldsymbol{Q}$，$\boldsymbol{Q}$ 可逆，使得 $\boldsymbol{AQ}=\boldsymbol{B}$；

(3) $\boldsymbol{A}\sim\boldsymbol{B}$，当且仅当存在 m 阶方阵 $\boldsymbol{P}$ 和 n 阶方阵 $\boldsymbol{Q}$，$\boldsymbol{P}$，$\boldsymbol{Q}$ 可逆，使得 $\boldsymbol{PAQ}=\boldsymbol{B}$。

利用初等行变换，可以把一个矩阵化为行阶梯矩阵和行最简形矩阵。如图 2.12 所示，所谓行阶梯矩阵是在矩阵中画出一条阶梯线，此阶梯线从第一行某元素左边竖线开始，到最后一列某元素的下方横线结束，阶梯线的下方全为 0，每段竖线的长度为一行，阶梯数即是非零行的行数，阶梯线的竖线后面的第一个元素为非零元，也就是非零行的第一个非零元；所谓行最简形矩阵是非零行的第一个非零元都为 1 且这些非零元所在的列的其他元素都为 0 的行阶梯矩阵。求解线性方程组只需将增广矩阵化成行最简形矩阵。

$$\begin{pmatrix} 1 & 0 & 2 & 0 & 3 \\ 0 & 3 & 5 & 0 & 3 \\ 0 & 0 & 0 & 1 & -5 \\ 0 & 0 & 0 & 0 & 0 \end{pmatrix} \qquad \begin{pmatrix} 1 & 0 & 0 & 0 & 0 \\ 0 & 1 & 0 & 0 & 0 \\ 0 & 0 & 0 & 1 & 0 \\ 0 & 0 & 0 & 0 & 0 \end{pmatrix}$$

图 2.12 行阶梯矩阵与行最简形矩阵

再对行最简形矩阵进行初等列变换，就可以得到形式更简单的矩阵，称为标准形。例如

$$\begin{pmatrix} 1 & 0 & 0 & 0 & 0 \\ 0 & 1 & 0 & 0 & 0 \\ 0 & 0 & 1 & 0 & 0 \\ 0 & 0 & 0 & 0 & 0 \end{pmatrix}$$

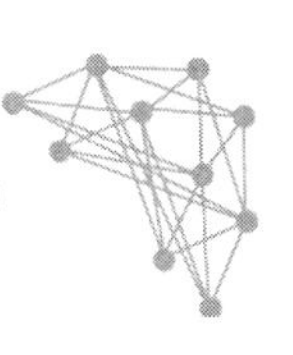

对于任何 $m\times n$ 矩阵 $\boldsymbol{A}$，经过初等变换，总能将其化为标准形

$$\boldsymbol{A}\sim\begin{pmatrix}\boldsymbol{E}_r & \boldsymbol{O}\\ \boldsymbol{O} & \boldsymbol{O}\end{pmatrix}_{m\times n}$$

其中 r 为行阶梯矩阵中非零行的行数。

如果矩阵 $\boldsymbol{A}$ 可逆，则经过初等行变换，可以把 $\boldsymbol{A}$ 化成单位矩阵 $\boldsymbol{E}$，即 $\boldsymbol{A}\overset{r}{\sim}\boldsymbol{E}$。

矩阵 $\boldsymbol{A}$ 经过一系列初等行变换得到 $\boldsymbol{B}$，相当于存在可逆矩阵 $\boldsymbol{P}$，使得 $\boldsymbol{PA}=\boldsymbol{B}$。那么如何来求可逆矩阵 $\boldsymbol{P}$?

由 $\boldsymbol{PE}=\boldsymbol{P}$ 和 $\boldsymbol{PA}=\boldsymbol{B}$ 得 $\boldsymbol{P}(\boldsymbol{A},\boldsymbol{E})=(\boldsymbol{B},\boldsymbol{P})$，对矩阵 $(\boldsymbol{A},\boldsymbol{E})$ 进行初等行变换，当把 $\boldsymbol{A}$ 变成 $\boldsymbol{B}$ 时，$\boldsymbol{E}$ 就变成了 $\boldsymbol{P}$，就求得了可逆矩阵 $\boldsymbol{P}$。

【例 2.2】 求 $\boldsymbol{A}=\begin{pmatrix}2 & -1 & -1\\ 1 & 1 & -2\\ 4 & -6 & 2\end{pmatrix}$ 的行最简形矩阵 $\boldsymbol{B}$，并求一个可逆矩阵 $\boldsymbol{P}$，使得 $\boldsymbol{PA}=\boldsymbol{B}$。

解 对 $(\boldsymbol{A},\boldsymbol{E})$ 作初等行变换，把 $\boldsymbol{A}$ 化成行最简形矩阵 $\boldsymbol{B}$，同时得可逆矩阵 $\boldsymbol{P}$，过程如下：

$$(\boldsymbol{A},\boldsymbol{E})=\begin{pmatrix}2 & -1 & -1 & 1 & 0 & 0\\ 1 & 1 & -2 & 0 & 1 & 0\\ 4 & -6 & 2 & 0 & 0 & 1\end{pmatrix}\overset{\substack{r_1\leftrightarrow r_2\\ r_2-2r_1\\ r_3-2r_2}}{\sim}\begin{pmatrix}1 & 1 & -2 & 0 & 1 & 0\\ 0 & -3 & 3 & 1 & -2 & 0\\ 0 & -4 & 4 & -2 & 0 & 1\end{pmatrix}$$

$$\overset{\substack{r_2-r_3\\ r_1-r_2\\ r_3+4r_2}}{\sim}\begin{pmatrix}1 & 0 & -1 & -3 & 3 & 1\\ 0 & 1 & -1 & 3 & -2 & -1\\ 0 & 0 & 0 & 10 & -8 & -3\end{pmatrix}$$

则 $\boldsymbol{A}$ 的行最简形矩阵 $\boldsymbol{B}=\begin{pmatrix}1 & 0 & -1\\ 0 & 1 & -1\\ 0 & 0 & 0\end{pmatrix}$，使得 $\boldsymbol{PA}=\boldsymbol{B}$ 的可逆矩阵 $\boldsymbol{P}=\begin{pmatrix}-3 & 3 & 1\\ 3 & -2 & -1\\ 10 & -8 & -3\end{pmatrix}$。

上述所求的可逆矩阵 $\boldsymbol{P}$ 不唯一。

利用初等行变换，可以求可逆矩阵的逆矩阵。由 $\boldsymbol{PE}=\boldsymbol{P}$ 和 $\boldsymbol{PA}=\boldsymbol{E}$ 得 $\boldsymbol{P}(\boldsymbol{A},\boldsymbol{E})=(\boldsymbol{E},\boldsymbol{P})$，得 $\boldsymbol{A}^{-1}=\boldsymbol{P}$。对矩阵 $(\boldsymbol{A},\boldsymbol{E})$ 进行初等行变换，当把 $\boldsymbol{A}$ 变成 $\boldsymbol{E}$ 时，$\boldsymbol{E}$ 就变成了 $\boldsymbol{P}$。这样就求得了 $\boldsymbol{A}$ 的逆矩阵 $\boldsymbol{P}$。

利用初等行变换，可以求解方程 $\boldsymbol{AX}=\boldsymbol{B}$。方法就是把矩阵方程 $\boldsymbol{AX}=\boldsymbol{B}$ 的增广矩阵 $(\boldsymbol{A},\boldsymbol{B})$ 化为行最简形矩阵，从而求得方程的解。特别地，求解线性方程组 $\boldsymbol{AX}=\boldsymbol{b}$，当 $\boldsymbol{A}$ 为可逆矩阵时，把增广矩阵 $(\boldsymbol{A},\boldsymbol{b})$ 化成行最简形矩阵，其最后一列就是解向量。

2. 矩阵的秩

为了更好地理解矩阵的秩，首先引入矩阵的 k 阶子式。

对于矩阵 $\boldsymbol{A}_{m\times n}$，位于 k 行 k 列 $(k\leqslant m,\ k\leqslant n)$ 交叉处的 k^2 个元素，不改变其在 $\boldsymbol{A}$ 中的位置次序而得到的 k 阶行列式称为矩阵的 $\boldsymbol{A}$ 的 k 阶子式。

$m\times n$ 矩阵 $\boldsymbol{A}$ 共有 $C_m^k C_n^k$ 个 k 阶子式。

例如

$$\boldsymbol{A}=\begin{pmatrix}2 & -1 & -1 & 1 & 2\\ 1 & 1 & -2 & 1 & 4\\ 4 & -6 & 2 & -2 & 4\\ 3 & 6 & -9 & 7 & 9\end{pmatrix}\overset{r}{\sim}\begin{pmatrix}1 & 1 & -2 & 1 & 4\\ 0 & 1 & -1 & 1 & 0\\ 0 & 0 & 0 & 1 & -3\\ 0 & 0 & 0 & 0 & 0\end{pmatrix}=\boldsymbol{A}_1$$

对于矩阵 $\boldsymbol{A}_1$ 的所有子式，可以得到 3 阶的非零子式 $\begin{vmatrix} 1 & 1 & 1 \\ 0 & 1 & 1 \\ 0 & 0 & 1 \end{vmatrix}$，但所有的 4 阶子式等于 0，换言之，矩阵 $\boldsymbol{A}_1$ 中非零子式的最高阶数是 3。同样地，$\boldsymbol{A}$ 中非零子式的最高阶数也是 3。这里的结论为：如果 $\boldsymbol{A} \overset{r}{\sim} \boldsymbol{B}$，那么矩阵 $\boldsymbol{A}$ 和 $\boldsymbol{B}$ 中非零子式的最高阶数相等。下面给出矩阵的秩的定义。

【定义 2.25】 对于矩阵 $\boldsymbol{A}_{m\times n}$，有不为 0 的 r 阶子式，而所有 $r+1$ 阶子式（如果存在）都为 0，那么数 r 称为矩阵 $\boldsymbol{A}$ 的秩，记为 $R(\boldsymbol{A})$。

规定 $R(\boldsymbol{O})=0$。

由行列式的性质可知，如果矩阵 $\boldsymbol{A}$ 的所有 $r+1$ 阶子式都为 0，则所有 $t(t>r+1)$ 阶子式也都为 0，所以 $R(\boldsymbol{A})$ 就是 $\boldsymbol{A}$ 的非零子式的最高阶数。如果矩阵 $\boldsymbol{A}$ 中有某个 l 阶非零子式，则 $l \leqslant R(\boldsymbol{A})$。

对于矩阵 $\boldsymbol{A}_{m\times n}$，如果 $m\leqslant n$ 且 $R(\boldsymbol{A})=m$，则称 $\boldsymbol{A}_{m\times n}$ 为行满秩矩阵；如果 $m\geqslant n$ 且 $R(\boldsymbol{A})=n$，则称 $\boldsymbol{A}_{m\times n}$ 为列满秩矩阵。

对于 n 阶方阵 $\boldsymbol{A}$，如果 $R(\boldsymbol{A})=n$，即 $|\boldsymbol{A}|\neq 0$，则称可逆矩阵 $\boldsymbol{A}$ 为满秩矩阵；如果 $0\leqslant R(\boldsymbol{A})<n$，即 $|\boldsymbol{A}|=0$，则称不可逆矩阵 $\boldsymbol{A}$ 为降秩矩阵。

下面归纳矩阵的秩的一些基本性质：

(1) $0\leqslant R(\boldsymbol{A}_{m\times n})\leqslant \min(m,n)$；

(2) $R(\boldsymbol{A}^{\mathrm{T}})=R(\boldsymbol{A})$；

(3) 如果 $\boldsymbol{A}\sim\boldsymbol{B}$，则 $R(\boldsymbol{A})=R(\boldsymbol{B})$；

(4) 如果 $\boldsymbol{P},\boldsymbol{Q}$ 为可逆矩阵，则 $R(\boldsymbol{PAQ})=R(\boldsymbol{A})$；

(5) $\max(R(\boldsymbol{A}),R(\boldsymbol{B}))\leqslant R(\boldsymbol{A},\boldsymbol{B})\leqslant R(\boldsymbol{A})+R(\boldsymbol{B})$；

(6) $R(\boldsymbol{A}+\boldsymbol{B})\leqslant R(\boldsymbol{A})+R(\boldsymbol{B})$；

(7) $R(\boldsymbol{AB})\leqslant \min(R(\boldsymbol{A}),R(\boldsymbol{B}))$；

(8) 如果 $\boldsymbol{A}_{m\times n}\boldsymbol{B}_{n\times l}=\boldsymbol{O}$，则 $R(\boldsymbol{A})+R(\boldsymbol{B})\leqslant n$。

对于行数和列数较大的矩阵，通过定义求矩阵的秩是很麻烦的，对于行阶梯矩阵，它的秩就是非零行的行数，所以通过矩阵初等行变换把矩阵化为行阶梯矩阵来求秩是很方便有效的。

【例 2.3】 求矩阵 $\boldsymbol{A}$ 的秩

$$\boldsymbol{A}=\begin{pmatrix} 1 & -2 & 2 & -1 \\ 2 & -4 & 8 & 0 \\ -2 & 4 & -2 & 3 \\ 3 & -6 & 0 & -6 \end{pmatrix}$$

解 对 $\boldsymbol{A}$ 作初等行变换，把 $\boldsymbol{A}$ 化成行阶梯矩阵

$$\boldsymbol{A}=\begin{pmatrix} 1 & -2 & 2 & -1 \\ 2 & -4 & 8 & 0 \\ -2 & 4 & -2 & 3 \\ 3 & -6 & 0 & -6 \end{pmatrix} \underset{\sim}{\substack{r_2-2r_1 \\ r_3+2r_1 \\ r_4-3r_1}} \begin{pmatrix} 1 & -2 & 2 & -1 \\ 0 & 0 & 4 & 2 \\ 0 & 0 & 2 & 1 \\ 0 & 0 & -6 & -3 \end{pmatrix} \underset{\sim}{\substack{r_2\div 2 \\ r_3-r_2 \\ r_4+3r_2}} \begin{pmatrix} 1 & -2 & 2 & -1 \\ 0 & 0 & 2 & 1 \\ 0 & 0 & 0 & 0 \\ 0 & 0 & 0 & 0 \end{pmatrix}$$

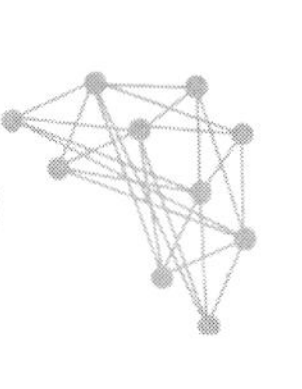

则 $R(\mathbf{A})=2$。

利用系数矩阵 $\mathbf{A}$ 和增广矩阵 $(\mathbf{A},\boldsymbol{b})$ 的秩，可以方便讨论线性方程组 $\mathbf{AX}=\boldsymbol{b}$ 是否有解以及有解时解是否唯一等问题，其结论如下。

【定理 2.21】 设线性方程组 $\mathbf{AX}=\boldsymbol{b}$

(1) $\mathbf{AX}=\boldsymbol{b}$ 无解，当且仅当 $R(\mathbf{A})<R(\mathbf{A},\boldsymbol{b})$；

(2) $\mathbf{AX}=\boldsymbol{b}$ 有唯一解，当且仅当 $R(\mathbf{A})=R(\mathbf{A},\boldsymbol{b})=n$（$n$ 为系数矩阵 $\mathbf{A}$ 的阶数）；

(3) $\mathbf{AX}=\boldsymbol{b}$ 有无限多解，当且仅当 $R(\mathbf{A})=R(\mathbf{A},\boldsymbol{b})<n$（$n$ 为系数矩阵 $\mathbf{A}$ 的阶数）。

2.2.3　向量组的线性相关性

1. 向量组及其线性组合

【定义 2.26】 有序数组 $(a_1,a_2,\cdots,a_n)$ 称为 n 维向量，这 n 个数称为该向量的分量，数 a_i 称为第 i 个分量。

以实数为分量的向量称为实向量，以复数为分量的向量称为复向量。

n 维向量可以写成一行或一列，分别称为行向量和列向量。规定行向量和列向量都按矩阵的运算规则进行运算，因此 n 维列向量

$$\boldsymbol{\alpha}=\begin{pmatrix}a_1\\a_2\\\vdots\\a_n\end{pmatrix}$$

与 n 维行向量

$$\boldsymbol{\alpha}^{\mathrm{T}}=(a_1\quad a_2\quad\cdots\quad a_n)$$

可以看作两个不同的向量。

列向量一般用小写字母 $\boldsymbol{a},\boldsymbol{b},\boldsymbol{\alpha},\boldsymbol{\beta}$ 等表示，行向量则用 $\boldsymbol{a}^{\mathrm{T}},\boldsymbol{b}^{\mathrm{T}},\boldsymbol{\alpha}^{\mathrm{T}},\boldsymbol{\beta}^{\mathrm{T}}$ 等表示。在没有指明情况下，本书讨论的向量都看作列向量。

n 维向量的全体所组成的集合

$$\mathbf{R}^n=\{\boldsymbol{x}=(\boldsymbol{x}_1,\boldsymbol{x}_2,\cdots,\boldsymbol{x}_n)^{\mathrm{T}}\mid\boldsymbol{x}_1,\boldsymbol{x}_2,\cdots,\boldsymbol{x}_n\in\mathbf{R}\}$$

称作 n 维向量空间。

若干个同维数的列向量（或行向量）所组成的集合称作向量组。

一个 $m\times n$ 矩阵的全体列向量是一个含 n 个 m 维列向量的向量组，它的全体行向量是一个含有 m 个 n 维行向量的向量组。含有限个列向量的有序向量组可以和矩阵一一对应。

下面先讨论含有有限个向量的向量组，之后再把讨论的结果推广到含无限个向量的向量组。

【定义 2.27】 给定向量组 $\mathbf{A}$：$\boldsymbol{a}_1,\boldsymbol{a}_2,\cdots,\boldsymbol{a}_m$，对于任何一组实数 $k_1,k_2,\cdots,k_m$，表达式

$$k_1\boldsymbol{a}_1+k_2\boldsymbol{a}_2+\cdots+k_m\boldsymbol{a}_m$$

称为向量组 $\mathbf{A}$ 的一个线性组合，其中 $k_1,k_2,\cdots,k_m$ 称为这个线性组合的系数。

给定向量组 $\mathbf{A}$：$\boldsymbol{a}_1,\boldsymbol{a}_2,\cdots,\boldsymbol{a}_m$ 和向量 $\boldsymbol{b}$，如果存在一组数 $k_1,k_2,\cdots,k_m$，使

$$\boldsymbol{b}=k_1\boldsymbol{a}_1+k_2\boldsymbol{a}_2+\cdots+k_m\boldsymbol{a}_m$$

则向量 $\boldsymbol{b}$ 是向量组 $\mathbf{A}$ 的线性组合，这时称向量 $\boldsymbol{b}$ 能由向量组 $\mathbf{A}$ 线性表示。

向量 $\boldsymbol{b}$ 能由向量组 $\boldsymbol{A}$ 线性表示，当且仅当方程组

$$x_1\boldsymbol{a}_1+x_2\boldsymbol{a}_2+\cdots+x_m\boldsymbol{a}_m=\boldsymbol{b}$$

有解。所以可以得到如下结论。

【定理 2.22】 向量 $\boldsymbol{b}$ 能由向量组 $\boldsymbol{A}:\boldsymbol{a}_1,\boldsymbol{a}_2,\cdots,\boldsymbol{a}_m$ 线性表示，当且仅当矩阵 $\boldsymbol{A}=(\boldsymbol{a}_1,\boldsymbol{a}_2,\cdots,\boldsymbol{a}_m)$ 的秩等于矩阵 $\boldsymbol{B}=(\boldsymbol{a}_1,\boldsymbol{a}_2,\cdots,\boldsymbol{a}_m,\boldsymbol{b})$ 的秩。

对于两个向量组之间的线性关系，有如下定义。

【定义 2.28】 给定两个向量组 $\boldsymbol{A}:\boldsymbol{a}_1,\boldsymbol{a}_2,\cdots,\boldsymbol{a}_m$，$\boldsymbol{B}:\boldsymbol{b}_1,\boldsymbol{b}_2,\cdots,\boldsymbol{b}_l$，如果 $\boldsymbol{B}$ 中每一个向量 $\boldsymbol{b}_j(j=1,2,\cdots,l)$ 都能由 $\boldsymbol{A}$ 线性表示，则称 $\boldsymbol{B}$ 能由 $\boldsymbol{A}$ 线性表示；如果同时 $\boldsymbol{A}$ 也能由 $\boldsymbol{B}$ 线性表示，则称两个向量组等价。

每一个向量 $\boldsymbol{b}_j(j=1,2,\cdots,l)$ 都能由向量组 $\boldsymbol{A}:\boldsymbol{a}_1,\boldsymbol{a}_2,\cdots,\boldsymbol{a}_m$ 线性表示，即存在数 k_{1j}，k_{2j}，$\cdots$，k_{mj}，使得

$$\boldsymbol{b}_j=k_{1j}\boldsymbol{a}_1+k_{2j}\boldsymbol{a}_2+\cdots+k_{mj}\boldsymbol{a}_m=(\boldsymbol{a}_1,\boldsymbol{a}_2,\cdots,\boldsymbol{a}_m)\begin{pmatrix}k_{1j}\\k_{2j}\\\vdots\\k_{mj}\end{pmatrix}\quad(j=1,2,\cdots,l)$$

从而

$$(\boldsymbol{b}_1,\boldsymbol{b}_2,\cdots,\boldsymbol{b}_l)=(\boldsymbol{a}_1,\boldsymbol{a}_2,\cdots,\boldsymbol{a}_m)\begin{pmatrix}k_{11}&k_{12}&\cdots&k_{1l}\\k_{21}&k_{22}&\cdots&k_{2l}\\\vdots&\vdots&\ddots&\vdots\\k_{m1}&k_{m2}&\cdots&k_{ml}\end{pmatrix}$$

其中 $\boldsymbol{K}=(k_{ij})_{m\times l}$ 为系数矩阵。

如果 $\boldsymbol{B}_{m\times l}=\boldsymbol{A}_{m\times n}\boldsymbol{C}_{n\times l}$，则矩阵 $\boldsymbol{B}$ 的列向量组能由矩阵 $\boldsymbol{A}$ 的列向量组线性表示，$\boldsymbol{C}$ 为系数矩阵：

$$(\boldsymbol{b}_1,\boldsymbol{b}_2,\cdots,\boldsymbol{b}_l)=(\boldsymbol{a}_1,\boldsymbol{a}_2,\cdots,\boldsymbol{a}_n)\begin{pmatrix}c_{11}&c_{12}&\cdots&c_{1l}\\c_{21}&c_{22}&\cdots&c_{2l}\\\vdots&\vdots&\ddots&\vdots\\c_{n1}&c_{n2}&\cdots&c_{nl}\end{pmatrix}$$

也可以看作矩阵 $\boldsymbol{B}$ 的行向量组能由矩阵 $\boldsymbol{C}$ 的行向量组线性表示，$\boldsymbol{A}$ 为系数矩阵：

$$\begin{pmatrix}\boldsymbol{\beta}_1^{\mathrm{T}}\\\boldsymbol{\beta}_2^{\mathrm{T}}\\\vdots\\\boldsymbol{\beta}_m^{\mathrm{T}}\end{pmatrix}=\begin{pmatrix}a_{11}&a_{12}&\cdots&a_{1n}\\a_{21}&a_{22}&\cdots&a_{2n}\\\vdots&\vdots&\ddots&\vdots\\a_{m1}&a_{m2}&\cdots&a_{mn}\end{pmatrix}\begin{pmatrix}\boldsymbol{\gamma}_1^{\mathrm{T}}\\\boldsymbol{\gamma}_2^{\mathrm{T}}\\\vdots\\\boldsymbol{\gamma}_n^{\mathrm{T}}\end{pmatrix}$$

如果矩阵 $\boldsymbol{A}\overset{r}{\sim}\boldsymbol{B}$，存在可逆矩阵 $\boldsymbol{P}$，使得 $\boldsymbol{PA}=\boldsymbol{B}$，矩阵 $\boldsymbol{B}$ 中的行向量都可以由矩阵 $\boldsymbol{A}$ 中的行向量组线性表示，即矩阵 $\boldsymbol{B}$ 中的行向量组能由矩阵 $\boldsymbol{A}$ 中的行向量组线性表示；$\boldsymbol{A}=\boldsymbol{P}^{-1}\boldsymbol{B}$，则矩阵 $\boldsymbol{A}$ 中的行向量都可以由矩阵 $\boldsymbol{B}$ 中的行向量组线性表示，即矩阵 $\boldsymbol{A}$ 中的行向量组能由矩阵 $\boldsymbol{B}$ 中的行向量组线性表示。矩阵 $\boldsymbol{B}$ 中的行向量组与矩阵 $\boldsymbol{A}$ 中的行向量组等价。

类似地，如果矩阵 $\boldsymbol{A}\overset{c}{\sim}\boldsymbol{B}$，矩阵 $\boldsymbol{B}$ 中的列向量组与矩阵 $\boldsymbol{A}$ 中的列向量组等价。

如果向量组 $\boldsymbol{B}$：$\boldsymbol{b}_1,\boldsymbol{b}_2,\cdots,\boldsymbol{b}_l$ 能由向量组 $\boldsymbol{A}$：$\boldsymbol{a}_1,\boldsymbol{a}_2,\cdots,\boldsymbol{a}_m$ 线性表示，则存在矩阵

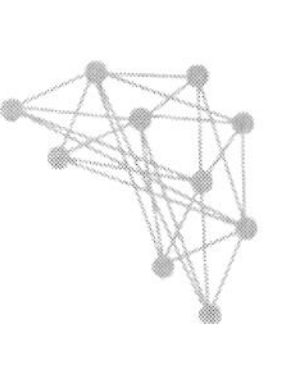

$\boldsymbol{K}_{m\times l}$，使得$(\boldsymbol{b}_1,\boldsymbol{b}_2,\cdots,\boldsymbol{b}_l)=(\boldsymbol{a}_1,\boldsymbol{a}_2,\cdots,\boldsymbol{a}_m)\boldsymbol{K}_{m\times l}$，即矩阵方程 $\boldsymbol{AX}=\boldsymbol{B}$ 有解。于是得到如下结论。

【定理 2.23】 向量组 $\boldsymbol{B}$：$\boldsymbol{b}_1,\boldsymbol{b}_2,\cdots,\boldsymbol{b}_l$ 能由向量组 $\boldsymbol{A}$：$\boldsymbol{a}_1,\boldsymbol{a}_2,\cdots,\boldsymbol{a}_m$ 线性表示，当且仅当 $R(\boldsymbol{A})=R(\boldsymbol{A},\boldsymbol{B})$，其中矩阵 $\boldsymbol{A}=(\boldsymbol{a}_1,\boldsymbol{a}_2,\cdots,\boldsymbol{a}_m)$，矩阵$(\boldsymbol{A},\boldsymbol{B})=(\boldsymbol{a}_1,\boldsymbol{a}_2,\cdots,\boldsymbol{a}_m,\boldsymbol{b}_1,\boldsymbol{b}_2,\cdots,\boldsymbol{b}_l)$。

推论 向量组 $\boldsymbol{A}$：$\boldsymbol{a}_1,\boldsymbol{a}_2,\cdots,\boldsymbol{a}_m$ 与向量组 $\boldsymbol{B}$：$\boldsymbol{b}_1,\boldsymbol{b}_2,\cdots,\boldsymbol{b}_l$ 等价，当且仅当 $R(\boldsymbol{A})=R(\boldsymbol{B})=R(\boldsymbol{A},\boldsymbol{B})$。

2. 向量组的线性相关性

在给出线性相关的精确定义前，需要先从几何上认识线性相关。对于任何两个向量 $\boldsymbol{\alpha}$，$\boldsymbol{\beta}$，如果这两个向量是线性相关的，那么这两个向量从几何上就是共线的。即可以写成 $\boldsymbol{\alpha}=k\boldsymbol{\beta}$，即 $\boldsymbol{\alpha}-k\boldsymbol{\beta}=0$，反过来，如果两个向量不共线，那么这两个向量就是线性无关的。对应任何三个向量 $\boldsymbol{\alpha},\boldsymbol{\beta},\boldsymbol{\gamma}$，如果这三个向量线性相关的，就意味着这三个向量共面或者共线，即不能构成一个三维空间。如果这三个向量是共线的，则有 $\boldsymbol{\alpha}=k_1\boldsymbol{\beta}$，$\boldsymbol{\alpha}=k_2\boldsymbol{\gamma}$，于是有 $2\boldsymbol{\alpha}-k_1\boldsymbol{\beta}-k_2\boldsymbol{\gamma}=0$；而如果这三个向量是共面的，就意味着其中一个向量可以由另外两个向量表示，即写成 $\boldsymbol{\alpha}=k_1\boldsymbol{\beta}+k_2\boldsymbol{\gamma}$，移项之后写成 $\boldsymbol{\alpha}-k_1\boldsymbol{\beta}-k_2\boldsymbol{\gamma}=0$。总之无论是这三个向量共线还是共面，都可以写成一个等式，等式的左边是这三个向量的一个线性组合，等式的右边是零向量。而对于任何三个向量，如果它们线性无关，就说明它们三个能构成一个三维空间，即类似空间直角坐标系下的 x 轴、y 轴和 z 轴。接下来给出向量线性相关的严格定义形式。

【定义 2.29】 对于向量组 $\boldsymbol{A}$：$\boldsymbol{a}_1,\boldsymbol{a}_2,\cdots,\boldsymbol{a}_m$，如果存在不全为零的数 $k_1,k_2,\cdots,k_m$，使得

$$k_1\boldsymbol{a}_1+k_2\boldsymbol{a}_2+\cdots+k_m\boldsymbol{a}_m=0$$

则称向量组 $\boldsymbol{A}$ 是线性相关的，否则称 $\boldsymbol{A}$ 线性无关。

对于只有一个向量 $\boldsymbol{a}$ 的向量组，当 $\boldsymbol{a}$ 为零向量时，向量组线性相关；当 $\boldsymbol{a}$ 为非零向量时，向量组线性无关。

如果向量组 $\boldsymbol{A}$：$\boldsymbol{a}_1,\boldsymbol{a}_2,\cdots,\boldsymbol{a}_m(m\geqslant 2)$线性相关，则向量组中至少存在一个向量能由其余 $m-1$ 个向量线性表示；反之，如果向量组 $\boldsymbol{A}$ 中存在某个向量能由其余 $m-1$ 个向量线性表示，则向量组 $\boldsymbol{A}$：$\boldsymbol{a}_1,\boldsymbol{a}_2,\cdots,\boldsymbol{a}_m$ 线性相关。

向量组 $\boldsymbol{A}$：$\boldsymbol{a}_1,\boldsymbol{a}_2,\cdots,\boldsymbol{a}_m$ 线性相关，当且仅当方程组

$$x_1\boldsymbol{a}_1+x_2\boldsymbol{a}_2+\cdots+x_m\boldsymbol{a}_m=0$$

有非零解，即 $\boldsymbol{Ax}=0$ 有非零解，其中系数矩阵 $\boldsymbol{A}=(a_1,a_2,\cdots,a_m)$。由此有如下结论。

【定理 2.24】 向量组 $\boldsymbol{A}$：$\boldsymbol{a}_1,\boldsymbol{a}_2,\cdots,\boldsymbol{a}_m$ 线性相关，当且仅当矩阵 $\boldsymbol{A}=(\boldsymbol{a}_1,\boldsymbol{a}_2,\cdots,\boldsymbol{a}_m)$的秩小于向量个数 m；向量组 $\boldsymbol{A}$ 线性无关，当且仅当 $R(\boldsymbol{A})=m$。

【定理 2.25】

(1) 如果向量组 $\boldsymbol{A}$：$\boldsymbol{a}_1,\boldsymbol{a}_2,\cdots,\boldsymbol{a}_m$ 线性相关，那么向量组 $\boldsymbol{B}$：$\boldsymbol{a}_1,\boldsymbol{a}_2,\cdots,\boldsymbol{a}_m,\boldsymbol{a}_{m+1}$线性相关；反之，如果向量组 $\boldsymbol{B}$ 线性无关，那么向量组 $\boldsymbol{A}$ 线性无关。

(2) m 个 n 维向量组成的向量组，当 $n<m$ 时，向量组一定线性相关。

(3) 如果向量组 $\boldsymbol{A}$：$\boldsymbol{a}_1,\boldsymbol{a}_2,\cdots,\boldsymbol{a}_m$ 线性无关，向量组 $\boldsymbol{B}$：$\boldsymbol{a}_1,\boldsymbol{a}_2,\cdots,\boldsymbol{a}_m,\boldsymbol{b}$ 线性相关，那么向量 $\boldsymbol{b}$ 一定能由向量组 $\boldsymbol{A}$ 线性表示，且表达式唯一。

3. 向量组的秩

当向量组中含向量较多或者无限多时,可以寻求向量组的线性无关部分组,使得向量组中的所有向量都可以由此线性无关部分组线性表示。将含最多个向量的线性无关部分组与矩阵的最高阶非零子式对应,引入向量组秩的概念。

【定义 2.30】 给定向量组 $\boldsymbol{A}$,如果从 $\boldsymbol{A}$ 中能选出 r 个向量 $\boldsymbol{a}_1,\boldsymbol{a}_2,\cdots,\boldsymbol{a}_r$,满足

(1) 向量组 $\boldsymbol{A}_0$: $\boldsymbol{a}_1,\boldsymbol{a}_2,\cdots,\boldsymbol{a}_r$ 线性无关;

(2) 向量组 $\boldsymbol{A}$ 中任意 $r+1$ 个向量都线性相关(如果有 $r+1$ 个向量),则称向量组 $\boldsymbol{A}_0$ 为向量组 $\boldsymbol{A}$ 的一个最大线性无关向量组,简称最大无关组,r 称为向量组的秩,记为 $R_{\boldsymbol{A}}$。

只含零向量的向量组没有最大无关组,规定它的秩为 0。

向量组 $\boldsymbol{A}$ 与其最大无关组 $\boldsymbol{A}_0$ 是等价的。

向量组的最大无关组一般不唯一。

最大无关组的等价定义是,设向量组 $\boldsymbol{A}_0$: $\boldsymbol{a}_1,\boldsymbol{a}_2,\cdots,\boldsymbol{a}_r$ 是向量组 $\boldsymbol{A}$ 的一部分,满足

(1) 向量组 $\boldsymbol{A}_0$: $\boldsymbol{a}_1,\boldsymbol{a}_2,\cdots,\boldsymbol{a}_r$ 线性无关;

(2) 向量组 $\boldsymbol{A}$ 中任一向量都能由向量组 $\boldsymbol{A}_0$ 线性表示,那么向量组 $\boldsymbol{A}_0$ 是向量组的一个最大无关组。

下面给出向量组秩的性质。

(1) 如果向量组 $\boldsymbol{A}$: $\boldsymbol{a}_1,\boldsymbol{a}_2,\cdots,\boldsymbol{a}_s$ 线性无关,$R_{\boldsymbol{A}}=s$;

(2) 如果向量组 $\boldsymbol{A}$: $\boldsymbol{a}_1,\boldsymbol{a}_2,\cdots,\boldsymbol{a}_s$ 线性相关,$R_{\boldsymbol{A}}<s$;

(3) 如果向量组 $\boldsymbol{B}$ 能由向量组 $\boldsymbol{A}$ 线性表示,则 $R_{\boldsymbol{B}}\leqslant R_{\boldsymbol{A}}$;

(4) 如果向量组 $\boldsymbol{A}$ 与向量组 $\boldsymbol{B}$ 等价,则 $R_{\boldsymbol{B}}=R_{\boldsymbol{A}}$;

(5) 如果向量组 $\boldsymbol{A}$ 的秩是 r,则向量组 $\boldsymbol{A}$ 中任意 r 个线性无关的向量都是最大无关组。

对于含有有限个 n 维向量的向量组 $\boldsymbol{A}$: $\boldsymbol{a}_1,\boldsymbol{a}_2,\cdots,\boldsymbol{a}_m$,它构成的矩阵为 $\boldsymbol{A}=(\boldsymbol{a}_1,\boldsymbol{a}_2,\cdots,\boldsymbol{a}_m)$,将最大无关组的定义与矩阵的最高阶非零子式的定义对比,可以得到结论:矩阵的秩等于它的列向量组的秩,也等于它的行向量组的秩。这一结论为求向量组的秩和最大无关组提供了理论依据。

利用初等变换来求向量组的秩和最大无关组,步骤如下:

(1) 将向量组 $\boldsymbol{a}_1,\boldsymbol{a}_2,\cdots,\boldsymbol{a}_m$ 构成矩阵:当 $\boldsymbol{a}_i$ 为列向量时,$\boldsymbol{A}=(\boldsymbol{a}_1,\boldsymbol{a}_2,\cdots,\boldsymbol{a}_m)$;当 $\boldsymbol{a}_i$ 为行向量时,$\boldsymbol{A}=(\boldsymbol{a}_1^{\mathrm{T}},\boldsymbol{a}_2^{\mathrm{T}},\cdots,\boldsymbol{a}_m^{\mathrm{T}})$;

(2) 用初等行变换化矩阵 $\boldsymbol{A}$ 为行阶梯矩阵 $\boldsymbol{B}$,则 $\boldsymbol{B}$ 中非零行的行数就等于向量组的秩;

(3) 由矩阵 $\boldsymbol{B}$ 中各非零行的第一个非零元素所在的列标 $l_1,l_2,\cdots,l_r$,可知

$$\boldsymbol{a}_{l_1},\boldsymbol{a}_{l_2},\cdots,\boldsymbol{a}_{l_r}$$

为向量组 $\boldsymbol{a}_1,\boldsymbol{a}_2,\cdots,\boldsymbol{a}_m$ 的一组最大无关组。

下面用向量组线性相关性理论来讨论线性方程组的解。

对于齐次线性方程组

$$\begin{cases} a_{11}x_1+a_{12}x_2+\cdots+a_{1n}x_n=0 \\ a_{21}x_1+a_{22}x_2+\cdots+a_{2n}x_n=0 \\ \quad\vdots \\ a_{m1}x_1+a_{m2}x_2+\cdots+a_{mn}x_n=0 \end{cases} \tag{2.3}$$

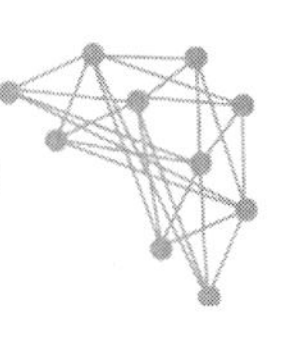

可以将其写成向量方程 $\boldsymbol{Ax}=0$，其中

$$\boldsymbol{A}=(a_{ij})_{m\times n},\quad \boldsymbol{x}=\begin{pmatrix}x_1\\x_2\\\vdots\\x_n\end{pmatrix}$$

设

$$\boldsymbol{x}=\boldsymbol{\xi}_1=\begin{pmatrix}\xi_{11}\\\xi_{21}\\\vdots\\\xi_{n1}\end{pmatrix}$$

为式(2.3)的解，它也是向量方程 $\boldsymbol{Ax}=0$ 的解，解向量满足如下性质：

(1) 如果 $\boldsymbol{x}=\boldsymbol{\xi}_1$，$\boldsymbol{x}=\boldsymbol{\xi}_2$ 为向量方程 $\boldsymbol{Ax}=0$ 的解，则 $\boldsymbol{x}=\boldsymbol{\xi}_1+\boldsymbol{\xi}_2$ 也为向量方程 $\boldsymbol{Ax}=0$ 的解；

(2) 如果 $\boldsymbol{x}=\boldsymbol{\xi}_1$ 为向量方程 $\boldsymbol{Ax}=0$ 的解，k 为实数，则 $\boldsymbol{x}=k\boldsymbol{\xi}_1$ 也为向量方程 $\boldsymbol{Ax}=0$ 的解。

将向量方程 $\boldsymbol{Ax}=0$ 的所有解组成一个集合，记为 S，如果求得 S 中的一个最大无关组 S_0：$\boldsymbol{\xi}_1,\boldsymbol{\xi}_2,\cdots,\boldsymbol{\xi}_l$，那么方程 $\boldsymbol{Ax}=0$ 的每一个解都由 S_0 线性表示；另外，S_0 中向量的线性组合

$$\boldsymbol{x}=k_1\boldsymbol{\xi}_1+k_2\boldsymbol{\xi}_2+\cdots+k_l\boldsymbol{\xi}_l\quad(k_1,k_2,\cdots,k_l\ \text{为任意实数})$$

都是向量方程 $\boldsymbol{Ax}=0$ 的解，称其为向量方程 $\boldsymbol{Ax}=0$ 的通解，称 $\boldsymbol{\xi}_1,\boldsymbol{\xi}_2,\cdots,\boldsymbol{\xi}_l$ 为该方程的基础解系。

下面用初等变换来求式(2.3)的基础解系。

设 $R(\boldsymbol{A})=r$，假设 $\boldsymbol{A}$ 的前 r 列向量线性无关，于是 $\boldsymbol{A}$ 的行最简形矩阵为

$$\boldsymbol{A}\overset{r}{\sim}\boldsymbol{B}=\begin{pmatrix}1&\cdots&0&b_{11}&\cdots&b_{1,n-r}\\\vdots&&\vdots&\vdots&&\vdots\\0&\cdots&1&b_{r1}&\cdots&b_{r,n-r}\\0&&&\cdots&&0\\\vdots&&&&&\vdots\\0&&&\cdots&&0\end{pmatrix}$$

与 $\boldsymbol{B}$ 对应的方程为

$$\begin{cases}x_1=-b_{11}x_{r+1}-\cdots-b_{1,n-r}x_n\\\qquad\cdots\\x_r=-b_{r1}x_{r+1}-\cdots-b_{r,n-r}x_n\end{cases}$$

将 $x_{r+1},x_{r+2},\cdots,x_n$ 依次取 $c_1,c_2,\cdots,c_{n-r}$，可得式(2.3)的通解

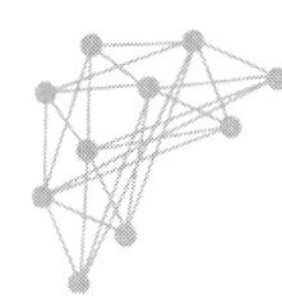

$$\begin{pmatrix} x_1 \\ \vdots \\ x_r \\ x_{r+1} \\ x_{r+2} \\ \vdots \\ x_n \end{pmatrix} = c_1 \begin{pmatrix} -b_{11} \\ \vdots \\ -b_{r1} \\ 1 \\ 0 \\ \vdots \\ 0 \end{pmatrix} + c_2 \begin{pmatrix} -b_{12} \\ \vdots \\ -b_{r2} \\ 0 \\ 1 \\ \vdots \\ 0 \end{pmatrix} + \cdots + c_{n-r} \begin{pmatrix} -b_{1,n-r} \\ \vdots \\ -b_{r,n-r} \\ 0 \\ 0 \\ \vdots \\ 1 \end{pmatrix}$$

上式可以记为

$$\boldsymbol{x} = c_1\boldsymbol{\xi}_1 + c_2\boldsymbol{\xi}_2 + \cdots + c_{n-r}\boldsymbol{\xi}_{n-r}$$

解集 S 中的任何一个解向量 $\boldsymbol{x}$ 能由 $\boldsymbol{\xi}_1,\boldsymbol{\xi}_2,\cdots,\boldsymbol{\xi}_{n-r}$ 线性表示，且矩阵$(\boldsymbol{\xi}_1,\boldsymbol{\xi}_2,\cdots,\boldsymbol{\xi}_{n-r})$中有 $n-r$ 阶子式不为零，所以 $R(\boldsymbol{\xi}_1,\boldsymbol{\xi}_2,\cdots,\boldsymbol{\xi}_{n-r})=n-r$，$\boldsymbol{\xi}_1,\boldsymbol{\xi}_2,\cdots,\boldsymbol{\xi}_{n-r}$ 线性无关，由最大无关组等价定义知 $\boldsymbol{\xi}_1,\boldsymbol{\xi}_2,\cdots,\boldsymbol{\xi}_{n-r}$ 为解集 S 的一个最大无关组，即 $\boldsymbol{\xi}_1,\boldsymbol{\xi}_2,\cdots,\boldsymbol{\xi}_{n-r}$ 为解集 S 的一个基础解系。基础解系不唯一。

下面讨论非齐次线性方程组

$$\begin{cases} a_{11}x_1 + a_{12}x_2 + \cdots + a_{1n}x_n = b_1 \\ a_{21}x_1 + a_{22}x_2 + \cdots + a_{2n}x_n = b_2 \\ \qquad\vdots \\ a_{m1}x_1 + a_{m2}x_2 + \cdots + a_{mn}x_n = b_m \end{cases} \tag{2.4}$$

该方程组可以写成向量方程 $\boldsymbol{Ax}=\boldsymbol{b}$，式(2.4)的解也是向量方程 $\boldsymbol{Ax}=\boldsymbol{b}$ 的解向量，其满足如下性质：

(1) 如果 $\boldsymbol{x}=\boldsymbol{\eta}_1$，$\boldsymbol{x}=\boldsymbol{\eta}_2$ 为向量方程 $\boldsymbol{Ax}=\boldsymbol{b}$ 的解，则 $\boldsymbol{x}=\boldsymbol{\eta}_1-\boldsymbol{\eta}_2$ 为对应向量方程 $\boldsymbol{Ax}=0$ 的解；

(2) 如果 $\boldsymbol{x}=\boldsymbol{\eta}$ 为向量方程 $\boldsymbol{Ax}=\boldsymbol{b}$ 的解，$\boldsymbol{x}=\boldsymbol{\xi}$ 为对应方程 $\boldsymbol{Ax}=0$ 的解，则 $\boldsymbol{x}=\boldsymbol{\eta}+\boldsymbol{\xi}$ 仍为向量方程 $\boldsymbol{Ax}=\boldsymbol{b}$ 的解。

于是，如果求得方程 $\boldsymbol{Ax}=\boldsymbol{b}$ 的一个解 $\boldsymbol{\eta}^*$(称为特解)，那么 $\boldsymbol{Ax}=\boldsymbol{b}$ 的通解为

$$\boldsymbol{x}=k_1\boldsymbol{\xi}_1+k_2\boldsymbol{\xi}_2+\cdots+k_{n-r}\boldsymbol{\xi}_{n-r}+\boldsymbol{\eta}^* \ (k_1,k_2,\cdots,k_l \text{ 为任意实数})$$

其中，$\boldsymbol{\xi}_1,\boldsymbol{\xi}_2,\cdots,\boldsymbol{\xi}_{n-r}$ 为对应方程 $\boldsymbol{Ax}=0$ 的基础解系。

4. 向量空间

将 n 维向量的全体构成的集合称为 n 维向量空间，下面介绍向量空间的有关知识。

【定义 2.31】 设 $\mathbf{V}$ 为 n 维向量的非空集合，集合中元素(向量)满足

(1) 如果 $\boldsymbol{a}\in\mathbf{V}$，$\boldsymbol{b}\in\mathbf{V}$ 则 $\boldsymbol{a}+\boldsymbol{b}\in\mathbf{V}$；

(2) 如果 $\boldsymbol{a}\in\mathbf{V}$，$\lambda\in\mathbf{R}$ 则 $\lambda\boldsymbol{a}\in\mathbf{V}$，称向量集合 $\mathbf{V}$ 为向量空间。

例如三维向量的全体 $\mathbf{R}^3$ 是一个向量空间；n 维向量的全体 $\mathbf{R}^n$ 是一个向量空间；n 元齐次方程组的解集 $\boldsymbol{S}=\{\boldsymbol{x}\mid\boldsymbol{Ax}=0\}$是一个向量空间(称为齐次方程组的解空间)。而 n 元非齐次方程组的解集就不是一个向量空间。

又例如 $\boldsymbol{a}$，$\boldsymbol{b}$ 是两个已知的 n 维向量，集合

$$\boldsymbol{L}=\{\boldsymbol{x}=\lambda\boldsymbol{a}+\mu\boldsymbol{b}\mid\lambda,\mu\in\mathbf{R}\}$$

如果 $\boldsymbol{x}_1=\lambda_1\boldsymbol{a}+\mu_1\boldsymbol{b}$，$\boldsymbol{x}_1=\lambda_2\boldsymbol{a}+\mu_2\boldsymbol{b}\in L$，则

$$\boldsymbol{x}_1+\boldsymbol{x}_2=(\lambda_1+\lambda_2)\boldsymbol{a}+(\mu_1+\mu_2)\boldsymbol{b}\in \boldsymbol{L}$$
$$k\boldsymbol{x}_1=(k\lambda_1)\boldsymbol{a}+(k\mu_1)\boldsymbol{b}\in \boldsymbol{L}$$

所以 $\boldsymbol{L}$ 是一个向量空间,称为由向量 $\boldsymbol{a},\boldsymbol{b}$ 所生成的向量空间。

设 $\boldsymbol{W}$ 为向量空间 $\mathbf{V}$ 的一个非空子集,如果 $\boldsymbol{W}$ 是向量空间,就称 $\boldsymbol{W}$ 为 $\mathbf{V}$ 的子空间。

例如,n 元齐次线性方程组的解空间和上面提到的由向量 $\boldsymbol{a},\boldsymbol{b}$ 所生成的向量空间都是 $\mathbf{R}^n$ 的子空间。

【定义 2.32】 设 $\mathbf{V}$ 为向量空间,如果 r 个向量 $\boldsymbol{a}_1,\boldsymbol{a}_2,\cdots,\boldsymbol{a}_r\in\mathbf{V}$,满足

(1) $\boldsymbol{a}_1,\boldsymbol{a}_2,\cdots,\boldsymbol{a}_r$ 线性无关;

(2) $\mathbf{V}$ 中任意向量能由 $\boldsymbol{a}_1,\boldsymbol{a}_2,\cdots,\boldsymbol{a}_r$ 线性表示,则称向量组 $\boldsymbol{a}_1,\boldsymbol{a}_2,\cdots,\boldsymbol{a}_r$ 为向量空间 $\mathbf{V}$ 的一组基,r 为向量空间的维数,并称向量空间 $\mathbf{V}$ 为 r 维向量空间。

把向量空间看作向量组,$\mathbf{V}$ 的基就是向量组的最大无关组,而 $\mathbf{V}$ 的维数就是向量组的秩。

向量空间 $\mathbf{V}$ 如果没有基,就是 $r=0$,0 维向量空间就是向量空间中只有一个零向量。

例如,向量空间 $\mathbf{R}^n$ 的一组基为

$$\boldsymbol{e}_1=\begin{pmatrix}1\\0\\0\\\vdots\\0\end{pmatrix},\boldsymbol{e}_2=\begin{pmatrix}0\\1\\0\\\vdots\\0\end{pmatrix},\cdots,\boldsymbol{e}_n=\begin{pmatrix}0\\0\\0\\\vdots\\1\end{pmatrix}$$

$\mathbf{R}^n$ 为 n 维空间。

n 元齐次线性方程组的解空间 $\boldsymbol{S}=\{\boldsymbol{x}\mid \boldsymbol{A}\boldsymbol{x}=0\}$ 的一组基就是基础解系 $\boldsymbol{\xi}_1,\boldsymbol{\xi}_2,\cdots,\boldsymbol{\xi}_{n-r}$,$\boldsymbol{S}$ 为 $n-r$ 维向量空间。

由 $\boldsymbol{a}_1,\boldsymbol{a}_2,\cdots,\boldsymbol{a}_m$ 所生成的向量空间

$$\boldsymbol{L}=\{\boldsymbol{x}=\lambda_1\boldsymbol{a}_1+\lambda_2\boldsymbol{a}_2+\cdots+\lambda_m\boldsymbol{a}_m\mid\lambda_i\in\mathbf{R},i=1,2,\cdots,m\}$$

的基就是向量组 $\boldsymbol{a}_1,\boldsymbol{a}_2,\cdots,\boldsymbol{a}_m$ 的一个最大无关组,而向量组 $\boldsymbol{a}_1,\boldsymbol{a}_2,\cdots,\boldsymbol{a}_m$ 的秩就是向量空间 $\boldsymbol{L}$ 的维数。

如果向量组 $\boldsymbol{a}_1,\boldsymbol{a}_2,\cdots,\boldsymbol{a}_r$ 为向量空间 $\mathbf{V}$ 的一组基,那么 $\mathbf{V}$ 中任意向量 $\boldsymbol{x}$ 可以唯一地表示为

$$\boldsymbol{x}=x_1\boldsymbol{a}_1+x_2\boldsymbol{a}_2+\cdots+x_r\boldsymbol{a}_r$$

称 $x_1,x_2,\cdots,x_r$ 为向量 $\boldsymbol{x}$ 在基 $\boldsymbol{a}_1,\boldsymbol{a}_2,\cdots,\boldsymbol{a}_r$ 中的坐标。

特别是对于 n 维空间 $\mathbf{R}^n$,当取单位坐标向量组 $\boldsymbol{e}_1,\boldsymbol{e}_2,\cdots,\boldsymbol{e}_n$ 为基时,以 $x_1,x_2,\cdots,x_n$ 为分量的向量可表示为

$$\boldsymbol{x}=x_1\boldsymbol{e}_1+x_2\boldsymbol{e}_2+\cdots+x_n\boldsymbol{e}_n$$

向量 $\boldsymbol{x}$ 的分量就是 $\boldsymbol{x}$ 在基 $\boldsymbol{e}_1,\boldsymbol{e}_2,\cdots,\boldsymbol{e}_n$ 中的坐标,而 $\boldsymbol{e}_1,\boldsymbol{e}_2,\cdots,\boldsymbol{e}_n$ 称为 $\mathbf{R}^n$ 的自然基。

2.2.4　相似矩阵及二次型

下面进一步研究矩阵的性质,来讨论方阵的特征值和特征向量,方阵的相似对角化和二次型的化简等问题。

1. 向量的内积、范数及正交性

【定义 2.33】 设两个 n 维向量

$$\boldsymbol{x}=\begin{pmatrix}x_1\\x_2\\\vdots\\x_n\end{pmatrix},\quad \boldsymbol{y}=\begin{pmatrix}y_1\\y_2\\\vdots\\y_n\end{pmatrix}$$

令

$$\boldsymbol{x}\cdot\boldsymbol{y}=x_1y_1+x_2y_2+\cdots+x_ny_n$$

$\boldsymbol{x}\cdot\boldsymbol{y}$ 称为 n 维向量 $\boldsymbol{x}$ 与 $\boldsymbol{y}$ 的内积,又称数量积、点积。

内积是两个向量之间的运算,结果是一个实数,用矩阵记号表示,当 $\boldsymbol{x}$ 与 $\boldsymbol{y}$ 都是列向量时,有

$$\boldsymbol{x}\cdot\boldsymbol{y}=\boldsymbol{x}^{\mathrm{T}}\boldsymbol{y}$$

内积运算具有如下性质。设 $\boldsymbol{x},\boldsymbol{y},\boldsymbol{z}$ 是 n 维向量,λ 为实数,

(1) $\boldsymbol{x}\cdot\boldsymbol{y}=\boldsymbol{y}\cdot\boldsymbol{x}$;

(2) $(\lambda\boldsymbol{x})\cdot\boldsymbol{y}=\boldsymbol{x}\cdot(\lambda\boldsymbol{y})=\lambda(\boldsymbol{x}\cdot\boldsymbol{y})$;

(3) $(\boldsymbol{x}+\boldsymbol{y})\cdot\boldsymbol{z}=\boldsymbol{x}\cdot\boldsymbol{z}+\boldsymbol{y}\cdot\boldsymbol{z}$;

(4) 当 $\boldsymbol{x}=\boldsymbol{0}$ 时,$\boldsymbol{x}\cdot\boldsymbol{x}=\boldsymbol{0}$;当 $\boldsymbol{x}\neq\boldsymbol{0}$ 时,$\boldsymbol{x}\cdot\boldsymbol{x}>\boldsymbol{0}$。

在解析几何中,有两个向量的内积的概念,即

$$\boldsymbol{x}\cdot\boldsymbol{y}=|\boldsymbol{x}||\boldsymbol{y}|\cos\theta$$

在直角坐标系中,内积的计算公式为

$$(x_1,x_2,x_3)\cdot(y_1,y_2,y_3)=\boldsymbol{x}_1y_1+\boldsymbol{x}_2y_2+\boldsymbol{x}_3y_3$$

利用内积可定义 n 维向量的长度和夹角。

【定义 2.34】 设 $\boldsymbol{x}$ 为 n 维向量,令

$$\|\boldsymbol{x}\|=\sqrt{\boldsymbol{x}\cdot\boldsymbol{x}}=\sqrt{x_1^2+x_2^2+\cdots+x_n^2}$$

$\|\boldsymbol{x}\|$ 称为 n 维向量 $\boldsymbol{x}$ 的长度或范数。

向量的长度(范数)具有以下性质。设 $\boldsymbol{x},\boldsymbol{y}$ 是 n 维向量,λ 为实数,

(1) 当 $\boldsymbol{x}=0$ 时,$\|\boldsymbol{x}\|=0$;当 $\boldsymbol{x}\neq0$ 时,$\|\boldsymbol{x}\|>0$;

(2) $\|\lambda\boldsymbol{x}\|=|\lambda|\,\|\boldsymbol{x}\|$;

(3) $\|\boldsymbol{x}+\boldsymbol{y}\|\leqslant\|\boldsymbol{x}\|+\|\boldsymbol{y}\|$。

当 $\|\boldsymbol{x}\|=1$ 时,称 $\boldsymbol{x}$ 为单位向量,当 $\boldsymbol{x}\neq0$ 时,$\boldsymbol{a}=\dfrac{\boldsymbol{x}}{\|\boldsymbol{x}\|}$为一个单位向量,从 $\boldsymbol{x}$ 到 $\boldsymbol{a}$ 的过程称为把向量 $\boldsymbol{x}$ 单位化。

由不等式 $(\boldsymbol{x}\cdot\boldsymbol{y})^2\leqslant\boldsymbol{x}\cdot\boldsymbol{x}+\boldsymbol{y}\cdot\boldsymbol{y}$ 与等式 $\boldsymbol{x}\cdot\boldsymbol{x}=\|\boldsymbol{x}\|^2,\boldsymbol{y}\cdot\boldsymbol{y}=\|\boldsymbol{y}\|^2$,得

$$-1\leqslant\frac{\boldsymbol{x}\cdot\boldsymbol{y}}{\|\boldsymbol{x}\|\,\|\boldsymbol{y}\|}\leqslant1\text{(当 }\|\boldsymbol{x}\|^2,\|\boldsymbol{y}\|^2\neq0\text{ 时)}$$

当 $\boldsymbol{x}\neq0,\boldsymbol{y}\neq0$ 时,

$$\theta=\arccos\frac{\boldsymbol{x}\cdot\boldsymbol{y}}{\|\boldsymbol{x}\|\,\|\boldsymbol{y}\|}$$

称为 n 维向量 $\boldsymbol{x}$ 与 $\boldsymbol{y}$ 的夹角。

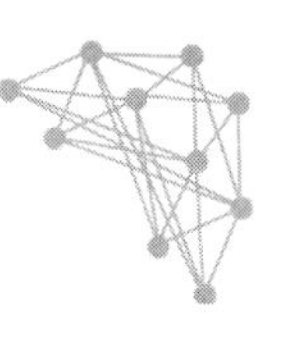

当 $\boldsymbol{x}\cdot\boldsymbol{y}=0$ 时,称向量 $\boldsymbol{x}$ 与 $\boldsymbol{y}$ 正交。当 $\boldsymbol{x}=0$ 时,则 $\boldsymbol{x}$ 与任何向量正交。

正交向量组是指两两正交的非零向量构成的集合,下面讨论正交向量组的性质。

【定理 2.26】 如果 r 维向量 $\boldsymbol{a}_1,\boldsymbol{a}_2,\cdots,\boldsymbol{a}_r$ 是一组两两正交的非零向量,则 $\boldsymbol{a}_1,\boldsymbol{a}_2,\cdots,\boldsymbol{a}_r$ 线性无关。

用 $\boldsymbol{a}_i$ 与 $\lambda_1\boldsymbol{a}_1+\lambda_2\boldsymbol{a}_2+\cdots+\lambda_r\boldsymbol{a}_r=0$ 两边做内积,很容易得到 $\lambda_i=0(i=1,2,\cdots,r)$。定理得到证明。

如果 n 维向量 $\boldsymbol{e}_1,\boldsymbol{e}_2,\cdots,\boldsymbol{e}_r$ 是向量空间 $\mathbf{V}$ 的一组基,$\boldsymbol{e}_1,\boldsymbol{e}_2,\cdots,\boldsymbol{e}_r$ 两两正交,且都是单位向量,则称 $\boldsymbol{e}_1,\boldsymbol{e}_2,\cdots,\boldsymbol{e}_r$ 为 $\mathbf{V}$ 的一个标准正交基。$\mathbf{V}$ 中任一向量 $\boldsymbol{a}$ 能由 $\boldsymbol{e}_1,\boldsymbol{e}_2,\cdots,\boldsymbol{e}_r$ 线性表示

$$\boldsymbol{a}=\lambda_1\boldsymbol{e}_1+\lambda_2\boldsymbol{e}_2+\cdots+\lambda_r\boldsymbol{e}_r$$

用 $\boldsymbol{e}_i^{\mathrm{T}}$ 左乘上式,有

$$\boldsymbol{e}_i^{\mathrm{T}}\boldsymbol{a}=\boldsymbol{e}_i^{\mathrm{T}}(\lambda_1\boldsymbol{e}_1+\lambda_2\boldsymbol{e}_2+\cdots+\lambda_r\boldsymbol{e}_r)=\lambda_i\boldsymbol{e}_i^{\mathrm{T}}\boldsymbol{e}_i=\lambda_i$$

即

$$\lambda_i=\boldsymbol{e}_i^{\mathrm{T}}\boldsymbol{a}\quad(i=1,2,\cdots,r)$$

为求向量 $\boldsymbol{a}$ 在标准正交基中的坐标计算公式。下面讨论如何求向量空间的标准正交基。

用如下方法把向量空间的一组基 $\boldsymbol{a}_1,\boldsymbol{a}_2,\cdots,\boldsymbol{a}_r$ 标准正交化:取

$$\begin{aligned}
\boldsymbol{b}_1&=\boldsymbol{a}_1\\
\boldsymbol{b}_2&=\boldsymbol{a}_2-\frac{\boldsymbol{b}_1\cdot\boldsymbol{a}_2}{\boldsymbol{b}_1\cdot\boldsymbol{b}_1}\boldsymbol{b}_1\\
&\vdots\\
\boldsymbol{b}_r&=\boldsymbol{a}_r-\frac{\boldsymbol{b}_1\cdot\boldsymbol{a}_r}{\boldsymbol{b}_1\cdot\boldsymbol{b}_1}\boldsymbol{b}_1-\frac{\boldsymbol{b}_2\cdot\boldsymbol{a}_r}{\boldsymbol{b}_2\cdot\boldsymbol{b}_2}\boldsymbol{b}_2-\cdots-\frac{\boldsymbol{b}_{r-1}\cdot\boldsymbol{a}_r}{\boldsymbol{b}_{r-1}\cdot\boldsymbol{b}_{r-1}}\boldsymbol{b}_{r-1}
\end{aligned}$$

得到的 $\boldsymbol{b}_1,\boldsymbol{b}_2,\cdots,\boldsymbol{b}_r$ 两两正交,且与 $\boldsymbol{a}_1,\boldsymbol{a}_2,\cdots,\boldsymbol{a}_r$ 等价。

然后把 $\boldsymbol{b}_1,\boldsymbol{b}_2,\cdots,\boldsymbol{b}_r$ 单位化,即取

$$\boldsymbol{e}_1=\frac{\boldsymbol{b}_1}{\|\boldsymbol{b}_1\|},\boldsymbol{e}_2=\frac{\boldsymbol{b}_2}{\|\boldsymbol{b}_2\|},\cdots,\boldsymbol{e}_r=\frac{\boldsymbol{b}_r}{\|\boldsymbol{b}_r\|}$$

得到 $\mathbf{V}$ 的一个标准正交基。上述方法称为施密特正交化。

【例 2.4】 设 $\boldsymbol{a}_1=\begin{pmatrix}1\\2\\-1\end{pmatrix},\boldsymbol{a}_2=\begin{pmatrix}-1\\3\\1\end{pmatrix},\boldsymbol{a}_3=\begin{pmatrix}4\\-1\\0\end{pmatrix}$,用施密特正交化把该组向量标准正交化。

解 取

$$\begin{aligned}
\boldsymbol{b}_1&=\boldsymbol{a}_1\\
\boldsymbol{b}_2&=\boldsymbol{a}_2-\frac{\boldsymbol{b}_1\cdot\boldsymbol{a}_2}{\boldsymbol{b}_1\cdot\boldsymbol{b}_1}\boldsymbol{b}_1=\begin{pmatrix}-1\\3\\1\end{pmatrix}-\frac{4}{6}\begin{pmatrix}1\\2\\-1\end{pmatrix}=\frac{5}{3}\begin{pmatrix}-1\\1\\1\end{pmatrix}\\
\boldsymbol{b}_3&=\boldsymbol{a}_3-\frac{\boldsymbol{b}_1\cdot\boldsymbol{a}_3}{\boldsymbol{b}_1\cdot\boldsymbol{b}_1}\boldsymbol{b}_1-\frac{\boldsymbol{b}_2\cdot\boldsymbol{a}_3}{\boldsymbol{b}_2\cdot\boldsymbol{b}_2}\boldsymbol{b}_2\\
&=\begin{pmatrix}4\\-1\\0\end{pmatrix}-\frac{1}{3}\begin{pmatrix}1\\2\\-1\end{pmatrix}+\frac{5}{3}\begin{pmatrix}-1\\1\\1\end{pmatrix}=2\begin{pmatrix}1\\0\\1\end{pmatrix}
\end{aligned}$$

再将它们单位化,得

$$e_1=\frac{b_1}{\|b_1\|}=\frac{1}{\sqrt{6}}\begin{pmatrix}1\\2\\-1\end{pmatrix},\quad e_2=\frac{b_2}{\|b_2\|}=\frac{1}{\sqrt{3}}\begin{pmatrix}-1\\1\\1\end{pmatrix},\quad e_3=\frac{b_3}{\|b_3\|}=\frac{1}{\sqrt{2}}\begin{pmatrix}1\\0\\1\end{pmatrix}$$

如果 n 阶矩阵 $\boldsymbol{A}$ 满足

$$\boldsymbol{A}^{\mathrm{T}}\boldsymbol{A}=\boldsymbol{E}(\text{即 } \boldsymbol{A}^{\mathrm{T}}=\boldsymbol{A}^{-1})$$

那么称 $\boldsymbol{A}$ 为正交矩阵,简称正交阵。

把 $\boldsymbol{A}$ 写成列向量,

$$\boldsymbol{A}^{\mathrm{T}}\boldsymbol{A}=\begin{pmatrix}\boldsymbol{a}_1^{\mathrm{T}}\\\boldsymbol{a}_2^{\mathrm{T}}\\\vdots\\\boldsymbol{a}_n^{\mathrm{T}}\end{pmatrix}(\boldsymbol{a}_1\quad\boldsymbol{a}_2\quad\cdots\quad\boldsymbol{a}_n)=\boldsymbol{E}$$

可得

$$\boldsymbol{a}_i^{\mathrm{T}}\boldsymbol{a}_j=\begin{cases}1, & i=j\\0, & i\neq j\end{cases}\quad(i,j=1,2,\cdots,n)$$

所以得到结论:方阵 $\boldsymbol{A}$ 为正交矩阵,当且仅当 $\boldsymbol{A}$ 的列向量都是单位向量,且两两正交。

正交矩阵有如下性质:

(1) 如果 $\boldsymbol{A}$ 为正交矩阵,则 $\boldsymbol{A}^{-1}=\boldsymbol{A}^{\mathrm{T}}$ 也是正交矩阵,且 $|\boldsymbol{A}|=1$ 或 -1;

(2) 如果 $\boldsymbol{A},\boldsymbol{B}$ 是正交矩阵,则 $\boldsymbol{AB}$ 也是正交矩阵。

如果 $\boldsymbol{P}$ 为正交矩阵,则变换 $\boldsymbol{y}=\boldsymbol{Px}$ 为正交变换。

由

$$\|\boldsymbol{y}\|=\sqrt{\boldsymbol{y}^{\mathrm{T}}\boldsymbol{y}}=\sqrt{\boldsymbol{x}^{\mathrm{T}}\boldsymbol{P}^{\mathrm{T}}\boldsymbol{P}\boldsymbol{x}}=\sqrt{\boldsymbol{x}^{\mathrm{T}}\boldsymbol{x}}=\|\boldsymbol{x}\|$$

可知经过正交变换,向量的长度保持不变。

2. 方阵的特征值与特征向量

下面讨论方阵的特征值理论。

【定义 2.35】 设 $\boldsymbol{A}$ 为 n 阶矩阵,如果数 λ 和 n 维非零列向量 $\boldsymbol{x}$ 使关系式

$$\boldsymbol{A}\boldsymbol{x}=\lambda\boldsymbol{x}$$

成立,那么这样的数 λ 称为矩阵 $\boldsymbol{A}$ 的特征值,非零向量 $\boldsymbol{x}$ 称为 $\boldsymbol{A}$ 的对应于特征值 $\boldsymbol{\lambda}$ 的特征向量。关系式 $\boldsymbol{A}\boldsymbol{x}=\lambda\boldsymbol{x}$ 也可写成

$$(\boldsymbol{A}-\lambda\boldsymbol{E})\boldsymbol{x}=0$$

这是 n 个未知数 n 个方程的齐次线性方程组,它有非零解,当且仅当系数行列式

$$|\boldsymbol{A}-\lambda\boldsymbol{E}|=0$$

即

$$\begin{vmatrix}a_{11}-\lambda & a_{12} & \cdots & a_{1n}\\a_{21} & a_{22}-\lambda & \cdots & a_{2n}\\\vdots & \vdots & \ddots & \vdots\\a_{n1} & a_{n2} & \cdots & a_{nn}-\lambda\end{vmatrix}=0$$

$|\boldsymbol{A}-\lambda\boldsymbol{E}|=0$ 是关于 λ 的一元 n 次方程,称为矩阵 $\boldsymbol{A}$ 的特征方程;$|\boldsymbol{A}-\lambda\boldsymbol{E}|$ 是关于 λ 的 n 次多项式,记为 $f(\lambda)$,称为矩阵 $\boldsymbol{A}$ 的特征多项式。$\boldsymbol{A}$ 的特征值为特征方程的解。特征方

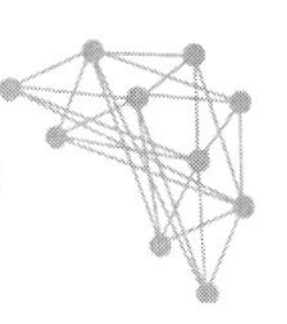

程在复数域上恒有解，其个数为方程的次数，因此，n 阶矩阵 $\boldsymbol{A}$ 在复数域上有 n 个特征值。

设 n 阶矩阵 $\boldsymbol{A}=(a_{ij})$ 的特征值为 $\lambda_1,\lambda_2,\cdots,\lambda_n$，

(1) $\lambda_1+\lambda_2+\cdots+\lambda_n=a_{11}+a_{22}+\cdots+a_{nn}$；

(2) $\lambda_1\lambda_2\cdots\lambda_n=|\boldsymbol{A}|$。

设 $\lambda=\lambda_i$ 为矩阵 $\boldsymbol{A}$ 的一个特征值，则有方程

$$(\boldsymbol{A}-\lambda_i\boldsymbol{E})\boldsymbol{x}=0$$

可求的非零解 $\boldsymbol{x}=\boldsymbol{p}_i$，那么 $\boldsymbol{p}_i$ 是 $\boldsymbol{A}$ 的对应于特征值 λ_i 的特征向量。

【例 2.5】 求矩阵 $\boldsymbol{A}=\begin{pmatrix}3 & -1\\ -1 & 3\end{pmatrix}$ 的特征值和特征向量。

解　$\boldsymbol{A}$ 的特征方程为

$$\begin{vmatrix}3-\lambda & -1\\ -1 & 3-\lambda\end{vmatrix}=(3-\lambda)^2-1=\lambda^2-6\lambda+8=(4-\lambda)(2-\lambda)=0$$

所以 $\boldsymbol{A}$ 的特征值为 $\lambda_1=2,\lambda_2=4$。

当 $\lambda_1=2$ 时，对应特征向量满足

$$\begin{pmatrix}3-2 & -1\\ -1 & 3-2\end{pmatrix}\begin{pmatrix}x_1\\ x_2\end{pmatrix}=\begin{pmatrix}0\\ 0\end{pmatrix}$$

解得 $x_1=x_2$，所以对应的特征向量取

$$\boldsymbol{p}_1=\begin{pmatrix}1\\ 1\end{pmatrix}$$

当 $\lambda_2=4$ 时，对应特征向量满足

$$\begin{pmatrix}3-4 & -1\\ -1 & 3-4\end{pmatrix}\begin{pmatrix}x_1\\ x_2\end{pmatrix}=\begin{pmatrix}0\\ 0\end{pmatrix}$$

解得 $x_1=-x_2$，所以对应的特征向量取

$$\boldsymbol{p}_2=\begin{pmatrix}-1\\ 1\end{pmatrix}$$

显然，$\boldsymbol{p}_i$ 是矩阵 $\boldsymbol{A}$ 对应于 λ_i 的特征向量，则 $k\boldsymbol{p}_i$ 也是对应于 λ_i 的特征向量。

矩阵的特征值与特征向量有如下性质：

(1) 如果 λ 是方阵 $\boldsymbol{A}$ 的特征值，$\boldsymbol{p}$ 为对应的特征向量，则 λ^m 是 $\boldsymbol{A}^m$ 的特征值，$\boldsymbol{p}$ 仍为对应的特征向量；

(2) 如果 λ 是可逆阵 $\boldsymbol{A}$ 的特征值，$\boldsymbol{p}$ 为对应的特征向量，则 $\dfrac{1}{\lambda}$ 是 $\boldsymbol{A}^{-1}$ 的特征值，$\boldsymbol{p}$ 仍为对应的特征向量；

(3) 设 $\lambda_1,\lambda_2,\cdots,\lambda_m$ 是方阵 $\boldsymbol{A}$ 的互不相同的特征值，$\boldsymbol{p}_1,\boldsymbol{p}_2,\cdots,\boldsymbol{p}_m$ 依次是与之对应的特征向量，则 $\boldsymbol{p}_1,\boldsymbol{p}_2,\cdots,\boldsymbol{p}_m$ 线性无关；

(4) 设 λ_1 和 λ_2 是方阵 $\boldsymbol{A}$ 的两个不同特征值，$\boldsymbol{\zeta}_1,\boldsymbol{\zeta}_2,\cdots,\boldsymbol{\zeta}_s$ 和 $\boldsymbol{\eta}_1,\boldsymbol{\eta}_2,\cdots,\boldsymbol{\eta}_t$ 分别是对应于 λ_1 和 λ_2 的线性无关的特征向量，则 $\boldsymbol{\zeta}_1,\boldsymbol{\zeta}_2,\cdots,\boldsymbol{\zeta}_s,\boldsymbol{\eta}_1,\boldsymbol{\eta}_2,\cdots,\boldsymbol{\eta}_t$ 线性无关。

从几何意义上看，矩阵乘法对应着一个变换，把一个向量变成另一个方向和长度都不同的新向量。在这个变换中，向量发生旋转、伸缩变化，其中对某些向量只产生伸缩变化，不产

生旋转变化,那么这些向量就称为这个矩阵的特征向量,伸缩的比例就是特征值。

3. 相似矩阵

【定义 2.36】 设 $\boldsymbol{A}$,$\boldsymbol{B}$ 都是 n 阶矩阵,如果存在可逆矩阵 $\boldsymbol{P}$,使

$$\boldsymbol{P}^{-1}\boldsymbol{AP}=\boldsymbol{B}$$

则称 $\boldsymbol{B}$ 是 $\boldsymbol{A}$ 的相似矩阵,或者说矩阵 $\boldsymbol{A}$ 与 $\boldsymbol{B}$ 相似。对 $\boldsymbol{A}$ 进行运算 $\boldsymbol{P}^{-1}\boldsymbol{AP}$ 称为对 $\boldsymbol{A}$ 进行相似变换。可逆矩阵 $\boldsymbol{P}$ 称为相似变换矩阵。

矩阵相似是一个等价关系,具有自反性、对称性、传递性。

此外,相似矩阵有如下性质:

(1) 如果 n 阶矩阵 $\boldsymbol{A}$ 与 $\boldsymbol{B}$ 相似,则 $\boldsymbol{A}$ 与 $\boldsymbol{B}$ 有相同的特征多项式、特征值、相同的秩;

(2) 如果 n 阶矩阵 $\boldsymbol{A}$ 与对角矩阵

$$\boldsymbol{\Lambda}=\begin{pmatrix}\lambda_1 & & & \\ & \lambda_2 & & \\ & & \ddots & \\ & & & \lambda_n\end{pmatrix}$$

相似,则 $\lambda_1,\lambda_2,\cdots,\lambda_n$ 是 $\boldsymbol{A}$ 的特征值。

下面讨论对于 n 阶矩阵 $\boldsymbol{A}$,寻求一个相似变换矩阵 $\boldsymbol{P}$,使得 $\boldsymbol{P}^{-1}\boldsymbol{AP}=\boldsymbol{\Lambda}$,这就称为把 $\boldsymbol{A}$ 对角化。

假设相似变换矩阵 $\boldsymbol{P}$ 存在,把 $\boldsymbol{P}$ 用列向量表示,$\boldsymbol{P}=(\boldsymbol{p}_1,\boldsymbol{p}_2,\cdots,\boldsymbol{p}_n)$,由 $\boldsymbol{P}^{-1}\boldsymbol{AP}=\boldsymbol{\Lambda}$ 得 $\boldsymbol{AP}=\boldsymbol{P\Lambda}$,即

$$\boldsymbol{A}(\boldsymbol{p}_1,\boldsymbol{p}_2,\cdots,\boldsymbol{p}_n)=(\boldsymbol{p}_1,\boldsymbol{p}_2,\cdots,\boldsymbol{p}_n)\begin{pmatrix}\lambda_1 & & & \\ & \lambda_2 & & \\ & & \ddots & \\ & & & \lambda_n\end{pmatrix}=(\lambda_1\boldsymbol{p}_1,\lambda_2\boldsymbol{p}_2,\cdots,\lambda_n\boldsymbol{p}_n)$$

于是有

$$\boldsymbol{Ap}_i=\lambda_i\boldsymbol{p}_i\quad(i=1,2,\cdots,n)$$

可见 λ_i 是 $\boldsymbol{A}$ 的特征值,而 $\boldsymbol{p}_i$ 就是 $\boldsymbol{A}$ 对应于特征值 λ_i 的特征向量。

$\boldsymbol{P}$ 是否可逆?即 $\boldsymbol{p}_1,\boldsymbol{p}_2,\cdots,\boldsymbol{p}_n$ 是否线性无关?有如下结论。

【定理 2.27】 n 阶矩阵 $\boldsymbol{A}$ 能对角化,当且仅当 $\boldsymbol{A}$ 有 n 个线性无关的特征向量。

推论 如果 n 阶矩阵 $\boldsymbol{A}$ 的 n 个特征值互不相等,则 $\boldsymbol{A}$ 能对角化。

例 2.5 中,矩阵 $\boldsymbol{A}$ 的特征值 $\lambda_1=2$, $\lambda_2=4$ 分别对应的特征向量为

$$\boldsymbol{p}_1=\begin{pmatrix}1\\1\end{pmatrix},\quad \boldsymbol{p}_2=\begin{pmatrix}-1\\1\end{pmatrix}$$

由定理 2.27 的推论知 $\boldsymbol{p}_1,\boldsymbol{p}_2$ 线性无关,记

$$\boldsymbol{P}=(\boldsymbol{p}_1,\boldsymbol{p}_2)=\begin{pmatrix}1 & -1\\1 & 1\end{pmatrix}$$

则

$$\boldsymbol{P}^{-1}\boldsymbol{AP}=\begin{pmatrix}2 & 0\\0 & 4\end{pmatrix}$$

一个 n 阶矩阵能对角化应该具备什么条件是一个复杂的问题,此处仅讨论对称矩阵这

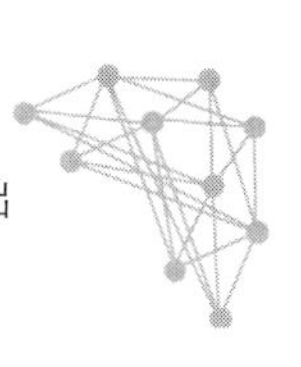

种特殊情形。

对称矩阵的特征值和特征向量具有如下性质：

(1) 对称矩阵的特征值都是实数；

(2) 设 λ_1,λ_2 为对称矩阵 $\boldsymbol{A}$ 的两个特征值，$\boldsymbol{p}_1,\boldsymbol{p}_2$ 是对应的特征向量，如果 $\boldsymbol{\lambda}_1\neq\boldsymbol{\lambda}_2$，那么 $\boldsymbol{p}_1$ 与 $\boldsymbol{p}_2$ 正交。

(3) 设 λ 为 n 阶对称矩阵 $\boldsymbol{A}$ 的特征方程的 k 重根，则矩阵 $\boldsymbol{A}-\lambda\boldsymbol{E}$ 的秩 $R(\boldsymbol{A}-\lambda\boldsymbol{E})=n-k$，对于特征值 λ 恰有 k 个线性无关的特征向量。

由此，有如下结论。

【定理 2.28】 n 阶对称矩阵 $\boldsymbol{A}$ 必可对角化，即必存在正交矩阵 $\boldsymbol{P}$，使 $\boldsymbol{P}^{-1}\boldsymbol{A}\boldsymbol{P}=\boldsymbol{P}^{\mathrm{T}}\boldsymbol{A}\boldsymbol{P}=\boldsymbol{\Lambda}$。

下面给出对称矩阵 $\boldsymbol{A}$ 对角化的步骤：

(1) 求出矩阵 $\boldsymbol{A}$ 的全部互不相等的特征值 $\lambda_1,\lambda_2,\cdots,\lambda_s$，$\lambda_i$ 的重数为 $k_i(i=1,2,\cdots,s)$；

(2) 对于 $\lambda_i(i=1,2,\cdots,s)$，求方程 $(\boldsymbol{A}-\lambda_i\boldsymbol{E})\boldsymbol{x}=0$ 的基础解系，得到 k_i 个线性无关的特征向量，再将它们正交化，单位化，得到 k_i 个两两正交的单位特征向量；

(3) 把两两正交的 n 个单位特征向量构成正交矩阵 $\boldsymbol{P}$，$\boldsymbol{\Lambda}$ 中对角元的排列次序应与 $\boldsymbol{P}$ 中列向量的次序相对应，即特征值对应特征向量，于是有 $\boldsymbol{P}^{-1}\boldsymbol{A}\boldsymbol{P}=\boldsymbol{P}^{\mathrm{T}}\boldsymbol{A}\boldsymbol{P}=\boldsymbol{\Lambda}$。

4. 二次型及其标准形

二次型将二次函数与矩阵直观地联系起来，通过矩阵的表达与计算简化了研究二次函数性质的过程，二次型理论在数学、物理学等学科均有非常重要的应用。

【定义 2.37】 含有 n 个变量 $x_1,x_2,\cdots,x_n$ 的二次齐次函数

$$f(x_1,x_2,\cdots,x_n)=a_{11}x_1^2+a_{22}x_2^2+\cdots+a_{nn}x_n^2+2a_{12}x_1x_2+2a_{13}x_1x_3+\cdots+2a_{n-1,n}x_{n-1}x_n$$

称为二次型。

当 $i<j$ 时，取 $a_{ji}=a_{ij}$，则 $2a_{ij}x_ix_j=a_{ij}x_ix_j+a_{ji}x_ix_j$，则 f 可以写成

$$\begin{aligned}f=&a_{11}x_1^2+a_{12}x_1x_2+\cdots+a_{1n}x_1x_n+a_{21}x_2x_1+a_{22}x_2^2+\cdots+\\&a_{2n}x_2x_n+\cdots+a_{n1}x_nx_1+a_{n2}x_nx_2+\cdots+a_{nn}x_n^2=\sum_{i,j=1}^{n}a_{ij}x_ix_j\end{aligned}$$

利用矩阵，二次型 f 可以表示为

$$f=(x_1,x_2,\cdots,x_n)\begin{pmatrix}a_{11}&a_{12}&\cdots&a_{1n}\\a_{21}&a_{22}&\cdots&a_{2n}\\\vdots&\vdots&\ddots&\vdots\\a_{n1}&a_{n2}&\cdots&a_{nn}\end{pmatrix}\begin{pmatrix}x_1\\x_2\\\vdots\\x_n\end{pmatrix}$$

记

$$\boldsymbol{A}=\begin{pmatrix}a_{11}&a_{12}&\cdots&a_{1n}\\a_{21}&a_{22}&\cdots&a_{2n}\\\vdots&\vdots&\ddots&\vdots\\a_{n1}&a_{n2}&\cdots&a_{nn}\end{pmatrix},\boldsymbol{x}=\begin{pmatrix}x_1\\x_2\\\vdots\\x_n\end{pmatrix}$$

二次型可以写成

$$f=\boldsymbol{x}^{\mathrm{T}}\boldsymbol{A}\boldsymbol{x}$$

其中 $\boldsymbol{A}$ 为对称矩阵。称对称矩阵 $\boldsymbol{A}$ 为二次型 f 的矩阵，称 f 为对称矩阵 $\boldsymbol{A}$ 的二次型，对称

矩阵 $\boldsymbol{A}$ 的秩就是二次型 f 的秩。

下面讨论问题：对于二次型 f，寻找可逆的线性变换

$$\begin{cases} x_1 = c_{11}y_1 + c_{12}y_2 + \cdots + c_{1n}y_n \\ x_2 = c_{21}y_1 + c_{22}y_2 + \cdots + c_{2n}y_n \\ \quad\vdots \\ x_n = c_{n1}y_1 + c_{n2}y_2 + \cdots + c_{nn}y_n \end{cases}$$

记 $\boldsymbol{C}=(c_{ij})$，即 $\boldsymbol{x}=\boldsymbol{C}\boldsymbol{y}$ 使得 f 只含平方项，即

$$f = k_1y_1^2 + k_2y_2^2 + \cdots + k_ny_n^2$$

称为二次型的标准形。

如果标准形中的系数 $k_1,k_2,\cdots,k_n$ 只能在 $-1,0,1$ 中取，即

$$f = y_1^2 + \cdots + y_p^2 - y_{p+1}^2 - \cdots - y_r^2$$

称为二次型的规范形。

定义矩阵 $\boldsymbol{A},\boldsymbol{B}$ 是 n 阶矩阵，如果存在可逆矩阵 $\boldsymbol{C}$，使 $\boldsymbol{B}=\boldsymbol{C}^{\mathrm{T}}\boldsymbol{A}\boldsymbol{C}$，则称矩阵 $\boldsymbol{A}$ 与 $\boldsymbol{B}$ 合同。

显然，如果 $\boldsymbol{A}$ 为对称矩阵，则 $\boldsymbol{B}=\boldsymbol{C}^{\mathrm{T}}\boldsymbol{A}\boldsymbol{C}$ 也为对称矩阵，且 $R(\boldsymbol{A})=R(\boldsymbol{B})$。

把 $\boldsymbol{x}=\boldsymbol{C}\boldsymbol{y}$ 代入 $f=\boldsymbol{x}^{\mathrm{T}}\boldsymbol{A}\boldsymbol{x}$ 中，得

$$f = (\boldsymbol{C}\boldsymbol{y})^{\mathrm{T}}\boldsymbol{A}\boldsymbol{C}\boldsymbol{y} = \boldsymbol{y}^{\mathrm{T}}(\boldsymbol{C}^{\mathrm{T}}\boldsymbol{A}\boldsymbol{C})\boldsymbol{y} = k_1y_1^2 + k_2y_2^2 + \cdots + k_ny_n^2$$

$$= (y_1, y_2, \cdots, y_n)\begin{pmatrix} k_1 & & & \\ & k_2 & & \\ & & \ddots & \\ & & & k_n \end{pmatrix}\begin{pmatrix} y_1 \\ y_2 \\ \vdots \\ y_n \end{pmatrix}$$

对于对称矩阵 $\boldsymbol{A}$，寻求可逆矩阵 $\boldsymbol{C}$，使得 $\boldsymbol{C}^{\mathrm{T}}\boldsymbol{A}\boldsymbol{C}$ 为对角矩阵，这就是对称矩阵对角化问题。

【定理 2.29】 任何二次型 $f=\sum_{i,j=1}^{n}a_{ij}x_ix_j\ (a_{ij}=a_{ji})$，总存在正交变换 $\boldsymbol{x}=\boldsymbol{P}\boldsymbol{y}$，使 f 化成标准形

$$f = \lambda_1y_1^2 + \lambda_2y_2^2 + \cdots + \lambda_ny_n^2$$

其中，$\lambda_1,\lambda_2,\cdots,\lambda_n$ 是 f 的矩阵 $\boldsymbol{A}=(a_{ij})$ 的特征值。

推论 任意给定 n 元二次型 $f(\boldsymbol{x})=\boldsymbol{x}^{\mathrm{T}}\boldsymbol{A}\boldsymbol{x}\ (\boldsymbol{A}^{\mathrm{T}}=\boldsymbol{A})$，总存在可逆变换 $\boldsymbol{x}=\boldsymbol{C}\boldsymbol{z}$，使 $f(\boldsymbol{C}\boldsymbol{z})$ 为规范形。

显然，二次型的标准形不是唯一的。在二次型的不同标准形中，正系数个数(称为正惯性指数)相同，负系数个数(称为负惯性指数)相同。如果二次型 f 的正惯性指数为 p，秩为 r，则二次型的规范形可以准确表示为

$$f = y_1^2 + \cdots + y_p^2 - y_{p+1}^2 - \cdots - y_r^2$$

二次型 f 的规范形是唯一的。

对于正(负)惯性指数为 n 的二次型，有下述定义。

【定义 2.38】 n 元二次型 $f(\boldsymbol{x})=\boldsymbol{x}^{\mathrm{T}}\boldsymbol{A}\boldsymbol{x}$，如果对于任何 $\boldsymbol{x}\neq\boldsymbol{0}$，都有 $f(\boldsymbol{x})>0$，则称 f 为正定二次型，并称对称矩阵 $\boldsymbol{A}$ 是正定的；如果对于任何 $\boldsymbol{x}\neq\boldsymbol{0}$，都有 $f(\boldsymbol{x})<0$，则称 f 为负定二次型，并称对称矩阵 $\boldsymbol{A}$ 是负定的。

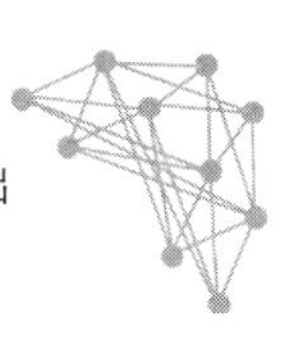

【定理 2.30】 n 元二次型 $f(\boldsymbol{x})=\boldsymbol{x}^{\mathrm{T}}\boldsymbol{A}\boldsymbol{x}$ 为正定，当且仅当它的标准形的 n 个系数都是正的，即它的规范形的 n 个系数全是 1。

推论　对称矩阵 $\boldsymbol{A}$ 为正定，当且仅当 $\boldsymbol{A}$ 的特征值为正。

【定理 2.31】 对称矩阵 $\boldsymbol{A}$ 为正定，当且仅当 $\boldsymbol{A}$ 的各阶主子式都为正，即

$$a_{11}>0,\begin{vmatrix} a_{11} & a_{12} \\ a_{21} & a_{22} \end{vmatrix}>0,\cdots,\begin{vmatrix} a_{11} & \cdots & a_{1n} \\ \vdots & & \vdots \\ a_{n1} & \cdots & a_{nn} \end{vmatrix}>0$$

对称矩阵 $\boldsymbol{A}$ 为负定，当且仅当奇数阶主子式为负，而偶数阶主子式为正，即

$$(-1)^r\begin{vmatrix} a_{11} & \cdots & a_{1r} \\ \vdots & & \vdots \\ a_{r1} & \cdots & a_{rr} \end{vmatrix}>0 \quad (r=1,2,\cdots,n)$$

2.2.5 矩阵导数的运算

1. 矩阵函数

矩阵函数的概念和通常的函数概念是一样的，它是以 n 阶矩阵为自变量和函数值的一种函数。我们这里利用矩阵幂级数定义矩阵函数。

【定义 2.39】 设 $f(z)$ 是复变量的解析函数，$f(z)=\sum\limits_{k=0}^{\infty}a_k z^k$ 的收敛半径为 R，如果 n 阶矩阵 $\boldsymbol{A}\in\boldsymbol{C}^{n\times n}$ 的谱半径 $\rho(\boldsymbol{A})<R$，则称

$$f(\boldsymbol{A})=\sum_{k=0}^{\infty}a_k\boldsymbol{A}^k$$

为 $\boldsymbol{A}$ 的矩阵函数，其中 $\boldsymbol{A}$ 的谱半径 $\rho(\boldsymbol{A})=\max\limits_{i}|\lambda_i|$（$\lambda_1,\lambda_2,\cdots,\lambda_n$ 为矩阵 $\boldsymbol{A}$ 的特征值）。

例如函数

$$\mathrm{e}^z=1+\frac{z}{1!}+\frac{z^2}{2!}+\cdots+\frac{z^k}{k!}+\cdots$$

$$\cos z=1-\frac{z^2}{2!}+\frac{z^4}{4!}-\cdots+(-1)^k\frac{z^{2k}}{(2k)!}+\cdots$$

$$\sin z=z-\frac{z^3}{3!}+\frac{z^5}{5!}-\cdots+(-1)^k\frac{z^{2k+1}}{(2k+1)!}+\cdots$$

在整个复平面上都是收敛的，于是任意的 $\boldsymbol{A}\in\boldsymbol{C}^{n\times n}$，有

$$\mathrm{e}^{\boldsymbol{A}}=\sum_{k=0}^{\infty}\frac{\boldsymbol{A}^k}{k!},\cos\boldsymbol{A}=\sum_{k=0}^{\infty}(-1)^k\frac{\boldsymbol{A}^{2k}}{(2k)!},\sin\boldsymbol{A}=\sum_{k=0}^{\infty}(-1)^k\frac{\boldsymbol{A}^{2k+1}}{(2k+1)!}$$

分别称为矩阵 $\boldsymbol{A}$ 的指数函数、余弦函数、正弦函数。

同样地，对于 $\boldsymbol{A}\in\boldsymbol{C}^{n\times n}$，且 $\rho(\boldsymbol{A})<1$ 时，有

$$(\boldsymbol{E}-\boldsymbol{A})^{-1}=\sum_{k=0}^{\infty}\boldsymbol{A}^k;\ln(\boldsymbol{E}+\boldsymbol{A})=\sum_{k=1}^{\infty}\frac{(-1)^{k-1}}{k}\boldsymbol{A}^k$$

2. 矩阵的导数运算

在实际应用中，矩阵函数和函数矩阵的微分常常同时出现，在学习了矩阵函数后，还要学习函数矩阵的微分。

设矩阵元素为实变量 t 的实函数的矩阵

$$\boldsymbol{A}(t)=\begin{pmatrix} a_{11}(t) & a_{12}(t) & \cdots & a_{1n}(t) \\ a_{21}(t) & a_{22}(t) & \cdots & a_{2n}(t) \\ \vdots & \vdots & \ddots & \vdots \\ a_{m1}(t) & a_{m2}(t) & \cdots & a_{mn}(t) \end{pmatrix}$$

$\boldsymbol{A}(t)$中所有元素 $a_{ij}(t)$定义在同一区间$[a,b]$上。

$\boldsymbol{A}(t)$在区间$[a,b]$上有界、连续、可微、可积是指所有 $a_{ij}(t)$在$[a,b]$上有界、连续、可微、可积。函数矩阵的导数运算定义为

$$\frac{\mathrm{d}}{\mathrm{d}t}\boldsymbol{A}(t)=\begin{pmatrix} \frac{\mathrm{d}}{\mathrm{d}t}a_{11}(t) & \frac{\mathrm{d}}{\mathrm{d}t}a_{12}(t) & \cdots & \frac{\mathrm{d}}{\mathrm{d}t}a_{1n}(t) \\ \frac{\mathrm{d}}{\mathrm{d}t}a_{21}(t) & \frac{\mathrm{d}}{\mathrm{d}t}a_{22}(t) & \cdots & \frac{\mathrm{d}}{\mathrm{d}t}a_{2n}(t) \\ \vdots & \vdots & \ddots & \vdots \\ \frac{\mathrm{d}}{\mathrm{d}t}a_{m1}(t) & \frac{\mathrm{d}}{\mathrm{d}t}a_{m2}(t) & \cdots & \frac{\mathrm{d}}{\mathrm{d}t}a_{mn}(t) \end{pmatrix}$$

函数矩阵的导数运算满足如下性质：

(1) $\frac{\mathrm{d}}{\mathrm{d}t}[\boldsymbol{A}(t)+\boldsymbol{B}(t)]=\frac{\mathrm{d}}{\mathrm{d}t}\boldsymbol{A}(t)+\frac{\mathrm{d}}{\mathrm{d}t}\boldsymbol{B}(t)$；

(2) $\frac{\mathrm{d}}{\mathrm{d}t}[k(t)\boldsymbol{A}(t)]=\frac{\mathrm{d}k(t)}{\mathrm{d}t}\boldsymbol{A}(t)+k(t)\frac{\mathrm{d}}{\mathrm{d}t}\boldsymbol{A}(t)$，其中 $k(t)$为 t 的可微函数；

(3) $\frac{\mathrm{d}}{\mathrm{d}t}[\boldsymbol{A}(t)\boldsymbol{B}(t)]=\left[\frac{\mathrm{d}}{\mathrm{d}t}\boldsymbol{A}(t)\right]\boldsymbol{B}(t)+\boldsymbol{A}(t)\left[\frac{\mathrm{d}}{\mathrm{d}t}\boldsymbol{B}(t)\right]$；

(4) 如果 $\boldsymbol{A}(t)$与 $\boldsymbol{A}^{-1}(t)$都可微，则

$$\frac{\mathrm{d}}{\mathrm{d}t}\boldsymbol{A}^{-1}(t)=-\boldsymbol{A}^{-1}(t)\left[\frac{\mathrm{d}}{\mathrm{d}t}\boldsymbol{A}(t)\right]A^{-1}(t)$$

上述为函数矩阵的导数计算相关理论。

2.3 概率论与数理统计

机器学习和数理统计关心的是同一件事，即人们能从数据中学到什么。机器学习算法的设计通常依赖对数据的概率假设。机器学习的核心是探讨如何从数据中提取人们需要的信息或规律。下面列出一些在机器学习中用到的概率论和数理统计知识。

2.3.1 随机事件及其概率

自然界和社会上发生的现象多种多样。在一定条件下必然发生的现象，例如水在标准大气压下加热到 100℃必然会沸腾等，称为确定性现象。而在一定条件下，并不总出现相同结果的现象，例如抛硬币或掷骰子等，称为随机现象。

随机现象有以下两个特点：

(1) 结果不止一个；

(2) 哪个结果出现，人们事先并不知道。

在相同条件下可以重复的随机现象又称为随机试验，这类随机现象在个别试验中的结果呈现出不确定性，在大量重复试验或观察中又呈现出固有的规律性，人们称这种固有的规律性为统计规律性。也有很多随机现象是不能重复的，例如某场球赛的输赢、某些经济现象(例如失业、经济增长)等。概率论与数理统计主要研究能大量重复的随机现象，但也关注不能重复的随机现象。

本书中提到的试验都指随机试验。

1. 样本空间

对于随机试验，虽然每次试验前不能预知试验结果，但所有可能结果是已知的，将随机试验 E 的所有可能基本结果组成的集合称为 E 的样本空间，记为 S，样本空间的元素称为样本点。

【例 2.6】 随机试验的例子，写出它们的样本空间。

(1) 掷一枚硬币，可能正面朝上，也可能反面朝上；

(2) 掷一颗骰子，观察出现的点数；

(3) 掷三枚硬币，观察出现正面朝上、反面朝上的个数；

(4) 记录某城市 120 急救电话一昼夜接到的呼叫次数；

(5) 某种品牌型号电视机的使用寿命。

样本空间如下：

(1) 掷一枚硬币的样本空间为 $S_1=\{H,T\}$，其中 H 表示正面朝上，T 表示反面朝上；

(2) 掷一颗骰子的样本空间为 $S_2=\{1,2,3,4,5,6\}$；

(3) 掷三枚硬币的样本空间为 $S_3=\{HHH,HHT,HTH,THH,HTT,THT,TTH,TTT\}$；

(4) 某城市 120 急救电话一昼夜接到呼叫次数的样本空间为 $S_4=\{0,1,2,3,\cdots\}$；

(5) 某种品牌型号电视机使用寿命的样本空间为 $S_5=\{t\mid t\geqslant 0\}$。

2. 随机事件

在进行随机试验时，人们常常关心那些满足某些条件的样本点组成的集合。例如，若规定某种型号电视机使用寿命小于 10 年的为次品，则 S_5 中满足电视使用寿命 $t\geqslant 10$ 年的样本点组成 S_5 的一个子集：$A=\{t\mid t\geqslant 10\}$。称 A 是 S_5 的一个随机事件。

随机试验的某些样本点组成的集合称为随机事件，简称事件，一般用大写字母 A，B，C……表示。在试验中，当且仅当事件 A 中某个样本点出现时，称事件 A 发生。

特别地，样本空间中的单个元素组成的子集称为基础事件。而样本空间 S 的最大子集(S 自身)称为必然事件。样本空间 S 的最小子集$\varnothing$称为不可能事件。

【例 2.7】 掷一颗骰子的样本空间为 $S=\{1,2,3,4,5,6\}$，

事件 $A=$“出现 2 点”，是由 S 的单个样本点“2”组成的；

事件 $B=$“出现奇数点”，是由 S 的三个样本点“1,3,5”组成的；

事件 $C=$“出现点数小于 7”，是由 S 的全部样本点“1,2,3,4,5,6”组成的，即为必然事件；

事件 $D=$“出现点数大于 6”，S 中任何样本点都不在 D 里面，D 是空集，即为不可能

事件。

事件是一个集合,事件间的关系与运算按照集合论中的集合关系与运算来处理。下面的讨论总是假设在同一个样本空间 S 中进行。事件间的关系与事件运算主要有以下几种。

(1) 包含关系:如果 $A\subset B$,称事件 A 包含在事件 B 中,这里指事件 A 发生必导致事件 B 发生。

(2) 相等关系:如果 $A\subseteq B$ 且 $B\supseteq A$,则事件 A 与事件 B 相等,记为 $A=B$。

(3) 和事件:由事件 A 和事件 B 中所有的样本点组成的新事件称为事件 A 与事件 B 的和事件,记为 $A\cup B$。事件 A 与事件 B 的和事件指事件 A 与 B 中至少其一发生。

(4) 积事件:由事件 A 和事件 B 中公共的样本点组成的新事件称为事件 A 与事件 B 的积事件,记为 $A\cap B$ 或 AB。事件 A 与事件 B 的积事件指事件 A 与 B 同时发生。

(5) 差事件:由在事件 A 中而不在事件 B 中的样本点组成的新事件称为事件 A 与事件 B 的差事件,记为 $A-B$。事件 A 与事件 B 的差事件指事件 A 发生而事件 B 不发生。

(6) 互不相容(互斥)关系:如果 $A\cap B=\varnothing$,则称事件 A 与事件 B 是互不相容的或互斥的,这里指事件 A 与事件 B 不能同时发生。基础事件是两两互不相容的。

(7) 逆(对立)事件:如果 $A\cup B=S$ 且 $A\cap B=\varnothing$,则称事件 A 与事件 B 互为逆事件或对立事件,这里指在每次试验中,事件 A、B 必有一个发生,且仅有一个发生。A 的对立事件记为 $\overline{A}$。

和事件和积事件可以推广到有限个或可列个事件,称 $\bigcup\limits_{k=1}^{n} A_k$ 为 n 个事件 $A_1,A_2,\cdots,A_n$ 的和事件;称 $\bigcup\limits_{k=1}^{\infty} A_k$ 为可列个事件 $A_1,A_2,\cdots\cdots$ 的和事件;称 $\bigcap\limits_{k=1}^{n} A_k$ 为 n 个事件 $A_1,A_2,\cdots,A_n$ 的积事件;称 $\bigcap\limits_{k=1}^{\infty} A_k$ 为可列个事件 $A_1,A_2,\cdots\cdots$ 的积事件。

事件的运算会用到下述性质,设 A, B, C 为同一样本空间的事件,则有

(1) $A\cup B=B\cup A$,$A\cap B=B\cap A$;

(2) $(A\cup B)\cup C=A\cup(B\cup C)$,$(A\cap B)\cap C=A\cap(B\cap C)$;

(3) $A\cup(B\cap C)=(A\cup B)\cap(A\cup C)$,$A\cap(B\cup C)=(A\cap B)\cup(A\cap C)$;

(4) $\overline{A\cup B}=\overline{A}\cap\overline{B}$,$\overline{A\cap B}=\overline{A}\cup\overline{B}$。

3. 频率与概率

随机事件的发生是偶然的,但随机事件发生的可能性是有大小之分的。例如盒子里有8个球,其中2个红球,6个黑球,从盒子里摸出1个球,显然,摸出的球是黑球的可能性大,摸出的球是红球的可能性小。人们常常希望知道某些随机事件发生的可能性有多大。为此,首先引入频率,描述随机事件发生的频繁程度;进而引入表示事件发生可能性大小的数——概率。

【定义 2.40】 在相同的条件下进行了 n 次试验,在这 n 次试验中,随机事件 A 发生的的次数 n_A 称为随机事件 A 发生的频数,比值 n_A/n 称为随机事件 A 发生的频率,并记为 $f_n(A)$。

由定义可知,频率具有如下基本性质:

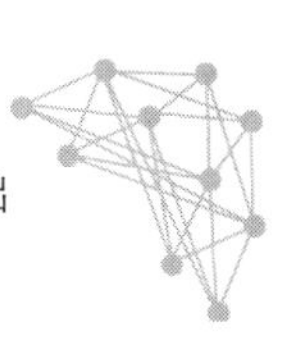

(1) $0 \leqslant f_n(A) \leqslant 1$;

(2) $f_n(S)=1$;

(3) 如果 $A_1, A_2, \cdots, A_k$ 为两两不相容的事件,则

$$f_n(A_1 \cup A_2 \cup \cdots \cup A_k)=f_n(A_1)+f_n(A_2)+\cdots+f_n(A_k)$$

随机事件的频率是它发生的次数和试验的次数之比,频率越大,代表随机事件在试验中发生的可能性越大,反之亦然。频率是随机事件发生可能性的直观表示。

人们的长期实践表明:随着重复试验次数 n 的增大,频率 $f_n(A)$呈现出稳定性,逐渐稳定趋于某个常数 a。这种“稳定性”是统计规律性,常数 a 就是概率。

【定义 2.41】 设 S 是随机试验 E 的样本空间,E 的每一随机事件 A 赋予一个实数 $P(A)$,称 $P(A)$为事件 A 的概率:

(1) 对于每个随机事件 A,$P(A) \geqslant 0$;

(2) 对于必然事件 S,$P(S)=1$;

(3) 如果 $A_1, A_2, \cdots\cdots$ 为两两不相容的事件,则

$$P(A_1 \cup A_2 \cup \cdots)=P(A_1)+P(A_2)+\cdots$$

由定义可知,概率具有如下基本性质:

(1) $P(\varnothing)=0$;

(2) 对于任何事件 A,$P(A) \leqslant 1$;

(3) 如果 $A_1, A_2, \cdots, A_n$ 为两两不相容的事件,则

$$P(A_1 \cup A_2 \cup \cdots \cup A_n)=P(A_1)+P(A_2)+\cdots+P(A_n);$$

(4) 设 A,B 是两个事件,如果 $A \subset B$,则有 $P(B-A)=P(B)-P(A)$,$P(B) \geqslant P(A)$;

(5) 对于任何事件 A,有 $P(\bar{A})=1-P(A)$;

(6) 设 A,B 是两个事件,有 $P(B \cup A)=P(B)+P(A)-P(AB)$。

确定概率的方法有如下 4 种。

1) 确定概率的频率方法

确定概率的频率方法是一种常用的方法,其基本思想为:与事件 A 有关的随机现象可以大量地重复进行。在 n 次重复试验中,记 n_A 为随机事件 A 发生的次数,则

$$f_n(A)=\frac{n_A}{n}$$

为事件 A 发生的频率。随着试验重复次数的增加,频率 $f_n(A)$会稳定在某个常数 a 附近,这个频率的稳定值 a 就是概率。

在现实中,人们无法把一个试验无限次地重复下去,所以要精确获得频率的稳定值 a 是困难的。但此方法提供了概率的一个可供想象的具体值,试验重复次数 n 较大时,可以得到概率的近似值。这个近似值在统计中称为概率的估计值。这是频率方法最有价值的地方。

2) 确定概率的古典方法

确定概率的古典方法是概率论历史上最先研究的情形。不需要大量的重复试验,在经验的基础上考察事件发生的可能性进行逻辑分析后得到该事件的概率,其基本思想为:随机现象只有有限个样本点;每个样本点发生的可能性相等;如果事件 A 含有 k 个样本点,则事件 A 的概率为

$$P(A)=\frac{\text{事件 }A\text{ 所含样本点的个数}}{S\text{ 中所有样本点的个数}}=\frac{k}{n}$$

在古典方法中，通过计算事件 A 中含有的样本点的个数和样本空间 S 中含有样本点的个数来求事件 A 的概率，过程中经常用到排列组合工具。在计算古典概型时，一般不用把样本空间详细地写出来，但必须保证每个样本点等可能。相关模型有不放回抽样模型、放回抽样模型、盒子模型等。

3）确定概率的几何方法

确定概率的几何方法的基本思想为：如果一个随机现象的样本空间 S 充满某个区域，其度量（长度、面积或体积等）大小可以用 Ω_S 表示；任何一点落在度量相同的子区域内是等可能的；如果随机事件 A 为 S 中的某个子区域，其度量大小用 Ω_A 表示，则事件 A 的概率为

$$P(A)=\frac{\Omega_A}{\Omega_S}$$

使用几何方法求概率的过程为：首先，将样本空间 S 和所求事件 A 用图形描述清楚（一般用平面或空间图形），然后再计算出相关图形的度量（一般为面积或体积），从而求得事件 A 的概率。

4）概率的主观方法

在现实中，有些随机现象是不能重复或者不能大量重复的，这时有关事件的概率如何来确定？

统计界的贝叶斯学派认为：一个事件的概率是人们根据经验对该事件发生的可能性所给出的个人信念，这样给出的概率称为主观概率。

主观方法要求当事人对所考察的随机事件有着透彻的了解和丰富的经验，甚至是这方面的专家，并能对历史信息和当前信息进行仔细分析给出结论，例如天气预报往往会说“明天下雨的概率为 90%”，这是气象专家根据气象专业知识和最近的气象情况给出的主观概率；一个企业家根据他多年的经验和当时的一些市场信息，认为某项新产品在未来市场上畅销的可能性为 80%等。

用主观方法给出的随机事件发生的可能性大小是对随机事件概率的一种推断和估计，虽然结论的精确性有待实践的检验和修正，但结论的可信性在统计意义上是有价值的。

4. 条件概率

条件概率是事件 A 已发生条件下事件 B 发生的概率。它是概率论中的一个重要的概念。它特有的三个非常实用的公式：乘法公式、全概率公式和贝叶斯公式，可以帮助计算一些复杂事件的概率。

【定义 2.42】 设 A,B 是两个事件，且 $0<P(A)\leqslant 1$，称

$$P(B|A)=\frac{P(AB)}{P(A)}$$

为事件 A 发生条件下事件 B 发生的条件概率。

由定义可知，条件概率具有如下基本性质：

(1) 对于每个事件 B，$P(B|A)\geqslant 0$；

(2) 对于必然事件 S，$P(S|A)=1$；

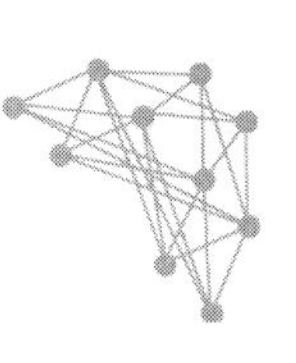

(3) 如果 $B_1,B_2,\cdots\cdots$ 为两两不相容的事件,则

$$P\left(\bigcup_{i=1}^{\infty} B_i \mid A\right)=\sum_{i=1}^{\infty} P(B_i \mid A)$$

条件概率特有的三个公式如下。

1) 乘法公式

【定理 2.32】 乘法公式

(1) 如果 $P(A)>0$,则 $P(AB)=P(B|A)P(A)$;

(2) 设 n 个事件 $A_1,A_2,\cdots,A_n,n\geqslant 2$,如果 $P(A_1A_2\cdots A_{n-1})>0$,则

$P(A_1A_2\cdots A_n)=P(A_n|A_1A_2\cdots A_{n-1})P(A_{n-1}|A_1A_2\cdots A_{n-2})\cdots P(A_2|A_1)P(A_1)$。

2) 全概率公式

【定理 2.33】 全概率公式

设 S 是试验 E 的样本空间,$B_1,B_2,\cdots,B_n$ 为样本空间 S 的一个划分,即 $B_1,B_2,\cdots,B_n$ 互不相容,且 $\bigcup_{i=1}^{n} B_i=S$,如果 $P(B_i)>0(i=1,2,\cdots,n)$,则对于任一事件 A 有

$$P(A)=P(A|B_1)P(B_1)+P(A|B_2)P(B_2)+\cdots+P(A|B_n)P(B_n)$$

全概率公式提供了计算复杂事件概率的一种有效捷径,使一个复杂事件的概率计算问题变得简单。

3) 贝叶斯公式

【定理 2.34】 贝叶斯公式

设 S 是试验 E 的样本空间,$B_1,B_2,\cdots,B_n$ 为样本空间 S 的一个划分,即 $B_1,B_2,\cdots,B_n$ 互不相容,且 $\bigcup_{i=1}^{n} B_i=S$,如果 $P(A)>0,P(B_i)>0(i=1,2,\cdots,n)$,则

$$P(B_i \mid A)=\frac{P(A \mid B_i)P(B_i)}{\sum_{j=1}^{n} P(A \mid B_j)P(B_j)},\quad i=1,2,\cdots,n$$

贝叶斯公式又称贝叶斯定理,用于求一个条件概率。在贝叶斯公式中,如果称 $P(B_i)$ 为 B_i 的先验概率,称 $P(B_i|A)$ 为 B_i 的后验概率,则贝叶斯公式是专门用于计算后验概率的,即通过 A 的发生这个信息,来对 B_i 的概率进行修正。

5. 独立性

独立性是概率论中另一个重要概念,利用独立性可以简化概率的计算。下面讨论两个事件之间的独立性,进而讨论多个事件之间的独立性。

首先给出两个事件之间的独立性定义。

【定义 2.43】 设两个事件 A,B,如果满足

$$P(AB)=P(A)P(B)$$

则称事件 A 与 B 相互独立,简称 A,B 独立。

由定义可知,独立性有如下重要结论:

(1) 设两个事件 $A,B,P(A)>0$,事件 A,B 独立,当且仅当 $P(B|A)=P(B)$;

(2) 如果事件 A,B 独立,则 A 与 $\bar{B}$ 独立,$\bar{A}$ 与 B 独立,$\bar{A}$ 与 $\bar{B}$ 独立。

接着将独立性的概念推广到三个事件的情况。

【定义 2.44】 设 A,B,C 是三个事件,如果满足

$$P(AB)=P(A)P(B)$$
$$P(BC)=P(B)P(C)$$
$$P(AC)=P(A)P(C)$$
$$P(ABC)=P(A)P(B)P(C)$$

则称事件 A,B,C 相互独立。

一般设 n ($n\geqslant 2$)个事件 $A_1,A_2,\cdots,A_n$,如果对于任意2个、3个……n个事件的积事件的概率,都等于各事件概率之积,则称事件 $A_1,A_2,\cdots,A_n$ 相互独立。

2.3.2 随机变量及其分布

为了利用数学方法对随机试验的结果进行深入的研究和讨论,必须把随机现象的结果数量化,随机变量的引入使得随机现象的处理更简单与直接。本节主要讨论一维随机变量及其分布。

1. 随机变量

有一些的随机试验的结果本身就是数,但有一些随机试验的结果不是数,此时就应该引入一个法则,将随机试验的每个结果,即 S 中的每个元素 e 与实数 x 对应起来,从而可以引入随机变量的概念。

【定义 2.45】 设 S 为随机试验 E 的样本空间,定义在 S 上的实值单值函数 $X=X(e)$ 称为随机变量,其中 e 为样本空间 S 中的元素。

一般用大写的字母 $X,Y,Z,\cdots$ 表示随机变量,用小写的字母 $x,y,z,\cdots$ 表示随机变量的取值。假如随机变量仅取有限个或可列无限个值,则称其为离散型随机变量;假如随机变量的取值充满了数轴上的一个区间,则称其为连续型随机变量。

随机变量的取值由随机试验的结果而定,试验中各个结果出现有一定的概率,因而随机变量的取值有一定的概率。在试验前不能预知结果取值,因此随机变量与普通函数有着本质的不同。

2. 离散型随机变量及其分布律

对于离散型随机变量,要想掌握其统计规律,只需知道随机变量 X 的所有可能取值和每个可能取值的概率。

【定义 2.46】 设 X 是一个离散型随机变量,如果 X 的所有可能取值是 $x_1,x_2,\cdots,x_n,\cdots$,则称 X 取 x_i 的概率

$$P(X=x_i)=p_i,\quad i=1,2,\cdots$$

为 X 的概率分布列,简称为分布列,记为 $X\sim\{p_i\}$。

由概率定义知,p_i 满足如下条件:

(1) $p_i\geqslant 0, i=1,2,\cdots$

(2) $\sum_{i=1}^{\infty}p_i=1$。

分布列也可以用列表形式表示:

X	x_1	x_2	$\cdots$	x_n	$\cdots$
p_i	p_1	p_2	$\cdots$	p_n	$\cdots$

下面介绍三种重要的离散型随机变量。

1）(0-1)分布

随机变量 X 只取 0 或 1 两个值，它的分布列是

$$P(X=k)=p^k(1-p)^{1-k}, k=0,1(0<p<1)$$

则称 X 服从(0-1)分布或两点分布，其中 p 为参数。

(0-1)分布也可以写成

X	0	1
p_k	$1-p$	p

2）二项分布

称只有两个可能结果：A 及 $\bar{A}$ 的试验 E 为伯努利试验。设 $P(A)=p$，则 $P(\bar{A})=1-p$。将试验 E 独立重复地进行 n 次，则称这一重复的独立试验为 n 重伯努利试验。

随机变量 X 表示 n 重伯努利试验中事件 A 发生的次数，X 的所有可能取值为 $0,1,2,\cdots,n$。故在 n 次试验中，事件 A 发生 $k(0\leqslant k\leqslant n)$次的概率为

$$P(X=k)=\binom{n}{k}p^k(1-p)^{n-k}, k=0,1,2,\cdots,n(0<p<1)$$

则称 X 服从参数 n,p 的二项分布，记为 $X\sim b(n, p)$。

3）泊松分布

设随机变量 X 的所有可能取值为 $0,1,2,\cdots$，取各个值的概率为

$$P(X=k)=\frac{\lambda^k e^{-\lambda}}{k!}, \quad k=0,1,2,\cdots$$

其中 $\lambda>0$ 为常数，则称 X 服从参数 λ 的泊松分布，记为 $X\sim\pi(\lambda)$。

3. 连续型随机变量及其概率密度

非离散型随机变量不能用分布列来描述。许多的非离散型随机变量取任一指定值的概率为 0，这时，人们更关心随机变量所取的值落在一个区间$[x_1, x_2]$的概率。下面引入随机变量的分布函数的概念。

【定义 2.47】 设 X 是一个随机变量，x 是任意实数，函数

$$F(x)=P(X\leqslant x), \quad -\infty<x<+\infty$$

称为 X 的分布函数。

已知 X 的分布函数，就能知道 X 落在任一区间$[x_1, x_2]$上的概率，即

$$P(x_1<X\leqslant x_2)=P(X\leqslant x_2)-P(X\leqslant x_1)=F(x_2)-F(x_1)$$

由定义可知，分布函数 $F(x)$具有以下基本性质：

(1) $F(x)$是不减函数，即对于任意的 $x_1<x_2$，有 $F(x_1)\leqslant F(x_2)$；

(2) 对于任意的 x，$0\leqslant F(x)\leqslant 1$，且

$$F(-\infty)=\lim_{x\to-\infty}F(x)=0,\quad F(+\infty)=\lim_{x\to+\infty}F(x)=1$$

(3) $F(x)$是x的右连续函数,即对于任意的x,有$F(x+0)=F(x)$。

下面给出连续型随机变量的定义。

【定义 2.48】 设$F(x)$为随机变量X的分布函数,如果存在非负可积函数$f(x)$,对于任意实数x,都有

$$F(x)=\int_{-\infty}^{x}f(t)\mathrm{d}t$$

则称X为连续型随机变量,$f(x)$称为X的概率密度函数,简称概率密度。

由定义可知,概率密度$f(x)$具有以下性质:

(1) $f(x)\geqslant 0$;

(2) $\int_{-\infty}^{+\infty}f(x)\mathrm{d}x=1$;

(3) 对于任意实数$x_1,x_2(x_1\leqslant x_2)$,有

$$P(x_1<X\leqslant x_2)=F(x_2)-F(x_1)=\int_{x_1}^{x_2}f(t)\mathrm{d}t$$

(4) 如果$f(x)$在点x处连续,则有$F'(x)=f(x)$。

由于连续型随机变量取任一指定实数值的概率均为0,因此在计算连续型随机变量落在某一区间的概率时,可以不区分是开区间还是闭区间,即

$$P(a<X\leqslant b)=P(a\leqslant X\leqslant b)=P(a<X<b)$$

下面介绍三种重要的连续型随机变量。

1) 均匀分布

连续型随机变量X,其概率密度为

$$f(x)=\begin{cases}\dfrac{1}{b-a} & a<x<b\\ 0 & \text{其他}\end{cases}$$

则称X在(a,b)上服从均匀分布,记为$X\sim U(a,b)$。

X的分布函数为

$$F(x)=\begin{cases}0 & x<a\\ \dfrac{x-a}{b-a} & a\leqslant x<b\\ 1 & x\geqslant b\end{cases}$$

2) 指数分布

连续型随机变量X,其概率密度为

$$f(x)=\begin{cases}\dfrac{1}{\theta}\mathrm{e}^{-x/\theta} & x>0\\ 0 & \text{其他}\end{cases}$$

其中$\theta>0$为常数,则称X服从参数为θ的指数分布。

X的分布函数为

$$F(x)=\begin{cases}1-\mathrm{e}^{-x/\theta} & x>0\\ 0 & \text{其他}\end{cases}$$

3）正态分布

连续型随机变量 X，其概率密度为

$$f(x)=\frac{1}{\sqrt{2\pi}\sigma}\mathrm{e}^{-\frac{(x-\mu)^2}{2\sigma^2}},\quad -\infty<x<+\infty$$

其中 $\mu,\sigma(\sigma>0)$为常数，则称 X 服从参数为 μ,σ 的正态分布或高斯分布，记为 $X\sim N(\mu,\sigma^2)$。

X 的分布函数为

$$F(x)=\frac{1}{\sqrt{2\pi}\sigma}\int_{-\infty}^{x}\mathrm{e}^{-\frac{(t-\mu)^2}{2\sigma^2}}\mathrm{d}t$$

当 $\mu=0,\sigma=1$ 时，称随机变量 X 服从标准正态分布。其概率密度和分布函数分别用 $\varphi(x)$，$\Phi(x)$表示，即

$$\varphi(x)=\frac{1}{\sqrt{2\pi}}\mathrm{e}^{-x^2/2},\quad \Phi(x)=\frac{1}{\sqrt{2\pi}}\int_{-\infty}^{x}\mathrm{e}^{-t^2/2}\mathrm{d}t$$

为了数理统计中的应用，对于标准正态随机变量，引入上 α 分位点的定义。

设随机变量 $X\sim N(0,1)$，如果 z_α 满足

$$P\{X>z_\alpha\}=\alpha,\quad 0<\alpha<1$$

则称点 z_α 为标准正态分布的上 α 分位点（见图 2.13）。

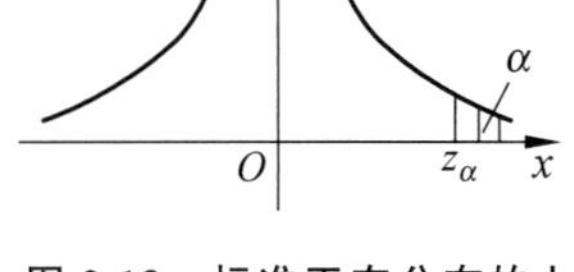

图 2.13　标准正态分布的上 α 分位点 z_α

2.3.3　多维随机变量及其分布

在有些随机现象中，对于每个样本点 e 只用一个随机变量去描述是不够的，例如研究儿童成长发育情况，仅仅研究儿童的身高 $X(e)$或者仅仅研究儿童的体重 $Y(e)$都是片面的，有必要把 $X(e)$和 $Y(e)$作为一个整体来考虑，讨论它们总体变化的统计规律性，进而讨论 $X(e)$和 $Y(e)$之间的关系。有些随机现象甚至要同时研究两个以上的随机变量。

1. 二维随机变量及其分布

下面给出二维随机变量的定义。

【定义 2.49】 设 S 是随机试验 E 的样本空间，$X=X(e)$和 $Y=Y(e)$为定义在 S 上的随机变量，由它们构成的向量(X,Y)称为二维随机向量或二维随机变量，其中 e 为样本空间 S 中的元素。

二维随机变量(X,Y)定义在同一样本空间上，它的性质不仅与 X 与 Y 有关，而且还依赖 X 与 Y 的相互关系。

下面给出二维随机变量的联合分布。

【定义 2.50】 设(X,Y)是二维随机变量，对于任意 x,y，二元函数

$$F(x,y)=P(X\leqslant x,Y\leqslant y)$$

称为二维随机变量(X,Y)的分布函数，或称为随机变量 X 和 Y 的联合分布函数。

二维随机变量(X,Y)落在$\{(x,y)|x_1<x\leqslant x_2,\ y_1<y\leqslant y_2\}$的概率为

$$P(x_1<X\leqslant x_2,y_1<Y\leqslant y_2)=F(x_2,y_2)-F(x_2,y_1)+F(x_1,y_1)-F(x_1,y_2)$$

由定义可知，分布函数 $F(x,y)$具有以下基本性质：

(1) $F(x,y)$分别对 x 或 y 是不减函数，即对于任意固定 y，当 $x_1<x_2$ 时，有 $F(x_1,y)\leqslant$

$F(x_2,y)$,对于任意固定 x,当 $y_1<y_2$ 时,有 $F(x,y_1)\leqslant F(x,y_2)$;

(2) 对于任意的 x,y,$0\leqslant F(x,y)\leqslant 1$,且

$$F(-\infty,y)=\lim_{x\to-\infty}F(x,y)=0,F(x,-\infty)=\lim_{y\to-\infty}F(x,y)=0$$

$$F(+\infty,+\infty)=\lim_{x,y\to+\infty}F(x,y)=1$$

(3) $F(x,y)$关于变量 x 是右连续的,关于变量 y 也是右连续的,即 $F(x+0,y)=F(x,y)$,$F(x,y+0)=F(x,y)$;

(4) 对于 $a<b,c<d$ 有

$$P(a<X\leqslant b,c<Y\leqslant d)=F(b,d)-F(a,d)+F(a,c)-F(b,c)\geqslant 0$$

全部可能的取值是有限对或者可列无限多对的二维随机变量(X,Y)称为二维离散型随机变量。

对于二维离散型随机变量(X,Y)的所有可能值$(x_i,y_j)(i,j=1,2,\cdots)$,$P(X=x_i,Y=y_j)=p_{ij}$,$(i,j=1,2,\cdots)$称为二维离散型随机变量$(X,Y)$的分布列,或随机变量 X 和 Y 的联合分布列。由概率定义知,p_{ij}满足如下条件

(1) $p_{ij}\geqslant 0,i,j=1,2,\cdots$;

(2) $\sum_{j=1}^{\infty}\sum_{i=1}^{\infty}p_{ij}=1$。

表 2.1 以表格的方式表示了 X 和 Y 的联合分布列。

表 2.1　X 和 Y 的联合分布列

	y_1	y_2	$\cdots$	y_j	$\cdots$
x_1	p_{11}	p_{12}	$\cdots$	p_{1j}	$\cdots$
x_2	p_{21}	p_{22}	$\cdots$	p_{2j}	$\cdots$
$\vdots$	$\vdots$	$\vdots$	$\ddots$	$\vdots$	$\ddots$
x_i	p_{i1}	p_{i2}	$\cdots$	p_{ij}	$\cdots$
$\vdots$	$\vdots$	$\vdots$	$\ddots$	$\vdots$	$\ddots$

对于二维随机变量(X,Y)的分布函数 $F(x,y)$,如果存在非负可积函数 $f(x,y)$,对于任意实数 x,y,都有

$$F(x,y)=\int_{-\infty}^{y}\int_{-\infty}^{x}f(u,v)\mathrm{d}u\mathrm{d}v$$

则称(X,Y)为二维连续型随机变量,$f(x,y)$称为二维连续型随机变量(X,Y)的概率密度或随机变量 X 和 Y 的联合概率密度。

由定义可知,概率密度 $f(x,y)$具有以下性质:

(1) $f(x,y)\geqslant 0$;

(2) $\int_{-\infty}^{+\infty}\int_{-\infty}^{+\infty}f(x,y)\mathrm{d}x\mathrm{d}y=1$;

(3) 设 D 是 xOy 平面上的区域,点(X,Y)落在 D 内的概率为

$$P[(x,y)\in D]=\iint_D f(x,y)\mathrm{d}x\mathrm{d}y$$

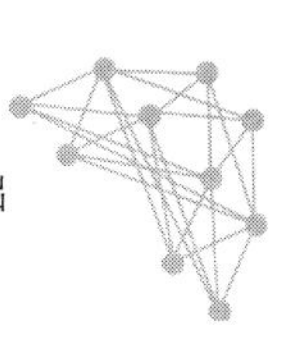

(4) 如果 $f(x,y)$ 在点 (x,y) 连续，则有

$$\frac{\partial^2 F(x,y)}{\partial x \partial y}=f(x,y)$$

以上对于二维随机变量的讨论可以推广到 n 维随机变量的情况。

2. 边缘分布

作为整体，二维随机变量 (X,Y) 具有联合分布函数 $F(x,y)$，而 X 和 Y 都是随机变量，各自也有分布函数，分别记为 $F_X(x)$，$F_Y(y)$，称它们为二维随机变量 (X,Y) 关于 X 和关于 Y 的边缘分布函数。$F_X(x)$，$F_Y(y)$ 由联合分布函数 $F(x,y)$ 所确定。

对于二维离散型随机变量 (X,Y)，边缘分布函数 $F_X(x)$，$F_Y(y)$ 为

$$F_X(x)=F(x,\infty)=\sum_{x_i \leqslant x}\sum_{j=1}^{\infty} p_{ij}, \quad F_Y(y)=F(\infty,y)=\sum_{y_i \leqslant y}\sum_{i=1}^{\infty} p_{ij}$$

关于 X、关于 Y 的边缘分布列分别为

$$p_{i\cdot}=P(X=x_i)=\sum_{j=1}^{\infty} p_{ij}, \quad i=1,2,\cdots$$

$$p_{\cdot j}=P(Y=y_j)=\sum_{i=1}^{\infty} p_{ij}, \quad j=1,2,\cdots$$

对于二维连续型随机变量 (X,Y)，设它的联合概率密度为 $f(x,y)$，其边缘分布函数 $F_X(x)$，$F_Y(y)$ 为

$$F_X(x)=F(x,+\infty)=\int_{-\infty}^{x}\int_{-\infty}^{+\infty} f(u,v)\mathrm{d}v\mathrm{d}u, F_Y(y)=F(+\infty,y)=\int_{-\infty}^{y}\int_{-\infty}^{+\infty} f(u,v)\mathrm{d}u\mathrm{d}v$$

关于 X、关于 Y 的边缘概率密度分别为

$$f_X(x)=\int_{-\infty}^{+\infty} f(x,y)\mathrm{d}y, f_Y(y)=\int_{-\infty}^{+\infty} f(x,y)\mathrm{d}x$$

除了随机变量 X，Y 相互独立外，一般来说，单由关于 X 和关于 Y 的边缘分布是不能确定随机变量 X 和 Y 的联合分布的。X，Y 相互独立的情形如下。

【定义 2.51】 $F(x,y)$，$F_X(x)$，$F_Y(y)$ 分别为二维随机变量 (X,Y) 的分布函数及边缘分布函数，如果对于所有的 x，y，有 $F(x,y)=F_X(x)F_Y(y)$，则称随机变量 X 和 Y 是相互独立的。

对于二维离散型随机变量 (X,Y)，X 与 Y 相互独立，当且仅当对于 (X,Y) 的所有可能取值 (x_i,y_j)，都有 $P(X=x_i,Y=y_j)=P(X=x_i)P(Y=y_j)$。

对于二维连续型随机变量 (X,Y)，$f(x,y)$，$f_X(x)$，$f_Y(y)$ 分别为 (X,Y) 的联合概率密度及边缘概率密度，则 X 与 Y 相互独立，当且仅当在平面上的每个点 (x,y)，都有 $f(x,y)=f_X(x)f_Y(y)$。

以上所述关于二维随机变量独立性相关结论可以推广到 n 维随机变量的情况。

3. 条件分布

二维随机变量 (X,Y) 之间主要表现为独立和相依两类关系。在许多问题中，有关的随机变量是相互影响的，这就使得条件分布成为研究变量之间相依关系的一个有力工具。

对于二维随机变量 (X,Y)，随机变量 X 的条件分布指的是在 Y 取某一固定值的条件下 X 的分布。

【定义 2.52】 设(X,Y)为一个二维离散型随机变量，当$Y=y_j$时，$P(Y=y_j)>0$，则称

$$P(X=x_i \mid Y=y_j)=\frac{P(X=x_i,Y=y_j)}{P(Y=y_j)}=\frac{p_{ij}}{p_{\cdot j}}, \quad i=1,2,\cdots$$

为在$Y=y_j$条件下的随机变量X的条件分布列。

类似地，当$X=x_i$时，$P(X=x_i)>0$，则称

$$P(Y=y_j \mid X=x_i)=\frac{P(X=x_i,Y=y_j)}{P(X=x_i)}=\frac{p_{ij}}{p_{i\cdot}}, \quad j=1,2,\cdots$$

为在$X=x_i$条件下的随机变量Y的条件分布列。

【定义 2.53】 设$f(x,y)$，$f_Y(y)$分别为二维连续型随机变量(X,Y)的联合概率密度和关于Y的边缘概率密度，对于固定的y，$f_Y(y)>0$，则称$\frac{f(x,y)}{f_Y(y)}$为在$Y=y$的条件下随机变量X的条件概率密度，记为$f_{X|Y}(x \mid y)=\frac{f(x,y)}{f_Y(y)}$；称$\int_{-\infty}^{x}\frac{f(u,y)}{f_Y(y)}\mathrm{d}u$为在$Y=y$的条件下随机变量$X$的条件分布函数，记为$F_{X|Y}(x \mid y)=\int_{-\infty}^{x}\frac{f(u,y)}{f_Y(y)}\mathrm{d}u$。

类似地，可以定义$f_{Y|X}(y \mid x)=\frac{f(x,y)}{f_X(x)}$和$F_{Y|X}(y \mid x)=\int_{-\infty}^{y}\frac{f(x,v)}{f_X(x)}\mathrm{d}v$。

2.3.4 随机变量的数字特征

每一个随机变量都有一个分布，不同的随机变量可能有不同的分布，也可能有相同的分布。分布描述了随机变量的统计规律性，由分布可以算出有关随机事件的概率，还可以算出相应随机变量的均值、方差、中位数等数字特征。这些数字特征各从一个侧面描述了分布的特征。本节介绍几种重要的数字特征。

1. 数学期望

随机变量X的数学期望是一种位置数字特征，它刻画了X的取值总是在某一特征数周围波动的特点。下面给出随机变量X的数学期望的定义。

【定义 2.54】 设离散型随机变量X的分布列为

$$P(X=x_i)=p_i, \quad i=1,2,\cdots$$

如果级数

$$\sum_{i=1}^{\infty}x_i p_i$$

绝对收敛，则称$\sum_{i=1}^{\infty}x_i p_i$为随机变量$X$的数学期望，记为$E(X)$，即

$$E(X)=\sum_{i=1}^{\infty}x_i p_i$$

设连续型随机变量X的概率密度为$f(x)$，如果积分

$$\int_{-\infty}^{+\infty}xf(x)\mathrm{d}x$$

绝对收敛，则称$\int_{-\infty}^{+\infty}xf(x)\mathrm{d}x$为随机变量$X$的数学期望，记为$E(X)$，即

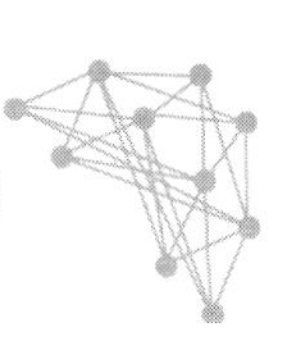

$$E(X)=\int_{-\infty}^{+\infty} x f(x)\mathrm{d}x$$

数学期望简称期望,又称为均值。

由定义可知,数学期望有以下几个重要性质:

(1) 设 C 是常数,则有 $E(C)=C$;

(2) 设 X 是随机变量,C 为常数,则有 $E(CX)=CE(X)$;

(3) 设 X,Y 是随机变量,则有 $E(X+Y)=E(X)+E(Y)$;

(4) 设随机变量 X,Y 相互独立,则有 $E(XY)=E(X)E(Y)$。

下面的定理描述了求随机变量函数数学期望的方法。

【定理 2.35】 设 Y 是随机变量 X 的函数:$Y=g(X)$(g 是连续函数),

(1) 设 X 是离散型随机变量,其分布列为 $P(X=x_i)=p_i(i=1,2,\cdots)$,如果 $\sum_{i=1}^{\infty} g(x_i)p_i$ 绝对收敛,则有

$$E(Y)=E[g(X)]=\sum_{i=1}^{\infty} g(x_i)p_i$$

(2) 设 X 是连续型随机变量,其概率密度为 $f(x)$,如果积分 $\int_{-\infty}^{+\infty} g(x)f(x)\mathrm{d}x$ 绝对收敛,则有

$$E(Y)=E[g(X)]=\int_{-\infty}^{+\infty} g(x)f(x)\mathrm{d}x$$

定理 2.35 的意义在于,求 $E(Y)$时,不需要算出 Y 的分布列或概率密度,只需要利用 X 的分布列或概率密度就可以了。

2. 方差

随机变量 X 的数学期望 $E(X)$反映了随机变量平均取值的大小,但无法反映随机变量取值波动的大小。下面定义的方差和标准差正是度量此种波动大小的最重要的两个数字特征。

【定义 2.55】 设 X 是随机变量,如果 $E\{[X-E(X)]^2\}$存在,则称 $E\{[X-E(X)]^2\}$为 X 的方差,记为 $D(X)$或 $\mathrm{var}(X)$,即

$$D(X)=\mathrm{var}(X)=E\{[X-E(X)]^2\}$$

在应用中引入量$\sqrt{D(X)}$,记为 $\sigma(X)$,称为标准差或均方差。

对于离散型随机变量 X,其分布列为 $P(X=x_i)=p_i(i=1,2,\cdots)$,有

$$D(X)=\sum_{i=1}^{\infty}[x_i-E(X)]^2 p_i$$

对于连续型随机变量 X,其概率密度为 $f(x)$,有

$$D(X)=\int_{-\infty}^{+\infty}[x-E(X)]^2 f(x)\mathrm{d}x$$

随机变量 X 的方差也可以按下面公式计算。

$$D(X)=E(X^2)-[E(X)]^2$$

由定义可知,方差有下面几个重要性质(假设所遇到的随机变量其方差存在):

(1) 设 C 是常数,则有 $D(C)=0$;

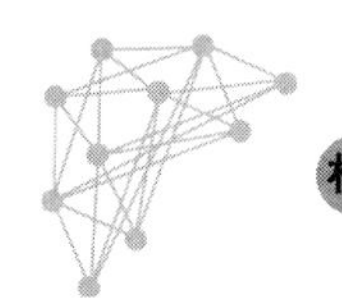

(2) 设 X 是随机变量,C 为常数,则有 $D(CX)=C^2D(X)$,$D(X+C)=D(X)$;

(3) 设 X,Y 是随机变量,则有 $D(X+Y)=D(X)+D(Y)+2E\{[X-E(X)](Y-E(Y))\}$,特别地,如果 X,Y 相互独立,则有 $D(X+Y)=D(X)+D(Y)$;

(4) $D(X)=0$,当且仅当 X 以概率为 1 取常数 $E(X)$,即 $P[X=E(X)]=1$。

下面将几种常用分布的数学期望和方差以表格形式展示(见表 2.2)。

表 2.2 常用分布的数学期望和方差

分　布	分布列 p_k 或概率密度 $f(x)$	数学期望	方　差
(0-1)分布	$P_k=p^k(1-p)^{1-k},k=0,1$	p	$p(1-p)$
二项分布 $b(n,p)$	$p_k=\binom{n}{k}p^k(1-p)^{n-k},k=0,1,\cdots,n$	np	$np(1-p)$
泊松分布 $\pi(\lambda)$	$p_k=\frac{\lambda^k}{k!}e^{-\lambda},k=0,1,\cdots$	λ	λ
均匀分布 $U(a,b)$	$f(x)=\frac{1}{b-a},a<x<b$	$\frac{a+b}{2}$	$\frac{(b-a)^2}{12}$
指数分布	$f(x)=\frac{1}{\theta}e^{-x/\theta},x\geqslant 0$	θ	θ^2
正态分布 $N(\mu,\sigma^2)$	$f(x)=\frac{1}{\sqrt{2\pi}\sigma}e^{-\frac{(x-\mu)^2}{2\sigma^2}},-\infty<x<+\infty$	μ	σ^2

3. 协方差及相关系数

对于二维随机变量(X,Y),除了讨论 X 与 Y 的数学期望和方差外,还需讨论 X 与 Y 之间相互关系的数字特征。

【定义 2.56】 设(X,Y)是二维随机变量,如果 $E\{[X-E(X)][Y-E(Y)]\}$存在,则称此数学期望为 X 与 Y 的协方差,并记为 $\mathrm{Cov}(X,Y)$,即

$$\mathrm{Cov}(X,Y)=E\{[X-E(X)][Y-E(Y)]\}$$

而

$$\rho_{XY}=\frac{\mathrm{Cov}(X,Y)}{\sqrt{D(X)}\sqrt{D(Y)}}$$

称为 X 与 Y 的相关系数。

由定义,易知

$$\mathrm{Cov}(X,Y)=\mathrm{Cov}(Y,X),\mathrm{Cov}(X,X)=D(X),D(X+Y)=D(X)+D(Y)+2\mathrm{Cov}(X,Y)$$

将 $\mathrm{Cov}(X,Y)$按定义展开,得

$$\mathrm{Cov}(X,Y)=E(XY)-E(X)E(Y)$$

可利用这个公式计算协方差。

由定义可知,协方差有下面两个性质:

(1) $\mathrm{Cov}(aX,bY)=ab\mathrm{Cov}(X,Y)$,$a,b$ 是常数;

(2) $\mathrm{Cov}(X_1+X_2,Y)=\mathrm{Cov}(X_1,Y)+\mathrm{Cov}(X_2,Y)$。

由定义可知,相关系数 ρ_{XY} 有下面两个性质:

(1) $|\rho_{XY}|\leqslant 1$;

(2) $|\rho_{XY}|=1$,当且仅当存在常数 a,b,使 $P(Y=a+bX)=1$。

相关系数 ρ_{XY} 刻画了 X 与 Y 之间线性关系的紧密程度。如果 $\rho_{XY}=0$，则称 X 与 Y 不相关；如果 $\rho_{XY}=1$，则称 X 与 Y 完全正相关；如果 $\rho_{XY}=-1$，则称 X 与 Y 完全负相关；如果 $|\rho_{XY}|<1$，则称 X 与 Y 有一定程度的线性关系。$|\rho_{XY}|$ 越接近 1，则线性相关程度越高，$|\rho_{XY}|$ 越接近 0，则线性相关程度越低。

下面以矩阵形式给出 n 维随机变量的数学期望和协方差。

【定义 2.57】 设 n 维随机变量 $X=(X_1,X_2,\cdots,X_n)^{\mathrm{T}}$，如果其每个分量的数学期望都存在，则称

$$E(X)=[E(X_1),E(X_2),\cdots,E(X_n)]^{\mathrm{T}}$$

为 n 维随机变量 X 的数学期望向量，简称为 X 的数学期望。而称

$$\begin{aligned}&E\{[X-E(X)][X-E(X)]^{\mathrm{T}}\}\\=&\begin{bmatrix}D(X_1) & \mathrm{Cov}(X_1,X_2) & \cdots & \mathrm{Cov}(X_1,X_n)\\ \mathrm{Cov}(X_2,X_1) & D(X_2) & \cdots & \mathrm{Cov}(X_2,X_n)\\ \vdots & \vdots & \ddots & \vdots\\ \mathrm{Cov}(X_n,X_1) & \mathrm{Cov}(X_n,X_2) & \cdots & D(X_n)\end{bmatrix}\end{aligned}$$

为随机变量 X 的方差-协方差阵，简称协方差阵，记为 $\mathrm{Cov}(X)$。协方差阵是一个非负的对称阵。

一般，n 维随机变量的分布在数学上不易处理，因此在实际应用中协方差阵很重要。

最后，介绍另外几个数字特征。

【定义 2.58】 设 X,Y 是随机变量，如果 $E(X^k)(k=1,2,\cdots)$ 存在，则称其为 X 的 k 阶原点矩，简称 k 阶矩；如果 $E\{[X-E(X)]^k\}(k=1,2,\cdots)$ 存在，则称其为 X 的 k 阶中心矩；如果 $E(X^kY^l)(k,\ l=1,2,\cdots)$ 存在，则称其为 X 和 Y 的 $k+l$ 阶混合矩；如果 $E\{[X-E(X)]^k[Y-E(Y)]^l\}(k,\ l=1,2,\cdots)$ 存在，则称它为 X 和 Y 的 $k+l$ 阶混合中心矩。

2.3.5 样本及抽样分布

在概率论部分中，我们是在随机变量的分布是假设已知的前提下研究它的性质、特点和统计规律。而在数理统计中，人们研究的随机变量的分布是未知的，或者是不完全知道的。人们对所研究的随机变量进行重复的观察，得到其许多观察值，进而对观察值进行分析，对随机变量的分布作出判断。下面介绍总体、随机样本及统计量的概念，给出几种常用的统计量和抽样分布。

1. 总体与样本

在一个统计问题中，研究对象的全体称为总体，构成总体的每个成员称为个体。例如研究某大学的学生体重情况，则该大学全体学生的体重就是问题的总体，而每个学生的体重就是个体。总体就是一系列观察值，这些观察值有大有小，有的值出现得多，有的值出现得少，因此，用一个概率分布去描述和归纳总体是恰当的。总体对应着一个随机变量，对于总体的研究就是对这个随机变量的研究。

在实际中，总体的分布一般是未知的，或者只知道它具有某种形式，但其中包含着未知参数。这时，人们通过从总体中抽取一部分个体，根据获得的数据来对总体分布作出判断，被抽出的部分个体叫总体的一个样本。

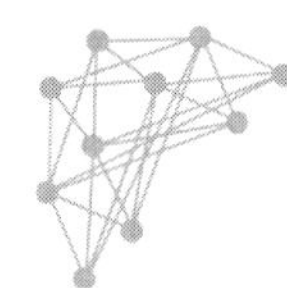

抽样指的是在相同条件下,对总体 X 进行 n 次重复独立的观察,将 n 次观察结果按先后顺序记为 $X_1,X_2,\cdots,X_n$。$X_1,X_2,\cdots,X_n$ 是对随机变量 X 观察的结果,且各次观察是独立进行的,所以认为 $X_1,X_2,\cdots,X_n$ 是相互独立的,且都是与 X 具有相同分布的随机变量。$X_1,X_2,\cdots,X_n$ 就称为来自总体 X 的一个随机样本,n 为该样本的容量。

综上所述,给出随机样本的严格定义。

【定义 2.59】 设 X 是具有分布函数 F 的随机变量,如果 $X_1,X_2,\cdots,X_n$ 是与 X 具有同一分布的,相互独立的随机变量,则称 $X_1,X_2,\cdots,X_n$ 为从分布函数 F(或总体 F 或总体 X)得到的一个容量为 n 的随机样本,简称样本,它们的观察值 $x_1,x_2,\cdots,x_n$ 称为样本值。

将样本看成是一个随机向量,记成$(X_1,X_2,\cdots,X_n)$,那么样本值可以记成$(x_1,x_2,\cdots,x_n)$。

由定义知,如果 $X_1,X_2,\cdots,X_n$ 为 F 的一个样本,分布函数都是 F,且相互独立,则随机向量$(X_1,X_2,\cdots,X_n)$的分布函数为

$$F^*(x_1,x_2,\cdots,x_n)=\prod_{i=1}^{n}F(x_i)$$

如果总体 X 具有概率密度 $f(x)$,则随机向量$(X_1,X_2,\cdots,X_n)$的概率密度为

$$f^*(x_1,x_2,\cdots,x_n)=\prod_{i=1}^{n}f(x_i)$$

2. 样本数据的整理与显示

样本数据杂乱无章,首先要将它们进行整理。样本数据的整理是统计研究的基础,整理数据的最常用方法是频率直方图和箱线图。

1) 频率直方图

【例 2.8】 为研究某工厂生产某种产品的能力,随机调查了 20 位工人某天生产的该种产品的数量,数据如下:

160	196	164	148	170
175	178	166	181	162
161	168	166	162	172
156	170	157	162	154

对这 20 个数据(样本)进行整理,具体步骤如下:

(1) 对数据进行分组。首先确定组数 k,一般组数在 5~20 个,对容量较小的样本,通常将其分为 5 组或 6 组,容量为 100 左右的样本分为 7~10 组,容量 200 左右的样本分为 9~13 组,容量 300 左右及以上的样本可分为 12~20 组,目的是使用足够的组来表示数据的变异。本例中 $k=5$。

(2) 确定每组组距。每组区间长度可以相同也可以不同,实际中常选用长度相同的区间以便于进行比较,各组区间长度称为组距,其近似公式为

组距 $d=$(样本最大观察值$-$样本最小观察值)/组数

本例组距近似为 $d=(196-148)/5=9.6$,取组距为 10。

(3) 确定每组组限。各组区间端点为 $a_0,a_0+d=a_1,a_0+2d=a_2,\cdots,a_0+kd=a_k$,形成如下分组区间$(a_0,a_1]$,$(a_1,a_2]$,$\cdots$,$(a_{k-1},a_k]$。本例分组区间为(147,157],(157,167],(167,177],(177,187],(187,197]。

(4) 统计样本数据落入每个区间的个数——频数 f_i，计算其频率 f_i/n。本例算出频率如下(见表 2.3)：

表 2.3　例 2.9 的频数频率分布表

分组区间	频　数	频　率	累计频率
(147,157]	4	0.20	0.20
(157,167]	8	0.40	0.60
(167,177]	5	0.25	0.85
(177,187]	2	0.10	0.95
(187,197]	1	0.05	1

(5) 自左向右依次在各个小区间上作以频率为高的小矩形，这样得到的图称为频率直方图，如图 2.14 所示。

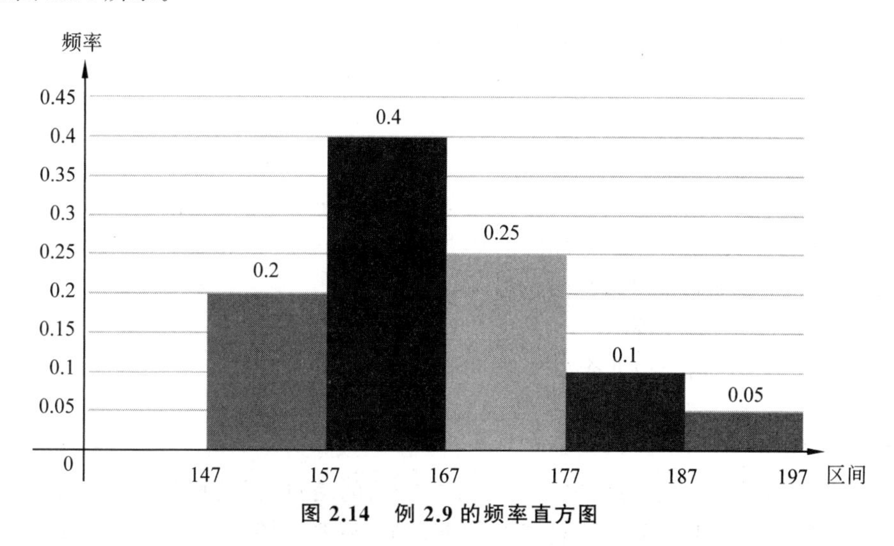

图 2.14　例 2.9 的频率直方图

2) 箱线图

在介绍箱线图之前，首先需要理解样本分位数的概念。

【定义 2.60】　设 $x_1,x_2,\cdots,x_n$ 为一个容量为 n 的样本观察值，样本 p 的分位数($0<p<1$)记为 x_p，它具有以下性质：

(1) 至少有 np 个观察值小于或等于 x_p；

(2) 至少有 $n(1-p)$个观察值大于或等于 x_p。

样本的 p 分位数可以这样求得：把 $x_1,x_2,\cdots,x_n$ 按从小到大的次序排列，得 $x_{(1)}\leqslant x_{(2)}\leqslant\cdots\leqslant x_{(n)}$，则

$$x_p=\begin{cases}x_{([np]+1)}, & np\text{ 不为整数}\\ \dfrac{1}{2}[x_{(np)}+x_{(np+1)}], & np\text{ 为整数}\end{cases}$$

例如 $n=12$，$p=0.9$，$np=10.8$，$n(1-p)=1.2$，则 x_p 满足：至少有 10.8 个数据$\leqslant x_p$，

且至少有 1.2 个数据$\geqslant x_p$,则 $x_p=x_{(11)}$;又例如 $n=20$, $p=0.95$, $np=19$, $n(1-p)=1$,则 x_p 满足:至少有 19 个数据$\leqslant x_p$,且至少有 1 个数据$\geqslant x_p$,则第 19 或 20 处都满足条件,此时取两个数的平均值作为 $x_p=(x_{(19)}+x_{(20)})/2$。

特别,当 $p=0.5$ 时,$x_{0.5}$称为样本中位数,记为 Q_2 或 M,即

$$x_{0.5}=\begin{cases} x_{\left(\left[\frac{n}{2}\right]+1\right)}, & n\text{ 为奇数} \\ \dfrac{1}{2}\left[x_{\left(\frac{n}{2}\right)}+x_{\left(\frac{n}{2}+1\right)}\right], & n\text{ 为偶数} \end{cases}$$

0.25 分位数 $x_{0.25}$称为第一四分位数,又记为 Q_1;0.75 分位数 $x_{0.75}$称为第三四分位数,又记为 Q_3。

下面介绍箱线图。

数据集的箱线图是由箱子和直线组成的图形,它是基于以下 5 个数的图形概括:最小值 Min,第一四分位数 Q_1,中位数 M,第三四分位数 Q_3 和最大值 Max,它的作法如下:

(1) 画一水平数轴,在轴上标注 Min, Q_1, M, Q_3, Max;在数轴上方画一个矩形箱子,它的上下侧平行于数轴,箱子的左右两侧分别位于 Q_1, Q_3 的上方;在 M 点的上方画一条垂直线段,线段位于箱子内部。

(2) 从箱子左侧作一条水平线直至最小值 Min;在同一水平高度上,从箱子右侧作一条水平线直至 Max。这样,箱线图就做好了,如图 2.15 所示。

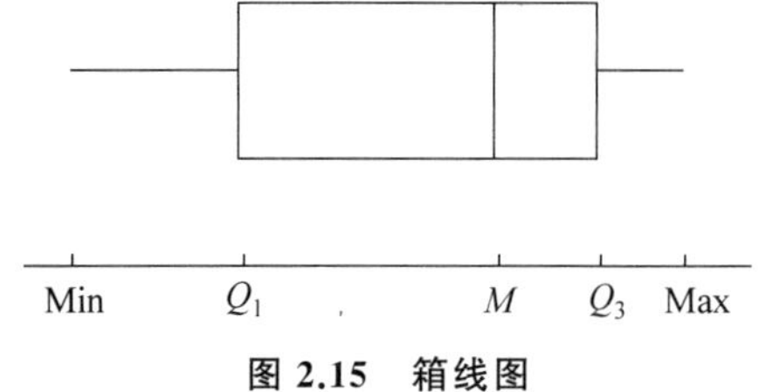

图 2.15　箱线图

由箱线图可以形象地看出数据集的性质,包括中心位置、散布程度、对称性等。

箱线图适合于比较两个或两个以上数据集的性质,可以将几个数据集的箱线图画在同一个数轴上。

3. 抽样分布

样本来自总体,样本的观察值中含有总体各方面的信息,但这些信息较为分散,杂乱无章。为了把这些信息集中起来反映总体的各种特征,需要对样本进行加工。当人们需要从样本获得对总体各种参数的认识时,最常用的方法是构造样本函数,不同的函数反映总体的不同特征。

【定义 2.61】 设 $X_1,X_2,\cdots,X_n$ 是一个来自总体 X 的样本,$g(X_1,X_2,\cdots,X_n)$是 $X_1,X_2,\cdots,X_n$ 的函数,且 g 不含未知参数,则称 $g(X_1,X_2,\cdots,X_n)$为统计量。

由于 $X_1,X_2,\cdots,X_n$ 是随机变量,所以 $g(X_1,X_2,\cdots,X_n)$也是随机变量,$x_1,x_2,\cdots,x_n$ 是 $X_1,X_2,\cdots,X_n$ 的观察值,$g(x_1,x_2,\cdots,x_n)$为 $g(X_1,X_2,\cdots,X_n)$的观察值。

下面给出常用的统计量:

(1) 样本平均值:$\bar{X}=\dfrac{1}{n}\sum\limits_{i=1}^{n}X_i$;

(2) 样本方差:$S^2=\dfrac{1}{n-1}\sum\limits_{i=1}^{n}(X_i-\bar{X})^2=\dfrac{1}{n-1}\left(\sum\limits_{i=1}^{n}X_i^2-n\bar{X}^2\right)$;

(3) 样本标准差:$S=\sqrt{S^2}=\sqrt{\dfrac{1}{n-1}\sum\limits_{i=1}^{n}(X_i-\bar{X})^2}$;

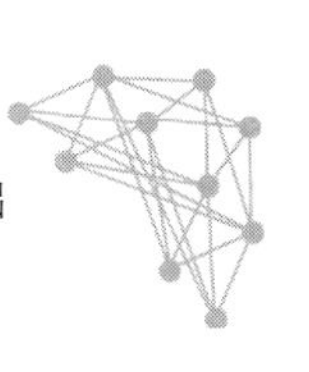

(4) 样本 k 阶(原点)矩：$A_k=\frac{1}{n}\sum_{i=1}^{n}X_i^k, k=1,2,\cdots$；

(5) 样本 k 阶中心矩：$B_k=\frac{1}{n}\sum_{i=1}^{n}(X_i-\overline{X})^k, k=2,3,\cdots$。

它们的观察值分别为

$$\bar{x}=\frac{1}{n}\sum_{i=1}^{n}x_i$$

$$s^2=\frac{1}{n-1}\sum_{i=1}^{n}(x_i-\bar{x})^2=\frac{1}{n-1}\left(\sum_{i=1}^{n}x_i^2-n\bar{x}^2\right)$$

$$s=\sqrt{s^2}=\sqrt{\frac{1}{n-1}\sum_{i=1}^{n}(x_i-\bar{x})^2}$$

$$a_k=\frac{1}{n}\sum_{i=1}^{n}x_i^k,\quad k=1,2,\cdots$$

$$b_k=\frac{1}{n}\sum_{i=1}^{n}(x_i-\bar{x})^k,\quad k=2,3,\cdots$$

除了以上这些统计量，另外一种常用统计量是经验分布函数。经验分布函数与总体分布函数相对应：设 $X_1,X_2,\cdots,X_n$ 是总体 X 的一个样本，用 $S(x)(-\infty<x<+\infty)$表示 $X_1,X_2,\cdots,X_n$ 中不大于 x 的随机变量的个数，则经验分布函数 $F_n(x)$定义为

$$F_n(x)=\frac{1}{n}S(x),\quad -\infty<x<+\infty$$

给定样本观察值，经验分布函数的观察值很容易得到：设 $x_1,x_2,\cdots,x_n$ 是总体 X 的一个样本观察值，先将 $x_1,x_2,\cdots,x_n$ 按从小到大的顺序排列，得到

$$x_{(1)}\leqslant x_{(2)}\leqslant\cdots\leqslant x_{(n)}$$

则经验分布函数 $F_n(x)$的观察值为

$$F_n(x)=\begin{cases}0, & x<x_{(1)},\\ \frac{k}{n}, \quad x_{(k)}\leqslant x<x_{(k+1)}, & k=1,2,\cdots,n-1,\\ 1, & x\geqslant x_{(n)}\end{cases}$$

统计量的分布称为抽样分布。当总体的分布已知时，抽样分布是确定的，但求统计量的精确分布一般是困难的。下面介绍来自正态总体的几个常用统计量的分布。

1) χ^2 分布

设 $X_1,X_2,\cdots,X_n$ 是来自总体 $N(0,1)$的样本，则称统计量

$$\chi^2=X_1^2+X_2^2+\cdots+X_n^2$$

服从自由度为 n 的 χ^2 分布，记为 $\chi^2\sim\chi^2(n)$，自由度指的是等式右边包含的独立变量的个数。

$\chi^2(n)$分布的概率密度为

$$f(y)=\begin{cases}\frac{1}{2^{n/2}\Gamma(n/2)}y^{n/2-1}\mathrm{e}^{-y/2}, & y>0,\\ 0, & \text{其他}\end{cases}$$

如果 $\chi^2 \sim \chi^2(n)$，则有 $E(\chi^2)=n, D(\chi^2)=2n$。

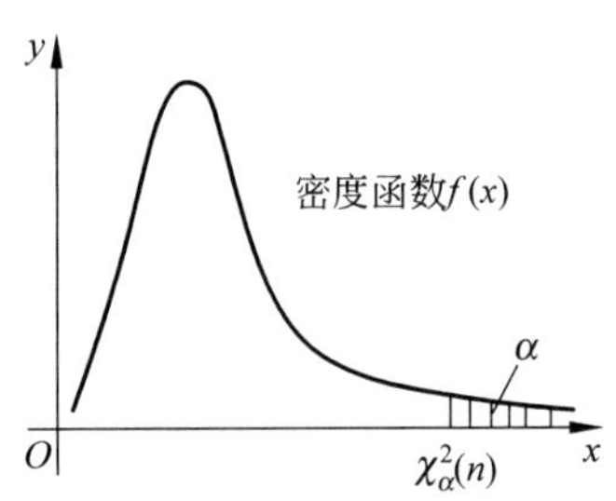

图 2.16　$\chi^2(n)$分布的上 α 分位点

χ^2 分布的分位点　对于给定的正数 $\alpha(0<\alpha<1)$，称满足

$$P(\chi^2 > \chi^2_\alpha(n)) = \int_{\chi^2_\alpha(n)}^{\infty} f(y)\mathrm{d}y = \alpha$$

的点 $\chi^2_\alpha(n)$ 为 $\chi^2(n)$ 分布的上 α 分位点，如图 2.16 所示。

2) t 分布

设 $X \sim N(0,1), Y \sim \chi^2(n)$，且 X, Y 相互独立，则称随机变量

$$t = \frac{X}{\sqrt{Y/n}}$$

服从自由度为 n 的 t 分布，记为 $t \sim t(n)$。

t 分布又称学生分布，$t(n)$ 分布的概率密度为

$$h(t) = \frac{\Gamma[(n+1)/2]}{\sqrt{\pi n}\,\Gamma(n/2)}\left(1+\frac{t^2}{n}\right)^{-(n+1)/2}, \quad -\infty < t < +\infty$$

t 分布的分位点　对于给定的正数 $\alpha(0<\alpha<1)$，称满足

$$P(t > t_\alpha(n)) = \int_{t_\alpha(n)}^{\infty} h(t)\mathrm{d}t = \alpha$$

的点 $t_\alpha(n)$ 为 $t(n)$ 分布的上 α 分位点，如图 2.17 所示。

3) F 分布

设 $U \sim \chi^2(n_1), V \sim \chi^2(n_2)$，且 U, V 相互独立，则称随机变量

$$F = \frac{U/n_1}{V/n_2}$$

服从自由度为 (n_1, n_2) 的 F 分布，记为 $F \sim F(n_1, n_2)$。

$F(n_1, n_2)$ 分布的概率密度为

$$\psi(y) = \begin{cases} \dfrac{\Gamma[(n_1+n_2)/2]\,(n_1/n_2)^{n_1/2}\,y^{(n_1/2)-1}}{\Gamma(n_1/2)\Gamma(n_2/2)[1+(n_1 y/n_2)]^{(n_1+n_2)/2}}, & y > 0 \\ 0, & \text{其他} \end{cases}$$

F 分布的分位点　对于给定的正数 $\alpha(0<\alpha<1)$，称满足

$$P(F > F_\alpha(n_1, n_2)) = \int_{F_\alpha(n_1,n_2)}^{\infty} \psi(y)\mathrm{d}y = \alpha$$

的点 $F_\alpha(n_1, n_2)$ 为 $F(n_1, n_2)$ 分布的上 α 分位点，如图 2.18 所示。

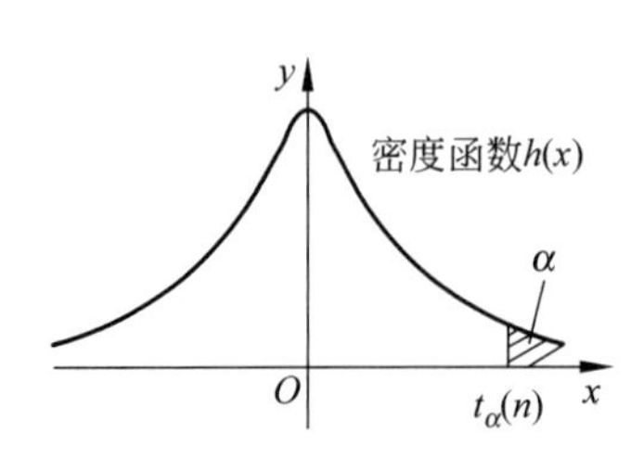

图 2.17　$t(n)$分布的上 α 分位点

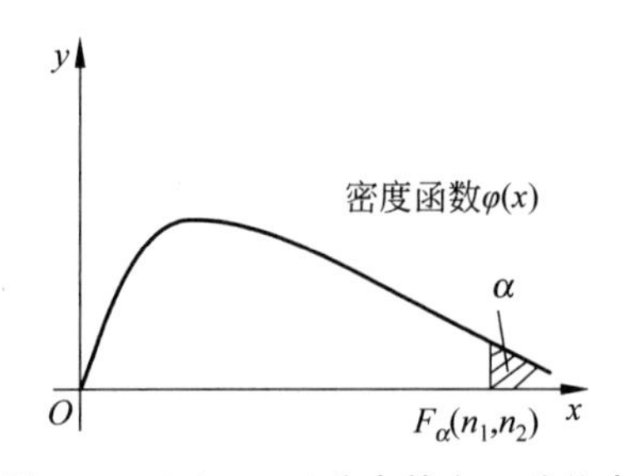

图 2.18　$F(n_1, n_2)$分布的上 α 分位点

4）正态总体的样本均值和样本方差的分布

设总体 X 的均值为 μ，方差为 σ^2，$X_1,X_2,\cdots,X_n$ 是来自 X 的一个样本，$\overline{X}$，S^2 分别是样本均值和样本方差，则有

$$E(\overline{X})=\mu,\quad D(\overline{X})=\sigma^2/n,\quad E(S^2)=\sigma^2$$

于是得到以下的定理。

【定理 2.36】 设 $X_1,X_2,\cdots,X_n$ 是来自正态总体 $N(\mu,\sigma^2)$的样本，$\overline{X}$ 是样本均值，则有

$$\overline{X}\sim N(\mu,\sigma^2/n)$$

【定理 2.37】 设 $X_1,X_2,\cdots,X_n$ 是来自总体 $N(\mu,\sigma^2)$的样本，$\overline{X}$，S^2 分别是样本均值和样本方差，则有

（1）$\dfrac{(n-1)S^2}{\sigma^2}\sim\chi^2(n-1)$；

（2）$\overline{X}$ 与 S^2 相互独立。

【定理 2.38】 设 $X_1,X_2,\cdots,X_n$ 是来自总体 $N(\mu,\sigma^2)$的样本，$\overline{X}$，S^2 分别是样本均值和样本方差，则有

$$\frac{\overline{X}-\mu}{S/\sqrt{n}}\sim t(n-1)$$

【定理 2.39】 设 $X_1,X_2,\cdots,X_{n_1}$ 与 $Y_1,Y_2,\cdots,Y_{n_2}$ 分别是来自正态总体 $N(\mu_1,\sigma_1^2)$ 和 $N(\mu_2,\sigma_2^2)$ 的样本，$(X_1,X_2,\cdots,X_{n_1})$ 与$(Y_1,Y_2,\cdots,Y_{n_2})$ 相互独立。设 $\overline{X}=\dfrac{1}{n_1}\sum\limits_{i=1}^{n_1}X_i$，$\overline{Y}=\dfrac{1}{n_2}\sum\limits_{i=1}^{n_2}Y_i$ 分别是这两个样本的样本均值；$S_1^2=\dfrac{1}{n_1-1}\sum\limits_{i=1}^{n_1}(X_i-\overline{X})^2$，$S_2^2=\dfrac{1}{n_2-1}\sum\limits_{i=1}^{n_2}(Y_i-\overline{Y})^2$ 分别是这两个样本的样本方差，则有

（1）$\dfrac{S_1^2/S_2^2}{\sigma_1^2/\sigma_2^2}\sim F(n_1-1,n_2-1)$；

（2）当 $\sigma_1^2=\sigma_2^2=\sigma^2$ 时，

$$\frac{(\overline{X}-\overline{Y})-(\mu_1-\mu_2)}{S_w\sqrt{\dfrac{1}{n_1}+\dfrac{1}{n_2}}}\sim t(n_1+n_2-2)$$

其中 $S_w^2=\dfrac{(n_1-1)S_1^2+(n_2-1)S_2^2}{n_1+n_2-2}$，$S_w=\sqrt{S_w^2}$。

2.3.6　参数估计

统计推断的两类基本问题是参数估计和假设检验。参数估计的形式有两种：点估计与区间估计。参数估计主要涉及两个问题：如何给出估计，以及如何对不同的估计进行评价。接下来介绍一些估计方法，并讨论估计的好坏标准。

1. 点估计

假设总体 X 的分布函数的形式已知，但它的参数未知，利用总体 X 的一个样本来估计未知参数的值的问题称为参数的点估计问题。

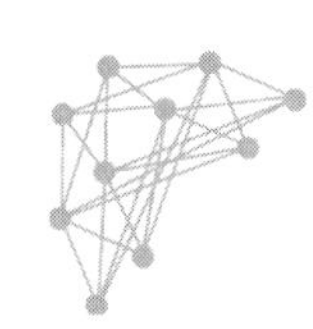

点估计的思路如下：设总体 X 的分布函数 $F(x;\theta)$（多于一个未知参数时，可同样讨论）形式已知，θ 为待估参数。$X_1,X_2,\cdots,X_n$ 是总体 X 的一个样本，对应的样本观察值是 $x_1,x_2,\cdots,x_n$。点估计就是要构造一个恰当的统计量 $\hat{\theta}(X_1,X_2,\cdots,X_n)$，用该统计量的观察值 $\hat{\theta}(x_1,x_2,\cdots,x_n)$ 作为未知参数 θ 的近似值。这里称 $\hat{\theta}(X_1,X_2,\cdots,X_n)$ 为 θ 的估计量，称 $\hat{\theta}(x_1,x_2,\cdots,x_n)$ 为 θ 的估计。在不混淆的情况下，统称估计量和估计值为估计，都简记为 $\hat{\theta}$。

对于如何构造统计量 $\hat{\theta}$ 并没有明确的规定，只要它具有一定的合理性即可。在给出对不同估计的好坏判断标准之前，先介绍两种常用的构造统计量的方法：矩估计法和最大似然估计法。

1）矩估计法

设 X 为连续型随机变量，其概率密度为 $f(x;\theta_1,\theta_2,\cdots,\theta_k)$，或 X 为离散型随机变量，其分布列为 $P(X=x)=p(x;\theta_1,\theta_2,\cdots,\theta_k)$，其中 $\theta_1,\theta_2,\cdots,\theta_k$ 为待估参数，$X_1,X_2,\cdots,X_n$ 来自总体 X 的样本，假设总体 X 的前 k 阶矩

$$\mu_l=E(X^l)=\int_{-\infty}^{+\infty}x^l f(x;\theta_1,\theta_2,\cdots,\theta_k)\mathrm{d}x$$

或

$$\mu_l=E(X^l)=\sum_{x\in R_X}x^l p(x;\theta_1,\theta_2,\cdots,\theta_k),\quad l=1,2,\cdots,k$$

存在，其中 R_X 是 X 可能的取值范围。因为样本矩 $A_l=\frac{1}{n}\sum_{i=1}^{n}X_i^l$ 依概率收敛于对应的总体矩 $\mu_l(l=1,2,\cdots,k)$，样本矩的连续函数依概率收敛于对应的总体矩的连续函数，所以用样本矩作为对应总体矩的估计量，以样本矩的连续函数作为对应总体矩的连续函数的估计量，这种估计方法称为矩估计法。

矩估计法的具体做法如下：设

$$\begin{cases}\mu_1=\mu_1(\theta_1,\theta_2,\cdots,\theta_k)\\ \mu_2=\mu_2(\theta_1,\theta_2,\cdots,\theta_k)\\ \quad\vdots\\ \mu_k=\mu_k(\theta_1,\theta_2,\cdots,\theta_k)\end{cases}$$

这是一个包含 k 个未知参数 $\theta_1,\theta_2,\cdots,\theta_k$ 的联立方程组。可以从中解出 $\theta_1,\theta_2,\cdots,\theta_k$，得到

$$\begin{cases}\theta_1=\theta_1(\mu_1,\mu_2,\cdots,\mu_k)\\ \theta_2=\theta_2(\mu_1,\mu_2,\cdots,\mu_k)\\ \quad\vdots\\ \theta_k=\theta_k(\mu_1,\mu_2,\cdots,\mu_k)\end{cases}$$

以 A_i 分别代替 $\mu_i(i=1,2,\cdots,k)$，就以

$$\hat{\theta}_i=\theta_i(A_1,A_2,\cdots,A_k),\quad i=1,2,\cdots,k$$

分别作为 $\theta_i(i=1,2,\cdots,k)$ 的估计量，称这种估计量为矩估计量，矩估计量的观察值为矩估计值。

2）最大似然估计法

最大似然估计是求估计用得最多的方法，它最早是由高斯在 1821 年提出，但一般将之

归功于费希尔,因为费希尔在1922年再次提出了这种想法并证明它的一些性质,从而使得最大似然法得到广泛的应用。

如果总体 X 是离散型随机变量,其分布列为 $P(X=x)=p(x;\theta)(\theta\in\Theta)$ 的形式已知,θ 为待估参数,Θ 是 θ 可能取值的范围。设 $X_1,X_2,\cdots,X_n$ 来自总体 X 的样本,则 $X_1,X_2,\cdots,X_n$ 的联合分布列为

$$\prod_{i=1}^{n} p(x_i;\theta)$$

设 $x_1,x_2,\cdots,x_n$ 是对应于样本 $X_1,X_2,\cdots,X_n$ 的样本观察值,样本 $X_1,X_2,\cdots,X_n$ 取到 $x_1,x_2,\cdots,x_n$ 的概率,即事件 $(X_1=x_1,X_2=x_2,\cdots,X_n=x_n)$ 发生的概率为

$$L(\theta)=L(x_1,x_2,\cdots,x_n;\theta)=\prod_{i=1}^{n} p(x_i;\theta),\quad \theta\in\Theta$$

其中 $L(\theta)$ 是 θ 的函数,$L(\theta)$ 称为样本的似然函数。

由费希尔引进的最大似然估计法是样本观察值 $x_1,x_2,\cdots,x_n$ 固定,在 Θ 内挑选使似然函数 $L(x_1,x_2,\cdots,x_n;\theta)$ 达到最大的参数值 $\hat{\theta}$ 作为参数 θ 的估计值,即取 $\hat{\theta}$ 使

$$L(x_1,x_2,\cdots,x_n;\hat{\theta})=\max_{\theta\in\Theta} L(x_1,x_2,\cdots,x_n;\theta)$$

这样得到的 $\hat{\theta}$ 与样本值 $x_1,x_2,\cdots,x_n$ 有关,常记为 $\hat{\theta}(x_1,x_2,\cdots,x_n)$,称为参数 θ 的最大似然估计值,而相应的统计量 $\hat{\theta}(X_1,X_2,\cdots,X_n)$ 称为参数 θ 的最大似然估计量。

如果总体 X 是连续型随机变量,其概率密度为 $f(x;\theta)(\theta\in\Theta)$ 的形式已知,θ 为待估参数,Θ 是 θ 可能取值的范围。设 $X_1,X_2,\cdots,X_n$ 来自总体 X 的样本,则 $X_1,X_2,\cdots,X_n$ 的联合概率密度为

$$\prod_{i=1}^{n} f(x_i;\theta)$$

设 $x_1,x_2,\cdots,x_n$ 是对应于样本 $X_1,X_2,\cdots,X_n$ 的样本观察值,$(X_1,X_2,\cdots,X_n)$ 落在点 $(x_1,x_2,\cdots,x_n)$ 的邻域(边长为 $\mathrm{d}x_1,\mathrm{d}x_2,\cdots,\mathrm{d}x_n$ 的 n 维立方体)内的概率近似值为

$$\prod_{i=1}^{n} f(x_i;\theta)\mathrm{d}x_i$$

其为 θ 的函数。取使概率取得最大值的 $\hat{\theta}$ 为 θ 的估计值,因为因子 $\prod_{i=1}^{n}\mathrm{d}x_i$ 不随 θ 而变,故只需考虑函数

$$L(\theta)=L(x_1,x_2,\cdots,x_n;\theta)=\prod_{i=1}^{n} f(x_i;\theta)$$

的最大值,这里 $L(\theta)$ 称为样本的似然函数。如果

$$L(x_1,x_2,\cdots,x_n;\hat{\theta})=\max_{\theta\in\Theta} L(x_1,x_2,\cdots,x_n;\theta)$$

则称 $\hat{\theta}(x_1,x_2,\cdots,x_n)$ 为参数 θ 的最大似然估计值,而对应的统计量 $\hat{\theta}(X_1,X_2,\cdots,X_n)$ 称为参数 θ 的最大似然估计量。

很多情况下,$p(x;\theta)$,$f(x;\theta)$ 关于 θ 可微,这时 $\hat{\theta}$ 可从方程

$$\frac{\mathrm{d}}{\mathrm{d}\theta}L(\theta)=0$$

解出，又因为 $L(\theta)$ 与 $\ln L(\theta)$ 在同一 θ 处取到极值，因此，$\hat{\theta}$ 也可以从方程

$$\frac{\mathrm{d}}{\mathrm{d}\theta}\ln L(\theta)=0$$

中求得。后一个方程求解更方便，称其为对数似然方程。

最大似然估计法适用于分布中含有多个未知参数 $\theta_1,\theta_2,\cdots,\theta_k$ 的情况，似然函数 L 是一些未知参数的函数，令

$$\frac{\partial}{\partial\theta_i}L=0,\quad i=1,2,\cdots,k$$

或令

$$\frac{\partial}{\partial\theta_i}\ln L=0,\quad i=1,2,\cdots,k$$

解上述 k 个方程组成的方程组，即可得到各未知参数 $\theta_i(i=1,2,\cdots,k)$ 的最大似然估计值 $\hat{\theta}_i$。

关于最大似然估计有这样的性质：设 θ 的函数 $u=u(\theta)(\theta\in\Theta)$ 具有单值反函数 $\theta=\theta(u)(u\in\Xi)$，假设 $\hat{\theta}$ 是 X 分布中参数 θ 的最大似然估计，则 $\hat{u}=u(\hat{\theta})$ 是 $u(\theta)$ 的最大似然估计。

同一参数，不同的估计方法求出的估计量可能不相同，采用哪一个估计量好呢？下面介绍几个常用的标准。

以下设 $X_1,X_2,\cdots,X_n$ 来自总体 X 的样本，$\theta\in\Theta$ 是 X 的分布中的待估参数。

(1) 无偏性。

如果估计量 $\hat{\theta}=\hat{\theta}(X_1,X_2,\cdots,X_n)$ 的数学期望 $E(\hat{\theta})$ 存在，对于任意 $\theta\in\Theta$，有 $E(\hat{\theta})=\theta$，则称 $\hat{\theta}$ 是 θ 的无偏估计量。

无偏性表示无偏估计没有系统偏差。当使用 $\hat{\theta}$ 估计 θ 时，由于样本的随机性，$\hat{\theta}$ 与 θ 总是有偏差的，这种偏差时而为正，时而为负，时而大，时而小。无偏性表示这些偏差平均起来其值为 0。如果估计不具有无偏性，则无论使用多少次，其平均也会与参数真值有一定的距离。

(2) 有效性。

参数的无偏估计也很多，在无偏估计中如何选择？人们希望估计围绕参数真值的波动越小越好，波动大小用方差来衡量，因此常用无偏估计的方差大小作为度量无偏估计优劣的标准。

设 $\hat{\theta}_1=\hat{\theta}_1(X_1,X_2,\cdots,X_n)$ 与 $\hat{\theta}_2=\hat{\theta}_2(X_1,X_2,\cdots,X_n)$ 都是 θ 的无偏估计量，如果对于任意 $\theta\in\Theta$ 有

$$D(\hat{\theta}_1)\leqslant D(\hat{\theta}_2)$$

并且至少对于某一个 $\theta\in\Theta$ 上式中的不等号成立，则称 $\hat{\theta}_1$ 比 $\hat{\theta}_2$ 有效。

(3) 相合性。

无偏性和有效性是在样本容量 n 固定的情况下提出的。考虑随着样本容量的增大，人

们希望估计量的值稳定于待估参数的真值。

设 $\hat{\theta}=\hat{\theta}(X_1,X_2,\cdots,X_n)$ 为参数 θ 的估计量，如果对于任意 $\theta\in\Theta$，当 $n\to\infty$ 时 $\hat{\theta}$ 依概率收敛于 θ，即对于任意正数 ε，有

$$\lim_{n\to\infty}P(|\hat{\theta}-\theta|<\varepsilon)=1$$

则称 $\hat{\theta}$ 是 θ 的相合估计量。

2. 区间估计

参数的点估计给出了一个具体的数值，便于计算和使用，但点估计不能回答其估计的精度问题。对于未知参数 θ，人们希望估计出一个范围，并知道这个范围包含参数 θ 真值的可信程度，这样的范围通常以区间形式给出，这种形式的估计称为区间估计，该区间称为置信区间。

设总体 X 的分布函数 $F(x;\theta)$ 含有一个未知参数 $\theta(\theta\in\Theta)$，对于给定值 $\alpha(0<\alpha<1)$，如果 X 的样本 $X_1,X_2,\cdots,X_n$ 确定的两个统计量 $\underline{\theta}=\underline{\theta}(X_1,X_2,\cdots,X_n)$ 与 $\bar{\theta}=\bar{\theta}(X_1,X_2,\cdots,X_n)$ $(\underline{\theta}<\bar{\theta})$，对于任意 $\theta\in\Theta$，有

$$P[\underline{\theta}(X_1,X_2,\cdots,X_n)<\theta<\bar{\theta}(X_1,X_2,\cdots,X_n)]\geqslant 1-\alpha$$

则称 $(\underline{\theta},\bar{\theta})$ 是 θ 的置信水平为 $1-\alpha$ 的置信区间，其中 $\underline{\theta}$ 和 $\bar{\theta}$ 分别为置信区间的置信下限和置信上限，$1-\alpha$ 称为置信水平。

寻求未知参数 θ 的置信区间的具体做法如下：

(1) 寻找一个样本 $X_1,X_2,\cdots,X_n$ 和 θ 的函数 $W=W(X_1,X_2,\cdots,X_n;\theta)$，使得 W 的分布不依赖于 θ 以及其他未知参数，称具有这种性质的函数为枢轴量。

(2) 对于给定的置信水平 $1-\alpha$，定出两个常数 a,b 使得

$$P[a<W(X_1,X_2,\cdots,X_n;\theta)<b]=1-\alpha$$

从 $a<W(X_1,X_2,\cdots,X_n;\theta)<b$ 得到与之等价的 θ 的不等式 $\underline{\theta}<\theta<\bar{\theta}$，其中 $\underline{\theta}=\underline{\theta}(X_1,X_2,\cdots,X_n)$，$\bar{\theta}=\bar{\theta}(X_1,X_2,\cdots,X_n)$ 都是统计量，那么 $(\underline{\theta},\bar{\theta})$ 就是 θ 的一个置信水平为 $1-\alpha$ 的置信区间。

枢轴量 $W=W(X_1,X_2,\cdots,X_n;\theta)$ 的构造通常可以从 θ 的点估计着手考虑。

下面给出常用的正态总体均值与方差的区间估计。

1) 单个总体 $N(\mu,\sigma^2)$ 的情况

设 $X_1,X_2,\cdots,X_n$ 为来自总体 $N(\mu,\sigma^2)$ 的样本，$\overline{X}$，S^2 分别是样本均值和样本方差，假设已给定置信水平为 $1-\alpha$。

(1) 均值 μ 的置信区间。

① σ^2 为已知，$\overline{X}$ 为 μ 的无偏估计，并且 $\dfrac{\overline{X}-\mu}{\sigma/\sqrt{n}}\sim N(0,1)$，采用 $\dfrac{\overline{X}-\mu}{\sigma/\sqrt{n}}$ 作为枢轴量，可得 $P\left(\left|\dfrac{\overline{X}-\mu}{\sigma/\sqrt{n}}\right|<z_{\alpha/2}\right)=1-\alpha$，即 $P\left(\overline{X}-\dfrac{\sigma}{\sqrt{n}}z_{\alpha/2}<\mu<\overline{X}+\dfrac{\sigma}{\sqrt{n}}z_{\alpha/2}\right)=1-\alpha$，这样得到 μ 的一个置信水平为 $1-\alpha$ 的置信区间 $\left(\overline{X}-\dfrac{\sigma}{\sqrt{n}}z_{\alpha/2},\overline{X}+\dfrac{\sigma}{\sqrt{n}}z_{\alpha/2}\right)$，简记为 $\left(\overline{X}\pm\dfrac{\sigma}{\sqrt{n}}z_{\alpha/2}\right)$；

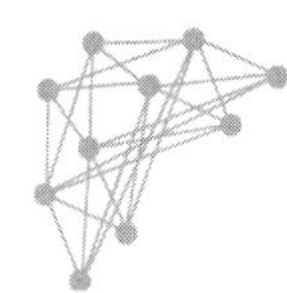

② σ^2 为未知，将 σ 换成无偏估计 $S=\sqrt{S^2}$，并且 $\frac{\overline{X}-\mu}{S/\sqrt{n}}\sim t(n-1)$，采用 $\frac{\overline{X}-\mu}{S/\sqrt{n}}$ 作为枢轴量，可得 $P\left(\left|\frac{\overline{X}-\mu}{S/\sqrt{n}}\right|<t_{\alpha/2}(n-1)\right)=1-\alpha$，这样得到 μ 的一个置信水平为 $1-\alpha$ 的置信区间 $\left(\overline{X}\pm\frac{S}{\sqrt{n}}t_{\alpha/2}(n-1)\right)$。

(2) 方差 σ^2 的置信区间。

根据实际问题，只介绍 μ 未知的情况。

σ^2 的无偏估计为 S^2，并且 $\frac{(n-1)S^2}{\sigma^2}\sim\chi^2(n-1)$，使用 $\frac{(n-1)S^2}{\sigma^2}$ 作为枢轴量，可得 $P\left(\chi^2_{1-\alpha/2}(n-1)<\frac{(n-1)S^2}{\sigma^2}<\chi^2_{\alpha/2}(n-1)\right)=1-\alpha$，这样得到 σ^2 的一个置信水平为 $1-\alpha$ 的置信区间 $\left(\frac{(n-1)S^2}{\chi^2_{\alpha/2}(n-1)},\frac{(n-1)S^2}{\chi^2_{1-\alpha/2}(n-1)}\right)$。

2) 两个总体 $N(\mu_1,\sigma_1^2)$，$N(\mu_2,\sigma_2^2)$ 的情况

在实际问题中，总体服从正态分布，但由于某些因素的改变，总体均值、总体方差会有所变化，需要考虑这些变化有多大，就需要考虑两个正态总体均值差和方差比的估计问题。

设 $X_1,X_2,\cdots,X_m$ 为来自第一个总体 $N(\mu_1,\sigma_1^2)$ 的样本，$Y_1,Y_2,\cdots,Y_n$ 为来自第二个总体 $N(\mu_2,\sigma_2^2)$ 的样本，并且 $(X_1,X_2,\cdots,X_m)$ 与 $(Y_1,Y_2,\cdots,Y_n)$ 相互独立，$\overline{X}$，$\overline{Y}$ 分别是第一个、第二个总体的样本均值，S_1^2，S_2^2 分别为第一、第二个总体的样本方差，假设已给定置信水平为 $1-\alpha$。

(1) 两个总体均值差 $\mu_1-\mu_2$ 的置信区间。

这是著名的 Behrens-Fisher 问题，它是 Behrens 在 1929 年提出的。它的几个特殊情况已获得圆满的解决，但其一般情况至今尚有学者在讨论。下面对此问题分几种情况分别叙述。

① σ_1^2，σ_2^2 均为已知，$\overline{X}$，$\overline{Y}$ 分别是 μ_1，μ_2 的无偏估计，故 $\overline{X}-\overline{Y}$ 是 $\mu_1-\mu_2$ 的无偏估计。

由于 $\overline{X}$，$\overline{Y}$ 相互独立，$\overline{X}\sim N(\mu_1,\sigma_1^2/m)$，$\overline{Y}\sim N(\mu_2,\sigma_2^2/n)$，取

$$\frac{\overline{X}-\overline{Y}-(\mu_1-\mu_2)}{\sqrt{\frac{\sigma_1^2}{m}+\frac{\sigma_2^2}{n}}}\sim N(0,1)$$

左边函数为枢轴量，即得 $\mu_1-\mu_2$ 的一个置信水平为 $1-\alpha$ 的置信区间

$$\left(\overline{X}-\overline{Y}\pm z_{\alpha/2}\sqrt{\frac{\sigma_1^2}{m}+\frac{\sigma_2^2}{n}}\right)$$

② $\sigma_1^2=\sigma_2^2=\sigma^2$ 为未知，此时取 $\frac{\overline{X}-\overline{Y}-(\mu_1-\mu_2)}{S_\omega\sqrt{\frac{1}{m}+\frac{1}{n}}}\sim t(m+n-2)$ 的左边函数为枢轴量，即得 $\mu_1-\mu_2$ 的一个置信水平为 $1-\alpha$ 的置信区间 $\left(\overline{X}-\overline{Y}\pm t_{\alpha/2}(m+n-2)S_\omega\sqrt{\frac{1}{m}+\frac{1}{n}}\right)$，其

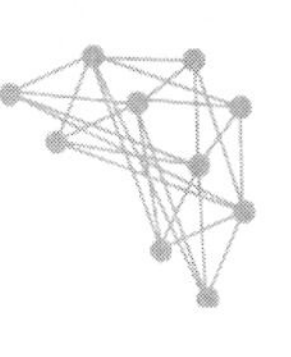

中 $S_\omega^2=\dfrac{(m-1)S_1^2+(n-1)S_2^2}{m+n-2}$，$S_\omega=\sqrt{S_\omega^2}$。

(2) 两个总体方差比 σ_1^2/σ_2^2 的置信区间。

此处仅讨论两个总体均值 μ_1，μ_2 均为未知的情况。由于 $\dfrac{S_1^2/S_2^2}{\sigma_1^2/\sigma_2^2}\sim F(m-1,n-1)$，并且 $F(m-1,n-1)$不依赖任何未知参数，取 $\dfrac{S_1^2/S_2^2}{\sigma_1^2/\sigma_2^2}$ 作为枢轴量，可得

$$P\left(F_{1-\alpha/2}(m-1,n-1)<\frac{S_1^2/S_2^2}{\sigma_1^2/\sigma_2^2}<F_{\alpha/2}(m-1,n-1)\right)=1-\alpha$$

这样得到 σ_1^2/σ_2^2 的一个置信水平为 $1-\alpha$ 的置信区间为

$$\left(\frac{S_1^2}{S_2^2}\frac{1}{F_{\alpha/2}(m-1,n-1)},\frac{S_1^2}{S_2^2}\frac{1}{F_{1-\alpha/2}(m-1,n-1)}\right)$$

2.3.7 假设检验

统计推断的另一个重要内容是假设检验。下面讨论统计假设的设立及其检验问题。

首先从一个例子开始引出假设检验问题。

【例 2.9】 某车间用一台包装机包装葡萄糖，袋装糖的净重服从正态分布。当机器正常工作时，其均值为 0.5kg，标准差为 0.015kg。某日开工后为了检验包装机是否正常，随机抽取由该包装机包装的糖 9 袋，称得净重如下(单位为 kg)。

0.495 0.513 0.516 0.505 0.517 0.513 0.525 0.519 0.494

问：机器是否正常？

对这个实际问题可作如下分析。

(1) 这不是一个参数估计问题。

(2) 以 μ,σ 分别表示这一天袋装糖的净重总体 X 的均值和标准差，由于长期实践表明标准差比较稳定，设 $\sigma=0.015$，于是 $X\sim N(\mu,0.015^2)$，这里 μ 是未知的。这里的问题是根据样本来判断 μ 是否等于 0.5。这类问题称为统计假设检验问题，简称假设检验问题。

(3) 提出两个对立的假设

$$H_0:\mu=\mu_0=0.5$$

和

$$H_1:\mu\neq\mu_0$$

(4) 给出一个合理的法规，根据这一法规，利用已知样本做出决策，是接受假设 H_0(即拒绝假设 H_1)，还是拒绝假设 H_0(即接受假设 H_1)。如果做出的决策是接受 H_0，就是认为 $\mu=\mu_0$，即认为机器工作是正常的；否则，则认为是不正常的。

由于 $\overline{X}$ 是 μ 的无偏估计，$\overline{X}$ 的观察值 $\bar{x}$ 的大小在一定程度上反映 μ 的大小。因此，如果假设 H_0 为真，则观察值 $\bar{x}$ 与 μ_0 的偏差 $|\bar{x}-\mu_0|$ 一般不应太大。由于

$$\frac{\overline{X}-\mu_0}{\sigma/\sqrt{n}}\sim N(0,1)$$

衡量 $|\bar{x}-\mu_0|$ 的大小归结为衡量 $\dfrac{|\bar{x}-\mu_0|}{\sigma/\sqrt{n}}$ 的大小。基于上面的想法，恰当地选定一个正数

k,使当观察值 $\bar{x}$ 满足 $\frac{|\bar{x}-\mu_0|}{\sigma/\sqrt{n}} \geqslant k$ 时就拒绝假设 H_0;反之,如果 $\frac{|\bar{x}-\mu_0|}{\sigma/\sqrt{n}}<k$,就接受假设 H_0。

由于做决策的依据是一个样本,当实际上 H_0 为真仍有可能做出拒绝 H_0 的决策(这种可能性是无法消除的)。犯这样的错误的概率记为

$$P(\text{当 } H_0 \text{ 为真拒绝 } H_0) \text{ 或 } P_{\mu_0}(\text{拒绝 } H_0) \text{ 或 } P_{\mu \in H_0}(\text{拒绝 } H_0)$$

记号 $P_{\mu_0}(\cdot)$表示参数 μ 取 μ_0 时事件$(\cdot)$的概率,$P_{\mu \in H_0}(\cdot)$表示 μ 取 H_0 规定的值时事件$(\cdot)$的概率。人们无法排除犯这种错误的可能性,因此,自然希望将这种错误的概率控制在一定限度内,即给出一个较小的数 $\alpha(0<\alpha<1)$,使得犯此类错误的概率不超过 α,即使得

$$P(\text{当 } H_0 \text{ 为真拒绝 } H_0) \leqslant \alpha。$$

为了确定常数 k,考虑统计量$\frac{\bar{X}-\mu_0}{\sigma/\sqrt{n}}$。由于允许犯此类错误的概率最大为 α,则

$$P(\text{当 } H_0 \text{ 为真拒绝 } H_0) = P_{\mu_0}\left(\left|\frac{\bar{X}-\mu_0}{\sigma/\sqrt{n}}\right| \geqslant k\right) = \alpha$$

由标准正态分布分位点的定义得 $k=z_{\alpha/2}$。

因而,如果 Z 的观察值满足

$$|z| = \left|\frac{\bar{x}-\mu_0}{\sigma/\sqrt{n}}\right| \geqslant k = z_{\alpha/2}$$

则拒绝 H_0,而如果

$$|z| = \left|\frac{\bar{x}-\mu_0}{\sigma/\sqrt{n}}\right| < k = z_{\alpha/2}$$

则接受 H_0。

例如,在本例中取 $\alpha=0.05$,则 $k=z_{0.05/2}=z_{0.025}=1.96$,又知 $n=9$,$\sigma=0.015$,再由样本算出 $\bar{x}=0.511$,即有

$$\left|\frac{\bar{x}-\mu_0}{\sigma/\sqrt{n}}\right| = 2.2 > 1.96$$

于是拒绝 H_0,认为这一天包装机工作不正常。

上述采用的检验法是符合实际推理原理的。

可以看到,当样本容量固定时,选定 α 后,数 k 就可以确定,然后按照统计量 $Z=\frac{\bar{X}-\mu_0}{\sigma/\sqrt{n}}$ 的观察值的绝对值$|z|$大于或等于 k 还是小于 k 来做出决策。数 k 是检验上述假设的一个门槛值。如果$|z| \geqslant k$,就称 $\bar{x}$ 与 μ_0 的差异是显著的,这时拒绝 H_0;如果$|z|<k$,就称 $\bar{x}$ 与 μ_0 的差异是不显著的,这时接受 H_0。数 α 称为显著性水平。

统计量 $Z=\frac{\bar{X}-\mu_0}{\sigma/\sqrt{n}}$称为检验统计量。

上面的检验问题通常表述为:在显著性水平 α 下,检验假设

$$H_0: \mu=\mu_0, \quad H_1: \mu \neq \mu_0$$

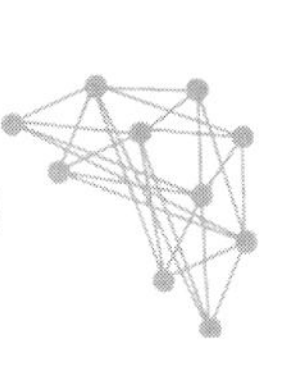

称 H_0 为原假设或零假设，H_1 为备择假设。

当检验统计量取某个区域 C 中的值时，拒绝原假设 H_0，则称区域 C 为拒绝域，拒绝域的边界点为临界点。

检验法规是根据样本作出的，可能与真实情况相吻合，也可能不吻合。检验可能犯两类错误：如上面所说，在假设 H_0 为真时，我们可能拒绝 H_0，称这类"弃真"错误为第Ⅰ类错误；而当假设 H_0 为假时，我们可能接受 H_0，称这类"取伪"错误为第Ⅱ类错误。犯第Ⅱ类错误的概率为 P(当 H_0 为假接受 H_0)或 $P_{\mu\in H_1}$(接受 H_0)。

当确定检验法则时，需尽可能使犯两种错误的概率都较小。但一般来说，当样本容量固定时，如果减少犯一类错误的概率，则犯另一类错误的概率就增大。要使犯两类错误的概率都减小，除非增加样本容量。一般来说，在给定样本容量前提下，人们总是控制犯第Ⅰ类错误的概率，使它不大于 α。这种只对第Ⅰ类错误的概率加以控制，而不考虑犯第Ⅱ类错误的概率的检验称为显著性检验。

提出显著性检验的概念就是控制犯第Ⅰ类错误的概率 α，但也不能使得 α 过小，在适当控制犯第Ⅰ类错误的概率同时制约犯第Ⅱ类错误的概率，最常用的选择是 $\alpha=0.05$，有时也选择 $\alpha=0.10$ 或 $\alpha=0.01$。

下面给出假设检验的基本步骤。

(1) 建立假设：根据实际问题提出原假设 H_0 和备择假设 H_1；

(2) 给出显著性水平 α 和样本容量 n；

(3) 选择检验统计量，给出拒绝域的形式；

(4) 按 P(当 H_0 为真拒绝 H_0)$\leqslant\alpha$ 求出拒绝域；

(5) 作出决策：取样，根据样本观察值作出决策，是接受 H_0 还是拒绝 H_0。

前面提到的检验问题中 $H_1: \mu\neq\mu_0$，表示 μ 可能大于 μ_0，也可能小于 μ_0，称此假设检验为双侧假设检验，下面介绍另外一类假设检验——单侧检验。

有时，需要关心总体均值是否增大，于是需要检验假设

$$H_0: \mu\leqslant\mu_0, \quad H_1: \mu>\mu_0$$

称此假设检验为右侧检验。类似地，有时需要检验假设

$$H_0: \mu\geqslant\mu_0, \quad H_1: \mu<\mu_0$$

称此假设检验为左侧检验。右侧检验和左侧检验统称为单侧检验。

设 $X_1, X_2, \cdots, X_n$ 为来自总体 $X\sim N(\mu,\sigma^2)$的样本。选定显著性水平 α，求检验问题

$$H_0: \mu\leqslant\mu_0, \quad H_1: \mu>\mu_0$$

的拒绝域。

因为 H_0 中的 μ 都比 H_1 中的 μ 要小，当 H_1 为真时，观察值 $\bar{x}$ 往往偏大，因此，拒绝域的形式为

$$\bar{x}\geqslant k\text{（}k\text{ 是某一正常数）}$$

$$P(\text{当 }H_0\text{ 为真拒绝 }H_0)=P_{\mu\in H_0}(\bar{X}\geqslant k)$$

$$=P_{\mu\leqslant\mu_0}\left(\frac{\bar{X}-\mu_0}{\sigma/\sqrt{n}}\geqslant\frac{k-\mu_0}{\sigma/\sqrt{n}}\right)\leqslant P_{\mu\leqslant\mu_0}\left(\frac{\bar{X}-\mu}{\sigma/\sqrt{n}}\geqslant\frac{k-\mu_0}{\sigma/\sqrt{n}}\right)=\alpha$$

由于$\frac{\overline{X}-\mu}{\sigma/\sqrt{n}}\sim N(0,1)$，得$\frac{k-\mu_0}{\sigma/\sqrt{n}}=z_\alpha$，$k=\mu_0+\frac{\sigma}{\sqrt{n}}z_\alpha$，得到拒绝域为

$$\bar{x}\geqslant\mu_0+\frac{\sigma}{\sqrt{n}}z_\alpha$$

即

$$z=\frac{\bar{x}-\mu_0}{\sigma/\sqrt{n}}\geqslant z_\alpha$$

类似地，可得左侧检验问题

$$H_0: \mu\geqslant\mu_0, \quad H_1: \mu<\mu_0$$

的拒绝域为

$$z=\frac{\bar{x}-\mu_0}{\sigma/\sqrt{n}}\leqslant -z_\alpha$$

下面仅讨论正态总体参数的假设检验问题。

1. 正态总体均值的假设检验

正态总体均值μ的假设检验问题可分为单个总体、两个总体、成对数据三种情况。

1）单个总体$N(\mu,\sigma^2)$均值μ的检验

(1) σ^2已知，关于μ的检验(Z检验)。

例2.10讨论了正态总体$N(\mu,\sigma^2)$当σ^2已知时关于μ的检验问题，分为双侧假设检验和单侧假设检验问题，此处选用检验统计量$Z=\frac{\overline{X}-\mu}{\sigma/\sqrt{n}}$来确定拒绝域。这种假设检验称为$Z$检验法。

(2) σ^2未知，关于μ的检验(t检验)。

设总体$X\sim N(\mu,\sigma^2)$，μ，σ^2未知，求在显著性水平α下，检验假设

$$H_0: \mu=\mu_0, \quad H_1: \mu\neq\mu_0$$

的拒绝域。

设$X_1,X_2,\cdots,X_n$为来自总体$X\sim N(\mu,\sigma^2)$的样本，S^2为σ^2的无偏估计，用S代替σ，采用

$$t=\frac{\overline{X}-\mu_0}{S/\sqrt{n}}$$

作为检验统计量，当观察值$|t|=\left|\frac{\bar{x}-\mu_0}{s/\sqrt{n}}\right|$较大时拒绝$H_0$。得到拒绝域的形式为

$$|t|=\left|\frac{\bar{x}-\mu_0}{s/\sqrt{n}}\right|\geqslant k$$

又因为$\frac{\overline{X}-\mu_0}{S/\sqrt{n}}\sim t(n-1)$和$P$(当$H_0$为真拒绝$H_0$)$=P_{\mu_0}\left(\left|\frac{\overline{X}-\mu_0}{S/\sqrt{n}}\right|\geqslant k\right)=\alpha$，故$k=t_{\alpha/2}(n-1)$，可得拒绝域为

$$|t|=\left|\frac{\bar{x}-\mu_0}{s/\sqrt{n}}\right|\geqslant t_{\alpha/2}(n-1)$$

上述得到的假设检验法称为t检验法。

2）两个正态总体均值差的检验（t 检验）

设 $X_1,X_2,\cdots,X_m$ 为来自第一个总体 $N(\mu_1,\sigma^2)$ 的样本，$Y_1,Y_2,\cdots,Y_n$ 为来自第二个总体 $N(\mu_2,\sigma^2)$ 的样本，且两个样本相互独立，$\overline{X},\overline{Y}$ 分别是第一个、第二个总体的样本均值，S_1^2,S_2^2 分别为第一个、第二个总体的样本方差，$\mu_1,\ \mu_2,\sigma^2$ 均未知。这里假设两个总体的方差相等。现在求在显著性水平 α 下，检验假设

$$H_0:\mu_1-\mu_2=\delta,\quad H_1:\mu_1-\mu_2\neq\delta$$

的拒绝域。

引入检验统计量

$$t=\frac{\overline{X}-\overline{Y}-\delta}{S_\omega\sqrt{\dfrac{1}{m}+\dfrac{1}{n}}}\sim t(m+n-2)$$

其中
$$S_\omega^2=\frac{(m-1)S_1^2+(n-1)S_2^2}{m+n-2},\quad S_\omega=\sqrt{S_\omega^2}$$

其拒绝域的形式为

$$\left|\frac{\bar{x}-\bar{y}-\delta}{s_\omega\sqrt{(1/m)+(1/n)}}\right|\geqslant k$$

由 $P(\text{当 } H_0 \text{ 为真拒绝 } H_0)=P_{\mu_1-\mu_2=\delta}\left(\left|\dfrac{\overline{X}-\overline{Y}-\delta}{S_\omega\sqrt{(1/m)+(1/n)}}\right|\geqslant k\right)=\alpha$，故 $k=t_{\alpha/2}(m+n-2)$，可得拒绝域为

$$|t|=\frac{|\bar{x}-\bar{y}-\delta|}{s_\omega\sqrt{\dfrac{1}{m}+\dfrac{1}{n}}}\geqslant t_{\alpha/2}(m+n-2)$$

当两个正态总体的方差均已知时，可以用 Z 检验法来检验两个正态总体均值差的假设问题。

3）基于成对数据的检验（t 检验）

对比试验中，在相同条件下同时得到一批成对的观察值，然后分析观察值作出统计推断的方法称为逐对比较法。

一般，设 n 对相互独立的观察值：$(X_1,Y_1),(X_2,Y_2),\cdots,(X_n,Y_n)$，令 $D_1=X_1-Y_1$，$D_2=X_2-Y_2,\cdots,\ D_n=X_n-Y_n$，则 $D_1,D_2,\cdots,D_n$ 相互独立，因为 $D_1,D_2,\cdots,D_n$ 是由同一因素产生的，所以认为它们服从同一分布。假设 $D_i\sim N(\mu_D,\sigma_D^2)(i=1,2,\cdots,n)$，则 D_1，$D_2,\cdots,D_n$ 为正态总体 $N(\mu_D,\sigma_D^2)$ 的一个样本，μ_D,σ_D^2 均为未知，基于这一样本提出检验假设

（1）双侧检验假设：$H_0:\mu_D=0,H_1:\mu_D\neq0$；

（2）右侧检验假设：$H_0:\mu_D\leqslant0,H_1:\mu_D>0$；

（3）左侧检验假设：$H_0:\mu_D\geqslant0,H_1:\mu_D<0$。

$D_1,D_2,\cdots,D_n$ 的样本均值和样本方差的观察值分别记为 $\bar{d},s_D^2$，由单个正态总体均值的 t 检验可得，在显著性水平 α 下，上述检验问题的拒绝域依次为

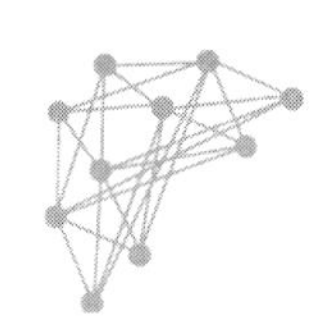

$$|t|=\left|\frac{\bar{d}}{s_D/\sqrt{n}}\right|\geqslant t_{\alpha/2}(n-1)$$

$$t=\frac{\bar{d}}{s_D/\sqrt{n}}\geqslant t_\alpha(n-1)$$

$$t=\frac{\bar{d}}{s_D/\sqrt{n}}\leqslant -t_\alpha(n-1)$$

2. 正态总体方差的假设检验

下面讨论正态总体方差的假设检验问题,分单个正态总体和两个正态总体的情况讨论。

1) 单个总体的总体方差 σ^2 的检验(χ^2 检验)

设 $X\sim N(\mu,\sigma^2)$,μ,σ^2 均为未知,$X_1,X_2,\cdots,X_n$ 为来自总体 X 的样本,在显著性水平 α 下,双侧检验假设

$$H_0:\sigma^2=\sigma_0^2,\quad H_1:\sigma^2\neq\sigma_0^2$$

其中 σ_0^2 为已知数。

因为 S^2 为 σ^2 的无偏估计,当 H_0 为真时,

$$\frac{(n-1)S^2}{\sigma_0^2}\sim\chi^2(n-1)$$

取

$$\chi^2=\frac{(n-1)S^2}{\sigma_0^2}$$

作为检验统计量,上述双侧假设检验问题的拒绝域的形式为

$$\frac{(n-1)s^2}{\sigma_0^2}\leqslant k_1,\quad \frac{(n-1)s^2}{\sigma_0^2}\geqslant k_2$$

其中 k_1,k_2 的值由

$$P(\text{当 } H_0 \text{ 为真拒绝 } H_0)=P_{\sigma_0^2}\left(\left(\frac{(n-1)S^2}{\sigma_0^2}\leqslant k_1\right)\cup\left(\frac{(n-1)S^2}{\sigma_0^2}\geqslant k_2\right)\right)=\alpha$$

确定。

为了计算方便,习惯上取

$$P_{\sigma_0^2}\left(\frac{(n-1)S^2}{\sigma_0^2}\leqslant k_1\right)=\frac{\alpha}{2},\quad P_{\sigma_0^2}\left(\frac{(n-1)S^2}{\sigma_0^2}\geqslant k_2\right)=\frac{\alpha}{2}$$

故有 $k_1=\chi^2_{1-\alpha/2}(n-1)$,$k_2=\chi^2_{\alpha/2}(n-1)$。这样可得拒绝域为

$$\frac{(n-1)s^2}{\sigma_0^2}\leqslant\chi^2_{1-\alpha/2}(n-1)\text{或}\frac{(n-1)s^2}{\sigma_0^2}\geqslant\chi^2_{\alpha/2}(n-1)$$

上面的检验法称为 χ^2 检验法。

2) 两个正态总体的总体方差 σ^2 的检验

设 $X_1,X_2,\cdots,X_m$ 为来自第一个总体 $N(\mu_1,\sigma_1^2)$的样本,$Y_1,Y_2,\cdots,Y_n$ 为来自第二个总体 $N(\mu_2,\sigma_2^2)$的样本,且两个样本相互独立,S_1^2,S_2^2 分别为第一个、第二个总体的样本方差,$\mu_1,\mu_2,\sigma_1^2,\sigma_2^2$ 均未知。求在显著性水平 α 下,右侧假设检验问题

$$H_0:\sigma_1^2\leqslant\sigma_2^2,\quad H_1:\sigma_1^2>\sigma_2^2$$

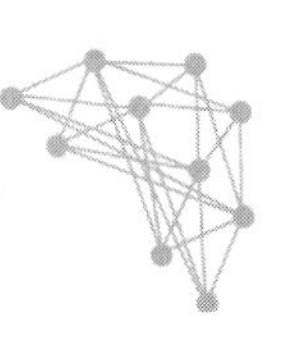

的拒绝域。

当 H_0 为真时，$E(S_1^2)=\sigma_1^2\leqslant\sigma_2^2=E(S_2^2)$，而当 H_1 为真时，$E(S_1^2)=\sigma_1^2>\sigma_2^2=E(S_2^2)$，观察值 s_1^2/s_2^2 有偏大的趋势，所以拒绝域的形式为

$$\frac{s_1^2}{s_2^2}\geqslant k$$

数 k 由

$$\begin{aligned}P(\text{当 } H_0 \text{ 为真拒绝 } H_0)&=P_{\sigma_1^2\leqslant\sigma_2^2}\left(\frac{S_1^2}{S_2^2}\geqslant k\right)\\&\leqslant P_{\sigma_1^2\leqslant\sigma_2^2}\left(\frac{S_1^2/S_2^2}{\sigma_1^2/\sigma_2^2}\geqslant k\right)\end{aligned}$$

要保证 P(当 H_0 为真拒绝 H_0)$\leqslant\alpha$，只需令

$$P_{\sigma_1^2\leqslant\sigma_2^2}\left(\frac{S_1^2/S_2^2}{\sigma_1^2/\sigma_2^2}\geqslant k\right)=\alpha$$

又因为$\dfrac{S_1^2/S_2^2}{\sigma_1^2/\sigma_2^2}\sim F(m-1,n-1)$，得 $k=F_\alpha(m-1,n-1)$，得到拒绝域为

$$F=\frac{s_1^2}{s_2^2}\geqslant F(m-1,n-1)$$

上面的检验法称为 F 检验法。各种检验法的总结详见表 2.4。

表 2.4 正态总体均值和方差的检验法

检验法	条件	原假设	备择假设	检验统计量	拒绝域
Z 检验	σ^2 已知	$\mu=\mu_0$ $\mu\leqslant\mu_0$ $\mu\geqslant\mu_0$	$\mu\neq\mu_0$ $\mu>\mu_0$ $\mu<\mu_0$	$Z=\dfrac{\bar{X}-\mu_0}{\sigma/\sqrt{n}}$	$\lvert z\rvert\geqslant z_{\alpha/2}$ $z\geqslant z_\alpha$ $z\leqslant -z_\alpha$
t 检验	σ^2 未知	$\mu=\mu_0$ $\mu\leqslant\mu_0$ $\mu\geqslant\mu_0$	$\mu\neq\mu_0$ $\mu>\mu_0$ $\mu<\mu_0$	$t=\dfrac{\bar{X}-\mu_0}{S/\sqrt{n}}$	$\lvert t\rvert\geqslant t_{\alpha/2}(n-1)$ $t\geqslant t_\alpha(n-1)$ $t\leqslant -t_\alpha(n-1)$
Z 检验	σ_1^2,σ_2^2 已知	$\mu_1-\mu_2=\delta$ $\mu_1-\mu_2\leqslant\delta$ $\mu_1-\mu_2\geqslant\delta$	$\mu_1-\mu_2\neq\delta$ $\mu_1-\mu_2>\delta$ $\mu_1-\mu_2<\delta$	$Z=\dfrac{\bar{X}-\bar{Y}-\delta}{\sqrt{\dfrac{\sigma_1^2}{m}+\dfrac{\sigma_2^2}{n}}}$	$\lvert z\rvert\geqslant z_{\alpha/2}$ $z\geqslant z_\alpha$ $z\leqslant -z_\alpha$
t 检验	$\sigma_1^2=\sigma_2^2=\sigma^2$ 未知	$\mu_1-\mu_2=\delta$ $\mu_1-\mu_2\leqslant\delta$ $\mu_1-\mu_2\geqslant\delta$	$\mu_1-\mu_2\neq\delta$ $\mu_1-\mu_2>\delta$ $\mu_1-\mu_2<\delta$	$t=\dfrac{\bar{X}-\bar{Y}-\delta}{S_\omega\sqrt{\dfrac{1}{m}+\dfrac{1}{n}}}$ $S_\omega^2=\dfrac{(m-1)S_1^2+(n-1)S_2^2}{m+n-2}$	$\lvert t\rvert\geqslant t_{\alpha/2}(m+n-2)$ $t\geqslant t_\alpha(m+n-2)$ $t\leqslant -t_\alpha(m+n-2)$
χ^2 检验	μ 未知	$\sigma^2\leqslant\sigma_0^2$ $\sigma^2\geqslant\sigma_0^2$ $\sigma^2=\sigma_0^2$	$\sigma^2>\sigma_0^2$ $\sigma^2<\sigma_0^2$ $\sigma^2\neq\sigma_0^2$	$\chi^2=\dfrac{(n-1)S^2}{\sigma_0^2}$	$\chi^2\geqslant\chi_\alpha^2(n-1)$ $\chi^2\leqslant\chi_{1-\alpha}^2(n-1)$ $\chi^2\geqslant\chi_{\alpha/2}^2(n-1)$ 或 $\chi^2\leqslant\chi_{1-\alpha/2}^2(n-1)$

续表

检验法	条件	原假设	备择假设	检验统计量	拒绝域
F 检验	μ_1,μ_2 未知	$\sigma_1^2\leqslant\sigma_2^2$ $\sigma_1^2\geqslant\sigma_2^2$ $\sigma_1^2=\sigma_2^2$	$\sigma_1^2>\sigma_2^2$ $\sigma_1^2<\sigma_2^2$ $\sigma_1^2\neq\sigma_2^2$	$F=\dfrac{S_1^2}{S_2^2}$	$F\geqslant F_\alpha(m-1,n-1)$ $F\leqslant F_{1-\alpha}(m-1,n-1)$ $F\geqslant F_{\alpha/2}(m-1,n-1)$或 $F\leqslant F_{1-\alpha/2}(m-1,n-1)$
t 检验	成对数据	$\mu_D=0$ $\mu_D\leqslant0$ $\mu_D\geqslant0$	$\mu_D\neq0$ $\mu_D>0$ $\mu_D<0$	$t=\dfrac{\overline{D}}{S_D/\sqrt{n}}$	$\|t\|\geqslant t_{\alpha/2}(n-1)$ $t\geqslant t_\alpha(n-1)$ $t\leqslant -t_\alpha(n-1)$

2.4 本章小结

数学作为一门基础学科，是学习和研究现代科学技术必须掌握的基本工具。本章系统介绍机器学习中涉及的数学知识，并分高等数学、线性代数和概率论与数理统计 3 部分阐述。高等数学包括函数与极限、导数与微分、微分中值定理和导数应用、向量代数与空间解析几何、多元函数微分学及其应用等理论知识；线性代数包括矩阵及其运算、矩阵的初等变换与矩阵的秩、向量组的线性相关性、相似矩阵及二次型、矩阵的导数运算等理论知识；概率论与数理统计包括随机事件及其概率、随机变量及其分布、多维随机变量及其分布、随机变量的数字特征、样本及抽样分布、参数估计、假设检验等理论知识。本章内容全面，语言简练，实用性强。

机器学习作为人工智能的核心技术，对于数学基础薄弱的人来说，其台阶是陡峭的，本章力争在陡峭的台阶前搭建一个斜坡，为读者铺平机器学习的数学之路。

参考文献

[1] 同济大学数学系. 高等数学(上册)[M]. 7 版. 北京：高等教育出版社，2019.
[2] 同济大学数学系. 高等数学(下册)[M]. 7 版. 北京：高等教育出版社，2019.
[3] 刘光祖. 高等数学. 北京：中国农业出版社，2004.
[4] 盛骤，谢式千，潘承毅. 概率论与数理统计[M]. 4 版. 北京：高等教育出版社，2008.
[5] 茆诗松，程依明，濮晓龙. 概率论与数理统计教程[M]. 北京：高等教育出版社，2005.
[6] 同济大学数学系. 工科数学线性代数[M]. 6 版. 北京：高等教育出版社，2019.
[7] 杨明，刘先忠. 矩阵论[M]. 武汉：华中科技大学出版社，2003.
[8] 孙博. 机器学习中的数学[M]. 北京：中国水利水电出版社，2019.
[9] 华东师范大学数学系. 数学分析(上册)[M]. 4 版. 北京：高等教育出版社，2010.
[10] 华东师范大学数学系. 数学分析(下册)[M]. 4 版. 北京：高等教育出版社，2010.
[11] 张立石. 概率论与数理统计[M]. 北京：清华大学出版社，2016.
[12] 居余马. 线性代数[M]. 2 版. 北京：清华大学出版社，2006.
[13] 李航. 统计学习方法[M]. 北京：清华大学出版社，2012.

第3章　编程基础

本章学习目标

- 掌握 Python 的基本语法，以及对应的编程环境；
- 了解 TensorFlow/PyTorch 基础知识。

3.1　Python 语法

通常，学习 Python 的准备工作有以下两项：

(1) 从官网下载对应版本的 Python，并且配置好环境变量；

(2) 安装一个代码编辑器。

3.1.1　Python 基本概述

1. Python 简介

Python 是目前最受欢迎的编程语言之一，在设计上坚持了清晰划一的风格，这使得 Python 成为一门易读、易维护，并被大量用户欢迎的用途广泛的语言。Python 几乎可以完成计算机各个领域的任务，包括系统运维、图形处理、数学处理、文本处理、数据库编程、网络编程、Web 编程、多媒体应用、pymo 引擎、爬虫编写、机器学习和无人驾驶等。

Python 的名字由 Python 之父 Guido van Rossum 取自一部电视剧《蒙提·派森的飞行马戏团》(*Monty Python's Flying Circus*)。Python 支持将程序和与之对应的库进行打包，成为各个操作系统能执行的文件，其中包括常用的微软 Windows 平台下的.exe 文件，从而能够脱离 Python 的解释器环境和库，同时也能够制作微软格式的安装包(.msi 安装包)。Python 语言的语法简单灵活，易于掌握且功能强大。Python 可以支持面向对象设计和面向过程设计，作为传统的命令式语言，也可以支持函数式编程技术。更为重要的是，Python 拥有强大的社区以及对人工智能中各个领域的优秀扩展库。Python 目前被称为"胶水语言"，这是因为 Python 可以调用不同语言编写的模块，进而组合系统中这些封装好的包，发挥出不同语言各自的优势，满足各个领域中不同用户的差异化需求。

Python 的设计哲学是"优雅""明确""简单"。在设计 Python 语言时，如果面临多种选择，Python 开发者一般会拒绝花哨的语法，而选择没有或很少有歧义的语法。Python 开发人员应尽量避开不成熟或者不重要的优化，一些针对非重要部位的加快运行速度的补丁通常不会被合并到 Python 内。Python 本身被设计为可扩充的，并非所有的特性和功能都集成到语言核心。Python 提供了丰富的 API 和工具，以便程序员能够轻松地使用 C 语言、C++、Cython 来编写扩充模块。Python 编译器本身也可以被集成到其他需要脚本语言的程序内。

2. Python 发展历程和版本说明

自 2004 年之后，Python 在编程语言市场占用率方面呈线性增长之势。目前，Python 的主流版本为 Python 2.x 和 Python 3.x 两个系列。这两个系列版本的用法大多并不相互兼容，主要区别有两点：①基本的输入输出方式不同；②使用的库和函数的用法不同。Python 3.x 系列对 Python 2.x 系列的标准库进行了增加、删除、合并和拆分修改，相对于标准库，其扩展库的相似度更低。因此，在进行工作和学习之前，应根据需求选择合适的版本。

市面上有能够有效保持 Python 3.x 和 Python 2.x 版本兼容性的工具和技术，但在许多代码的开发过程中，仍然会有冲突发生，开发者和维护者也不会一直保持两个版本同步更新的策略。并且，Python 官方于 2020 年 1 月 1 日起宣布停止对 Python 2.x 的更新支持。随着越来越多科研机构和公司使用和推荐 Python 3.x，这些 Python 包的作者自然也更倾向于放弃 Python 2.x，从而简化代码并更好地利用 Python 3.x 的许多新功能。Python 3.x 取代 Python 2.x 是必然趋势。

3. Python 编码规范

关于 Python 的简介或者学习资料中，多次提到了"优雅"这个词汇。"优雅"是因为 Python 具有良好的书写规范，只有开发者遵守规范，才能写出优秀的代码。本章介绍 Python 3.x 系列中的代码书写规则的要求以及一些良好的优化建议。

(1) 一般情况下，Python 3.x 编码的方式是 Unicode(可以不加)。

(2) Python 中对缩进是有严格要求的，因为 Python 不像 C 语言那样依靠括号，而是用缩进来标记代码的逻辑从属关系，若书写过程中代码块的缩进不正确，那么程序在逻辑上就会出现问题，导致程序结果出现偏差甚至报错。

(3) import 语句应该放在文件头部。每个 import 只能够导入一个模块，置于模块说明及 DocStrings 之后，全局变量之前。import 语句应该按照顺序排列，每组之间用一个空行分隔，如果发生命名冲突，则可以使用命名空间。

(4) 空格、空行和换行的使用。在运算符＝，－，＋＝，＝＝，＞，in，is not，and 等的两侧各增加一个空格，在列表(list)、元组(tuple)、字典(dict)、函数等的元素或参数列表中，逗号和冒号后面需要添加一个空格。在函数的参数列表和 print()中的 end 用法中，默认值等号两边不需要添加空格。不要为美观而在对齐赋值语句时使用额外的空格，尽量在完成一段功能完整的代码的情况下以及类定义和函数定义之后添加一个空行。Python 支持两种括号内的换行：①第二行缩进到括号中(一行显示，内容太多时)；②第二行缩进 4 个空格(内容较复杂时)。

(5) 一般情况下，一个语句占一行。if、for、while 等关键语句一定要换行。长字符串可以使用反斜杠"\"进行换行。Python 为了使得代码具有高可读性，在书写时应尽量避免使用长句式，句式过长时可使用"\"换行。DocStrings 文档字符串是一个重要工具，用于解释程序，使得程序文档更加简单易懂，所有的公共模块、函数、类、方法，都应该写 DocStrings；私有方法不一定需要 DocStrings，但应该在 def 后提供一个块注释来说明，DocStrings 的结束"""应该独占一行，除非此 DocStrings 只有一行。

（6）为了使得代码执行更加高效，应使用括号对运算的优先级和业务逻辑进行明确说明。关键部分需要添加代码注释，这也是所有编程语言的共性问题，Python 中使用 # 和三引号分别对单行和多行代码进行注释。

以上是 Python 的一些基本代码书写规范，但这些并不是全部规范，其他的需要读者在学习 Python 的过程中自行体会。

4. Python 命名规范

Python 中的变量需要使用标识符进行命名，所谓标识符其实就是用来给程序中的变量、类、方法命名的符号。简单来说，标识符就是合法的名字。Python 语言中的标识符必须以字母、下画线(_)开头，后面可以加任意数目的字母、数字和下画线。这里的字母并不局限于 26 个英文字母，也可以包含中文字符、日文字符等。

由于 Python 3.x 支持 UTF-8 字符集，因此 Python 3.x 的标识符可以使用 UTF-8 能够表示的多种语言的字符。而 Python 2.x 版本对中文的支持较差，所以如果想要在 Python 2.x 程序中使用中文字符或者中文变量，需要在 Python 源程序的第一行加上"# coding: utf-8"，然后将源文件保存为 UTF-8 字符集。

需要注意的是，Python 语言是区分大小写字母的，因此 abc 和 Abc 是两个完全不同的标识符。

在使用标识符时，需要遵循以下规则：

（1）标识符可以由字母、数字、下画线组成，但是标识符的第一位不可以是数字。

（2）标识符不可以是 Python 关键字，但可以包含关键字。

（3）标识符中不可以含有空格。

在对 Python 语言中的文件名、包、模块等进行命名时，同样也有一些规则需要注意，从而保证命名的规范性。

（1）文件名：全小写，可以使用下画线(_)。

（2）模块和包：应该使用简短的、小写的名字。如果下画线可以改善可读性，则可以适当添加。

（3）类：总是使用驼峰命名法，首字母大写。私有类可以使用一个下画线开头。

（4）函数和方法：函数名应该小写，函数名如果含有多个单词，要用下画线隔开。私有函数可以在函数名前加一个下画线。

（5）函数和方法的参数：总是使用 self 作为实例方法的第一个参数。总是使用 cls 作为类方法的第一个参数。

（6）常量：常量名的所有字母都需要大写。

5. Python 开发环境的安装和使用

1）Python 的安装

（1）前往 https://www.python.org/downloads/windows/ 下载最新版本的 Python 3.x，本文以 Python 3.6 为例说明。

（2）双击下载包，进入 Python 安装向导，如图 3.1 所示。

需要注意的是，Python 3.6 已经可以自动添加环境变量，如果安装的是 Python 2.x 版

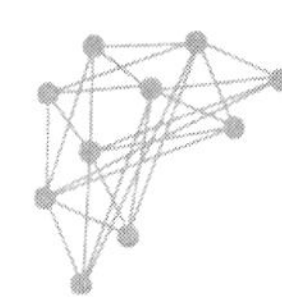

本,则需要手动配置环境变量,这里不做赘述。

图 3.1 Python 安装向导

(3) 选择安装路径为 C:\Program Files\Python36,如图 3.2 所示。安装路径可自由选择。

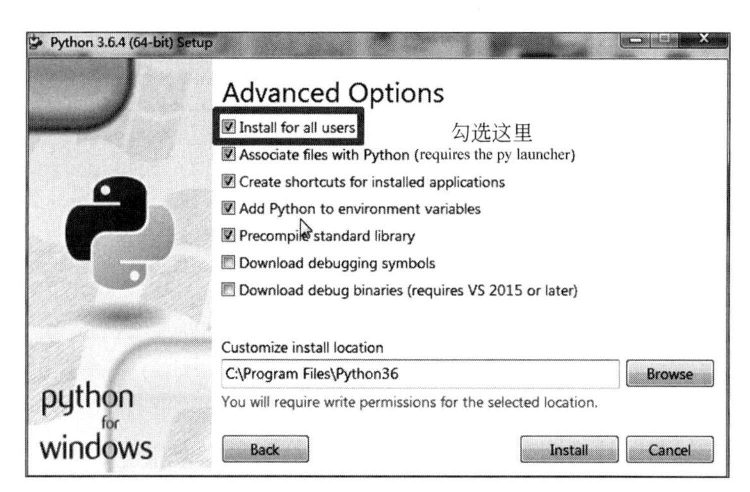

图 3.2 添加环境变量

(4) 安装完成之后需要检查 Python 是否安装成功。在 Windows 系统中检测 Python 是否成功安装,可以按键盘上的 Win 键+R 打开运行窗口,然后在运行窗口中输入 cmd,单击"确定"按钮进入命令行窗口。输入 python,按 Enter 键,如果显示类似图 3.3,则说明 Python 环境搭建成功。

(5) 安装完 Python 环境之后,需要选择适合自己的开发工具,虽然现在市面上有很多可以用来编写 Python 代码的编辑器,这些编辑器都各有优缺点。本书推荐新手使用 PyCharm。

2) PyCharm 下载

(1) Windows 下 PyCharm 的下载地址为 http://www.jetbrains.com/pycharm/download/

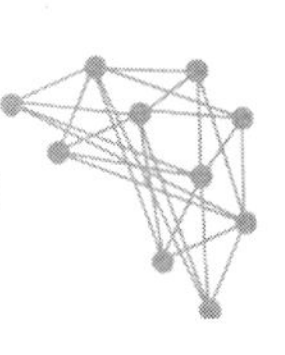

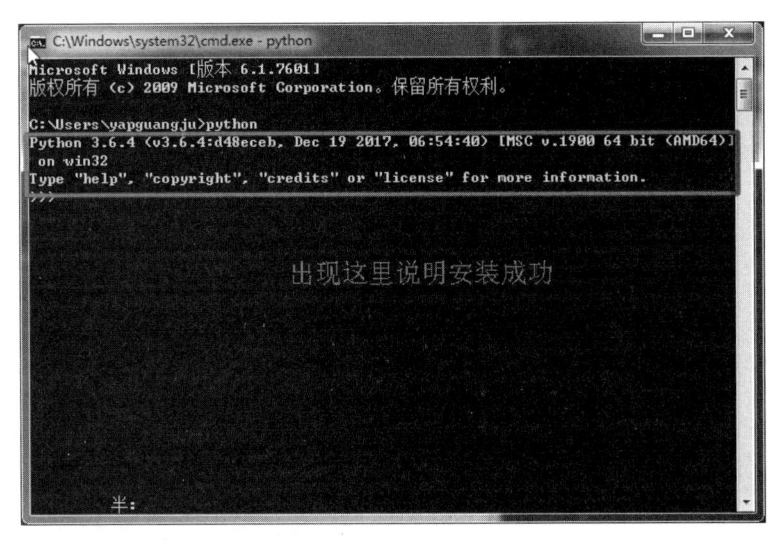

图 3.3　Python 环境成功搭建

section=windows。

PyCharm 有两个版本：Professional 专业版，Community 社区版，推荐安装免费的社区版，如图 3.4 所示。

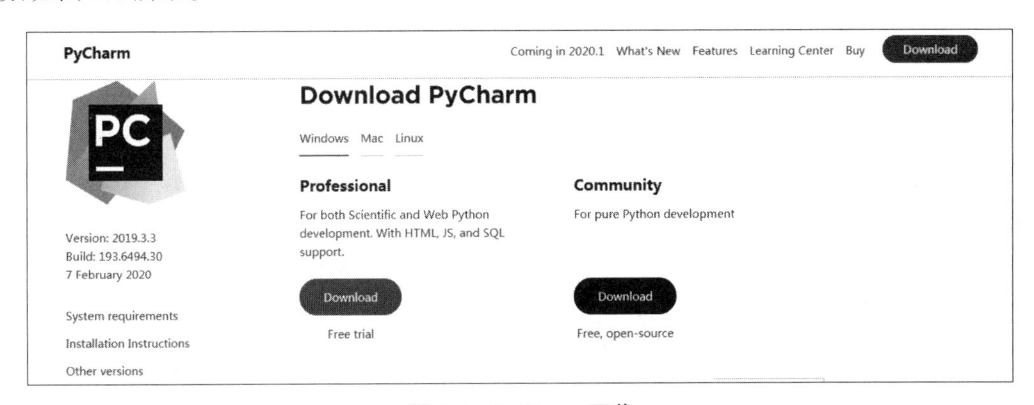

图 3.4　PyCharm 下载

(2) 下载完成后，双击下载好的文件以安装，选择安装路径，单击 Next 按钮继续，如图 3.5 所示。

(3) 根据计算机操作系统是 32 位或 64 位，选择对应需要安装的版本，单击 Next 按钮继续，如图 3.6 所示。

(4) 单击 Install 按钮进行 PyCharm 安装，如图 3.7 所示。

3.1.2　Python 内置对象

1. 对象的概念

任何刚接触 Python 语言的人都会听过一句话：“Python 中一切都是对象”。但是为什么这么说是不少刚接触 Python 的人心里都会有的疑问。编程语言有的支持面向对象，有的

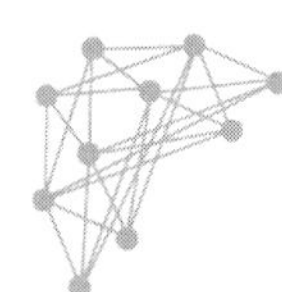

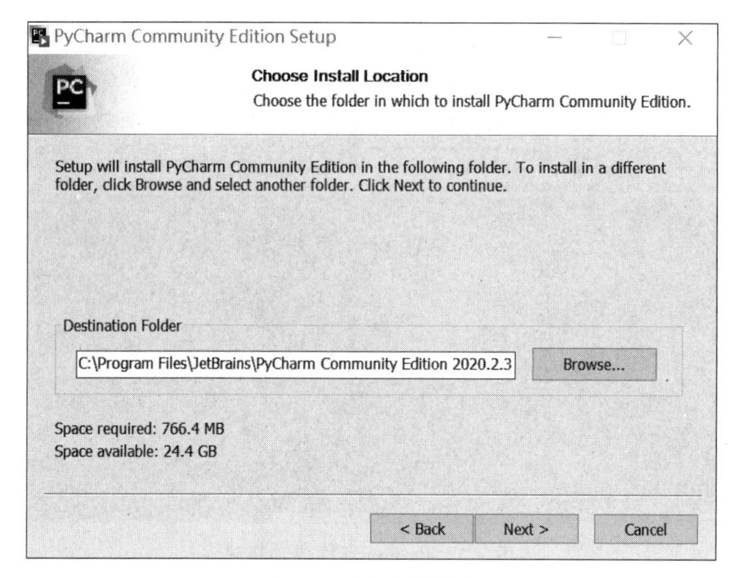

图 3.5　选择安装路径

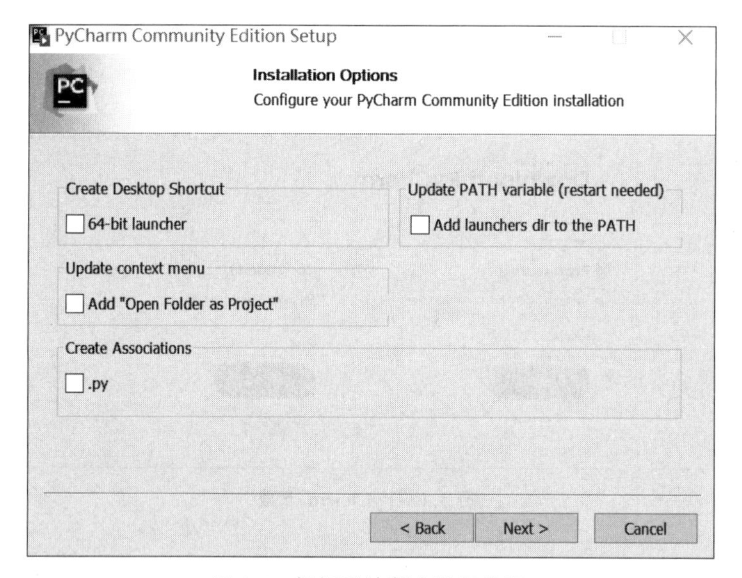

图 3.6　根据系统版本进行选择

支持面向过程,有的既支持面向对象也支持面向过程。虽然对象的定义语法和使用方法在各个编程语言中各有不同,但是“对象”这个概念在这些编程语言中是相对统一的。

所谓对象,就是指编程语言中相对独立的实体,它可以被用来调用、赋值或者作为参数供其他函数使用。那么为什么 Python 格外强调一切都是对象这个概念呢?原因就是 Python 在支持对象的这条路上走得更远,因为在 Python 中所有的程序都由方法和数据组成。Python 中不仅每一项的数据都是对象,而且用来定义方法的函数、类等也都可以作为对象来存储和处理。总体来说,一切都可以赋值给变量。

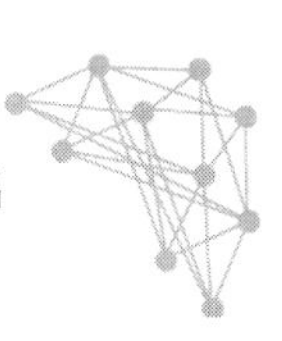

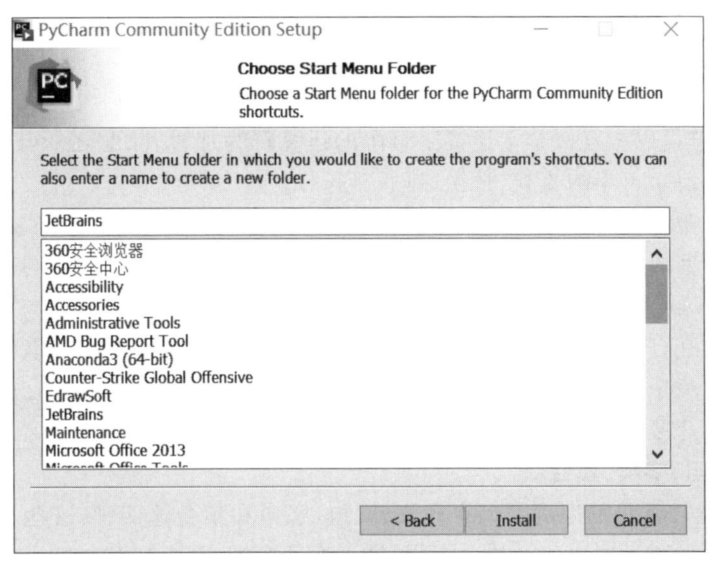

图 3.7　系统安装

2. 常量和变量

常量，顾名思义就是指不需要改变也不能改变的字面值。例如一个整数 6，一个列表[1,3,5]等。变量与常量相反，其值是可以变化的。在其他大多数编程语言中，变量都需要遵循先声明后使用的原则，然而在 Python 中，变量的名称和类型不需要经过事先声明，就可以直接被用户进行赋值操作。不仅变量的值可以随时改变，变量的类型也可以根据用户需求进行改变。

变量被进行赋值操作时的执行过程是这样的：首先计算出等号右边的表达式的值，然后在内存中寻找一个可以存储该值的位置，最后才会创建变量，然后把创建好的这个变量指向上一步中找到的内存地址。这就是 Python 中的变量类型也能够随时改变的原因。Python 的内存管理采用了基于值的内存管理模式，变量都是存储或引用值的内存地址，而不是直接存储变量的值。

3. Python 中常用的内置对象

Python 中主要的内置对象有：①数字(整型 int、浮点型 float)；②字符串(不可变性)；③列表；④字典；⑤元组(不可变性)；⑥文件；⑦集合(不重复性)。

在 Python 中有整数、实数和复数这三种内置数字类型。分数的实现和相关运算可以借助标准库 fractions 中的 Fraction 对象，如果想要实现精度更高的计算，则可以使用 fractions 库中的 Decimal 类。

Python 对数字的大小没有限制，但是会受到内存大小的影响。内存越大，Python 支持的数字就越大。因为实数之间的运算有时可能会存在一定的误差，所以不建议直接将两个实数进行相等性测试。出现误差是因为精度的问题，如果要把两个实数进行相等性比较，建议将二者进行相减运算，然后观察得到的差的绝对值是不是足够小。

在 Python 3.6.x 版本中，为了提高数字的可读性，用户可以使用单个的下画线来分隔数字，但是下画线不能出现在数字的首尾位置，另外使用连续的下画线也是不被允许的。

4. 字符串和字节串

字符串就是一串字符，是 Python 中一种表示文本的数据类型，可以使用单引号、双引号、三单引号、三双引号来定义一个字符串，单引号、双引号、三单引号、三双引号被称为定界符，不同的定界符可以相互嵌套。连接字符串的运算符为加号，除此之外，Python 还提供了很多的方法来支持字符串的查找、替换、排版等操作。

Python 3.x 版本除了支持 Unicode 编码的 str 类型字符串之外，还支持字节串类型 bytes。对 str 类型的字符串调用其 encode()方法进行编码，可得到 bytes 字节串，对 byte 字节串调用其 decode()方法并制定正确的编码格式则会得到 str 字符串。

需要注意的是，Python 字符串属于不可变对象，所以，所有实现字符串修改和生成操作的方法都是在另一个内存片段中新生成一个字符串对象。例如调用'abc'.upper()方法将会划分另一个内存片段，同时将返回的字符串 ABC 保存在这个内存片段中。

5. 列表、元组、字典、集合

Python 中比较常见的序列类型有列表、元组、字典和集合这四种，这些序列根据定义可以划分为有序序列和无序序列。列表、元组属于有序序列，都支持双向索引，而且 Python 中有序序列的一大特色就是能够使用负数来作为索引，这样能够很大程度地提高开发效率。接下来详细介绍四种序列结构各自的特点。

1) 列表

列表是一种有序的、可变的序列，列表中的元素可以重复，列表的定义符号为[]。可以使用序号作为下标，用逗号来分隔列表中的元素，一个列表中可以含有多个不同的数据类型，空列表的表示为一对方括号。列表之中的元素查找速度非常慢，可以说是四种序列类型之中最慢的。如果对列表进行新增和删除元素操作，只有尾部的操作会很快，其他位置的操作都很慢。

(1) 列表的创建和删除。

一般来说，创建列表有三种方法。

第一种方法是用[]直接创建，例如，`a=[1,2,3]`。

第二种方法是使用 list()来进行创建，list()函数的作用是把其他的序列转换成列表，例如，`list((1,3,5))`，这就是把元组转化成列表。除了元组外，range 对象、字符串、集合等也可以通过 list()被转化为列表。

第三种方法是使用列表生成式来进行创建。列表生成式是生成新列表的最快最高效的方法，总体来说就是对列表里面的数据进行运算和操作。例如：`[x * x for x in range(1, 11)]`。

当用户不再想使用某一列表时，可以用 del 删除整个列表，del 也可以用来删除元素，例如：

```
>>>x=[1,2,3]
>>>del x
```

除了使用 del 可以起到删除的作用外，还有两种常用的方法可以用来删除列表中的元素。一种是 list 中的 remove()方法。通常来说，remove()可以删除列表中某一个值的第一个匹配项，用法为 `list.remove(obj)`。圆括号里的 obj 就是列表中要删除的对象。例如：

```
>>>a_list=[1,2,3,4, 'abc']
>>>a_list.remove(1);
>>>print  "List:  ",a_list
```

输出结果为：

```
List: [2,3,4,'abc']
```

还有一种是 list 的 pop()方法。一般来说，pop()可以用来删除列表中的一个元素，但默认为最后一个元素，然后返回被删除元素的值。用法为 list.pop([index=-1])，默认 index=-1。例如：

```
>>>list1 = ['baidu', 'Firefox', 'Taobao']
>>>list_pop=list1.pop(1)
>>>print("删除的项是 :", list_pop)
>>>print("列表现在是 : ", list1)
```

输出结果为：

```
删除的项是 : baidu
列表现在是 :  ['Firefox', 'Taobao']
```

很多时候，我们希望得到列表之中最早放入的那个元素，这个时候就可以使用 pop(0)。

(2) 列表的插入操作。

简单的创建和删除满足不了人们对于列表操作的需求，下面介绍如何在表之中插入元素。

有三种方法可以用来实现向列表对象中增加元素的操作。这三种方法分别是 append()、insert()和 extend()。append()方法一般用来在列表的尾部追加元素，insert()方法则可以在列表的任意位置插入元素，而 extend()方法是两个列表之间的操作，在列表的尾部位置追加另一个列表的全部元素。这三种方法都不会对列表对象在内存中的起始地址有任何的影响，属于原地操作。如果要向长列表中增加元素，不建议使用 insert()方法，因为列表拥有内存自动收缩和扩张的功能，所以在列表的中间位置插入元素或删除元素的效率很低。

(3) 列表的计数操作。

一般来说，编程中常常会遇到想要得到一个列表中某个元素出现次数的情况。遇到这种情况时，就可以使用 count()方法，count()方法的作用是返回列表中指定元素出现的次数。例如：

```
>>>x=[1,1,1,3,5,6]
>>>x.count(1)
>>>x.count(3)
```

输出结果为 3 和 1。

当然，有时可能也需要找到某一个元素在列表中第一次出现的位置，这时就可以使用 index()方法。index()可以返回指定的元素在列表中第一次出现的位置，如果指定的这个元素不存在，则会抛出异常。

(4) 列表的排序操作。

排序是一个在编程中使用较为频繁的操作，Python 中的列表对象有两种排序方法。一种是列表对象中的 sort()方法，sort()方法可以把列表中的所有元素按照一定的规则进行排序，默认的规则是从小到大进行排序。还有一种是 reverse()方法，reverse()方法可以把列表中的所有元素进行翻转。所谓的翻转就是指把列表中的第一个元素和最后一个元素交换位置，第二个元素跟倒数第二个元素互相交换位置，以此类推。这两种排序方法也属于原地操作。即用处理后的数据来替代原数据，从而使得列表的首尾位置不发生改变，另外这两种排序方法也没有返回值。

(5) 列表的复制操作。

在讲列表的复制操作之前，首先需要了解一下浅复制和深复制。浅复制指引用原列表中的所有元素的引用，复制到一个新生成的列表里。如果原来的列表中含有字典等可变数据类型，无论是修改原来的列表还是新的列表，它们都会互相影响。因为被复制对象的所有变量都含有与原来对象相同的值，而所有其他对象的应用仍然指向原来的对象。简单来说，浅复制仅仅复制所考虑的对象，而不是复制它所应用的对象。下面用一个例子来加深理解。

```
>>>x=[1,2,3,4,[5,6]]
>>>y=x.copy()
>>>print(y)
```

此时 y 复制了 x 列表中的所有元素，y=[1,2,3,4[5,6]]。然后我们分别改变一下 x 和 y 中的元素。

```
>>>y[2].append(7)
>>>y.append(8)
>>>x[0]=7
```

此时 y=[1,2,3,4,[5,6,7],8]，x=[7,2,3,4,[5,6,7]]。从这个例子中可以很明显地看出，在浅复制时，整数、实数等不可变的数据类型不会因为一个列表中对应元素的改变而改变。只有像列表、字典这种可变的数据类型才会受到这种影响。

如果想要避免这种影响，那么就可以采用深复制的方式。所谓的深复制就是把原来列表中所有元素的值进行复制，然后填充到新生成的列表中。采用深复制方法，进行操作的两个列表都是相互独立的，无论修改哪一个列表，另一个都不会受到影响。深复制使用的函数是 deepcopy()。

需要注意的是，不管是浅复制还是深复制，都不同于列表对象的直接赋值。

(6) 列表的切片操作。

通过前面的介绍可以知道，如果想要查找序列类型中的单个元素，可以使用索引值来实现。但是在很多时候，我们需要得到一个列表或者是元组中的一部分元素，那么这个时候就需要借助切片操作来灵活地处理序列类型的对象。

切片是 Python 序列中很重要的操作之一，是一种用来获取索引片段的方式，但是只有列表的切片操作功能是最为强大的。对列表进行切片操作不仅可以获得列表中的任意部分元素并返回得到一个新列表，而且还可以修改或删除列表中的一部分元素，甚至还可以为列表添加元素。下面介绍切片的一些比较常见的用法。

切片的使用形式为[start:end:step]，一般使用两个冒号分隔的三个数字来完成。start是切片的起始索引值，当它是列表中的第一位时可以省略；end表示切片的结束(但不包含)位置，当它为列表中最后一位时可以省略；step表示步长，默认值为1，且当step为1时可以省略，同时省略最后一个冒号，step不允许为0，当step是负数时，则表示反向切片。需要注意的是，start、end和step这三个值都可以比列表的长度大，并且不会显示越界的报错信息。

总体来说，切片的基本含义就是从序列的第start位索引起，向右取到end位元素位置(不包括第end位)，以step为步长进行过滤。下面简单介绍如何使用切片为列表增加、替换、修改和删除元素。

使用切片操作为列表增加元素属于原地操作，因为虽然把元素插入到了列表的任意位置，但并不会对列表对象的内存地址有任何影响。例如：

```
>>>x=[3,5,6]
>>>x[len(x):]=7
>>>x[:0]=[1,2]
>>>x[3:3]=[4]
```

输出结果为x=[1,2,3,4,5,6,7]。x[len(x):]=7表示在列表的尾部插入一个元素7，x[:0]=[1,2]表示在列表的头部插入两个元素1和2，x[3:3]=[4]则表示在列表的中间位置即第三位之前插入一个元素4。

同样用一个例子来了解切片是如何替换和修改列表中的元素的。例如：

```
>>>x=[2,4,6,8]
>>>x[:2]=[0,1]
```

此时的输出结果为x=[0,1,6,8]。程序相当于用一个[0,1]的列表来替换原来列表的前两个元素。需要注意的是，等号两边的列表长度需要相等。

最后再来介绍如何使用切片操作来删除列表中的元素。例如：

```
>>>x=[2,4,6,8]
>>>x[:3]=[]
```

此时的输出结果为x=[8]。x[:3]=[]语句的意思就是用一个空列表代替原列表中第三位之前的所有元素，从而达到删除效果。除了这种方法以外，还可以使用del命令跟切片结果来删除列表中的部分元素，并且切片元素可以是不连续的。

关于切片操作，需要格外注意的是切片得到的列表是浅复制。

2）元组

通过前面的知识，读者应对列表有了大概的了解。下面介绍另一种序列类型，元组。元组被称为轻量级的列表，它拥有列表的部分功能，并且运行效率也很高。可能有人会想，既然元组只拥有列表的部分功能，为什么还要推出使用呢。列表的功能虽然很强大，但是正因为如此，列表的负担也很重，从而导致运行效率上并没有特别高效。并且在很多情况中，我们也并不需要使用列表的全部功能，大多的时候只需要使用其中的部分功能，所以元组便有了用武之地。

元组是一种有序的、不可变的序列,元组之中的元素可以重复,定义符号为()。可以使用序号作为下标,用逗号来分隔元组中的元素,如果元组之中只有一个元素,那么需要在这个元素后面加一个逗号。元组之中的元素查找速度很慢,并且不允许对元组之中的元素进行新增和删除操作。

元组的创建有两种较为常见的方法。一种是直接创建,如 `x=(1,2,3)`;还有一种是利用 tuple()方法来进行创建,如 `x=tuple(range(5))`。

元组的删除跟列表一样,都可以使用 del 进行删除操作。

由于元组是不可变序列,所以不能进行修改操作。元组跟列表一样都支持双向索引以访问其中的元素。元组也支持切片操作,不过因为元组是不可变序列,所以只能通过切片操作来访问元组中的元素,而不能够通过切片操作来对元组中的元素进行修改、增加和删除。

3)字典

Python 中还有一种序列类型称作字典,它一般用来存放具有映射关系的数据。字典中可以存储任意类型的对象,例如字符串、数字、元组等。

字典是一种无序的、可变的序列。字典中元素的形式为“键:值”,“键”必须是可哈希的,且不允许重复。因为字典中的“键”是非常关键的数据,而且一般程序需要通过“键”来访问“值”,所以字典中的“键”不允许重复。“值”是可以重复的,定义符号为{},使用“键”作为下标,每个元素的“键”和“值”之间使用冒号分隔,字典中的不同元素使用逗号分隔。字典之中的元素查找速度非常快,元素的新增和删除操作也有很快的速度。

(1)字典的创建与删除。

一般来说,有三种方法可以用来创建字典。第一种是直接使用运算符“=”将一个字典赋值给一个变量,如:`x={'Name': 'Zara', 'Age': 7, 'Class': 'First'}`;第二种方法是用 dict()方法进行创建,如:`x = dict(spinach = 1.39, cabbage = 2.59)`;还有一种是使用 `dict(zip(list1,list2))`来根据已有的数据创建字典。

和前面已经介绍过的序列对象一样,当用户不再需要这个字典时,可以直接删除字典,具体使用的方法是相同的。

(2)字典元素的访问。

访问字典元素比较常用的方法有三种。一种是通过“键”来访问。由于字典中存放的数据元素都具有一定的映射关系,所以可以根据提供的“键”作为下标来访问字典中对应的“值”,如果字典中没有这个“键”,则会抛出异常。所以当使用“键”来对字典中的元素进行访问时,最好可以配合条件判断或异常处理结果,这样能可以有效地避免程序运行时因引发异常而导致崩溃。

第二种方法是调用 get()方法对字典里的元素进行访问。

最后一种方法就是对字典里的元素直接进行迭代操作或是遍历操作。无论是迭代操作还是遍历操作,默认的都是遍历字典的“键”。

(3)字典中元素的添加、修改和删除。

当用“键”来作为下标给字典中的元素进行赋值操作时,如果指定的这个“键”存在,那么就表示修改“键”在字典中相对应的“值”;如果字典中没有指定的这个“键”,就代表着在字典中添加一个新的“键”和一个新的“值”,也就是向字典中添加一个元素。

除了这种方法可以向字典中添加元素外，还有两种比较常见的方法可以实现这一操作。

第一种是使用字典对象的 update()方法，这个方法的作用就是把一个字典里的所有元素(键值对)一次性地全部添加到另一个字典中。如果进行操作的这两个字典中含有相同的"键"，那么就保留原始字典中这个"键"对应的"值"，对另一个字典进行更新。

第二种方法是使用字典对象的 setdefault()方法把新的元素添加到字典里。

和之前介绍过的列表、元组一样，当不需要使用字典的时候，就可以使用 del 命令来进行删除。

倘若想要删除字典中的元素并且得到它的返回值，则可以使用字典对象的 pop()方法和 popitem()方法。

4) 集合

最后一种介绍的序列类型就是集合。集合是一种无序的、可变的序列，集合之中的每一个元素都是唯一的，不可以重复，定义符号为{}。不可使用序号作为下标，集合中的元素由逗号分隔。集合中的元素查找速度非常快，如果对集合进行新增和删除元素操作的话，速度也很快。

(1) 集合的创建与删除。

创建集合有两种方式：一种是直接利用赋值语句将集合赋值给一个变量，从而创建一个新的集合对象；还有一种是利用 set()函数创建集合，set()函数可以把列表、元组、字符串等其他可以用来迭代的对象转化为集合。需要注意的是，如果待转换的可迭代对象中含有重复的元素，那么在转化为新的集合时系统只会保留一个，如果可迭代的对象中包含不可哈希的值，则会抛出异常，无法将其转化为集合。

与前面介绍过的几种序列类型一样，当用户不需要再使用某个集合时，就可以用 del 命令删除整个集合。除了这种方法之外，还有三种方法可以用来实现对集合中元素的删除。

第一种方法是集合对象中的 pop()方法。使用 pop()方法可以随机删除集合中的某一个元素，如果进行操作的集合是空集合，程序就会抛出异常。

第二种方法是集合对象中的 remove()方法。remove()方法可以用来删除集合中的元素，如果集合中没有指定要删除的元素，那么就会抛出异常。与 remove()方法类似的还有 discard()方法，该方法与 remove()方法的区别是，如果集合中没有要删除的指定元素，discard()方法并不会抛出异常，只会忽略这一操作。

最后一种方法就是 clear()方法，用于清空整个集合。

(2) 集合的操作和运算。

如果想要向集合中添加元素，那么可以借助两种方法实现：第一种是集合对象的 add()方法，如果集合中已经存在将要增加的元素，那么程序会自动忽略这一操作；第二种方法是集合对象的 update()方法，其作用是把一个集合中的所有元素合并到另一个集合之中，并且会主动过滤掉重复的元素。

内置函数 len()、main()、min()、sum()、sorted()、map()、filter()、enumerate()等也都是在集合中适用的。

3.1.3 Python 运算符和表达式

在 Python 中，最简单的表达式就是单个常量或者是变量。使用赋值运算符等任意运算符或函数连接的式子都属于表达式。

Python 除了有算术运算符、关系运算符、逻辑运算符和位运算符等比较常见的运算符之外，还有一些 Python 特有的运算符，如成员测试运算符、集合运算符、统一性测试运算符等。Python 的很多运算符在不同语句中的含义是不一样的，使用起来十分灵活。

在运算符优先级规则中，优先级最高的是算术运算符(主要用于两个对象的加、减、乘、除等算术运算)，其次是位运算符(对 Python 对象进行按照存储的位操作)、成员测试运算符(判断一个对象是否包含另一个对象)、关系运算符(用于判断两个对象的相等、大于等运算)、逻辑运算符(用于与或非等逻辑运算)等。在算术运算符中，数学中的先乘除后加减这一运算法则也是适用的。当编写比较复杂的表达式时，可以适当地使用圆括号来让表达式中的逻辑更加明确，从而提高代码的可读性。

下面详细了解各种运算符在 Python 中的应用。

1. 算术运算符

算术运算符是 Python 运算符中优先等级最高的运算符，主要有加、减、乘、除等运算。

“+”运算符在不同的语句中代表着不同的含义，在数字运算中表示加法运算，但是在列表、元组、字符串等对象之中就表示对同类型的对象进行相加或者是连接操作。需要注意的是，使用“+”运算符进行运算的对象必须是同一种类型的。

“-”运算符只能用于数字类型的对象间的运算操作。

“*”运算符不仅可以在数字运算中表示乘法，还可以用于列表、元组、字符串等序列和整数之间的乘法。序列和整数之间的乘法代表着序列元素的重读，然后生成新的序列对象。因此，字典和集合这两个不允许元素重复的序列类型是不支持与整数的相乘运算的。

“/”运算符在 Python 中表示算术除法，“//”运算符在 Python 中表示算术求整商。需要注意的是，当“//”运算中两个数都是整数的时候，结果就为整数。如果这两个被操作数中含有实数，那么结果就会显示为实数形式的整数值。

“%”运算符一般用于求余数的运算，在有些情况中，也用%运算符来对字符进行格式化。

“*”运算符和内置函数 pow()的功能一样，都是幂乘运算。

2. 关系运算符

当使用关系运算符的时候，必须留意进行操作的数据是不是可以比较大小。如果这些操作数不可以比较大小，那么就不可以使用关系运算符。关系运算符的含义和人们日常生活中的理解是完全一致的。此外，关系运算符是可以连用的。

3. 成员测试符和同一性测试符

in 在 Python 中是成员运算符，它的功能就是判断一个对象是不是被包含在另一个对象中。同一性运算符是 is，一般用来测试两个对象是不是同一个，如果这两个对象是同一个，那么返回值为 True；如果这两个对象不是同一个，那么返回值为 False。如果这两个对象是同一个，那么这两个对象的内存地址是完全相同的。

4. 位运算符和集合运算符

可以使用位运算符的数据类型只有整数。具体的执行过程如下：第一步先把整数转化为对应的二进制数；第二步是对这个二进制数进行位运算，在进行位运算之前，必须右对齐，有的时候需要在左侧补上 0；最后一步就是将计算得到的结果再转化为十进制数返回。位运算符有按位与运算符、按位或运算符、按位异或运算符等。

按位与运算符是&，代表的意思是，参与运算的两个值如果两个相应位都为1，则该位的结果为1，否则为0。例如，设a为60，b为13（对下面所有位运算皆相同），则（a & b）输出结果为12，二进制为0000 1100。

按位或运算符是|，代表的意思是，只要对应的二个二进位有一个为1时，结果位就为1。例如，（a | b）输出结果为61，二进制为0011 1101。

按位异或运算符是^，所代表的意思是，当两个对应的二进位相异时，结果位就为1。例如，（a ^ b）输出结果为49，二进制为0011 0001。

按位取反运算符是～，所代表的意思是，对数据的每个二进制位取反，即把1变为0，把0变为1。～x类似于 －x－1。例如，（～a ）输出结果 －61，二进制为1100 0011，一个有符号二进制数的补码形式。

左移动运算符是＜＜，所代表的意思是，运算数的各二进位全部左移若干位，由 ＜＜ 右边的数字指定移动的位数，高位丢弃，低位补0。例如，a ＜＜ 2 输出结果为240，二进制为1111 0000。

右移动运算符是＞＞，所代表的意思是，将＞＞左边的运算数的各二进位全部右移若干位，＞＞ 右边的数字指定了移动的位数。例如，a ＞＞ 2 输出结果为15，二进制为0000 1111。

5. 逻辑运算符

逻辑运算符有and、or和not三种，通常用于将条件语句进行连接，从而组成更为复杂的条件表达式。当使用not这个逻辑运算符的时候，返回值只能是True或False，但是在使用and和or这两个逻辑运算符的时候，就不一定会返回True或者False，因为这两个逻辑运算符最终返回的值是通过最后一个表达式计算出来的。需要格外注意的是，因为and和or这两个逻辑运算符具有惰性求值或者逻辑短路的缺点，所以当它们连接比较多的表达式时，只会计算必须要计算的值。

6. 乘法矩阵运算符

乘法矩阵符@，顾名思义就是用来实现矩阵中的乘法运算的运算符。这个运算符是在Python 3.5版本中新增的，并且Python 3.5以后的版本都支持这个运算符。基本来说，乘法矩阵运算符@都是和NumPy扩展库一起使用的，原因是Python中并没有内置的矩阵类型。

Python中的运算符除了上面介绍到的这些，还有大量的复合赋值运算符，这里不作过多的描述。关于Python中的运算符，还有一个需要注意的地方。像＋＋和－－运算符在有些其他语言中是可以使用的，但是实际上Python并不支持＋＋和－－这两个运算符，要把Python和其他的语言区别开。

3.1.4 程序控制结构

前文已经介绍了Python中的数据类型、数据结构、运算符等，那是不是说我们就可以来实现一些简单的业务逻辑了呢？其实并不是这样，正所谓“路漫漫其修远兮”，这些远远不是Python的全貌。接下来介绍Python中比较重要的一个部分——程序控制结构。学习这部分内容后，就可以结合读者前面已经掌握的内容来实现一些特定的业务逻辑，把学到的东西都串联起来。

程序控制结构的三种基本结构分别是顺序结构、分支结构和循环结构，无论是哪一个结构，其执行流程都是要借助条件表达式的值来确定的。

(1) 顺序结构：根据字面上的意思，可以知道这是一种按照顺序来依次执行的控制结构。例如，语句块 1=>语句块 2=>……=>语句块 n。

(2) 分支结构：在顺序结构的基础上多了选择，根据不同的判断条件来执行不同的语句。二分支结构就是最基础的分支结构，它一般用来根据给出的指定条件来进行判断，得到 True 或者 False 结果，然后根据判断得到的结构选择要执行的语句。多分支结构就是由多个二分支结构组成的。

(3) 循环结构：按照判断分支结构向后执行的一种控制结构。它主要是根据结果来判断循环体中的语句需不需要再一次执行。下面详细介绍分支结构和循环结构。

1. 分支结构

分支结构中最简单的是单分支结构，一般使用 if 对给出的指定条件进行判断。语法形式如下：

```
if 判断条件:
        语句块
```

判断条件后面必须要加上冒号，只有加上冒号才表示一个语句块已经开始，而且，这些语句块必须要有相应的缩进，一般来说都是以 4 个空格为缩进单位。需要注意的是，Tab 键也可以用来缩进，但是不能跟空格混用。

当条件判断语句的值为 True 的时候，就表示在程序中这个条件是满足的，然后就会执行下面的语句块。如果条件判断语句的值为 False，那么接下来的语句块将会被跳过。

双分支结构在单分支结构上多了一个可供选择的语句，一般使用 if-else 来对给出的条件进行判断。语法形式如下：

```
if 判断条件:
    语句块 1
else:
    语句块 2
```

双分支结构的语句执行规则是这样的。当条件判断语句的值为 True 时，执行语句块 1 跳过语句块 2，当条件判断语句的值为 False 时，跳过语句块 1 执行语句块 2。

二分支结构除了这种表达形式之外，还有一种比较简洁的形式。举例如下：

```
s = eval(input('请输入一个整数:'))
t = '是'if s%3 == 0 and s%5 == 0 else'不'
print('{}{}能被 3 和 5 整除!'.format(s,t))
```

只有当语句块 1 和语句块 2 都是简单表达式时，才可以使用这种形式。如果这两个语句块比较复杂，那么还是推荐一般的表达式。

多分支结构通常可以看作由很多个二分支组成，使用 if-elif-else 可对给出的条件进行判断，该语句一般用来判断同一个条件或一类条件的多个执行路径。需要注意的是，Python

会按照分支结构的代码顺序依次判断，无论是哪一个判断条件成立，就会执行相应语句，然后跳出整个 if-elif-else 结构。若全部判断条件全都不成立，那么就执行 else 中的语句。语法形式如下：

```
if 判断条件:
        语句块 1
elif 判断条件
        语句块 2
elif 判断条件
         ⋮
else:
语句块 n
```

如果想要实现比较复杂的业务逻辑，那么就可以把分支结构进行嵌套。嵌套分支结构时，一定要注意控制好不同级别代码块的缩进量，因为缩进量不仅决定着不同代码之间的从属关系，而且还影响着程序能否正确地实现业务逻辑。

2. 循环结构

循环结构主要有遍历循环和无限循环两种，不仅可以把循环结构进行嵌套使用，还可以把循环结构和分支结构进行嵌套使用，从而实现比较复杂的业务逻辑。

(1) 遍历循环。

遍历循环使用保留字 for 对遍历结构中每一个元素进行一次提取，一般在循环次数已知的时候使用。语法形式如下：

```
for 循环变量 in 遍历结构:
        语句块
```

遍历循环可以认为是从遍历结构中逐一提取元素放在循环变量中，每提取一次元素则执行一次语句块。for 循环的执行次数取决于遍历结构的元素个数。遍历结构可以是字符串、文件、range()函数或者组合数据类型等。示例如下：

```
for c in 'Python':
    print(c)
```

还有一种遍历结构的扩展模式，具体形式如下：

```
for c in 'PY':
    print(c)
else:
    print('遍历结束')
```

(2) 无限循环。

无限循环使用保留字 while 根据给出的指定条件来判断执行程序。无限循环可以在循环次数不确定的时候使用。语法形式如下：

```
while 判断条件:
    语句块
```

当判断条件语句的值为 True 时，就执行循环体中的语句；如果判断条件语句的值为 False，那么就会结束整个循环，然后执行与 while 同一缩进级别的后续语句。具体示例如下：

```
n = 0
while n < 10:
    print(n)
    n += 3
```

与遍历循环相似，无限循环也有一种使用 else 的扩展模式，使用扩展模式修改上述代码如下：

```
n = 0
while n < 10:
    print(n)
    n += 3
else:
    print('循环正常结束')
```

需要注意的是，while 循环的扩展结构只有在循环正常结束的情况下才会执行 else 中的语句块。如果是因为执行了 break 语句而导致了循环提前结束，那么 else 中的语句块将不会被执行。

3. 循环控制

在循环结构中有两个可以辅助循环控制的保留字：一个是 break，还有一个是 continue。无论是在遍历循环还是无限循环中都可以使用这两个保留字，而且在大部分时候都会跟分支结构或者异常处理结构一起使用。当程序执行 break 语句时，就会从现在的这个循环结构体中跳出来，整个循环结束，然后执行与循环体同一缩进级别的其他语句。当程序执行 continue 语句时，仅跳出当前的一次循环，从而提前进入到这个循环体的下一次循环，不跳出循环结构体。

3.1.5 函数

在编写程序的时候，经常会遇到这样的情况：需要用代码解决同样的或者是类似的问题，这些问题的不同之处仅在于需要处理的数据不一样。在还没有学习函数的内容时，大部分人可能会想要把之前的代码进行复制，然后粘贴到代码中需要的位置，并且做出适当的修改。如果按这种方法操作，就会让程序在不同的代码位置重复地执行这些相似的代码块，这样会显得很冗余，并且效率也不会很高。尤其是时间久了之后，对程序的一些功能有了新的需求，假如之前使用了复制代码的方法来实现代码的复用，此时就需要依次寻找之前粘贴的代码位置，然后逐一进行修改。这么做不仅耗时耗力，而且随着时间的增长，代码的数量也在扩大，代码的关系也不像之前那样单纯，在很大程度上来说，即使修改了那些复制的代码，也会存在漏洞。一般来说，不推荐使用直接复制代码的方式来实现代码的复用。那么如何解决这个问题呢？

解决这个问题最好的方法就是设计函数和类。在前面的学习中，已经接触了很多

Python 中的内置函数，除了可以使用这些内置函数以外，用户还可以自己设计编写函数，就是把一段有规律的、可重复使用的代码定义成函数，从而达到一次编写、多次调用的目的。把需要重复执行的代码封装成函数，然后在需要这个功能模块的地方调用封装好的函数，这样不仅可以很好地实现代码的复用，而且还能够使代码的一致性得到保证。

所谓封装，就是把对象的属性和具体实现的细节隐藏起来，仅仅对外公开接口，控制在程序中属性的读和修改的访问级别；将抽象得到的数据和行为（或功能）相结合，形成一个有机的整体，也就是将数据与操作数据的源代码进行有机结合，形成“类”，其中数据和函数都是类的成员。

在设计编写函数的时候也需要遵循以下原则：第一，一个函数中不要实现过多的功能，最好在一个函数中只实现一个大小合适的功能；第二，降低全局变量的使用频率，使得函数之间只通过调用和参数传递来显示体现它们之间的关系；第三，在实际项目开发中为了方便管理，会把一些通用的函数封装到一个模块里，并且把这个通用模块文件放到顶层文件中。

1. 函数的定义

在 Python 中定义函数通常使用 def 关键字作为开头，然后输入一个空格，再输入函数的名字和一对圆括号，最后还要加上一个冒号，然后换行编写函数体。圆括号中放入的是形式参数（形参），如果定义的这个函数拥有多个参数，那么就需要用逗号把它们隔开。具体语法形式如下：

```
def functionname(parameters):
    function_suite
    return [expression]
```

function_suite 代表的是具体的功能代码，return [expression]表示函数结束，然后选择性地返回一个值给调用方。如果 return 后面没有加表达式，那么就相当于返回一个空值。

定义函数时，需要注意以下 4 点：

（1）定义时不需要声明圆括号里的形参类型，也不需要给函数指定一个返回值的类型。

（2）如果定义的函数中没有参数，那么圆括号是不可以省略的，一定要保留。

（3）圆括号的后面一定要加上冒号。

（4）函数体相对于 def 关键字必须保持一定的缩进。

在编写函数时，为了增加可读性，一般会为其加上适当的注释。

2. 函数的使用

Python 中可以对函数进行嵌套定义。所谓嵌套，就是在一个函数中再对另一个函数进行定义。一般来说，函数的作用域和变量生存周期都不会因为嵌套发生任何改变。作用域指函数可以被看见的范围。对函数进行嵌套定义时，需要注意内部函数不可以被外部直接调用，如果直接调用会抛出 NameError 异常。

虽然函数嵌套定义有很多优点，使用起来也很方便，但是通常来说不建议在代码中使用过多的函数嵌套，原因是过多的函数嵌套会使得内部的函数被反复定义，从而导致代码的执行效率变得低下。

Python 中的可调用对象一共有 7 种，用户自己定义的函数也属于其中的一种。其他 6 种形式分别是内置函数、内置方法、方法（定义在类中的函数）、类、类实例（如果类定义了

__call__方法，那么它的实例就可以作为函数进行调用)和 Generator 函数(使用 yield 关键字的函数或方法)。

嵌套函数不仅使得编写代码更加方便，还有另外一个非常重要的应用，即修饰器。从本质上来说，修饰器也是一个函数，只是这个函数的功能有一点特殊。修饰器会把其他函数作为参数使用，然后在一定程度上改造这些函数，最后返回一个新的函数。总体来说，修饰器的作用在于可以让已经存在的对象用于其他额外的功能。在 Python 中，静态方法、类方法、属性等都可以通过修饰器实现。

Python 中有三个内置的修饰器：①staticmethod，作用是把类里面定义的实例方法变成静态方法；②classmethod，作用是把类里面的实例方法变成类方法；③property，作用是把类里面定义的实例方法变成类属性。一般来说，静态方法和类方法的使用频率都不是很高，因为用户可以自己在模块里定义函数。

3. 函数的参数

定义函数的时候会使用一对圆括号，圆括号中的内容就是函数将要使用到的形参列表。形参的意思就是形式上的参数，就跟数学上的 x 一样，它没有具体的值，一般都是人为地来给它赋值，在赋值之前它是没有任何意义的。相对应地，Python 中还有一个实际参数(实参)，就是一个已经确定下来的数，可以是数字或者是字符串等。当调用函数的时候，就会把一个实际的参数传给圆括号中的形参，这样形参就变成了实参，执行函数体内容的时候就会执行相应的操作。

函数可以有很多个参数，这些参数在写进圆括号的时候需要用逗号分隔开。函数也可以没有参数，但是没有参数的时候，圆括号也是不可以省略的。定义函数时不需要再对参数进行声明，因为 Python 里的解释器会自动根据实参的类型推断出形参的类型。需要格外注意的是，圆括号里形参的数量要跟调用函数时传入实参的数量一样，而且圆括号里的形参的顺序也要和传入的实参的顺序一样。

一般来说，当在函数内部直接对形参的值进行一些修改时，并不会对实参产生任何影响，实参不会发生改变。例如：

```
def f(a):
    a+=1
```

这时，就会得到一个新的变量 a。

```
a=2
f(a)
```

这个时候输出结果为 a=2。

上面的例子在函数内部对形参 a 的值作出了修改，但是当这段代码运行结束时，实参 a 的值没有因为形参的改变而发生任何改变。当函数参数是列表、字典这些可变序列类型时，如果在函数内部通过列表或字典对象自身拥有的方法修改参数中的元素时，实参也会发生改变。

(1) 位置参数

在定义函数时最常用的形式就是位置参数，调用函数时实参的顺序必须跟顺序参数的相同，而且这两个参数的数量也是必须相同的。

(2) 默认值参数

在定义一个函数时,可以把它的形参设成为一个默认的值。当一个拥有默认值参数的函数被调用时,会把实参传值给形参,但默认值参数可以不被传值,函数运行时会直接使用在定义函数时就已经设置好的默认值。如果想替换默认值,那么也可以通过显式赋值来实现。总体来说,当调用函数时,可以选择是不是用默认值参数来传递实参,跟函数重载的功能有一些相似之处。默认值使用起来十分灵活,不仅可以给函数增加新的参数和功能,而且还可以通过给新参数设置默认值来保证向后兼容,从而不影响老用户的使用。

当一个函数被调用很多次,并且不传递值给默认值参数时,默认值只会在定义函数时进行一次解释和初始化。一般来说,不推荐使用列表、字典这样的可变序列作为默认值参数,因为这样会导致很严重的逻辑错误。

如果在定义函数时,将一个变量的值设为默认值参数,那么参数的默认值只会是函数定义时这个变量的值。总体来说,函数的默认值参数是在函数定义时确定值的。

需要注意的是,每一个默认值参数的右边都必须是有默认值的参数,不可以是其他普通位置的参数。被声明为默认值参数的形参一定要放在不是默认值参数的形参后面。

(3) 关键参数

关键参数的意思就是调用函数时的参数传递方式跟函数定义无关。通过关键参数可以按参数名字传递值,明确地指定哪个值传给哪个参数。实参的顺序可以跟形参的顺序不一样。虽然形参和实参的顺序不一样,但是这样并不会对参数值的传递结果有任何影响,这是什么原因呢?此处可参考可变参数,使用可变参数定义函数时,传入的可变参数会在函数调用时自动组成一个元组。关键参数与可变参数的区别在于,当使用关键参数定义函数时,传入的关键参数会在函数调用时在函数内部自动组装成一个字典,其中的参数有着一一对应的关系。

定义函数时,如果使用关键参数,就不用记住实参和形参的位置,从而省去许多精力。

(4) 可变长度参数

在定义函数时可变长度参数主要有 * parameter 和**parameter 两种形式,即在参数的前面加上 * 或**。前者的作用是接受任意多个参数,然后将它们放在一个元组中;后者的作用是接受跟关键参数类似的显式赋值形式的多个参数,然后将这些参数放到字典中。

(5) 序列解包

与可变参数不同,序列解包中的序列指的是实参,但是跟可变参数有一点相同,即同样有 * parameter 和**parameter 这两种形式。当调用一个包含很多位置参数的函数时,就可以把实参设置为 Python 里的列表、元组、字典等其他可以迭代的对象,然后在实参的名字前面加上一个 * 。这样,Python 解释器就会自动地把这些可迭代对象中的所有元素全都提取出来,也就是所谓的解包。Python 解包结束之后,会把这些可迭代对象中的元素分别传递给多个单变量形式参数。

需要注意的是,如果将字典作为实参,那么就要使用**对其进行解包操作。字典解包会把字典转化成跟关键参数十分相似的形式进行参数传递。如果使用这种形式的序列解包,必须把函数的形参名称作为实参字典里的键。

在平时定义函数时,有时为了实现比较复杂的功能,可能需要使用到很多参数形式。那么这些不同形式的参数的位置怎么放比较合适呢？一般来说，位置参数将放在最前面，默认值参数紧跟其后，接着就是带有一个 * 的可变长度参数，而带有两个 * 的可变长度参数则放在最后面。而在调用函数时，也是按照类似函数定义时的顺序来进行参数传递的。

调用函数时，如果对实参使用一个 * 进行序列解包，那么这些解包后的实参与普通位置参数的作用是一样的，并且会在关键参数和使用两个**进行序列解包的参数之前进行处理。

4. 作用域

之前的内容中已对作用域的内容稍作介绍，这里详细介绍什么是变量的作用域。

变量的作用域其实与数学上的作用域的定义很相似，即在某些代码的范围内变量可以实现自身的作用，如果在这些范围之外，这些变量就起不了任何作用。如果在不同的作用域内有名字重复的变量，那么它们不会互相影响，因为每个作用域都是独立的。作用域就像计算机内的文件夹，其中的变量就像是文件夹里的文件，不同文件夹中是可以存在同名文件的，并且这些同名文件不会互相影响，每一个都是独立的。

Python 中的变量作用域分为两种，一种是在函数内部定义的变量，一般称为局部变量；与之相对的还有一种是在函数外部定义的变量，称为全局变量。局部变量和全局变量有着不同的作用域，而且无论是局部变量还是全局变量，它们的作用域生效的位置都从它们被定义的位置开始，在被定义之前的位置，变量是不可以被访问到的。

如果在函数的内部定义一个变量，那么这个变量就称作局部变量，局部变量可以起作用的范围就只能在这个函数里面。在函数内部定义的局部变量在这个函数运行结束之后会被自动删除，并且不可以再被访问。如果想要在函数的内部定义一个变量，但不希望该变量在函数运行结束后被删除，而是可以继续被访问，那么就可以在函数内部使用 global 关键字来定义变量，这时定义的变量就不再是局部变量而是全局变量。

如果想要在函数内部修改一个早已在函数外定义好的变量，需要怎么做？同样地，也是使用 global 关键字来实现。在函数内部用 global 关键字将函数外的变量再声明或定义成全局变量，就达到修改的目的了。在函数内部使用 global 关键字来声明或定义全局变量时，通常会有如下两种情况。

(1) 在函数的内部修改某个变量的值，而这个变量恰恰是在函数的外部就已经被定义好的，此时就可以在函数的内部使用 global 关键字来明确声明要使用这个已经被定义过的同名全局变量。

(2) 在函数的内部直接使用 global 关键字把一个变量声明成全局变量。如果这个全局变量在函数的外部没有被声明过，那么在调用过这个函数之后，系统会自动创建一个新的全局变量。

总体来说，在函数的内部，如果只是引用了某个变量的值而没有给这个变量赋予新的值，那么就称这个变量为隐式的全局变量。如果在函数的内部有过给变量赋值的操作，那么这个变量就成为隐式的局部变量，除非在函数的内部进行赋值操作之前就显式地用关键字 global 进行了声明。

需要注意的是，如果在某个作用域里面曾给变量赋值，那么这个变量就会被看作这个作用域中的局部变量。如果局部变量的名字跟全局变量的名字相同，那么这个局部变量就是在自己的作用域中把所有与它同名的全局变量隐藏起来。

5. lambda 表达式

前面介绍了函数的相关知识，读者应已了解想要实现某个特定的功能可以定义函数，将实现这些功能的代码封装在该函数中。如果临时想要实现一个和函数差不多的功能，但是又不想再定义函数时该怎么办呢？此时就可以使用 Python 中的 lambda 表达式。lambda 表达式是只有一行的函数，而且这个表达式中不可以有其他比较复杂的语句，只有一个表达式，在这个表达式中可以调用其他函数，表达式的结算结果就是函数的返回值，lambda 表达式返回的是一个函数的类型。

lambda 表达式通常可以用来声明临时需要使用的又没有名字的小函数，这些函数又称为匿名函数。它们跟普通的函数是完全一样的，而且在使用函数来作为参数的时候，lambda 表达式可以发挥出十分重要的作用，让代码变得既简单又简洁。下面的例子描述了 lambda 表达式的应用。

```
def foo():
    return 'beginman'
```

此处先定义了一个 foo()函数，然后规定返回的值是 beginman。

```
lambda:'beginman'
```

然后用 lambda 表达式来声明一个匿名函数。此处只是简单地用 lambda 表达式创建了一个函数对象，既没有对它进行保存，也没有对它进行调用，这样的函数对象很快就会被回收。

```
bar = lambda:'beginman'
print bar()
```

通过上述语句就可以将 lambda 表达式创建的函数对象保存并对其进行调用了，保存之后，函数对象就相当于函数名。

在 lambda 表示式中，参数一般放在冒号的前面。如果有很多个参数，则需要用逗号将它们一一分隔开，冒号的后面跟的是返回值。lambda 语句构建的其实就是一个函数对象，如果表达式里没有参数，那么在冒号前就不需要加任何东西。lambda 表达式的具体语法形式如下：

```
lambda 参数:操作(参数)
lambda [arg1[,arg2,arg3,…,argN]]
:expression
```

读者可能会觉得用 lambda 表达式声明函数与用 def 声明函数十分相似，下面列举 lambda 表达式和命名函数的区别。

(1) 用 def 创建函数时，必须要声明函数的名称；而 lambda 声明的函数是没有名称的，它本来就是用来声明那些没有名字的小函数。用 def 定义函数时会把函数对象的值赋给一个变量；而用 lambda 创建一个函数对象时是绝对不会把这个函数对象赋值给一个标识符的。

(2) lambda 表达式仅是一个表达式，这个表达式只有一行，并且也不可以包含比较复杂

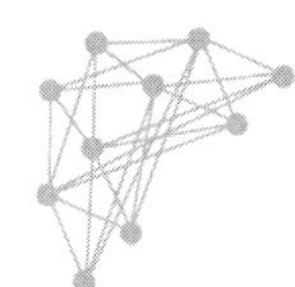

的语句,而 def 是一个代码块。虽然 lambda 表达式运行起来像一个函数,但从根本上来说是用来简化代码的,简化的是函数式接口的实现形式。所以,通常在需要进行语句嵌套时使用 def,在需要进行表达式嵌套时使用 lambda。因为 lambda 的特殊性,可以在 Python 中不允许使用 def 的位置使用 lambda,例如在一个列表常量中或在函数调用的参数中。除此之外,lambda 作为表达式可以返回一个新的函数,而 def 语句总是在头部把一个新的函数赋值给一个变量名,而不是用这个函数作为返回结果。

(3) lambda 一般是用来编写一个简单的函数,而 def 因为有众多的语句,所以可以实现比较复杂的任务。

(4) lambda 只有一个表达式,所以像 if、for 或者是 print 都不可以使用,所以更加实现不了嵌套。而 def 可以实现嵌套。

(5) def 定义的函数可以与别的程序共享,而 lambda 则不可以与其他程序共享。

综上所述,虽然 Python 开发者可以使用 lambda 表达式写出非常简单、干练的代码,但是 lambda 表达式也并非没有缺点。lambda 表达式对于刚接触 Python 的新手来说特别不友好,因为想要深入理解 lambda 表达式的意思,还需要对 Python 有一定的理解。

6. 生成器

关于函数,最后要介绍的就是生成器函数。在学习生成器函数之前,首先需要了解生成器的概念。简单来说,生成器就是一种机制,这种机制的特点就是可以一边循环一边计算。那么 Python 中为什么要有这样的机制呢?

在通过列表生成式创建列表时,列表的容量因为受到内存的限制故而有限,并不能无限存储元素。存储元素的个数跟内存的大小有关,内存越大,可以存储的元素就越多;内存越小,则可存储的元素就越少。如果现在有一个拥有很多元素的列表,而用户只需访问列表里的前面几个元素,那么列表中的后面的元素就不会被用到,但是却占用了非常大的存储空间,十分浪费。

所以就有人想到,如果可以按照某种规则将列表中的元素一一推算出来,那么也许就可以按照这种规则不断地推算,循环往复,直到将所要用到的元素全部推算出来。如果按照这样的想法进行操作,就可以节省许多储存空间,因为这种做法不需要创建一个完整的列表。

生成器是一个特殊的程序,一般可以用来当作控制循环的迭代行为。生成器类似于一个函数,这个函数的返回值是数组,这个函数既可以接受传递过来的参数,也可以被调用。但是,和一般函数不同的是,一般函数会一次性地返回数组里的全部元素;但是对生成器而言,一次只可以返回数组里的一个元素,这样可以很大程度地减小需要消耗的空间。除此之外,生成器还支持调用函数时很快地处理最前面的几个返回值。因此,生成器虽然看起来类似函数一样,但在表现上而言却更像迭代器。

如果我们要创建一个生成器,最简单的方法就是将一个列表生成式里的一对中括号[]换成小括号()。具体示例如下:

```
lis = [x * x for x in range(10)]
print(lis)
generator_ex = (x * x for x in range(10))
print(generator_ex)
```

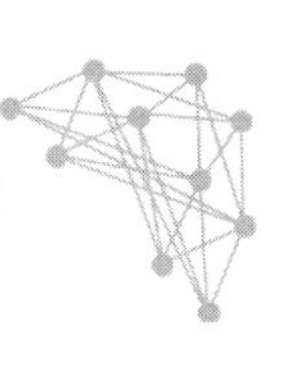

第一个列表 lis 的输出结果是[0，1，4，9，16，25，36，49，64，81]。第二个列表 generator_ex 的输出结果是<generator object <genexpr> at 0x000002A4CBF9EBA0>。那么怎样才可以打印出 generator_ex 列表的每一个元素呢？可以通过使用 nest()函数获得生成器的下一个返回值，这样就能把列表中的元素逐一全部打印出来。例如：

```
generator_ex = (x * x for x in range(10))
print(next(generator_ex))
print(next(generator_ex))
print(next(generator_ex))
print(next(generator_ex))
print(next(generator_ex))
print(next(generator_ex))
print(next(generator_ex))
print(next(generator_ex))
print(next(generator_ex))
print(next(generator_ex))
print(next(generator_ex))
```

输出结果分别是 1,4,9,16,35,36,49,64,81，这样，列表中的元素就全部被打印出来了。Python 里的生成器保存的是算法，每一次需要计算出下一个元素的值时，就调用 next(generator_ex)，直到所有元素都被计算出来，这个时候就没有元素需要计算了，会抛出 StopIteration 的错误。上述的例子为了把元素全部打印出来，一直重复地调用 print(next(generator_ex)，过于繁复，效率低下。此时可以改进一下，使用 for 循环来实现同样的效果，代码如下：

```
generator_ex = (x * x for x in range(10))
for i in generator_ex:
    print(i)
```

此时创建的生成器就使用了 for 循环来进行迭代，基本上就不会再调用 next()方法，并且也不需要关心 StopIteration 的错误。生成器功能非常的强大，如果要推算的算法比较复杂，复杂到用类似列表生成式的 for 循环也没有办法实现，则可以使用函数来实现。一个经典的例子就是打印斐波那契数列。斐波那契数列里除了第一个和第二个元素之外，后面的每一个元素都是由这个元素的前面两个元素相加所得。使用列表生成式根本没有办法打印出这个数列，但是如果使用函数，将这个数列打印出来就十分容易了。具体代码如下：

```
def fib(max):
    n,a,b=0,0,1
    while n < max:
        a,b=b,a+b
        n = n+1
        print(a)
    return 'done'
```

```
a = fib(10)
print(fib(10))
```

可以看出,斐波那契数列的推算规则其实就是 fib 函数所定义的,除第一个元素之外的后面任意一个元素都可以根据这个规则被推算出来,这种逻辑跟生成器的逻辑十分相似。下面试着用生成器的方法来实现上面的 fib 函数,上述函数中的 print()语句在函数每次运行时都需要打印,非常占内存,如果使用生成器将会省去很多空间。

这里用 yield 语句来创建生成器对象,包含 yield 语句的函数就称作生成器函数。yield 语句与 return 语句功能十分相似,都用于从函数中返回值。这两个语句的不同之处在于:一旦执行到 return 语句时,函数的运行就会立刻结束;而每次执行到 yield 语句时会返回一个值,然后将后面代码的执行先暂停。生成器函数的具体代码如下:

```
def fib(max):
    n,a,b =0,0,1
    while n < max:
        yield b
        a,b =b,a+b
        n = n+1
    return 'done'

a = fib(10)
print(fib(10))
```

使用了生成器函数之后的代码返回的就不再是一个值,而是一个生成器对象。生成器和函数的执行过程不同。函数是按顺序执行的,当遇到 return 语句或进行到最后一行语句时就会返回。生成器函数在每次调用 next()时执行,如果遇到 yield 语句就会返回,再次被 next()调用时就会从上次返回 yield 语句处执行。总体来说,生成器函数就是“用多少,算多少”,不会占用不必要的内存。

生成器函数与生成器表达式不同体现在,生成器函数是通过 def 关键字来定义的,然后借助 yield 关键字,一次只返回一个结果,然后暂时挂起,再重新开始;而生成器表达式会直接返回一个对象,这个对象只有在被需要的时候才会产生结果。

3.1.6 面向对象编程

Python 是一种面向对象的编程语言。这种编程思想从面向过程的编程思想中发展而来,使得开发人员能够更加灵活地编写代码,并且可以更好地实现代码的复用。

所谓的面向对象,就是把需求按照特点和功能进行划分,把有共同点的部分封装成对象。在面向对象编程的过程中,创建对象其实就是在描述某个事物在解决问题的步骤中的行为,而不是为了完成某一个步骤。Python 中的对象一般包含两部分:一部分是静态的部分,称作对象属性,无论是什么样的对象,它都会具备自己的属性;另一部分是动态的部分,称作对象的动作。总体来说,对象是由属性和操作封装在一起组成的。属性称为成员变量,动作称为成员方法。

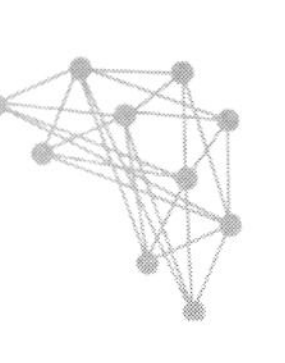

1. 类

将一些类型相同的对象进行分类，再将抽象之后得到的共同特征写在一起，就可以形成一个类。类是封装对象的属性和行为的载体，具有相同属性和行为的实体就称为一个类。例如，“人”这个类具有眼睛、头发和四肢等属性，也具有吃饭、睡觉、工作等行为。“人”这个类中的对象可以是成人、老人、小孩等。而对象是类的具体实例。

在Python中，如果想要使用一个类，就必须先定义这个类，然后再创建这个类的实例。定义一个类一般使用class关键字，后面加上一个空格，在空格的后面写上这个类的名字，接着是一对小括号，然后在小括号的后面加上一个冒号，最后就可以换行来定义这个类内部的其他内容。如果定义的类是从其他的基类中派生出来的，那么就需要在小括号中把所有的基类都放进去，然后使用逗号把这些基类一一分隔开。通常来说，按照Python的命名规范，会把类的首字母大写。从如下的例子中，可看出类的使用方法。

```
class Tree(object):
    def infor(self)
        print("this is a tree")
```

def infor(self)这一行代码是在这个类中定义的成员方法。

一个类定义完成之后，就可以创建这个类的实例。创建该类的实例的过程又称为实例化对象。具体代码如下：

```
tree=Tree()
tree.infor()
```

先实例化对象，然后调用这个对象的成员方法。输出结果为this is a tree。

一个类定义完成以后，可以手动创建一个__init__()方法。这个方法比较特殊，与Java中的构造方法有一点相似。每当创建一个类的新实例时，Python都会自动执行它。__init__()方法必须包含一个self参数，而且这个self参数只能是第一个参数。self参数是一个指向实例本身的引用，用于访问类中的属性和方法。在方法调用时会自动传递实参self，因此当__init__()方法只有一个参数时，在创建类的实例时就不需要指定实参了。

2. 成员变量

成员变量就是通过self开头，定义在类定义内部__init__函数的变量。

例如：self.inst='我是一个成员变量'(实例变量)。

下述代码显示了成员变量与类变量的区别。

```
class Test(object):
    getA = aaa

    def __init__(self):
        self.getB = bbb

    def func(self,val =d):
        getC =ccc
        self.getD = 111
```

```
        self.getE = eee
if __name__ == '__main__':
    inst = Test()

    print(Test.val1)
    print(inst.getA)
    print(inst.getB)
    print(inst.getC)
    print(inst.getD)
    print(inst.getE)
```

在这里，getA 是类变量，因为它可以直接由类名所调用，也可以通过对象来调用；getB 是成员变量，它通过类对象调用，并且以 self.形式进行调用；getC 是函数 func 内部的局部变量；getD 与 getE 虽然都以 self.的形式进行调用，但是它们并没有在构造函数时进行初始化，所以它们都不是成员变量。

由此可以看出，每一个类都具有自身的类变量，每当有一个 Test 类的对象被构造时，系统就会把当前的类变量复制给这个对象，同时复制过去的还有这个类变量的值。同时，当需要通过对象来修改某个类变量时，由于每个类变量都拥有独自的副本，所以在修改的过程中并不会影响到其他对象的类变量的值，更不会影响到这个类变量本身所拥有的值。只有类变量自身才可以修改其对应类所拥有的类变量的值。

3. 私有成员与公开成员

面向对象编程中拥有私有与公开两类属性。

没有进行私有化：

```
class Beauty:
    def __init__(self, name, age):
        self.name = name
        self.age = age

    def secret(self):
        print("%s 年龄%d" % (self.name, self.age))
```

输出：

```
Y=Beauty("杨贵妃", 20)
print(Y.age)  #20
Y.secret()  #杨贵妃 年龄 20
```

私有化之后：

```
class Beauty:
    def __init__(self, name, age):
        self.name = name
        self.__age = age#私有
```

```
    def secret(self):
        print("%s 的年龄是 %d" % (self.name, self.__age))
Y=Beauty("杨贵妃",20)
#不能在外部直接通过对象调用私有属性
#print(Y.age)
#报错 AttributeError: 'Beauty' object has no attribute 'age'
#但还是能通过内部方法调用对象的私有属性
Y.secret()  #杨贵妃 的年龄是 20  公有方法还是能够调用私有属性
```

综上可知，在类的内部以 function 与 var 为关键字来声明的方法都是私有方法，以 this 为关键字来声明的方法都是公开方法。

4. 成员方法

Python 的成员方法主要分为实例方法、类方法和静态方法。

（1）实例方法：实例就是类的具体例子，这个方法只能在通过实例初始化后进行调用。例如：

```
实例 chusan=Student()
  类 chusan
```

小明是一个初三学生，是 Student 中的一员，也是一个实例对象。所以 chusan 可以使用实例方法、类方法以及静态方法。即实例对象可以调用实例方法、类方法以及静态方法。

```
chusan.instance_method('小明')      #实例方法
chusan.class_method('小明')         #类方法
chusan.static_method('小明')        #静态方法
```

（2）类方法和静态方法："学生"是一个类对象，小明是"学生"中的一个实例对象，但是反过来，"学生"并没有"小明"这种特别的方法。

调用 Student.instance_method('小明')时，系统会报错 TypeError: instance_method() missing 1 required positional argument: 'name'

由此可以得知，类对象并不可以调用实例方法，但是可以调用类方法和静态方法。

```
Student.class_method('小明')        #类方法
Student.static_method('小明')       #静态方法
```

5. 属性

所有公开的数据成员都可以在外部被任何人访问与更改，因此它的合法性很难得到控制，其数据也容易遭到破坏。解决这个问题的常用方法就是定义私有数据成员，使用公开成员的方法对这些私有数据成员进行访问和修改，这样在修改或访问数据的同时，会对此进行合法性的检查，既提高了数据的安全性，也保证了程序的完整性。属性可以说是一种特殊的成员形式，它将公开数据成员和成员方法的优点结合起来，不仅可以像数据成员一样能被适时地访问，同时也能像成员方法一样可对值进行合法性检查。

3.1.7 封装、继承和多态

1. 封装

封装是面向对象编程中的第一大特征。具体来说，封装是描述某个对象的属性以及方法。以一只猫为例，猫的颜色大小都是它的属性，而猫会叫，就是它的方法。方法通过在类中定义函数而实现，进而将数据封装起来。封装数据的函数与类本身是捆绑在一起的，所以将其称为类的方法。

下面通过实例对封装进行描述：

梁飞的体重为 80.0 公斤；

梁飞每次运动之后会降低体重 1 公斤；

梁飞每次吃油炸食品体重会增加 1.5 公斤。

```
class Student:
    def __init__(self,name,weight):
        self.name = name
        self.weight = weight
    def sports(self):
        self.weight -= 1
        print("%s 运动减肥,体重降低" % self.name)
    def meals(self):
        self.weight += 1
        print("%s 吃垃圾食品,体重增加" % self.name)
    def __str__(self):
        return "学生是 %s 体重 %.2f 公斤" % (self.name, self.weight)
LF=Person('梁飞',66)
LF.eat()
LF.run()
print(LF)
```

得到结果：

```
梁飞 吃垃圾食品,体重增加
梁飞 运动减肥,体重降低
学生是 梁飞 体重 65.00 公斤
```

2. 继承

面向对象编程的第二大特征就是继承。当定义一个新的类时，如果两个对象有相同的部分，那么就可以将这部分共同点抽取出来作为父类，让子类(新类)去继承它。

继续使用上一个例子，对 Exam 类定义一个 do 方法：

```
class Exam(object):
    def do(self):
        print(Student is doing homework')
```

此时，如果需要定义一个新的子类 Study 类，就可以直接从 Exam 类进行继承：

```
class Study(Exam):
    pass
```

可以看出，Study 类就是 Exam 类的子类，而 Exam 类就是 Study 类的父类。继承的最

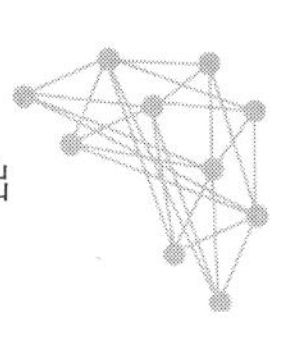

大优点就是子类可以获得父类的全部功能，在这里父类 Exam 类拥有 Study 类的 do 方法，于是它的子类 Study 类就直接获取了 do 方法，无须再加任何的定义：

```
Xiaowang = Xiaowang()
Xiaowang.do()
" Student is doing homework "
```

继承的另一个好处就是可在它继承的父类的功能上加以修改。下面建立一个 People 父类，Student 则为 People 的子类：

```
class People:
        def __init__(self, name, sex):
                self.name = name
                self. sex = sex
                print ' People init:%s' % self.name
        def human(self):
                print 'Name:%s, Sex:%d' % (self.name, self. sex),

class Student(People):
        def __init__(self, name, sex, height):
                People.__init__(self, name, sex)
                self. height = height
                print 'Student init:%s' % self.name
        def human(self):
                people. human(self)
                print height:%d' % self. Height
```

3. 多态

面向对象编程的第三大特征就是多态。多态指当子类与父类在某方面同时存在一种方法时，子类的方法将会覆盖父类的方法。继续前面的例子，Exam 父类与 Study 子类同时都存在着 do 方法，此时子类的 do 方法就会对父类的 do 方法进行覆盖。首先来看对象 Xiaowang 的数据类型：

```
>>> isinstance(Xiaowang,Study)
True
>>> isinstance(Xiaowang, Exam)
True
```

由此可见，小王同学这个实例对象不仅需要学习，还需要考试。

在一段继承关系中，当一个对象的数据类型是一个子类，那么这个对象的数据类型也可以被看作父类，但是反之，如果一个对象的数据类型是一个父类，那么它的数据类型不能被看作是子类，“辈分”不能乱了。在父类中所有新增加的子类都不需要对它的方法进行修改，所有依赖这个父类名作为参数的实例对象也无须进行修改就能被正常调用，这就是多态。

多态的优点主要表现在：如果有一个未知变量，已知其父类类型，但对其子类类型知之甚少，此时仍能放心地调用与之相关的方法，而调用方法具体作用的对象是根据运行时确定的对象类型来决定的。继续前面的例子，当要新增加一个 Study 类(Exam 的子类)时，只需要保证 do 方法的编写无误，那么就能方便地进行调用，而无须了解之前的代码是如何调用的。

3.1.8 运算符重载

这一节主要介绍 Python 面向对象编程中的运算符重载。运算符重载的主要意思是，当类的实例对象在内置操作中出现时，Python 会自行调用方法，在类中定义实现一个与运算符相对应的处理方法，让自定义的类生成的实例对象能运用运算符进行操作。

此时，类提供了一个名称特殊的方法，当在类的实例中出现了与它相关的表达式时，Python 就会自动调用方法。值得注意的是，在 C++ 中可以重载的赋值运算符与逻辑运算符，在 Python 中是不能重载的。

表 3.1 主要列举了一些常用的运算符重载。

表 3.1 运算符重载

方法名	运算符重载	说明
__init__	构造函数	对象创建：X=Class(args)
__del__	析构函数	X 对象收回
__add__	运算符“+”	如果没有_iadd_，X+Y，X+=Y
__or__	运算符“|”	如果没有_ior_，X|Y，X|=Y
__repr__，__str__	打印，转换	print(X)，repr(X)，str(X)
__call__	函数调用	X(* args，**kwargs)
__len__	长度	len(X)，如果没有__bool__，真值测试
__bool__	布尔测试	bool(X)
__contains__	成员关系测试	item in X(任何可迭代)
__index__	整数值	hex(X)，bin(X)，oct(X)
__new__	创建	在__init__之前创建对象

3.1.9 字符串简介

Python 中最常用的数据类型就是字符串，常用引号(单引号或双引号)来创建字符串。创建字符串只需给变量分配一个值。

```
a = 'Hello World!'
b = "Study Python!"
```

值得注意的是，单字符在 Python 中直接作为一个字符串使用，Python 中并没有单字符类型。

通常使用方括号截取部分字符串。

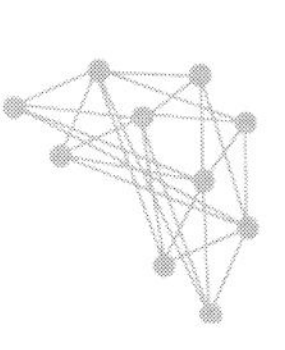

```
a = 'Hello World!'
b = "Study Python!"
print "a+b: ",a+b
print "b * 2: ",b * 2
print "a[0]: ", a[0]
print("b[1:5]: ", b[1:5])
```

得到结果：

```
a+b: Hello World! Study Python!
b * 2: Study Python!Study Python!
a[0]:  H
b[1:5]:  tudy
```

也可以对两个字符串进行连接。

```
a= 'Hello World!'
print("输出 :- ", a[:6] + 'Python!')
```

得到结果：

```
输出 :-  Hello Python!
```

表3.2主要介绍了一些常用的字符串运算符。

表3.2　常用字符串运算符

操作符	描　　述	实　　例
+	字符串连接	>>>a + b 'HelloPython'
*	重复输出字符串	>>>a * 2 'HelloHello'
[]	通过索引获取字符串中的字符	>>>a[1] 'e'
[:]	截取字符串中的一部分	>>>a[1:4] 'ell'
in	成员运算符——如果字符串中包含给定的字符，则返回True	>>>"H" in a True
not in	成员运算符——如果字符串中不包含给定的字符，则返回True	>>>"M" not in a True
r/R	原始字符串——所有的字符串都直接按照字面的意思来使用，没有转义或不能打印的特殊字符。原始字符串除在字符串的第一个引号前加上字母"r"(可以大小写)以外，与普通字符串有着几乎完全相同的语法	>>>print r'\n' \n >>> print R'\n' \n
%	格式化字符串	请看3.1.11节

3.1.10　转义字符

在平时输入时，有许多字符人们知道其含义，但无法通过键盘的方式表达出来，例如换行符、退格符等。表 3.3 主要介绍了一些常用到的转义字符。

表 3.3　常用转义字符

转义字符	描　　述
\(在行尾时)	续行符
\\	反斜杠符号
\'	代表一个单引号字符
\"	代表一个双引号字符
\a	响铃
\b	退格
\e	转义
\000	空
\n	换行
\v	纵向制表符
\t	横向制表符
\r	回车
\f	换页
\oyy	八进制数，yy 代表字符，例如\o12 代表换行
\xyy	十六进制数，yy 代表字符，例如\x0a 代表换行
\other	其他字符以普通格式输出

在 Python 中，如果需要定义一个字符串，可以直接使用单引号，例如 s='hello world!'。当字符串中出现单引号时，如要定义一个字符串 It's a tree.那么在一个字符串中就会出现两个单引号，这无疑是有歧义的。而这时，转义字符的作用就体现出来了。

```
s='it\'s a tree.'
```

在字符串里如果需要出现\，那么就需要写出\。

```
s = "退格符是\\b"
print(s)
```

得到结果：

```
退格符是\b
```

如果需要将列表 lst=['hello', 'world', 'python']中的单词以每个单词占一行的格式写入文件中，则需要运用 write 方法，可是 write 方法并不会主动添加换行符，只能手动加上。

```
lst=['hello', 'world', 'python']
with open('data', 'w')as f:
    for word in lst:
        f.write(word + "\n")
```

如果将 f.write(word+"\n")改成 f.write(word),那么将只能得到一行数据。

3.1.11　字符串格式化

在 Python 学习中有一句话:“There should be one-and preferably only one-obvious way to do it.”,翻译过来的意思就是“找到一种或仅有的一种方法去解决这个问题”。但是在 Python 中有 4 种主要方法进行字符串的格式化。

1. 使用%符号进行格式化

Python 能够使输出的字符串格式化,其中最简单的方法就是将一个值插入一个有字符串格式符 %s 的字符串中。Python 字符具有独有的内置操作,通过%符号可以轻松访问,于是就能够进行最简单的字符串格式化。如果读者有过一些 C 语言基础,应该很容易理解%号的使用风格。假设有变量 name=Xiaowang;age=18。

例如:

```
print("My name is %s and I am %d years old!" % (name,age))
```

输出结果:

```
My name is Xiaowang and I am 18 years old!
```

在这里,%s 和%d 格式符告诉了 Python 应该在哪里去替换名字和年龄的值。当然,还有许多其他格式符可以控制输出格式。

表 3.4 主要介绍了常用字符串格式化符号。

表 3.4　常用字符串格式化符号

符　　号	描　　述
%c	格式化字符及其 ASCII 码
%s	格式化字符串
%d	格式化整数
%u	格式化无符号整型
%o	格式化无符号八进制数
%x	格式化无符号十六进制数
%X	格式化无符号十六进制数(大写)
%f、%F	格式化浮点数,可指定小数点后的精度
%e	用科学计数法格式化浮点数

续表

符号	描述
%E	作用同%e,用科学计数法格式化浮点数
%g	智能选择使用%f 或%e 格式
%G	智能选择使用%F 或%E 格式
%p	用十六进制数格式化变量的地址

2. 使用 format()方法进行字符串格式化

在 Python 3 中出现了一种新的字符串格式化方法,之后它也被引入了 Python 2.7 版本中。这种新的字符串格式符无须继续使用%格式符,这就让字符串格式化的语法看上去更正规。这种方法就是通过在字符串对象上调用.format()来格式化字符串。

与%格式化使用的方法相同,使用 format()就能够简单地进行位置格式化。

例如:

```
print("Hello,{} ".format(name))
```

得到结果:

```
Hello,Xiaowang
```

这种方法也有一个好处,那就是可以按照名称引用变量进行替代,这就无须按照固定顺序进行输入。这是一项十分强大的功能,因为它能够实现在以任意顺序排列来显示顺序的情况下不更改 format 的值。仍以上文提到的名字和年龄变量为例:

```
print("My name is {name},and I am {age} years old.".format(age=age,name=name))
```

得到结果:

```
My name is Xiaowang,and I am 18 years old.
```

3. 使用 f-Strings 方法进行字符串格式化

在 Python 3.6 版本中加入了一种新的字符串格式化方法,也称为 formatted string literals(简称 f-Strings)。这种新的字符串格式化方法使得能够在字符串常量中加入 Python 的表达式。

例如:

```
f'Hello,{name}!'
```

得到结果:

```
Hello,Xiaowang!
```

因为这种方法在字符串常量前面加上了一个 f,因此得名 f-Strings。这种字符串格式化方法能够嵌入在任意 Python 表达式中,还可以用来进行一些内联运算,所以这种新的格式化方法是很强大的。

例如：

```
a,b=2,3
f'two plus three is {a+b} instead of {2 * (a+b)}.'
```

得到结果：

```
two plus three is 5 instead of 10.
```

formatted string literals 在 Python 中是一种 Python 解析器，利用它可以使 f-Strings 转换成字符串常量与表达式，由此得到最终的字符串。

4. 使用 Template 模板进行格式化

使用%符号字符串格式化虽然很强大，但它却有如下两个问题。

(1) 必须明确知道变量的类型，并且知道与之对应的格式化类型编码(例如%d 是用来格式化整数的)。当某些变量发生变化或者不确定的时候，就需要一个个去查找其所对应的格式化类型编码，十分麻烦。

(2) %符号占位太多，容易导致代码显得十分混乱，导致最后不容易找到每个占位符与其真实值的对应关系。

在 Python 中有一种字符串格式化工具称为模板字符串。这种工具就能够很好地解决上述的两种问题。操作方法如下。

(1) 先在 string 模板中引入模板方法，语句如下：

```
from string import Template
```

(2) 将格式化字符串作为参数传入 Template 方法中创建字符串模板，这里每个格式化字符串需要用 $ 作为格式符，与之后的真实值名字相照应，这被称作"关键字参数"。取名一定要符合 Python 变量的命名规则。

(3) 用真实值来替换关键字参数。语法如下：

```
模板.substitute(关键字参数 1=真实值 1,关键字参数 2=真实值 2…)
```

例如：

```
from string import Template as T
student={'name':'Xiaowang','age':'18','hobby':play basketball}
s=' My name is $name and I am $age years old.My hobby is $hobby.'
tmp=T(s)
tmp.substitute(name=student['name'],age=student['age'], hobby =student['hobby'])
```

得到结果：

```
My name is Xiaowang,and I am 18 years old.My hobby is play basketball.
```

本节主要介绍了 Python 中的 4 种字符串格式化方法，使用哪一种还是要根据具体情况酌情选择。

3.1.12 字符串常用操作

以一个字符串 happy 为例，这个字符串其实就是 h,a,p,p,y 几个字符的排列。一旦某

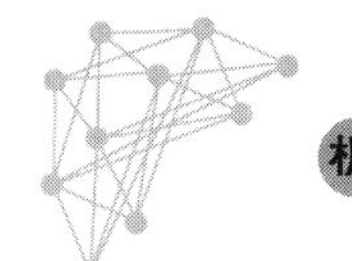

个字符排列的顺序错了,那么组合的字符串意思也就截然不同了。本节主要介绍 Python 中字符串的一些常用操作。

1. find()

find()的作用是检索字符串中是否含有指定的字符串,若不存在指定的字符串则返回−1,若存在直接返回首次出现该字符串的索引。

语法:

```
str.find(sub) (str=原字符串,sub=要检索的字符串)
```

例如:

```
str = 'This is a tree. '
a=str.find('c')
print(a)
```

得到结果:

```
-1
```

2. rfind()

rfind()的作用是返回字符串最后一次出现的位置(从右开始检索),若没有匹配结果则返回−1。

语法:

```
str.rfind(str, beg=0, end=len(string))
```

(beg=开始检索位置,默认 0;end=结束检索位置,默认字符串总长度)

例如:

```
str= 'This is a tree. '
sub='is'
print(str.rfind(sub)
print(str.rfind(sub, 0, 8))
print(str.rfind(sub, 8, 0))
print(str.find(sub))
print(str.find(sub, 0, 10))
print(str.find(sub, 10, 0))
```

得到结果:

```
5
5
-1
2
2
-1
```

3. count()

count()的作用是对指定的字符串进行计数,最后输出计数。

语法：

```
str.count(sub)
```

例如：

```
str='I like playing basketball,and he likes playing basketball too. '
a = str.count('basketball')
print(a)
```

得到结果：

```
2
```

4. index()

index()的作用与 find()相似，同样用来检索是否包含指定字符串，只是若输出结果是不存在，index()方法会抛出异常。

语法：

```
str.index(sub)
```

例如：

```
str = 'This is a tree. '
a=str.index('is')
print (a)
```

得到结果：

```
2
```

5. rindex()

rindex()的作用与 rfind()相似，同样是用来检索返回字符串最后一次出现的位置，只是若输出结果是不存在，rindex()方法会抛出异常。

语法：

```
str.rindex(str, beg=0, end=len(string))
```

例如：

```
str= 'This is a tree. '
sub='is'
print(str.rindex(sub))
print(str.index(sub))
```

得到结果：

```
5
2
```

6. split()

split()的作用是指定一个分隔符，通过分隔符将某字符串进行分割。可以设置一个参

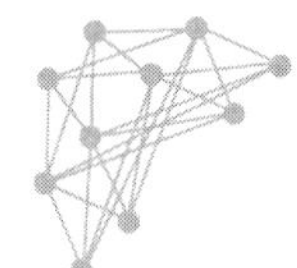

数值 num，则将原字符串分割为 num+1 个字符串。最后将分割后的字符串返回。

语法：

```
str.split(str="", num=string.count(str))
```

(str=分隔符，默认为所有的空字符，包括空格、换行符等；num=分割次数，默认为-1，即分割整个字符串)

例如：

```
str = "This is a cat \nThis is a dog \nI like it";
print(str.split())                          #以空格为分隔符，包含 \n
print(str.split(' ', 1))                    #以空格为分隔符，分隔成两个
```

得到结果：

```
' This is a cat ', 'This is a dog', 'I like it'
' This is a cat ', '\nThis is a dog \nI like it'
```

例如：

```
str="apple#peach#orange#pear"
a=str.split('#', 1)
print(a)
```

得到结果：

```
' apple ', ' peach#orange#pear '
```

7. rsplit()

rsplit()类似 split()方法，作用是指定一个分隔符，通过分隔符从字符串最后面开始对字符串进行分割，将分割后的字符串返回。默认分隔符为所有空字符，包括空格、换行符、制表符等。

语法：

```
str.rsplit(str="", num=string.count(str))
```

例如：

```
str='I like playing basketball. '
print(str.rsplit())
print(str.rsplit('b ', 1))
print(str.rsplit(a))
```

得到结果：

```
'I', 'like', 'playing', 'basketball.'
'I like playing basket', 'all.'
'I like pl', 'ying b', 'sketb', 'll.'
```

8. partition()

在 Python 2.5 中新增了 partition() 方法，其作用是设置一个指定的分隔符，通过分隔

符将字符串进行分割。若字符串中含有指定的分隔符，那么就返回一个三元的元组，包含分隔符左边的子串、分隔符，以及分隔符右边的子串。

语法：

```
str.partition(str)
```

例如：

```
str='apple#peach#orange#pear'
print(str.partition("#"))
```

得到结果：

```
'apple', '#', 'peach#orange#pear'
```

9. rpartition()

rpartition()方法与 partition()方法类似，只不过是从字符串的末尾(右边)开始进行分割，返回一个三元的元组，包含分隔符左边的子串、分隔符，以及分隔符右边的子串。

语法：

```
str.rpartition(str)
```

例如：

```
str='apple#peach#orange#pear'
print(str.partition("#"))
```

得到结果：

```
'apple#peach#orange', '#', 'pear'
```

10. join()

join()方法的作用是将某一序列中的元素以指定的字符连接，形成一个新的字符串，然后返回新字符串。

语法：

```
str.join(seq) (seq=要连接的序列)
```

例如：

```
str = "#";
seq = ("apple", "peach", "orange");         #字符串序列
print(str.join(seq))
```

得到结果：

```
apple#peach#orange
```

11. lower()

lower()方法的作用是将字符串中所有的大写字符转换成小写。

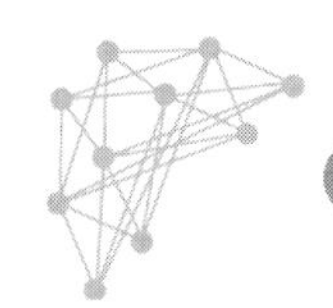

语法：

```
str.lower()
```

例如：

```
str="I LIKE PLAYING BASKETBALL."
print(str.lower())
```

得到结果：

```
i like playing basketball.
```

12. upper()

upper()方法的作用是将字符串中所有的小写字符转换成大写。

语法：

```
str.upper()
```

例如：

```
str=" I like playing basketball."
print(str.upper())
```

得到结果：

```
I LIKE PLAYING BASKETBALL.
```

13. capitalize()

capitalize()方法的作用是将字符串的首字母变成大写，其余变成小写。

语法：

```
str.capitalize()
```

例如：

```
str="cd,AbC"
print(str. capitalize())
```

得到结果：

```
Cd,abc
```

14. title()

title()方法的作用是将字符串标题化，即将所有单词的首字母大写，其余字母均为小写。

语法：

```
str.title()
```

例如：

```
str=" I like playing basketball."
print(str. title())
```

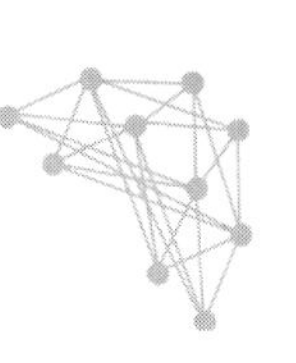

得到结果：

```
I Like Playing Basketball.
```

15. swapcase()

swapcase()方法的作用是将字符串中所有字母大小写进行转换。

语法：

```
str.swapcase()
```

例如：

```
str="cd,AbC"
print(str.swapcase())
```

得到结果：

```
CD,aBc
```

16. replace()

replace()方法的作用是将字符串中的旧字符串替换为新字符串。可指定参数 num,则替换次数不超过 num 次。

```
str.replace(old, new[, num])
```

例如：

```
str = "this is a tree;this is an apple"
print(str.replace("is", "was"))
print(str.replace("is", "was", 3))
```

得到结果：

```
thwas was a tree;thwas was an apple
thwas was a tree;thwas is an apple
```

17. maketrans()

maketrans()方法的作用是设置两个长度相同的字符串,将第一个字符串上的字符以一一对应的方式,转换成第二个字符串上的字符。

语法：

```
str.maketrans(fir, sec)
```

(fir=第一个字符串,即要被替代的字符串;sec=第二个字符串,即相对应的字符串)

例如：

```
fir="aiesb"
sec="12345"
trantab = maketrans(fir, sec)
str=" I like playing basketball."
```

```
print(str.translate(trantab))
```

得到结果：

```
2 l2k3 pl1y2ng 514k3t51ll.
```

18. translate()

translate()方法的作用是根据参数 table 给出的表(包含 256 个字符)转换字符串的字符，将需要过滤掉的字符存入 del 参数中。

语法：

```
str.translate(table[, deletechars])
```

其中,table=翻译表,翻译表是通过 maketrans 方法转换而来;deletechars=字符串中要过滤的字符列表。

以上述 maketrans()方法中的例子为例,删除'k' 和 'y'字符,语句如下：

```
from string import maketrans
fir="aiesb"
sec="12345"
trantab = maketrans(fir, sec)
str=" I like playing basketball."
print(str.translate(trantab, 'ky'))
```

得到结果：

```
2 l23 pl12ng 5143t51ll.
```

19. strip()

strip()方法的作用是指定某字符或序列(默认为空格),将其在字符串的头尾移除。该方法只可删除头尾字符。

语法：

```
str.strip([chars])
```

例如：

```
str1 = "aaaaaappleaaaaa"
print(str1.strip('a'))
str2 = "  apple       "
print(str2.strip())
```

得到结果：

```
pple
apple
```

20. rstrip()

rstrip()方法的作用是删除字符串末尾的指定字符(默认为空格)。

语法：

```
str.rstrip([chars])
```

例如：

```
str = "aaaaaappleaaaaa"
print(str.rstrip('a'))
```

得到结果：

```
aaaaaapple
```

21. lstrip()

lstrip()方法的作用是删除字符串头部的指定字符(默认为空格)。

语法：

```
str.lstrip([chars])
```

例如：

```
str = "aaaaaappleaaaaa"
print(str.lstrip('a'))
```

得到结果：

```
ppleaaaaa
```

22. startswith()

startswith()方法的作用是检查某字符串的开头是否为指定字符,若是则返回 True,若不是则返回 False。可设定参数值 start 与 end 来设置检测范围。

语法：

```
str.startswith(str, start=0,end=len(string))
```

例如：

```
str = "this is a tree."
print(str.startswith('this'))
print(str.startswith('is', 2, 4))
print(str.startswith('this', 2, 4))
```

得到结果：

```
True
True
False
```

23. endswith()

endswith()方法的作用是检查某字符串的结尾是否为指定字符,若是则返回 True,若不是则返回 False。可设定参数值 start 与 end 来设置检测范围。

语法：

```
str.endswith(suffix[, start[, end]])
```

例如：

```
str = "this is a tree."
suffix = "tree!!!"
print(str.endswith(suffix))
print(str.endswith(suffix,8))

suffix = "is"
print(str.endswith(suffix, 2, 4))
print(str.endswith(suffix, 2, 6))
```

得到结果：

```
True
True
True
False
```

24. isalnum()

isalnum()方法的作用是检查字符串是否由字母和数字构成。若是则返回 True,若不是则返回 False。

语法：

```
str. isalnum()
```

例如：

```
str1 = "apple123"
print(str1.isalnum())

str2 = "www.apple123.com"
print(str2.isalnum())
```

得到结果：

```
True
False
```

25. isalpha()

isalpha()方法的作用是检查字符串是否仅由字母构成。若是则返回 True,若不是则返回 False。

语法：

```
str.isalpha()
```

例如：

```
str1 = "apple"
print(str1.isalpha())

str2 = "我爱吃 apple"
print(str2.isalpha())
```

得到结果：

```
True
False
```

26. isdigit()

isdigit()方法的作用是检查字符串是否仅由数字构成。若是则返回 True，若不是则返回 False。

语法：

```
str.isdigit()
```

例如：

```
str1 = "123456"
print(str1.isdigit())

str2 = " apple123"
print(str2.isdigit())
```

得到结果：

```
True
False
```

27. isspace()

isspace()方法的作用是检查字符串是否仅由空格构成。若是则返回 True，若不是则返回 False。

语法：

```
str.isspace()
```

例如：

```
str1 = "              "
print(str1. isspace())

str2 = "    apple      "
print(str2. isspace())
```

得到结果：

```
True
False
```

28. isupper()

isupper()方法的作用是检查字符串是否全由大写字母构成。若是则返回 True,若不是则返回 False。

语法:

```
str.isupper()
```

例如:

```
str = "THIS IS A TREE"
print(str. isupper())
```

得到结果:

```
True
```

29. islower()

islower()方法的作用是检查字符串是否全由小写字母构成。若是则返回 True,若不是则返回 False。

语法:

```
str.islower()
```

例如:

```
str = "This is a tree"
print(str. islower())
```

得到结果:

```
False
```

30. center()

center()方法的作用是将原字符串居中后用空格填补至长度为 width 的新字符串,默认填充字符为空格。

语法:

```
str.center(width[, fillchar])
```

其中,width=新字符串长度;fillchar=填充字符。

例如:

```
str = "tree"
str.center(20, '#')
```

得到结果:

```
########tree########
```

31. ljust()

ljust()方法的作用是将原字符串向左对齐后用空格填补至长度为 width 的新字符串，默认填充字符为空格。若 width 小于原字符串的长度，则返回原字符串。

语法：

```
str.ljust(width[, fillchar])
```

例如：

```
str = "tree"
print(str.ljust(10, 'a'))
```

得到结果：

```
treeaaaaaa
```

32. rjust()

rjust()方法的作用是将原字符串向右对齐后用空格填补至长度为 width 的新字符串，默认填充字符为空格。若 width 小于原字符串的长度，则返回原字符串。

语法：

```
str.rjust(width[, fillchar])
```

例如：

```
str = "tree"
print(str.rjust(10, 'a'))
```

得到结果：

```
aaaaaatree
```

33. zfill()

zfill()方法的作用是将原字符串向右对齐，前面填充 0。

语法：

```
str.zfill(width)
```

例如：

```
str = "tree"
print(str.zfill(10))
print(str.zfill(15))
```

得到结果：

```
000000tree
00000000000tree
```

3.1.13　正则表达式

正则表达式（regular expression），又被称为规则表达式，常被简写为 regex 或 RE。

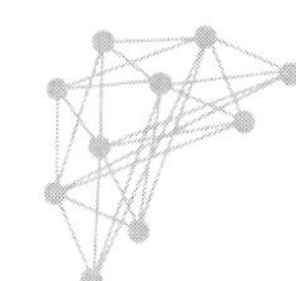

Python 的使用实际上就是在和字符串做交流，而正则表达式是一种非常强大的字符串处理工具，它能够检索或替代符合用户指定的某种规则的字符串，它们可以是一些英文词组、TeX 命令或是任何用户需要的东西。本节将从几个方面来介绍正则表达式。

1. 元字符

大多数的字母和字符都能够匹配到它们本身，正则表达式的库在 re 库里，使用 findall() 方法就可以进行匹配。

例如：

```
import re
s='hello world'
r=re.findall('hello',s)
print(r)
```

得到结果：

```
['hello']
```

可是，还有小部分特殊的字符是不能匹配到它们本身的，称为元字符(metacharacter)。正因为这些元字符难以匹配，才使得正则表达式可以与 find()方法区分开来。接下来着重介绍一些主要的元字符及其作用。

(1) 元字符“.”。

元字符“.”能够匹配到任意字符，只有换行符(\n)与回车符(\r)除外，其他字符串都以单个字符的形式返回。

例如：

```
import re
s='apple123\n'
r=re.findall('.',s)
print(r)
```

得到结果：

```
['a','p','p,'l','e','1','2','3']
```

如果想要得到换行符或回车符，就需要在 findall 后添加一个修饰符 re.S。

例如：

```
s='apple123\n'
r=re.findall('.',s,re.S)
print(r)
```

得到结果：

```
['a','p','p,'l','e','1','2','3','\n']
```

(2) 元字符“^”。

^string 表示所匹配的字符串是否以 string 开头，若是则返回 string 的列表，若不是则返

回空列表。

例如：

```
s='apple123\nApple123\napple'
r=re.findall('^apple',s)
print(r)
```

得到结果：

```
['apple']
```

此时的s字符串实际上是个三行字符串，如果想进行多行匹配，可以在findall后添加一个修饰符re.M。

例如：

```
s='apple123\nApple123\napple'
r=re.findall('^apple',s,re.M)
print(r)
```

得到结果：

```
['apple','apple']
```

因为第二行Apple中的A是大写，所以不能匹配成功。如果想要忽视大小写进行匹配，可以在findall后添加一个修饰符re.I。如果同时又想进行多行匹配，则只需要在两个修饰符之间加上一个“|”进行分割。

例如：

```
s='apple123\nApple123\napple'
r=re.findall('^apple',s,re.M|re.I)
print(r)
```

得到结果：

```
['apple','Apple','apple']
```

(3) 元字符“$”。

元字符“$”与“^”用法类似，只是表示匹配是否以某字符串结尾。但有一点需要注意：匹配的字符串包括换行符，即包括\n在内的整个字符串。

例如：

```
s='apple123\nApple\napple'
r=re.findall('Apple',s)
print(r)
```

得到结果：

```
[]
```

此时也是一个三行字符串，如果想要进行多行匹配，同样需要加上修饰符re.M。

例如：

```
s='apple123\nApple\napple'
r=re.findall('Apple',s,re.M)
print(r)
```

得到结果：

```
['Apple']
```

(4) 元字符“*”“+”“?”。

这三个元字符都是表示匹配次数的，其中“*”表示匹配前一个元字符任意次(0～n)；“+”表示匹配1～n次；“?”表示匹配0～1次。

例如：

```
s='b\nbe\nbee'
r=re.findall('be*',s,re.M)
print(r)
```

得到结果：

```
['b','be','bee']
```

这个代码的作用是在b开头后接上e，但因为是"*"，所以e出现的次数是任意的，所有符合条件的结果都会被列入返回列表中。因为加入了修饰符re.M，所以这是一个多行匹配。

例如：

```
s='b\nbe\nbee'
r=re.findall('be+',s,re.M)
print(r)
```

得到结果：

```
['be','bee']
```

例如：

```
s='b\nbe\nbee'
r=re.findall('be?',s,re.M)
print(r)
```

得到结果：

```
['b','be','be']
```

此代码中的bee其实也满足b开头后接e的要求，但是因为使用了元字符"?"，所以只取了be，第二个e不满足要求，于是被舍去。

例如：

```
s='b\nbe\nbee'
```

```
r=re.findall('bee?',s,re.M)
print(r)
```

得到结果：

```
['be','bee']
```

因为这里匹配的是 bee,所以 b 不符合要求,而 bee 满足要求。

(5) 元字符“{m,n}”。

元字符“{m,n}”与上述三个元字符类似,都表示匹配次数,只不过"{m,n}"能够控制匹配的具体次数。

例如：

```
s='b\nbe\nbee'
r=re.findall('be{0,}',s,re.M)
print(r)
r=re.findall('be{1,}',s,re.M)
print(r)
r=re.findall('be{0,1}',s,re.M)
print(r)
r=re.findall('be{2}',s,re.M)
print(r)
```

得到结果：

```
['b','be','bee']
['be','bee']
['b','be','be']
['bee']
```

(6) 元字符“[]”。

元字符“[]”控制匹配的内容,它可以匹配一个字符的集合,也可以匹配单独字符。其中,如果想要匹配两个字母之间的所有字母,可以在字母间使用“-”表示出来。

例如：

```
s='ack afk akk apk acc adk apket'
r=re.findall('a[fcp]k',s)
print(r)
r=re.findall('a[c-f]k',s)                #cdef
print(r)
r=re.findall('a[^fcp]k',s)               #取反
print(r)
```

得到结果：

```
['ack','afk','apk','apket']
['ack','afk','adk']
['akk','acc','adk']
```

(7) 元字符“|”。

元字符“|”表示选择元字符,用于选择在“|”前后的字符串进行匹配。

例如:

```
s='d\ndog\nfog'
r=re.findall('d|fog',s,re.M)
print(r)
r=re.findall('[d|f]og',s,re.M)
print(r)
```

得到结果:

```
['d','d','dog']
['dog','fog']
```

(8) 元字符“()”。

元字符“()”表示分组元字符,用于将()内的元素分为一组,返回()中整体匹配的内容,且只返回元字符“()”选择的内容。

例如:

```
s='d\ndog\nfog'
r=re.findall('[d|f](o*)',s,re.M)
print(r)
```

得到结果:

```
['','o','o']
```

(9) 转义元字符“\”。

“\”后加上不同的字符会表示不同的含义。

具体对应含义如表3.5所示。

表3.5 常用转义元字符对应含义

符 号	描 述
\d	匹配任何十进制数,相当于[0-9]
\D	匹配任何非数字字符,相当于 [^0-9]
\s	匹配任何空白字符,相当于 [\t\n\r\f\v]
\S	匹配任何非空白字符,相当于 [^\t\n\r\f\v]
\w	匹配任何字母数字下画线字符,相当于[a-zA-Z0-9_]
\W	匹配任何非字母数字下画线字符,相当于[^a-zA-Z0-9_]

例如:

```
s='dsklsd 214 9daf92d kiw@126.com #(sda&)'
res=r"\d"
```

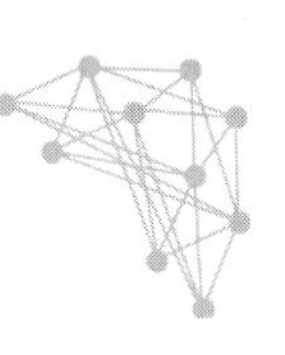


```
r=re.findall(res,s)
print(r)
```

得到结果：

```
['2','1','4','9','9','2','1','2','6']
```

例如：

```
res=r"\D"
r=re.findall(res,s)
print(r)
```

得到结果：

```
['d','s','k','l','s','d',' ',' ','d','a','f','d',' ','k','i','w','@','.','c','o',
'm',' ','#','(','s','d','a','&',')']
```

例如：

```
res= r"\s"
r=re.findall(res,s)
print(r)
```

得到结果：

```
[' ',' ',' ',' ']
```

例如：

```
res= r"\w"
r=re.findall(res,s)
print(r)
```

得到结果：

```
['d','s','k','l','s','d','2','1','4','9', 'd','a','f','9','2','d', 'k','i','w',
'1','2','6','c','o','m', 's','d','a']
```

例如：

```
res= r"\W"
r=re.findall(res,s)
print(r)
```

得到结果：

```
[' ',' ', ' ', '@','.', ' ','#','(', '&',')']
```

2. 模块

正则表达式中可以设置一些标志修饰符来控制匹配的模式，如同前文提及的控制多行匹配的 re.M 就属于修饰符之一。修饰符被指定为一个可选的标志。如果有多个标志同时

存在,可以用符号“|”进行同时指定。

(1) re.ASCII。

简写为 re.A,使\w, \W, \b, \B, \d, \D, \s 和 \S 只匹配 ASCII,而不是 Unicode,只对 Unicode 有效。

(2) re.IGNORECASE。

简写为 re.I,表示忽略大小写的匹配。如表达式[A-Z],也能够匹配到小写的字符。在没有设置 re.A 的情况下,对 Unicode 匹配(比如 Ü 匹配 ü)同样有效。

(3) re.LOCALE。

简写为 re.L,根据当前环境的语言区域决定\w, \W, \b, \B 和大小写的敏感匹配。这个标志仅仅对 byte 有效。

(4) re.MULTILINE。

简写为 re.M,能够使元字符“^”与“$”匹配多行字符串的头部与尾部。

(5) re.DOTALL。

简写为 re.S,能使元字符“.”匹配任何字符,包括换行符。

(6) re.VERBOSE。

简写为 re.X,这个标志可以让用户编写更具有可读性的正则表达式,空白的符号会被忽略,也可以分段添加注释。

3. 函数

Python 中的 re 模块提供了许多种非常方便的函数,可以让用户使用正则表达式来操作字符串,每一种函数都有不同的使用环境,也都拥有属于自己的特性,下面介绍一些主要会使用到的函数。

(1) re.search(pattern, string, flags=0)。

re.search 是从字符串的起始位置开始进行匹配的一种函数,返回相应的匹配对象,若无匹配对象则返回 None。

例如:

```
>>> import re
>>> pattern = re.compile(r'd+')
>>> s = pattern.match('apple123peach456')
>>> print s
None
>>> s = pattern.match('apple123peach456',5,10)
>>> m.group(0)
'123'
>>> m.span(0)                           #可省略 0
(5, 8)
```

(2) re.search(pattern, string, flags=0)。

re.search 对整个字符串进行扫描,将第一个成功匹配的对象返回,若无匹配则返回 None。re.search 与 re.match 的区别在于,前者是直到找到符合的对象才返回,而后者是只看字符串头部符不符合。

例如：

```
>>>import re
>>>print(re.search('www', 'www.google.com').span())
>>>print(re.search('com', 'www.google.com ').span())
```

得到结果：

```
(0, 3)
(11, 14)
```

(3) re.findall(pattern, string, flags=0)。

re.findall 函数是最基础的一种函数，其作用是对字符串返回一个不重复的样式的匹配列表，从左到右对字符串进行扫描，将符合条件的按顺序返回。当样式中含有多个组时，则返回一个组合列表。如果存在空匹配，则也会包含在结果里。

(4) re.finditer(pattern, string, flags=0)。

re.finditer 用法与 re.findall 类似，同样是对整个字符串进行搜索，然后返回所有符合条件的结果。区别是 re.finditer 函数将会返回一个顺序访问每一个匹配结果的迭代器。

(5) re.split(pattern, string, maxsplit=0, flags=0)。

re.split 将字符串按照指定样式进行分割后返回列表，如果在样式中存在括号，那么组中所有的文字都会包含在列表中。可以设置最大分割次数 maxsplit。

例如：

```
>>> re.split(r'\W+', 'Hello, hello, hello.')
['Hello', 'hello', 'hello', '']
>>> re.split(r'(\W+)', ' Hello, hello, hello.')
['Hello', ', ', 'hello', ', ', 'hello', '.', '']
>>> re.split(r'\W+', ' Hello, hello, hello.', 1)
['Hello', 'hello, hello']
>>> re.split('[a-e]+', '21c8A', flags=re.IGNORECASE)
['2', '1', '8']
```

(6) re.sub(pattern, repl, string, count=0, flags=0)。

re.sub 能将设置的 repl 替换字符串中最左边的 pattern，如果没有符合条件的 pattern，则返回原字符串。repl 可以是字符串也可以是函数。如果是一个字符串，那么所有的转义元字符(换行符、回车符等)都会被处理。

例如：

```
>>> re.sub(r'def\s+([a-zA-Z_][a-zA-Z_0-9]*)\s*\(\s*\):',
...         r'i love python*\npy_\1(void)\n{',
...         'def pyobject():')
' i love python*\npy_pyobject(void)\n{'
```

(7) re.subn(pattern, repl, string, count=0, flags=0)。

re.subn 函数与 re.sub 函数类似，只是返回的是一个含有字符串与替换次数的元组。

4. 正则表达式对象(正则对象)

正则对象是一种编译后的正则表达式，是使用 compile 函数生成的 Pattern 对象。它在许多方面与 re 模块中的多数函数相对应，但是在使用上有些许差别。

(1) Pattern.search(string[, pos[, endpos]])。

Pattern.search 会检索整个字符串中第一个匹配的位置，同时返回一个匹配的对象。如果没有匹配，则返回 None。其中可选的 pos 参数表示在字符串中开始检索的位置，默认为 0，它与字符串切片并不完全一样。元字符"^"匹配的是字符串中真正的开头与换行符后第一个字符，但是不会匹配检索规定开始的位置。可选的 endpos 参数表示字符串中结束检索的位置，如果 endpos 小于 pos，则不会产生匹配结果。

例如：

```
>>> pattern = re.compile("p")
>>> pattern.search("python")
Match at index 0
<re.Match object; span=(0, 1), match='p'>
>>> pattern.search("python", 1)
No match; search doesn't include the "p"
```

(2) Pattern.match(string[, pos[, endpos]])。

Pattern.match 检索字符串开始的位置，如果能够找到与样式匹配的对象则返回，如果不匹配则返回 None。参数 pos 与 endpos 的意义与 search()中的相同。

例如：

```
>>> pattern = re.compile("y")
>>> pattern.match("python")
No match as "o" is not at the start of "python".
>>> pattern.match("python", 1)
Match as "y" is the 2nd character of "python".
<re.Match object; span=(1, 2), match='o'>
```

(3) Pattern.fullmatch(string[, pos[, endpos]])。

Pattern.fullmatch 表示整个字符串都匹配正则表达式时，返回相应的匹配对象，若无则返回 None。参数 pos 与 endpos 的意义与 search()中的相同。

例如：

```
>>> pattern = re.compile("y[tp]")
>>> pattern.fullmatch("python")
No match as "o" is not at the start of "python".
>>> pattern.fullmatch("ytho")
No match as not the full string matches.
>>> pattern.fullmatch("python", 1, 3)
<re.Match object; span=(1, 3), match='yt'>
```

5. 分组用法

在 Python 的正则表达式中，不仅可以进行是否匹配的判断，还有着提取子串这样的功能。圆括号用来表示要提取的分组(group)。

例如：

```
>>> m = re.match(r"(\w+) (\w+)", "Albert Einstein, physicist")
>>> m.group(0)                              #全部匹配
'Albert Einstein'
>>> m.group(1)                              #第一个括号子组
'Albert'
>>> m.group(2)                              #第二个括号子组
Einstein'
>>> m.group(1, 2)                           #多个参数返回一个元组
('Albert', 'Einstein')
```

如果在正则表达式中使用了(? P<name>…)的语法，那么 group 参数在标识组字符串也可以通过组名称来完成。当字符串参数在分组时没有在模式中被用作组名称，那么就会发生 IndexError 异常。

例如：

```
>>> m = re.match(r"(? P<first_name>\w+) (? P<last_name>\w+)", "Albert Einstein")
>>> m.group('first_name')
'Albert'
>>> m.group('last_name')
'Einstein'
```

6. 编译

最后就是正则表达式的编译工作了，通常使用 re.compile 函数来进行正则表达式的编译，生成的是一个 pattern 对象，以方便 search()方法和 match()方法的使用。

在使用正则表达式时，re 模块主要会进行以下两项工作：

(1) 对正则表达式进行编译，若字符串不合乎规则，就会报错。

(2) 对编译后的正则表达式进行字符串的匹配工作。

当同一个正则表达式需要重复千百次的使用，这时可以对它进行适当的编译，在之后重复使用它时就不需要进行编译这项工作，大大提高了效率。

例如：

```
import re
>>>pattern = re.compile(r'd+')                          #匹配至少一个数字
>>>m = pattern.match('abc123defghi45jklmn')             #先在头部进行查找，发现没有匹配
>>>print(m)
>>>m = pattern.match('abc123defghi45jklmn', 2, 10)      #从 c 的位置开始匹配，发现没有匹配
>>>print(m)
>>>m = pattern.search('abc123defghi45jklmn', 3, 10)     #从 1 的位置开始匹配，发现正好匹配
>>>print(m)
```

得到结果：

```
None
None
<_sre.SRE_Match object at 0x6eb37dabe694>
```

3.1.14 文件基本操作

在平时的编译工作中经常会用到各种文件，故而在 Python 中文件操作的使用也相当频繁。基本的文件操作包含了创建、读、写、替换等。在 Python 中有一些内置的文件操作函数，可以让用户更加方便地对文件进行操作。本节主要介绍这些文件操作函数。

1. 创建、打开与关闭文件

在 Python 中可使用 open()函数将文件创建或打开，open()函数的语法为

```
file=open(filename[,mode[,buffering]])
```

其中，参数 filename 表示想要创建或打开的文件名；mode 表示文件的打开方式，默认为只读；buffering 表示文件的缓冲模式，1 表示表达式缓存，0 表示表达式不缓存，默认为 1。参数 mode 与 buffering 为可选参数。

open()函数主要实现的功能为：

① 将一个原本不存在的文件先创建后打开，在创建时可以选择 mode 参数 w、w+、a、a+等。例如：

```
new_wd=open(r'C:\Users\Dell\python.doc',mode='w+')
new_wd.close()
```

② 将一些例如图片、音频等非文本的文件用二进制的形式打开。例如：

```
pic = open(r'C:\Users\Dell\sunflower.jpg','rb')
print(pic)
```

在打开文件时，对文件指定编码形式，默认使用 GBK 编码。

表 3.6 列出了一些 open()函数中可选的不同模式及其对应描述。

表 3.6 不同模式打开文件

模式	描　　述
r	以只读方式打开文件。文件的指针将会放在文件的开头，为默认模式
rb	以二进制格式打开一个文件用于只读。文件指针将会放在文件的开头，为默认模式
r+	打开一个文件用于读写。文件指针将会放在文件的开头
rb+	以二进制格式打开一个文件用于读写。文件指针将会放在文件的开头
w	打开一个文件只用于写入。如果该文件已存在则打开文件，并从开头开始编辑，即原有内容会被删除。如果该文件不存在，创建新文件
wb	以二进制格式打开一个文件只用于写入。如果该文件已存在则打开文件，并从开头开始编辑，即原有内容会被删除。如果该文件不存在，创建新文件

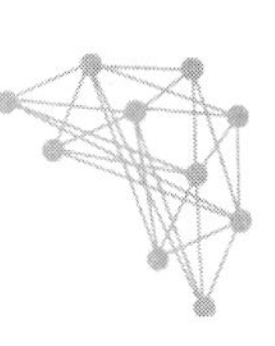

续表

模式	描　　述
w+	打开一个文件用于读写。如果该文件已存在则打开文件，并从开头开始编辑，即原有内容会被删除。如果该文件不存在，创建新文件
wb+	以二进制格式打开一个文件用于读写。如果该文件已存在则打开文件，并从开头开始编辑，即原有内容会被删除。如果该文件不存在，创建新文件
a	打开一个文件用于追加。如果该文件已存在，文件指针将会放在文件的结尾，也就是说，新的内容将会被写入已有内容之后。如果该文件不存在，创建新文件进行写入
ab	以二进制格式打开一个文件用于追加。如果该文件已存在，文件指针将会放在文件的结尾，也就是说，新的内容将会被写入已有内容之后。如果该文件不存在，创建新文件进行写入
a+	打开一个文件用于读写。如果该文件已存在，文件指针将会放在文件的结尾，文件打开时会是追加模式。如果该文件不存在，创建新文件用于读写
ab+	以二进制格式打开一个文件用于追加。如果该文件已存在，文件指针将会放在文件的结尾。如果该文件不存在，创建新文件用于读写

在用open()函数打开文件后，要记得关闭文件，如果未关闭可能会出现一些难以预料的意外。关闭文件的语法为

```
file.close()
```

2. 使用with语句打开文件

使用open()函数打开文件，需要伴随着一个close()来关闭。而用with语句处理文件的优点就在于，无论是否抛出异常，都可以保证在with语句处理文件结束后自动关闭之前打开的文件。

语法：

```
with expression as target:
with-body
```

其中参数expression表示指定的一个表达式，例如open()函数；target用来指定一个变量，并将之前的表达式结果存入这个变量中；with-body表示with语句体，多是在执行with语句后与之相关的操作语句。

例如：

```
with open(r'C:\Users\Dell\python.txt','w',encoding='utf-8') as file:
file.write('I love python.')
print(file)
py=open(r'C:\Users\Dell\python.txt','r',encoding='utf-8')
print(py.read())
py.close()
```

得到结果：

```
<_io.TextIOWrapper name='C:\\Users\\ Dell \\python.txt' mode='w' encoding='cp897'>
I love python.
```

3. 读取文件

当想要读取已存在文件中的内容时,可以用 read()函数来读取这个文件。具体语法为

```
file.read([size])
```

其中,可选参数 size 表示想要读取的字符个数,默认为全部读取。

例如:

```
with open(r'C:\Users\Dell\python.txt ','r',encoding='utf-8') as file:
a=file.read()
print(a)
```

得到结果:

```
I love python.
```

如果只想读取一个文件中的部分内容,就要先用 seek()函数将文件的指针移动到指定位置。语法为

```
file.seek(offset[,whence])
```

参数 offset 表示指定移动字符的个数,具体位置取决于 whence 的位置,whence 表示要开始读取的位置;0 表示从文件开始的位置开始计算;1 表示当前位置开始计算;2 表示从文件尾部的位置开始计算,默认为 0。值得注意的是,一个汉字占 2 个(GBK 编码)或 3 个(UTF-8)offset 字符,其余类型字符占 1 个 offset 字符。

例如:

```
with open(r'C:\Users\Dell\python.txt ','r',encoding='utf-8') as file:
file.seek(2)
a=file.read()
print(a)
```

得到结果:

```
love python.
```

如果想读取一行或全部行,可使用方法:

```
file.readline()
```

或

```
file.readlines()
```

需要注意的是,选择打开文件的模式只可设置为 r 或 r+。

3.1.15 目录操作(文件夹操作)

在 Python 中同样可以对文件目录(文件夹)进行操作,其中 os 模块提供了许多方法对文件夹与目录进行操作。本节主要对这方面进行介绍。

1. os 模块

os 模块是 Python 系统编程中的一个操作模块，它可以对目录和文件夹进行处理，例如查找需要操作的文件，或是对文件的路径进行操作等，减少了人工操作。

第一步就需要导入 os 模块，语句为

```
import os
```

os 模块中包含了许多不同功能的函数。表 3.7 列出了常用的函数。

表 3.7　os 模块常用函数

函　　数	描　　述
getcwd()	查看当前所在目录(路径)
chdir(path)	把 path 设置为当前工作目录
listdir()	返回指定目录下的所有文件和目录名
mkdir(path[.mode])	创建目录
makedirs(path1/path2…[.mode])	创建多级目录
rmdir(path)	删除目录
removedirs(path1/path2…[.mode])	删除多级目录

2. os.path 模块

os.path 模块包含的是一些文件夹或目录路径的方法。常用的方法及例子如下：

(1) os.path.abspath(file)：返回文件所在的绝对路径。

```
import os
print(os.path.abspath("os_path.py"))
```

得到结果：

```
D:\Study\py\os.path.py
```

(2) os.path.basename(path)：只返回文件名，而不返回目录路径。

```
import os
print(os.path.basename("D:\Study\py\os.path.py"))
```

得到结果：

```
os_path.py
```

(3) os.path.dirname(path)：只返回路径名，而不返回文件名。

```
import os
print(os.path.dirname("D:\Study\py\os.path.py"))
```

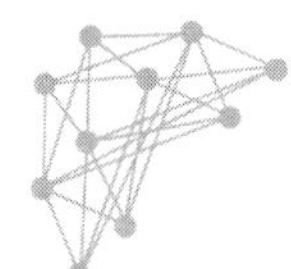

得到结果：

```
D:\Study\py
```

(4) os.path.commonprefix(list)：在返回的所有路径中，选择共有的最长的路径。

```
import os
print(os.path.commonprefix(["D:\Study\py\os.path.py", "D:\Study\py\.idea\
python1.doc"]))
```

得到结果：

```
D:\Study\py
```

(5) os.path.join(path1[, path2[, …]])：把目录和文件名合成为一个路径。

```
import os
print(os.path.join("D:\Study\py","os.path.py"))
```

得到结果：

```
D:\Study\py\os.path.py
```

(6) os.path.normcase(path)：将路径中的大小写和斜杠转换。

```
import os
print(os.path.normcase("D:\STUDY/py\os.path.py"))
```

得到结果：

```
d:\study\py\os.path.py
```

(7) os.path.realpath(file)：返回文件的真实路径。

```
import os
print(os.path.realpath("os.path.py"))
```

得到结果：

```
D:\Study\py\os.path.py
```

(8) os.path.split(path)：将路径分为路径与文件名两部分后，返回一个元组。

```
import os
print(os.path.split("D:\Study\py\os.path.py"))
```

得到结果：

```
('D:\Study\py', 'os.path.py')
```

(9) os.path.splitext(path)：将路径分为文件名与扩展名两部分后，返回一个元组。

```
import os
print(os.path.splitext("D:\Study\py\os.path.py"))
```

得到结果：

```
('D:\Study\py\os.path', '.py')
```

(10) os.path.relpath(path[, start])：从 start 开始计算相对路径。

```
import os
print(os.path.relpath("D:\Study\py\os.path.py", "Study"))
```

得到结果：

```
..\os.path.py
```

3. shutil 模块

shutil 模块主要用于处理一些高级的文件、文件夹以及压缩包等，也常用于文件的复制工作。一些关于 shutil 模块的使用方法如下：

(1) `shutil.copyfileobj(fsrc,fdst[,length])`

表示将文件对象进行复制，其中参数 fsrc 与 fdst 是 open 打开后的文件对象。

(2)
```
import shutil
with open('d:/python1','r+') as f1:
    f1.write('ilovepython')
    f1.flush()
    with open('f:/python2','w+') as f2:
        shutil.copyfileobj(f1,f2)
```

执行上述语句后会发现 f2 是个空文件，这是因为当写入 f1 文件后，指针指向的是 f1 的尾部，所以此时不会复制到任何内容。

(3)
```
import shutil
with open('d:/python1','r+') as f1:
    f1.write('ilovepython')
    f1.seek(0)                                  #指向头部
    f1.flush()
    with open('f:/python2','w+') as f2:
        shutil.copyfileobj(f1,f2)
```

使用上述代码即可复制成功。

(4) `shutil.copyfile(src,dst,*,follow_symlinks=True)`

该语句同样是复制文本的内容，但是不包含元数据。参数 src、dst 表示文件的路径字符串，其实本质上还是调用 copyfileobj 方法。

(5) `shutil.copymode(src,dst,*,follow_symlinks=True)`

该代码用于将文件 src 的权限位复制给 dst(src 和 dst 都是字符串类型的路径名)。若参数 follow_symlinks 的值是 False 且 src 和 dst 都是软链接，那么将修改 dst 软链接文件而非源文件的权限，所以该函数并不是在所有平台都可用。如果它不能修改本地平台的软链接但又执行了相关操作，则会直接返回 None 而不进行其他操作。

(6) `shutil.copystat(src, dst, *, follow_symlinks=True)`

该语句可将 src 的权限位、最后修改时间、最后访问时间和标志(flag)复制给 dst,文件或目录都可以,在 Linux 平台上还会复制扩展属性。当参数 follow_symlinks 值是 False,同时 src 和 dst 都是软链接时,这个函数将直接操作软链接而不对源文件(目录)进行操作。

注意:并不是所有的平台都可以对软链接进行修改和查看,可以在 Python 中查看具体可以使用的功能列表。

当 os.utime in os.supports_follow_symlinks 值是 True 时,copystat()可以对软链接最后的访问时间和最后的修改时间进行修改。

当 os.chmod in os.supports_follow_symlinks 值是 True 时,copystat()可以对软链接的权限位进行修改。

当 os.chflags in os.supports_follow_symlinks 值是 True 时,copystat()可以对软链接的标志进行修改。

所以,尽管在某些平台上不能实现对所有功能进行修改软链接,但是可以在最大程度上进行信息复制,因此 copystat()方法总是能执行成功。

(7) `shutil.copy(src, dst, *, follow_symlinks=True)`

该语句可将 src 文件中的内容与权限位复制给 dst,dst 可以是文件或目录。当 dst 是文件时,函数就会返回一个 dst;当 dst 是目录时,函数会把 src 的文件名与 dst 的路径进行拼接后返回。src 和 dst 两者数据类型都是字符串类型,当 dst 指向一个目录时,会创建一个和 src 名字相同的新文件。

当 follow_symlinks 值是 False,同时 src 是软链接时,那么 dst 将作为软链接创建。

当 follow_symlinks 值是 True,同时 src 是软链接时,那么实际复制的是 src 指向的源文件。

copy()方法通常使用 copymode()来复制权限位,使用 copyfile()来复制文件内容。

(8) `shutil.copy2(src, dst, *, follow_symlinks=True)`

copy2()在复制时会保留 src 文件中的所有元数据(如创建时间、修改时间等),除此之外与 copy()都相同。

当 follow_symlinks 值是 False,同时 src 为软链接时,就会创建一个以 dst 为软链接的文件,并将 src 文件中所有的元数据都复制给 dst 文件。

copy2()方法通常使用 copystat()复制元数据,使用 copyfile()复制文件内容。

3.1.16 异常处理结构

在程序运行的过程中,总会遇到大大小小的错误,有些错误可能是因为程序编写上的 bug 造成的,例如,应该输出整数的结构却输出了字符串,这些 bug 都是一定要修复的;有些错误可能是因为在输入上造成的,例如需要输入一个邮箱地址,可是却得到了一个空字符串,这些错误都可以对用户的输入进行检查而排查出;还有些错误是在程序运行过程中难以预料而发生的,可能是在写文件时磁盘满了或是网络抓取数据时断网了,这些错误都被称为

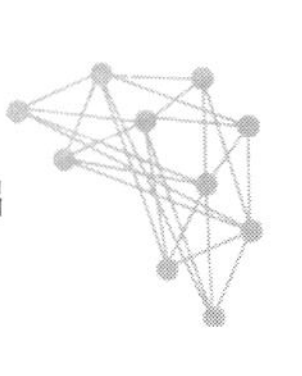

异常，异常也是程序处理中一定要处理的，否则程序最后会因为各种原因而停止。在Python中存在一套异常处理的机制，可以帮助用户处理错误。

Python的异常处理机制主要由try、except、else、finally和raise这5个关键词所组成。

(1) try后的代码块常被称为try块，其中保存的是可能引发异常的代码；

(2) except后对应的是异常类型和一个代码块，用来表示这个except块处理这个类型的代码块；

(3) else块通常会放在多个except块后，表明程序即使没有出现异常也要执行else块；

(4) finally块通常出现在最后，用来回收存放在try块中被打开的物理资源，因为异常机制的存在，所以finally块一定会被执行；

(5) raise块通常用来引发一个实际的异常，可以被用作一条单独的语句，而引发一个具体的异常对象。

Python的完整异常处理语法结构如图3.8所示。

1. 使用try…except捕获异常

当执行try块中的逻辑代码出现异常时，系统会自动生成一个异常对象，这个异常对象会直接发送给Python解释器，这个过程被称为引发异常，如图3.9所示。

```
try:
    #业务实现代码
except SubException as e:
    #异常处理块1
    ...
except SubException2 as e:
    #异常处理块2
    ...
else:
    #正常处理块
finally :
    #资源回收块
    ...
```

图3.8 完整异常处理语法

```
try:
    #业务实现代码
    ...
except (Error1, Error2, ···) as e:
    alert 不合法
```

图3.9 捕获异常

在Python解释器接收到异常对象后，就会寻找能对这个异常对象进行处理的except块。如果能找到合适的except块，就会把该异常对象交给这个except块进行处理，这个过程被称为捕获异常。如果Python解释器并不能为这个异常对象找出一个合适的except块，那么此时运行会被终止，Python解释器也会关闭，如图3.10所示。

那么Python接收器如何根据异常对象来寻找合适的except块呢？上述程序中的except IndexError就表示每一个except块都会被专门用来处理该异常类及其子类的异常实例。当Python接收器接收到一个异常对象后，会先判断这个异常对象是否是except块后的异常类或其子类的实例。若是，则Python解释器会调用这个except块来处理这个异常；若不是，则再次把这个异常对象与下一个except块中的异常类比较，直到找到合适的except块或全部except块，并比较完毕。

```
import sys
try:
    a = int(sys.argv[1])
    b = int(sys.argv[2])
    c = a / b
    print("您输入的两个数相除的结果是：", c )
except IndexError:
    print("索引错误：运行程序时输入的参数个数不够")
except ValueError:
    print("数值错误：程序只能接收整数参数")
except ArithmeticError:
    print("算术错误")
except Exception:
    print("未知异常")
```

图 3.10　异常对象

图 3.11 为 Python 异常捕获流程示意图。

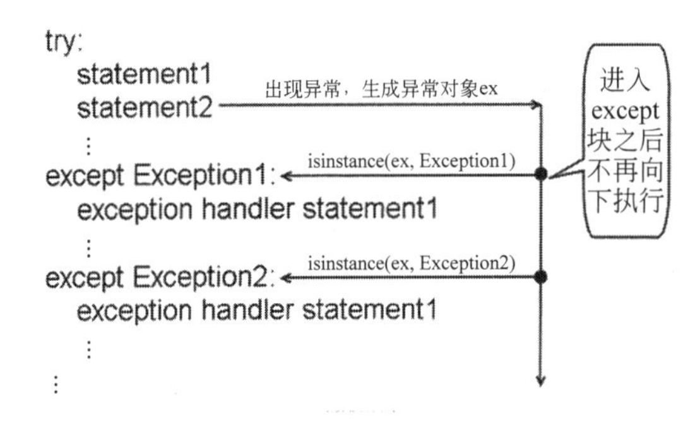

图 3.11　异常捕获流程

在 try 块后可以有多个 except 块，它们可以用来对不同的异常类提供不同的异常处理方式。系统会根据程序发生的不同情况生成不同的异常对象，同时 Python 解释器也会根据这个异常对象所属的异常类来决定使用的 except 块。

一般地，当一个 try 块被执行一次后，这个 try 块后就只会有一个 except 块会被执行，不可能同时存在多个 except 块被执行的情况。

在程序应对 IndexError、ValueError、ArithmeticError 这些类型的异常时，也会采取不同的异常处理逻辑，如图 3.12 所示。

如果一个程序在运行时输入的参数不够，就会发生索引错误，此时 Python 会调用 IndexError 所对应的 except 块来对此异常进行处理。

如果程序运行时所要输入的参数不是一个数字，而是字母，那么就会发生数值上的错误，此时 Python 会调用 ValueError 所对应的 except 块来对此异常进行处理。

如果程序运行时输入的第二个参数是 0，则会发生除 0 异常，此时 Python 会调用 ArithmeticError 所对应的 except 块来对此异常进行处理。

如果程序运行时出现了其他异常，且该异常对象总是 Exception 类或其子类的实例，

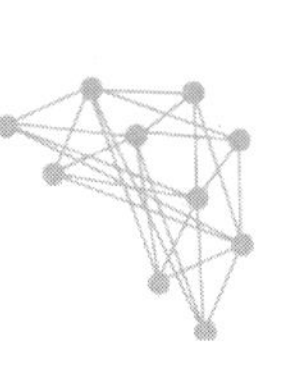

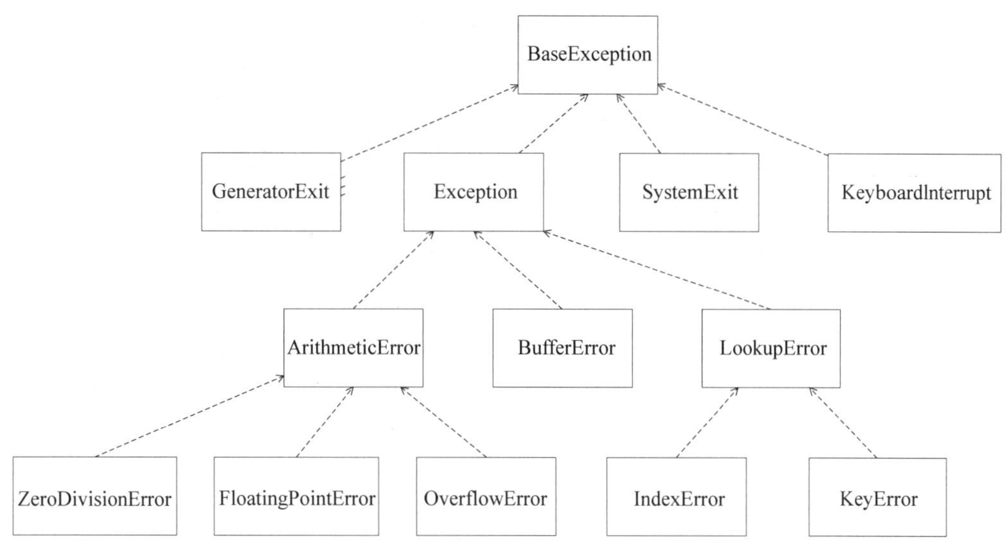

图 3.12　异常层级关系

Python 将调用 Exception 所对应的 except 块来对此异常进行处理。

在 Python 中，一个 except 块可以对多种类型的异常进行捕获。此时只需要用圆括号将这些异常括起来，用逗号隔开，构成一个多个异常类的元组，如图 3.13 所示。

```
import sys
try:
    a = int(sys.argv[1])
    b = int(sys.argv[2])
    c = a / b
    print("您输入的两个数相除的结果是：", c )
except (IndexError, ValueError, ArithmeticError):
    print("程序发生了数组越界、数字格式异常、算术异常之一")
except:
    print("未知异常")
```

图 3.13　except 块异常捕获

2. else 块

在 Python 的异常处理过程中，可以添加一个 else 块。如果 try 块中没有出现异常，程序就会自动执行 else 块。

当 try 块中没有异常，而 else 块中出现异常时，在 else 块中的代码所引起的异常不会被 except 所捕获。因此，else 块的代码要放在 try 块后面，如图 3.14 所示。

3. finally 块

在 Python 的异常处理结构中，只有 try 块是必不可少的，这也就意味着如果一个异常处理结构中没有 try 块，那么 else 块与 finally 块就一定不能被执行。值得一提的是，except 块与 finally 块都是可选的，二者可以同时出现，但不能都不存在，即必须出现其一。except 块可以同时出现多个，但捕获父类异常的 except 块一定要放在捕获子类异常的 except 块后

```
s = input('请输入除数:')
try:
    result = 20 / int(s)
    print('20除以%s的结果是: %g' % (s , result))
except ValueError:
    print('值错误，您必须输入数值')
except ArithmeticError:
    print('算术错误，您不能输入0')
else:
    print('没有出现异常')
```

图 3.14　else 块出现异常

面，finally 块一定要放在所有 except 块的后面。无论 try 块中的代码是否出现异常，也不论执行哪一个 except 块，finally 块都一定会被执行。

注意：如果在 try 块、except 块中执行 os.exit(1)语句退出了 Python 解释器，此时 finally 块不会被执行。

一般情况下，不会在 finally 块中使用一些会使方法停止运行的语句，例如 return 或 raise 等，因为这样可能会使 try 块或 except 块中的 return、raise 语句失效。

4. raise 语句

Python 程序中可以通过 raise 语句来使程序自行引发异常，raise 语句主要有以下 3 种常用用法：

(1) 单独使用一个 raise。这条语句会自动引发上下文中捕获到的异常，或是默认引发 RuntimeError 异常。

(2) 在 raise 后面加上一个异常类，该语句引发指定异常类的默认实例。

(3) 引发一个指定的异常对象。

上述 3 种用法实际最终引发了一个异常实例，每条 raise 语句都只能引发一个异常，如图 3.15 所示。

```
def main():
    try:
        # 使用try...except来捕捉异常
        # 此时即使程序出现异常，也不会传播给main函数
        mtd(3)
    except Exception as e:
        print('程序出现异常:', e)
    # 不使用try...except捕捉异常，异常会传播出来导致程序中止
    mtd(3)
def mtd(a):
    if a > 0:
        raise ValueError("a的值大于0，不符合要求")
main()
```

图 3.15　raise 语句

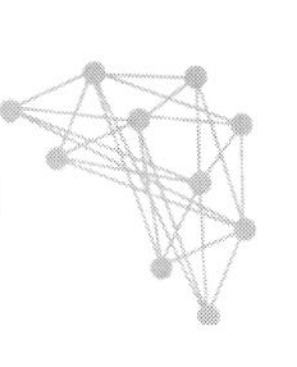

Except 块也常常会与 raise 语句结合使用，如图 3.16 所示。

```
class AuctionException(Exception): pass
class AuctionTest:
    def __init__(self, init_price):
        self.init_price = init_price
    def bid(self, bid_price):
        d = 0.0
        try:
            d = float(bid_price)
        except Exception as e:
            # 此处只是简单地打印异常信息
            print("转换出异常：", e)
            # 再次引发自定义异常
            raise AuctionException("竞拍价必须是数值，不能包含其他字符！")    # ①
            raise AuctionException(e)    # 原始异常 e 包装成了 AuctionException 异常
        if self.init_price > d:
            raise AuctionException("竞拍价比起拍价低，不允许竞拍！")
        initPrice = d
def main():
    at = AuctionTest(20.4)
    try:
        at.bid("df")
    except AuctionException as ae:
        # 再次捕获到bid()方法中的异常，并对该异常进行处理
        print('main函数捕捉的异常：', ae)
main()
```

图 3.16　raise 语句上下文中捕获的异常

注意：因为 raise 语句会自动引发上下文中捕获的异常，所以在使用 raise 语句时不需要参数，否则会默认引发 RuntimeError 异常。

5. Python 异常使用规范

异常不等同于普通的错误，不能将二者混淆，遇到错误用引发异常的方式来代替错误是不可取的。有时程序员会在 try 块中编入了大量的代码，随后又编写大量的 except 块，最后导致程序看起来烦琐复杂，造成了更多的问题。在处理异常时，要对异常都进行合理的修复，使得程序最终能够正常运行。

3.1.17　NumPy

1. NumPy 简介

NumPy(Numerical Python)是 Python 语言中的一个扩展程序库，它可以进行多维数组与矩阵的计算，同时也为数组运算提供了大量数学函数库。NumPy 最早由 Jim Hugunin 与其协作者一起开发，它的前身是 Numeric。2005 年，Travis Oliphant 在 Numeric 中结合了另一个同性质的程序库 Numarray 的特色，并加入了其他扩展而开发了 NumPy。NumPy 为开放源代码，且由许多协作者共同维护开发，其核心是 ndarray 对象，它封装了 Python 中原生的相同数据类型的 n 维数组，许多操作都是在本地编译完代码后才执行，以此保证最高性能。

2. ndarray 对象

NumPy 中最重要的一个核心就是它的 n 维数组对象 ndarray，它是一系列同类型数据的集合。ndarray 对象是用于存放同类型元素的多维数组，在内存中的每一个元素都拥有相同大小的存储区域。

ndarray 主要由以下 5 部分构成，如图 3.17 所示。

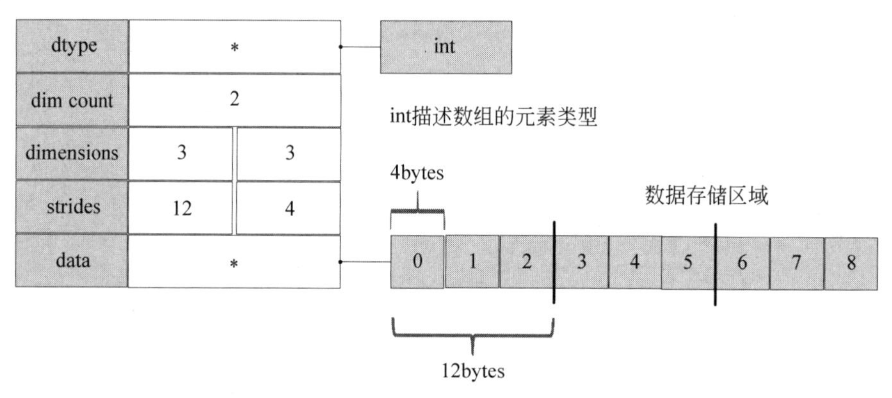

图 3.17　ndarray 内部结构

(1) dtype 为数据元素的类型；

(2) dim count 表示该数组是几维数组；

(3) dimensions 表示数组尺寸，例中为 3×3 数组；

(4) strides 中第一个参数代表行与行之间地址相差的字节数，a[0,0]与 a[1,0]相差 12 字节；第二个参数表示同一行的元素之间地址相差的字节数，a[0,0]与 a[0,1]相差 4 字节；

(5) data 表示存储的数据。

创建 ndarray 只需调用 NumPy 的 array 函数即可，基本语法是：

```
numpy.array(object, dtype = None, copy = True, order = None, subok = False, ndmin = 0)
```

其中，可选参数 copy 指对象是否需要进行复制；order 表示所创建的数组样式，C 表示行方向，F 表示列方向，A 表示任意方向(默认为 A)；subok 表示默认返回一个与基类类型一致的数组；ndmin 表示生成数组的最小维度。

通过一些实例可以更好地帮助理解。

(1) 实例 1。

```
import numpy as np
a = np.array([1,4,7])
print(a)
```

得到结果：

```
[1,4,7]
```

(2) 实例 2。

```
import numpy as np
```

```
a = np.array([[1,2],[3, 4]])                    #多于一个维度
print(a)
```

得到结果：

```
[[1, 2]
[3, 4]]
```

（3）实例3。

```
import numpy as np
a = np.array([1,2,3,4,5], ndmin = 2)            #最小维度
print(a)
```

得到结果：

```
[[1,2,3,4,5]]
```

（4）实例4。

```
import numpy as np
a = np.array([1,4,7], dtype = complex)          #dtype 参数
print(a)
```

得到结果：

```
[1.+0.j,4.+0.j,7.+0.j]
```

3.1.18 pandas

1. pandas 简介

pandas是基于NumPy库的一种工具，它融入了大量的库和许多标准的数据模型，以此达到高效处理数据的功效，可以说pandas库就是为了高效分析数据而生的。

在Python 3.6中，使用pip命令 `pip install pandas` 就可以自动安装pandas库以及相关组件，如图3.18所示。

```
C:\Users\Administrator>pip install pandas
Collecting pandas
  Downloading pandas-0.21.0-cp27-cp27m-win32.whl (8.4MB)
    100% |████████████████████████████████| 8.4MB 28kB/s
Collecting numpy>=1.9.0 (from pandas)
  Downloading numpy-1.13.3-2-cp27-none-win32.whl (6.7MB)
    100% |████████████████████████████████| 6.7MB 40kB/s
Collecting python-dateutil (from pandas)
  Downloading python_dateutil-2.6.1-py2.py3-none-any.whl (194kB)
    100% |████████████████████████████████| 194kB 192kB/s
Requirement already satisfied: pytz>=2011k in c:\python27\lib\site-packages (from pandas)
Requirement already satisfied: six>=1.5 in c:\python27\lib\site-packages (from python-dateutil->pandas)
Installing collected packages: numpy, python-dateutil, pandas
Successfully installed numpy-1.13.3 pandas-0.21.0 python-dateutil-2.6.1
```

图3.18 安装pandas

在编辑器中进行导入：

```
import pandas as pd
```

2. 常用功能介绍

(1) 读取文件。

用 pandas 读取 Excel 文件,并将其另存为.csv 格式,如图 3.19 所示。

```
import pandas as pd
from pandas import DataFrame, Series

df = DataFrame(pd.read_excel('test.xlsx'))
df.to_csv('test1.csv')
print(df)
```

图 3.19　文件读取

读取过程中如果显示缺少 xlrd 模块,则可用 pip 命令进行安装。

用 pandas 将读取到的文件打印出来的过程中,如果遇到空单元格,则用 NAN 来替代。

可以选取打印的行数,比如此时只想得到 Excel 中前 8 行的数据,输入如下代码,如图 3.20 所示。

```
import pandas as pd
from pandas import DataFrame, Series

df = DataFrame(pd.read_excel('歌手.xlsx'))
print(df.head(8))
```

图 3.20　读取 Excel 文件数据

得到结果,如图 3.21 所示。

(2) 删除行或列。

以之前的“歌手.xlsx”为例,此时加入了新的一列“性别”,代码为: `"df['性别']='男'"`,效果如图 3.22 所示。

	歌手名字	歌手ID
0	周杰伦	6452
1	陈奕迅	2116
2	薛之谦	5781
3	林俊杰	3684
4	李荣浩	4292
5	张学友	6460
6	杨宗纬	6066
7	许巍	5770

图 3.21　读取 Excel 文件数据的结果

	歌手名字	歌手ID	性别
0	周杰伦	6452	男
1	陈奕迅	2116	男
2	薛之谦	5781	男
3	林俊杰	3684	男
4	李荣浩	4292	男
5	张学友	6460	男
6	杨宗纬	6066	男
7	许巍	5770	男

图 3.22　删除 Excel 文件数据

如果此时想要删除“性别”这一列,只要执行 drop 语句即可,如图 3.23 所示。

也可以选取某行进行删除,例如此时想要删除“李荣浩”这一行的信息,如图 3.24 所示。

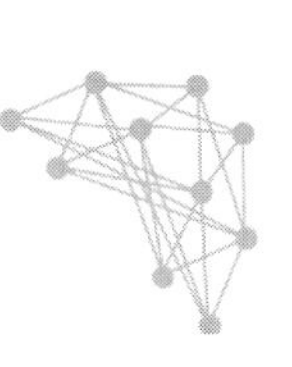

```
import pandas as pd
from pandas import DataFrame, Series

df = DataFrame(pd.read_excel('歌手.xlsx'))
df1 = df.drop(columns=['性别'])
print(df1)
```

图 3.23　drop 语句

```
import pandas as pd
from pandas import DataFrame, Series

df = DataFrame(pd.read_excel('歌手.xlsx'))
df1 = df.drop(index=['李荣浩'])
print(df1)
```

图 3.24　删除数据

得到结果，如图 3.25 所示。

	歌手名字	歌手ID	性别
0	周杰伦	6452	男
1	陈奕迅	2116	男
2	薛之谦	5781	男
3	林俊杰	3684	男
5	张学友	6460	男
6	杨宗纬	6066	男
7	许巍	5770	男

图 3.25　删除数据结果

（3）重命名。

可以将某一行或某一列更改为自己想要的新名字，使用 rename 方法即可。例如此时想把列名“歌手名字”换成“SName”，只需要执行语句：

```
df.rename(columns={'歌手名字':'SName'},inplace=True)
```

（4）更改数据格式。

用 astype 语句可以对数据格式进行更改。例如：

```
df1 = df['歌手 ID'].astype('str')
```

（5）删除重复行。

执行 `df.drop_duplicates()` 语句可将文件中包含的重复行删除。

（6）查找空值。

之前提到，空单元格会显示为 NAN，如果想要查找这些空值可以执行 `df.isnull()` 语句，返回 True 即为空值，False 不是空值。

例如：

```
df = DataFrame(pd.read_excel('歌手.xlsx'))
df = df.isnull()
print(df)
```

得到结果：

```
   歌手名字  歌手 ID
0  False     False
1  False     False
2  False     False
3  False     False
4  True      False
```

因为之前已经将第 5 行"李荣浩"的数据删除了,所以此时第 5 行就返回了一个 True 值。

3.1.19 matplotlib

1. matplotlib 简介

matplotlib 是 Python 中的一种画图工具,主要用于绘制 2D 图形(安装了额外的工具包后也可以进行 3D 绘图),它能够帮助用户对数据分析有一个更直观的认识,在数据分析领域有着很高的地位,是一款非常好用且强大的工具。

matplotlib 的安装方法如下。

(1) Windows 进入 cmd 窗口,执行以下命令:

```
python -m pip install -U pip setuptools
python -m pip install matplotlib
```

(2) Linux 系统可以通过 Linux 管理包进行安装:

```
Debian / Ubuntu:
sudo apt-get install python-matplotlib
Fedora / Redhat:
sudo yum install python-matplotlib
```

(3) Mac OS X 系统可以使用 pip 命令来安装:

```
sudo python -mpip install matplotlib
```

安装完毕后可以使用 python -m pip list 命令来查看是否将 matplotlib 模块安装成功。

以下语句可用于导入 matplotlib 库:

```
import matplotlib as mpl
import matplotlib.pyplot as plt
```

2. matplotlib 简单实例

如果想要得到一根斜线,代码如下。

```
import numpy as np
```

```
from matplotlib import pyplot as plt

x = np.arange(1,11)                                    #创建了 x 轴上的值
y =  2  * x +  5                                       #y 轴对应的值
plt.title("Matplotlib demo")
plt.xlabel("x axis caption")
plt.ylabel("y axis caption")
plt.plot(x,y) plt.show()
```

得到结果如图 3.26 所示。

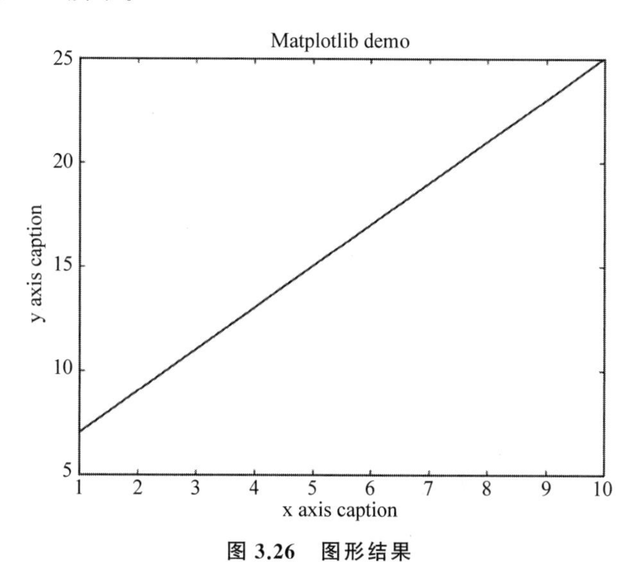

图 3.26 图形结果

如果想要用圆来替换点,而且不显示上面的直线,只需用 ob 作为 plot()函数中的格式字符串,即改为: `plt.plot(x,y,"ob")`,如图 3.27 所示。

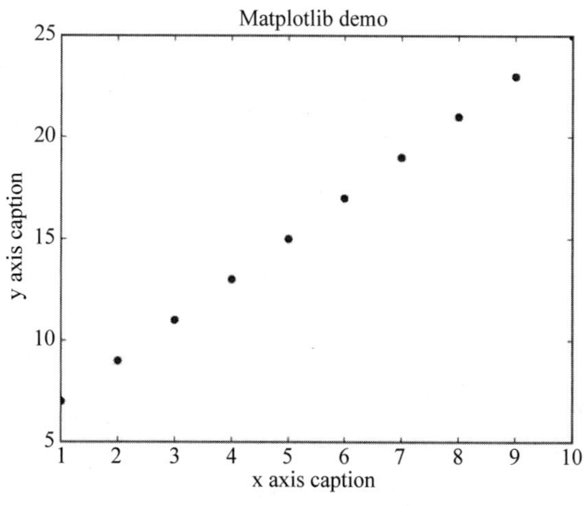

图 3.27 点图形结果

3.1.20 Scikit-learn

1. Scikit-learn 简介

Scikit-learn 是一种开源的 Python 语言机器学习的工具包,它包含了几乎所有的主流机器学习算法的实现。它依赖 NumPy 包与 SciPy 包,也可以结合 matplotlib、IPython、Jupyter notebook 等,达到绘画与交互式开发的目的。

Scikit-learn 的优点如下。

(1) 文档齐全:官方的文档齐全,可以做到及时更新。

(2) 接口易用:无论是 KNN、K-Means 还是 PCA,对所有的算法都有一套一致的接口调用规则。

(3) 算法全面:包含当前主流机器学习任务的所有算法,包括回归算法、聚类分析、分类算法等。

Scikit-learn 不支持分布式计算,不能进行超大型数据处理,可这并不能否认 Scikit-learn 是一种优秀的机器学习工具库。

2. Scikit-learn 示例

下面使用一个手写数字识别的例子来认识 Scikit-learn 这个工具库。这是一种监督学习,用标记过的手写数字图片作为数据。

(1) 数据采集和标记。

实现一个用来识别手写数字的程序,寻找尽可能多的不同用户写出 0~9 的数字作为数据,并将这些数字进行标记,以此方式训练的模型具有代表性、准确性。因为 Scikit-learn 自带一些数据库,其中就有数字识别图片的数据,因此直接用以下代码来加载数据即可。

```
from sklearn import dataset
digits = datasets.load_digits()
```

可以在 iPython notebook 环境下,将数据以图片的形式用 matplotlib 表现出来,如图 3.28 所示。

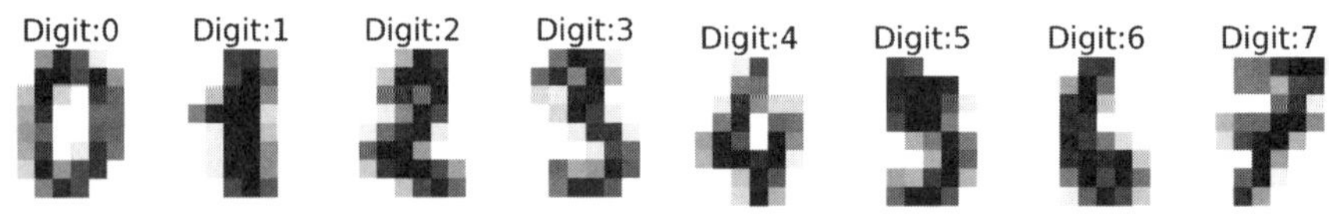

图 3.28 图形表示

(2) 选择特征。

此时可以将图片中的每个像素点作为特征,例如图片是 100×200 的分辨率,那么此时就拥有 20000 个特征。在 Scikit-learn 中,通常用 NumPy 的 array 对象来表示数据,图片都保存在 digits.images 中,是一个 8×8 的灰阶图片。在机器学习的过程中,只要把数据保存为[样本个数]×[特征个数]格式的 array 对象即可。在这个示例中,Scikit-learn 已经自动转换了,可以用 digits.data.shape 来查看它的数据格式,如图 3.29 所示。

从数据中可知,一共有 1797 个训练样本,因为是 8×8 的灰阶图片,所以训练的数据将图片中的 64 的像素点转变成了特征。

```
print("shape of raw image data: {0}".format(digits.images.shape))
print("shape if data: {0}".format(digits.data.shape))

shape of raw image data: (1797, 8, 8)
shape if data: (1797, 64)
```

图 3.29　特征表示代码

(3) 清洗数据。

因为无法在分辨率过低的 8×8 的屏幕上写下数字，所以采集到的数据通常是在一个大图片上。如果这个图片的分辨率是 100×200，那就有 20000 个特征，要处理数据的工作量是很大的。为了减少计算的工作量，需要将 200×100 的样本缩小成 8×8 的图片，这个缩小的过程就称作清洗数据，最后得到的数据是适合进行机器学习的数据。

(4) 选择模型。

不同的机器学习模型所对应的机器学习应用有着不同的效率，对于数字识别的机器学习，最佳的选择是使用向量机。

(5) 训练模型。

在开始进行模型训练之前，要将数据集分为训练数据集与测试数据集两部分，可以用以下代码将 20% 的数据集作为训练数据集，80% 的数据集作为测试数据集，如图 3.30 所示。

```
from sklearn.cross_validation import train_test_split
Xtrain, Xtest, Ytrain, Ytest = train_test_split(digits.data, digits.target, test_
size=0.20, random_state=2)
```

用 Xtrain 和 Ytrain 作为训练数据集来训练模型。语句如下：

```
from sklearn import svm
clf = svm.SVC(gamma=0.001,C=100.0)
clf.fit(Xtrain,Ytrain)
from sklearn import svm
clf = svm.SVC(gamma=0.001,C=100.0)
clf.fit(Xtrain,Ytrain)
```

图 3.30　模型训练

在训练结束后，clf 对象就包含了训练出的模型参数，用这个模型参数可以进行预测，如图 3.31 所示。

```
SVC(C=100.0, cache_size=200, class_weight=None, coef0=0.0,
  decision_function_shape='ovr', degree=3, gamma=0.001, kernel='rbf',
  max_iter=-1, probability=False, random_state=None, shrinking=True,
  tol=0.001, verbose=False)
```

图 3.31　数据预测

（6）测试模型。

需要对训练出来的模型进行测试以查看准确度。一般可以用 clf 模型来进行数据的预测，然后将预测结果 Ypred 与真正的结果 Ytest 进行比较，以此来得到模型的准确率。

```
clf.score(Xtest,Ytest)
```

得到结果：

```
0.977777777777
```

由此可以看出，训练的模型有 97.78 的准确率。同时还可以将测试数据集中的部分图片直接显示出来，在左下角显示预测值，右下角显示真实值，以此得到更直观的对比，如图 3.32 所示。

```
Ypred = clf.predict(Xtest)
fig,axes = plt.subplots(4,4,figsize=(8,8))
fig.subplots_adjust(hspace=0.1,wspace=0.1)
for i,ax in enumerate(axes.flat):
    ax.imshow(Xtest[i].reshape(8,8),cmap=plt.cm.gray_r,interpolation='nearest')
    ax.text(0.05,0.05,str(Ypred[i]),fontsize=32,transform=ax.transAxes,
            color='green' if Ypred[i] == Ytest[i] else 'red')
    ax.text(0.8,0.05,str(Ytest[i]),fontsize=32,transform=ax.transAxes,color='black')
    ax.set_xticks([])
    ax.set_yticks([])
```

图 3.32　测试代码

由图 3.33 所示，第二行第一个图片真实值是 4，而可预测值是 8，预测出现了错误。

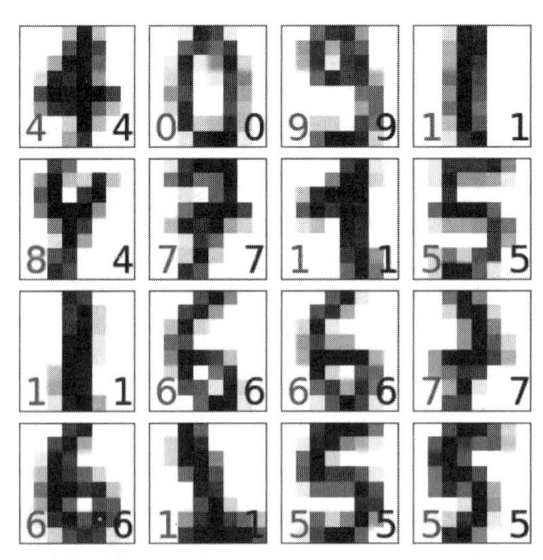

图 3.33　测试结果

（7）保存模型与加载。

在对训练出的模型的准确度满意后，可以将这个模型保存下来，在下次需要进行预测时可以直接加载，而不需要进行重新训练。

3.1.21　小结

Python 是近年来最流行的编程语言之一。其清晰的语法和可读性使其成为初学者的完美编码语言。Python 作为一种通用语言，几乎可以用在任何领域和场合，角色几乎是无限的。Python 具有简单、易学、免费、开源、可移植、可扩展、可嵌入、面向对象等优点。另外，Python 正在成为机器学习的主流语言。随着人工智能技术的发展，Python 也为人们的生活和工作带来了极大的便利。

3.2　TensorFlow/PyTorch 语法

通常，学习 TensorFlow 和 PyTorch 的准备工作有以下两项：

- 根据系统环境选择对应的版本选择熟悉的安装方式；
- 复习数学知识，如卷积神经网络，激励函数等。

3.2.1　TensorFlow

1. TensorFlow 简介

TensorFlow 是一个基于数据流编程的符号数学系统，是用于数值计算的开源软件库。现今被广泛应用于各类机器学习和深度神经网络方面研究的编程实现，其灵活的架构使得其能够在多种平台上展开计算，例如，台式计算机中的一个或多个 CPU（或 GPU）、服务器和移动设备等。TensorFlow 最初由 Google 大脑项目组进行开发和维护，2015 年 11 月 9 日起，TensorFlow 依据阿帕奇授权协议（Apache 2.0 open source license）开放了源代码。TensorFlow 的图形界面如图 3.34 所示。

图 3.34　TensorFlow 图形界面

2. TensorFlow 安装

TensorFlow 支持目前常用的操作系统平台，如 Linux、macOS 和 Windows。在 Ubuntu 和 macOS 系统中是基于 native pip、Anaconda、virtualenv 和 Docker 进行 TensorFlow 安装的，而在 Windows 操作系统中，则可以使用 native pip 或 Anaconda 安装 TensorFlow。

TensorFlow Python API 依赖 Python 2.7 及更高的版本。TensorFlow 成功安装的前提是系统安装了 Python 2.5 或更高版本。为了确保 TensorFlow 高效运行，还需要在系统中安装 Anaconda。为了验证是否完成 Anaconda 的正确安装，可以在窗口中进行验证使用此命令：

```
conda --version
```

Anaconda 安装完成之后，需要根据自身需求选择安装 TensorFlow CPU 版本或 GPU 版本。目前大部分主机均支持安装 TensorFlow 的 CPU 版本，但 TensorFlow 的 GPU 版本则需要计算机中安装 CUDA compute capability 3.0 及以上的 NVDIA GPU 显卡。对于 Windows，系统中还需要配置一些 DLL 文件，也可以采取安装 Visual Studio C++ 的方法。TensorFlow 的 CPU 和 GPU 版本之间的区别为：在 TensorFlow CPU 版本中，CPU 是由 4～8 个串行处理优化的内核组成的，而在 TensorFlow GPU 版本中，是由至少数千个有效的核芯构成的，可以并发处理多个任务。

TensorFlow 安装方法如下。

(1) 创建 conda 运行环境，如果是 Windows 平台则需要以管理员身份进行操作。

```
conda create -n tensorflow python=3.5
```

(2) 对 conda 进行激活。

在 Windows 环境下：activate TensorFlow；

在 Ubuntu 环境下：source activate TensorFlow。

(3) 根据不同的操作系统和环境输入相应的命令进行 TensorFlow 安装(以 Ubuntu 安装为例)：

① CPU only Version

```
(tensorflow)$ pip install -- ignore- installed --upgrade
https://storage.googleapis.com/tensorflow/linux/cpu/tensorflow-1.3.0cr2-cp35-
cp35m-linux_ x86_64.whl
```

② GPU Version

```
(tensorflow)$ pip install -- ignore- installed --upgrade
https://storage.googleapis.com/tensorflow/linux/gpu/tensorflow_gpu-1.3.0cr2-
cp35-cp35m-linux_ x86_ 64.whl
```

(4) 输入 python 之后，输入代码如下：

```
import tensorflow as tf
message = tf .constant(' Welcome to the exciting world of Deep NeuralNetworks!')
with tf.Session() as sess:
    print(sess. run(message) . decode())
```

(5) 在 Windows 环境下可调用 deactivate 命令。如在 Ubuntu 环境中，命令为 source deactivate，实现禁用 conda 环境。

除了上述安装方式之外，还有其他方法可以完成 TensorFlow 安装，读者可以自己进行学习安装。

3. TensorFlow 程序

在完成 TensorFlow 安装之后，尝试进行编写第一个 TensorFlow 程序。

（1）打开一个 Python 终端，输入如下代码：

```
import tensorflow as ts
a = ts.constant('Hello world')
sess = ts.Session()
print(sess.run(a))
b = ts.constant(10)
c = ts.constant(32)
print(sess.run(c-b))
```

输出结果：

```
Hello world
22
```

（2）完成 TensorFlow 下第一个神经网络模型训练：

```
$ cd tensorflow/models/image/mnist
$ python convolutional.py
Succesfully downloaded train-images-idx3-ubyte.gz 9912422 bytes.
Succesfully downloaded train-labels-idx1-ubyte.gz 28881 bytes.
Succesfully downloaded t10k-images-idx3-ubyte.gz 1648877 bytes.
Succesfully downloaded t10k-labels-idx1-ubyte.gz 4542 bytes.
Extracting data/train-images-idx3-ubyte.gz
Extracting data/train-labels-idx1-ubyte.gz
Extracting data/t10k-images-idx3-ubyte.gz
Extracting data/t10k-labels-idx1-ubyte.gz
Initialized!
Epoch 0.00
Minibatch loss: 12.054, learning rate: 0.010000
Minibatch error: 90.6%
Validation error: 84.6%
Epoch 0.12
Minibatch loss: 3.285, learning rate: 0.010000
Minibatch error: 6.2%
Validation error: 7.0%
...
```

4. TensorFlow 基本语法

TensorFlow 是使用图来进行表示的编程系统，在图中的每个结点为 op（operation 的缩写）。每个结点 op 可以包含大于或等于 0 个 tensor 来完成计算任务，每个 tensor 是一个多维数组。TensorFlow 中每一个图都是对一个计算过程的描述，在计算过程中，每个图都必须在会话(Session)中启动，会话会将 op 任务分发到计算机的 CPU 或 GPU 上，任务按照 op 提供的方法执行之后，会得到 tensor。

TensorFlow 使用过程中的要点如下：①计算任务中需要使用图进行表示；②图要在会话的 context 来执行；③数据要用 tensor 进行表示，状态则需要用变量进行维护；④对任意操作进行赋值和数据读取需要用 feed 和 fetch。

（1）TensorFlow 计算图。

在用户设计的 TensorFlow 程序中，一般是将程序构建两个阶段：构建阶段和执行阶段，第一个阶段中 op 执行过程中，被描述成为一个图，在第二个阶段，Session 将会执行图中的 op。目前 TensorFlow 支持的编程语言有 C、C++ 和 Python，但对 Python 库支持更为友好，提供大量辅助函数来对图进行构建。

（2）TensorFlow 构建图。

构建图过程中，需要创建源 op（source op），一般情况下无须对源 op 进行任何输入。source op 输出值需要进行传递至其他 op 之后进行运算。TensorFlow 的 Python 库中包含一个默认图(default graph)，大部分程序可以运用此图进行构造。

（3）会话中启动图。

图的启动需要在构建完成之后，若想完成图的启动，则必须创建会话对象，无须参数需求时，则启动默认图。

```
#启动默认图.
sess = tf.Session()
#返回值 'result' 是一个 numpy 'ndarray' 对象.
result = sess.run(product)
print result
#任务完成, 关闭会话.
sess.close()
```

调用完成之后，会话对象会自动关闭并释放资源。

TensorFlow 为了充分利用 CPU 或 GPU 的计算资源，将图形转换成分布式进行操作。TensorFlow 会首先寻找 GPU 资源，如果系统无 GPU 或者 GPU 资源正在被使用，则调用 CPU 资源。当系统中的 GPU 数量大于一个时，默认情况下，除了第一个 GPU，其他 GPU 并不参与运算，此时需要通过执行 with…device 语句用来指派特定的 CPU 或 GPU 执行运算操作：

```
with tf.Session() as sess:
  with tf.device("/gpu:2"):
    matrix1 = tf.constant([[3., 3.]])
    matrix2 = tf.constant([[2.],[2.]])
    product = tf.matmul(matrix1, matrix2)
    ⋮
```

设备识别标识符如下：

/cpu：0：表示系统 CPU。

/gpu：0：表示系统的第一个 GPU。

/gpu：1：表示系统的第二个 GPU。

系统 GPU 的标号依据使用的 GPU 数量进行累加。

(4) 其他。

TensorFlow 设计的程序中使用 tensor 数据结构来代表所有的数据，操作间传递的数据都是 tensor。Fetch 和 Session 对象调用函数 run()，输出对应内容。TensorFlow 中的 feed 机制还能够临时替代图中任意操作的 tensor。

3.2.2 PyTorch

1. PyTorch 简介

PyTorch 是美国的著名科技公司 Facebook 为了研究机器学习而开发的全新深度学习框架。PyTorch 在深度学习框架 Torch 的基础之上设计开发而成，是 NumPy 的升级替代平台。PyTorch 不仅继承了 NumPy 的众多优点，还支持多 GPU 的计算，相较于 NumPy 具有更高的执行效率，拥有更多的功能 API，能够帮助用户快速开发、部署和训练的自己的深度神经网络模型。PyTorch 发布之后，得到了科技公司和科研机构等客户的关注，成为人工智能领域从业者选用的重要平台，如图 3.35 所示。

图 3.35　PyTorch

PyTorch 是一个建立在 Torch 库之上的 Python 包，相当简洁且高效快速的，其设计追求最少的封装，符合人类思维，让用户尽可能地专注于实现自己的想法。Facebook 的支持足以确保 PyTorch 获得持续的开发更新，PyTorch 作者亲自维护的论坛可供用户交流和求教问题，使得学习成本大幅降低。

2. PyTorch 安装

PyTorch 基础运行的环境中必需的支持条件为 CPU 设备和 Ubuntu 系统；可选设备为配备高性能 GPU 的 NVIDIA 显卡。PyTorch 目前只支持 macOS 和 Linux 系统，暂不支持 Windows。

PyTorch 的安装过程相对简单，进入 PyTorch 官网 https://pytorch.org/，选择对应的操作系统和方便的安装方式。本章以 Anaconda 为例，在安装之前需要先检查 cuda 版本，在 PyTorch 1.2 版本之后，PyTorch 只支持 cuda 9.2 或以上版本，如果 cuda 版本过低则需要对 cuda 进行更新。目前绝大部分显卡均可运行 PyTorch，包括笔记本计算机的显卡 MX250。使用 pip 安装 cuda 10.1 的过程如下：

首先安装 PyTorch：

```
pip3 install torch===1.3.0 torchvision===0.4.1 -f https://download.pytorch.org/
whl/torch_stable.
```

然后安装 torchvision：

```
pip3 install torch==1.3.0+cu92 torchvision==0.4.1+cu92 -f https://download.
pytorch.org/whl/torch_stable.html
```

以安装 CPU 举例：

```
pip3 install torch==1.3.0+cpu torchvision==0.4.1+cpu -f https://download.
pytorch.org/whl/torch_stable.html
```

安装完成验证输入 python，进行版本查看：

```
import torchtorch.__version__
```

对 Jupyter Notebook 进行配置，首先进行安装 ipykernel，其次注册 Jupyter Notebook，代码如下：

```
conda install ipykernel

python -m ipykernel install  --name pytorch --display-name "Pytorch for Deeplearning"
activate base
jupyter notebook --generate-config
```

打开文件并做如下设置：

```
c.NotebookApp.notebook_dir = ''
c.NotebookApp.iopub_data_rate_limit = 100000000
```

完成上述步骤，系统无报错情况下，PyTorch 的开发环境已经安装完毕。

3. PyTorch 和 TensorFlow

PyTorch 和 TensorFlow 均能够实现在 TB 级的数据上训练神经网络，并求解十分复杂的计算问题。在训练数据集上，PyTorch 使用 GPU 进行增强训练，TensorFlow 使用 GPU 的方式是使用自身内置 GPU 进行加速。

二者的主要区别如下：

(1) 动态输入功能方面，PyTorch 相较于 TensorFlow 功能更加强大。

(2) PyTorch 使用 pdb、ipdb 和 PyCharm 等工具进行调试，TensorFlow 则需要使用一个特殊工具 tfdbg 完成调试。

(3) TensorFlow 中的可视化组件 Tensorboard 能够实现非常强大的可视化功能，PyTorch 没有较好的可视化工具。

(4) 在部署功能方面，TensorFlow 明显强于 PyTorch。

(5) PyTorch 在数据并行处理方面优于 TensorFlow。

读者可以根据自身需要选择相应工具进行机器学习方面的学习和研究。

4. PyTorch 基本语法

(1) Tensors。

PyTorch 中的 Tensors 功能类似于 NumPy 中的 ndarrays,放在 CPU 中加速运算,与 TensorFlow 当中的 tensor 功能相一致。

① 构造一个 4×4 阶的方阵,不要求进行初始化。

```
from __future__ import print_function
import torch

a = torch.empty(4, 4)
print(a)
```

输出:

```
tensor([[0, 0, 0,0],
        [0, 0, 0,0],
        [0, 0, 0,0],
        [0, 0, 0,0]])
```

② 创建一个矩阵,随机生成其中元素。

```
b = torch.rand(3, 3)
print(b)
```

输出:

```
tensor([[ 0.8759,  0.8213,  0.2176],
        [ 0.7533,  0.5440,  0.0648],
        [ 0.7903,  0.3450,  0.5657]])
```

③ 创建一个元素均为 0 的矩阵,并指定数据类型为 long。

```
Construct a matrix filled zeros and of dtype long:

c = torch.zeros(3, 3, dtype=torch.long)
print(c)
```

输出:

```
tensor([[ 0,  0,  0],
        [ 0,  0,  0],
        [ 0,  0,  0]])
```

④ 基于之前完成创建的 tensor 数据构造一个新的 tensor。

```
d=d.new_ones(3, 3, dtype=torch.float)
print(d)
d = torch.randn_like(d, dtype=torch. float)
print(d)
```

输出：

```
tensor([[ 1.,  1.,  1.],
        [ 1.,  1.,  1.],
        [ 1.,  1.,  1.]], dtype=torch.float64)
tensor([[-0.3143,  0.5457, -0.4233],
        [ 1.7353, -0.0048,  3.2457],
        [-2.2730,  1.4619, -0.3242]])
```

⑤ 获取上述矩阵的阶数值，torch.Size 本身是一个元组，支持元组左右操作。

```
print(d.size())
```

输出：

```
torch.Size([3, 3])
```

(2) 操作。

① 加法运算表达有两种方式，均能完成加法运算。

```
d = torch.rand(5, 3)
print(b+d)
```

或者

```
print(torch.add(b, d))
```

输出：

```
tensor([[ 1.8259,  0.8513,  0.3176],
        [ 0.8563,  0.5560,  0.0868],
        [ 0.8103,  0.3650,  0.5956]])
```

② 提供 tensor 作为参数的输出方式。

```
result = torch.empty(3, 3)
torch.add(a, b, out=result)
print(result)
```

输出：

```
tensor([[ 0.8759,  0.8213,  0.2176],
        [ 0.7533,  0.5440,  0.0648],
        [ 0.7903,  0.3450,  0.5657]])
```

③ 如果需要对一个 tensor 的规模进行改变，可以使用 torch.view 来完成需求。

```
a = torch.randn(3, 3)
b = a.view(9)
c = a.view(-1, 8) print(x.size(), y.size(), z.size())
```

输出：

```
tensor([[-0.3623, -0.6115],
        [ 0.7283,  0.4699],
        [ 2.3261,  0.1599]])
tensor([[-0.3623, -0.6115,  0.7283],
        [ 0.4699,  2.3261,  0.1599]])
```

④ tensor若只有一个元素情况下，item()能够返回这个元素的值。

```
a = torch.randn(1)
print(a.item())
```

输出：

```
tensor([0.9966])
```

(3) 变量(variable)。

在计算的过程中如果变量为variable类型，那返回的类型也是与之前相同类型的variable。变量参与计算时，按照系统运行搭建一个庞大的计算图。

直接输出代码print(variable)，打印的数据为variable形式数据，有些时候并不是用户所需求的，需要进行相应转换，转变为tensor形式。

variable形式输出：

```
print(variable)
```

tensor形式输出：

```
[torch.FloatTensor of size 3x3]
print(variable.data)
```

numpy形式输出：

```
[torch.FloatTensor of size 3x3]
print(variable.data.numpy())
```

(4) 激励函数(Activation)。

激励函数能够让神经网络在描述线性问题的基础上，还可以按步骤地描述非线性问题，从而使得神经网络功能变得更为强大。激励函数的种类有很多，能够完成相应的任务，常用的激励函数包括ReLu、Sigmoid、tanh和softplus。

```
import torch
import torch.nn.functional as F                        #激励函数所在的库
from torch.autograd import Variable
a = torch.linspace(-4, 4, 300)
a = Variable(a)
b_relu = F.relu(a).data.numpy()
b_sigmoid = F.sigmoid(a).data.numpy()
b_tanh = F.tanh(a).data.numpy()
b_softplus = F.softplus(a).data.numpy()
```

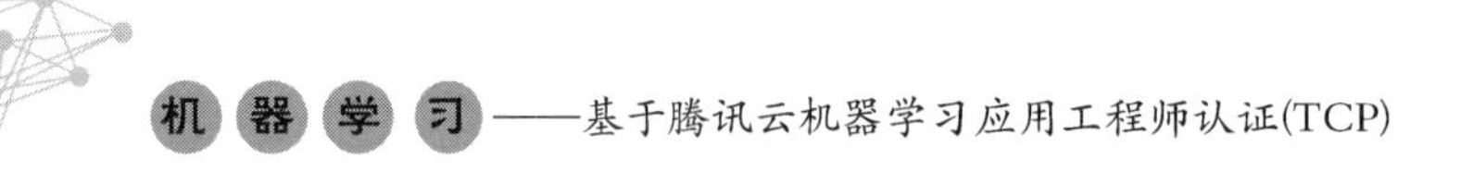

3.2.3 小结

在学术界，PyTorch 因其简单易上手，目前已经被广大科研工作者所使用。2018 年，PyTorch 在科研方面的占有率为 10%左右，而到了 2019 年其占有率飙升至 80%，PyTorch 在学术界的霸主地位已不可动摇。研究者的目标是快速进行部署，抛弃被过分关注的兼容和烦琐部署问题，只需要能够快速验证自己的工作，而不要耽误过多时间。

在工业界，TensorFlow 的地位仍然无法取代。工业界与学术界的关注点不同，工业界更加注重部署，TensorFlow 在快速部署方面具有优势。以 NVIDIA 支持的 TensorRT 为例，NVIDIA 官方支持 TensorFlow，并且提供了基于 TensorRT 的多版模型，还给出了不同模型在最常用的嵌入式开发板 TX2 上的算法测试时间。

第4章　数据结构与算法

本章学习目标

- 掌握树的基本概念和基本操作；
- 掌握哈希函数的构造方法和处理冲突的方法；
- 掌握排序的基本概念和几种排序算法；
- 掌握搜索的基本概念和几种搜索算法；
- 掌握字符串的基础知识和应用；
- 掌握动态规划的应用场景和算法思想。

4.1　树

4.1.1　基本概念

在数据结构中，树结构是一种重要的非线性结构，可以描述各种层次关系。树结构在计算机领域中的应用有很多，例如源程序的语法结构、文件目录的组织结构、网站导航结构等。本节介绍两种树结构：树和二叉树。

【定义4.1】 树(tree)：n个结点的有限集，其中$n\geqslant 0$。当$n=0$时，称该树为空树；当$n>0$时，称该树为非空树。一棵非空树中有且仅有一个根结点，除了根结点之外的其余结点可以分为m个互不相交的有限集T_i($m\geqslant 0, i=0,1,2,\cdots,m$)，每个$T_i$又是一棵树，称为根的子树(subtree)。由此可见，树的定义是递归的，依此递归定义可以构造出各种形态的树。

例如，图4.1表示的树T中，结点A为根结点，其余结点构成三个互不相交的子集$T_1=\{B,C,D\}$、$T_2=\{E\}$和$T_3=\{F,M,N,G,P\}$。T_1、T_2和T_3又分别是根结点A的子树。在T_1中，B是根结点，它有两棵非空的子树$T_{11}=\{C\}$和$T_{12}=\{D\}$。在T_{11}中，C是根结点，它有两棵空的子树。

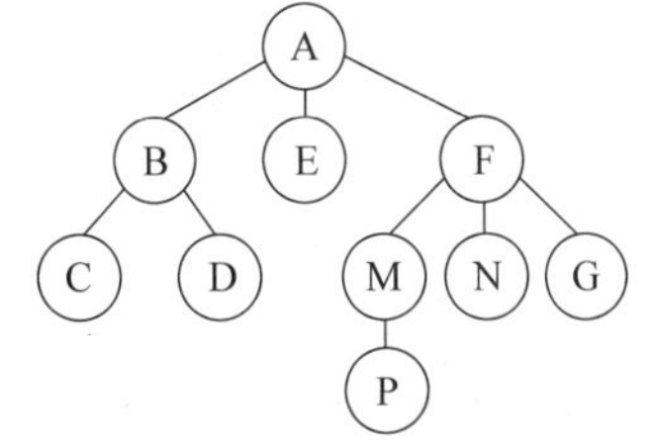

图4.1　树

【定义4.2】 二叉树(binary tree)：n个结点的有限集，其中$n\geqslant 0$。当$n=0$时，称为空二叉树；当$n>0$时，称为非空二叉树。一棵非空二叉树中有且仅有一个根结点，除了根结点之外的其余结点可以分为两个互不相交的子集T_1和T_2，两者分别又是一棵二叉树，称为根的左子树和右子树。由此可见，二叉树的定义是递归的，依此递归定义可以构造出各种形态的二叉树。

例如,图 4.2 表示的二叉树 T 中,结点 A 为根结点,其余结点构成两个互不相交的子集 $T_1=\{B,D,G\}$ 和 $T_2=\{C,E,F,H,I\}$。T_1 和 T_2 又分别是一棵二叉树,称为 A 的左子树和右子树。在 T_1 中,B 是根结点,它有一棵非空的左子树 $T_{11}=\{D,G\}$ 和一棵空的右子树 T_{12}。在 T_{11} 中,D 是根结点,它有一棵空的左子树 T_{111} 和一棵非空的右子树 $T_{112}=\{G\}$。在 T_{112} 中,G 是根结点,它的左子树和右子树都是空的。

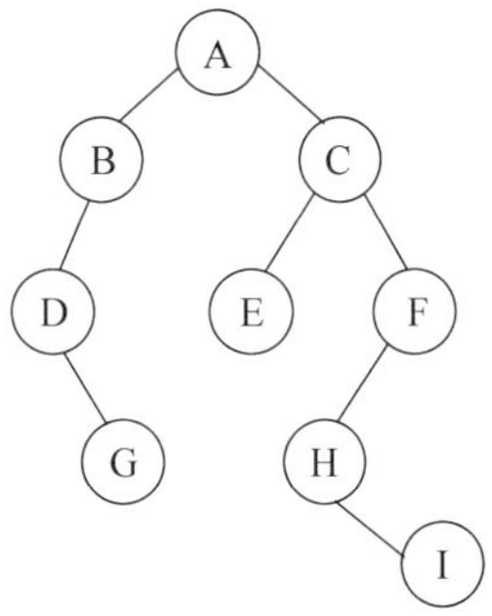

上述定义表明,树和二叉树的相同点是其定义都具有递归性质,不同点是二叉树中每个结点至多只有两棵子树,且子树有左右之分,其顺序不能任意颠倒。

图 4.2　二叉树

树和二叉树有许多通用或专有的基本术语,列举如下：

【定义 4.3】 结点：树或二叉树中的一个独立单元,用于描述一个数据元素,包含该数据元素及指向其子树的所有分支。例如图 4.1 中的 A、B、M、P 等,以及图 4.2 中的 A、B、E、F 等。

【定义 4.4】 双亲：在树或二叉树中,如果一个结点有子树,则该结点是其子树根结点的双亲。例如图 4.1 中,F 是 M、N、G 的双亲结点;图 4.2 中,A 是 B、C 的双亲结点。

【定义 4.5】 孩子：在树或二叉树中,如果一个结点有子树,则其子树的根是该结点的孩子。例如图 4.1 中,F 的孩子结点是 M、N、G;图 4.2 中,A 的孩子结点是 B、C。

【定义 4.6】 兄弟：在树或二叉树中,具有相同双亲的结点互称为兄弟。例如图 4.1 中,B、E、F 互为兄弟;图 4.2 中,E、F 互为兄弟。

【定义 4.7】 堂兄弟：在树或二叉树中,如果两个结点的双亲是兄弟,则它们互为堂兄弟。例如图 4.1 中,D 和 M 互为堂兄弟;图 4.2 中,D 和 E 互为堂兄弟。

【定义 4.8】 祖先：在树或二叉树中,从根结点到某一结点所经过的分支上的所有结点称为该结点的祖先。例如图 4.1 中,A、F、M 是 P 的祖先;图 4.2 中,A、C、F、H 是 I 的祖先。

【定义 4.9】 子孙：在树或二叉树中,以某结点为根的子树中所有结点称为该结点的子孙。例如图 4.1 中,M、N、G、P 是 F 的子孙;图 4.2 中,E、F、H、I 是 C 的子孙。

【定义 4.10】 结点的度：在树或二叉树中,结点的子树数称为结点的度。例如图 4.1 中,A 的度是 3,B 的度是 2,C 的度是 0;图 4.2 中,A 的度是 2,B 的度是 1,G 的度是 0。

【定义 4.11】 层次：在树或二叉树中,用层次这个概念来计量结点之间的代际关系,从根结点开始,其层次为 1,根结点的所有孩子结点层次为 2,其余任一结点的层次均为其双亲结点的层次加 1。例如图 4.1 中,A 的层次是 1,P 的层次是 4;图 4.2 中,A 的层次是 1,I 的层次是 5。

【定义 4.12】 深度：在树或二叉树中,结点的最大层次称为该树或二叉树的深度,又称高度。例如图 4.1 中树的深度是 4;图 4.2 中二叉树的深度是 5。

【定义 4.13】 终端结点：在树或二叉树中,度为 0 的结点称为终端结点,又称叶子结点。例如图 4.1 中,C、D、E、N、G、P 为终端结点;图 4.2 中,G、E、I 为终端结点。

【定义 4.14】 非终端结点：在树或二叉树中,度不为 0 的结点称为非终端结点,又称分支结点。除了根结点之外,其余非终端结点也称为内部结点。例如图 4.1 中,A、B、F、M 为非终端结点;图 4.2 中,A、B、D、C、F、H 为非终端结点。

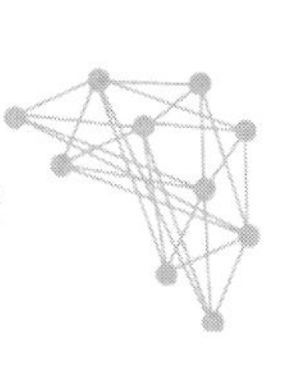

【定义 4.15】 左孩子：在二叉树中，如果一个结点有左子树，则其左子树的根是该结点的左孩子。例如，图 4.2 中，B 是 A 的左孩子，H 是 F 的左孩子，D 没有左孩子。

【定义 4.16】 右孩子：在二叉树中，如果一个结点有右子树，则其右子树的根是该结点的右孩子。例如图 4.2 中，C 是 A 的右孩子，G 是 D 的右孩子，F 没有右孩子。

【定义 4.17】 树的度：在树中，所有结点的度的最大值称为该树的度。例如图 4.1 中树的度是 3。

【定义 4.18】 二叉树的度：在二叉树中，所有结点的度的最大值称为该二叉树的度。例如图 4.2 中二叉树的度是 2。

【定义 4.19】 满二叉树(full binary tree)：对于一棵二叉树，若其所有非终端结点的度都是 2，并且所有终端结点的层次相同，则称该二叉树为满二叉树。例如图 4.3 所示为一棵满二叉树。

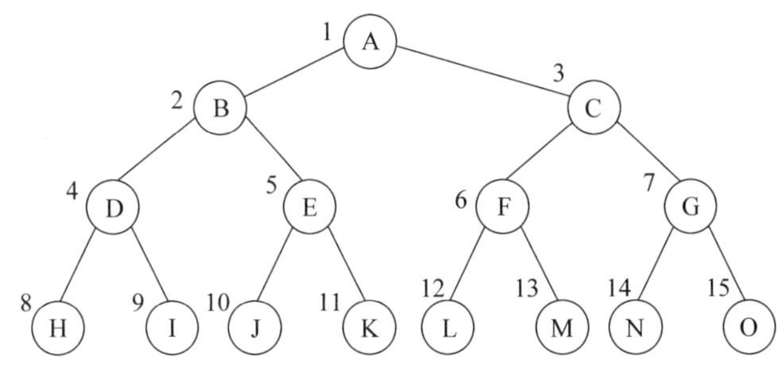

图 4.3　满二叉树

【定义 4.20】 完全二叉树(complete binary tree)：对于一棵二叉树，将其所有结点按层次编号，即令根的编号为 1，其余结点按从上到下、从左到右的顺序令其编号递增 1，如果该二叉树上所有位置结点的编号都与相同深度的满二叉树上相同位置结点的编号相同，则称该二叉树为完全二叉树。例如图 4.4 所示为一棵完全二叉树。图 4.5 展示了一个完全二叉树的反例，因为其存在与相同深度的满二叉树上相同位置结点编号不同的结点，如 H 的编号是 8，而在相同深度的满二叉树上，相同位置结点的编号是 10。

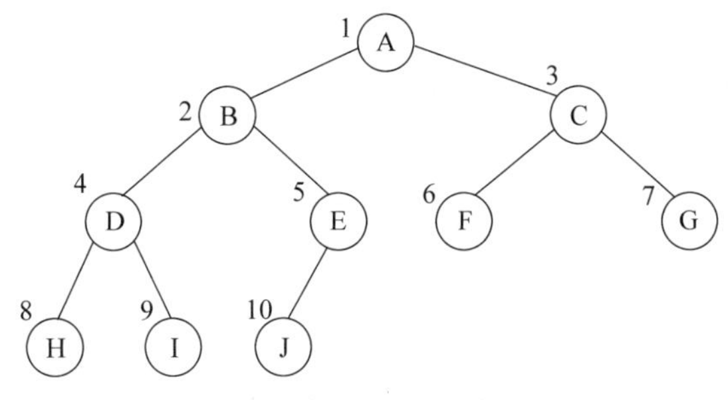

图 4.4　完全二叉树

【定义 4.21】 有序树：在一棵树中，如果各个子树从左到右是有顺序的，不能相互调换，则称该树为有序树。有序树中，根结点的孩子从左到右分别称为根的第一个孩子、第二个孩子……最后一个孩子。

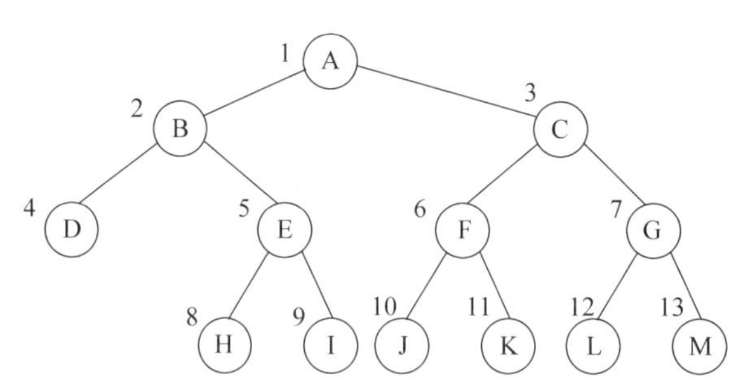

图 4.5　非完全二叉树

【定义 4.22】 无序树：在一棵树中，如果各个子树之间是没有顺序的，可以相互调换，则称该树为无序树。

【定义 4.23】 森林：m 棵互不相交的树的集合构成森林，其中 $m \geqslant 0$。由此可见，一棵树中，任一结点的所有子树构成了该结点的子树森林。

4.1.2　二叉树的存储结构

二叉树可以采用顺序存储结构和链式存储结构两种方式进行存储。

1. 二叉树的顺序存储结构

顺序存储结构的特点是使用一组连续的地址空间来存储数据元素，在通常的情况下适用于存储逻辑结构为一对一的数据结构。而二叉树是逻辑结构为一对多的结构，所以在二叉树的顺序存储结构中，为了能够体现结点之间的逻辑关系，需要先将二叉树进行调整，以使所有结点可以按照一定的规律存储在这组连续的地址空间中。

首先，考察完全二叉树的顺序存储结构。根据完全二叉树的定义，将其所有结点按层次编号，即根的编号为 1，然后依次自上而下、自左至右，编号递增 1。那么，对于完全二叉树中任一编号为 i 的结点，如果其存在左孩子，则左孩子的编号为 $2i$；如果其存在右孩子，则右孩子的编号为 $2i+1$；如果其存在双亲，则双亲的编号为$\lfloor i/2 \rfloor$。按照这个特性，对于完全二叉树的顺序存储，只需将所有结点从根开始按编号从小到大逐个存放在连续的地址空间即可，结点的编号即可体现出它们之间的逻辑关系，例如图 4.6 为图 4.4 所示完全二叉树的顺序存储结构。

图 4.6　完全二叉树的顺序存储结构

一般二叉树可以有各种形态，结点之间的逻辑关系不能通过层次编号来表达，因此，不能直接进行顺序存储。可行的做法是利用空字符填充，将二叉树填充成一棵完全二叉树，然后按层次编号，并进行顺序存储。这样做的好处是可以将结点的编号和存储地址关联起来，达到无歧义存取的目的，不足是需要存储大量空字符，造成了存储空间的浪费。例如图 4.7 为图 4.5 所示二叉树的顺序存储结构。

二叉树顺序存储结构的 C 语言定义如下：

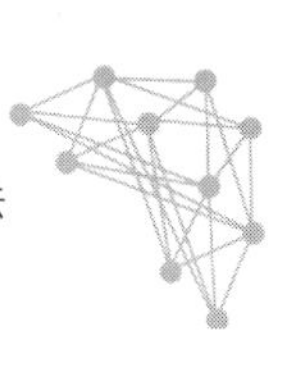

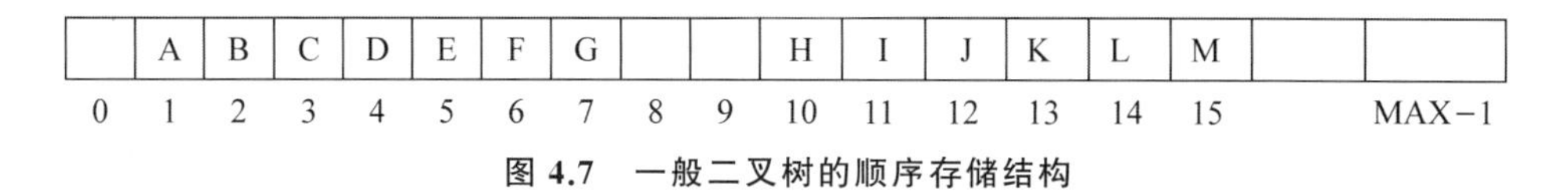

图 4.7　一般二叉树的顺序存储结构

```
typedef TnodeType SqBTree[MAX];
```

其中,TnodeType 为二叉树中结点的数据类型,SqBTree 为顺序存储结构的首地址。MAX 是一个常量,表示一维连续空间的长度。二叉树的顺序存储结构最多可以存储 MAX-1 个结点的信息。

2. 二叉树的链式存储结构

由结点的定义可知,二叉树中的结点由一个数据元素和分别指向其左、右子树的两个分支构成。因此,在二叉树的链式存储结构中,可以采用包含 3 个域的链表结点来存储二叉树结点,即数据域、左指针域和右指针域,如图 4.8 所示。

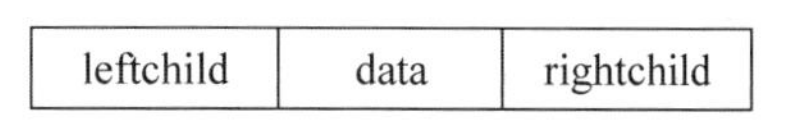

图 4.8　二叉链表结点结构

利用这种结点结构的二叉树链式存储结构称为二叉链表。例如图 4.9 为图 4.2 所示二叉树的链式存储结构,链表的头指针 T 指向二叉树的根结点。使用二叉链表存储二叉树的好处是灵活、操作方便,不需要预先将二叉树填充成完全二叉树;不足是指向左、右孩子的指针占用空间,并且当二叉树中空指针较多时,也会造成巨大的空间浪费。

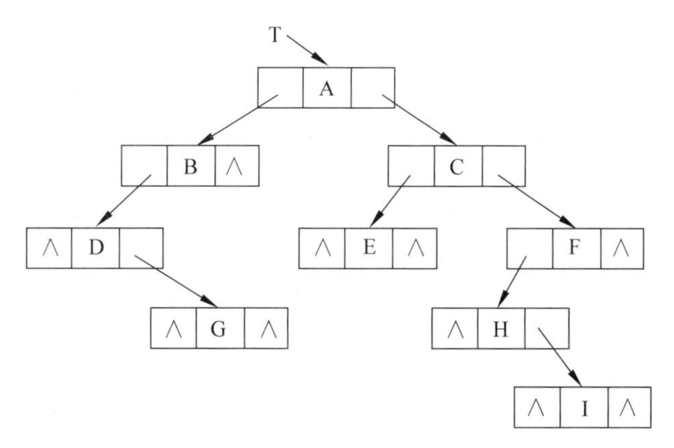

图 4.9　二叉链表

二叉树的链式存储结构中,结点类型的 C 语言定义如下:

```
typedef struct LBTnode{
    TnodeType data;
    struct LBTnode * leftchild, * rightchild;
} LBTnode, * LBTree;
```

其中,TnodeType 为二叉树中结点的数据类型。LBTnode 为二叉链表中结点的数据类型定义,它除了包含二叉树中结点的数据域 data,还包含了两个分别指向该结点左、右孩子的指针 leftchild 和 rightchild。

4.1.3 二叉树的遍历

在基于二叉树的操作中，经常需要搜索某些具有一定特性的结点，或者对全部结点进行某一特定的操作，这就需要在二叉树中逐个地访问所有结点。二叉树的遍历(traversing)能够完成上述功能，即按照特定的搜索路径访问二叉树中所有结点，使得每个结点均被访问且仅被访问一次。

访问是一个抽象的概念，在具体应用中，访问可以是针对结点所做的各种操作，例如对结点信息进行更新、输出结点信息等。二叉树的遍历操作是其他针对二叉树的操作的基础，它的本质是将二叉树这种非线性结构进行线性化的过程，因此，遍历的结果是由所有结点信息构成的一个线性序列。

二叉树的遍历方法有 4 种：先根(序)遍历、中根(序)遍历、后根(序)遍历、层次遍历，它们的本质区别仅在于访问结点的搜索路径不同。对于前三种遍历方法，可以从二叉树的基本构成角度来理解。根据二叉树的递归定义，其包含根结点、左子树和右子树三个组成部分，如果按照某一次序依次访问这三个部分，则可以完成对二叉树的遍历。在约定访问左子树总是在访问右子树之前的条件下，依据根结点被访问的顺序，便可以得到前三种遍历方法：

(1) 先根(序)遍历

若二叉树为空，则返回；否则，首先访问根结点，然后先根遍历左子树，最后先根遍历右子树。例如对图 4.2 所示二叉树进行先根遍历，得到的遍历序列是 ABDGCEFHI。

【算法 4.1】 二叉树的先根遍历算法。

```
void PreOrder(LBTree T)
{ //对二叉树 T 进行先根遍历,T 是指向二叉树根结点的指针
    if (T) {
    //如果二叉树 T 为空,则空操作
        Visit(T);
        //访问根结点,Visit 可以根据具体应用作子函数定义
        PreOrder(T - > leftchild);
        //递归调用,先根遍历左子树
        PreOrder(T - > rightchild);
        //递归调用,先根遍历右子树
    }
}
```

(2) 中根(序)遍历

若二叉树为空，则返回；否则，首先中根遍历左子树，然后访问根结点，最后中根遍历右子树。例如对图 4.2 所示二叉树进行中根遍历，得到的遍历序列是 DGBAECHIF。

【算法 4.2】 二叉树的中根遍历算法。

```
void InOrder(LBTree T)
{ //对二叉树 T 进行中根遍历,T 是指向二叉树根结点的指针
    if (T) {
```

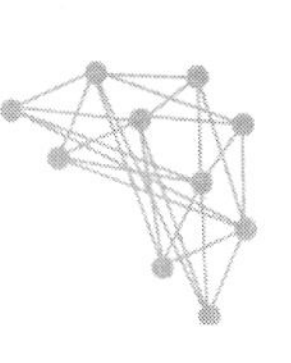

```
    //如果二叉树 T 为空,则空操作
        InOrder(T - > leftchild);
        //递归调用,中根遍历左子树
        Visit(T);
        //访问根结点,Visit 可以根据具体应用作子函数定义
        InOrder(T - > rightchild);
        //递归调用,中根遍历右子树
    }
}
```

(3) 后根(序)遍历

若二叉树为空,则返回;否则,首先后根遍历左子树,然后后根遍历右子树,最后访问根结点。例如对图 4.2 所示二叉树进行后根遍历,得到的遍历序列是 GDBEIHFCA。

【算法 4.3】 二叉树的后根遍历算法。

```
void PostOrder(LBTree T)
{ //对二叉树 T 进行后根遍历,T 是指向二叉树根结点的指针
    if (T) {
    //如果二叉树 T 为空,则空操作
        PostOrder(T - > leftchild);
        //递归调用,后根遍历左子树
        PostOrder(T - > rightchild);
        //递归调用,后根遍历右子树
        Visit(T);
        //访问根结点,Visit 可以根据具体应用作子函数定义
    }
}
```

由上述描述可以看出,这三种二叉树的遍历均属于递归操作。

(4) 层次遍历

若二叉树为空,则返回;否则,从根结点开始,从上到下、从左到右逐个对二叉树中所有结点进行访问。例如对图 4.2 所示二叉树进行层次遍历,得到的遍历序列是 ABCDEFGHI。

【算法 4.4】 二叉树的层次遍历算法。

```
void LevelOrder(LBTree T)
{ //对二叉树 T 进行层次遍历,T 是指向二叉树根结点的指针
    Queue Q;
    //创建一个队列,用于存放结点指针
    if (T) {
    //如果二叉树 T 为空,则空操作
        Q.Add(T);
        //根指针进入队列
        while (!Q.Empty()) {
        //队列非空时,层次遍历二叉树
            Q.Delete(p);
```

```
            //结点指针出队列,存放于 p
            Visit(p);
            //访问 p 指向的结点,Visit 可以根据具体应用作子函数定义
            if (p->leftchild) Q.Add(p->leftchild);
            //p 结点的左孩子进入队列
            if (p->rightchild) Q.Add(p->rightchild);
            //p 结点的右孩子进入队列
        }
    }
}
```

上述算法中,首先使根指针进入队列,并在队列非空的情况下进行退出队列及访问结点操作,此时访问的结点即为二叉树的根结点。然后使根结点的左、右孩子指针依次进入队列,循环进行退出队列、访问、子结点指针进入队列等操作,直到队列为空为止,从而达到层次遍历的目的。

二叉树的先根遍历、中根遍历和后根遍历也可以利用栈设计出非递归的算法来实现,读者可以自行练习。

对于一棵具有 n 个结点的二叉树,上述四种遍历算法的时间复杂度均为 $O(n)$,因为遍历的核心思想即为访问每个结点且仅访问一次,而不论采用的是哪一种访问顺序。另一方面,对于空间复杂度来说,前三种遍历算法需要辅助的栈空间,其最大容量要求与二叉树的深度相同;最后一种层次遍历算法需要辅助的队列空间,其最大容量要求与二叉树中结点最多的那一层的结点数相同。因此,在最坏情况下,这四种遍历算法的空间复杂度均为 $O(n)$。

4.1.4 树的存储结构

本小节介绍两种树的存储结构:双亲表示法和孩子兄弟表示法。

1. 树的双亲表示法

对于一棵树来说,除了根之外,每个结点只有唯一的一个双亲。双亲表示法将结点与其双亲的信息结合在一起,以一组连续的存储单元存储树的所有结点,每个存储单元除了数据域 data 以外,还包含一个标明其双亲位置的域,命名为 parent 域。结点结构如图 4.10 所示。

data	parent

图 4.10 树的双亲表示法的结点结构

利用这种结点结构即可实现树的双亲表示法,例如图 4.11 为图 4.1 所示树的双亲表示法,其中,parent 域的数据类型为整型,存储的是双亲在一维数组中的下标。parent 域值为−1 的结点即为根结点。可以看出,在这种存储结构下,求结点的双亲非常方便,时间复杂度是 $O(1)$,但是求结点的孩子则需要遍历整个一维数组,时间复杂度是 $O(n)$。

双亲表示法的 C 语言定义如下:

```
typedef struct {
    TnodeType data;
```

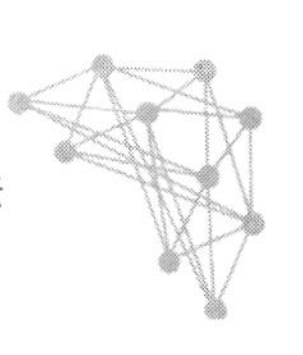

```
    int parent;
} SqTnode;
typedef struct {
    SqTnode tree[MAX];
    int root, num;
} SqTree;
```

	data	parent
0	A	-1
1	B	0
2	E	0
3	F	0
4	C	1
5	D	1
6	M	3
7	N	3
8	G	3
9	P	6

图 4.11　树的双亲表示法

其中，TnodeType 为树中结点的数据类型，SqTnode 为双亲表示法中结点结构的数据类型定义，SqTree 为树结构的定义，tree 是一维连续存储空间的首地址，MAX 是一个常量，表示存储空间的最大容量，root 和 num 是整型变量，分别表示根结点的位置和树中结点的个数。

2. 树的孩子兄弟表示法

与二叉树中每个结点最多能有两个孩子不同，树的结点可以有多个孩子。因此，在树的链式存储结构中，如果仍然像二叉树一样采用结点的指针域来表达结点与其孩子之间的关系，显然不合理。首先，树中每个结点的度不同，如果采用固定大小的链表结点存储，则链表结点应按照度最大的树结点设计，即含有的指针域个数与树的度相等，这必然会使很多结点的指针域为空，造成存储空间的极大浪费。其次，如果按照每个树结点的度来设定链表结点大小，虽然可以避免空间浪费，但会造成整个链式存储的结点结构不统一，不利于结点的定义和操作。

因此，树的孩子兄弟表示法采用固定的含有两个指针域的结点结构来存储树。此方法中，链表结点含有一个数据域 data，以及两个分别指向该结点第一个孩子和下一个兄弟的指针域，分别命名为 firstchild 域和 nextsibling 域，结点结构如图 4.12 所示。

firstchild	data	nextsibling

图 4.12　树的孩子兄弟表示法的结点结构

利用这种结点结构即可实现树的孩子兄弟表示法，例如图 4.13 为图 4.1 所示树的孩子兄弟表示法，链表的头指针 T 指向树的根结点。可以看出，在树的孩子兄弟表示法中，根结点的右侧指针总是空的。使用二叉链表存储树的好处是灵活，操作方便，不足是指向第一个孩子和下一个兄弟的指针占用空间，并且当树中空指针较多时，也会造成巨大的空间浪费。

树的孩子兄弟表示法中，结点类型的 C 语言定义如下：

```
typedef struct LTnode{
    TnodeType data;
    struct LTnode * firstchild, * nextsibling;
} LTnode, * LTree;
```

其中，TnodeType 为树中结点的数据类型。LTnode 为二叉链表中结点的数据类型定义，它除了包含树中结点的数据域 data，还包含了两个分别指向该结点第一个孩子和下一个兄弟的指针 firstchild 域和 nextsibling 域。

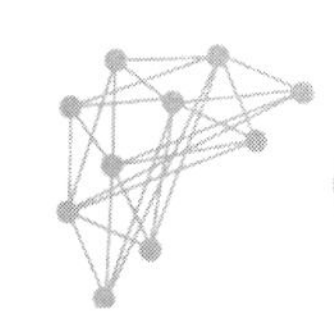

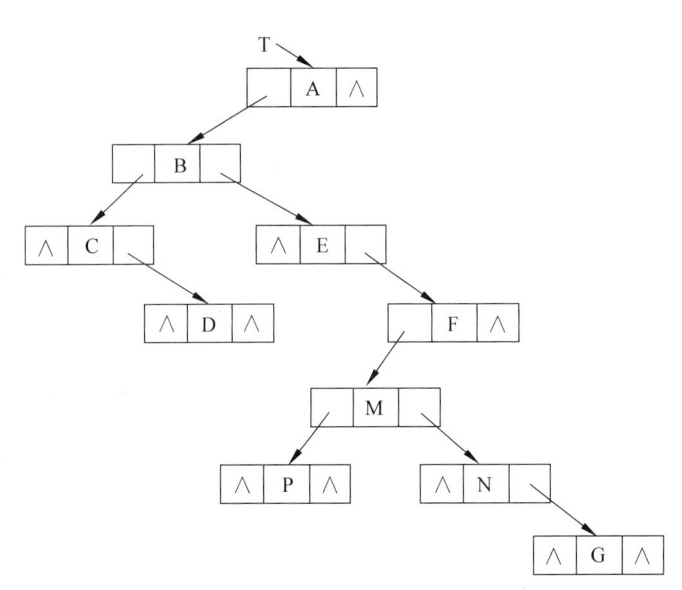

图 4.13 树的孩子兄弟表示法

4.1.5 树的遍历

树的遍历是按照特定的搜索路径访问树中所有结点,使得每个结点均被访问且仅被访问一次,遍历的结果是由所有结点信息构成的一个线性序列。

树的遍历方法有三种:先根(序)遍历、后根(序)遍历、层次遍历,它们的本质区别仅在于访问结点的搜索路径不同。对于前两种遍历方法,可以从树的基本构成角度来理解。根据树的递归定义,其包含根结点和所有子树构成的森林两个组成部分,依据根结点被访问的顺序,便可以得到前两种遍历方法:

(1) 先根(序)遍历

若树为空,则返回;否则,首先访问根结点,然后依次先根遍历根的各棵子树。例如对图 4.1 所示的树进行先根遍历,得到的遍历序列是 ABCDEFMPNG。

(2) 后根(序)遍历

若树为空,则返回;否则,首先依次后根遍历根的各棵子树,然后访问根结点。例如对图 4.1 所示的树进行后根遍历,得到的遍历序列是 CDBEPMNGFA。

由上述描述可以看出,这两种树的遍历均属于递归操作。

(3) 层次遍历

若树为空,则返回;否则,从根结点开始,从上到下、从左到右逐个对树中所有结点进行访问。例如对图 4.1 所示的树进行层次遍历,得到的遍历序列是 ABEFCDMNGP。

上述介绍的树的三种遍历算法,读者可以借鉴二叉树的遍历算法自行练习。性能分析上,因为树的遍历核心思想是访问每个结点且仅访问一次,而不论采用的是哪一种访问顺序,因此,对于一棵具有 n 个结点的树,三种遍历算法的时间复杂度均为 $O(n)$。另一方面,树的先根遍历和后根遍历算法需要辅助的栈空间,其最大容量要求与树的深度相同;最后一种层次遍历算法需要辅助的队列空间,其最大容量要求与树中结点最多的那一层的结点数

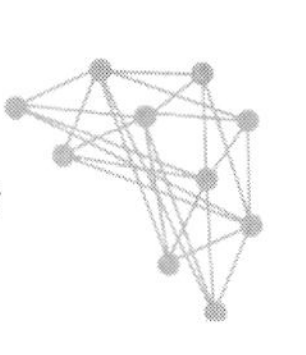

相同。因此，在最坏情况下，三种遍历算法的空间复杂度均为 $O(n)$。

4.2 哈　希　表

4.2.1　基本概念

搜索是一项在计算机领域中被广泛用到的技术。哈希表（Hash table）是一种可以实现快速搜索的数据结构。在哈希表中，数据元素的存储位置与其关键字之间有确定的函数关系。理想情况下，如果数据元素的关键字为 key，其存储位置与关键字之间的关系函数为 $h(\cdot)$，那么该元素在哈希表中的位置为 $h(\text{key})$。要搜索该元素，首先需要计算出 $h(\text{key})$，然后看哈希表中 $h(\text{key})$ 处是否有元素。如果有，便找到了该元素；如果没有，说明哈希表中不包含该元素，此时可以通过将该元素放在 $h(\text{key})$ 位置来实现插入操作。这种理想情况下，通过一步计算即可搜索到想要的元素。然而，在实际的大多数应用中，都或多或少存在由多个关键字得到一个存储位置的情况，即两个数据元素的关键字 $\text{key}_1 \neq \text{key}_2$，而它们的存储位置 $h(\text{key}_1)=h(\text{key}_2)$。这种情况下，除了需要通过关键字计算存储位置之外，还要通过关键字之间的比较来确定找到的位置上是否是真正的待搜索元素。

【例 4.1】　有一组儿童的数据 $\text{ChildrenRec}=\{r_i \mid i=1, 2, \cdots, 10\}$，关键字是他们的出生年份 $\text{YearBirth}=\{y_i \mid i=1, 2, \cdots, 10\}=\{2009, 2007, 2013, 2017, 2010, 2008, 2014, 2019, 2015, 2020\}$，将这组数据存储于一维数组 AgeTable[15]中，使数据元素的存储位置 k 与其关键字 y_i 之间的关系函数为

$$k=h(y_i)=2020-y_i$$

则一维数组的存储情况如图 4.14 所示。

存储位置	0	1	2	3	4	5	6	7	8	9	10	11	12	13	14
数据元素	2020 ⋮	2019 ⋮		2017 ⋮		2015 ⋮	2014 ⋮	2013 ⋮			2010 ⋮	2009 ⋮	2008 ⋮	2007 ⋮	

图 4.14　一组儿童数据的存储

基于上面的描述，给出哈希表的相关定义如下：

【定义 4.24】　数据元素（data element）：在计算机领域中，作为一个整体进行存储和处理的基本单位，有时也称记录。例如，描述一个儿童的信息，包括出生年份、姓名、性别，则（“2015”“张三”“男”）是一个有效的数据元素。

【定义 4.25】　关键字（key）：一个数据元素通常由若干数据项组成，可以标识该元素的数据项的值，称为关键字。

【定义 4.26】　哈希函数（Hash function）：在数据元素的存储位置 k 与其关键字 key 之

间建立一个确定的关系函数 $h(\cdot)$,使得 $k=h(\text{key})$,则称这个关系函数 $h(\cdot)$ 为哈希函数,也称散列函数。

【定义 4.27】 哈希地址(Hash address):由哈希函数计算得到的存储地址,称为哈希地址,也称散列地址。

【定义 4.28】 同义词(synonym):如果两个不同的关键字,由哈希函数得到相同的哈希地址,即 $\text{key}_1 \neq \text{key}_2$,而 $h(\text{key}_1)=h(\text{key}_2)$,则称这两个关键字对于哈希函数 $h(\cdot)$ 是同义词。

【定义 4.29】 冲突(collision):哈希存储时,当一组数据中出现了互为同义词的关键字,称这种现象为冲突。显然,当冲突发生时,需要采取一定的方法加以解决,以使数据集合中的各个元素都能得到有效的存储。

【定义 4.30】 哈希表(Hash table):根据给定的哈希函数和处理冲突的方法,将一组数据按关键字映像到一个有限的连续存储空间上,这种数据结构称为哈希表,也称散列表。

【定义 4.31】 装填因子(loading factor):为了避免关键字之间的频繁冲突,可以采用增大存储空间的办法,此时会提高数据元素的存储和搜索效率,但同时也会造成空间的浪费。为了度量存储空间的利用率,定义哈希表的装填因子为

$$\alpha=\frac{n}{m}$$

其中,n 为哈希表存储的数据元素个数;m 为哈希表的空间大小。实际应用中,装填因子通常在[0.5,0.85]之间。

【定义 4.32】 平均搜索长度(average search length):搜索过程中,给定的关键字与搜索表中关键字之间发生的比较次数的期望值,称为搜索算法的平均搜索长度,简写为 ASL。通常,对于具有 n 个元素的搜索表,搜索成功时的平均搜索长度为

$$\text{ASL}=\sum_{i=1}^{n} P_i C_i$$

其中,P_i 为搜索表中第 i 个元素的概率,要求

$$\sum_{i=1}^{n} P_i=1$$

C_i 为成功搜索到第 i 个元素时,给定的关键字和表中关键字进行的比较次数。显然,C_i 与具体的搜索策略有关。

综上所述,构造哈希表时,应当综合考虑待存储数据元素的关键字和存储空间的大小,设计一个恰当的哈希函数,使冲突现象尽可能地减少。但是通常情况下,哈希函数是多对一的映射,冲突是不可避免的。而一旦发生冲突,就必须采取适当措施及时地予以解决。因此,构造哈希表需要解决两个方面的主要问题:一方面是如何构造一个合适的哈希函数;另一方面是如何设计一个合适的处理冲突的办法。

4.2.2 构造哈希函数的方法

设计哈希函数时,应考虑两个方面的问题:第一,函数的计算尽量简单快捷,具有较高的时间性能;第二,计算出来的哈希地址尽量做到均匀分布,以期能够尽量减少冲突的发生。

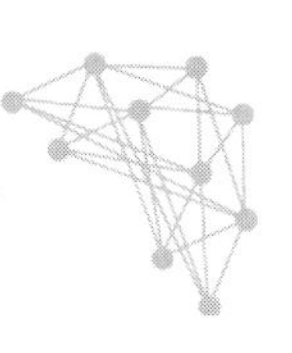

但是在实际应用中，严格的无冲突是不能保证的。构造哈希函数的方法有很多，本节介绍三种能够较少产生冲突的方法。

（1）直接定址法

对于关键字 key，将它的哈希地址定义为一个线性函数：

$$h(\text{key})=a\times \text{key}+b$$

其中，a 和 b 为常数，称此种方法为直接定址法。这种方法计算简单，计算出的哈希地址分布均匀，不会发生冲突现象。但其不足是要求的哈希表存储空间很大，尤其当系数 a 较大时，这种情况将更加严重，因此不适用于较大的数据集合，在实际应用中并不常见。例如例 4.1 即是这种方法。

（2）除留余数法

假设哈希表长度为 tablesize，选择一个不大于 tablesize 的正整数 p，将关键字 key 的哈希地址定义为它除以 p 得到的余数：

$$h(\text{key})=\text{key}\ \text{mod}\ p$$

除留余数法中，选取合适的 p 很重要，一般情况下，设 p 值为小于或等于哈希表长度 tablesize 的最大素数，这样能够使得到的哈希地址尽可能地均匀。例如，当 tablesize＝16 时，取 $p=13$；当 tablesize＝512 时，取 $p=503$。除留余数法是一种最常用的，也是比较简单的哈希函数构造方法，在实际应用中，可以对关键字 key 直接取余数，也可以对关键字做其他运算之后再取余数。

（3）数字分析法

在关键字的位数比较多，且一些位数的数字经常相同，而另一些位数却很随机的情况下，可以采用数字分析法构造哈希函数。例如，19 位数字构成的银行卡号，第 1～6 位是发卡行码、第 7～10 位是发卡地区码，第 11 位是卡种类码、第 12～18 位是发卡顺序码，第 19 位为校验码。可以简单得出，1～6 位经常雷同，7～10 位在一定范围内也较易雷同，而 12～18 位比较随机。又如，11 位数字构成的手机号，1～3 位是运营商码，4～7 位是归属地码，8～11 位是用户码，于是可以看出，1～3 位经常雷同，4～7 位在一定范围内也较易雷同，而 8～11 位比较随机。如果在这些应用中，将比较随机的若干位数取出，直接作为哈希地址，或者经过简单的进一步计算得到一个哈希地址，则可以减少冲突的发生。“简单的进一步计算”可以是但不仅限于：

① 除留余数法；

② 平方取中法：将取出的位数做平方运算，然后取中间的几位作为哈希地址；

③ 折叠法：将取出的位数切割成等长的几段，第一段或最后一段位数可以不同，将这几段折叠并数字相加，舍去进位，作为哈希地址。

【例 4.2】 某学校的研究生学号编制规则如图 4.15 所示。该学校有三种研究生招生类别：全日制学术学位研究生、全日制专业学位研究生、非全日制专业学位研究生，类别码分别为 01、02、03。学校共有 18 个学院，学院码分别为 01～18。每个学院的招生专业不超过 10 个，专业码从 01 开始编码，依次递增 1。大部分专业招生规模少于 30 人，最多不超过 100 人，学生码从 001 开始编码，依次递增 1。将学号作为关键字，使用数字分析法构造适当的哈希函数，用以存储 2000—2020 年入学的研究生数据信息。

位数	1	2	3	4	5	6	7	8	9	10	11	12	13
说明	入学年份				类别码		学院码		专业码		学生码		
示例	2	0	1	9	0	3	1	2	0	5	0	2	1

图 4.15 研究生学号编制规则

观察上述编制规则，第 1～2 位取值为“20”，全部雷同。第 3 位取值为 0、1 或 2，容易雷同。第 4 位取值随机。第 5 位取值 0，全部雷同。第 6 位取值为 1、2 或 3，容易雷同。第 7 位取值为 0 或 1，容易雷同。第 8 位取值比较随机。第 9 位大概率取值为 0，小概率取值为 1，容易雷同。第 10 位取值随机。第 11 位大概率取值为 0，小概率取值为 1，容易雷同。第 12 位大概率取值为 0、1 或 2，容易雷同。第 13 位取值随机。

如果选取雷同或容易雷同的位数参与哈希运算，则得到的哈希地址大概率会产生冲突现象。因此，可以选取比较随机的第 4、8、10、13 位，构造哈希函数为

$$h(\text{key})=(\text{key}[4]-\text{'0'})\times 10^3+(\text{key}[8]-\text{'0'})\times 10^2+(\text{key}[10]-\text{'0'})\times 10+(\text{key}[13]-\text{'0'})$$

可以看出，上述哈希函数能得到的哈希表长度为 10^4，当待存储的数据元素较少时，会导致装填因子太少，浪费空间。这种情况下，可以采用除留余数法、平方取中法、折叠法等方法做进一步处理。

4.2.3 处理冲突的方法

构造合适的哈希函数可以使哈希地址尽可能地均匀分布在整个哈希表空间，但在实际应用中，想要完全避免冲突是不可能的，因此在冲突发生时选择一个有效的处理冲突的方法是哈希搜索的另一个关键问题。建立哈希表和在哈希表中搜索元素都会存在冲突现象，这两种情况处理冲突的方法是一致的。处理冲突的方法与哈希表的组织形式有关。按照组织形式不同，常用的处理方法有两种：开放定址法(open addressing)和链接法(linear probing)。

1. 开放定址法

开放定址法的基本思想是，当根据关键字计算出的哈希地址上已经存放了其他元素，也就是发生了冲突时，那么就在哈希表中寻找另外一个空的地址存储该元素。理论上，如果寻找方法得当，只要哈希表没有被装满，则一定可以找到另一个空的地址。因为在寻找另一个空的地址时，原来的存储空间对所有元素都是开放的，所以称这种方法为开放定址法，称寻找另一个空的地址的过程为探测。通常，探测过程中的地址都是在初始哈希地址的基础上得来的，当第一步探测仍然发生冲突时，继续第二步探测，以此类推，直到不冲突为止。探测过程产生的哈希地址序列为

$$h_i(\text{key})=(h(\text{key})+d_i)\text{mod tablesize}\quad i=1,2,\cdots,k(k<\text{tablesize}-1)$$

其中，$h(\text{key})$为哈希函数；tablesize 为哈希表长度；d_i 为地址增量序列，其通常有以下三种取值方式。

(1) 线性探测法：这种方法将哈希表空间看作循环的存储结构，当出现冲突时，继续查看冲突存储单元的后续紧邻单元，如果还是冲突，则继续向后查看，如果到达了哈希表中最后一个单元，则下一步回到哈希表起始单元查看，直到不冲突为止。如果查看一圈都没有不

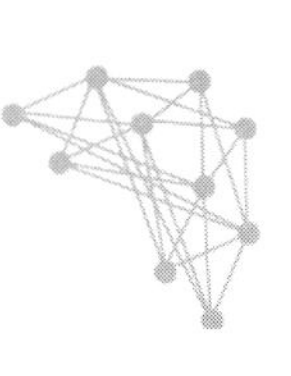

冲突的单元，说明哈希表已满。线性探测法中，d_i 的取值序列为

$$d_i = 1, 2, \cdots, \text{tablesize} - 1$$

线性探测法的不足是会令很多初始哈希地址相同或相近的元素聚集在一块连续的存储空间上，从而降低搜索效率。产生聚集现象是因为 d_i 以 1 为步长进行递增，平方探测法是为了改善这种状况而提出的一种方法。

(2) 平方探测法：这种方法中，d_i 的取值序列为

$$d_i = 1^2, -1^2, 2^2, -2^2, \cdots, k^2, -k^2 \quad k \leqslant \lfloor \text{tablesize}/2 \rfloor$$

研究证明，如果哈希表长度 tablesize 为 $4a+3$ 形式（a 为正整数）的素数，例如 11、23、39 等，平方探测法可以搜索到整个哈希表空间。平方探测法在一定程度上减轻了聚集现象，但也有其不足，即初始哈希地址相同的元素在后续的搜索过程中将会探测到相同的存储单元，从而造成计算资源的浪费。双哈希探测法可以弥补这个不足。

(3) 双哈希探测法：这种方法中，d_i 的取值序列为

$$d_i = i \times h_2(\text{key})$$

其中，$h_2(\text{key})$是另外一个哈希函数。双哈希探测法中，$h_2(\text{key})$的选取很关键，对于任意关键字 key，要求 $h_2(\text{key})$的值均不能为 0。另外，$h_2(\text{key})$的选取还要尽量保证所有的存储单元都能够被搜索到。研究表明，如下所示的 $h_2(\text{key})$定义方法能够达到这个要求。

$$h_2(\text{key}) = p - (\text{key mod } p)$$

其中，p 是小于 tablesize 的素数。

在实际应用中，双哈希探测法的平均探测次数比较少，但是它在计算 d_i 增量时比较费时。

【例 4.3】 有关键字序列(32,13,49,24,38,4,18,21,35)，为其构建哈希表。哈希地址空间为 0～10，哈希函数 $H(\text{key}) = (3 \times \text{key}) \text{ mod } 11$，处理冲突的方法采用开放定址法，其中 d_i 的取值依照线性探测法。

按顺序逐个考察关键字，放入哈希表中合适的位置，并记录下冲突情况和 C_i（成功搜索到第 i 个元素时，给定的关键字和表中关键字进行比较的次数）的值：

对于 key=32，$H(32) = (3 \times 32) \text{ mod } 11 = 8$　　不冲突，$C_1 = 1$

对于 key=13，$H(13) = (3 \times 13) \text{ mod } 11 = 6$　　不冲突，$C_2 = 1$

对于 key=49，$H(49) = (3 \times 49) \text{ mod } 11 = 4$　　不冲突，$C_3 = 1$

对于 key=24，$H(24) = (3 \times 24) \text{ mod } 11 = 6$

　　$H_1(24) = (H(24) + 1) \text{ mod } 11 = 7$　　冲突，$C_4 = 2$

对于 key=38，$H(38) = (3 \times 38) \text{ mod } 11 = 4$

　　$H_1(38) = (H(38) + 1) \text{ mod } 11 = 5$　　冲突，$C_5 = 2$

对于 key=4，$H(4) = (3 \times 4) \text{ mod } 11 = 1$　　不冲突，$C_6 = 1$

对于 key=18，$H(18) = (3 \times 18) \text{ mod } 11 = 10$　　不冲突，$C_7 = 1$

对于 key=21，$H(21) = (3 \times 21) \text{ mod } 11 = 8$

　　$H_1(21) = (H(21) + 1) \text{ mod } 11 = 9$　　冲突，$C_8 = 2$

对于 key=35，$H(35) = (3 \times 35) \text{ mod } 11 = 6$

　　$H_1(35) = (H(35) + 1) \text{ mod } 11 = 7$

　　$H_2(35) = (H(35) + 2) \text{ mod } 11 = 8$

$H_3(35)=(H(35)+3) \bmod 11=9$

$H_4(35)=(H(35)+4) \bmod 11=10$

$H_5(35)=(H(35)+5) \bmod 11=0$　　冲突，$C_9=6$

具体放入过程如表 4.1 所示。

表 4.1　哈希表构建过程(线性探测法)

地址	0	1	2	3	4	5	6	7	8	9	10
存入 32									**32**		
存入 13							**13**		32		
存入 49					**49**		13		32		
存入 24					49		13	**24**	32		
存入 38					49	**38**	13	24	32		
存入 4		**4**			49	38	13	24	32		
存入 18		4			49	38	13	24	32		**18**
存入 21		4			49	38	13	24	32	**21**	18
存入 35	**35**	4			49	38	13	24	32	21	18

因此，最终得到的哈希表如图 4.16 所示。

地址	0	1	2	3	4	5	6	7	8	9	10
关键字	35	4			49	38	13	24	32	21	18

图 4.16　线性探测法得到的哈希表

上述过程在等概率条件下搜索成功时的平均搜索长度为

$$\text{ASL}=\sum_{i=1}^{9}P_iC_i=(1+1+1+2+2+1+1+2+6)/9\approx 1.89$$

上述哈希表的装填因子为

$$\alpha=\frac{n}{m}=9/11\approx 0.82$$

【例 4.4】　有关键字序列(32,13,49,24,38,4,18,21,35)，为其构建哈希表。哈希地址空间为 0～10，哈希函数 $H(\text{key})=(3\times \text{key}) \bmod 11$，处理冲突的方法采用开放定址法，其中 d_i 的取值依照平方探测法。

按顺序逐个考察关键字，放入哈希表中合适的位置，并记录下冲突情况和 C_i(成功搜索到第 i 个元素时，给定的关键字和表中关键字进行的比较次数)的值：

对于 key=32，$H(32)=(3\times 32) \bmod 11=8$　　不冲突，$C_1=1$

对于 key=13，$H(13)=(3\times 13) \bmod 11=6$　　不冲突，$C_2=1$

对于 key=49，$H(49)=(3\times 49) \bmod 11=4$　　不冲突，$C_3=1$

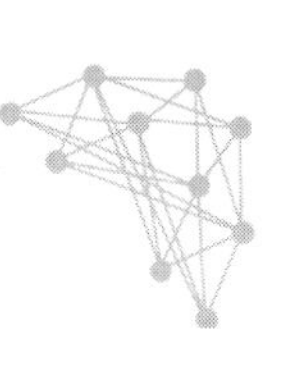

对于 key=24，$H(24)=(3\times 24) \bmod 11=6$

$H_1(24)=(H(24)+1^2) \bmod 11=7$　　冲突，$C_4=2$

对于 key=38，$H(38)=(3\times 38) \bmod 11=4$

$H_1(38)=(H(38)+1^2) \bmod 11=5$　　冲突，$C_5=2$

对于 key=4，$H(4)=(3\times 4) \bmod 11=1$　　不冲突，$C_6=1$

对于 key=18，$H(18)=(3\times 18) \bmod 11=10$　　不冲突，$C_7=1$

对于 key=21，$H(21)=(3\times 21) \bmod 11=8$

$H_1(21)=(H(21)+1^2) \bmod 11=9$　　冲突，$C_8=2$

对于 key=35，$H(35)=(3\times 35) \bmod 11=6$

$H_1(35)=(H(35)+1^2) \bmod 11=7$

$H_2(35)=(H(35)-1^2) \bmod 11=5$

$H_3(35)=(H(35)+2^2) \bmod 11=10$

$H_4(35)=(H(35)-2^2) \bmod 11=2$　　冲突，$C_9=5$

具体放入过程如表 4.2 所示。

表 4.2　哈希表构建过程(平方探测法)

地址	0	1	2	3	4	5	6	7	8	9	10
存入 32									**32**		
存入 13							**13**		32		
存入 49					**49**		13		32		
存入 24					49		13	**24**	32		
存入 38					49	**38**	13	24	32		
存入 4		**4**			49	38	13	24	32		
存入 18		4			49	38	13	24	32		**18**
存入 21		4			49	38	13	24	32	**21**	18
存入 35		4	**35**		49	38	13	24	32	21	18

因此，最终得到的哈希表如图 4.17 所示。

地址	0	1	2	3	4	5	6	7	8	9	10
关键字		4	35		49	38	13	24	32	21	18

图 4.17　平方探测法得到的哈希表

上述过程在等概率条件下搜索成功时的平均搜索长度为

$$\mathrm{ASL}=\sum_{i=1}^{9} P_i C_i=(1+1+1+2+2+1+1+2+5)/9\approx 1.78$$

上述哈希表的装填因子为

$$\alpha=\frac{n}{m}=9/11\approx0.82$$

开放地址法哈希表的C语言定义如下：

```
typedef struct{
    KeyType key;
    RestType rest;
} Hash[TABLESIZE];
```

其中，key为关键字；rest为数据元素的其他信息项；TABLESIZE是一个常量，表示哈希表长度。

【算法4.5】 开放地址法哈希表的搜索算法(d_i的取值采用线性探测法)。

```
#define NULL 0                                  //存储单元为空的标记
int SearchinHash(Hash H, KeyType KEY)
{//在哈希表H中搜索关键字为KEY的元素,若搜索成功,返回存储单元标号,否则返回-1
h0=h(KEY);                                      //根据哈希函数h(KEY)计算哈希地址
if(H[h0].key==NULL) return -1;                  //若单元h0为空,则搜索不成功
    else if(H[h0].key==KEY) return h0;          //若单元h0中元素的关键字为KEY, 则搜索成功
        else
            {for(i=1;i<TABLESIZE;++i)
                {hi=(h0+i)% TABLESIZE;          //按照线性探测法计算下一个哈希地址hi
                if(H[hi].key==NULL) return -1;  //若单元hi为空,则搜索不成功
                    else if(H[hi].key==KEY) return hi;
                    //若单元hi中元素的关键字为KEY, 则搜索成功
                }
            }
}
```

2. 链接法

链接法的基本思想是，将所有哈希地址相同的元素都存储在同一个单链表中，同时将所有单链表的头指针存放在一个一维数组中，这样构成的哈希表即为一个一维数组和若干单链表的组合。

具体做法是建立一个指针类型的一维数组h[TABLESIZE]，然后将所有哈希地址为i的元素存储在以h[i]为头指针的单链表中，存储顺序是从表头位置插入，这样可以提高搜索效率，因为在实际应用中，最近被插入的元素在后续操作中通常最先被搜索。

【例4.5】 有关键字序列(32,13,49,24,38,4,18,21,35)，为其构建哈希表。哈希地址空间为0～10，哈希函数$H(\text{key})=(3\times\text{key}) \bmod 11$，处理冲突的方法采用链接法。

按顺序逐个考察关键字，从表头方向放入哈希表的相应单链表中：

对于key=32，$H(32)=(3\times32) \bmod 11=8$；

对于key=13，$H(13)=(3\times13) \bmod 11=6$；

对于key=49，$H(49)=(3\times49) \bmod 11=4$；

对于key=24，$H(24)=(3\times24) \bmod 11=6$；

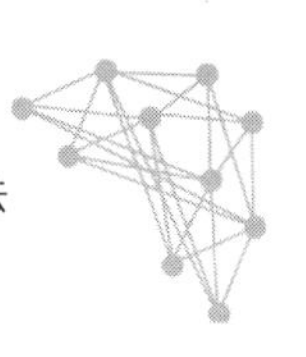

对于 key=38，$H(38)=(3\times38)\bmod 11=4$；

对于 key=4，$H(4)=(3\times4)\bmod 11=1$；

对于 key=18，$H(18)=(3\times18)\bmod 11=10$；

对于 key=21，$H(21)=(3\times21)\bmod 11=8$；

对于 key=35，$H(35)=(3\times35)\bmod 11=6$。

最终得到的哈希表如图 4.18 所示。

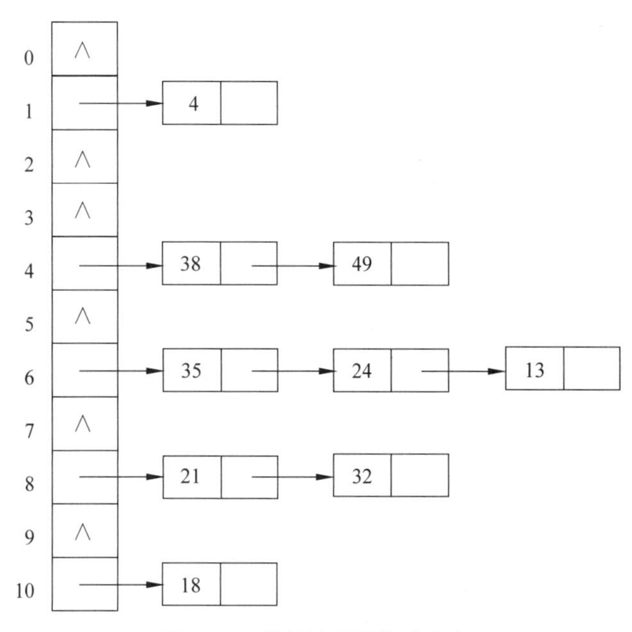

图 4.18 链接法得到的哈希表

可以看出，所有单链表中第一个结点的 C_i 为 1，第二个结点的 C_i 为 2，第三个结点的 C_i 为 3，因此，上述过程在等概率条件下搜索成功时的平均搜索长度为

$$\mathrm{ASL}=\sum_{i=1}^{9}P_iC_i=(1\times5+2\times3+3\times1)/9\approx1.56$$

上述哈希表的装填因子为

$$\alpha=\frac{n}{m}=9/11\approx0.82$$

4.2.4 哈希表优点

一维数组中的数据元素可以直接寻址，即可以通过数组下标在 $O(1)$时间内访问数组中的任意元素。如果存储空间足够大，可以定义一个一维数组，为每一个可能出现的元素安排一个合适的位置，从而利用直接寻址技术的时间优势。但是在实际应用中，实际需要存储的元素数目往往比全部可能出现的元素数目要少很多，这时如果仍然采用一维数组，则会造成存储空间的浪费。为了提高空间利用率，采用哈希表来存储这些元素成为一种有效的替代方法。这是因为哈希表根据实际需要存储的元素数目来确定存储空间的大小，并且在搜索

时,并不是直接把关键字作为数组的下标,而是使用哈希函数对关键字进行计算从而得到下标。因此,哈希表的优点在于,如果哈希函数和处理冲突的方法选择得当,在哈希表中搜索一个数据元素的平均时间复杂度是$O(1)$,这在实际应用中是非常优越的。

哈希表的搜索性能可以使用平均搜索长度ASL来度量。一般地,如果选取了合适的哈希函数,并且哈希表中各元素的搜索概率相同,则哈希表的平均搜索长度仅与装填因子α和处理冲突的方法有关。研究表明,对于线性探测法哈希表,等概率条件下搜索成功时的平均搜索长度为

$$\mathrm{ASL} \approx \frac{1}{2}\left(1+\frac{1}{1-\alpha}\right)$$

对于平方探测法和双哈希探测法,等概率条件下搜索成功时的平均搜索长度为

$$\mathrm{ASL} \approx -\frac{1}{\alpha}\ln(1-\alpha)$$

对于链接法,等概率条件下搜索成功时的平均搜索长度为

$$\mathrm{ASL} \approx 1+\frac{\alpha}{2}$$

4.3 排　　序

4.3.1 基本概念

计算机领域中,排序是一项常用的技术,例如,管理文件中按数据存入时间排序、购物网站将商品按销量排序、搜索网站的热门关键词排序等。目前已经开发的排序算法有很多,本小节介绍5种比较经典的排序算法。

【定义4.33】 主关键字(primary key):能够唯一地标识一个数据元素的关键字称为主关键字。例如描述一个公民的信息,包括身份证号、姓名、性别,则身份证号可以作为主关键字。

【定义4.34】 次关键字(secondary key):能够标识出若干个数据元素的关键字称为次关键字。例如在上面例子中,因为存在重名的现象,因此姓名是次关键字。当然,对于相同的数据定义,在不同的情况下,主关键字和次关键字的确定也是不同的。例如,如果能够确保数据集合中没有重名的情况,则姓名也可以作为主关键字。

【定义4.35】 排序(sorting):将一组数据元素按照关键字的非递减或非递增顺序进行重新排列的操作。

【定义4.36】 稳定的排序:排序时,对于两个关键字相同的元素i和j,如果在排序前后,两个元素在记录表中的前后顺序没有发生变化,即排序前元素i在元素j的前面,排序后i仍然在j的前面,则称该排序算法是稳定的。

【定义4.37】 不稳定的排序:排序时,对于两个关键字相同的元素i和j,如果在排序前后,两个元素在记录表中的前后顺序可能发生变化,即排序前元素i在元素j的前面,排序后i可能排在j的后面,则称该排序算法是不稳定的。

【定义 4.38】 内部排序：仅在计算机内部存储器上进行的排序称为内部排序。本节仅介绍内部排序。

【定义 4.39】 外部排序：排序过程中需要访问外部存储器的排序称为外部排序。

在排序算法中，数据元素类型的 C 语言定义如下：

```
typedef struct{
    KeyType key;
    RestType rest;
} ElementType;
```

其中，key 为关键字；rest 为数据元素的其他信息项；ElementType 表示数据元素类型。

待排序的元素集合可以有多种存储方法，本节将其存放在一维数组中，C 语言定义如下：

```
typedef struct{
    ElementType r[MAX+1];          //为操作方便，r[0]通常不存放待排序的元素
    int length;
} SqSortList;
```

其中，r 是存放元素的数组；MAX 是一个常量，表示数组的最大容量；length 表示当前待排序元素数。

就排序算法而言，除了应该保证正确的排序结果，算法性能也是需要注意的一个方面。评价排序算法性能有以下两个指标：

(1) 时间复杂度

以一维数组存放待排序序列的情况下，排序算法的基本操作主要是关键字之间的比较和数据元素的移动，因此，时间复杂度的度量主要考虑这两点。需要注意的是，在实际应用中，排序算法的具体执行时间不仅与序列长度有关，还与序列的初始状态有关。因此，对于排序算法的时间性能分析，通常会给出平均时间复杂度和最坏时间复杂度。

(2) 空间复杂度

排序算法中，主要是在移动元素或者存储已排好序的子序列时需要辅助空间。理想的空间复杂度为 $O(1)$，即算法执行期间所需要的辅助空间与待排序的数据元素数无关。

4.3.2 简单选择排序

简单选择排序的基本思想是：对于长度为 n 的待排序序列，执行 $n-1$ 趟选择，第 1 趟从 n 个元素中选择一个最小的，与第 1 个位置的元素互换；第 2 趟从剩余 $n-1$ 个元素中选择一个最小的，与第 2 个位置的元素互换；以此类推，直到所有元素有序。

【例 4.6】 有一组关键字序列(45,9,61,37,66,42,93,18,30,61^*)，其中 * 表示关键字相同的不同元素，使用简单选择排序算法对其进行非递减排序。

每一趟的排序结果如图 4.19 所示。

初始序列:	45,	9,	61,	37,	66,	42,	93,	18,	30,	61*
第1趟:	(9),	45,	61,	37,	66,	42,	93,	18,	30,	61*
第2趟:	(9,	18),	61,	37,	66,	42,	93,	45,	30,	61*
第3趟:	(9,	18,	30),	37,	66,	42,	93,	45,	61,	61*
第4趟:	(9,	18,	30,	37),	66,	42,	93,	45,	61,	61*
第5趟:	(9,	18,	30,	37,	42),	66,	93,	45,	61,	61*
第6趟:	(9,	18,	30,	37,	42,	45),	93,	66,	61,	61*
第7趟:	(9,	18,	30,	37,	42,	45,	61),	66,	93,	61*
第8趟:	(9,	18,	30,	37,	42,	45,	61,	61*),	93,	66
第9趟:	(9,	18,	30,	37,	42,	45,	61,	61*,	66),	93

图 4.19　简单选择排序

【算法 4.6】 简单选择排序算法。

```
void SelectionSort(SqSortList S)
{ for(i=1; i<S.length; i++) {
   k = i;
   for(j=i+1; j<=S.length; j++)
     if(S.r[j].key<S.r[k].key) k=j;      //找到最小元素的位置
   if(k!=i) {                            //最小元素与第 i 个元素互换
      e=S.r[k];
      S.r[k]=S.r[i];
      S.r[i]=e;
   }
  }
}
```

可以看出,简单选择排序算法的平均时间复杂度是 $O(n^2)$,最坏时间复杂度是 $O(n^2)$,空间复杂度是 $O(1)$,是不稳定的排序算法。

4.3.3　简单插入排序

简单插入排序算法的基本思想是：对于长度为 n 的待排序序列,将初始序列看作第 1 趟排序结果,即第 1 个元素构成了一个具有 1 个元素的有序序列。然后执行 $n-1$ 趟,第 2 趟将第 2 个元素插入前面的有序序列,构成一个新的长度为 2 的有序序列;第 3 趟将第 3 个元素插入前面的有序序列,构成一个新的长度为 3 的有序序列;以此类推,直到所有元素有序。

【例 4.7】 有一组关键字序列(45,9,61,37,66,42,93,18,30,61*),其中 * 表示关键字相同的不同元素,使用简单插入排序算法对其进行非递减排序。

每一趟的排序结果如图 4.20 所示。

【算法 4.7】 简单插入排序算法。

```
void InsertSort(SqSortList S)
```

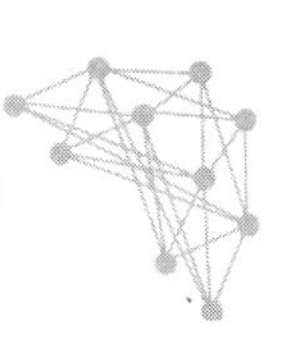

```
{ for(i=2;i<=L.length;++i)
    if(S.r[i].key<S.r[i-1].key){
      S.r[0]=S.r[i];                          //将待插入的记录暂存到 0 号位置
      for(j=i-1;S.r[0].key<S.r[j].key;j--)    //从后向前寻找插入位置
         S.r[j+1]=S.r[j];
      S.r[j+1]=S.r[0];                        //将 S.r[0]存放到正确位置
    }
}
```

初始序列:	(45),	9,	61,	37,	66,	42,	93,	18,	30,	61*
第 2 趟:	(9,	45),	61,	37,	66,	42,	93,	18,	30,	61*
第 3 趟:	(9,	45,	61),	37,	66,	42,	93,	18,	30,	61*
第 4 趟:	(9,	37,	45,	61),	66,	42,	93,	18,	30,	61*
第 5 趟:	(9,	37,	45,	61,	66),	42,	93,	18,	30,	61*
第 6 趟:	(9,	37,	42,	45,	61,	66),	93,	18,	30,	61*
第 7 趟:	(9,	37,	42,	45,	61,	66,	93),	18,	30,	61*
第 8 趟:	(9,	18,	37,	42,	45,	61,	66,	93),	30,	61*
第 9 趟:	(9,	18,	30,	37,	42,	45,	61,	66,	93),	61*
第 10 趟:	(9,	18,	30,	37,	42,	45,	61,	61*,	66,	93)

图 4.20　简单插入排序

可以看出,简单插入排序算法的平均时间复杂度是 $O(n^2)$,最坏时间复杂度是 $O(n^2)$,空间复杂度是 $O(1)$,是稳定的排序算法。

4.3.4　冒泡排序

冒泡排序算法的基本思想是:从第 1 个元素开始,两两进行比较,令较大的元素后移,直到最后一个元素。如此从头到尾执行一趟排序后,序列中最大的元素将处于最后一个位置,其余比它小的所有元素则像气泡浮向水面一样逐步地向前移动。对于长度为 n 的待排序序列,冒泡排序需要执行 $n-1$ 趟。第 1 趟确定最后 1 个位置的元素,第 2 趟确定倒数第 2 个位置的元素,以此类推,直到第 1 个位置的元素。值得一提的是,在冒泡排序中,如果某一趟的两两比较过程中没有发生元素的移动,说明序列已经完全有序,可以提前终止算法。

【例 4.8】　有一组关键字序列(45,9,61,37,66,42,93,18,30,61*),其中 * 表示关键字相同的不同元素,使用冒泡排序算法对其进行非递减排序。

每一趟的排序结果如图 4.21 所示。第 7 趟没有发生元素的互换,算法终止。

【算法 4.8】　冒泡排序算法。

```
void BubbleSort(SqSortList S)
{ m=S.length-1;
  flag=1;                                    //flag 用来标记某一趟排序是否发生交换
  while((m>0) && (flag==1))
```

```
    {flag=0;
     for (j =1; j<=m; j ++){
       if(S.r[j].key> S.r[j+1].key{
          flag=1;                          //置 flag 为 1, 表示本趟排序发生了交换
          e=S.r[j];                        //交换元素
          S.r[j]=S.r[j+1];
          S.r[j+1]=e;
       }
   m--;
    }
}
```

初始序列:	45,	9,	61,	37,	66,	42,	93,	18,	30,	61*
第 1 趟:	9,	45,	37,	61,	42,	66,	18,	30,	61*,	(93)
第 2 趟:	9,	37,	45,	42,	61,	18,	30,	61*,	(66,	93)
第 3 趟:	9,	37,	42,	45,	18,	30,	61,	(61*,	66,	93)
第 4 趟:	9,	37,	42,	18,	30,	45,	(61,	61*,	66,	93)
第 5 趟:	9,	37,	18,	30,	42,	(45,	61,	61*,	66,	93)
第 6 趟:	9,	18,	30,	37,	(42,	45,	61,	61*,	66,	93)
第 7 趟:	9,	18,	30,	(37,	42,	45,	61,	61*,	66,	93)

图 4.21 冒泡排序

可以看出,冒泡排序算法的平均时间复杂度是 $O(n^2)$,最坏时间复杂度是 $O(n^2)$,空间复杂度是 $O(1)$,是稳定的排序算法。

4.3.5 快速排序

快速排序算法的基本思想是:通过一趟排序将待排序序列划分成两个子序列,使得一个子序列中的所有元素均小于或等于另一个子序列的所有元素。具体做法是:第 1 趟排序中,将第 1 个元素作为枢轴元素,将其移动至辅助单元,并设置两个指针 low 和 high,分别指向序列的第 1 个位置和最后 1 个位置。然后从 high 开始考察,如果该位置的元素大于或等于枢轴元素,则 high 前移一位,继续考察;如果小于枢轴元素,则将其移动至 low 指向的位置,并且令 low 后移一位。然后从 low 开始考察,如果该位置的元素小于或等于枢轴元素,则 low 后移一位,继续考察;如果大于枢轴元素,则将其移动至 high 指向的位置,并且令 high 前移一位。重复上述过程,直到 low 和 high 指向同一位置,此位置即为枢轴元素的最终位置,至此,第 1 趟排序就完成了。此时,枢轴元素前面子序列中的所有元素均小于或等于它,后面子序列中的所有元素均大于或等于它。然后,分别对前面和后面的两个无序子序列继续进行快速排序,直到整个序列完全有序为止。

【例 4.9】 有一组关键字序列(45,9,61,37,66,42,93,18,30,61*),其中 * 表示关键字相同的不同元素,使用快速排序算法对其进行非递减排序。

一趟快速排序的结果如图 4.22 所示,确定了关键字 45 的最终位置,使其前面子序列的关键字都比它小,后面子序列的关键字都比它大。

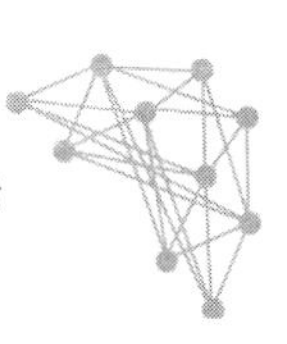

初始序列：45，9，61，37，66，42，93，18，30，61*

第 1 次互换：45　　9，61，37，66，42，93，18，30，61*

low　　high

第 2 次互换：30，9，61，37，66，42，93，18，　61*

low　　high

第 3 次互换：30，9，　37，66，42，93，18，61，61*

low　　high

第 4 次互换：30，9，18，37，66，42，93，　61，61*

low　　high

第 5 次互换：30，9，18，37，　42，93，66，61，61*

low　　high

第 6 次互换：30，9，18，37，42，　93，66，61，61*

low　high

第 1 趟排序结果：30，9，18，37，42，45，93，66，61，61*

图 4.22　一趟快速排序

快速排序的全过程如图 4.23 所示。此处需要注意的是，读者应该根据下文中快速排序的算法来理解图中多个子序列上进行的一趟快速排序的先后次序。

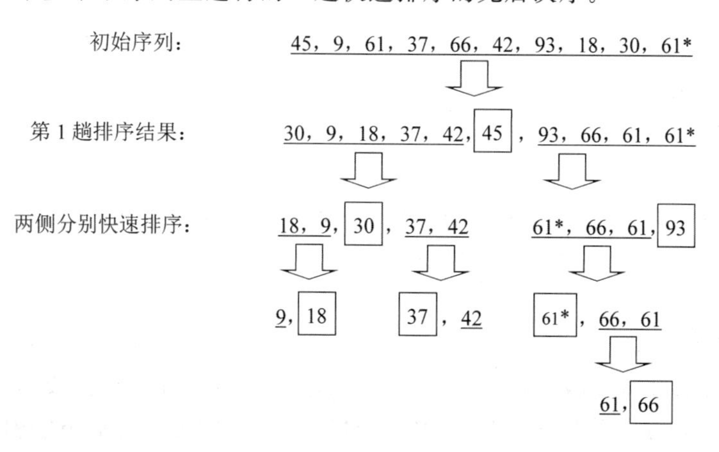

图 4.23　快速排序

【算法 4.9】 一趟快速排序的算法。

```
int Partition(ElementType arr[], int low, int high)
{ arr[0]=arr[low];                              //将枢轴元素移至 arr[0]
  key=arr[low].key;
```

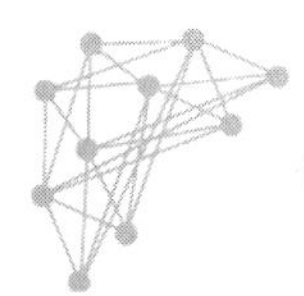


```
  while(low<high){
     while(low <high && arr[high].key>= key)
         high--;
     if(low<high)                              //将比枢轴元素小的元素移到它的前面
         arr[low++] = arr[high];
     while(low<high && arr[low].key<=key)
         low++;
     if(low<high)                              //将比枢轴元素大的元素移到它的后面
         arr[high--] = arr[low];
    }
    arr[low] = arr[0];
     return low;
}
```

【算法 4.10】 对子序列 arr[s..t]进行快速排序的算法。

```
void QSort(int arr[], int s, int t)
{ if (s<t){
    pos = partition(arr, s,t);            //对 arr[s..t]进行划分,并返回枢轴元素的位置
    QSort(arr,s,pos-1);
    QSort(arr,pos+1,t);
    }
}
```

【算法 4.11】 快速排序算法。

```
void QuickSort(SqSortList S)
{ //对待排序列进行快速排序
  QSort(S.r, 1, S.length);
}
```

可以看出,快速排序算法的平均时间复杂度是 $O(n\log n)$,最坏时间复杂度是 $O(n^2)$,空间复杂度是 $O(\log n)$,是不稳定的排序算法。

4.3.6 归并排序

归并排序是逐步地将位置相邻且长度相当的两个有序子序列归并成为一个有序序列的过程。对于长度为 n 的待排序序列,将其划分成两个长度为$\lfloor n/2 \rfloor$的子序列,然后对子序列继续划分,直到每个子序列只含有 1 个元素,认为是长度为 1 的有序子序列。然后对相邻的子序列进行两两归并,并排序,直到整个序列完全有序为止。

【例 4.10】 有一组关键字序列(45,9,61,37,66,42,93,18,30,61*),其中 * 表示关键字相同的不同元素,使用归并排序算法对其进行非递减排序。

排序过程如图 4.24 所示。其中,灰色部分表示子序列的划分过程,白色部分表示子序列的归并过程。此处需要注意的是,读者应该根据下文中归并排序的算法来理解图中各子序列的划分和归并操作的先后次序。

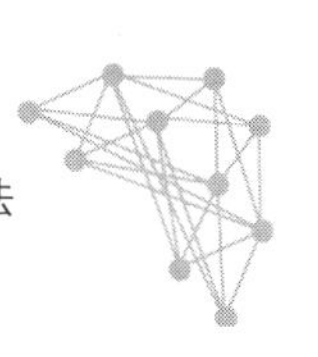

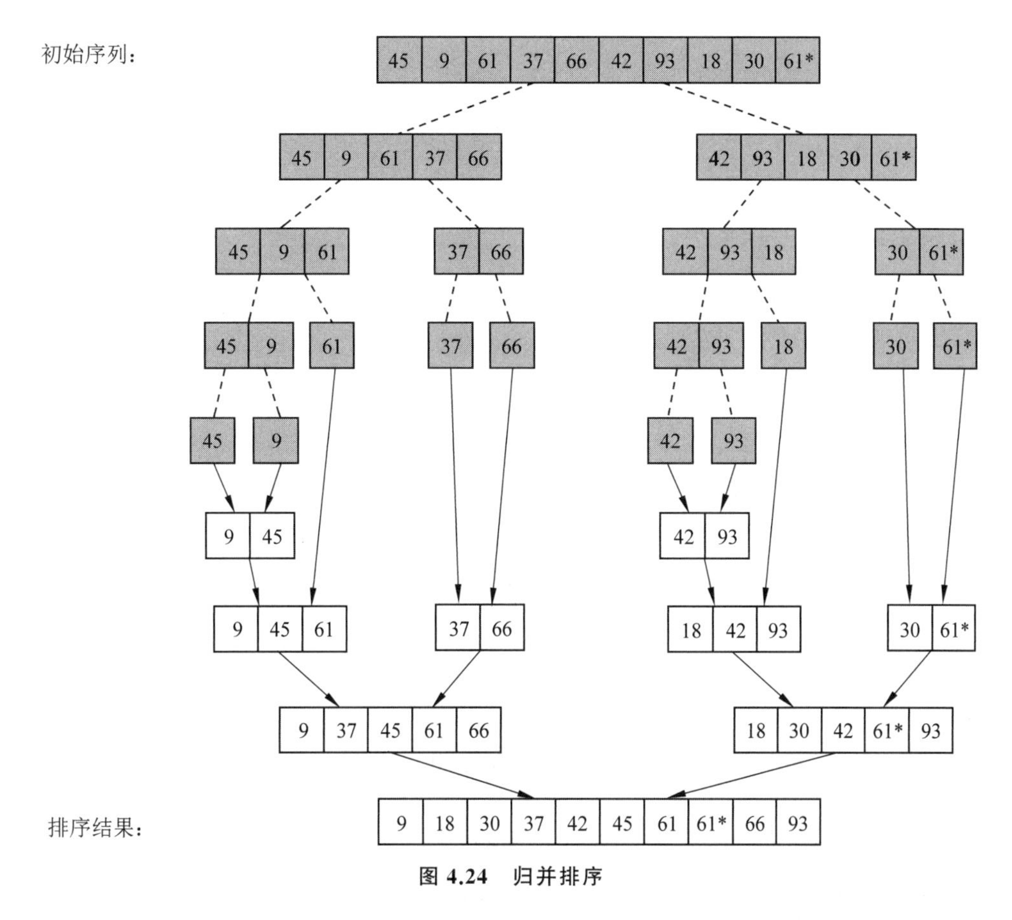

图 4.24　归并排序

【算法 4.12】 将两个有序子序列归并成一个有序序列的算法。

```
void merge(ElementType arr[], ElementType marr[], int m, int t, int n)
{ //将两个有序子序列 arr[m..t]和 arr[t+1..n]归并成一个有序序列 marr[m..n]
    for(j=t+1,k=m; m<=t&&j<=n;k++)        //将 arr 中元素由小到大存入 marr
    { if(arr[m].key<=arr[j].key)
          marr[k]=arr[m++];
        else marr[k]=arr[j++];
    }
   while(m<=t)   marr[k++]=arr[m++];
   while(j<=n)   marr[k++]=arr[j++];
}
```

【算法 4.13】 对子序列 arr[s..t]进行归并排序的算法。

```
void MSort(ElementType arr[], ElementType marr[], int s, int t)
{ //对 arr[s..t]进行归并排序,排好后存入 marr[s..t]中
    if(s<t){
        mid = (s+t)/2;
        MSort(arr, marr, s, mid);
```

```
        MSort(arr, marr, mid+1, t);
        merge(arr, marr, s, mid, t);
    }
    return;
}
```

【算法 4.14】 归并排序算法。

```
void MergeSort(SqSortList S)
{ //对待排序列进行归并排序
  MSort(S.r, S.r, 1, S.length);
}
```

可以看出,归并排序算法的平均时间复杂度是 $O(n\log n)$,最坏时间复杂度是 $O(n\log n)$,空间复杂度是 $O(n)$,是稳定的排序算法。

4.4 搜 索

4.4.1 基本概念

搜索是计算机领域常用的技术,主要用于在某个特定的数据集合中找出符合特定条件的数据元素。例如,在户籍管理系统中搜索居民信息、在购物网站中搜索商品、在计算机中搜索文件等。

【定义 4.40】 搜索(searching):给定一个待查关键字,在数据集合中查询其关键字等于待查关键字的元素的过程,称为搜索,也称查找。如果存在这样的元素,称搜索是成功的,返回该元素在数据集合中的位置或全部信息;如果不存在这样的元素,称搜索是不成功的,返回空指针或 null 元素。

在搜索算法中,数据元素类型的 C 语言定义如下:

```
typedef struct{
    KeyType key;
    RestType rest;
} ElementType;
```

其中,key 为关键字;rest 为数据元素的其他信息项;ElementType 表示数据元素类型。

待搜索的元素集合可以有多种存储方法,本节将其存放在一维数组中,C 语言定义如下:

```
typedef struct{
    ElementType r[MAX+1];              //为操作方便,r[0]通常不存放待搜索集合中的元素
    int length;
} SqSearchList;
```

其中,r 是存放元素的数组;MAX 是一个常量,表示数组的最大容量;length 表示当前待搜索集合中的元素数。

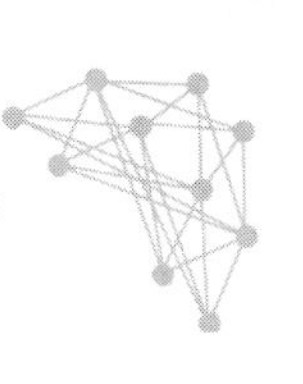

就搜索算法而言，除了应该保证正确的搜索结果，算法性能也是需要注意的一个方面。评价搜索算法性能主要使用平均搜索长度 ASL 指标。

4.4.2　顺序搜索

顺序搜索的基本思想是将待查关键字存于 r[0].key 中，然后从最后一个关键字开始，向前逐个与待查关键字进行比较，直到找到相等的关键字或比较完毕发现不存在为止。将待查关键字存于 r[0].key 中的目的是免除每次循环中判断是否已经遍历了全部关键字的操作。

【例 4.11】　一组数据元素的关键字为(53,17,12,66,58,70,87,25,56,60,59)，使用顺序搜索算法分别搜索关键字为 66 及 48 的元素。

待查关键字为 66 时，搜索过程如图 4.25 所示。将 66 存入 0 号位置的关键字域中，然后将指针指向最后一个关键字，向前逐个比较，直到 4 号位置时，发现其关键字与 66 相等，此时返回位置序号，搜索成功。

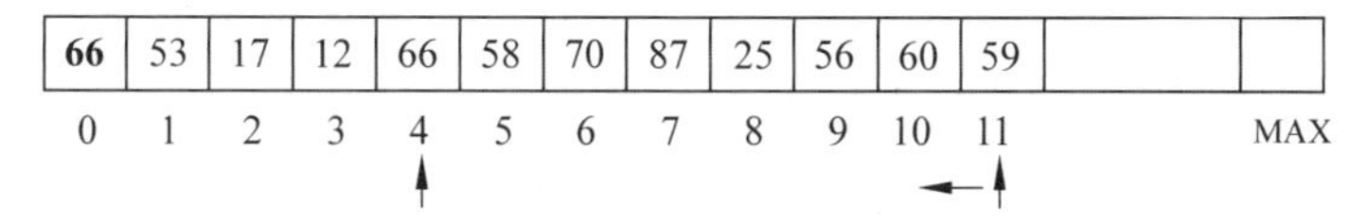

图 4.25　顺序搜索(待查关键字 66)

待查关键字为 48 时，搜索过程如图 4.26 所示。将 48 存入 0 号位置的关键字域中，然后将指针指向最后一个关键字，向前逐个比较，发现序列中没有与 48 相等的关键字。最后指针指向 0 号位置，其关键字是之前存入的 48，循环结束，返回 0，搜索不成功。

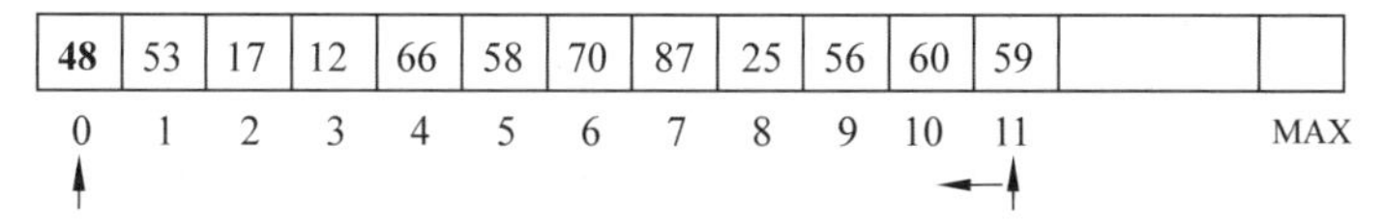

图 4.26　顺序搜索(待查关键字 48)

上述过程可知，计算顺序搜索算法的 ASL 时，C_i 的值取决于 i 号元素在序列中的位置。当 $i=1$ 时，顺序搜索需要进行 n 次比较；当 $i=n$ 时，需要进行 1 次比较；对于其他 i 的取值，C_i 的值为 $n-i+1$。因此，对于 n 个元素的序列，顺序搜索算法在等概率条件下搜索成功时的 ASL 为

$$\text{ASL}=\sum_{i=1}^{n}P_iC_i=\frac{1}{n}(1+2+\cdots+n)=\frac{n+1}{2}$$

【算法 4.15】　顺序搜索算法。

```
int SequentialSearch(SqSearchList S, KeyType KEY)
{ //采用顺序搜索算法,搜索关键字等于 KEY 的元素。搜索成功则返回元素位置,否则返回 0
  S.r[0].key=KEY;
  for(i=S.length; S.r[i] .key!=KEY;--i);      //从后往前找
  return i;
}
```

可以看出,顺序搜索算法的时间复杂度为 $O(n)$。顺序搜索的优点是:算法简单,对待搜索集合的存储结构无要求,既适用于顺序结构,也适用于链式结构。另外,其对元素是否按关键字有序没有要求,但该算法的不足是:平均搜索长度大,搜索效率低,尤其不适合在 n 很大时应用。

4.4.3 折半搜索

顺序搜索的实现原理决定了当关键字之间的比较结果是不相等时,搜索就会一直执行,直到遍历了全部关键字为止,而不考虑待搜索关键字之间的排列顺序。在实际应用中,经常会在一些按关键字有序的集合中进行搜索,这时可以利用这种有序性,逐步缩小待查关键字的搜索范围,提高搜索效率。

折半搜索(binary search)也称二分搜索,基本思想是:对一个元素按关键字值作递减有序的有序表,从有序表的中间元素开始比较,如果待查关键字与其关键字相等,则搜索成功;如果大于其关键字,那么,假设待查关键字在表中存在,则一定处于有序表的后半部分,因此,在后半部分继续搜索;否则,在有序表的前半部分继续搜索。重复上述操作,直到搜索成功,或者搜索范围为空为止,即搜索失败。

折半搜索每一次比较都使搜索范围缩小一半,与顺序搜索相比,显著提高了搜索效率。为了确定搜索范围,使用整型指针 low 标识搜索范围的下界,high 标识上界,mid 标识范围内的中间位置。显然,$\text{mid}=\lfloor(\text{low}+\text{high})/2\rfloor$。

【例 4.12】 一组数据元素按关键字的值非递减有序,其关键字序列为(12,17,25,53,56,58,59,60,66,70,87),使用折半搜索算法分别搜索关键字为 66 及 48 的元素。

待查关键字为 66 时,搜索过程如图 4.27 所示。首先将 low 指针指向 1 号位置,high 指针指向最后的 11 号位置,得出 mid 指针为 6 号,比较其关键字与 66 的大小关系。由于 66 大于 58,所以如果 66 存在于序列中,则一定在 6 号元素之后。因此,将 low 指向其后面的 7 号位置,第二次得到 mid 指针为 9 号,比较其关键字与 66 的大小关系。发现两者相等,此时返回位置序号,搜索成功。

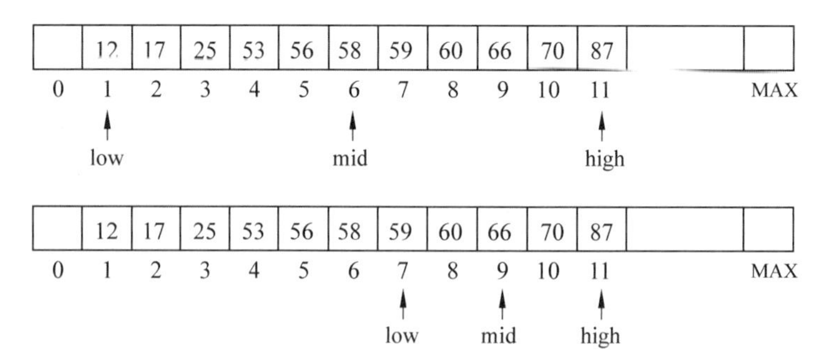

图 4.27 折半搜索(待查关键字 66)

待查关键字为 48 时,搜索过程如图 4.28 所示。首先将 low 指针指向 1 号位置,high 指针指向最后的 11 号位置,得出 mid 指针为 6 号,比较其关键字与 48 的大小关系。由于 48 小于 58,所以如果 48 存在于序列中,则一定在 6 号元素之前。因此,将 high 指向其前面的 5

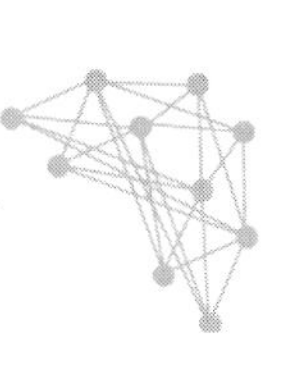

号位置，第二次得到 mid 指针为 3 号，比较其关键字与 48 的大小关系。发现 48 大于 25，因此，将 low 指针指向其后面的 4 号位置，第三次得到 mid 指针为 4 号，比较其关键字与 48 的大小关系。发现 48 小于 53，因此，将 high 指针指向其前面的 3 号位置。此时，high 指针的值小于 low 指针的值，说明序列中没有其关键字与 48 相等的元素，此时返回 0，搜索不成功。

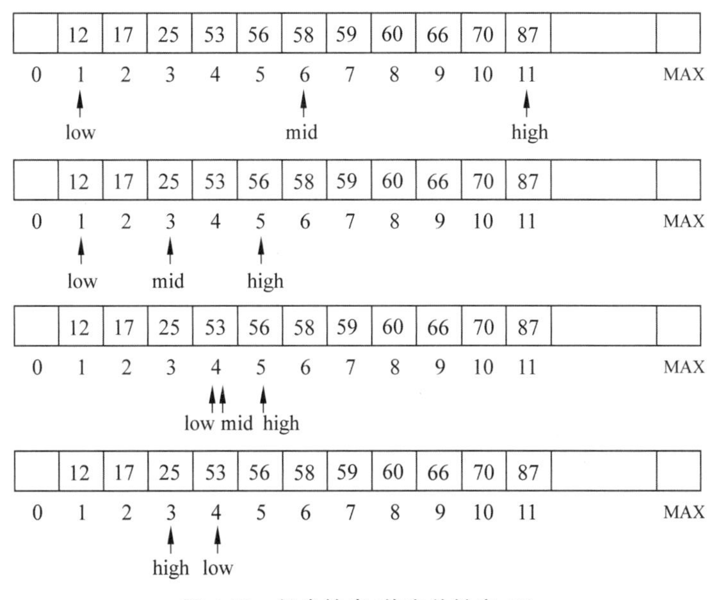

图 4.28　折半搜索(待查关键字 48)

考察折半搜索的 ASL 时，可以首先画出描述折半搜索过程的判定树。判定树中，结点的值为元素位置序号。折半搜索时，首先将待查关键字与根结点标识位置的关键字比较，如果相等，则返回根结点的值，即当前位置，搜索成功。否则，如果待查关键字小于根结点位置的关键字，则继续与其左孩子标识位置的关键字比较；如果大于根结点位置的关键字，则继续与其右孩子标识位置的关键字比较。重复上述过程，直到搜索成功，或者结点为空，即搜索不成功。针对上例序列的判定树如图 4.29 所示。

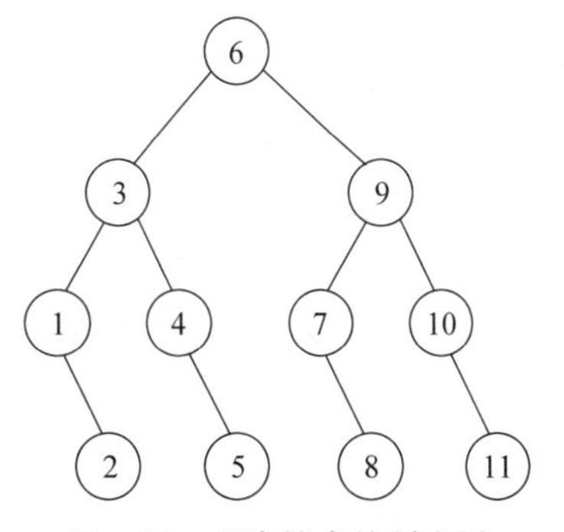

图 4.29　折半搜索的判定树

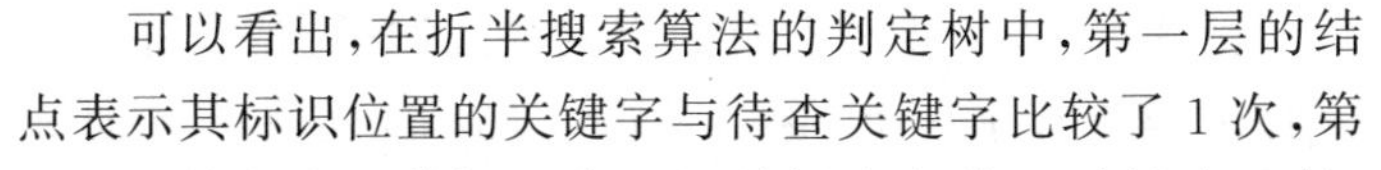

可以看出，在折半搜索算法的判定树中，第一层的结点表示其标识位置的关键字与待查关键字比较了 1 次，第二层的结点表示其标识位置的关键字与待查关键字比较了 2 次，以此类推，即 C_i 的值为 i 号元素的位置在判定树中的层次数。因此，对于上例序列，折半搜索算法在等概率条件下搜索成功时的 ASL 为

$$\text{ASL}=\sum_{i=1}^{11}P_iC_i=\frac{1}{11}(1\times1+2\times2+3\times4+4\times4)=\frac{33}{11}=3$$

另外，可以证明，对于元素数大于 50 的有序序列，折半搜索算法在等概率条件下搜索成功时的 ASL 为

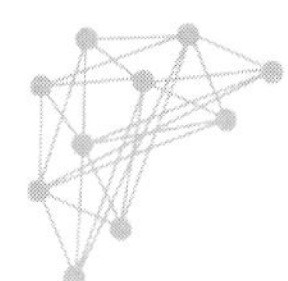

$$\mathrm{ASL}=\sum_{i=1}^{n}P_iC_i\approx\log_2(n+1)-1$$

【算法 4.16】 折半搜索算法。

```
int BinarySearch(SqSearchList S, KeyType KEY)
{ //采用折半搜索算法,搜索关键字等于 KEY 的元素。搜索成功返回元素位置,否则返回 0
  low=1;                                          //设置搜索区间初值
  high=S.length;
  while(low<=high)                                //搜索范围不为空时,进行折半搜索
    { mid=(low+high)/2;
      if(KEY==S.r[mid].key) return mid;           //搜索成功
        else if(KEY<S.r[mid].key) high=mid-1;     //将下一次搜索范围设定为表的前半部分
            else low=mid+1;                       //将下一次搜索范围设定为表的后半部分
    }
  return 0;                                       //搜索不成功
}
```

可以看出,折半搜索算法在搜索成功时进行的关键字比较次数最多不超过判定树的深度,因此,时间复杂度为 $O(\log n)$。由此可见,与顺序搜索相比,折半搜索的优势是比较次数少,搜索效率高。但其不足是只适用于关键字有序且采用顺序存储的情况。搜索前需要对关键字进行排序,而排序本身也是一种费时的运算。

4.4.4 二叉搜索树

前面介绍的搜索算法只完成了单纯的查询功能,即查询某个特定的元素是否在数据集合中。由于采用的是顺序存储结构,当需要插入或删除元素时,发生的元素移动在 $O(n)$时间内完成,这是比较费时的。因此,上述搜索算法不适用于元素经常变化的数据集合。在这种应用情况下,可以采用二叉搜索树进行快速搜索。

【定义 4.41】 二叉搜索树(binary search tree):n 个结点的有限集,其中 $n\geqslant 0$。当 $n=0$ 时,称为空二叉搜索树;当 $n>0$ 时,称为非空二叉搜索树。一棵非空二叉搜索树中,如果根结点的左子树不为空,则左子树上所有结点的值均小于它的值;如果根结点的右子树不为空,则右子树上所有结点的值均大于或等于它的值。根结点的左子树和右子树又分别是一棵二叉搜索树。

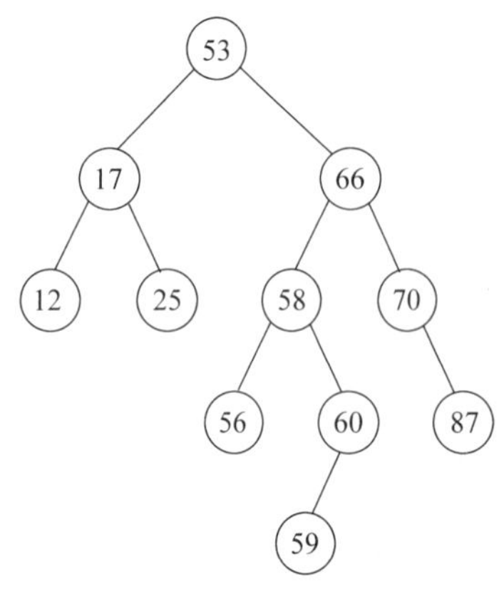

图 4.30 二叉搜索树

由此可见,二叉搜索树的定义是递归的,依此递归定义可以构造出各种形态的二叉搜索树。并且,对二叉搜索树进行中根遍历可以得到按关键字非递减有序排列的序列。因此,二叉搜索树又称为二叉排序树。图 4.30 所示为一棵二叉搜索树。

针对二叉搜索树通常有如下 5 种操作。

(1) 搜索元素。

在二叉搜索树中进行搜索时,待查关键字首先与根结点的关键字进行比较,如果相等,则搜索成功。否则,如果小

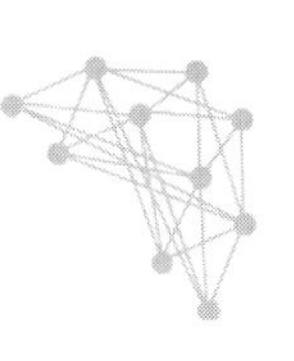

于根结点的关键字,则继续与其左孩子的关键字去比较;如果大于根结点的关键字,则继续与其右孩子的关键字去比较。重复上述过程,直到搜索成功,或者结点为空,即搜索不成功。

例如,在图 4.30 所示二叉搜索树中搜索关键字 70 时,首先将 70 与根结点关键字比较。因为 70 大于 53,所以,如果其存在于该二叉搜索树中,则一定处于根结点的右子树部分。因此,继续将 70 与根结点的右孩子比较。由于 70 大于 66,继续与其右孩子比较,此时,关键字与 70 相等,搜索成功。

又如,在图 4.30 所示二叉搜索树中搜索关键字 20 时,首先将 20 与根结点关键字比较。因为 20 小于 53,所以,如果其存在于该二叉搜索树中,则一定处于根结点的左子树部分。因此,继续将 20 与根结点的左孩子比较。由于 20 大于 17,继续与其右孩子比较。由于 20 小于 25,继续与其左孩子比较。此时,发现左孩子为空,说明该二叉搜索树中不存在关键字 20,搜索不成功。

(2) 搜索不成功时插入元素。

在搜索过程中,直到叶子结点仍然没有找到待查关键字,说明搜索不成功。此时,如果需要将该关键字插入二叉搜索树中,则将其与搜索路径上的最后的叶子结点进行比较,根据两者的大小关系将其连接成为该叶子结点的左孩子或右孩子。例如,在图 4.30 中插入 20 后的二叉搜索树如图 4.31 所示。

(3) 搜索成功时删除元素。

在搜索过程中,如果成功搜索到某个关键字后需要将该关键字删除,需要考虑以下三种情况:

第一种情况是待删除的结点是度为 0 的结点,即叶子结点。此时,只需要释放该结点的存储空间,并找到该结点的双亲,然后将双亲指向它的指针置空即可。例如,在图 4.30 中删除结点 56 后的二叉搜索树如图 4.32 所示。

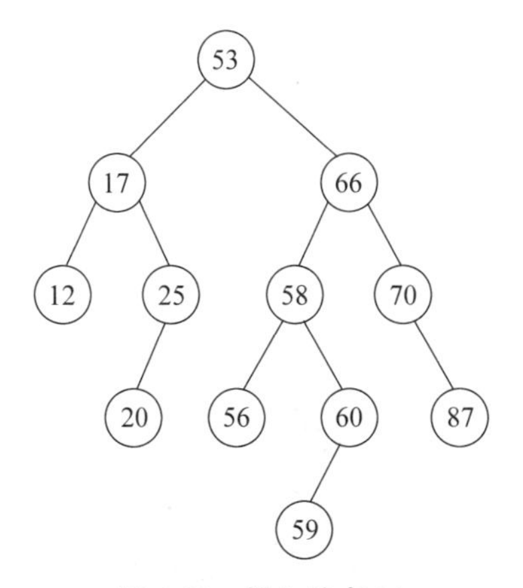

图 4.31　插入结点 20

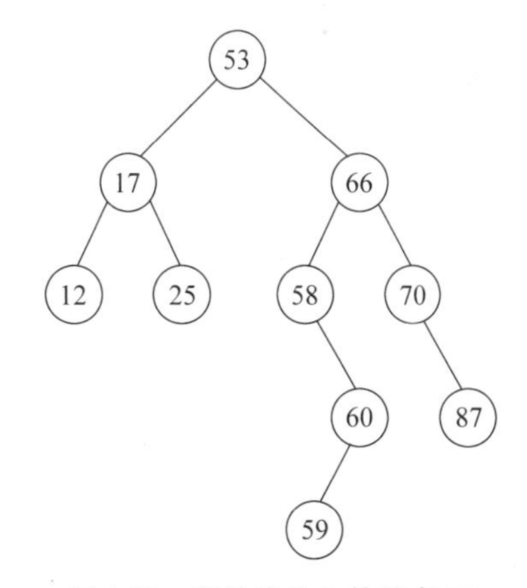

图 4.32　删除度为 0 的结点 56

第二种情况是待删除的结点是度为 1 的结点。此时,只需要找到该结点的双亲和单独的一个左孩子或者右孩子,然后将双亲指向它的指针直接指向其孩子结点,并释放该结点的存储空间。例如,在图 4.30 中删除结点 70 后的二叉搜索树如图 4.33 所示。

第三种情况是待删除的结点是度为 2 的结点,这种情况比较复杂,需要做一个变换,将问题转化为上述两种比较简单的删除操作。根据二叉搜索树中结点的大小关系可以得知,

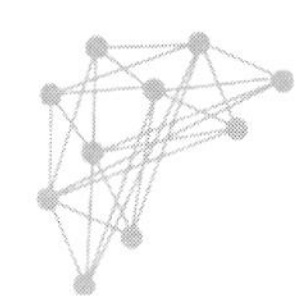

待删除结点的左子树中值最大的结点一定没有右子树,也就是说,其结点的度小于或等于1。同时可以发现,使用该左子树最大结点替代待删除的结点,并不影响二叉搜索树的有序性。因此,删除度为2的结点的具体做法是首先使用其左子树中最大结点替代它,然后删除这个左子树中的最大结点。这样就将复杂的问题转化成了删除度为1或0的结点的情况。例如,在图4.30中删除结点66后的二叉搜索树如图4.34所示。

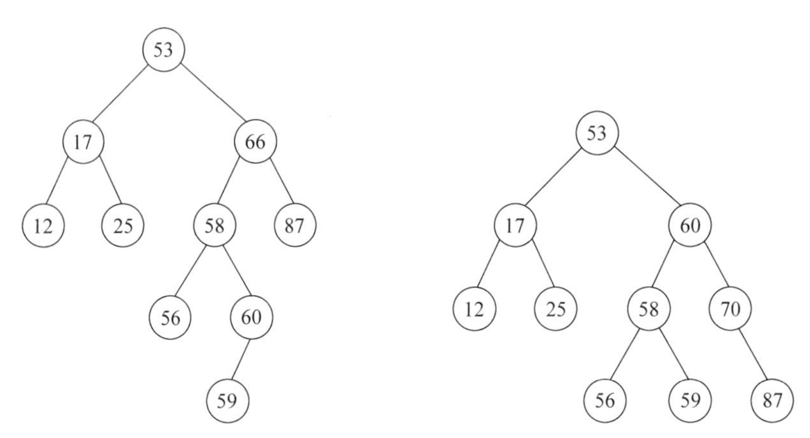

图 4.33　删除度为 1 的结点 70　　　图 4.34　删除度为 2 的结点 66

(4) 构建二叉搜索树。

根据一个序列构建二叉搜索树的过程是从空树开始逐渐插入结点的过程。第1个元素插入成为根结点。然后,将第2个结点与根结点进行比较,如果比根结点小,则插入成为根的左孩子;如果大于或等于根结点,则插入成为根的右孩子。以此类推,直到序列中元素全部插入到二叉搜索树为止。

例如,给出一个关键字序列(53,17,12,66,58,70,87,25,56,60,59),构建二叉搜索树的过程如图4.35所示。

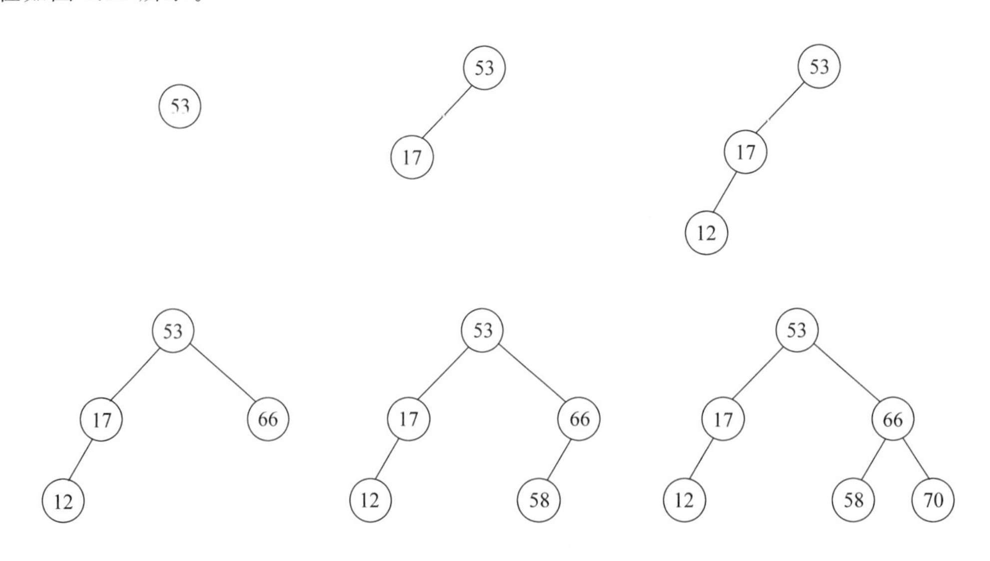

图 4.35　构建二叉搜索树

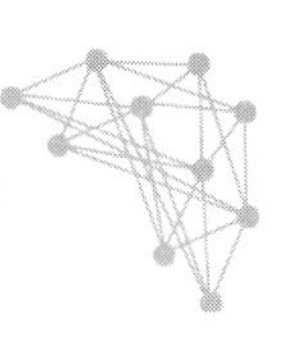

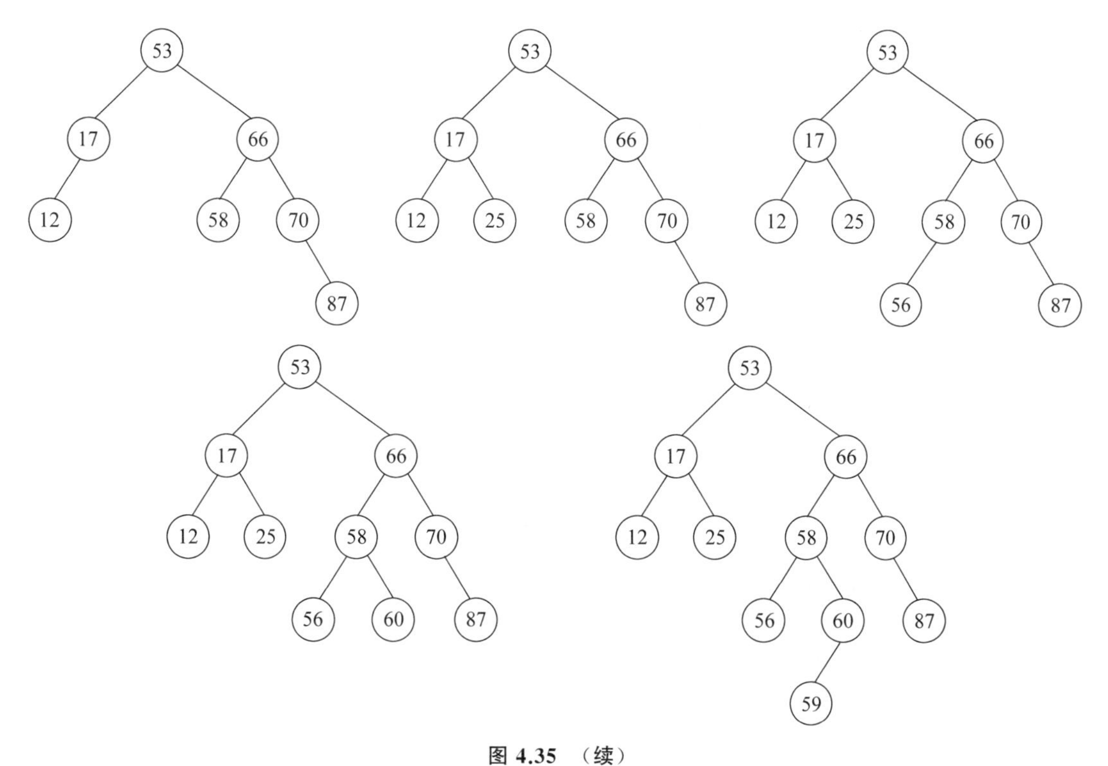

图 4.35　（续）

（5）排序。

根据二叉搜索树的定义可知，对其进行中根遍历便可得到按关键字非递减有序排列的序列。

4.5　字　符　串

4.5.1　基本概念

在数据结构中，字符串属于一种线性结构，它要求结构中所有的数据元素都是字符。字符串在计算机领域有着非常广泛的应用，例如各种文字处理软件、基于文本的搜索引擎等。

【定义 4.42】　字符串(string)：由 n 个字符构成的有限序列，其中 $n \geqslant 0$。字符串也称为串，其一般表达式为 $s=$"$a_0 a_1 \cdots a_{n-1}$"，其中，s 是字符串名称，"$a_0 a_1 \cdots a_{n-1}$"是字符串的值，$a_i(0 \leqslant i \leqslant n-1)$是构成字符串的字符，可以是字母、数字、下画线、空格等。注意，字符串的值用一对双引号括起来，但是双引号本身不是串值的一部分。例如，$s1=$"This is a pen"。

【定义 4.43】　长度：字符串中所含字符的个数 n 称为该字符串的长度。例如，上述字符串 $s1$ 的长度是 13。

【定义 4.44】　空串(null string)：当字符串长度 $n=0$ 时，称该字符串为空串。空串的长度是 0，一般记为 $s=\Phi$。

【定义 4.45】　空格串(blank string)：由 $n(n \geqslant 1)$个空格字符构成的字符串称为空格串。空格串的长度是串中空格字符的数目。例如，$s2=$" "是长度为 1 的空格串，$s3=$"　　"

是长度为5的字符串。

【定义 4.46】 子串：字符串中任意个连续的字符可以构成一个新的串，称为该字符串的子串。例如，上述 $s2$ 为 $s1$ 的子串。

【定义 4.47】 主串：对于一个字符串的子串来说，该字符串称为主串。例如，$s1$ 为 $s2$ 的主串。

【定义 4.48】 位置：子串的第0个字符在主串中的序号称为该子串在主串中的位置。注意，序号从0开始。另外，没有特殊说明的情况下，从主串的第0个字符开始，以子串在主串中第一次出现的位置为准。例如，$s2$ 在 $s1$ 中的位置是4。

【定义 4.49】 相等：两个字符串的长度相等，且所有对应位置上的字符均相同，则称这两个字符串相等。

两个字符串相等，是它们之间比较的结果。比较的规则是按照字符的 ASCII 码逐个考察对应字符之间的大小关系。对于两个字符串 s 和 t，首先比较第0个位置上的字符，如果相等，则继续向后比较第1个字符，如果小于，则称串 s 的值小于串 t 的值；如果大于，则称串 s 的值大于串 t 的值。以此类推，直到其中一个串没有后续字符为止，此时，称没有后续字符的串的值小于另一个串的值。如果两个串同时停止，则是串值相等的情况。例如，"as"＜"at"，"is"＜"island"，"this"＞"pen"。

4.5.2 字符串的存储结构

与其他线性结构一样，字符串的存储可以采用顺序存储结构和链式存储结构两种方式。顺序存储结构将字符串存储在一维数组中，有较高的空间利用率，但是不利于字符串的频繁变化。在字符串的顺序存储结构中，对于存储区的大小，可以按预定义的方式，为每个字符串分配固定大小的存储区，也可以在程序执行过程中动态分配存储区。链式存储结构以单链表的形式存储所有字符，方便字符的变动，但增加的指针域降低了空间效率。在字符串的链式存储结构中，通常一个链表结点可以存放多个字符，以提高存储密度。

4.5.3 正则表达式

字符串的操作中，求一个串 t 在另一个串 s 中的位置是经常被用到的操作，称为模式匹配或字符串匹配。例如，文字处理软件中进行搜索、替换、拼写检查等，网络搜索引擎中进行文本搜索、翻译等，都需要用到模式匹配操作。模式匹配中，在其中进行匹配的串 s 称为正文串，用于匹配的串 t 称为模式。如果在正文串中搜索到与模式相等的子串，称匹配成功，返回子串第0个字符在正文串中的位置。

经典的模式匹配算法有 BF 算法和 KMP 算法，这类算法的特点是模式只能是静态的串，因此算法缺少灵活性，只能搜索到与模式完全相等的子串。但是在实际应用中，经常需要使用符合特定格式的字符串进行匹配，例如，检查用户输入的用户名、电子邮箱等是否符合格式要求。这种情况下，可以使用正则表达式解决问题。

【定义 4.50】 正则表达式(regular expression)：是一种文本模式，使用事先定义好的一些特定字符组成一个规则字符串，来描述一系列句法规则，从而表达对字符串的一种过滤逻辑。

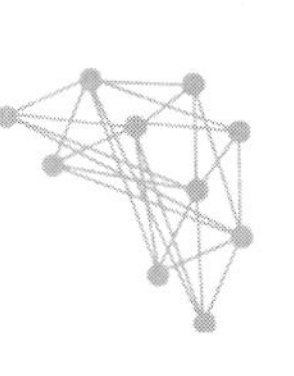

正则表达式通常包括普通字符和元字符。其中，普通字符表达其自身的基本字符意义，包括所有字母、数字、标点符号以及一些其他符号。元字符是表达特殊含义的字符。例如，正文串 s="123456ab123"，正则表达式 t="[a-z]+"，那么，使用正则表达式 t 可以提取出正文串 s 中的字母部分"ab"。在 t 中，元字符"["和"]"表示取它们之间的任意一个字符，元字符"+"表示匹配前面的子表达式一次或多次。

正则表达式的构成与数学表达式一样，可以使用元字符和运算符将简单的表达式组合在一起构成复杂的表达式。正则表达式可以是单个字符、字符集合、字符范围或者它们的任意组合。正则表达式的应用主要有两方面：①与模式匹配中的模式作用相同，使用正则表达式与正文串进行匹配，找到期望的子串；②查看给定的正文串是否符合正则表达式的过滤逻辑。

表 4.3 列出了所有元字符。

表 4.3　元字符表

元　字　符	说　　明
\	转义符。例如，"\\n"匹配\n(注："\n"匹配换行符)
^	匹配输入行首
$	匹配输入行尾
*	匹配前面的子表达式任意次，等价于{0,}
+	匹配前面的子表达式一次或多次，等价于{1,}
?	匹配前面的子表达式零次或一次，等价于{0,1}
{n}	匹配确定的 n 次。其中，n 是一个非负整数
{n,}	至少匹配 n 次。其中，n 是一个非负整数
{n,m}	最少匹配 n 次且最多匹配 m 次。其中，n 和 m 均为非负整数，且 $n \leqslant m$(注：逗号和两个数之间不能有空格)
?	当该字符紧跟在任何其他限制符(*,+,?,{n},{n,},{n,m})后面时，匹配模式是非贪婪的(注：非贪婪模式尽可能少地匹配所搜索的字符串，而默认的贪婪模式则尽可能多地匹配所搜索的字符串)
.	匹配除"\n"和"\r"之外的任何单个字符
(pattern)	匹配 pattern 并获取这一匹配(注：所获取的匹配可以从产生的 Matches 集合得到)
(?:pattern)	非获取匹配，匹配 pattern 但不获取匹配结果，不进行存储供以后使用
(?=pattern)	非获取匹配，正向肯定预查，在任何匹配 pattern 的字符串开始处匹配搜索字符串，该匹配不需要获取供以后使用
(?!pattern)	非获取匹配，正向否定预查，在任何不匹配 pattern 的字符串开始处匹配搜索字符串，该匹配不需要获取供以后使用
(? <=pattern)	非获取匹配，反向肯定预查，与正向肯定预查类似，只是方向相反
(? <!pattern)	非获取匹配，反向否定预查，与正向否定预查类似，只是方向相反

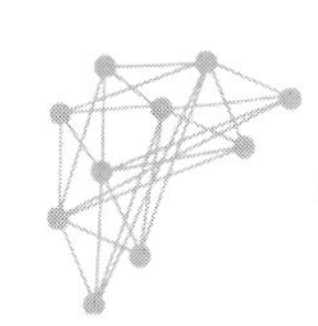

续表

元　字　符	说　　明
x|y	匹配 x 或 y
[xyz]	字符集合,匹配所包含的任意一个字符
[^xyz]	负值字符集合,匹配未包含的任意字符
[a-z]	字符范围,匹配指定范围内的任意字符
[^a-z]	负值字符范围,匹配任何不在指定范围内的任意字符
\b	匹配一个单词的边界,即单词和空格间的位置(正则表达式的"匹配"有两种概念,一种是匹配字符,一种是匹配位置,这里的\b 就是匹配位置的)
\B	匹配非单词边界
\cx	匹配由 x 指明的控制字符
\d	匹配一个数字字符,等价于[0-9]
\D	匹配一个非数字字符,等价于[^0-9]
\f	匹配一个换页符
\n	匹配一个换行符
\r	匹配一个回车符
\s	匹配任何不可见字符,包括空格、制表符、换页符等
\S	匹配任何可见字符
\t	匹配一个制表符
\v	匹配一个垂直制表符
\w	匹配包括下画线的任何单词字符
\W	匹配任何非单词字符,等价于[^A-Za-z0-9_]
\xn	匹配 n,其中 n 为十六进制转义值(注:十六进制转义值必须为确定的两个数字长)
\num	匹配 num,其中 num 是一个正整数
\n	标识一个八进制转义值或一个向后引用。如果\n 之前至少 n 个获取的子表达式,则 n 为向后引用;否则,如果 n 为八进制数字(0～7),则 n 为一个八进制转义值
\nm	标识一个八进制转义值或一个向后引用。如果\nm 之前至少有 nm 个获得子表达式,则 nm 为向后引用。如果\nm 之前至少有 n 个获取,则 n 为一个后跟文字 m 的向后引用。如果前面的条件都不满足,若 n 和 m 均为八进制数字(0～7),则\nm 将匹配八进制转义值 nm
\nml	如果 n 为八进制数字(0～7),且 m 和 l 均为八进制数字(0～7),则匹配八进制转义值 nml
\un	匹配 n,其中 n 是一个用四个十六进制数字表示的 Unicode 字符

续表

元　字　符	说　　明
\p{P}	小写 p 是 property 的意思，表示 Unicode 属性，用于 Unicode 正则表达式的前缀。中括号内的“P”表示 Unicode 字符集的 7 个字符属性之一：标点字符。 其他 6 个属性： L：字母； M：标记符号(一般不会单独出现)； Z：分隔符(比如空格、换行等)； S：符号(比如数学符号、货币符号等)； N：数字(比如阿拉伯数字、罗马数字等)； C：其他字符
\< \>	匹配词(word)的开始(\<)和结束(\>)
( )	将圆括号中的表达式定义为“组”(group)，并且将匹配这个表达式的字符保存到一个临时区域(一个正则表达式中最多可以保存 9 个)，它们可以用 \1 到\9 的符号来引用
|	将两个匹配条件进行逻辑“或”(or)运算

按照应用，可大致将常用的元字符划分为如下 4 类：

(1) 边界元字符。

"^"和"$"是常用的边界元字符，分别表示匹配字符串的开头和匹配结尾。例如：

```
^abcd$          //匹配字符串 abcd
^abcd           //匹配以 abcd 开头的字符串，如 abcdefg、abcdabcd，而不能匹配 efgabcd
abcd$           //匹配以 abcd 结尾的字符串，如 efgabcd、abcdabcd，而不能匹配 abcdefg
abcd            //匹配任何包含 abcd 的字符串，如 efgabcdefg，而不能匹配 efgabefgcd
```

(2) 转义符。

"\"是转义符，可以连接特定的普通字符形成具有特殊意义或无法显式表达的字符。例如：

```
\n              //匹配换行符
\r              //匹配回车符
\t              //匹配制表符
```

也可以将有特殊意义的字符按照它的基本形式表达出来。例如：

```
\\              //匹配\
\.              //匹配句号
```

(3) 字符簇。

"["和"]"一起使用，表达一个字符簇，用来匹配某个字符集合中的一个字符。例如：

```
[a-z]           //匹配小写字母，例如 d
[A-Z]           //匹配大写字母，例如 D
[0-9]           //匹配一位数字，例如 5
[a-z0-9]        //匹配小写字母和一位数字，例如 d、5
```

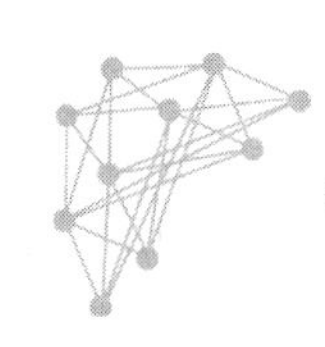


```
[a-z\.\n]          //匹配小写字母、英文句号和换行,例如 d、.
[abcABC]           //匹配 a、b、c、A、B、C 这 6 个字符中的一个,例如 b、A
^[a-z][0-9]$       //匹配由小写字母开头,由一位数字结尾的长度为 2 的字符串,例如 d5,但不
                   //匹配 cd5
```

如果想排除某些字符,可以在方括号内使用"^"。例如:

```
^[^a -z][0-9]$     //匹配由非小写字母开头,由一位数字结尾的长度为 2 的字符串,例如 D5、%5,
                   //但不匹配 d5
[^0-9]$            //匹配不以数字结尾的字符串
```

(4) 重复次数。

"{"和"}"一起使用,表达其前面子表达式的重复次数。例如:

```
^d{3}$                 //匹配 ddd
^d{3,5}$               //匹配 ddd、dddd、ddddd
^d{3,}$                //匹配由 d 构成的长度大于或等于 3 的字符串
^\-{0,1}[0-9]{1,}$     //匹配所有整数
^[a-zA-Z0-9_]{1,}$     //匹配由字母、数字和下画线组成的长度大于或等于 1 的字符串
```

【例 4.13】 某网站提供用户注册和登录功能,需要在用户输入时验证输入格式是否正确,设计一套用于用户名、密码、E-mail 地址、身份证号、固定电话号码、腾讯 QQ 号码验证的正则表达式。

如果规定用户名和密码必须是由字母、数字、下画线组成的 6～16 位字符串,并且第一个字符必须是字母,那么,正则表达式可以是:

```
/^[a-zA-Z]\w{5,15}$/
```

验证 E-mail 地址的正则表达式可以是:

```
/^\w+([-+.]\w+)*@\w+([-.]\w+)*\.\w+([-.]\w+)*$/
```

验证 18 位身份证号的正则表达式可以是:

```
/^\d{17}(\d|X|x)$/
```

如果规定固定电话号码的格式是 xxx/xxxx-xxxxxxx/xxxxxxxx,那么,正则表达式可以是:

```
/^(\d{3,4}-)\d{7,8}$/
```

验证腾讯 QQ 号码的正则表达式可以是:

```
/^[1-9][0-9]{4,}$/
```

4.6 动态规划

4.6.1 最优化问题

机器学习领域中,有很多问题都可以归结为最优化问题,然后按照适用于最优化问题求

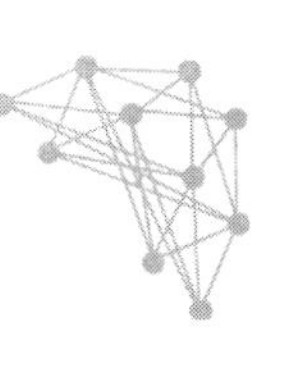

解的算法思路来求解。

【例 4.14】 0-1 背包问题。假设有 $n=4$ 种物品和一个背包。各个物品的体积是 $w=\{2,3,1,4\}$，价值是 $v=\{12,15,8,20\}$，背包容量为 $C=6$。对每种物品只有两种选择：装入背包和不装入背包，不能部分装入。如何选择装入背包的物品，使装入的总价值最大？

令 $x_i=1$ 表示物品 i 装入背包中，$x_i=0$ 表示物品 i 不装入背包，0-1 背包问题的数学描述是：

$$\text{Max} \qquad \sum_{i=1}^{n} x_i v_i$$

$$\text{Subject to} \quad \sum_{i=1}^{n} x_i w_i \leqslant C, \quad x_i \in [0,1](1 \leqslant i \leqslant n)$$

将物品装入背包的方案可以有多种。例如 $x=[0,0,0,0]$表示所有物品均不装入背包，得到的总价值为 0；$x=[1,0,0,0]$表示将第一个物品装入背包，得到的总价值为 12；$x=[1,1,0,0]$表示将前 2 个物品装入背包，得到的总价值为 27；$x=[1,1,1,0]$表示将前 3 个物品装入背包，得到的总价值为 35。显然，第四种方案得到了最大的价值。同时，可以证明，此方案是 0-1 背包问题所有可行方案中装入背包总价值最大的方案。

基于上面的描述，给出最优化问题的相关定义如下：

【定义 4.51】 约束条件(constraint condition)：一个待求解问题中，对于决策方案可以有各项限制，每个限制条件都可以表达成包含决策变量的数学函数，称为约束条件。约束条件常以不等式或方程式的形式出现。例如上例中的"$\sum_{i=1}^{n} x_i w_i \leqslant C, x_i \in [0,1](1 \leqslant i \leqslant n)$"。

【定义 4.52】 目标函数(objective function)：一个待求解问题，常有许多种可行的决策方案，评价这些方案优劣的标准应该是能最好地反映该问题所要追求的特定目标。通常，这些目标可以表示成决策变量的数学函数，称为目标函数。例如上例中的"装入背包的总价值 $\sum_{i=1}^{n} x_i v_i$"。

【定义 4.53】 最优化问题(optimization problem)：指在某些约束条件下，决定决策变量应该取何值，使目标函数达到最优的问题。例如，0-1 背包问题即为一个最优化问题。

【定义 4.54】 可行解(feasible solution)：最优化问题中，满足其约束条件的任意一组决策变量的取值称为该问题的一个可行解。可行解可以有多个，所有可行解构成的集合称为该问题的可行域。例如，上例中的 $x=[0,0,0,0]$、$x=[1,0,0,0]$、$x=[1,1,0,0]$、$x=[1,1,1,0]$都是该最优化问题的可行解。

【定义 4.55】 最优解(optimal solution)：最优化问题中，使目标函数得到极值(最小值或最大值)的可行解，称为该问题的最优解。例如，上例中的 $x=[1,1,1,0]$。最优解可以有多个。

【定义 4.56】 最优值(optimal value)：最优化问题中，最优解对应的目标函数值称为该问题的最优值。例如，上例中"将前 3 个物品装入背包时得到的总价值 35"为该最优化问题的最优值。

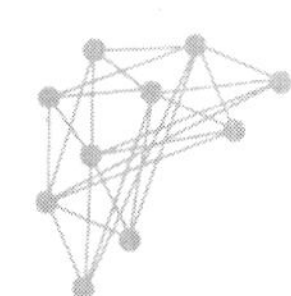

针对最优化问题，已经研究出了一些行之有效的算法，比如贪心算法、分治法、动态规划等。本节主要介绍动态规划算法的应用场景和基本思想。

4.6.2 动态规划的应用场景

在用动态规划算法解决一个大的问题时，可以将其分解成多个规模较小的子问题，分别解决所有子问题之后再将它们的解合并，就可以得到原问题的解。某些子问题通常会重复出现，为了节省计算资源，动态规划算法针对每个子问题仅计算一次，这种做法使得动态规划可以将算法的时间复杂度由指数级降到平方级。

动态规划算法适合解决的问题具有以下两个特征：

（1）最优子结构。

当问题的最优解包含了其子问题的最优解时，称该问题具有最优子结构(optimal substructure)性质。例如，假设从城市 A 到城市 C 的路径必须经过城市 B，求 A 与 C 之间的最短路径。此例中，可以先将路径分解成 A 到 B 的子路径和 B 到 C 的子路径，然后分别求出两条子路径的最短路径，连接起来就构成了 A 到 C 的最短路径。因此，该问题具有最优子结构性质。可以看出，对于具有最优子结构性质的问题，可以通过子问题的最优解推导出原问题的最优解。

很多问题都非常直观地表现出了最优子结构性质，因此并不需要额外的证明。但是也有些问题不能很直观地表现，这时可以利用反证法加以证明。

（2）重叠子问题。

在问题求解过程中，如果在不同的决策序列，到达某个相同的阶段时产生了重复的状态，则称之为重叠子问题(overlapping subproblems)。例如，斐波那契数列的定义为

$$\mathrm{Fib}(n)=\begin{cases}1 & n=1,2\\ \mathrm{Fib}(n-1)+\mathrm{Fib}(n-2) & n\geqslant 3\end{cases}$$

递归求解 Fib(5)的过程如图 4.36 所示。

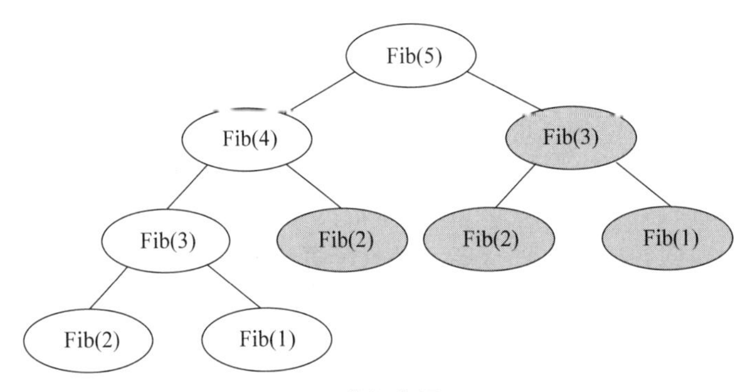

图 4.36 递归求解 Fib(5)

可以看出，函数 Fib(3)被调用了 2 次。如果第一次计算 Fib(3)的值后将其存储起来，则第二次将不需要再重复计算它，因此该问题具有重叠子问题的性质。图 4.35 中阴影部分表示函数已经被计算过，不需要重复计算。

重叠子问题的一个反例是折半搜索，将原序列一分为二以后，两部分没有重叠，因此没

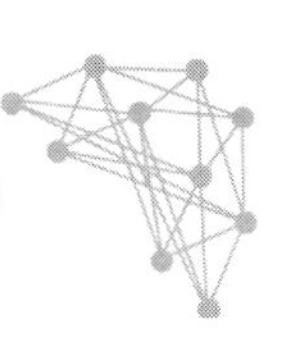

有重叠的子问题。

4.6.3　动态规划算法思路

动态规划算法的基本思路如下：

① 判断待求解问题是否具有最优子结构性质。如果具有，将原问题分解为若干个子问题，保证子问题与原问题性质相同，是规模变小了的原问题。子问题全部解决后，原问题即可解决。

② 递归地定义原问题的最优值，通过递归函数表达原问题最优值与子问题最优值之间的关系。

③ 计算各个子问题的最优值，并逐步求得原问题的最优值，此时注意避免重叠子问题的重复计算。

值得一提的是，按照上面步骤仅仅得到了原问题的最优值，但是并没有刻画出对应的最优解的构造信息。如果在某些应用中，需要知道是什么样的最优解导致了问题的最优值，则需要在问题求解过程中额外保留一些信息，以便构造最优解。例如，求城市 A 与城市 C 之间最短路径的问题，可以只关心最短路径的公里数，这时只需要按照上面三个步骤求得问题的最优值即可。如果在此基础上，还关心最短路径是由哪些城市构成的，则需要保留额外的辅助构造最优解的信息。

前面提到过，动态规划算法为了避免重复计算，重叠子问题只计算一次。有两种方式可以实现，由此产生了两种动态规划算法的具体实现。

(1) 带备忘的动态规划算法。

这是一种自顶向下的求解问题的方法，算法形式是递归式的。设置一个备忘表，用于存放计算过的重叠子问题的值。令备忘表初始为空，计算子问题之前先在表中搜索，如果其值存在，那么返回该值；否则计算这个子问题，并将计算结果存入表中，为以后的重复使用做准备。

例如，采用带备忘的动态规划算法求解斐波那契数列 Fib(5)。因为 Fib(5)＝Fib(4)＋Fib(3)，在计算过程中，首先出现了 Fib(4)，则查询表格中是否存有它的值，发现没有，则计算 Fib(4)＝Fib(3)＋Fib(2)。此时出现了 Fib(3)，则查询表格中是否存有它的值，发现没有，继续计算 Fib(3)＝Fib(2)＋Fib(1)。此时出现了 Fib(2)，查询表格，发现仍然没有，计算 Fib(2)＝1，存入表格。继续向后出现了 Fib(1)，查询表格，发现仍然没有，计算 Fib(1)＝1，存入表格。因此 Fib(3)＝Fib(2)＋Fib(1)＝1＋1＝2，存入表格。然后在 Fib(4)的计算式中出现了 Fib(2)，查询表格，发现存在它的值为 1，直接取出。因此，Fib(4)＝Fib(3)＋Fib(2)＝2＋1＝3，存入表格。然后在 Fib(5)的计算式中出现了 Fib(3)，查询表格，发现存在它的值为 2，直接取出。因此，Fib(5)＝Fib(4)＋Fib(3)＝3＋2＝5，存入表格。最后返回表格中最后一个值，即为原问题 Fib(5)的值。该问题的算法如下，其中，memo 为用于存放子问题值的备忘表，令其所有的元素初始值为 0。

【算法 4.17】　采用带备忘的动态规划算法求解斐波那契数列。

```
int Fib(int n, int memo[])
{ if (memo[n] == 0)
```

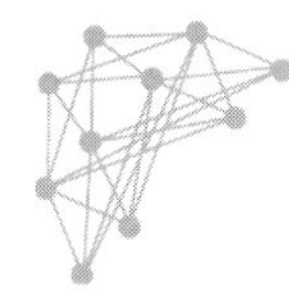


```
    { if (n <= 2)
            memo[n] = 1;
        else
            memo[n] = Fib(n-1) + Fib(n-2);
    }
    return memo[n];
}
```

(2) 自底向上的动态规划算法。

这种方法对于任意子问题的求解,都依赖比它规模更小的子问题的值。做法是将子问题按规模排序,然后按规模由小到大的顺序逐步求解。当求解某个子问题时,它所依赖的所有规模更小的子问题都已经有了确定的值。一般地,自底向上的动态规划算法从最底层的子问题开始求解,每个子问题只求解一次,直到规模最大的原问题为止。

采用自底向上的动态规划算法求解斐波那契数列 Fib(5),首先计算最底层的 Fib(1)、Fib(2),并存入表格中。然后根据 Fib(2)、Fib(1)的值计算 Fib(3),存入表格。根据 Fib(3)、Fib(2)的值计算 Fib(4),存入表格。根据 Fib(4)、Fib(3)的值计算 Fib(5),存入表格。最后返回表格中最后一个值,即为原问题 Fib(5)的值。该问题的算法如下,其中,memo 为用于存放子问题值的表格,令其所有的元素初始值为 0。

【算法 4.18】 采用自底向上的动态规划算法求解斐波那契数列。

```
int Fib_bottomup(int n, int memo[])
{ memo[1] = 1;
  memo[2] = 1;
  for (i = 3; i <= n; i++)
      memo[i] = memo[i-1] + memo[i-2];
  return memo[n];
}
```

4.6.4 应用实例

以前面提到的 0-1 背包问题为例,给出应用动态规划算法的解决方案。问题中,C 表示背包容量,w_i 表示物品 i 的体积,v_i 表示物品 i 的价值,$x_i=1$ 表示物品 i 装入背包中,$x_i=0$ 表示物品 i 不装入背包。

首先,利用反证法证明 0-1 背包问题具有最优子结构性质。假设$(x_1,x_2,\cdots,x_n)$是 0-1 背包问题的最优解,则$(x_2,x_3,\cdots,x_n)$一定是其子问题的最优解。否则,如果有$(y_2,y_3,\cdots,y_n)$是子问题的最优解,则有 $v_1x_1+(v_2y_2+v_3y_3+\cdots+v_ny_n)>v_1x_1+(v_2x_2+v_3x_3+\cdots+v_nx_n)$。而 $v_1x_1+(v_2x_2+v_3x_3+\cdots+v_nx_n)=(v_1x_1+v_2x_2+\cdots+v_nx_n)$,于是,$v_1x_1+(v_2y_2+v_3y_3+\cdots+v_ny_n)>(v_1x_1+v_2x_2+\cdots+v_nx_n)$。该式表示$(x_1,y_2,\cdots,y_n)$ 是 0-1 背包问题的最优解,这与假设矛盾,因此,0-1 背包问题具有最优子结构性质。

其次,递归地定义原问题的最优值,通过递归函数表达原问题最优值与子问题最优值之间的关系。定义 $\mathrm{Val}(i,j)$表示当有前 i 个物品可选并且背包容量为 j 时的子问题的最优值。在 $\mathrm{Val}(i-1,j)$的前提下考察 $\mathrm{Val}(i,j)$的值,即第 i 个物品是否应该装入背包,有以下

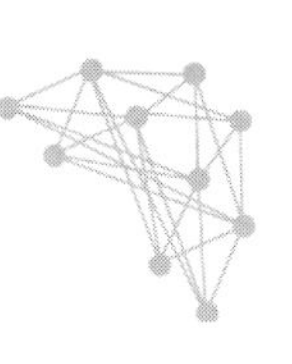

三种情况：第一种情况，背包容量 j 比物品 i 体积小，容纳不下，此时，物品 i 应该不装入背包，问题的最优值与只有前 $i-1$ 个物品时是一样的，即 $\mathrm{Val}(i,j)=\mathrm{Val}(i-1,j)$；第二种情况，还有足够的容量可以容纳物品 i，但是将物品 i 装入背包，相比不装入时得到的总价值更少，即 $\mathrm{Val}(i-1,j-w_i)+v_i<\mathrm{Val}(i-1,j)$，其中，$\mathrm{Val}(i-1,j-w_i)+v_i$ 表示物品 i 装入背包，背包容量减少了 w_i，但得到的总价值增加了 v_i，此时，物品 i 应该不装入背包，问题的最优值与只有前 $i-1$ 个物品时是一样的，即 $\mathrm{Val}(i,j)=\mathrm{Val}(i-1,j)$；第三种情况，还有足够的容量可以容纳物品 i，并且将物品 i 装入背包，相比不装入时得到的总价值更大或相等，即 $\mathrm{Val}(i-1,j-w_i)+v_i\geqslant\mathrm{Val}(i-1,j)$，此时，物品 i 应该装入背包，问题的最优值为前 $i-1$ 个物品的最优值与第 i 个物品价值 v_i 之和，即 $\mathrm{Val}(i,j)=\mathrm{Val}(i-1,j-w_i)+v_i$。由此，可以得出递推关系式

$$\mathrm{Val}(i,j)=\begin{cases}\mathrm{Val}(i-1,j) & j<w_i\\ \max\{\mathrm{Val}(i-1,j),\mathrm{Val}(i-1,j-w_i)+v_i\} & j\geqslant w_i\end{cases}$$

最后，计算各个子问题的最优值，并逐步求得原问题的最优值，注意避免重叠子问题的重复计算。计算过程可以采用带备忘的自顶向下的动态规划算法，也可以采用自底向上的动态规划算法，下面分别用两种算法求最优值。

(1) 采用带备忘的自顶向下的动态规划算法求解 0-1 背包问题。

由题意可知，对于不同的装入方案，经过若干次选择后，背包的剩余容量可能会相等，剩余物品的体积也可能会相等，因此会出现重复计算的情况，即对于相同的 i 和 j，重复计算 $\mathrm{Val}(i,j)$，符合动态规划的重叠子问题性质。因此，带备忘的自顶向下的动态规划算法在计算过程中，使用一个二维数组 Val 作为备忘表，将计算过的子问题最优值记录下来，以防止重复计算，从而提高计算效率。算法如下，其中，n 为物品个数，C 为背包容量，数组 w 存储所有物品的体积，数组 v 存储所有物品的价值，数组 g 标记物品是否被装入背包，初始的 Val 所有元素均为−1。

【算法 4.19】 带备忘的自顶向下的动态规划算法求解 0-1 背包问题。

```
int MaxValue(int n, int C, int w[], int v[], int Val[][],int g[])
{ if(Val[n][C]!=-1)                       //如果备忘表 Val 中有值,说明被计算过,直接取出
     return Val[n][C];
if(n==0 || C=0)                           //当物品数量为 0 或者背包容量为 0,则最优值为 0
     Val[n][C]=0;
   else
      if(C<w[i])                          //背包容量比物品 i 体积小,容纳不下
        { g[i]=0;                         //将 g[i]置 0,表示最优解中不包含物品 i
          Val[n][C]=MaxValue(n-1,C);
        }
        else                              //背包容量比物品 i 体积大
          { tv1=MaxValue(n-1,C);          //物品 i 不装入背包的总价值
           tv2=MaxValue(n-1,C-w[i])+v[i];      //物品 i 装入背包的总价值
           if(tv1>tv2)                    //物品 i 不装入背包的总价值更大
               { g[i]=0;                  //将 g[i]置 0,表示最优解中不包含物品 i
                 Val[n][C]=tv1;
```

```
          }
        else                              //前 i-1 个物品的最优值与物品 i 的价值之和更大
          {g[i]=1;                        //将 g[i]置 1,表示最优解中包含物品 i
           Val[n][C]=tv2;
           }
      }
return Val[n][C];
}
```

该算法的时间复杂度为 $O(n\times C)$,空间复杂度为 $O(n\times C)$。算法执行结束后,根据数组 g 的值即可以构造出问题的最优解。

(2) 采用自底向上的动态规划算法求解 0-1 背包问题。

从最底层的子问题开始求解。显然,当物品数为 0 时,对于所有的背包容量数 j,$\text{Val}(0,j)=0$。同时,当背包容量数为 0 时,对于所有的物品数 i,$\text{Val}(i,0)=0$。然后对于物品数 i 从 1 到 n,分别考察容量数 j 从 1 到 C 时的最大总价值 $\text{Val}(i,j)$,即

当 $i=1,j=1$ 时,$w_1=2,v_1=12$,由于 $j<w_1$,因此 $\text{Val}(1,1)=\text{Val}(1-1,1)=0$;

当 $i=1,j=2$ 时,$w_1=2,v_1=12$,由于 $j=w_1$,因此 $\text{Val}(1,2)=\max\{\text{Val}(1-1,2),\text{Val}(1-1,2-w_1)+v_1\}=\max\{0,0+12\}=12$;

以此类推,直至

当 $i=4,j=6$ 时,$w_4=4,v_4=20$,由于 $j>w_1$,因此 $\text{Val}(4,6)=\max\{\text{Val}(4-1,6),\text{Val}(4-1,6-w_4)+v_4\}=\max\{35,12+20\}=35$,即为 0-1 背包问题的最优值。计算过程得到的所有 $\text{Val}(i,j)$ 值如表 4.4 所示。

表 4.4 得到的所有 Val(i,j)的值

	$j=0$	$j=1$	$j=2$	$j=3$	$j=4$	$j=5$	$j=6$
$i=0$	0	0	0	0	0	0	0
$i=1$	0	0	12	12	12	12	12
$i=2$	0	0	12	15	15	27	27
$i=3$	0	8	12	20	23	27	35
$i=4$	0	8	12	20	23	28	35

求解 0-1 背包问题最优值的算法如下,其中,n 为物品个数,C 为背包容量,数组 w 存储所有物品的体积,数组 v 存储所有物品的价值,二维数组 Val 存储所有子问题的最优值,即背包装入的最大总价值。

【算法 4.20】 自底向上的动态规划算法求解 0-1 背包问题。

```
int MaxValue_bottomup(int n, int C, int w[], int v[])
{for(j=1;j<=C;i++)                    //当物品数为 0 时,对于所有的背包容量数 j,最优值是 0
    Val[0][j]=0;
for(i=1;i<=n;i++)                     //当背包容量数为 0 时,对于所有的物品数 i,最优值是 0
    Val[i][0]=0;
```

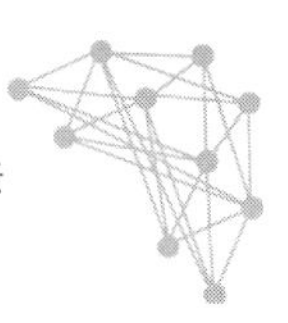


```
for(i=1;i<=n;i++)                    //自底向上地计算最优值
  { for(j=1;j<=C;j++)
    { if(j<w[i])                     //背包容量比物品 i 体积小,容纳不下
      {Val[i][j]=Val[i-1][j];
      }
      else                           //背包容量比物品 i 体积大
        { if(Val[i-1][j]>Val[i-1][j-w[i]]+v[i])//物品 i 装入背包比不装入时总价值更少
            { Val[i][j]=Val[i-1][j];
            }
          else                       //前 i-1 个物品的最优值与物品 i 的价值之和更大
            { Val[i][j]=Val[i-1][j-w[i]]+v[i];
            }
        }
    }
  }
  return Val[n][C];
}
```

可以看出,该算法的时间复杂度取决于双重循环的维度,为 $O(n\times C)$。同时,由于采用二维数组来存放子问题的最优值,因此空间复杂度为 $O(n\times C)$。

另外,该算法只得到了背包所能装入的最大价值,并没有给出这个最大价值是由哪些物品组成的,即问题的最优解是什么,下面给出最优解的求法。根据算法可知:

当 $\text{Val}(i,j)=\text{Val}(i-1,j)$时,说明物品 i 没有被装入背包,则回到 $\text{Val}(i-1,j)$继续寻找;

当 $\text{Val}(i,j)=\text{Val}(i-1,j-w_i)+v_i$ 时,说明物品 i 被装入了背包,该物品是组成最优解的一部分,然后回到装入该物品之前,即 $\text{Val}(i-1,j-w_i)$ 继续寻找;

以此类推,直到 $i=0$ 为止,所有构成最优解的物品都会被找到。例如,上例中,最优解为 $\text{Val}(4,6)=35$,发现 $\text{Val}(4,6)=\text{Val}(3,6)$,说明问题的最优解中不包含物品 4。此时,回到 $\text{Val}(4-1,6)=\text{Val}(3,6)$继续寻找,发现 $\text{Val}(3,6)\neq\text{Val}(2,6)$,而且 $\text{Val}(3,6)=\text{Val}(3-1,6-w_3)+v_3=\text{Val}(2,5)+8=27+8=35$,说明最优解中包含物品 3。此时,回到 $\text{Val}(3-1,6-w_3)=\text{Val}(2,5)$继续寻找,发现 $\text{Val}(2,5)\neq\text{Val}(1,5)$,而且 $\text{Val}(2,5)=\text{Val}(2-1,5-w_2)+v_2=\text{Val}(1,2)+15=12+15=27$,说明最优解中包含物品 2。此时,回到 $\text{Val}(2-1,5-w_2)=\text{Val}(1,2)$继续寻找,发现 $\text{Val}(1,2)\neq\text{Val}(0,2)$,而且 $\text{Val}(1,2)=\text{Val}(1-1,2-w_1)+v_1=\text{Val}(0,0)+12=0+12=12$,说明最优解中包含物品 1。由此,该 0-1 背包问题的最优解由装入物品 1、物品 2 和物品 3 构成。当有前 i 个物品可选并且背包容量为 j 时,构造最优解的算法如下。其中,二维数组 Val 存储所有子问题的最优值。数组 g 标记物品是否被装入背包,算法执行结束后,根据 g 即可以构造出问题最优解。值得注意的是,在算法 4.20 中,Val 是局部变量,算法结束后,它的值不会被保存。因此,如果此处需要构造问题的最优解,则在算法 4.20 中需要以定义全局变量或者地址传递的方式将 Val 的值保存下来。

【算法 4.21】 构造 0-1 背包问题最优解的算法。

```
void OptSolution(int i,int j,int Val[][],int g[])
```

```
{ if(i>=0)
    { if(Val[i][j]==Val[i-1][j])                    //说明物品 i 没有被装入背包
      { g[i]=0;                                     //将 g[i]置 0,表示最优解中不包含物品 i
       OptSolution(i-1,j);                          //回到 Val(i-1,j)继续寻找
      }
     else if(j-w[i]>=0 && V[i][j]==V[i-1][j-w[i]]+v[i])   //说明物品 i 装入背包
         { g[i]=1;                                  //将 g[i]置 1,表示最优解中包含物品 i
          OptSolution(i-1,j-w[i]);                  //回到 Val(i-1,j-wi) 继续寻找
         }
    }
}
```

4.7 小　结

本章介绍了树和二叉树的存储及遍历操作,哈希表的哈希函数构造方法、处理冲突方法以及其优点,五种排序算法的基本思想,三种搜索算法的基本思想,字符串的存储和正则表达式,动态规划算法的应用场景和算法思路。

第 5 章　机器学习算法

本章学习目标

- 掌握机器学习模型的评价指标,能够区分有监督学习和无监督学习算法;
- 掌握机器学习中主流的分类算法;
- 掌握回归算法,并能够理解算法运算流程;
- 掌握无监督学习的聚类算法,了解主流的数据维归约技术;
- 掌握关联分析相关算法;
- 理解隐马尔可夫模型、条件随机场的理论推导,了解各种 Boosting 算法模型;
- 理解深度学习相关概念,理解深度神经网络模型。

5.1　机器学习的基本概念

5.1.1　算法分类

机器学习的核心任务是找出复杂数据隐含的规律,它的应用非常广泛,例如垃圾邮件分类、人脸识别、语音识别、医疗诊断、车牌号识别等。

在机器学习的过程中,可以按照样本数据集的特点以及学习任务的不同进行算法分类。按照数据集是否带有标签值,可以将机器学习算法分为有监督学习和无监督学习。按照数据集标签值的类型,可以将有监督学习算法进一步细分为分类问题和回归问题。在有监督学习中,根据求解方法的不同,可以将学习算法分为生成模型和判别模型。

1. 有监督学习

样本数据集带有标签值,从样本数据中学习得到一个模型,然后利用模型对新的数据进行预测推断。其数学描述为:数据集为(x,y),其中 x 为样本的特征数据集,y 为对应的标签数据。有监督学习的目标是根据训练样本数据集确定模型 $y=f(x)$,确定函数的依据是使得函数的输出值 y 与真实标签值之间的误差最小。在有监督学习过程中,通常是在数据集中取一部分用来确定训练模型 $y=f(x)$,剩余数据用来检测模型的泛化能力。

有监督学习主要包含分类问题和回归问题。

分类问题的定义为:在有监督学习中,如果数据集的标签数据为整数,那么 $y=f(x)$就是一个由特征向量到整数的函数,这就是分类问题。通常情况下样本的标签是其类别标号,例如标号为 0 或者 1,这就是一个二分类问题。如果用 0 表示“男”,1 表示“女”,函数输出为 1,就表示样本的性别是女。分类问题中主要包含朴素贝叶斯分类、决策树、k 近邻算法、

logistic 回归算法、支持向量机算法、随机森林算法等。

回归问题的定义为：在有监督学习过程中，如果数据集的标签数据是连续的实数，那么 $y=f(x)$ 就是一个由特征向量到实数的函数，这就是回归问题。回归问题主要包含线性回归算法、决策树回归算法、随机森林回归算法等。

2. 无监督学习

在无监督学习中样本数据集不带标签值，通过对样本集的分析发现数据集的特征模式或分布规律。聚类是无监督学习的典型代表。聚类就是根据学习目的，把数据集划分为需要的几类，使得类内的样本数据相似性比较大，类间的样本数据相似性比较小。

5.1.2 模型评价指标

在学习得到机器学习算法和模型后，需要评价模型的精度，就需要定义评价模型的指标。有监督学习分为训练和预测两个阶段，通常用测试样本来检验模型的精度。在分类问题中人们用准确率来作为评价指标，它由测试样本中被正确分类的样本数与总测试样本数的比值得到。回归问题中的评价指标是回归误差，其定义方式为预测函数的输出值与样本标签值之间的均方误差。

1. 精度与召回率

分类问题中常用的两个评价指标是精度和召回率，在二分类问题中，样本分为正样本和负样本，测试样本中正样本被分类器判定为正样本的数量记为 TP，被判定为负样本的数量记为 FN，负样本中被正确分类的样本数记为 TN，被错误判定为正样本的数量记为 FP。

精度的定义为

$$\frac{\mathrm{TP}}{\mathrm{TP}+\mathrm{FP}}$$

召回率的定义为

$$\frac{\mathrm{TP}}{\mathrm{TP}+\mathrm{FN}}$$

精度是被分类器预测为正样本的数量中真正的正样本所占的比例，值越接近于 1，对正样本的分类越准确。召回率是所有正样本中被分类器判定为正样本的比例。

2. ROC 曲线

对于二分类问题，可以调整模型参数从而得到不同的分类结果，将各种参数下模型分类的准确率连成一条曲线，即 ROC 曲线，每一种模型会对应一条 ROC 曲线，可以从 ROC 曲线形状来判别模型的分类性能。首先定义真阳率和假阳率指标。真阳率是所有正样本被分类器判定为正样本的比例，即

$$\mathrm{TPR}=\frac{\mathrm{TP}}{\mathrm{TP}+\mathrm{FN}}$$

假阳率是所有负样本中被分类器判定为正样本的比例，即

$$\mathrm{FPR}=\frac{\mathrm{FP}}{\mathrm{FP}+\mathrm{TN}}$$

ROC 曲线的横轴为假阳率，纵轴为真阳率。当假阳率增加时，真阳率会增加，因此 ROC 曲线是一条增长的曲线。好的分类器要保证假阳率低，真阳率高。同一数据集下三种不同模

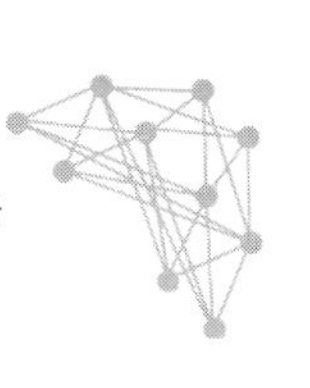

型对应的 ROC 曲线如图 5.1 所示。ROC 曲线下方面积越大，算法性能越好。

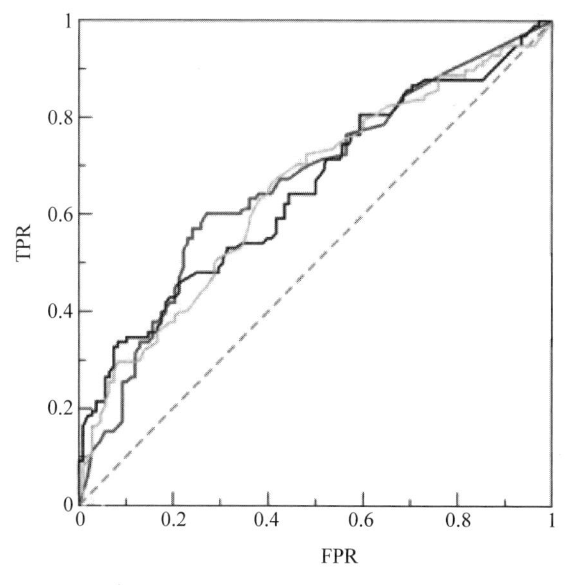

图 5.1　ROC 曲线示意图

3. 混淆矩阵

多分类问题中的准确率可以利用混淆矩阵计算。对应 k 分类问题，混淆矩阵中元素 c_{ij} 表示为第 i 类样本被分到第 j 类中的数量。

混淆矩阵可表示为

$$\begin{pmatrix} c_{11} & c_{12} & \cdots & c_{1k} \\ c_{21} & c_{22} & \cdots & c_{2k} \\ \vdots & \vdots & \ddots & \vdots \\ c_{k1} & c_{k2} & \cdots & c_{kk} \end{pmatrix}$$

如果所有的样本都能被正确分类，则混淆矩阵为对角阵，所以对角线元素的和越大，分类准确率越高。

4. 交叉验证

在对精度指标计算时，常采用交叉验证法，它是把数据集中一部分作为训练集，另一部分作为测试集来统计模型的准确率。在 k 折交叉验证中，需要把数据集进行等分成 k 份，每次取 $k-1$ 份训练模型，剩余的 1 份用于检验模型的精度。这样训练模型的次数就有 C_k^{k-1} 次，用 C_k^{k-1} 个准确率的平均值来作为最终的准确率。

5.1.3　模型选择及求解问题

在给出模型的评价指标后，就导致模型误差的因素进行分析，并给出一般化的求解方案。

1. 过拟合与欠拟合问题

有监督学习的目标是模型在训练数据集上实现误差最小化，并具有较强的泛化能力。

在训练数据集上误差最小化可能会产生下面的问题：在训练数据集上模型预测误差很小，但是在测试数据集上误差很大，这就是过拟合问题；如果模型在训练数据集上表现也不好，就是欠拟合问题。欠拟合和过拟合对应模型的泛化能力都不够好。

导致欠拟合问题的原因可能有：模型过于简单；数据属性过少，不能反映数据的内在规律；非线性问题线性化等。导致过拟合问题的原因可能有：模型过于复杂；训练样本缺乏代表性；模型对噪声数据敏感等。欠拟合和过拟合的判别标准如表 5.1 所示。

表 5.1 欠拟合与过拟合的判别标准

训练集上的表现	测试集上的表现	结　论
不好	不好	欠拟合
好	不好	过拟合
好	好	适度拟合

2. 偏差与方差分解

在衡量模型的泛化能力时常把泛化误差分解成偏差和方差。偏差是模型本身导致的误差，它是模型的预测期望值和真实值之间的差距，假设样本的特征向量为 $\boldsymbol{x}$，标签为 y，要拟合的函数为 $f(\boldsymbol{x})$，算法拟合的函数为$\widehat{f(\boldsymbol{x})}$，则偏差定义为

$$\text{Bias}(\widehat{f(\boldsymbol{x})})=E[\widehat{f(\boldsymbol{x})}-f(\boldsymbol{x})]$$

高的偏差意味着模型本身的输出和期望值差别大，模型欠拟合。方差是模型对样本数据的敏感度造成的，计算公式为

$$\text{Var}(\widehat{f(\boldsymbol{x})})=E[\widehat{f(\boldsymbol{x})}^2]-E^2[\widehat{f(\boldsymbol{x})}]$$

较大的方差意味着噪声对模型影响比较大，从而出现过拟合现象。

模型的总体误差可以定义为

$$E[f(\boldsymbol{x})-\widehat{f(\boldsymbol{x})}]^2=\text{Bias}(\widehat{f(\boldsymbol{x})})+\text{Var}(\widehat{f(\boldsymbol{x})})+\sigma^2$$

其中 σ^2 为噪声项。

3. 正则化

所谓的正则化是对学习算法的修改，它的目的是提高模型的泛化能力，减少模型的测试误差。在机器学习中常见的正则化策略有以下 3 种：

(1) 基于先验知识在目标函数中添加约束和惩罚项；

(2) 模型选择偏好简单模型；

(3) 其他形式正则化：集成学习中采用多模型训练数据。

例如，有监督学习算法的目标是最小化误差函数，它的均方误差损失函数为

$$L(\omega)=\frac{1}{2n}\sum_{i=1}^{n}[f_\omega(x_i)-y_i]^2$$

其中，y_i 是样本 x_i 的标签值；$f_\omega(x_i)$ 为模型的输出值；ω 为模型参数。在预测函数的类型选定后，只有函数的参数 ω 可控，为了防止过拟合，可以在损失函数中加一个惩罚项，对产生的复杂模型进行惩罚，强制模型的参数尽可能简化。加入惩罚项之后的损失函数为

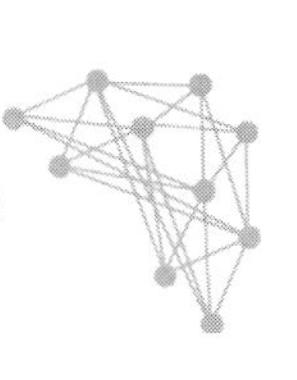

$$L(\omega)=\frac{1}{2n}\sum_{i=1}^{n}[f_{\omega}(x_i)-y_i]^2+\lambda r(\omega)$$

模型的后半部分 $r(\omega)$ 即为正则化项，λ 称为惩罚系数。

常见的正则化项有 L_1 正则和 L_2 正则，其中 L_1 正则为

$$L_1=\|\boldsymbol{\omega}\|=\sum_{i=1}^{d}|\omega_i|$$

L_2 正则为

$$L_2=\frac{1}{2}\|\boldsymbol{\omega}\|^2=\frac{1}{2}\boldsymbol{\omega}\cdot\boldsymbol{\omega}$$

对于 L_1 正则和 L_2 正则的解释：产生过拟合的原因通常是因为模型中参数比较大，添加正则项后，如果某个参数比较大，则目标函数加上正则化项后也就会变大，因此该参数就不是最优解了。

5.2 分　　类

分类任务是确定研究对象属于哪一个目标类的问题。在现实中有各种各样的分类问题，例如从邮件的标题和内容检测出垃圾邮件，从复杂的医疗影像中甄别肿瘤是恶性还是良性，从海量的客户数据库中寻找优质客户等，都是分类要解决的问题。本节介绍一些常见的分类算法。

5.2.1　*k* 近邻算法

1. *k* 近邻算法原理

k 近邻算法由 Thomas M. Cover 和 Peter E. Hart 在 1967 年提出，它的基本思想是要确定一个待测样本的类别，可以先计算它和所有训练样本之间的距离，对距离排序，找出和样本距离最小的 k 个样本，观测 k 个样本的类别，k 个样本中出现次数最多的那个类别就是对待测样本的分类结果。

例如，有两类不同的样本数据如图 5.2 所示，分别用小正方形和小三角形表示，而图正中间的圆点所表示的数据则是待分类的数据。也就是说，现在人们不知道中间圆点的数据从属于哪一类(正方形或三角形)。依据 k 近邻算法，如果选择 $k=3$，距离圆点最近的 3 个邻居是 2 个三角形和 1 个正方形，基于统计的方法，判定待分类点属于三角形一类；如果选择 $k=5$，圆点最近的 5 个邻居是 2 个三角形和 3 个正方形，基于统计的方法，判定待分类点属于正方形一类。

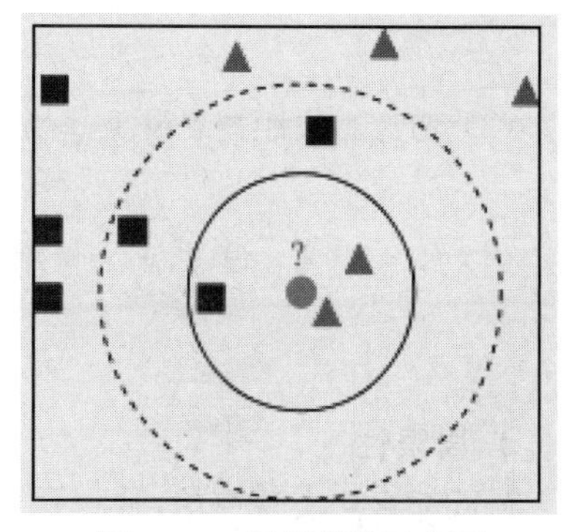

图 5.2　*k* 近邻算法示意图

由此可见，在 k 近邻算法中 k 值的选择非常重要，如果 k 太小，意味着只有与待测样本较近的训练样本才会对预测结果起作用，容易产生过拟合现象；如果 k 值较大，这时与待测样本较远的训练样本的标签也会对预

测起作用,使预测发生错误。在实际应用中,k 值一般选择一个较小的数值,通常采用交叉验证的方法来选择最优的 k 值。

2. 预测算法

k 近邻算法中没有具体模型,因此没有对模型的训练过程,算法唯一的参数 k 需要人工指定。它在预测时需要计算待测样本和训练样本之间的距离。

在分类问题中,假设有 n 个训练样本$(\boldsymbol{x}_i, y_i)$,其中 $\boldsymbol{x}_i$ 为样本的特征向量,y_i 为对应的标签值,给定参数 k 值,假设训练样本有 c 类,待分类的样本为 $\boldsymbol{x}$,k 近邻算法的流程如下:

(1) 计算待测样本与训练样本之间的距离,找出距离 $\boldsymbol{x}$ 最近的 k 个样本,假设由这些样本组成的集合为 D;

(2) 统计 N 中每一类样本的个数 C_i,$i=1,2,\cdots,c$;

(3) 最终的分类结果为 $\operatorname{argmax} C_i$,其中 $\operatorname{argmax} C_i$ 表示最大的 C_i 值对应的那个类 i。

算法 5.1 k 近邻分类算法

输入	给定 k,D 是训练样本集,待分类样本 $\boldsymbol{x}$
输出	$\boldsymbol{x}$ 类标号
方法	(1) for 每个测试样本 $z=(\boldsymbol{x}', y')$,do; (2) 计算 z 和 D 中每个样本之间的距离 d; (3) 选择离 z 最近的 k 个训练样本集合 $D_z \subset D$; (4) $y' = \operatorname{argmax}_v \sum_{(x_i, y_i) \in D_z} I(v = y_i)$; (5) end for。

3. 常见距离

由于 k 近邻算法的实现需要计算样本之间的距离,不同的数据特点有不同的距离计算方式,常见的距离计算方式有下面 4 种。

(1) 欧氏距离:设 $\boldsymbol{x}, \boldsymbol{y}$ 为 n 维向量,两点之间的欧氏距离定义为

$$d(\boldsymbol{x}, \boldsymbol{y}) = \sqrt{\sum_{i=1}^{n} (x_i - y_i)^2}$$

使用欧式距离是应将特征向量的每个分量归一化,避免特征向量分量尺度不同带来的干扰。

(2) 曼哈顿距离:设 $\boldsymbol{x}, \boldsymbol{y}$ 为 n 维向量,两点之间的曼哈顿距离定义为

$$d(\boldsymbol{x}, \boldsymbol{y}) = \sum_{i=1}^{n} | x_i - y_i |$$

(3) 切比雪夫距离:设 $\boldsymbol{x}, \boldsymbol{y}$ 为 n 维向量,两点之间的切比雪夫距离定义为

$$d(\boldsymbol{x}, \boldsymbol{y}) = \max_i | x_i - y_i |$$

(4) 闵氏距离:设 $\boldsymbol{x}, \boldsymbol{y}$ 为 n 维向量,两点之间的闵氏距离定义为

$$d(\boldsymbol{x}, \boldsymbol{y}) = \sqrt{\sum_{i=1}^{n} (x_i - y_i)^p}$$

4. 局限性

k 近邻算法实现简单,缺点是当训练数据样本大、特征向量的维度高时,计算的复杂度高。因为每次预测时都要计算待测样本和每一个训练样本的距离,并且需要对距离排序,找

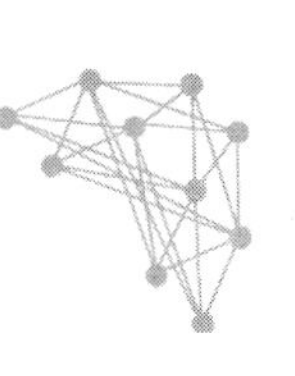

出最近的 k 个样本。

k 近邻算法中一个需要解决的问题就是 k 值的确定，它需要根据问题和数据的特点来确定。在实现时可以考虑样本的权重，即每个样本有不同的决策权重，这对应的是带有权重的 k 近邻算法。

5.2.2　决策树算法

决策树是一种基于规则的分类方法，它用一组嵌套的规则来对待测样本进行预测，在树的每个决策结点处，根据判断结果进入下一个分支，反复操作直至到达叶子结点，得到预测结果。用于预测的规则是通过对样本训练得到的，不是人工指定的。

1. 决策树的工作原理

为了解释决策树分类原理，此处考虑脊椎动物分类问题。在这里只考虑两个类别：哺乳动物和非哺乳动物。假设生物学家发现一个新的物种，怎样判别它是哺乳动物还是非哺乳动物呢？一种方法是针对动物的特征提出一系列问题，根据问题的答案来确定。第一个问题可以为"该物种是冷血还是恒温动物?"，如果是冷血的，则该物种肯定不是哺乳动物；否则它肯定是鸟类或哺乳动物。如果是恒温动物，需要接着问，该物种是否是胎生的？如果是，则它是哺乳动物，如果不是，就是非哺乳动物。

上面的例子表明，通过提出一系列关于待测样本属性的问题，可以解决分类问题。每当一个问题得到答案，后续问题会随之而来，直到得到待测样本的类别标号。这一系列的问题和问题可能的答案可以组成决策树的形式。决策树是一种由结点和有向边组成的层次结构。哺乳动物分类问题的决策树如图5.3所示。

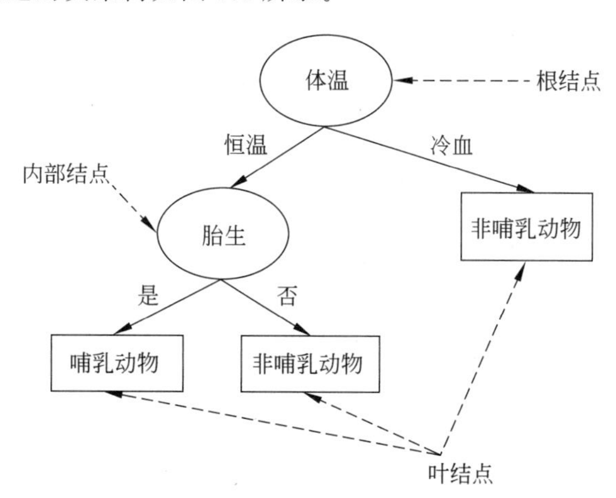

图5.3　哺乳动物分类的决策树

决策树中包含3种结点：

(1) 根结点，没有入边，但有零条或多条出边。

(2) 内部结点，恰好有一条入边和两条或多条出边。

(3) 叶结点，恰好有一条入边，没有出边。

在决策树中根结点和内部结点都是决策结点，在这些结点处需要进行判别以决定进入哪个分支。决策树中的每个叶结点都赋予一个类标号,在决策结点处会设置属性判别条件,以用来区别具有不同属性特性的样本。在上述例子中使用体温这个属性把冷血脊椎动物和恒温脊椎动物区别开,因为所有的冷血动物都是非哺乳动物,所以有一个类标号非哺乳动物的叶结点来作为根结点的右子结点,如果脊椎动物是恒温的,则接下来用是否胎生这个内部结点来区分哺乳动物和其他恒温动物。

一旦决策树构造完成,对待测样本进行分类变得相当简单。从根结点开始,将待测样本根据判别条件选择适当的分支,沿着分支到达一个内部结点或者叶结点,在内部结点使用新的判别条件,进入下一个结点,直至到达叶结点,叶结点的类标号就是待测样本的类标号。例如,用上例中的决策树预测火烈鸟的类别标号所经过的路径,路径终止于类标号为非哺乳动物的叶结点。对未知类别的火烈鸟利用决策树分类的过程如图 5.4 所示。

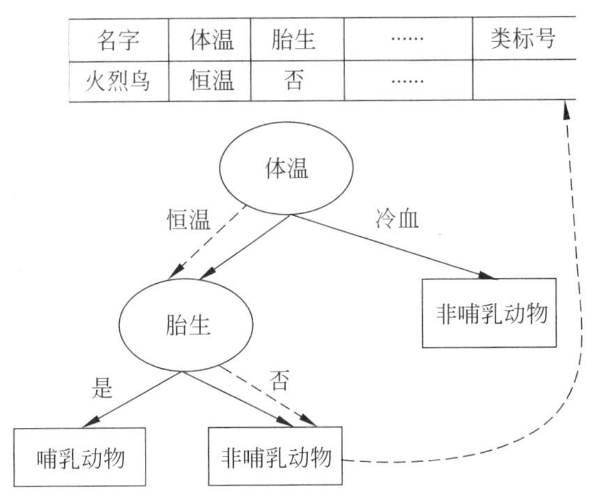

图 5.4　对未知类别的火烈鸟利用决策树分类的过程

2. 如何建立决策树

理论上来讲,对于给定的属性集,可以构造决策树的数目达指数级。尽管有些决策树比其他决策树更准确,但是由于搜索空间是指数规模的,在计算上是不可行的。常见的决策树构造过程都是基于局部最优的策略来选择划分数据的属性的,Hunt 算法就是这样一种算法。它是 ID3、C4.5 和 CART 等决策树算法的基础。

在 Hunt 算法中,通过将训练样本相继划分子集,以递归方式建立决策树。设 D_t 是与结点 t 相关联的训练样本集,$\{y_1,y_2,\cdots,y_c\}$是类标号,Hunt 算法的流程如下。

(1) 如果 D_t 中所有记录都属于同一个类 y_t,则 t 是叶结点,用 y_t 标记。

(2) 如果 D_t 中包含属于多个类的记录,则选择一个属性判别条件,将样本集划分成较小的子集。对于判别条件的每一个答案,都创建一个子结点,并根据判别结果将 D_t 中的样本分配到子结点中。然后对于每个子结点递归调用该算法。

决策树算法必须要解决以下两个问题。

(1) 如何分裂训练样本。在树的增长过程中每一次递归都必须选择一个属性作为判别条件,将训练样本集划分成较小的子集。为了实现这个步骤,算法必须提供不同类型的属性判别条件方法,并且提供判别属性选择的度量方法。

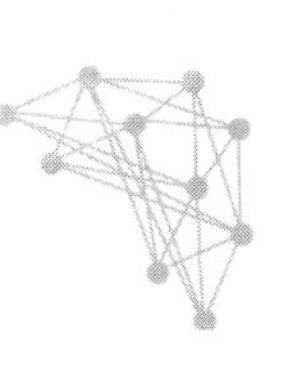

(2) 如何停止分裂过程。决策树的生成过程中需要有终止树生成的条件,一种终止条件是结点处的所有训练样本具有相同的属性;另一种终止条件是结点处的样本数量小于一个阈值时,终止树的生成。

3. 属性的种类及对应输出

决策树算法中不同类型的样本属性提供不同的判别条件和对应的输出。样本属性可以有如下4种。

(1) 二元属性：属性取值只有两个,属性判别产生两个可能输出,例如性别属性会有“男”“女”两个可能输出。

(2) 多元属性：样本属性有多个可能取值,属性判别后可以有多个输出。例如婚姻状况可能有3个属性值“未婚”“已婚”“离异”,由此会产生一个三路划分。

(3) 序数属性：序数属性可以产生二元或多元划分,例如鞋子的号码、衣服的尺码等,都是属于序数属性。

(4) 连续属性：属性的取值是连续值,对于连续属性可以根据判别条件设定二元输出($A<v$,或者 $A\geqslant v$),也可以依据属性的取值区间进行离散化,设置多元输出。

4. 最佳分裂的度量

在决策结点处需要找到一个分裂规则来将训练样本划分成两个子集(即在训练样本集中选择一个属性作为分裂规则),因此要确定属性选择的标准,根据标准寻找最佳的分裂。对于分类问题,要保证每次分裂之后的左右子结点里面的样本尽可能纯,即子结点之间的样本类别不相交。为此,需要定义不纯度指标,当样本都属于某一类时,其不纯度为0,当样本均匀地属于所有类时,不纯度最大。满足这个条件的不纯度度量指标主要有信息熵不纯度、Gini系数不纯度、分类不纯度等。

不纯度指标都是由样本集每类样本出现的概率来构造的,要先计算样本集中每个类别出现的概率 $p_i=\dfrac{N_i}{N}$,其中 N_i 是第 i 类样本数,N 为总样本数。

测试样本集 D 的信息熵不纯度定义为 $E(D)=-\sum\limits_i p_i\log_2 p_i$,当样本只属于一类时熵最小,当样本均匀地分布在所有类中时熵最大。

Gini系数不纯度的定义为 $G(D)=1-\sum\limits_i p_i^2$,当样本属于同一类时,Gini系数不纯度最小,最小值为0;当样本均匀地分布在所有类中时,Gini系数不纯度最大。

分类不纯度的定义为 $E(D)=1-\max(p_i)$,当样本属于同一类时,分类不纯度最小,最小值为0;当样本均匀地分布在所有类中时,分类不纯度最大。

最佳的分裂是指在结点处将训练样本分成左右两个子集,两个子集要尽量纯,也就是要求分裂之后的两个子集的不纯度指标之和最小。根据样本的不纯度,还可以定义分裂的不纯度,其一般形式为

$$G=\frac{N_{\mathrm{L}}}{N}G(D_{\mathrm{L}})+\frac{N_{\mathrm{R}}}{N}G(D_{\mathrm{R}})$$

其中,$G(D_{\mathrm{L}})$是左子集的不纯度;$G(D_{\mathrm{R}})$是右子集的不纯度;N_{L} 是左子集的样本数;N_{R} 是右子集的样本数;N 是总样本数。

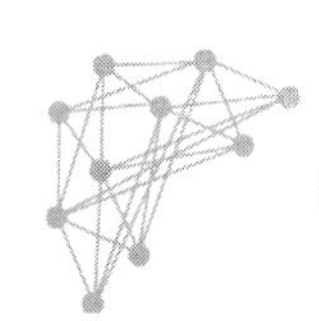

如果采用信息熵不纯度，对应的计算公式为

$$G=\frac{N_{\mathrm{L}}}{N}\left(-\sum_i \frac{N_{\mathrm{L}.i}}{N_{\mathrm{L}}}\log_2\frac{N_{\mathrm{L}.i}}{N_{\mathrm{L}}}\right)+\frac{N_{\mathrm{R}}}{N}\left(-\sum_i \frac{N_{\mathrm{R}.i}}{N_{\mathrm{R}}}\log_2\frac{N_{\mathrm{R}.i}}{N_{\mathrm{R}}}\right)$$

其中，$N_{\mathrm{L}.i}$是左子集中第i类的样本数；$N_{\mathrm{R}.i}$是右子集中第i类的样本数。

如果采用Gini系数不纯度，对应的计算公式变为

$$G=\frac{N_{\mathrm{L}}}{N}\left(1-\frac{\sum_i N_{\mathrm{L}.i}^2}{N_{\mathrm{L}}}\right)+\frac{N_{\mathrm{R}}}{N}\left(1-\frac{\sum_i N_{\mathrm{R}.i}^2}{N_{\mathrm{R}}}\right)$$

$$=\frac{1}{N}\left(N_{\mathrm{L}}-\frac{\sum_i N_{\mathrm{L}.i}^2}{N_{\mathrm{L}}}+N_{\mathrm{R}}-\frac{\sum_i N_{\mathrm{R}.i}^2}{N_{\mathrm{R}}}\right)=1-\frac{1}{N}\left(\frac{\sum_i N_{\mathrm{L}.i}^2}{N_{\mathrm{L}}}+\frac{\sum_i N_{\mathrm{R}.i}^2}{N_{\mathrm{R}}}\right)$$

其中，$N_{\mathrm{L}.i}$是左子集中第i类的样本数；$N_{\mathrm{R}.i}$是右子集中第i类的样本数。

生成决策树时，先选择不纯度度量指标，按照计算公式计算不纯度值，能够使得不纯度最小的的分裂就是最佳分裂。

ID3算法的核心思想是在决策树的每一个非叶子结点划分之前，先计算每一个特征所带来的信息增益，选择其中最大信息增益的特征来划分该结点，因为信息增益越大，区分样本的能力就越强，越具有代表性，信息增益的计算公式为

$$\mathrm{Gain}(D,A)=E(D)-\left[\frac{N_{\mathrm{L}}}{N}G(D_{\mathrm{L}})+\frac{N_{\mathrm{R}}}{N}G(D_{\mathrm{R}})\right]$$

$$=-\sum_i p_i\log_2 p_i+\frac{N_{\mathrm{L}}}{N}\left(\sum_i \frac{N_{\mathrm{L}.i}}{N_{\mathrm{L}}}\log_2\frac{N_{\mathrm{L}.i}}{N_{\mathrm{L}}}\right)+\frac{N_{\mathrm{R}}}{N}\left(\sum_i \frac{N_{\mathrm{R}.i}}{N_{\mathrm{R}}}\log_2\frac{N_{\mathrm{R}.i}}{N_{\mathrm{R}}}\right)$$

其中，A表示训练样本属性，若B,C为样本的其他属性，比较$\mathrm{Gain}(D,A)$，$\mathrm{Gain}(D,B)$，$\mathrm{Gain}(D,C)$的大小，按照属性信息增益大的属性进行分裂。

在CART决策树算法中假设决策树是二叉树，内部结点特征的取值为“是”和“否”，左分支是取值为“是”的分支，右分支是取值为“否”的分支。在CART算法中，用Gini系数不纯度来选择最优分裂属性，计算公式为

$$\mathrm{Gini}(D,A)=\frac{N_{\mathrm{L}}}{N}\left(1-\frac{\sum_i N_{\mathrm{L}.i}^2}{N_{\mathrm{L}}}\right)+\frac{N_{\mathrm{R}}}{N}\left(1-\frac{\sum_i N_{\mathrm{R}.i}^2}{N_{\mathrm{R}}}\right)$$

C4.5算法是对ID3算法的改进，ID3算法是用信息增益来选择特征的，而信息增益的缺点是比较偏向选择取值较多的特征，如果有些特征取值比其他特征的取值多很多，这个特征基本就直接被认为是最重要的特征，但实际却未必。为改善这种情况，在C4.5中，引入对取值数量的惩罚，得到信息增益率作为特征重要性的衡量标准。如果某一个特征取值越多，那么对它的惩罚越严重，其信息增益率也能得到控制。信息增益率计算公式为

$$\mathrm{Gain}(D,A)\_\mathrm{Ratio}=\frac{\mathrm{Gain}(D,A)}{G(D,A)}$$

$$=\frac{\mathrm{Gain}(D,A)}{\frac{N_{\mathrm{L}}}{N}\left(-\sum_i \frac{N_{\mathrm{L}.i}}{N_{\mathrm{L}}}\log_2\frac{N_{\mathrm{L}.i}}{N_{\mathrm{L}}}\right)+\frac{N_{\mathrm{R}}}{N}\left(-\sum_i \frac{N_{\mathrm{R}.i}}{N_{\mathrm{R}}}\log_2\frac{N_{\mathrm{R}.i}}{N_{\mathrm{R}}}\right)}$$

若 B,C 为样本的其他属性,比较 Gain(D,A)_Ratio,Gain(D,B)_Ratio,Gain(D,C)_Ratio 的大小,按照属性信息增益率大的属性进行分裂。

算法 5.2　决策树算法:Generate_decision_tree。由数据集训练生成决策树

输入	数据集 D 是训练样本和对应类标号的集合 attribute_list 候选属性集合 Attribute_selection_method,属性选择方法,包含分裂属性和分裂子集
输出	一棵决策树
方法	(1) 创建结点 N; (2) if D 中的样本属于同一类 C,then (3) 返回 N 作为叶结点,以 C 标价; (4) if attribute_list 为空 then (5) 返回 N 作为叶结点,标记 D 中的多数类;　　%%投票,多数表决 (6) 使用 Attribute_selection_method,找出最好的划分属性 splitting_criterion; (7) 用 splitting_criterion 标记结点 N; (8) if splitting_criterion 是离散值,并且允许多路划分 then (9) attribute_list←attribute_list-splitting_criterion; (10) for splitting_criterion 的每个输出 j　　%%划分样本生成子树 (11) 设 D_j 是 D 中满足 j 的样本的集合;　　%%划分 (12) if D_j 为空 then (13) 加一个叶结点,标记 D 中的多数类; (14) else 加一个由 Generate_decision_tree(D_j,attribute_list)返回结点到 N end for; (15) 返回 N。

5. 剪枝问题

建立决策树之后,如果决策树的结构比较复杂,就需要对树进行剪枝,以减少树的规模,决策树过大会产生过拟合问题,通过修剪初始决策树的分支,有助于提高决策树的泛化能力。决策树的剪枝方法包含预剪枝和后剪枝。

预剪枝是在树的训练生成过程中通过停止分裂的方法,限制树的规模。为了完成预剪枝,需要采用更具限制性的结束条件,例如,当观察到不纯性度量的增益低于某个确定的阈值时就停止分裂。这种方法的优点是避免产生过于复杂的子树,缺点是阈值如何选择,阈值太高将导致生成拟合不足的决策树,阈值太低就不能解决过度拟合的问题。

后剪枝是先构造一棵完整的树,然后通过某种规则消除掉部分决策结点,用叶结点替代。树生成后,按照自底向上的方式修剪完全增长的决策树。修剪有两种做法:一种做法是用新的叶结点替代子树,该叶结点的类标号由子树下记录中的多数类确定;另一种做法是用子树中最常用的分支代替子树,当模型不能再改进时,终止剪枝步骤。与预剪枝相比,后剪枝方法是基于完全增长的决策树做出的剪枝决策,因此更倾向于产生好的结果,但是后剪枝完成后,生成完全决策树上被剪枝的子树产生的计算就浪费了。

6. 属性缺失问题的处理

如果部分训练样本的特征向量中某些分量没有值,就称为属性缺失。例如,由于记录的原因,某一天的最高气温数据缺失,那么这一天的最高气温属性就缺失了。对于属性缺失问题有 3 种常见处理方法。

(1) 抛弃缺失值：在决策树的生成过程中，寻找最佳分裂时，如果某一属性上有样本属性缺失，最直接的办法是把属性缺失样本剔除，然后再训练生成决策树，抛弃极少量的缺失值的样本对决策树的生成影响不是太大。但是如果属性缺失值较多或是关键属性值缺失，创建的决策树将是不完全的，同时可能给用户造成知识上的大量错误信息，所以一般不采用抛弃缺失值方法。只有在训练样本具有极少量的缺失值，同时缺失的不是关键属性值，且需要加快决策树生成速度时，才采用剔除样本的方法。

(2) 补充缺失值：利用现存样本的多数信息来推测补充缺失值，缺失值较少时补充缺失值的方法是可行的。但如果样本数据较大，缺失值较多，如果按照补充之后的样本数据生成决策树，就可能和根据实际值生成的决策树有很大差别。

(3) 概率化缺失值：对于属性缺失的样本，对缺失属性赋予与该属性不缺失样本所有属性值相同的概率分布，即将缺失值按照其所在属性已知值的相对概率分布来生成决策树。

7. 决策树的应用

决策树具有实现简单，计算量小的特点，已被成功应用到经济和管理领域的数据分析、医疗诊断、模式识别等各类问题中。

5.2.3 贝叶斯分类器

贝叶斯分类器是一种概率模型，它利用贝叶斯公式解决分类问题。贝叶斯分类器假定样本的特征向量服从某种概率分布，通过计算样本属于某类的条件概率，来确定样本的类别。如果样本中的属性特征是相互独立的，则对应为朴素贝叶斯分类器，如果样本中的属性特征是正态分布，则为正态贝叶斯分类器。

1. 贝叶斯公式

在介绍贝叶斯公式之前，先给出概率中的几个基本公式。

【定义 5.1】 设 A,B 为两个事件，且 $P(A)>0$，称 $P(B|A)=\dfrac{P(AB)}{P(A)}$ 为事件 A 发生的条件下事件 B 发生的条件概率。

由条件概率公式可得：$P(AB)=P(B|A)P(A)$，称其为乘法公式。

【定义 5.2】 设 S 为试验 E 的样本空间，$B_1,B_2,\cdots,B_n$ 为 E 的一组事件，若满足

$$B_i \cap B_j=\Phi;\quad B_1 \cup B_2 \cup \cdots \cup B_n=S$$

则称 $B_1,B_2,\cdots,B_n$ 为 E 的一个划分。

【定义 5.3】 设 $B_1,B_2,\cdots,B_n$ 为 E 的一个划分，A 为 E 的一个事件，则称

$$P(A)=P(A|B_1)P(B_1)+P(A|B_2)P(B_2)+\cdots+P(A|B_n)P(B_n)$$

为全概率公式。

【定义 5.4】 设 $B_1,B_2,\cdots,B_n$ 为 E 的一个划分，A 为 E 的一个事件，则称

$$P(B_i \mid A)=\frac{P(A \mid B_i)P(B_i)}{P(A)}=\frac{P(A \mid B_i)P(B_i)}{\sum_{i=1}^{n} P(A \mid B_i)P(B_i)}$$

为贝叶斯公式。

若 X,Y 为随机变量，它们的联合概率可以写为

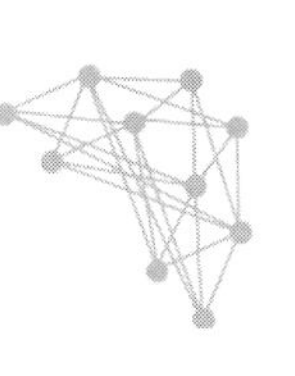

$$P\{X=x,Y=y\}=P\{X=x|Y=y\}P\{Y=y\}=P\{Y=y|X=x\}P\{X=x\}$$

此时对应的贝叶斯公式可以写为 $P(Y|X)=\dfrac{P(X|Y)P(Y)}{P(X)}$。

现举例说明贝叶斯公式的应用。根据以往数据分析结果表明，当机器调整良好时，产品的合格率为 98%，而当机器发生故障时，产品合格率为 55%，每天早上机器调整良好的概率为 95%。已知某天第一件产品为合格的情况下，试判断机器是否调整良好。

机器是否调整良好组成了机器运行状态的一个划分，设 B 表示“机器调整良好”事件，则 $\bar{B}$ 表示“机器发生故障”事件，A 表示“第一件产品合格”事件。此时问题转化为求在第一件产品合格的条件下判断机器运转状态的问题。

$$P(B \mid A)=\frac{P(A|B)P(B)}{P(A)}=\frac{0.98\times 0.95}{0.98\times 0.95+0.55\times 0.05}=0.97$$

$$P(\bar{B} \mid A)=\frac{P(A|\bar{B})P(\bar{B})}{P(A)}=\frac{0.55\times 0.05}{0.98\times 0.95+0.55\times 0.05}=0.03$$

由上面可知，如果第一件是合格品，则此时机器调整良好的概率为 0.97，机器发生故障的概率为 0.03，也就是说机器大概率是调整良好的。在此，由以往数据分析得到的机器调整良好的概率 0.95，称作先验概率。已知第一件产品为合格之后计算出来的机器调整良好概率 0.97，称为后验概率。贝叶斯公式就是利用先验概率和样本信息来推断后验概率的。

2. 朴素贝叶斯分类

在此样本的类标号用 y 表示，朴素贝叶斯分类器在估算样本所属类的条件概率时，假定样本内各属性是相互独立的。那么对应 y 类的样本的联合概率可以表示为

$$P(X \mid y)=\prod_{i=1}^{d}P(X_i \mid Y=y)$$

其中样本 $X=(X_1,X_2,\cdots,X_d)$包含 d 个属性。对于给定样本 X 判断它属于 y 类的概率为

$$P(Y=y \mid X)=\frac{P(X \mid Y=y)P(Y=y)}{P(X)}$$

由于样本中各属性相互独立，因此有

$$P(Y=y \mid X)=\frac{P(Y=y)\prod_{i=1}^{d}P(X_i \mid Y=y)}{P(X)}$$

下面举例说明朴素贝叶斯分类器的工作原理。现有预测贷款拖欠问题的样本集，如表 5.2 所示，试根据贝叶斯分类算法判别待测样本 11 拖欠贷款的概率。

表 5.2　贷款分类问题数据

序号	有　房	婚姻状况	年收入/万元	拖　欠
1	是	单身	12.5	否
2	否	已婚	10	否
3	否	单身	7	否
4	是	已婚	12	否

续表

序号	有　房	婚姻状况	年收入/万元	拖　欠
5	否	离婚	9.5	是
6	否	已婚	6	否
7	是	离婚	22	否
8	否	单身	8.5	是
9	否	已婚	7.5	否
10	否	单身	9	是
11	否	已婚	12	?(待测)

在待测样本集中样本的属性有4个：有房、婚姻状况、年收入、拖欠，其中有房和婚姻状况属于离散型属性，年收入属于连续性属性，拖欠为类别属性。

对于离散型属性，可以利用其在每一类中属性的取值频率来估算对应的条件概率，例如

$$P(\text{有房}=\text{是}|\text{拖欠}=\text{否})=\frac{P(\text{拖欠}=\text{否}|\text{有房}=\text{是})P(\text{有房}=\text{是})}{P(\text{拖欠}=\text{否})}=\frac{1\times 3/10}{7/10}=\frac{3}{7}$$

对于连续型属性，在每一个类中，都假设该属性服从正态分布，利用该类的训练样本求出正态分布的样本均值和样本方差，写出该类对应的概率密度。例如，在"拖欠＝否"的类中，样本均值为110，样本方差为2975，在"拖欠＝是"的类中样本均值为90，样本方差为25，所以两类属性对应的概率密度分别为

$$f(\text{收入}\mid\text{拖欠}=\text{否})=\frac{1}{\sqrt{2\pi}\times 54.54}\exp\left[-\frac{(x-110)^2}{2\times 2975}\right]$$

$$f(\text{收入}\mid\text{拖欠}=\text{是})=\frac{1}{\sqrt{2\pi}\times 5}\exp\left[-\frac{(x-90)^2}{2\times 25}\right]$$

由于连续性随机变量在一点概率为0，计算时直接以概率密度值代替概率值。

对于待测样本可以计算后验概率：

$$\begin{aligned}&P(\text{拖欠}=\text{否}|\text{有房}=\text{否},\text{婚姻}=\text{已婚},\text{收入}-120)\\&=\frac{P(\text{有房}=\text{否},\text{婚姻}=\text{已婚},\text{收入}=120|\text{拖欠}=\text{否})P(\text{拖欠}=\text{否})}{P(\text{有房}=\text{否},\text{婚姻}=\text{已婚},\text{收入}=120)}\\&=\frac{P(\text{有房}=\text{否}|\text{拖欠}=\text{否})P(\text{婚姻}=\text{已婚}|\text{拖欠}=\text{否})P(\text{收入}=120|\text{拖欠}=\text{否})P(\text{拖欠}=\text{否})}{P(\text{有房}=\text{否},\text{婚姻}=\text{已婚},\text{收入}=120)}\end{aligned}$$

由于 $P(\text{有房}=\text{否},\text{婚姻}=\text{已婚},\text{收入}=120)$ 为固定值，只需计算分子即可。

$$\begin{aligned}&P(\text{拖欠}=\text{否}\mid\text{有房}=\text{否},\text{婚姻}=\text{已婚},\text{收入}=120)\\&=\frac{4/7\times 4/7\times 0.0072\times 7/10}{P(\text{有房}=\text{否},\text{婚姻}=\text{已婚},\text{收入}=120)}\end{aligned}$$

类似可以计算

$$\begin{aligned}&P(\text{拖欠}=\text{是}\mid\text{有房}=\text{否},\text{婚姻}=\text{已婚},\text{收入}=120)\\&=\frac{1\times 0\times 1.2\times 10^{-9}\times 3/10}{P(\text{有房}=\text{否},\text{婚姻}=\text{已婚},\text{收入}=120)}\end{aligned}$$

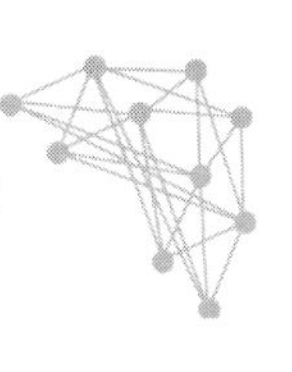

比较上面两个概率可以确定待测样本划分到“拖欠＝否”的类中，也就是说贝叶斯分类器选择具有最高后验概率的类。

3. 拉普拉斯修正

在上面的例子中，从训练样本估计后验概率时存在一个潜在的问题：如果有一个属性的类条件概率等于0，则整个类的后验概率就等于0，即使用样本频率来估计类条件概率是有局限性的。一个极端情况是当训练样本不能覆盖整个属性值时，可能无法对某些样本分类。

例如，如果在上面例子中 P(婚姻＝离婚|拖欠＝否)＝0 而不是$\frac{1}{7}$，那么具有属性集 X＝(有房＝是，婚姻＝离婚，年收入＝120)的类条件概率为

$$P(X \mid 拖欠=否)=3/7\times 0\times 0.0072=0$$

$$P(X \mid 拖欠=是)=0\times 1/3\times 1.2\times 10^{-9}=0$$

利用朴素贝叶斯分类器无法分类此样本。解决此问题的一种方法是拉普拉斯修正。

设训练样本共有 c 类，样本总数为 N，第 i 类样本数为 N_i，对应样本 X 中的属性 X_j 可能有 k 个取值，用 $N_{X_j=v,y=i}$表示第 i 类中属性 $X_j=v$ 的样本数，则类条件概率公式为

$$P(X_j=v \mid y=i)=\frac{N_{X_j=v,y=i}}{N_{y=i}}$$

为了避免类条件概率公式中的分母为0，定义

$$P(X_j=v \mid y=i)=\frac{N_{X_j=v,y=i}+1}{N_{y=i}+k}$$

为类条件概率的拉普拉斯修正，这样避免了样本中某个属性条件概率为零的情况。

4. 正态贝叶斯分类器

如果样本的特征向量服从多维正态分布，此时的贝叶斯分类器称为正态贝叶斯分类器。

设训练样本共有 c 类，样本的特征向量服从 d 维的正态分布，样本总量为 N，第 i 类样本数为 N_i，则样本 X 所属类的后验概率可以表示为

$$P(Y=i \mid X)=\frac{P(X \mid Y=i)P(Y=i)}{P(X)}$$

式中 $P(X)$为固定值，$P(y=i)=\frac{N_i}{N}$，由于连续型随机变量在一点的概率值为0，所以 $P(X|y=i)$由待测样本在第 i 类的联合概率密度值确定，联合概率密度为

$$f(X \mid y=i)=\frac{1}{(2\pi)^{d/2}\mid \boldsymbol{\Sigma}_i \mid^{1/2}}\exp\left[-\frac{1}{2}(x-\mu_i)^{\mathrm{T}}\boldsymbol{\Sigma}_i^{-1}(x-\mu_i)\right]$$

其中，μ_i 为第 i 类样本特征向量的均值向量；$\boldsymbol{\Sigma}_i$ 为第 i 类样本特征向量协方差矩阵。

在实际计算时可以根据 $f(y=i|X)\times P(y=i)$来确定待测样本的类。为避免过于复杂的计算可以对其取对数得

$$\begin{aligned}\ln f(X \mid y=i)P(y=i)&=\ln f(X \mid y=i)+\ln P(y=i)\\&=\ln\frac{1}{(2\pi)^{d/2}\mid \boldsymbol{\Sigma}_i \mid^{1/2}}-\frac{1}{2}(x-\mu_i)^{\mathrm{T}}\boldsymbol{\Sigma}_i^{-1}(x-\mu_i)+\ln\frac{N_i}{N}\end{aligned}$$

由于 $\ln \dfrac{1}{(2\pi)^{d/2}|\boldsymbol{\Sigma}|^{1/2}}$ 与待测样本的特征向量无关，所以只需要计算

$$-\frac{1}{2}(x-\mu_i)^{\mathrm{T}}\boldsymbol{\Sigma}_i^{-1}(x-\mu_i)+\ln\frac{N_i}{N}$$

即可。对于待测样本只需把特征向量带入计算，并根据计算结果来确定样本的类。如果训练样本所有类的样本数是相同的，则只需计算

$$-\frac{1}{2}(x-\mu_i)^{\mathrm{T}}\boldsymbol{\Sigma}_i^{-1}(x-\mu_i)$$

5.2.4 logistic 回归算法

logistic 回归是统计学习中的经典二分类方法。它的预测函数是线性函数，在训练样本数大，样本的特征向量维数高时，具有计算速度上的优势。对于其分类原理，需要了解 logistic 分布。

1. logistic 分布

设 X 是连续型随机变量，如果 X 的分布函数为

$$F(x)=P(X\leqslant x)=\frac{1}{1+\mathrm{e}^{-(x-\mu)/\gamma}},\gamma>0$$

则称 X 为服从参数 μ,γ 的 logistic 分布。其概率密度函数为

$$f(x)=\frac{\mathrm{e}^{-(x-\mu)/\gamma}}{\gamma\left[1+\mathrm{e}^{-(x-\mu)/\gamma}\right]^2}$$

在参数 $\mu=0,\gamma=1$ 时对应的分布函数和概率密度图形如图 5.5 所示，由图形看出 logistic 分布的分布函数图像是 S 形曲线，其概率密度图形关于 $x=\mu$ 对称。参数 γ 的大小决定了概率密度的峰值大小。

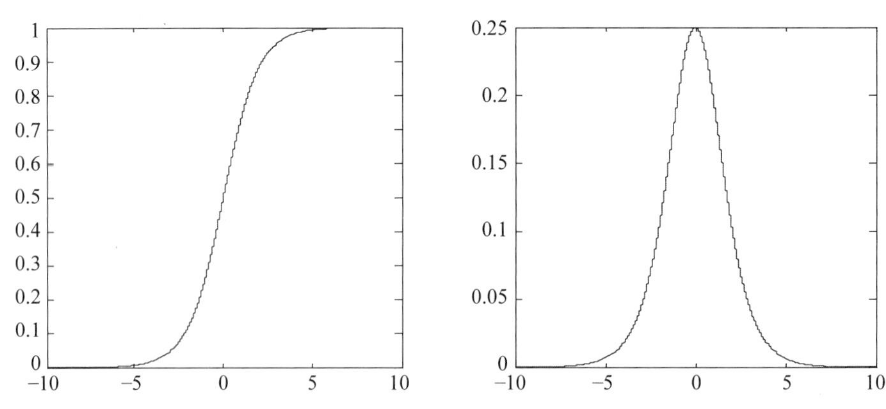

图 5.5 logistic 分布的分布函数和概率密度图形($\mu=0,\gamma=1$)

2. logistic 回归

二分类的 logistic 回归模型是一种分类模型，其分类的判别依据还是 $P(y=i|X)$，其形式可以转化为参数化的 logistic 分布。

定义二分类 logistic 回归模型由如下条件概率分布给出

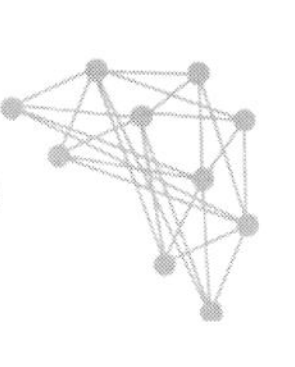

$$P(y=1 \mid X)=\frac{\exp(\boldsymbol{\omega} \cdot \boldsymbol{x}+b)}{1+\exp(\boldsymbol{\omega} \cdot \boldsymbol{x}+b)}$$

$$P(y=0 \mid X)=1-\frac{\exp(\boldsymbol{\omega} \cdot \boldsymbol{x}+b)}{1+\exp(\boldsymbol{\omega} \cdot \boldsymbol{x}+b)}=\frac{1}{1+\exp(\boldsymbol{\omega} \cdot \boldsymbol{x}+b)}$$

其中,X 是待测样本;$\boldsymbol{x}$ 为待测样本特征向量;$\boldsymbol{\omega}$ 为对应特征的权重向量;$\boldsymbol{\omega} \cdot \boldsymbol{x}$ 为两者的内积;b 为截距。

对于给定的待测样本 X,可以依据上述公式带入其特征向量 $\boldsymbol{x}$,计算出 $P(y=1|X)$,$P(y=0|X)$,比较两者大小,依据概率决定 X 的分类,即 X 归为概率较大的那一类。

logistic 回归模型的核心问题就是根据训练样本集,来学习模型中的权重向量 $\boldsymbol{\omega}$ 和截距 b。设 $\boldsymbol{\omega}=(\omega_1,\omega_2,\cdots,\omega_d)$,$\boldsymbol{x}=(x_1,x_2,\cdots,x_d)$,则

$$\boldsymbol{\omega} \cdot \boldsymbol{x}+b=\omega_1 x_1+\omega_2 x_2+\cdots+\omega_d x_d+b$$

所以,求解 $\boldsymbol{\omega}$ 和截距 b 本质上是一个线性模型求解问题。

如果令 $\boldsymbol{\omega}=(\omega_1,\omega_2,\cdots,\omega_d,b)$,$x=(x_1,x_2,\cdots,x_d,1)$,则 logistic 模型如下

$$P(y=1 \mid X)=\frac{\exp(\boldsymbol{\omega} \cdot \boldsymbol{x})}{1+\exp(\boldsymbol{\omega} \cdot \boldsymbol{x})}$$

$$P(y=0 \mid X)=\frac{1}{1+\exp(\boldsymbol{\omega} \cdot \boldsymbol{x})}$$

如果设 X 属于第 1 类概率为 p,则属于第 2 类的概率为 $1-p$,很显然$\frac{p}{1-p}>1$ 时,可以判断 X 属于第 1 类,否则属于第 2 类。由模型可知

$$\frac{p}{1-p}=\exp(\boldsymbol{\omega} \cdot \boldsymbol{x})$$

在其两边取对数可得

$$\ln \frac{p}{1-p}=\boldsymbol{\omega} \cdot \boldsymbol{x}$$

对于待测样本的特征向量代入 $\ln \frac{p}{1-p}=\boldsymbol{\omega} \cdot \boldsymbol{x}$,若样本属于第 1 类,则 $\boldsymbol{\omega} \cdot \boldsymbol{x}>0$;若样本属于第 2 类,则 $\boldsymbol{\omega} \cdot \boldsymbol{x}<0$。

二分类的 logistic 回归模型可以推广到多分类问题。设类别标号 $y\in\{1,2,\cdots,c\}$,那么多项 logistic 回归模型定义为

$$P(y=i \mid X)=\frac{\exp(\boldsymbol{\omega}_i \cdot \boldsymbol{x})}{1+\sum_{i=1}^{c-1}\exp(\boldsymbol{\omega}_i \cdot \boldsymbol{x})},\quad i=1,2,\cdots,c$$

$$P(y=c \mid X)=\frac{1}{1+\sum_{i=1}^{c-1}\exp(\boldsymbol{\omega}_i \cdot \boldsymbol{x})}$$

3. 模型的参数估计

设训练数据集 $D=\{(\boldsymbol{X}_1,y_1),(\boldsymbol{X}_2,y_2),\cdots,(\boldsymbol{X}_n,y_n)\}$,其中 $\boldsymbol{X}_i\in\boldsymbol{R}^d$,$y_i\in\{0,1\}$,可以利用极大似然估计来估计 logistic 回归模型的参数。

设 $P(y=1|\boldsymbol{X}_i)=p(\boldsymbol{X}_i)$,$P(y=0|\boldsymbol{X}_i)=1-p(\boldsymbol{X}_i)$,则训练样本的似然函数为

$$L(\boldsymbol{X}_1,\boldsymbol{X}_2,\cdots,\boldsymbol{X}_n)=\prod_{i=1}^{n}p(\boldsymbol{X}_i)^{y_i}[1-p(\boldsymbol{X}_i)]^{1-y_i}$$

对数似然函数为

$$\begin{aligned}\ln L&=\ln\prod_{i=1}^{n}p(\boldsymbol{X}_i)^{y_i}[1-p(\boldsymbol{X}_i)]^{1-y_i}\\&=\sum_{i=1}^{n}y_i\ln p(\boldsymbol{X}_i)+\sum_{i=1}^{n}(1-y_i)\ln[1-p(\boldsymbol{X}_i)]\\&=\sum_{i=1}^{n}\left\{y_i\ln\frac{p(\boldsymbol{X}_i)}{1-p(\boldsymbol{X}_i)}+\ln[1-p(\boldsymbol{X}_i)]\right\}\\&=\sum_{i=1}^{n}\{y_i(\boldsymbol{\omega}\cdot\boldsymbol{X}_i)-\ln[1+\exp(\boldsymbol{\omega}\cdot\boldsymbol{X}_i)]\}\end{aligned}$$

对 $\ln L$ 求极大值,就可以得到 $\boldsymbol{\omega}$ 的估计值。

这样求解 logistic 回归模型参数的问题,就转化为求以对数似然函数为目标函数的最优化问题,在 logistic 回归模型中常采用梯度下降法和拟牛顿法。

由于目标函数为凸函数,最大化对数似然函数的问题可以转化为求下面优化问题

$$\min f(\boldsymbol{\omega})=-\sum_{i=1}^{n}\{y_i(\boldsymbol{\omega}\cdot\boldsymbol{X}_i)-\ln[1+\exp(\boldsymbol{\omega}\cdot\boldsymbol{X}_i)]\}$$

目标函数的梯度为

$$\begin{aligned}\nabla f(\boldsymbol{\omega})&=-\sum_{i=0}^{n}y_i\boldsymbol{X}_i+\sum_{i=0}^{n}\frac{\exp(\boldsymbol{\omega}\cdot\boldsymbol{X}_i)}{1+\exp(\boldsymbol{\omega}\cdot\boldsymbol{X}_i)}\boldsymbol{X}_i\\&=-\sum_{i=0}^{n}\left[y_i-\frac{\exp(\boldsymbol{\omega}\cdot\boldsymbol{X}_i)}{1+\exp(\boldsymbol{\omega}\cdot\boldsymbol{X}_i)}\right]\boldsymbol{X}_i=-\sum_{i=0}^{n}[y_i-p(\boldsymbol{X}_i)]\boldsymbol{X}_i\end{aligned}$$

所以权重向量的梯度下降法迭代公式为

$$\boldsymbol{\omega}_{k+1}=\boldsymbol{\omega}_k+\alpha\sum_{i=0}^{n}[y_i-p(\boldsymbol{X}_i)]\boldsymbol{X}_i$$

其中 $\alpha>0$,为学习率或迭代步长。$\boldsymbol{\omega}$ 的分量初始值可以设置为 1。梯度下降法每次迭代都要用到所有训练样本信息,如果训练样本数量大,属性维度高,则计算速度比较慢。

多项 logistic 回归模型参数估计方法类似。

4. 决策边界

把待测样本的特征向量带入 $\boldsymbol{\omega}\cdot\boldsymbol{x}$,如果 $\boldsymbol{\omega}\cdot\boldsymbol{x}>0$,可以判断样本属于第 1 类,如果 $\boldsymbol{\omega}\cdot\boldsymbol{x}<0$,可以判断样本属于第 2 类,由此可见 $\boldsymbol{\omega}\cdot\boldsymbol{x}=0$ 对应的线可以把两类样本完全分开,称其为 logistic 回归模型的决策边界。决策边界可分为线性决策边界和非线性决策边界两种。决策边界如图 5.6 所示。

5. 损失函数与成本函数

在 logistic 回归模型中,对应单个训练样本 X_i,可以定义损失函数为

$$L(\hat{y}_i,y_i)=-[y_i\ln(\hat{y}_i)+(1-y_i)\ln(1-\hat{y}_i)]$$

其中,$\hat{y}_i$ 为通过分类器预测 X_i 的类别值;y_i 为真实值,分类器准确,损失函数 $L(\hat{y}_i,y_i)=0$。

如果 $y_i=1$,$L(\hat{y}_i,y_i)=-\ln(\hat{y}_i)$,只有在 $\hat{y}_i$ 逼近 1 时,损失函数最小。

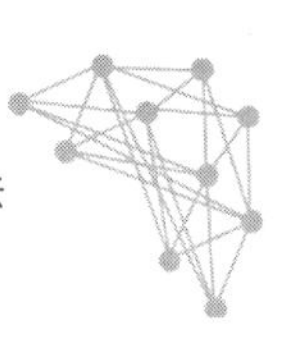

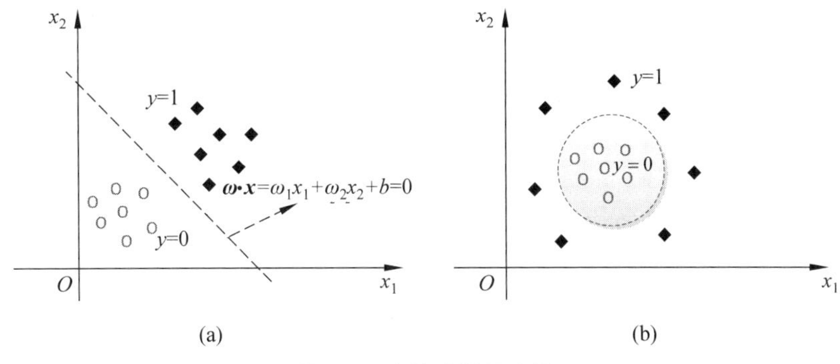

图 5.6　决策边界示意图

如果 $y_i=0, L(\hat{y}_i, y_i)=-\ln(1-\hat{y}_i)$，只有在 $\hat{y}_i$ 逼近 0 时，损失函数最小。

损失函数是定义在单个训练样本上的函数，它反映了分类器在单个样本上的表现。

如果要衡量分类器在整体训练样本上的表现，需要定义成本函数

$$L(\boldsymbol{\omega}, b)=-\frac{1}{n}\sum_{i=1}^{n}[y_i\ln(\hat{y}_i)+(1-y_i)\ln(1-\hat{y}_i)]$$

$$=-\frac{1}{n}\sum_{i=1}^{n}\{y_i\ln[p(\boldsymbol{X}_i)])+(1-y_i)\ln[1-p(\boldsymbol{X}_i)]\}$$

用成本函数来衡量分类器在整体样本上的表现，在训练模型时，就是寻找合适的 ω, b 使得成本函数最小。

6. logistic 回归与线性回归关系

logistic 回归与线性回归都是属于线性模型，二者处理的问题一个是分类问题，一个是回归问题。

logistic 回归模型是一种广义的线性模型，用于处理分类问题，对应的因变量为分类变量。如果是二分类问题，因变量只有两个取值，可以认为因变量服从二项分布，可以认为在线性回归模型的基础上加了一个 Sigmoid 函数；线性回归模型是用来确定两种或两种以上的变量的依赖关系的，它对应的因变量是连续变量，服从正态分布。两种模型的参数求解时优化的目标函数不同，logistic 模型优化的是对数似然函数，线性回归模型优化的是偏差平方和。两种模型在应用上有很大不同，logistic 回归模型可以应用于医疗诊断、个人信用评估、经济预测等领域；线性回归模型主要应用于研究趋势线等，在金融、经济学等领域较为常用。

5.2.5　支持向量机算法

支持向量机是一种二分类模型，它有坚实的理论基础，可以很好地应用于高维数据，其主要思想是在给定的训练样本下建立一个超平面作为决策边界，使得正例和反例之间的隔离边缘被最大化，此超平面称为最优超平面，利用超平面可以很好地解决线性可分问题。对于非线性可分问题，通过引入核函数的方法来学习非线性支持向量机。需要说明的是，最优超平面是利用训练样本的一个子集来生成的，它与子集之外的样本无关，该子集称作支持向量。为了说明支持向量机的基本原理，需要先理解最优超平面和支持向量的概念。

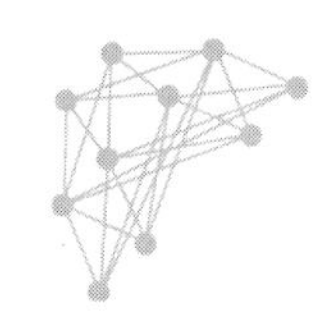

1. 最优超平面和支持向量

如图 5.7 所示,二维数据集中包含两类样本,分别用圆圈和方块表示,很显然这个数据集是线性可分的,也就是可以找到线性的决策边界,能够使得圆圈样本在决策边界的一侧,方块样本完全在另一侧。如图 5.7 所示,能够把数据分开的决策边界并不唯一,它可以有无限多条,如果数据集是高维的,决策边界对应的就是超平面,对于一个分类器来说,必须要从这些超平面中选择一个最优的超平面作为决策边界。

为了更好地理解不同的超平面对模型泛化误差的影响,考虑两个决策边界 B_1 和 B_2,如图 5.8 所示,这两个决策边界都能准确地把训练样本划分到各自的类中。对应每一个决策边界都有一对超平面:b_{11} 和 b_{12} 为 B_1 对应的超平面,b_{21} 和 b_{22} 为 B_2 对应的超平面。超平面可通过平行移动一个和决策边界平行的超平面直到碰到最近的样本点停止而得到。超平面 b_{11} 和 b_{12} 之间的距离称为决策边界 B_1 的边缘,b_{21} 和 b_{22} 之间的距离称为 B_2 的边缘。通过图形看出,B_1 的边缘要大于 B_2 的边缘。支持向量机算法就是要找出训练样本的具有最大边缘的超平面。

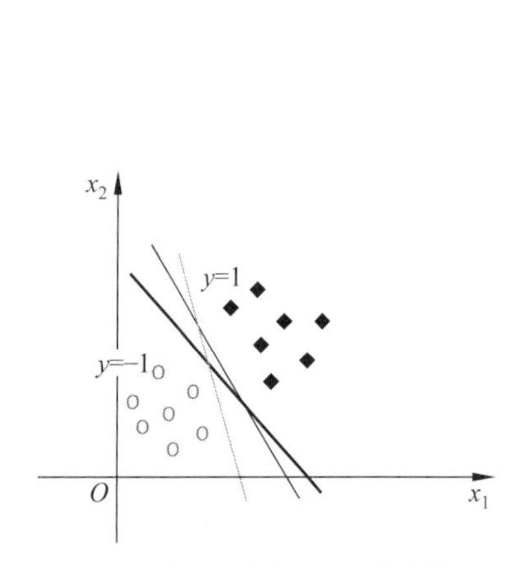

图 5.7　线性可分数据集上的决策边界

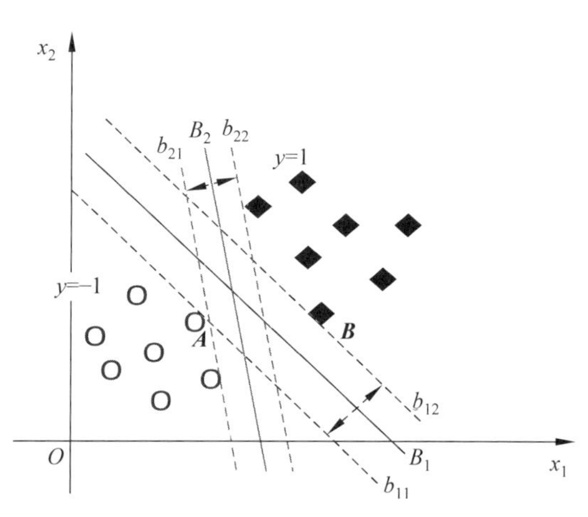

图 5.8　决策边界的边缘

在理论上,具有较大边缘的决策边界要比具有较小边缘的决策边界泛化能力强。图 5.8 中可以直观看出,边缘较小的决策边界的轻微扰动都可能对分类产生影响。决策边界边缘较小的分类器容易过拟合,泛化能力差。在图 5.8 给出的训练样本上,B_1 即为具有最大边缘的决策边界,称为最优超平面,对于 B_1 的生成,它只和训练集中落在超平面 b_{11} 和 b_{12} 上的样本有关,和其余训练样本无关,称落在最优决策边界的边缘超平面上的样本点为支持向量,图中 ***A*** 和 ***B*** 即为支持向量。

2. 线性可分支持向量机

支持向量机的目标是寻找一个能够正确地把训练样本分类的超平面,并且要使得决策超平面的边缘最大。假设训练数据集有 n 个样本,样本 X_i 的特征向量 $\boldsymbol{x}_i$ 是 d 维的,样本的类别标签 y_i 取值为 $+1$ 或者 -1,分别对应样本中的正样本和负样本。给定线性可分数据集,设寻找的最优决策边界为

$$\boldsymbol{\omega} \cdot \boldsymbol{x} + b = 0$$

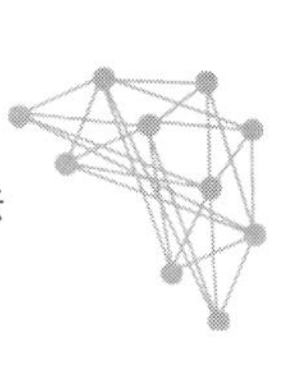

其必须要满足，对样本能够正确分类，即对于正样本有

$$\boldsymbol{\omega}\cdot\boldsymbol{x}+b\geqslant 0$$

对于负样本有

$$\boldsymbol{\omega}\cdot\boldsymbol{x}+b<0$$

根据超平面和样本标签特点，我们可以把样本的类判别条件改为

$$y_i(\boldsymbol{\omega}\cdot\boldsymbol{x}_i+b)\geqslant 0$$

最优超平面还需要满足其边缘最大化，即边缘超平面上样本点到决策边界的距离

$$d=\frac{|\boldsymbol{\omega}\cdot\boldsymbol{x}_i+b|}{\|\boldsymbol{\omega}\|}$$

最大化，其中 $\|\boldsymbol{\omega}\|$ 是特征权重向量的范数。

【定义 5.5】 给定线性可分训练数据集，通过边缘最大化(间隔最大化)学习得到决策边界

$$\boldsymbol{\omega}^*\cdot x+b^*=0$$

以及样本分类的决策函数

$$f(\boldsymbol{x})=\mathrm{sgn}(\boldsymbol{\omega}^*\cdot\boldsymbol{x}+b^*)$$

称为**线性可分支持向量机**。

下面考虑样本点与决策平面和边缘超平面之间的关系，并进一步给出支持向量机分类器对应的优化问题。

由图 5.7 中所示的数据集上可知 B_1 为最优决策边界，如果样本点落在 B_1 上，则必有 $\boldsymbol{\omega}\cdot\boldsymbol{x}+b=0$。假设 $\boldsymbol{x}_1,\boldsymbol{x}_2$ 为落在 B_1 上的点，则

$$\boldsymbol{\omega}\cdot\boldsymbol{x}_1+b=0$$

$$\boldsymbol{\omega}\cdot\boldsymbol{x}_2+b=0$$

两式相减得 $\boldsymbol{\omega}\cdot(\boldsymbol{x}_1-\boldsymbol{x}_2)=0$，根据向量内积的几何意义可知 $\boldsymbol{\omega}\perp(\boldsymbol{x}_1-\boldsymbol{x}_2)$，也就是 $\boldsymbol{\omega}$ 垂直最优决策边界。

由于对于正样本有 $\boldsymbol{\omega}\cdot\boldsymbol{x}+b\geqslant 0$，则对于任一位于决策边界上方的样本点必有 $\boldsymbol{\omega}\cdot\boldsymbol{x}+b\geqslant k$，其中 $k>0$。同理，对于任一位于决策边界下方的样本点必有 $\boldsymbol{\omega}\cdot\boldsymbol{x}+b<-k$，对于最优决策边界 B_1 的边缘超平面上的点，在 b_{11} 上的点有

$$\boldsymbol{\omega}\cdot\boldsymbol{x}_2+b<-k$$

在 b_{12} 上的点有

$$\boldsymbol{\omega}\cdot\boldsymbol{x}_1+b\geqslant k$$

将上面两式左右同除 k，并仍然以 $\boldsymbol{\omega},\boldsymbol{b}$ 表示调整之后的系数，那么在边缘超平面上的点满足

$$\boldsymbol{\omega}\cdot\boldsymbol{x}_1+b=1$$

$$\boldsymbol{\omega}\cdot\boldsymbol{x}_2+b=-1$$

显然，对应正样本的点要满足

$$\boldsymbol{\omega}\cdot\boldsymbol{x}+b\geqslant 1$$

对应负样本的点要满足

$$\boldsymbol{\omega}\cdot\boldsymbol{x}+b\leqslant -1$$

此时两个边缘超平面之间的距离为 $d=\dfrac{2}{\|\boldsymbol{\omega}\|}$，于是最大化边缘 $d=\dfrac{2}{\|\boldsymbol{\omega}\|}$ 就可以等价于最

小化 $f(\boldsymbol{\omega})=\frac{\|\boldsymbol{\omega}\|^2}{2}$，边缘最大化也称为间隔最大化，在线性可分支持向量机中也称为硬间隔最大化。

基于上面的描述，线性可分支持向量机的特征权重向量 $\boldsymbol{\omega}$ 和参数 b 可以通过求解下面的约束优化问题得到

$$\min f(\boldsymbol{\omega})=\frac{\|\boldsymbol{\omega}\|^2}{2}=\frac{\boldsymbol{\omega}\cdot\boldsymbol{\omega}}{2}$$

其中约束条件为：$y_i(\boldsymbol{\omega}\cdot\boldsymbol{x}_i+b)\geqslant 1$。

3. 优化问题求解

由于目标函数为二次函数，约束条件是线性约束，这是一个凸优化问题，可以用拉格朗日乘数法进行求解。对应目标函数的拉格朗日函数为

$$L(\boldsymbol{\omega},b,\lambda)=\frac{\|\boldsymbol{\omega}\|^2}{2}-\sum_{i=1}^{n}\lambda_i(y_i(\boldsymbol{\omega}\cdot\boldsymbol{x}_i+b)-1)$$

其中，参数 $\lambda_i\geqslant 0$ 称为拉格朗日乘子。为了最小化拉格朗日函数，先固定 λ_i，调整 $\boldsymbol{\omega}$，b，对 $L(\boldsymbol{\omega},b,\lambda)$ 求关于 $\boldsymbol{\omega}$ 和 b 的偏导数，并令它们等于 0。

$$\begin{cases}\dfrac{\partial L}{\partial\boldsymbol{\omega}}=\boldsymbol{\omega}-\displaystyle\sum_{i=1}^{n}\lambda_i y_i\boldsymbol{x}_i=0\\ \dfrac{\partial L}{\partial b}=-\displaystyle\sum_{i=1}^{n}\lambda_i y_i=0\end{cases}$$

解得

$$\begin{cases}\displaystyle\sum_{i=1}^{n}\lambda_i y_i=0\\ \boldsymbol{\omega}=\displaystyle\sum_{i=1}^{n}\lambda_i y_i\boldsymbol{x}_i\end{cases}$$

将上述结果代入拉格朗日函数，可以消掉 $\boldsymbol{\omega}$，b，

$$\begin{aligned}L(\boldsymbol{\omega},b,\lambda)&=\frac{\|\boldsymbol{\omega}\|^2}{2}-\sum_{i=1}^{n}\lambda_i y_i\boldsymbol{\omega}\cdot\boldsymbol{x}_i-b\sum_{i=1}^{n}\lambda_i y_i+\sum_{i=1}^{n}\lambda_i\\&=\frac{\|\boldsymbol{\omega}\|^2}{2}-\sum_{i=1}^{n}\boldsymbol{\omega}\cdot(\lambda_i y_i\boldsymbol{x}_i)-b\sum_{i=1}^{n}\lambda_i y_i+\sum_{i=1}^{n}\lambda_i\\&=\frac{\|\boldsymbol{\omega}\|^2}{2}-\boldsymbol{\omega}\cdot\left[\sum_{i=1}^{n}(\lambda_i y_i\boldsymbol{x}_i)\right]+\sum_{i=1}^{n}\lambda_i\\&=\frac{\|\boldsymbol{\omega}\|^2}{2}-\boldsymbol{\omega}\cdot\boldsymbol{\omega}+\sum_{i=1}^{n}\lambda_i=-\frac{\|\boldsymbol{\omega}\|^2}{2}+\sum_{i=1}^{n}\lambda_i\\&=-\frac{1}{2}\left(\sum_{i=1}^{n}\lambda_i y_i\boldsymbol{x}_i\right)\cdot\left(\sum_{i=1}^{n}\lambda_i y_i\boldsymbol{x}_i\right)+\sum_{i=1}^{n}\lambda_i\end{aligned}$$

接下来调整拉格朗日乘数 λ_i，使得目标函数取极大值

$$\max -\frac{1}{2}\left(\sum_{i=1}^{n}\lambda_i y_i\boldsymbol{x}_i\right)\cdot\left(\sum_{i=1}^{n}\lambda_i y_i\boldsymbol{x}_i\right)+\sum_{i=1}^{n}\lambda_i$$

这等价于下面的对偶问题

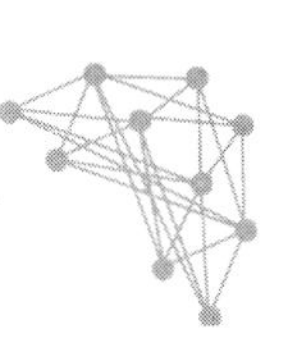

$$\min \frac{1}{2}\left(\sum_{i=1}^{n}\lambda_i y_i \boldsymbol{x}_i\right)\cdot\left(\sum_{i=1}^{n}\lambda_i y_i \boldsymbol{x}_i\right)-\sum_{i=1}^{n}\lambda_i$$

约束条件：$\lambda_i \geqslant 0, \sum_{i=1}^{n}\lambda_i y_i = 0$。

求解此问题，可以确定λ_i^*，然后确定$\boldsymbol{\omega}^* = \sum_{i=1}^{n}\lambda_i^* y_i \boldsymbol{x}_i$。对于决策边界$\boldsymbol{\omega}\cdot\boldsymbol{x}+b=0$中的参数$b$的求解，需要回到最初的拉格朗日函数

$$L(\boldsymbol{\omega},b,\lambda)=\frac{\|\omega\|^2}{2}-\sum_{i=1}^{n}\lambda_i[y_i(\boldsymbol{\omega}\cdot\boldsymbol{x}_i+b)-1]$$

中，目标函数的一个 KKT 条件为

$$\lambda_i[y_i(\boldsymbol{\omega}\cdot\boldsymbol{x}_i+b)-1]=0, \quad i=1,2,\cdots,n$$

要使得上式成立，则λ_i和$y_i(\boldsymbol{\omega}\cdot\boldsymbol{x}_i+b)-1$至少必有一个为 0，如果

$$y_i(\boldsymbol{\omega}\cdot\boldsymbol{x}_i+b)-1=0$$

则特征向量$\boldsymbol{x}_i$必在决策边界的边缘超平面上，即$\boldsymbol{x}_i$一定是支持向量，否则

$$y_i(\boldsymbol{\omega}\cdot\boldsymbol{x}_i+b)-1>0$$

所以非支持向量对应的λ_i一定为 0。将$\boldsymbol{\omega}^* = \sum_{i=1}^{n}\lambda_i^* y_i \boldsymbol{x}_i$代入

$$\lambda_i[y_i(\boldsymbol{\omega}\cdot\boldsymbol{x}_i+b)-1]=0, \quad i=1,2,\cdots,n$$

可以解得，$b^* = y_j - \sum_{i=1}^{n}\lambda_i^* y_i \boldsymbol{x}_i\cdot\boldsymbol{x}_j$，其中第$j$个样本的$\lambda_j^* > 0$。

综上所述，线性可分支持向量机的决策边界为

$$\sum_{i=1}^{n}\lambda_i^* y_i(\boldsymbol{x}_i\cdot\boldsymbol{x})+b^*=0$$

对于给定样本$\boldsymbol{x}$，可以用决策函数$f(\boldsymbol{x})=\mathrm{sgn}\left[\sum_{i=1}^{n}\lambda_i^* y_i(\boldsymbol{x}_i\cdot\boldsymbol{x})+b^*\right]$来判别类别。

4. 线性支持向量机和软间隔最大化

线性可分支持向量机的学习方法对线性不可分的问题是不适用的，在修改硬间隔最大化的条件下，可以将其推广到线性不可分的问题。

假设训练数据集有n个样本，样本X_i的特征向量$\boldsymbol{x}_i$是d维的，样本的类别标签为y_i取值为+1 或者−1，线性不可分，意味着样本点不再满足条件

$$y_i(\boldsymbol{\omega}\cdot\boldsymbol{x}_i+b)\geqslant 1$$

为了解决这个问题，对每个样本引入一个松弛变量$\xi_i \geqslant 0$使决策边界的边缘加上松弛变量大于或等于 1，即约束条件变为

$$y_i(\boldsymbol{\omega}\cdot\boldsymbol{x}_i+b)\geqslant 1-\xi_i$$

由于引入了松弛变量，增加惩罚因子后相应的目标函数变为

$$\frac{\|\boldsymbol{\omega}\|^2}{2}+C\sum_{i=1}^{n}\xi_i$$

在这里$C>0$称为惩罚参数，C值大时误分类的惩罚增大，C值越小，对误分类的惩罚减小，C是调和二者的系数。与线性可分支持向量机不同，模型学习的问题不再是硬间隔最大化

的问题,我们称软间隔最大化问题。

线性不可分的线性支持向量机对应的优化问题为

$$\min \frac{\|\boldsymbol{\omega}\|^2}{2}+C\sum_{i=1}^{n}\xi_i$$

约束条件为:

$$y_i(\boldsymbol{\omega}\cdot\boldsymbol{x}_i+b)\geqslant 1-\xi_i$$

$$\xi_i\geqslant 0,\quad i=1,2,\cdots n$$

此问题仍是一个凸二次规划问题,设最优解是 $\boldsymbol{\omega}^*,b^*$,则线性支持向量机的决策边界为

$$\boldsymbol{\omega}^*\cdot\boldsymbol{x}+b^*=0$$

对于给定样本 $\boldsymbol{x}$,可以用决策函数来判别类别

$$f(x)=\operatorname{sgn}(\boldsymbol{\omega}^*\cdot\boldsymbol{x}+b^*)$$

$\boldsymbol{\omega}^*,b^*$ 的求解过程和线性可分支持向量机类似,在此不做推导。

【定义 5.6】 对于给定的线性不可分训练数据集,通过求解软间隔最大化问题得到决策边界

$$\boldsymbol{\omega}^*\cdot\boldsymbol{x}+b^*=0$$

以及样本分类的决策函数

$$f(x)=\operatorname{sgn}(\boldsymbol{\omega}^*\cdot\boldsymbol{x}+b^*)$$

称为线性支持向量机。

算法 5.3 线性支持向量机学习算法

输入	训练数据集 $D=\{(\boldsymbol{x}_1,y_1),(\boldsymbol{x}_2,y_2),\cdots,(\boldsymbol{x}_n,y_n)\}$,$\boldsymbol{x}_i$ 为样本特征向量,y_i 为类别标签
输出	决策超平面和分类决策函数
方法	(1) 选取适当的参数 C,构造求解最优化问题 $$\min \frac{1}{2}\sum_{i=1}^{n}\sum_{j=1}^{n}\lambda_i\lambda_j y_i y_j \boldsymbol{x}_i\cdot\boldsymbol{x}_j-\sum_{i=1}^{n}\lambda_i$$ 约束条件:$C\geqslant\lambda_i\geqslant 0$;$\sum_{i=1}^{n}\lambda_i y_i=0$ 求得最优解 $\lambda^*=(\lambda_1^*,\lambda_2^*,\cdots,\lambda_n^*)$ (2) 计算 $\omega^*=\sum_{i=1}^{n}\lambda_i^* y_i x_i$,选择 λ^* 的一个分量 $0<\lambda_j^*<C$,计算 $$b^*=y_j-\sum_{i=1}^{n}\lambda_i^* y_i\boldsymbol{x}_i\cdot\boldsymbol{x}_j$$ (3) 求得决策超平面:$\boldsymbol{\omega}^*\cdot\boldsymbol{x}+b^*=0$ 构造决策函数:$f(\boldsymbol{x})=\operatorname{sgn}\left[\sum_{i=1}^{n}\lambda_i^* y_i K(\boldsymbol{x}_i,\boldsymbol{x})+b^*\right]$

对于线性支持向量机来说,其学习策略为软间隔最大化,学习算法为凸二次规划。线性支持向量机对应的目标函数还有一种等价的描述

$$\sum_{i=1}^{n}[1-y_i(\boldsymbol{\omega}\cdot\boldsymbol{x}_i+b)]_{+}+\lambda\|\omega\|^2$$

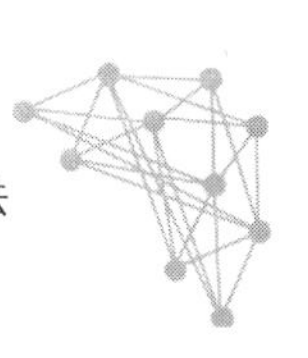

目标函数中的第一项是经验损失函数或经验风险函数。称函数

$$L(y(\boldsymbol{\omega} \cdot \boldsymbol{x}+b))=[1-y(\boldsymbol{\omega} \cdot \boldsymbol{x}+b)]_{+}$$

为合页损失函数，下角标＋表示取正值的函数，其对应定义为

$$[z]_{+}=\begin{cases} z, & z>0 \\ 0, & z \leqslant 0 \end{cases}$$

也就是说，当样本点(X_i, y_i)被正确分类，此时 $y_i(\boldsymbol{\omega} \cdot \boldsymbol{x}_i+b) \geqslant 1$，损失为 0，否则损失是 $1-y_i(\boldsymbol{\omega} \cdot \boldsymbol{x}_i+b)$。

如果以横轴表示函数间隔，纵轴表示损失，损失函数图像像一个合页，所以称为合页损失函数，如图 5.9 所示。合页损失函数不仅要求分类正确，而且确信度足够高时损失才为 0，对学习有更高的要求。

5. 非线性支持向量机与核函数

对应非线性可分的数据，线性支持向量机找不到正确划分数据的决策超平面。为了处理非线性可分数据的分类问题，可以用一种映射把非线性可分的数据映射到高维空间中，然后在新的数据空间利用线性支持向量机搜索具有最大边缘的决策超平面，来实现对数据的正确分类。高维空间中的决策超平面对应到原来空间中就是非线性分类的超曲面。二维非线性可分数据向三维线性可分数据映射如图 5.10 所示。

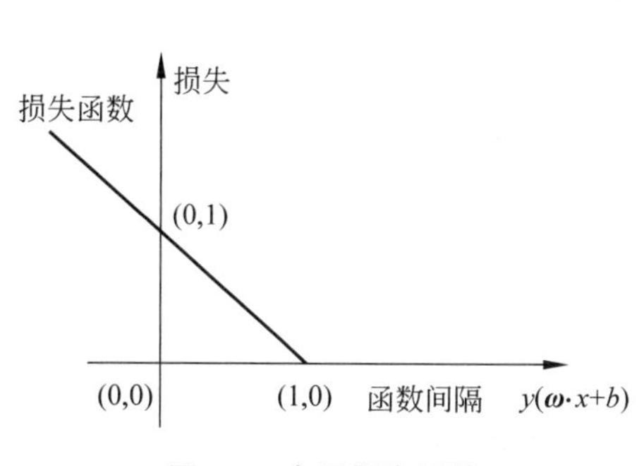

图 5.9　合页损失函数

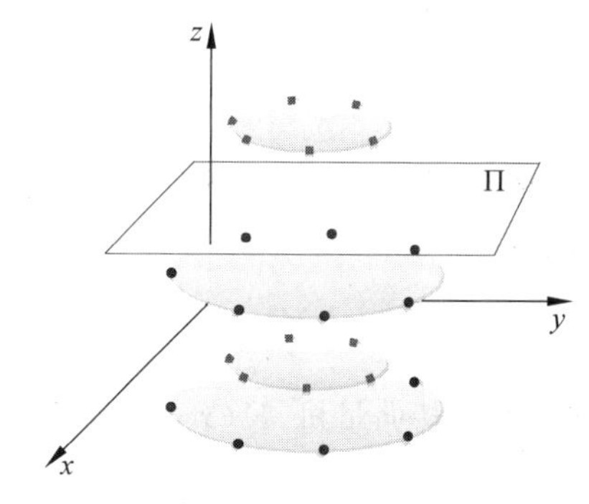

图 5.10　二维非线性可分数据向三维线性可分数据映射示意图

如图 5.10 所示，在 xOy 平面中存在形状为圆点和方形的非线性可分数据集，如果采用一种映射方法，把数据映射到三维空间中使之线性可分，在三维空间中就可以运用线性支持向量机的方法寻找具有最大边缘的决策超平面。

低维数据向高维空间映射的方法称为核技巧，对应的映射称为核映射。设核映射 $\phi(\boldsymbol{x})$ 可以把低维数据映射到高维空间，则 $\boldsymbol{z}=\phi(\boldsymbol{x})$为高维空间中的特征向量，映射后向量的内积就可以写成

$$\boldsymbol{z}_i \cdot \boldsymbol{z}_j=\phi(\boldsymbol{x}_i) \cdot \phi(\boldsymbol{x}_j)$$

如果存在函数 K，使得

$$K(\boldsymbol{x}_i, \boldsymbol{x}_j)=K(\boldsymbol{x}_i^{\mathrm{T}}, \boldsymbol{x}_j)=\phi(\boldsymbol{x}_i) \cdot \phi(\boldsymbol{x}_j)$$

称 $K(\boldsymbol{x}_i, \boldsymbol{x}_j)$为**核函数**。这意味着在映射后的高维空间中向量内积 $\phi(\boldsymbol{x}_i) \cdot \phi(\boldsymbol{x}_j)$的运算，都可以用 $K(\boldsymbol{x}_i, \boldsymbol{x}_j)$替换。常见的核函数及其计算公式见表 5.3。

表 5.3　常用的核函数及其计算公式

核　函　数	计　算　公　式
线性核函数	$K(\boldsymbol{x}_i,\boldsymbol{x}_j)=K(\boldsymbol{x}_i^{\mathrm{T}},\boldsymbol{x}_j)=\boldsymbol{x}_i\cdot\boldsymbol{x}_j$
多项式核函数	$K(\boldsymbol{x}_i,\boldsymbol{x}_j)=(\gamma\boldsymbol{x}_i\cdot\boldsymbol{x}_j+b)^q,\gamma>0$
径向基函数核(高斯核)	$K(\boldsymbol{x}_i,\boldsymbol{x}_j)=\exp(-\gamma\ \Vert\boldsymbol{x}_i-\boldsymbol{x}_j\Vert^2),\gamma>0$
Sigmoid 核函数	$K(\boldsymbol{x}_i,\boldsymbol{x}_j)=\tanh(\gamma\boldsymbol{x}_i\cdot\boldsymbol{x}_j),\gamma>0$

有了核函数的概念后,线性支持向量机的对偶问题

$$\min \frac{1}{2}\left(\sum_{i=1}^{n}\lambda_i y_i\boldsymbol{x}_i\right)\cdot\left(\sum_{i=1}^{n}\lambda_i y_i\boldsymbol{x}_i\right)-\sum_{i=1}^{n}\lambda_i$$

约束条件:

$$C\geqslant\lambda_i\geqslant 0$$

$$\sum_{i=1}^{n}\lambda_i y_i=0$$

可以改写为

$$\min \frac{1}{2}\sum_{i=1}^{n}\sum_{j=1}^{n}\lambda_i\lambda_j y_i y_j K(\boldsymbol{x}_i,\boldsymbol{x}_j)-\sum_{i=1}^{n}\lambda_i$$

约束条件:

$$C\geqslant\lambda_i\geqslant 0$$

$$\sum_{i=1}^{n}\lambda_i y_i=0$$

【定义 5.7】 对于非线性分类训练数据集,通过核函数与软间隔最大化,学习得到的分类决策函数

$$f(\boldsymbol{x})=\operatorname{sgn}\left(\sum_{i=1}^{n}\lambda_i^* y_i K(\boldsymbol{x}_i,\boldsymbol{x})+b^*\right)$$

称为非线性支持向量机,$K(\boldsymbol{x}_i,\boldsymbol{x})$为正定核函数。

算法 5.4　非线性支持向量机学习算法

输入	训练数据集 $D=\{(\boldsymbol{x}_1,y_1),(\boldsymbol{x}_2,y_2),\cdots,(\boldsymbol{x}_n,y_n)\}$,$\boldsymbol{x}_i$ 为样本特征向量,y_i 为类别标签
输出	分类决策函数
方法	(1) 选取适当核函数 $K(\boldsymbol{x}_i,\boldsymbol{x})$和适当的参数 C,构造求解最优化问题 $\min \frac{1}{2}\sum_{i=1}^{n}\sum_{j=1}^{n}\lambda_i\lambda_j y_i y_j K(\boldsymbol{x}_i,\boldsymbol{x}_j)-\sum_{i=1}^{n}\lambda_i$ 约束条件为　$C\geqslant\lambda_i\geqslant 0$ $\sum_{i=1}^{n}\lambda_i y_i=0$ 求得最优解 $\lambda^*=(\lambda_1^*,\lambda_2^*,\cdots,\lambda_n^*)$; (2) 选择 λ^* 的一个正分量 $0<\lambda_j^*<C$,计算 $b^*=y_j-\sum_{i=1}^{n}\lambda_i^* y_i K(\boldsymbol{x}_i,\boldsymbol{x}_j)$ (3) 构造决策函数 $f(\boldsymbol{x})=\operatorname{sgn}\left(\sum_{i=1}^{n}\lambda_i^* y_i K(\boldsymbol{x}_i,\boldsymbol{x})+b^*\right)$

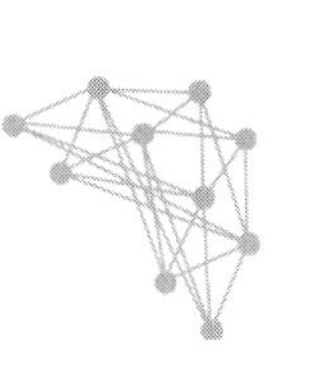

6. 支持向量机的性能分析

支持向量机算法引入了最大分类间隔，使得分类准确度比较高，特别是训练样本量较少时，也有较好的分类准确度，具有不错的模型泛化能力。支持向量机中引入了核函数，能够解决非线性分类问题，对于高维特征的分类问题，即使特征维度大于样本个数的数据，也有较好的表现。但是，核函数中内积的计算、求解拉格朗日乘数 λ 的计算都和样本的个数有关，求解模型的计算量比较大，在核函数的选择上也没有统一的指导意见，有时为选择合适的核函数需要多次调试模型参数。除此之外，支持向量机算法对缺失数据敏感。尽管如此，支持向量机在机器学习的各种算法中仍占有较高地位。

5.2.6　随机森林算法

1. 集成学习与 Bootstrap 抽样

集成学习是机器学习中的一种思想，它通过多个模型的组合形成一个精度更高的模型，参与组合的模型称为弱学习器。在预测时使用这些弱学习器模型联合预测，可以提高预测的精度。每个弱学习器都是在训练样本上生成的。

由于随机森林算法会用到对训练数据集的随机抽样，需要先介绍一种随机抽样方法——Bootstrap 抽样。

Bootstrap 抽样指在相同的参数下从一个数据集中随机抽取一些样本，形成新的数据集。抽取样本的方式分为有放回抽样和无放回抽样。在无放回抽样模式下，每个样本只能被抽取一次；有放回抽样模式下，样本可以被抽取多次。得到的随机子集称为 Bootstrap 集合，而在 Bootstrap 集合的基础上组合得到学习模型的过程称为 Bagging 算法。那些不在 Bootstrap 集合中的样本称为 OOB(Out of Bag)。Bootstrap 过程可以描述为：从样本容量为 n 的训练数据集中，有放回地抽取 S 次，每次抽取一个样本，由于是有放回取样，新的数据集中肯定有重复出现的样本。在抽样时，每个样本被抽中的概率为 $\frac{1}{n}$，未被抽中的概率为 $1-\frac{1}{n}$。抽取 S 次（常取 $S=n$），仍然未被抽中的概率为 $(1-1/n)^S$，在 S,n 都趋于无穷大时，

$$(1-1/n)^S \sim \mathrm{e}^{-1}=0.368$$

可以理解为在 OOB 中的样本要占总体样本的 36.8%，被抽中的样本约为 63.2%，建立学习器后可以用 OOB 中的样本做测试。

在 Bootstrap 抽样的基础上可以构造 Bagging 算法，算法思想是：对训练样本集进行多次 Bootstrap 抽样，用每次抽样形成的数据集训练一个弱学习器模型，这样会得到多个独立的弱学习器，然后组合弱学习器进行预测。

基于 Bagging 算法，如果弱学习器为决策树，这时的 Bagging 对应的就是随机森林算法。

2. 随机森林算法的原理

随机森林是一种集成学习方法，由多棵决策树组成，用多棵决策树联合预测可以提高模型的精度。随机森林的一个简单的理解是：森林是由很多树组成的，每棵树之间可以认为

是彼此不相关的,也就是说树的生长完全由自身条件决定,对于森林来说,只有在保持树的多样性的条件下,才能更好地生长下去。随机森林算法中的随机在于:①产生决策树的样本是随机的。在训练数据集上采用 Bootstrap 抽样方法随机抽取数据集的子集,在子集上构建决策树,由于每次随机抽样产生样本集不同,对应会有多个不同的决策树;②每棵决策树在结点处的最佳分裂属性是从随机得到的特征属性集中选取的。在 d 个特征属性中随机选取 p 个,在分类问题中通常 $p=\sqrt{d}$,在回归问题中 p 可以取 $d/3$。在随机森林算法中,生成每棵决策树的随机样本集里面特征属性的个数 p 是固定的,但是对应每棵决策树的特征属性可以是不同的。

随机森林算法在应用过程中,将待测样本作用于每棵决策树。在分类问题中,利用投票的方式,得票数最多的分类结果即为预测样本的类。在回归问题中,采用所有决策树预测结果的平均值作为预测值。随机森林算法流程如图 5.11 所示。

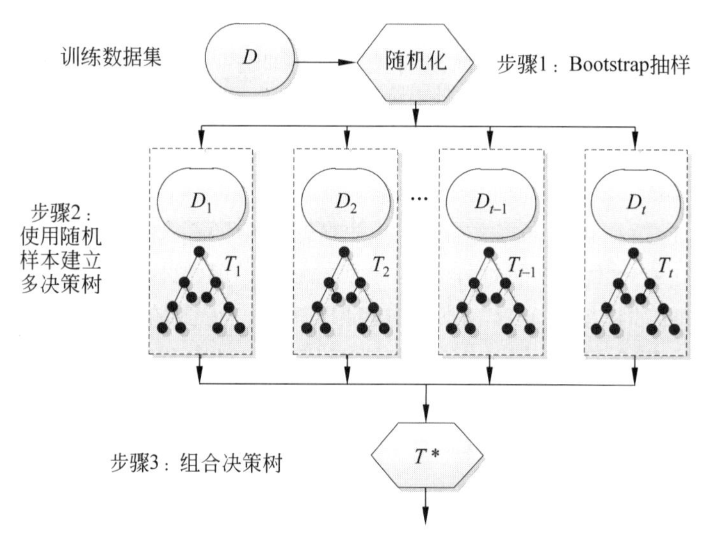

图 5.11　随机森林算法示意图

3. 预测偏差和方差

设训练数据集 $D=\{(\boldsymbol{x}_1,y_1),(\boldsymbol{x}_2,y_2),\cdots,(\boldsymbol{x}_n,y_n)\}$,其中 $\boldsymbol{x}_i$ 为样本特征向量,y_i 为类别标签,$y=f(\boldsymbol{x},D)$为在样本 D 训练生成的模型,$\hat{y}_i$ 为样本 $\boldsymbol{x}_i$ 类别的预测值。在训练数据 D 上使用样本数相同数据训练 $y=f(\boldsymbol{x},D)$,然后使用这些不同的模型去预测 x,然后将预测值取平均就得到了学习算法的期望预测:

$$\hat{y}=\widehat{f(\boldsymbol{x})}=E_D[f(\boldsymbol{x};D)]$$

称$(\hat{y}_i-y_i)^2$ 为预测值和真实值之间的**偏差平方**,衡量模型的一个标准是要使得模型在训练数据集上的**偏差平方和**足够小,即 $\sum_{i=1}^{n}(\hat{y}_i-y_i)^2$ 足够小,偏差可以衡量预测和真实值之间的差距。

学习算法的预测方差可以表示为

$$\mathrm{Var}=E_D[f(\boldsymbol{x};D)-\widehat{f(\boldsymbol{x})}]^2$$

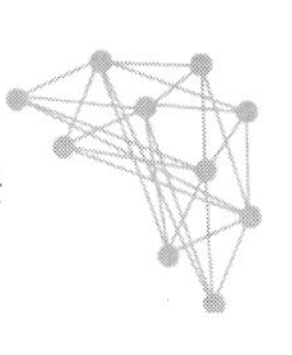

评估机器学习算法的预测误差常用交叉验证的方法。在随机森林算法中，可以计算OOB误差来取代交叉验证的方法，结果近似。OOB误差的特点是在训练模型的过程中计算得到，即在Boostrap抽样基础上，每生成一棵决策树，就可以根据该决策树调整由前面决策树得到的OOB误差。

在Boostrap抽样基础上构建决策树 $T_1, T_2, \cdots, T_t$，对于分类问题，OOB误差的计算方法步骤如下。

(1) 用 T_t 预测 T_t 的OOB样本分类结果。

(2) 更新所有训练样本的OOB预测分类结果的次数(如果 $\boldsymbol{x}_i$ 是 T_1 的OOB样本，则它有一个预测结果，如果它在 T_2 的训练数据集里，则没有预测结果)。

(3) 对所有的样本，把每个样本的预测次数最多的分类作为该样本在 T_t 的预测结果。

(4) 统计所有训练样本中预测错误的数量。

(5) 错误数量除以 T_t 的OOB样本数量作为 T_t 时的OOB误差。

在回归问题中，OOB误差计算方法步骤如下。

(1) 用 T_t 预测 T_t 的OOB样本的回归值。

(2) 累加所有训练样本中OOB样本的预测值。

(3) 计算 T_t 时每个样本的平均预测值。

(4) 累加每个训练样本平均预测值与真实响应值之差的平方(偏差)。

(5) 训练样本的偏差平方和除以 T_t 的OOB样本的数量作为 T_t 时OOB的误差。

显然，随着决策树的增多，OOB误差会逐渐缩小，因此可以设置一个精度。当误差小于此值时，提前终止迭代过程。

4. 特征属性选择问题

随机森林算法可以在训练过程中输出训练样本属性的重要性程度，即样本的哪个属性对分类更有用。实现的方法有两种，一种是Gini系数法，一种是置换法。Gini系数法是依据不纯度减小的原则。在此着重介绍置换法。置换法的基本思想是：如果样本的某个属性很重要，那么改变样本的该特征值，会对分类结果影响比较大，如果属性不重要，改变属性值对分类结果没有影响。

在随机森林算法中，训练决策树时在OOB中随机选取两个样本，如果要计算某一属性的重要性，则置换这两个样本的该属性值，假设置换前样本的预测值为 y^*，真实标签为 y，置换后预测值为 y_π^*，则属性重要性计算公式为

$$VI = \frac{n_{y=y^*} - n_{y=y_\pi^*}}{|\mathrm{OOB}|}$$

其中，$|\mathrm{OOB}|$ 表示包外样本数；$n_{y=y^*}$ 为包外样本在进行特征置换之前被正确分类的样本数；$n_{y=y_\pi^*}$ 为包外数据特征置换后被正确分类的样本数，两者的差反映了置换前后分类准确率的变化。在回归问题中属性重要性的计算公式为

$$VI = \frac{\sum_{i \in \mathrm{OOB}} \exp[-(y_i - y_i^*)^2/m] - \sum_{i \in \mathrm{OOB}} \exp[-(y_i - y_{i,\pi}^*)^2/m]}{|\mathrm{OOB}|}$$

其中，m 为所有训练样本中属性绝对值的最大值。

上面定义的是单棵决策树上属性的重要性，计算出每棵树该属性的重要性后，对其求和

取平均值,就得到随机森林的变量的重要性。

5.3 回 归

回归分析是有监督学习的一个重要问题,是研究样本特征属性之间变化规律的一种科学方法。回归分析的主要任务是通过对样本学习得到变量之间的函数关系,即输入变量和输出变量之间的关系,通过函数关系来对未知输出变量的样本进行预测。其直观理解是从样本数据中学习一条函数曲线,使其能够很好地拟合已知数据并且能很好地预测未知数据。

回归分析按照输出变量的个数可以分为一元回归和多元回归,按照变量之间函数的类型可以分为线性回归和非线性回归。

许多领域的学习任务可以归结为回归问题,例如股票价格的预测、产品销售量的预测等。

5.3.1 线性回归算法

线性回归问题根据输入变量的个数可以分为一元线性回归和多元线性回归,在此先讲述一元线性回归。

设观测样本 x 有取值 $x_1,x_2,\cdots,x_n$,Y_i 为 x_i 的观测值对应的随机变量,假设其服从正态分布,于是得到一组样本 $(x_1,Y_1),(x_2,Y_2),\cdots,(x_n,Y_n)$,对应的观测值为 $(x_1,y_1),(x_2,y_2),\cdots,(x_n,y_n)$。

一元线性回归研究的是 x 与随机变量 Y 的关系,建立 x 与对应随机变量 Y 的均值 $E(Y)$ 之间的模型,另一方面,如果 Y 是随机变量,c 是常数,则 $E[(Y-c)^2]$ 当 $c=E(Y)$ 时取最小值,也就是说,回归函数 $f(x)$ 中,用 $E(Y)$ 代替,误差最小。由于 $f(x)$ 表达形式未知,必须从上面的观测值中找到其对应模型的具体形式,以及模型参数的个数。

在一元线性回归中,$f(x)$ 为线性函数,即 $f(x)=a+bx$。于是,只需估计线性函数中的系数 a,b 即可,用分布函数的形式,该模型可总结为

$$\begin{cases}Y\sim N(a+bx,\sigma^2)\\ \varepsilon=Y-(a+bx)\\ \varepsilon\sim N(0,\sigma^2)\end{cases}$$

其中,a,b,σ^2 是不依赖于 x 的未知参数;ε 为不依赖于 x 随机误差。

1. 极大似然法求解参数

对应模型中的参数可以用极大似然估计的方法求解。对应 x 取值,得到样本 $(x_1,Y_1),(x_2,Y_2),\cdots,(x_n,Y_n)$,样本值 $(x_1,y_1),(x_2,y_2),\cdots,(x_n,y_n)$,则模型可化为

$$\begin{cases}Y_i\sim N(a+bx_i,\sigma^2)\\ \varepsilon_i=Y_i-(a+bx_i)\\ \varepsilon_i\sim N(0,\sigma^2)\end{cases}$$

$Y_1,Y_2,\cdots,Y_n$ 相互独立,样本的极大似然函数为

$$L=\prod_{i=1}^{n}P\{Y_i=y_i\}=\prod_{i=1}^{n}\frac{1}{\sqrt{2\pi}\sigma}\exp\left[-\frac{1}{2\sigma^2}(y_i-a-bx_i)^2\right]$$

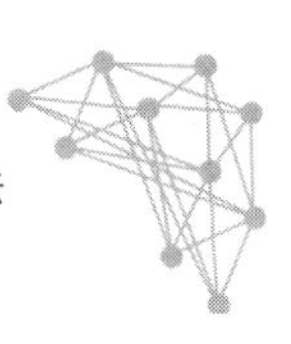

取对数为

$$\ln L = n\ln\frac{1}{\sqrt{2\pi}\sigma} - \frac{1}{2\sigma^2}\sum_{i=1}^{n}(y_i - a - bx_i)^2$$

求 $\ln L$ 关于 a,b 的偏导数,并令其为零，得

$$\begin{cases}\dfrac{\partial \ln L}{\partial a} = -2\sum\limits_{i=1}^{n}(y_i - a - bx_i) = 0\\[2ex]\dfrac{\partial \ln L}{\partial b} = -2\sum\limits_{i=1}^{n}(y_i - a - bx_i)x_i = 0\end{cases}$$

整理得

$$\begin{cases}na + \left(\sum\limits_{i=1}^{n}x_i\right)b = \sum\limits_{i=1}^{n}y_i\\[2ex]\left(\sum\limits_{i=1}^{n}x_i\right)a + \left(\sum\limits_{i=1}^{n}x_i^2\right)b = \sum\limits_{i=1}^{n}x_iy_i\end{cases}$$

解方程得

$$D = \begin{vmatrix} n & \sum\limits_{i=1}^{n}x_i \\ \sum\limits_{i=1}^{n}x_i & \sum\limits_{i=1}^{n}x_i^2 \end{vmatrix} = n\sum_{i=1}^{n}x_i^2 - \left(\sum_{i=1}^{n}x_i\right)^2 = n\sum_{i=1}^{n}(x_i - \bar{x})^2$$

由于 $x_1,x_2,\cdots,x_n$ 不完全相同,所以 $D\neq 0$,于是,方程有唯一解

$$\begin{cases}\hat{b} = \dfrac{n\sum\limits_{i=1}^{n}x_iy_i - \left(\sum\limits_{i=1}^{n}x_i\right)\left(\sum\limits_{i=1}^{n}y_i\right)}{n\sum\limits_{i=1}^{n}x_i^2 - \left(\sum\limits_{i=1}^{n}x_i\right)^2} = \dfrac{\sum\limits_{i=1}^{n}(x_i - \bar{x})(y_i - \bar{y})}{\sum\limits_{i=1}^{n}(x_i - \bar{x})^2}\\[3ex]\hat{a} = \dfrac{1}{n}\sum\limits_{i=1}^{n}y_i - \dfrac{\hat{b}}{n}\sum\limits_{i=1}^{n}x_i = \bar{y} - \hat{b}\bar{x}\end{cases}$$

此处 $\bar{x} = \frac{1}{n}\sum_{i=1}^{n}x_i$,$\bar{y} = \frac{1}{n}\sum_{i=1}^{n}y_i$，利用 a,b 的估计值 $\hat{a}$,$\hat{b}$ 可以得出随机变量 Y 对应回归模型 $f(x) = \hat{a} + \hat{b}x$,称为 Y 关于 x 的回归方程。

为了方便,给出记号

$$\begin{cases}l_{xx} = \sum\limits_{i=1}^{n}(x_i - \bar{x})^2 = \sum\limits_{i=1}^{n}x_i^2 - \dfrac{1}{n}\left(\sum\limits_{i=1}^{n}x_i\right)^2\\[2ex]l_{yy} = \sum\limits_{i=1}^{n}(y_i - \bar{y})^2 = \sum\limits_{i=1}^{n}y_i^2 - \dfrac{1}{n}\left(\sum\limits_{i=1}^{n}y_i\right)^2\\[2ex]l_{xy} = \sum\limits_{i=1}^{n}(x_i - \bar{x})(y_i - \bar{y}) = \sum\limits_{i=1}^{n}x_iy_i - \dfrac{1}{n}\left(\sum\limits_{i=1}^{n}x_i\right)\left(\sum\limits_{i=1}^{n}y_i\right)\end{cases}$$

值 $\hat{a}$,$\hat{b}$ 可以写成

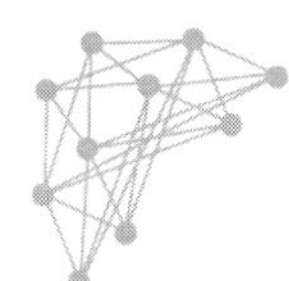
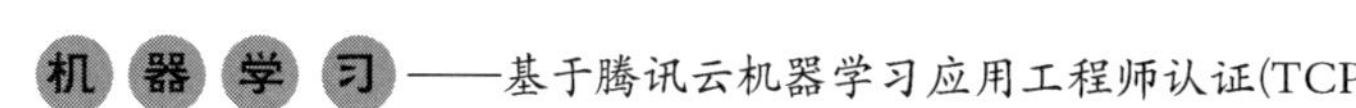

$$\begin{cases}\hat{b}=\dfrac{l_{xy}}{l_{xx}}\\ \hat{a}=\dfrac{1}{n}\sum_{i=1}^{n}y_i-\dfrac{\hat{b}}{n}\sum_{i=1}^{n}x_i\end{cases}$$

此方法也称为正规方程法。

2. 梯度下降法求解模型参数

在一元线性回归中,函数形式 $f(x)=a+bx'$,可以改写为 $f_\omega(\boldsymbol{x})=\boldsymbol{\omega}\cdot\boldsymbol{x}$ 其中 $\boldsymbol{\omega}=(a,b)$,$\boldsymbol{x}=(1,x')$,即回归函数可以写成参数向量和样本属性向量的内积。线性回归要优化的损失函数为

$$J(\boldsymbol{\omega})=\frac{1}{2}\sum_{i=1}^{n}[f_\omega(x_i)-y_i]^2$$

下面找出使得目标函数值最小的参数值,使用梯度下降法来求参数,其迭代规则为

$$\boldsymbol{\omega}_{k+1}=\boldsymbol{\omega}_k-\alpha\frac{\partial J(\boldsymbol{\omega})}{\partial\boldsymbol{\omega}}$$

其中 α 为学习速率,对应一个训练样本时

$$\frac{\partial J(\boldsymbol{\omega})}{\partial\boldsymbol{\omega}}=\frac{1}{2}\frac{\partial}{\partial\boldsymbol{\omega}}[f_\omega(x_i)-y_i]^2=\frac{1}{2}\times2[f_\omega(x_i)-y_i]x_i=[f_\omega(x_i)-y_i]x_i$$

将偏导代入迭代公式

$$\boldsymbol{\omega}_{k+1}=\boldsymbol{\omega}_k-\alpha[f_\omega(x_i)-y_i]x_i$$

当训练样本为 n 时

$$\boldsymbol{\omega}_{k+1}=\boldsymbol{\omega}_k-\alpha\sum_{i=1}^{n}[f_\omega(x_i)-y_i]x_i$$

运用这个迭代规则,直至收敛,这就是**梯度下降法**。判断收敛的规则有两种,一种是迭代前后模型中参数的变化,一种是迭代前后目标函数值的变化。在此可以设定阈值,一旦参数变化小于阈值或者目标函数小于阈值,迭代就终止。**学习速率** α 在学习过程中可以调整,α 过小会导致迭代次数增多,α 过大会导致越过最优解,在最优解附近产生震荡。

3. 多元线性回归问题

设训练样本为 d 维数据,回归方程为 $f_\omega(x)=\omega_0+\omega_1x_1+\omega_2x_2+\cdots+\omega_dx_d$,其仍然可以规范为

$$f_\omega(x)=\boldsymbol{\omega}\cdot\boldsymbol{x}$$

其中 $\boldsymbol{\omega}=(\omega_0,\omega_1,\cdots,\omega_d)$,$\boldsymbol{x}=(1,x_1,x_2,\cdots,x_d)$。回归要优化的目标函数可以写为

$$J(\boldsymbol{\omega})=\frac{1}{2}\sum_{i=1}^{n}\{f_\omega[x(i)]-y_i\}^2$$

其中 $\boldsymbol{x}(i)=[1,x_1(i),x_2(i),\cdots,x_d(i)]$,是第 i 个样本的属性数据。在梯度下降法中其迭代规则还是 $\boldsymbol{\omega}_{k+1}=\boldsymbol{\omega}_k-\alpha\dfrac{\partial J(\boldsymbol{\omega})}{\partial\boldsymbol{\omega}}$,在代入偏导数后变为

$$\boldsymbol{\omega}_{k+1}=\boldsymbol{\omega}_k-\alpha\sum_{i=1}^{n}[f_\omega\{\boldsymbol{x}(i)\}-y_i]\boldsymbol{x}(i)$$

运用这个迭代规则,直至收敛,即可以得到参数 $\boldsymbol{\omega}$。

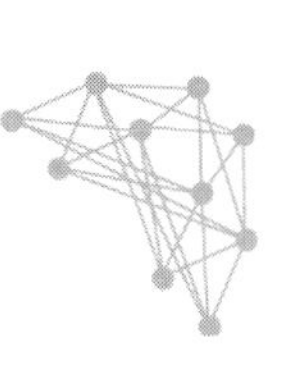

在多元线性回归问题中我们也可以用正规方程法求解参数。对应目标函数

$$J(\boldsymbol{\omega})=\frac{1}{2}\sum_{i=1}^{n}\{f_{\omega}[\boldsymbol{x}(i)]-y_i\}^2=\frac{1}{2}\begin{pmatrix}f_{\omega}[\boldsymbol{x}(1)]-y_1\\f_{\omega}[\boldsymbol{x}(2)]-y_2\\\vdots\\f_{\omega}[\boldsymbol{x}(n)]-y_n\end{pmatrix}^{\mathrm{T}}\begin{pmatrix}f_{\omega}[\boldsymbol{x}(1)]-y_1\\f_{\omega}[\boldsymbol{x}(2)]-y_2\\\vdots\\f_{\omega}[\boldsymbol{x}(n)]-y_n\end{pmatrix}$$

由于

$$\begin{pmatrix}\boldsymbol{x}(1)\boldsymbol{\omega}^{\mathrm{T}}-y_1\\\boldsymbol{x}(2)\boldsymbol{\omega}^{\mathrm{T}}-y_2\\\vdots\\\boldsymbol{x}(n)\boldsymbol{\omega}^{\mathrm{T}}-y_n\end{pmatrix}=\begin{pmatrix}\boldsymbol{x}(1)\boldsymbol{\omega}^{\mathrm{T}}\\\boldsymbol{x}(2)\boldsymbol{\omega}^{\mathrm{T}}\\\vdots\\\boldsymbol{x}(n)\boldsymbol{\omega}^{\mathrm{T}}\end{pmatrix}-\begin{pmatrix}y_1\\y_2\\\vdots\\y_n\end{pmatrix}=\boldsymbol{\omega}\boldsymbol{X}^{\mathrm{T}}-\boldsymbol{Y}$$

所以目标函数可以改写为

$$J(\boldsymbol{\omega})=\frac{1}{2}(\boldsymbol{X}\boldsymbol{\omega}^{\mathrm{T}}-\boldsymbol{Y})^{\mathrm{T}}(\boldsymbol{X}\boldsymbol{\omega}^{\mathrm{T}}-\boldsymbol{Y})$$

对应目标函数的梯度为

$$\begin{aligned}\nabla J(\boldsymbol{\omega})&=\frac{1}{2}\nabla_{\boldsymbol{\omega}}(\boldsymbol{\omega}\boldsymbol{X}^{\mathrm{T}}-\boldsymbol{Y}^{\mathrm{T}})(\boldsymbol{X}\boldsymbol{\omega}^{\mathrm{T}}-\boldsymbol{Y})\\&=\frac{1}{2}\nabla_{\boldsymbol{\omega}}(\boldsymbol{\omega}\boldsymbol{X}^{\mathrm{T}}\boldsymbol{X}\boldsymbol{\omega}^{\mathrm{T}}-\boldsymbol{\omega}\boldsymbol{X}^{\mathrm{T}}\boldsymbol{Y}-\boldsymbol{Y}^{\mathrm{T}}\boldsymbol{X}\boldsymbol{\omega}^{\mathrm{T}}+\boldsymbol{Y}^{\mathrm{T}}\boldsymbol{Y})\\&=\frac{1}{2}[\nabla_{\boldsymbol{\omega}}\mathrm{tr}(\boldsymbol{\omega}\boldsymbol{X}^{\mathrm{T}}\boldsymbol{X}\boldsymbol{\omega}^{\mathrm{T}})-\nabla_{\boldsymbol{\omega}}\mathrm{tr}(\boldsymbol{\omega}\boldsymbol{X}^{\mathrm{T}}\boldsymbol{Y})-\nabla_{\boldsymbol{\omega}}\mathrm{tr}(\boldsymbol{Y}^{\mathrm{T}}\boldsymbol{X}\boldsymbol{\omega}^{\mathrm{T}})+\nabla_{\boldsymbol{\omega}}\mathrm{tr}(\boldsymbol{Y}^{\mathrm{T}}\boldsymbol{Y})]\\&=\frac{1}{2}[\nabla_{\boldsymbol{\omega}}\mathrm{tr}(\boldsymbol{\omega}\boldsymbol{X}^{\mathrm{T}}\boldsymbol{X}\boldsymbol{\omega}^{\mathrm{T}})-\nabla_{\boldsymbol{\omega}}\mathrm{tr}(\boldsymbol{\omega}\boldsymbol{X}^{\mathrm{T}}\boldsymbol{Y})-\nabla_{\boldsymbol{\omega}}\mathrm{tr}(\boldsymbol{Y}^{\mathrm{T}}\boldsymbol{X}\boldsymbol{\omega}^{\mathrm{T}})]\\&=\frac{1}{2}\nabla_{\boldsymbol{\omega}}\mathrm{tr}(\boldsymbol{\omega}\boldsymbol{X}^{\mathrm{T}}\boldsymbol{X}\boldsymbol{\omega}^{\mathrm{T}})-\nabla_{\boldsymbol{\omega}}\mathrm{tr}(\boldsymbol{\omega}\boldsymbol{X}^{\mathrm{T}}\boldsymbol{Y})\\&=\boldsymbol{X}\boldsymbol{X}^{\mathrm{T}}\boldsymbol{\omega}-\boldsymbol{X}\boldsymbol{Y}^{\mathrm{T}}\end{aligned}$$

其中 tr 表示对矩阵求迹，即矩阵的主对角元素的和。令

$$\boldsymbol{X}\boldsymbol{X}^{\mathrm{T}}\omega-\boldsymbol{X}\boldsymbol{Y}^{\mathrm{T}}=0$$

求得 $\boldsymbol{\omega}=(\boldsymbol{X}\boldsymbol{X}^{\mathrm{T}})^{-1}\boldsymbol{X}\boldsymbol{Y}^{\mathrm{T}}$，这样就求得参数值，这种方法称为正规方程组方法。

4. 过拟合与正则化

以下面问题为例来说明回归分析算法中容易出现的过拟合、欠拟合的问题以及解决方法。

为了研究某商品的销售量与利润的关系，销售量 x(吨)对利润 Y(万元)的影响，测得数据如表 5.4 所示。

表 5.4　销售量与利润的关系

销售量 x(吨)	10	11	12	13	14	15	16	17	18	19
利润 Y(万元)	5.6	5.5	6.0	6.4	6.7	6.9	7.0	7.2	7.4	7.5

给定数据的一元线性回归函数为 $y=0.2873x+2.355$，从图 5.12(a)中可看出，虽然数据

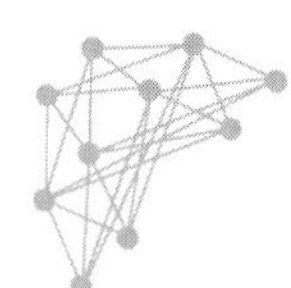

点可以看成均匀分布在直线两侧,但是有些数据点偏离直线较远。这说明用一元线性函数是欠拟合的。解决欠拟合的方法有如下 4 种:

(1) 分析数据增加样本的属性;

(2) 增加回归多项式函数的阶数;

(3) 减小正则项超参系数值;

(4) 采用局部加权回归。

如果选用二次多项式函数拟合,函数为 $y=-0.035x^2+1.32x-4.84$,如图 5.12(b)所示,它既能保证数据点均匀分布在其两侧,并且没有偏差太大的样本点。可以认为用二次函数拟合原数据比较恰当。

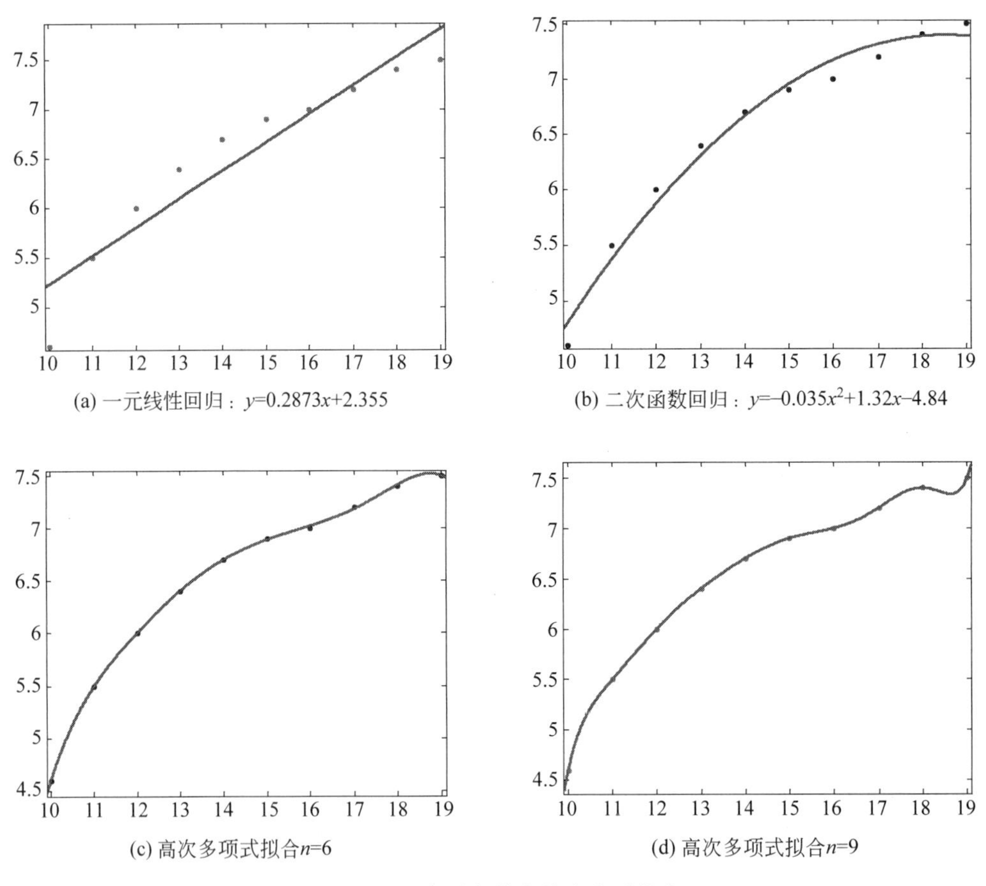

图 5.12 回归分析的欠拟合和过拟合

如果采用更高次的多项式进行回归,会发现尽管在现有样本上函数能够很好地解释数据,但是函数的变化趋势已与数据变化趋势不符(见图 5.12(c)、图 5.12(d)),这就是过拟合现象。解决过拟合的方法有如下 4 种:

(1) 分析数据,重新做数据清理,清除噪声;

(2) 扩充数据,收集更多的样本;

(3) 减小样本特征数,挑选重要样本属性,调整模型选择方法;

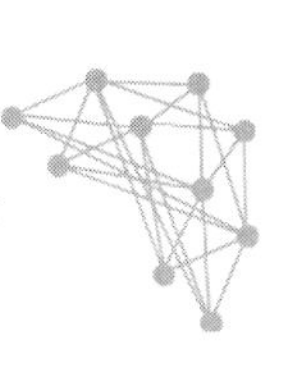

（4）采用正则化方法。

5. 线性回归中的正则化

在线性回归中对优化的目标函数进行惩罚，强制模型的参数尽可能简化，加入惩罚项之后的损失函数为

$$L(\boldsymbol{\omega})=\frac{1}{2n}\sum_{i=1}^{n}\{f_{\boldsymbol{\omega}}[\boldsymbol{x}(i)]-y_i\}^2+\lambda r(\boldsymbol{\omega})$$

模型的后半部分$r(\boldsymbol{\omega})$即为正则化项，λ称为惩罚系数。

常见的正则化项有$L1$正则和$L2$正则，其中$L1$正则为

$$L1=\|\boldsymbol{\omega}\|=\sum_{i=1}^{d}|\omega_i|$$

$L2$正则为

$$L2=\frac{1}{2}\|\boldsymbol{\omega}\|^2=\frac{1}{2}\boldsymbol{\omega}\cdot\boldsymbol{\omega}$$

使用$L1$正则化的线性回归称为Lasso回归，它通过$L1$范数来稀疏模型化参数，降低模型的复杂度。对应的优化目标函数

$$L(\boldsymbol{\omega})=\frac{1}{2n}\sum_{i=1}^{n}\{f_{\omega}[\boldsymbol{x}(i)]-y_i\}^2+\lambda\sum_{i=1}^{d}|\omega_i|$$

使用$L2$正则化的线性回归称为岭回归，它通过$L2$范数来缩小模型参数以防止过拟合。对应的优化目标函数

$$L(\boldsymbol{\omega})=\frac{1}{2n}\sum_{i=1}^{n}\{f_{\omega}[\boldsymbol{x}(i)]-y_i\}^2+\frac{1}{2}\lambda\|\boldsymbol{\omega}\|^2$$

在计算时，岭回归模型具有较高的准确性、鲁棒性，Lasso回归模型具有较高的求解速度。

5.3.2　决策树回归算法

回归决策树主要指CART算法，它假设决策树是二叉树，内部结点特征取值为“是”和“否”，它的左分支为“是”分支，右分支为“否”分支。这样的决策树等价于递归地将每个属性进行二分，将输入空间划分为有限个单元。对于测试数据，只需按照特征取值将其划归到某个单元，得到相对应的输出值。

CART算法由以下两步组成。

（1）决策树的生成：继续训练数据集，按照二叉树生成规则生成决策树；

（2）决策树的剪枝：按照损失函数最小的原则，用验证数据集对生成的树进行剪枝，选择最优子树。

1. 决策树的生成

在CART算法中决策树的生成是递归地构建二叉树的过程，在属性的分裂点处与分类树属性分裂用Gini指数法不同的是，回归决策树采用的是偏差平方和最小化的准则。

假设X为输入变量，Y为输出变量，并且Y是连续变量，给定训练数据集

$$D=\{(x_1,y_1),(x_2,y_2),\cdots,(x_n,y_n)\}$$

x_i为X的第i个观察值，y_i为对应的输出值。一棵回归树对应着输入空间的一个划分以及

在划分的单元上的输出值。假设已将输入空间划分为 M 个叶结点 $R_1,R_2,\cdots,R_M$，并且对应在每个叶结点 R_m 上有一个固定的输出值 c_m，于是回归树模型可表示为

$$f(x)=\sum_{m=1}^{M}c_m I(x\in R_m)$$

其中 $I(x\in R_m)$ 对应意义为，当 $x\in R_m$ 时 $I(x\in R_m)=1$，当 $x\notin R_m$ 时 $I(x\in R_m)=0$。在确定了属性空间的划分后，可以用 $\sum\limits_{x_i\in R_m}[y_i-f(x_i)]^2$ 来表示回归树对于训练数据的预测误差，用偏差平方和最小化的准则求解每个单元上的最优输出值，即求解下面优化问题

$$\min \sum_{i=1}^{M}\sum_{x_i\in R_m}[y_i-f(x_i)]^2$$

在叶结点删 R_m 处，最优的 c_m 为在结点处所有输入样本对应的 y_i 的均值，即

$$\hat{c}_m=\text{average}(y_i\mid x_i\in R_i)$$

现在解决输入空间的划分问题。在这里采用启发式的方法，选择样本的第 j 个属性和它的取值 s，作为分裂变量和切分点，并根据切分点定义两个区间

$$R_l(j,x)=\{x\mid x^{(j)}\leqslant s\}\text{ 和 }R_r(j,x)=\{x\mid x^{(j)}\geqslant s\}$$

然后选择最优切分属性 j 和最优切分点 s，具体求解优化问题

$$\min_{j,s}\left[\min_{c_j}\sum_{x_i\in R_l(j,s)}^{M}(y_i-c_l)^2+\min_{c_j}\sum_{x_i\in R_r(j,s)}^{M}(y_i-c_r)^2\right]$$

对固定输入属性 j 可以找到最优切分点 s

$$\hat{c}_l=\text{average}(y_i\mid x_i\in R_l(j,s))\text{ 和 }\hat{c}_r=\text{average}(y_i\mid x_i\in R_r(j,s))$$

遍历所有输入变量，找到最优的切分属性 j，构成一个结点 (j,s)，以此将输入空间划分为两个分支，在每个分支上重复划分过程，直到满足停止条件为止，这样就生成了一棵回归树。

算法 5.5 回归决策树算法

输入	数据集 $D=\{(x_1,y_1),(x_2,y_2),\cdots,(x_n,y_n)\}$
输出	一棵回归决策树 $f(x)=\sum_{m=1}^{M}c_m I(x\in R_m)$
方法	(1) 选择最优分裂属性 j 与切分点 s，可以求解 $\min_{j,s}\left[\min_{c_j}\sum_{x_i\in R_l(j,s)}^{M}(y_i-c_l)^2+\min_{c_j}\sum_{x_i\in R_r(j,s)}^{M}(y_i-c_r)^2\right]$ 遍历属性 j，对固定的切分属性 j 扫描切分点 s，选择最优解； (2) 用选定的 (j,s) 划分区域并决定相应的输出值 $R_l(j,x)=\{x\mid x^{(j)}\leqslant s\}$ 和 $R_r(j,x)=\{x\mid x^{(j)}\geqslant s\}$ $\hat{c}_l=\text{average}(y_i\mid x_i\in R_l(j,s))$ 和 $\hat{c}_r=\text{average}(y_i\mid x_i\in R_r(j,s))$ (3) 在划分的左右两个分支上各重复上面两步，直至满足终止条件； (4) 将输入空间划分为 M 个区域 $R_1,R_2,\cdots,R_M$，生成回归决策树 $f(x)=\sum_{m=1}^{M}c_m I(x\in R_m)$

2. 决策树的剪枝

在 CART 决策树的递归生成过程中，采用了最小化偏差平方和的原则，这使得一棵完

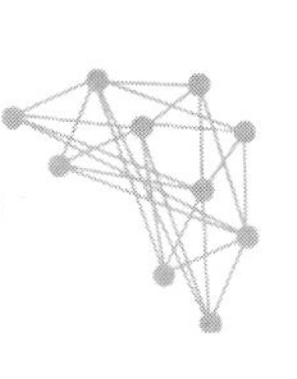

全生长的树在训练数据集上有很好的分类结果。但是如果数据集中含有孤立点，那么回归树中的一些分支就反映了训练数据中的异常。这样的回归树就存在对数据过度拟合的问题，用这样的树对新的数据进行分类时，就会产生很大的分类误差。为了避免出现过度拟合的问题，需要对CART决策树进行剪枝。决策树的剪枝方法有两种：一种是事前剪枝；另一种是事后剪枝，CART决策树采用事后剪枝的方法。

CART决策树的剪枝是从一棵完全生长树的底部减去一些子树，使决策树变小，以期对测试数据有很好的泛化能力。剪枝算法分两步：首先从树的底部开始剪枝，直到根结点，形成子树序列$\{T_0, T_1, T_2, \cdots, T_n\}$；其次通过交叉验证法对子树序列进行测试，选择最优子树。

在剪枝过程中，子树的损失函数定义如下：

$$C_\alpha(T) = C(T) + \alpha \mid T \mid$$

其中，T为任意子树；$C(T)$表示对训练数据的预测误差（回归决策树中采用偏差平方和）；$|T|$表示子树的叶结点的个数，$\alpha \geqslant 0$为参数，用来权衡训练数据的拟合程度和模型的复杂度，$C_\alpha(T)$为参数为α时子树T的整体损失。对于固定的α，一定存在使损失函数最小的子树，记为T_α，这样的子树是唯一的，也就是固定α时的最优解。当α增大时，T_α偏小，当α减小时，T_α偏大。极端情况是$\alpha=0$，此时对应的最优树是完全生长树，$\alpha \to +\infty$时对应的最优树是根结点是单结点的树。

算法5.6　CART决策树的剪枝

输入	CART算法生成的决策树T_0
输出	最优决策树T_α
方法	(1) 初始化：$k=0, T=T_0, \alpha=+\infty$； (2) 从叶结点开始自下而上计算内部结点$t$的损失函数$C(T_t)$，叶结点数$\|T_t\|$以及 $g(t) = \frac{C(t)-C(T_t)}{\|T_t\|-1}, \quad \alpha = \min\{\alpha, g(t)\}$ 这里T_t表示以t为根结点的子树，$\|T_t\|$表示T_t的叶结点个数； (3) 自上而下地访问内部结点t，如果$\alpha=g(t)$，进行剪枝，并对叶结点t以多数表决形式决定其分类，得到树T； (4) $k=k+1, T_k=T, \alpha_k=\alpha$； (5) 如果$T$不是由根结点单独构成的树，则返回步骤(3)； (6) 采用交叉验证法在子树序列$\{T_0, T_1, T_2, \cdots, T_n\}$中选取最优子树$T_\alpha$。

5.4　无监督算法

有监督学习过程的目标是从带有标签的训练数据中学习数据特征属性和标签之间的函数关系，并使得函数关系能够在测试样中进行应用。如果学习的数据没有标签，则目标是发现数据中的一些特定模式或者结构，这时对应的就是无监督学习。聚类分析和数据降维是无监督学习的重要组成部分。

5.4.1 聚类算法

现实生活中存在大量的聚类问题,很多问题可以通过聚类进行分析。所谓的“类”,简单地说就是相似元素的集合,是类似“物以类聚,人以群分”的一种思想方法。它的目的是建立一种快速有效的聚类方法,将一批样本或指标按照它们在某种性质上的相似程度进行分堆。于是根据一批样本的多个观测指标,具体找出一些能够度量样本或指标之间的相似程度的统计量,以这些统计量为划分聚类的依据,把一些相似程度较大的样本(或指标)聚为一类,把另一些彼此之间相似程度较大的样本(或指标)又聚合为另外一类;关系密切的聚合到一个小的聚类单位,关系疏远的聚合到一个大的聚类单位,直到把所有的样本(或指标)都聚合完毕,把不同的类型都一一划分出来,形成一个由小到大的聚类系统。作为一种无监督的聚类方法,聚类分析也是机器学习研究的重要领域,是一种强有力的信息处理方法。聚类分析又称群分析,是研究对样本(或指标)进行量化聚类的一种多元统计分析方法。

聚类算法主要可以划分为以下几类:

(1) 划分方法:给定 n 个样本,划分的方法就是构建样本的 k 个划分,每个划分表示一类,且要保证每一类必须有样本数据,一个样本只属一个类,算法典型代表是 K-means 算法和 k 中心算法。

(2) 层次聚类:分为凝聚层次聚类和分裂层次聚类。凝聚层次聚类首先计算所有样本之间的距离,每次将距离最近的点合并成同一个类,然后,再计算类与类之间的距离,将距离最近的类合并为一个大类,重复此过程,直至所有样本合成一类。

(3) 基于密度的方法:其计算思想是只要样本临近的样本个数超过一个阈值就继续聚类,也就是说给定类中的每个样本点,在给定邻域中必须包含最少数目的点,基于密度的方法可以发现任意形状的类,典型方法有 DBSCAN 和它的扩展算法 OPTICS。

(4) 基于网格的方法:基于网格的方法是把样本空间量化为有限的几个单元,形成网格结构,所有的聚类操作都在量化的网格空间上进行,典型的方法有 STING 算法。

(5) 基于模型的方法:方法假定数据集中的每一个类都服从一个概率模型,并且寻找数据对给定模型的最佳拟合,EM 算法是此类模型求解的重要算法。

1. K-means 算法

K-means 算法是一种基于目标函数的快速聚类法,于 1967 年提出,它也是迭代和登山法聚类算法中较为简单的一种,该方法得到的结果比较简单易懂,对计算机的性能要求不高,已经被应用到各种领域。

K-means 算法首先要指定一个 K 值,也就是事先给定的类数,把待聚类样本分为 K 类,从而生成 K 个聚类中心。根据距离公式计算出中心的坐标,再利用欧几里得平方距离得出聚类域中所有样本到聚类中心的距离平方和,根据距离的远近亲疏进行聚类,最后产生指定类数的聚类结果。按照指定的希望聚类的数量,按某种原则选择(或人为指定)某些样本作为聚类中心,它们将作为今后各类的起始聚类中心。按就近原则将其余样本向聚类中心凝集,得到一个起始聚类方案,并计算出各个起始聚类的中心位置(平均数),使用计算出的中心位置重新进行聚类,因此,该方法中各数据的聚类情况会在运算过程中不断改变,聚

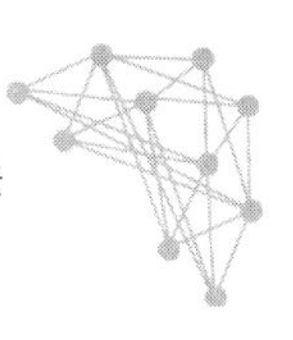

类完毕后再次计算各类的中心位置。如此反复循环，直到聚类中心位置改变很小（达到收敛标准）为止。

聚类准则通过度量聚类对象之间的接近与相似度来判断样本聚为哪一类。聚类准则可分为3种：基于距离的、基于密度的、基于连接的。基于距离的和基于密度的聚类通常应用于欧氏空间，K-means算法是基于距离的聚类算法。因此，通常选用欧几里得平方距离公式计算空间中样本的距离。

1）算法思想

K-means算法是一种基于划分的方法，假设给定有 n 个对象的数据集和整数 K（要形成的聚类的个数）。划分的方法是构建数据的 K 个划分（$K \leqslant n$），每个划分代表一个聚类。聚类的依据是研究对象之间的相似度函数，通常用距离来衡量，如欧几里得距离和曼哈顿距离。聚类分析的结果是类内的对象尽可能相似，但是不同类的对象尽可能不同。

算法的核心思想是通过迭代把数据对象分配到不同的类中，以求目标函数最小化，从而使生成的类尽可能地紧凑和独立。首先随机选取 K 个对象作为初始的聚类中心，随机创建一个初始划分；然后，将其余对象根据其与各个聚类中心的距离分配到最近的类；采用迭代方法通过将聚类中心不断移动来尝试着改进划分。这个迭代重定位过程不断重复，直到目标函数最小化为止。所划分的 K 个聚类具有以下特点：各聚类本身尽可能紧凑，而各聚类之间尽可能分开。

随机的从数据集的 n 个对象中选取 K 个，作为初始的聚类中心；然后，对剩余的每一个数据对象，计算该数据对象到这 K 个聚类中心的距离，来比较得到该数据距离哪一个聚类中心是最近的，则该对象被指定到这个聚类中；接着，计算新形成的每一个聚类的数据对象的平均值，把这个平均值作为新的聚类中心，按照前面的步骤把数据按照距离最近的原则聚到这 K 个类中；这个过程不断迭代，直到准则函数收敛。常用的准则函数为平方误差，定义为

$$E = \sum_{i=1}^{k} \sum_{x \in c_i} | \boldsymbol{x} - \boldsymbol{m}_i |^2$$

E 是数据库中所有对象的平方误差的总和，$\boldsymbol{x}$ 是样本点，表示给定的数据对象；$\boldsymbol{m}_i$ 是聚类 c_i 的平均值（$\boldsymbol{x}$ 和 $\boldsymbol{m}_i$ 都是多维的向量）。这个准则使形成的 K 个聚类中的数据尽量相似，类间的数据尽量不同。

2）算法过程

将每一个样本分配给最近中心（均值）的类中，具体的算法至少包括以下3个步骤：

（1）将所有的样本分成 K 个初始类或任选 K 个初始类中心；

（2）选取距离函数，计算样本到类中心之间距离，将样本划入距离最小的类中，并对获得样本与失去样本的类重新计算中心坐标；

（3）重复步骤（2），直到所有样本不被再次分配为止。

K-means算法接受输入量 K，然后将 n 个数据对象划分为 K 个聚类，以便使得所获得的聚类满足同一聚类中的对象相似度较高，而不同聚类中的对象相似度较低。聚类相似度是利用各聚类中对象的均值所获得的一个“聚类中心”来进行计算的。

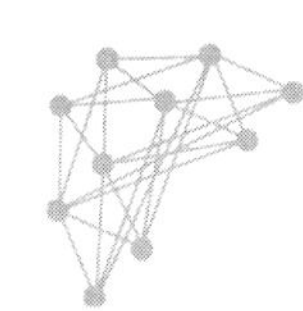

算法 5.7　K-means 算法

输入	数据集 D 及参数 K
输出	各类中心及样本类标签
方法	(1) 任选 K 个数据点作为初始类中心； (2) 计算数据点到类中心距离，将每个数据点分配到离中心最近的类中； (3) 对各类中数据取平均值作为新的类中心； (4) 判别分配前后中心有无变化，有变化则重复步骤(2)、步骤(3)，否则终止； (5) 输出类中心和数据类标号。

2. *k* 中心算法

K-means 算法中采用平方误差作为准则函数，这使得算法对异常点很敏感，这是因为类中心是同一类的所有数据点的均值，一个离群数据点会导致类中心向其靠近造成的。一个合理的改进是每次迭代过程中，在每类找一个代表样本作为类中心，而不是取所有样本平均值，此时的准则函数为

$$E=\sum_{i=1}^{k}\sum_{x\in c_i}|\boldsymbol{x}-\boldsymbol{O}_i|^2$$

其中，E 表示数据集中所有样本的绝对误差之和；$\boldsymbol{x}$ 为样本点，代表 c_i 类中的一个样本；$\boldsymbol{O}_i$ 为 c_i 类中的代表样本。在对准则函数求解的迭代过程中，终止原则是每个代表样本是它的类中心或者靠近类中心，这是将样本分成 k 类的 k 中心算法的基础。

1) 算法思想

在 k 中心算法中，首先随机选择 k 样本作为初始的代表样本点(中心)，然后计算其余所有点到代表点的距离，按照点到中心的远近划分成 k 类。在每一类中随机选择一个新的样本点作为代表点，重新计算其余点到样本点的距离，对样本重新划分，比较两次划分的 $E=\sum_{i=1}^{k}\sum_{x\in c_i}|\boldsymbol{x}-\boldsymbol{O}_i|^2$，只要能够提高聚类质量，就重复上述过程。

一个非代表样本点在相邻两次划分过程中可能出现 4 种情况：

(1) $\boldsymbol{x}$ 点当前隶属于代表样本 $\boldsymbol{O}_j$，如果 $\boldsymbol{O}_j$ 被 $\boldsymbol{O}_{random}$ 所取代，并且 $\boldsymbol{x}$ 点离代表样本 $\boldsymbol{O}_i$ 最近，则 $\boldsymbol{x}$ 重新分配给 $\boldsymbol{O}_i$；

(2) $\boldsymbol{x}$ 点当前隶属于代表样本 $\boldsymbol{O}_j$，如果 $\boldsymbol{O}_j$ 被 $\boldsymbol{O}_{random}$ 所取代，并且 x 点离代表样本 $\boldsymbol{O}_{random}$ 最近，则 $\boldsymbol{x}$ 重新分配给 $\boldsymbol{O}_{random}$；

(3) $\boldsymbol{x}$ 点当前隶属于代表样本 $\boldsymbol{O}_i(i\neq j)$，如果 $\boldsymbol{O}_j$ 被 $\boldsymbol{O}_{random}$ 所取代，并且 $\boldsymbol{x}$ 点离代表样本 $\boldsymbol{O}_i$ 最近，则 $\boldsymbol{x}$ 还是分配给 $\boldsymbol{O}_i$；

(4) $\boldsymbol{x}$ 点当前隶属于代表样本 $\boldsymbol{O}_i(i\neq j)$，如果 $\boldsymbol{O}_j$ 被 $\boldsymbol{O}_{random}$ 所取代，并且 $\boldsymbol{x}$ 点离代表样本 $\boldsymbol{O}_{random}$ 最近，则 $\boldsymbol{x}$ 分配给 $\boldsymbol{O}_{random}$。

衡量两次划分对聚类效果是否有提升的指标是两次绝对误差值的差：

$$\Delta_{K+1}=E_{K+1}-E_K$$

如果 $\Delta_{K+1}<0$，表明重新划分后的误差减小，表明可以用新的代表样本 $\boldsymbol{O}_{random}$ 取代 $\boldsymbol{O}_j$；如果 $\Delta_{K+1}>0$，表明新的划分后误差增加，则当前的代表样本点 $\boldsymbol{O}_j$ 是可以接受的。

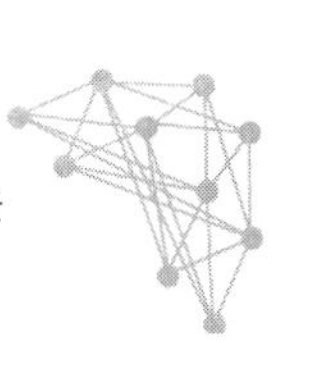

算法 5.8　k 中心算法

输入	数据集 D 及参数 k
输出	k 个类集合，确定的样本类标签
方法	(1) 在 D 中任选 k 个数据点作为初始代表样本； (2) 计算剩余数据点到代表样本的距离，将每个数据点分配到离代表样本最近的类中； (3) 在每一类中随机选取新的代表样本，采用步骤(2)的方式重新划分； (4) 比较划分前后绝对值绝对误差值之差 $\Delta_{K+1}=E_{K+1}-E_K$，判断新划分与原划分的优劣； (5) 重复步骤(2)～步骤(4)，直至 Δ 满足算法终止条件。

2) K-means 与 k 中心算法的异同点

K-means 与 k 中心算法都是基于划分的聚类算法，两者在聚类时都需要指定分成簇的个数 k，在求解过程中两者都容易产生局部最优解。二者的不同点如表 5.5 所示。

表 5.5　K-means 与 k 中心算法比较

指　　标	K-means 算法	k 中心算法
簇中心选择	簇中心可以不属于样本空间	簇中心必须是样本空间中的点
对离群值的表现	对离群异常点聚类算法敏感	使用绝对误差可降低异常点的敏感性
数据结构	对数据结构要求高，适用于球形簇的聚类	可以对非球形数据聚类
时间复杂度	$O(n*k*t)$，t 为迭代次数	$O(n^2*k*t)$，t 为迭代次数
数据规模	在小规模数据上比较高效	对大规模数据聚类性能更好

3. 层次聚类

层次聚类法就是对给定数据对象的集合进行层次分解，根据层次分解采用的分解策略，层次聚类又可以分为凝聚(agglomerative)和分裂(divisive)层次聚类。

1) 凝聚层次聚类

采用自底向上的策略，首先将每一个对象作为一个类，然后根据某种度量(如两个类中心点的距离)逐次分层，将这些类合并为较大的类，直到所有的样本都在同一个类中，或者当满足某个终止条件时停止。大多数凝聚层次聚类算法是相似的，其不同是类的相似性度量指标的定义。

2) 分裂层次聚类

采用与凝聚的层次聚类相反的自顶向下的策略，首先将所有的样本放在同一个类中，然后根据某种度量逐层细分为较小的类，直到每个样本自成一类，或者达到某个终止条件(如达到希望的类个数，或者两个最近的类之间的距离超过了某个阈值)。

以 x,x' 表示两个样本点，m_i 是簇 C_i 的均值，n_i 表示 C_i 中样本点的数目，在层次聚类中对于任意两个簇之间的距离度量表示常用以下 4 种方法：

(1) 最小距离：用两个聚类所有数据点的最近距离代表两个聚类的距离，表示为

$$d_{\min}(C_i,C_j)=\min_{x\in C_i,x'\in C_j}|x-x'|$$

(2) 最大距离：用两个聚类所有数据点的最远距离代表两个聚类的距离，表示为

$$d_{\max}(C_i,C_j)=\max_{x\in C_i,x'\in C_j}|x-x'|$$

(3) 平均值距离：用两个聚类各自中心点之间的距离代表两个聚类的距离，表示为

$$d_{mean}(C_i, C_j) = |m_i - m_j|$$

(4) 平均距离：用两个聚类所有数据点间的距离的平均距离代表两个聚类的距离，表示为

$$d_{avg}(C_i, C_j) = \frac{1}{n_i n_j} \sum_{x \in C_i} \sum_{x' \in C_j} |x - x'|$$

图 5.13 描述了样本集$\{a, b, c, d, e\}$的凝聚层次聚类过程和分裂层次聚类过程。在凝聚过程中首先依据样本之间距离把距离最小的$\{a, b\}$合为一类。合并之后的$\{a, b\}$采用一种度量方式计算与其余样本点 c, d, e 的距离，根据新的距离集合发现$\{d, e\}$距离最小，两者合为新的一类。按照固有的度量方式计算$\{d, e\}$与 c 和$\{a, b\}$之间的距离，发现$\{d, e\}$和 c 的距离小于 c 和$\{a, b\}$的距离，合并$\{d, e\}$与 c 成类$\{c, d, e\}$，最后合并成$\{a, b, c, d, e\}$一类。分裂层次聚类过程与凝聚层次聚类正好相反。

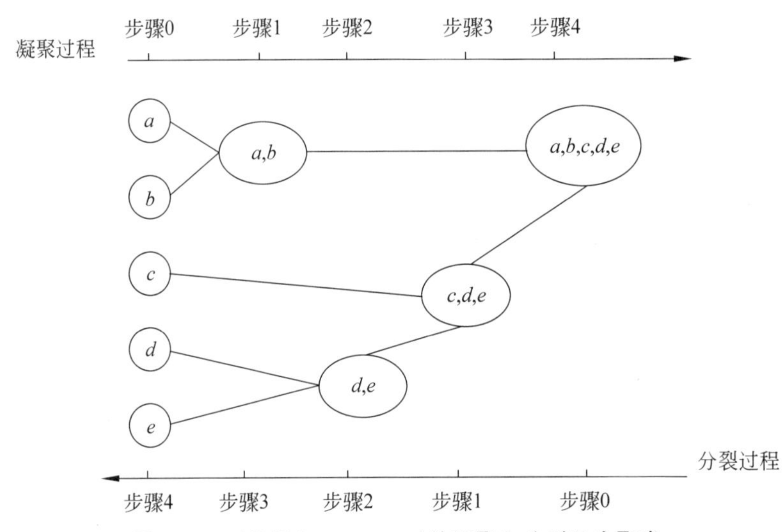

图 5.13　对数据$\{a, b, c, d, e\}$的凝聚和分裂层次聚类

由上述过程可知，层次聚类比较简单，需要注意聚类过程会经常遇到选择合并点或者分裂点的问题。这种选择非常关键，因为一旦一组样本被合并或者分裂，下一步的工作就是在新形成的簇上进行，已做的处理不能撤销，类之间也不能交换对象。如果合并或者分裂的决定不合适，就可能得出低质量的聚类结果。而且，层次聚类算法的可伸缩性差，在决定合并或者分裂之前需要检查和估算大量的对象和簇。

4. 基于密度的聚类

基于密度的聚类方法是根据样本的密度分布来进行聚类的，它把数据点中的簇看成是被低密度区域分隔开的高密，依据密度的连通性来分析增长聚类，其典型方法是 DBSCAN 聚类。

DBSCAN 算法将具有较高密度的样本区域划分为簇，并且在具有噪声的空间数据中发现任意形状的簇。算法中有两个参数，一个是邻域半径 ε，一个是邻域内至少包含样本点的个数 MinPts。DBSCAN 算法将样本点分为 3 类：

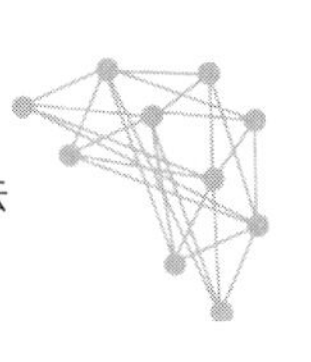

(1) 核心点,点 x 的 ε 邻域内,含有超过 MinPts 个数的样本,x 为核心点;

(2) 边界点,在 x 的 ε 邻域内,样本点个数小于 MinPts,但是 x 在核心点的 ε 邻域内;

(3) 噪声点,既不是核心点也不是边界点的称为噪声点。

为了说明算法的基本思想,对于给定的 ε 和 MinPts,还要说明下面概念。

(1) 直接密度可达:如果 x_2 在 x_1 的 ε 邻域内,并且 x_1 为核心点,则称 x_2 是从 x_1 出发关于 ε 和 MinPts 直接密度可达的;

(2) 密度可达:如果存在一个样本链 $x_1,x_2,\cdots,x_n$,如果 x_{i+1} 是从 x_i 出发直接密度可达,则 x_n 是从样本 x_1 关于 ε 和 MinPts 密度可达的。

(3) 密度相连:如果存在样本点 o,使 x_2 和 x_1 都是从 o 关于 ε 和 MinPts 密度可达的,那么 x_2 到 x_1 是关于 ε 和 MinPts 密度相连的。

DBSCAN 算法通过检查样本中每点的 ε 邻域来搜索簇,如果 x 的 ε 邻域内包含的点超过 MinPts 个,就创建一个以 x 为核心点的新簇,然后迭代地聚集从核心点直接密度可达的样本,此过程可能有簇的合并,当没有新的点可以添加到任何簇时,算法结束。

算法 5.9 DBSCAN 算法

输入	数据集 D 及参数 ε,MinPts
输出	k 个簇集合 $C_1,C_2,\cdots,C_k$
方法	(1) 将所有点标记为核心点、边界点或噪声点; (2) 删除噪声点; (3) 在距离为 ε 内的所有核心点赋予一条边; (4) 每组连通的核心点组成一个簇; (5) 将边界点指派到一个与之对应的簇中。

DBSCAN 算法的优点是对噪声数据不敏感,能够很好地判别离群点,因为算法是通过密度直达来生成簇的,它可以发现数据中任意形状的簇。DBSCAN 的缺点是对于输入的两个参数 ε,MinPts 敏感,如果数据稀疏,不同的参数聚类结果会有很大不同。

5. 基于模型的聚类

基于模型的聚类是假设数据由潜在的混合概率分布模型生成,模型中每一个概率分布对应一个簇,对数据聚类的过程,本质是对概率模型中参数进行估计的过程。在模型选择上常见的是高斯混合模型(GMM 模型),参数估计常用期望最大化方法(EM 算法)。

GMM 模型假定样本集合有 M 个簇,每个簇都有一个高斯分布与之对应,每个分布都有各自的均值和方差。对应第 k 个分布的概率密度为

$$f_k(\boldsymbol{x} \mid k,\phi_k)=\frac{1}{(2\pi)^{d/2}\left|\sum_k\right|^{1/2}}\exp\left[-\frac{1}{2}(\boldsymbol{x}-\boldsymbol{\mu}_k)^{\mathrm{T}}\sum\nolimits^{-1}(\boldsymbol{x}-\boldsymbol{\mu}_k)\right]$$

其中,$\boldsymbol{\mu}_k$ 和 $\sum_k$ 分别表示期望和协方差矩阵;$\boldsymbol{x}$ 为 d 维向量。对一个样本 $\boldsymbol{x}_i$ 的分布可用 k 个分布的加权和来表示:

$$f(\boldsymbol{x}_i \mid \Theta)=\sum_{k=1}^{M}\pi_k f_k(\boldsymbol{x}_i \mid k,\theta_k)$$

其中 π_k 是第 k 个高斯分布的权重值,它代表了由第 k 个分布产生的样本占总样本的比例,且

$\sum_{k=1}^{M}\pi_k=1$,Θ 是全部参数的集合,定义为 $\Theta=\{\pi_1,\pi_2,\cdots,\pi_M;\theta_1,\theta_2,\cdots,\theta_M\}$。模型中所有参数需要从样本集合 X 的观察值估计得到,常采用的估计方法是期望最大化方法(EM算法)。

EM算法是一种迭代算法,它是基于样本隶属与簇的概率来确定样本分配的。也就是簇之间没有严格的边界,算法首先对模型的参数进行初始化,然后反复根据计算参数向量产生的混合密度对样本打分,重新打分之后的样本又用来更新参数估计。每个样本都计算一个概率,也就是计算权重 π_k,根据权重确定样本隶属的簇,算法包含两步:E-step 和 M-step,算法的一般框架如下。

(1) 对模型参数进行初始化,通常包含模型的选择,初始簇的中心假定,初始权重。

(2) 算法在下面两步迭代,直到满足精度要求终止。

(3) E-step:用条件概率计算 $\boldsymbol{x}_i$ 隶属到簇 C_k 的概率,条件概率计算公式为

$$p(\boldsymbol{x}_i \in C_k)=p(C_k \mid \boldsymbol{x}_i \in C_k)=\frac{p(\boldsymbol{x}_i \mid C_k)p(C_k)}{p(\boldsymbol{x}_i \in C_k)}$$

其中 $p(\boldsymbol{x}_i|C_k)=N(\boldsymbol{\mu}_k,\sigma_k^2)$服从均值为 $\boldsymbol{\mu}_k$,方差为 σ_k^2 的高斯分布,$p(C_k)=\pi_k$,为 C_k 簇中样本个数,根据概率确定 $\boldsymbol{x}_i$ 所在的簇。

(4) M-step:利用 E-step 的概率,重新计算模型参数,

$$\pi_k=\frac{1}{n}\sum_{i=1}^{n}p(C_k \mid \boldsymbol{x}_i)$$

$$\boldsymbol{\mu}_k=\sum_{i=1}^{n}\frac{\boldsymbol{x}_i p(\boldsymbol{x}_i \in C_k)}{\sum_j p(\boldsymbol{x}_i \in C_j)}=\frac{1}{n}\sum_{i=1}^{n}\boldsymbol{x}_i p(\boldsymbol{x}_i \in C_k)$$

$$\sigma_k^2=\frac{\sum_{i=1}^{n}p(C_k \mid \boldsymbol{x}_i)(\boldsymbol{x}_i-\boldsymbol{\mu}_k)^{\mathrm{T}}(\boldsymbol{x}_i-\boldsymbol{\mu}_k)}{\sum_{i=1}^{n}p(C_k \mid \boldsymbol{x}_i)}$$

如果模型选择为高斯混合模型(GMM),此时的EM算法流程为:首先初始化 $\boldsymbol{\mu}$,$\boldsymbol{\Sigma}$,π,在 E-step 中,根据初始参数估计样本 $\boldsymbol{x}_i$ 来自第 k 个高斯分布的概率 $p_{ik}=p(C_k|\boldsymbol{x}_i)$,在 M-step 中迭代公式为

$$\pi_k=\frac{1}{n}\sum_{i=1}^{n}p_{ik}$$

$$\boldsymbol{\mu}_k=\frac{\sum_{i=1}^{n}p_{ik}\boldsymbol{x}_i}{\sum_{i=1}^{n}p_{ik}}$$

$$\boldsymbol{\Sigma}_k=\frac{\sum_{i=1}^{n}p_{ik}(\boldsymbol{x}_i-\boldsymbol{\mu}_k)^{\mathrm{T}}(\boldsymbol{x}_i-\mu_k)}{\sum_{i=1}^{n}p_{ik}}$$

EM算法的优点是:计算比较简单,算法收敛快,在模型选择上可以使用各种概率分布模型,使用混合模型可以发现不同大小和椭圆形的簇。

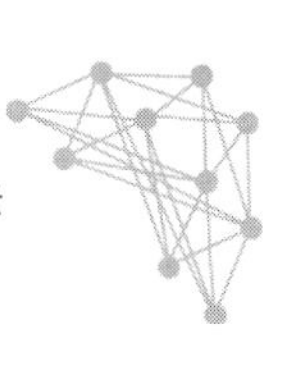

EM 算法的缺点是：由于混合模型中有大量的参数需要估计，EM 算法计算速度比较慢，不适合大型数据；当簇中只有少量数据点（用少量数据估算大量参数是不合适的）或者数据近似线性时，算法不再适用。

5.4.2　维归约技术

机器学习任务中，数据的维度如果很高，会给学习算法带来挑战，高维数据不易可视化，还容易产生维数灾难，这时就需要把数据变换到低维空间。维归约技术的一个数学直观理解是，对于给定的高维数据 $\boldsymbol{x}=(x_1,x_2,\cdots,x_d)$，寻找一个能够反映数据信息的低维数据 $\boldsymbol{y}=(y_1,y_2,\cdots,y_k)$ 替代原数据。维归约技术主要有两种形式：特征选择（FS）和特征变换（FT）。特征选择是在数据特征集合上选择特征子集来达到降维的目的；特征变换是把高维数据向低维空间映射，并且低维空间的数据能够保持原数据的信息，主成分分析（PCA）和奇异值分解（SVD）是两种常见的线性无监督维归约方法，流形学习是常用的非线性维归约技术。

1. 主成分分析（PCA）

主成分分析是一种去除特征相关性的数据降维方法，它通过线性变化把高维向量投影到低维空间，即通过 $\boldsymbol{Y}=\boldsymbol{L}\boldsymbol{X}$，$\boldsymbol{L}$ 为线性变换矩阵，把高维数据投影到低维数据 $\boldsymbol{Y}$。低维数据 $\boldsymbol{Y}$ 以及线性变换矩阵 $\boldsymbol{L}$ 求解思想如下。

设 $\boldsymbol{X}_1,\boldsymbol{X}_2,\cdots,\boldsymbol{X}_d$ 为数据的 d 个特征，记 $\boldsymbol{X}=(\boldsymbol{X}_1,\boldsymbol{X}_2,\cdots,\boldsymbol{X}_d)^{\mathrm{T}}$，其协方差矩阵为

$$\sum=(\sigma_{ij})_{d\times d}=E\{[\boldsymbol{X}-E(\boldsymbol{X})][\boldsymbol{X}-E(\boldsymbol{X})]^{\mathrm{T}}\}$$

其中 $E(\boldsymbol{X})$ 是 $\boldsymbol{X}$ 的数学期望。设未知向量 $\boldsymbol{L}_i=(l_{i1},\ l_{i2},\cdots,\ l_{id})^{\mathrm{T}}$，$(i=1,2,\cdots,d)$ 为 d 个向量，考虑如下的线性变换

$$\begin{cases}\boldsymbol{Y}_1=\boldsymbol{L}_1^{\mathrm{T}}\boldsymbol{X}=l_{11}\boldsymbol{X}_1+l_{12}\boldsymbol{X}_2+\cdots+l_{1d}\boldsymbol{X}_d\\ \boldsymbol{Y}_2=\boldsymbol{L}_2^{\mathrm{T}}\boldsymbol{X}=l_{21}\boldsymbol{X}_1+l_{22}\boldsymbol{X}_2+\cdots+l_{2d}\boldsymbol{X}_d\\ \vdots\\ \boldsymbol{Y}_d=\boldsymbol{L}_d^{\mathrm{T}}\boldsymbol{X}=l_{d1}\boldsymbol{X}_1+l_{d2}\boldsymbol{X}_2+\cdots+l_{dd}\boldsymbol{X}_d\end{cases}$$

则向量 $\boldsymbol{Y}_i$ 的方差以及 $\boldsymbol{Y}_i$ 与 $\boldsymbol{Y}_j$ 的协方差为

$$\mathrm{Var}(\boldsymbol{Y}_i)=\mathrm{Var}(\boldsymbol{L}_i^{\mathrm{T}}\boldsymbol{X})=\boldsymbol{L}_i^{\mathrm{T}}\sum\boldsymbol{L}_i,\quad i=1,2,\cdots,d$$

$$\mathrm{Cov}(\boldsymbol{Y}_i,\boldsymbol{Y}_j)=\mathrm{Cov}(\boldsymbol{L}_i^{\mathrm{T}}\boldsymbol{X},\boldsymbol{L}_j^{\mathrm{T}}\boldsymbol{X})=\boldsymbol{L}_i^{\mathrm{T}}\sum\boldsymbol{L}_j,\quad j=1,2,\cdots,d$$

如果希望用 $\boldsymbol{Y}_1$ 代替原来 d 个指标 $\boldsymbol{X}_1,\boldsymbol{X}_2,\cdots,\boldsymbol{X}_d$，就要求 $\boldsymbol{Y}_1$ 尽可能地反映 d 个指标的信息。这里"信息"用 $\boldsymbol{Y}_1$ 的方差来度量，即要求方差 $\mathrm{Var}(\boldsymbol{Y}_1)=\boldsymbol{L}_1^{\mathrm{T}}\sum\boldsymbol{L}_1$ 达到最大。但对任意常数 k，如取 $\widetilde{\boldsymbol{L}}_1=k\boldsymbol{L}_1$ 则

$$\mathrm{Var}(\widetilde{\boldsymbol{L}}_1^{\mathrm{T}}X)=k^2\mathrm{Var}(\boldsymbol{L}_1^{\mathrm{T}}X)=k^2\boldsymbol{L}_i^{\mathrm{T}}\sum\boldsymbol{L}_i$$

因此，必须对 $\boldsymbol{L}_1$ 加以限制，否则 $\mathrm{Var}(\boldsymbol{Y}_1)$ 无界。最方便的限制是要求 $\boldsymbol{L}_1$ 是单位向量，即在约束条件 $L_1^{\mathrm{T}}L_1=1$ 下，求 $\boldsymbol{L}_1$ 使 $\mathrm{Var}(\boldsymbol{Y}_1)$ 达到最大，即求解下面问题

$$\begin{aligned}&\max\quad \mathrm{Var}(\boldsymbol{Y}_1)=\boldsymbol{L}_1^{\mathrm{T}}\sum\boldsymbol{L}_1\\ &s.t.\quad \boldsymbol{L}_1^{\mathrm{T}}\boldsymbol{L}_1=1\end{aligned}$$

解得 $\boldsymbol{L}_1$，由此随机变量 $\boldsymbol{Y}_1=\boldsymbol{L}_1^{\mathrm{T}}\boldsymbol{X}$ 称为 $X_1,X_2,\cdots,X_d$ 的第一主成分。

如果第一主成分 $\boldsymbol{Y}_1$ 还不足以反映原向量的信息，则进一步求 $\boldsymbol{Y}_2$。为了使 $\boldsymbol{Y}_1$ 和 $\boldsymbol{Y}_2$ 反映原变量的信息不重叠，要求 $\boldsymbol{Y}_1$ 和 $\boldsymbol{Y}_2$ 不相关，即 $\mathrm{Cov}(\boldsymbol{Y}_1,\boldsymbol{Y}_2)=\boldsymbol{L}_1^{\mathrm{T}}\sum\boldsymbol{L}_2=0$。于是，在约束条件 $\boldsymbol{L}_2^{\mathrm{T}}\boldsymbol{L}_2=1$ 及 $\boldsymbol{L}_1^{\mathrm{T}}\sum\boldsymbol{L}_2=0$ 之下，求 $\boldsymbol{L}_2$ 使 $\mathrm{Var}(\boldsymbol{Y}_2)$ 达到最大，即求解问题

$$\begin{aligned}\max\quad &\mathrm{Var}(\boldsymbol{Y}_2)=\boldsymbol{L}_2^{\mathrm{T}}\sum\boldsymbol{L}_2\\ s.t.\quad &\boldsymbol{L}_1^{\mathrm{T}}\boldsymbol{L}_1=1\\ &\boldsymbol{L}_1^{\mathrm{T}}\sum\boldsymbol{L}_2=0\end{aligned}$$

解得 $\boldsymbol{L}_2$，并由此确定随机变量 $\boldsymbol{Y}_2=\boldsymbol{L}_2^{\mathrm{T}}\boldsymbol{X}$ 称为 $\boldsymbol{X}_1,\boldsymbol{X}_2,\cdots,\boldsymbol{X}_d$ 的第二主成分。以此类推，求解 $\boldsymbol{X}$ 的各个主成分。

实际上，求解主成分的过程等价于求 $\boldsymbol{X}$ 协方差矩阵的特征值及相应的正交单位化特征向量，对于 $\boldsymbol{Y}_i=\boldsymbol{L}_i^{\mathrm{T}}\boldsymbol{X}$，可以进一步将其更改为：$\boldsymbol{Y}_i=\sqrt{\lambda_i}\boldsymbol{L}_i^{\mathrm{T}}\boldsymbol{X}$。

主成分分析的计算步骤如下：

(1) 对数据进行标准化处理，消除特征的量纲差异；

(2) 计算标准化数据矩阵的协方差矩阵(或者相关系数矩阵)；

(3) 求协方差矩阵的特征值及对应的特征向量，把特征值按照从大到小顺序排列；

(4) 计算主成分贡献率和累积贡献率，主成分贡献率计算公式为 $\lambda_i/\sum_{i=1}^{d}\lambda_i$，累积贡献率计算公式为 $\sum_{i=1}^{k}\lambda_i/\sum_{i=1}^{d}\lambda_i$(前 k 个主成分贡献率的和)。

一般根据主成分累积贡献率选取主成分的个数，常用的标准为累积贡献率在 85%～95%。在确定了主成分的个数后，称生成主成分的线性变化矩阵为投影矩阵，原始数据左乘投影矩阵后就得到了降维后的数据。

2. 奇异值分解(SVD)

奇异值分解是机器学习领域广泛应用的一种数据降维方法，它能从复杂的数据中提取有用信息，并能够发现数据中的潜在结构模式。在主成分分析中，数据协方差矩阵的特征分解形式为 $\boldsymbol{\Sigma}=\boldsymbol{L}\boldsymbol{\Lambda}\boldsymbol{L}^{\mathrm{T}}$，其中 $\boldsymbol{\Lambda}$ 为特征值组成的对角阵，$\boldsymbol{L}$ 为特征值对应的单位正交阵。可以从特征分解形式中确定主成分的贡献率，以及生成主成分的投影矩阵。由于协方差矩阵是方阵，方法对于一般情况并不适合，在不是方阵的情况下我们可以用奇异值分解(SVD)的方法对数据矩阵进行分解，并且可以依据主成分分析的思想考虑数据降维问题。

【定理 5.1】 设矩阵 $\boldsymbol{A}$ 是 $m\times n$ 的矩阵，则矩阵 $\boldsymbol{A}$ 可以分解为

$$\boldsymbol{A}=\boldsymbol{U}\boldsymbol{\Sigma}\boldsymbol{V}^{\mathrm{T}}$$

其中 $\boldsymbol{\Sigma}$ 是 $m\times n$ 的非负准对角矩阵，假设对角元素已按由大到小顺序排序，$\boldsymbol{U}$ 是 $m\times m$ 矩阵，$\boldsymbol{V}$ 是 $n\times n$ 矩阵，并且 $\boldsymbol{U},\boldsymbol{V}$ 是标准正交矩阵，即 $\boldsymbol{U}\boldsymbol{U}^{\mathrm{T}}=\boldsymbol{I}_{m\times m}$，$\boldsymbol{V}\boldsymbol{V}^{\mathrm{T}}=\boldsymbol{I}_{n\times n}$。

定理不作证明，只看矩阵 $\boldsymbol{U},\boldsymbol{\Sigma},\boldsymbol{V}$ 与矩阵 $\boldsymbol{A}$ 的关系。

$\boldsymbol{A}\boldsymbol{A}^{\mathrm{T}}$ 为 $m\times m$ 矩阵，$\boldsymbol{U}$ 的列向量是 $\boldsymbol{A}\boldsymbol{A}^{\mathrm{T}}$ 的奇异向量，称为左奇异向量。

$\boldsymbol{A}^{\mathrm{T}}\boldsymbol{A}$ 为 $n\times n$ 矩阵，$\boldsymbol{V}$ 的列向量是 $\boldsymbol{A}^{\mathrm{T}}\boldsymbol{A}$ 的奇异向量，称为右奇异向量。

$\boldsymbol{\Sigma}$ 的对角元素设为 λ_i，则 $\boldsymbol{A}\boldsymbol{A}^{\mathrm{T}}$ 与 $\boldsymbol{A}^{\mathrm{T}}\boldsymbol{A}$ 的特征值为 λ_i^2。

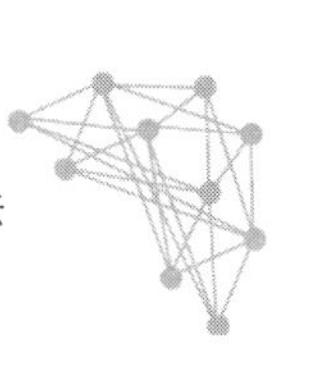

$$AA^{\mathrm{T}}=U\Sigma V^{\mathrm{T}}(U\Sigma V^{\mathrm{T}})^{\mathrm{T}}=U\Sigma V^{\mathrm{T}}V\Sigma U^{\mathrm{T}}=U\Sigma^2U^{\mathrm{T}}$$
$$A^{\mathrm{T}}A=(U\Sigma V^{\mathrm{T}})^{\mathrm{T}}U\Sigma V^{\mathrm{T}}=V\Sigma^2V^{\mathrm{T}}$$

如果记 u_i，v_i 表示 U，V 的列向量，由 $AV=U\Sigma V^{\mathrm{T}}V=U\Sigma$，得 $Av_i=u_i\lambda_i$，即向量 Av_i 和 u_i 对应成比例，所以 $\lambda_i=Au_i/v_i$，这样就可以求得 Σ。

奇异值分解与特征分解类似。奇异值矩阵中的奇异值减小特别快，往往奇异值矩阵前 10% 的奇异值的和就占了所有奇异值之和的 99%，也就是说，可以用最大的几个奇异值及其对应的左右奇异向量来描述矩阵 A，这样就实现了数据的降维，利用奇异值分解降维如图 5.14 所示。

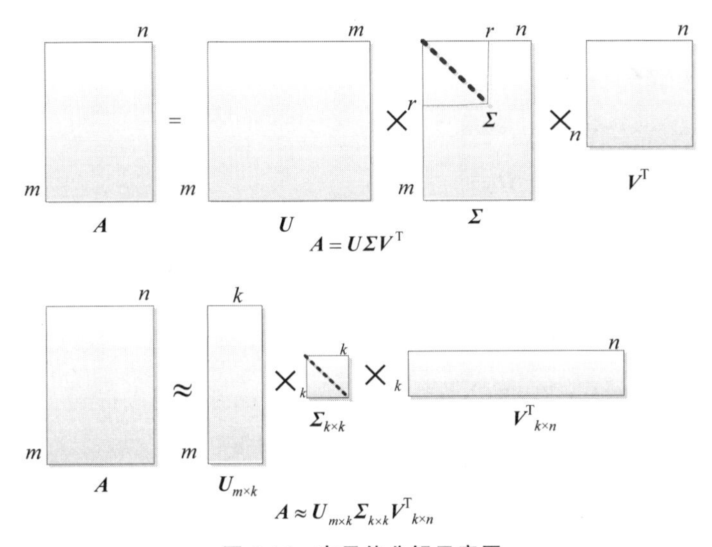

图 5.14　奇异值分解示意图

3. 流形学习算法

流形学习是一类借鉴了拓扑流形概念的非线性降维方法，它的基本观点是人们观测到的高维数据是低维空间流形映射到高维空间得到的，数据样本在高维空间的分布虽然看上去非常复杂，但在局部上仍具有低维空间的几何结构。流形学习就是要找到数据由高维到低维的非线性映射关系。三维空间的一个流形如图 5.15 所示。

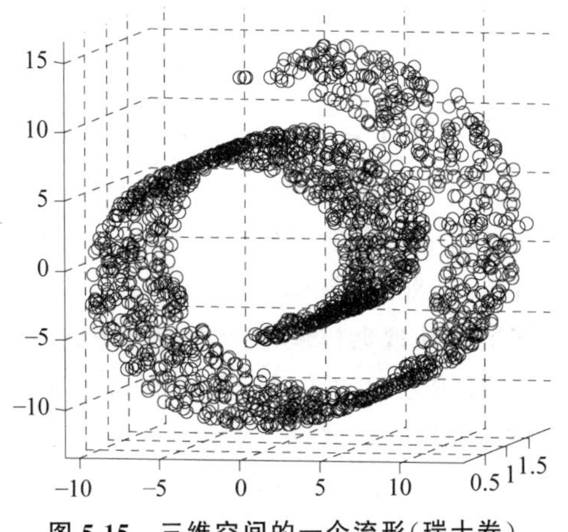

图 5.15　三维空间的一个流形（瑞士卷）

假设有一个 n 维空间的流形 M,流形学习就是要找到数据降维的一个映射 ϕ,能够把 M 映射到 d 维空间,$d \ll n$。常见的流形学习降维的算法有多维标度、等距映射、局部线性嵌入、拉普拉斯特征映射、局部保持投影等。

1) 多维标度分析(MDS)

MDS 是一种能够保持数据之间差异性的维归约算法,它能使原数据中的点经过变化后仍保持原来的距离,它通过构建准则函数来体现降维数据的重构误差,可以使用梯度下降法来求解准则函数。在特定的距离定义下,准则函数有解析解。

设 m 个 d 维样本的距离矩阵为 $\boldsymbol{D}$,其中 d_{ij} 为 $\boldsymbol{x}_i$ 和 $\boldsymbol{x}_j$ 的距离,MDS 算法的目的找到 k 维空间中的样本矩阵 $\boldsymbol{Z}_{km}$,并且使得 $\boldsymbol{x}_i$ 和 $\boldsymbol{x}_j$ 映射之后的点 $\boldsymbol{z}_i$ 和 $\boldsymbol{z}_j$ 的距离仍为 d_{ij}。

$$\boldsymbol{D}=\begin{pmatrix} d_{11} & d_{12} & \cdots & d_{1m} \\ d_{21} & d_{22} & \cdots & d_{2m} \\ \vdots & \vdots & \ddots & \vdots \\ d_{m1} & d_{m1} & \cdots & d_{m1} \end{pmatrix}$$

设 $\boldsymbol{B}=\boldsymbol{Z}^{\mathrm{T}}\boldsymbol{Z}$,则 $b_{ij}=\boldsymbol{z}_i^{\mathrm{T}}\boldsymbol{z}_j$,$\boldsymbol{z}_i$ 和 $\boldsymbol{z}_j$ 的距离为

$$d_{ij}^2=\|\boldsymbol{z}_i-\boldsymbol{z}_j\|^2=\|\boldsymbol{z}_i\|^2+\|\boldsymbol{z}_j\|^2-2\boldsymbol{z}_i^{\mathrm{T}}\boldsymbol{z}_j=b_{ii}+b_{jj}-2b_{ij}$$

为便于讨论,令样本矩阵中心化,即 $\sum_i^m b_{ij}=0$,$\sum_j^m b_{ij}=0$,那么可以得到

$$\sum_{i=1}^m d_{ij}^2=\sum_{i=1}^m \|\boldsymbol{z}_i-\boldsymbol{z}_j\|^2=\sum_{i=1}^m(\|\boldsymbol{z}_i\|^2+\|\boldsymbol{z}_j\|^2-2\boldsymbol{z}_i^{\mathrm{T}}\boldsymbol{z}_j)=\sum_{i=1}^m b_{ii}+mb_{jj}$$

$$\sum_{j=1}^m d_{ij}^2=\sum_{j=1}^m \|\boldsymbol{z}_i-\boldsymbol{z}_j\|^2=\sum_{j=1}^m(\|\boldsymbol{z}_i\|^2+\|\boldsymbol{z}_j\|^2-2\boldsymbol{z}_i^{\mathrm{T}}\boldsymbol{z}_j)=\sum_{j=1}^m b_{jj}+mb_{ii}$$

$$\sum_{i=1}^m\sum_{j=1}^m d_{ij}^2=\sum_{i=1}^m\sum_{j=1}^m(\|\boldsymbol{z}_i\|^2+\|\boldsymbol{z}_j\|^2-2\boldsymbol{z}_i^{\mathrm{T}}\boldsymbol{z}_j)=2m\sum_{i=1}^m b_{ii}$$

令

$$d_{i\cdot}^2=\frac{1}{m}\sum_{j=1}^m d_{ij}^2,\quad d_{\cdot j}^2=\frac{1}{m}\sum_{j=1}^m d_{ij}^2,\quad d_{\cdot\cdot}^2=\frac{1}{m^2}\sum_{i=1}^m\sum_{j=1}^m d_{ij}^2$$

综合上述公式解得

$$b_{ij}=-\frac{1}{2}(d_{ij}^2-d_{i\cdot}^2-d_{\cdot j}^2+d_{\cdot\cdot}^2)$$

由此计算得矩阵 $\boldsymbol{B}$,对矩阵 $\boldsymbol{B}$ 进行特征分解 $\boldsymbol{B}=\boldsymbol{P}\boldsymbol{\Lambda}\boldsymbol{P}^{\mathrm{T}}$,则得到投影后数据矩阵 $\boldsymbol{Z}=\boldsymbol{\Lambda}^{1/2}\boldsymbol{P}^{\mathrm{T}}$。

2) 等距映射算法(Isomap)

Isomap 算法的突出特点是数据在高维空间中的距离用测地线距离来计算,它的目的是高维数据向低维空间映射后的数据能够保持流形上的测地距离。测地线距离是地球上任意两点之间的最短距离,对于样本空间数据以测地距离构建距离矩阵,最后通过距离矩阵求解优化问题,完成对数据的降维,降维之后的数据保留了原始数据的距离信息。如果在高维空间中采用欧氏距离,采用 MDS 算法。

Isomap 算法步骤如下。

(1) 构建原始数据集的邻域图,如果两个数据点之间的距离小于指定阈值或者一个结

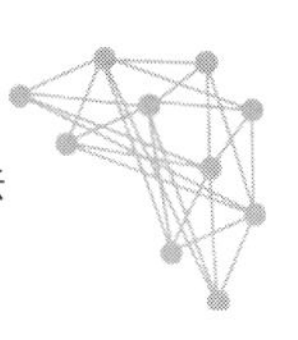

点在另一个结点的邻域集合内，则两个点是连通的，在邻域图中结点 i 和 j 之间的权重用两者之间的距离表示。

（2）计算邻域图中任意两点之间的测地距离，并得到原始数据的测地距离矩阵。

（3）测地距离矩阵为输入，应用 MDS 算法就可以计算原始数据在低维空间的嵌入。

测地距离计算过程如下。

从邻域图中某顶点出发，沿与之相连的到达另一顶点所经过的路径中，各边上权重之和最小的一条路径称为最短路径，权重之和即为两顶点之间的测地距离，求解测地距离的算法有 Dijkstra 算法、Floyd 算法等。在 Dijkstra 算法中主要以起始点为中心向外逐层扩展，直至到达终点，使用了广度优先搜索解决加权有向图的单源最短路径问题，算法最终得到一个最短路径树。

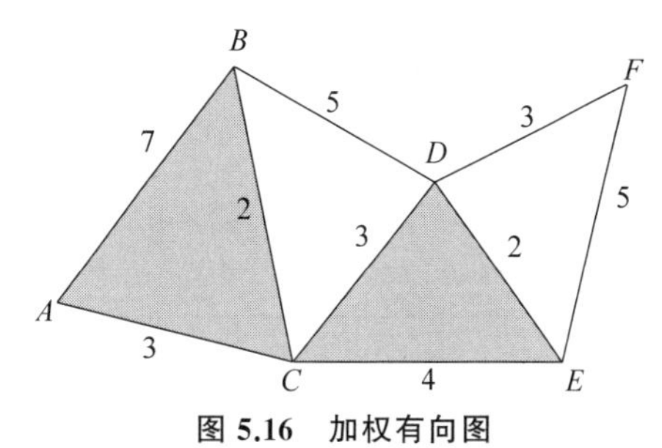

图 5.16　加权有向图

以加权有向图 5.16 为例计算起始点到各顶点的测地距离。详细计算步骤如表 5.6 所示。

表 5.6　起始点到各顶点距离计算

步骤	S 集合中	U 集合中
1	进入顶点 A，此时 S＝＜A＞ 此时 A→A＝0，以 A 为中间点，从 A 开始	U＝＜B，C，D，E，F＞ A→B＝7 A→C＝3 A→其他顶点＝∞ 发现 A→C＝3
2	选入 C，此时 S＝＜A，C＞， 最短路径：A→A＝0，A→C＝3 以 C 为中间点，从 A→C＝3 开始寻找	U＝＜B，D，E，F＞ A→C→B＝5 A→C→D＝6 A→C→E＝7 A→C→其他顶点＝∞ 发现 A→C→B＝5 权重和最小
3	选入 B，此时 S＝＜A，C，B＞， 最短路径：A→A＝0，A→C＝3 A→C→B＝5 以 B 为中间点，从 A→C→B＝5 开始下一步寻找	U＝＜D，E，F＞ A→C→B→D＝10＞A→C→D＝6 此时 D 权重更改为 A→C→D＝6 A→C→B 其他顶点＝∞ 发现 A→C→D＝6 权重值和最小
4	选入 D，S＝＜A，C，B，D＞ 最短路径：A→A＝0，A→C＝3 A→C→B＝5，A→C→D＝6 以 D 为中间点，从 A→C→D＝6 开始下一步寻找	U＝＜E，F＞ A→C→D→E＝8＞A→C→E＝7 此时 E 点权重更改为 A→C→E＝7 A→C→D→F＝9 发现 A→C→E＝7 权重和最小

续表

步骤	S 集合中	U 集合中
5	选入 E，$S=\langle A,C,B,D,E\rangle$ 最短路径：$A\to A=0$，$A\to C=3$ $A\to C\to B=5$，$A\to C\to D=6$ $A\to C\to E=7$ 以 E 为顶点，从 $A\to C\to E=7$ 开始下一步寻找	$U=\langle E,F\rangle$ $A\to C\to E\to F=12>A\to C\to D\to F=9$ 此时 F 点权重更改为 $A\to C\to D\to F=9$ 发现 $A\to C\to D\to F=9$ 权重最小
6	选入 E，$S=\langle A,C,B,D,E\rangle$ 最短路径：$A\to A=0$，$A\to C=3$ $A\to C\to B=5$，$A\to C\to D=6$ $A\to C\to E=7$，$A\to C\to D\to F=9$	U 集合搜索完毕

此时顶点 A 到其他顶点的测地距离为

$$d_{AB}=5,\quad d_{AC}=3,\quad d_{AD}=6,\quad d_{AE}=7,\quad d_{AF}=9$$

类似的方法可以计算其他顶点之间的距离，由此可得点与点之间的测地距离矩阵。

	A	B	C	D	E	F
A	0	5	3	6	7	9
B	5	0	2	5	6	8
C	3	2	0	3	4	8
D	6	5	3	0	2	3
E	7	6	4	2	0	5
F	9	8	8	3	5	0

5.5 关联分析

许多企业在运营过程中积累了大量的事务性数据，例如电信运营商的客服电话记录，汽车 4S 点的维修记录，超市收银台每天收集到的顾客购物数据等，这些数据由于每行对应一个事务，有唯一标示，通常称为购物篮型数据。关联分析就是对大型购物篮数据进行分析，以发现数据某些属性出现规律的一种数据分析方法。属性规律可以用关联规则或频繁项集表示。在生物信息学、医疗诊断、网页挖掘等问题的数据集中也可以采用关联分析方法。下面以购物篮型数据来说明关联分析中的相关概念。购物篮型的例子如表 5.7 所示。

表 5.7 购物篮型数据

TID	项　集	TID	项　集
1	豆奶、莴苣	4	莴苣、豆奶、尿布、啤酒
2	莴苣、尿布、啤酒、甜菜	5	莴苣、豆奶、尿布、橙汁
3	豆奶、尿布、啤酒、橙汁		

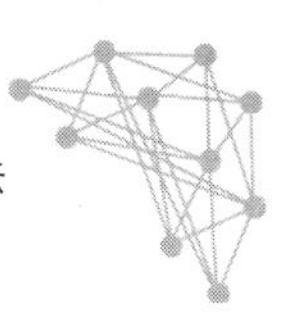

(1) 数据的二元表示：在表5.7中，每行对应一个事务，由一个唯一标识TID区分，事务里面包含一些项，一个事务会对应一个项集，如果项集里面出现的项记为1，未出现的记为0，表中的购物篮型数据会得到二元表示，见表5.8。

表5.8　购物篮数据的二元表示

TID	莴苣	豆奶	尿布	啤酒	橙汁	甜菜
1	1	1	0	0	0	0
2	1	0	1	1	0	1
3	0	1	1	1	1	0
4	1	1	1	1	0	0
5	1	1	1	0	1	0

(2) k项集：如果一个项集里面有k个项，则称之为k项集。

(3) 支持度计数：项集在事务中出现的次数，称为项集的支持度计数，例如{豆奶、莴苣}的支持度计数就为3。

(4) 支持度：项集的支持度计数除以事务个数的结果称为支持度，例如{豆奶、莴苣}的支持度为$\frac{3}{5}=0.6$，说明有60%的人同时买了{豆奶、莴苣}。

(5) 前件和后件：对于一个规则{莴苣}→{豆奶}而言，{莴苣}就是前件，{豆奶}就是后件。

(6) 置信度：对于规则{莴苣}→{豆奶}而言，{豆奶、莴苣}的支持度计数除以{莴苣}的支持度计数，得到的就是规则{莴苣}→{豆奶}的置信度，根据上面的数据，{莴苣}→{豆奶}的置信度为$\frac{3}{4}=0.75$，说明买{莴苣}的人中有75%的买了{豆奶}。

(7) 关联规则：设A与B为两个项集，关联规则是形如$A \rightarrow B$的蕴含表达式，其中$A \cap B=\varnothing$，关联规则的强度可以由规则的支持度和置信度来度量，设$\sigma(X)$表示项集X的支持度计数，关联规则的两种度量形式如下。

① 支持度形式：$s(X \rightarrow Y)=\frac{\sigma(X \cup Y)}{N}$；

② 置信度形式：$c(X \rightarrow Y)=\frac{\sigma(X \cup Y)}{\sigma(X)}$。

(8) 频繁项集：支持度大于或等于某个阈值的项集称为频繁项集，如果设定阈值为50%，那么{豆奶、莴苣}就是一个频繁项集。

(9) 强关联规则：大于或等于最小值尺度阈值或最小置信度阈值的规则称为强关联规则。

购物篮型数据的关联规则挖掘分两个步骤：首先从原始数据中找出频繁项集，其次由频繁项集产生关联规则，对于关联规则算法主要有Apriori算法和频繁模式树(FP-tree)。

5.5.1 Apriori 算法

Apriori 算法是一种利用支持度剪枝技术的关联规则挖掘技术，它有效地控制了选项集的指数增长模式。关联规则挖掘过程遵循如下先验原理：如果一个项集是频繁的，则它的所有子集都是频繁的，如果项集是非频繁的，则包含它的所有超集也是非频繁的。以表 5.7 中数据来阐述 Apriori 算法，假定支持度阈值为 60%，相当于最小的支持度计数为 3。

算法开始把每项都看作候选 1-项集，对它们的支持度计数之后，候选集{橙汁}和{甜菜}被剔除，因为它们的支持度计数都小于 3，这时剩余的候选 1-项集有{莴苣}、{豆奶}、{尿布}、{啤酒}；下面在剩余候选 1-项集上产生候选 2-项集，所有的候选 2-项集的个数有 $C_4^2=6$，对应的支持度计数分别为

{莴苣、豆奶}=3，　{莴苣、尿布}=3，　{莴苣、啤酒}=2，
{豆奶、尿布}=3，　{豆奶、啤酒}=2，　{尿布、啤酒}=3

在 6 个候选项集中，{莴苣、啤酒}、{豆奶、啤酒}是非频繁的，剩余的 4 个是频繁的，用来产生候选 3-项集，不使用基于支持度计数的剪枝方法，直接回到给定的 5 个事务，将形成 $C_5^3=10$ 个候选 3-项集。依据先验原理，只保留所有子集都是频繁的候选 3-项集，只有{莴苣、豆奶、尿布}具有这种性质。由此确定数据一条频繁的候选 3-项集{莴苣、豆奶、尿布}。

从上面例子中，可看出 Apriori 算法先验剪枝的有效性：如果不采用先验剪枝，需要枚举所有项集，将产生 $C_6^1+C_6^2+C_6^3=41$ 个候选；在采用了先验剪枝后，产生的候选集为 $C_6^1+C_4^2+1=13$ 个，候选集数目大幅降低。

设 C_k 表示候选 k-项集的集合，而 F_k 为频繁 k-项集的集合，最小支持度计数为 minsup，Apriori 算法步骤如下：

(1) 算法扫描数据集，确定每个项的支持度，得到所有频繁 1-项集的集合 F_1；
(2) 在频繁$(k-1)$项集上，产生新的候选 k-项集；
(3) 为了对候选项支持度计数，算法需要再次扫描数据集；
(4) 计算候选集的支持度计数之后，算法删去支持度计数小于 minsup 的所有候选集；
(5) 当没有新的频繁项集产生时，算法结束。

Apriori 算法频繁项集的产生有两个特点：首先它是一个逐层算法，即从频繁 1-项集到最长频繁项集，每次遍历项集格中的一层；其次它采用产生-测试的策略来发现频繁项集。每次迭代之后，新的候选集都由前一次迭代发现的频繁项产生，然后对每个候选的支持度进行计数，并与最小支持度阈值进行比较，算法总迭代次数最大频繁项集的长度加 1。

在 Apriori 算法下生成的频繁项集提取关联规则的方式为，把 Y 划分成两个非空子集 X 和 $Y-X$，则关联规则 $X\rightarrow Y-X$ 的置信度 $c(X\rightarrow Y-X)=\frac{\sigma(Y)}{\sigma(X)}$ 满足置信度阈值。每个频繁的 k-项集能够产生 2^k-2 个关联规则。

Apriori 算法的缺点是每次迭代都需要重新扫描数据，数据库的事务条数多，计算效率低。

5.5.2 频繁模式树算法

频繁模式树(FP-Tree)不同于 Apriori 算法的“产生-测试”形式，它使用频繁模式树的紧

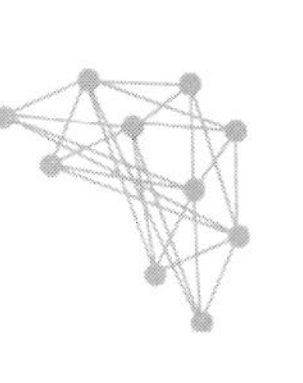

凑数据结构组织数据，并且能够直接从树中提取频繁项集。

FP-Tree 算法首先扫描数据库，生成频繁 1-项集，按照频繁 1-项集的支持度计数对事务按照支持度系数递减进行排序，然后构建 FP 树，树的根结点用 null 标记，第二次扫描排序之后的数据，逐条给各事务建立一个分支。下面用一个例子说明 FP-Tree 算法过程，取最小支持度计数为 3，数据如表 5.9 所示。

对原始数据扫描一次，得到频繁 1 项集后按频繁 1-项的支持度计算数得到顶头表（见表 5.10），由于$\{E\}$，$\{F\}$的支持度计数为 2，不在频繁 1-项集内，按照频繁 1-项集的支持度计数进行排序得到排序后数据（见表 5.11）。

表 5.9　购物篮型数据

TID	项　　集
1	$\{A,B\}$
2	$\{B,C,D\}$
3	$\{C,A,D,E\}$
4	$\{A,D,E\}$
5	$\{A,B,C,F\}$
6	$\{D,A,B,C\}$
7	$\{A,B,C,F\}$
8	$\{A,B,C\}$

表 5.10　顶头表

频繁 1 项集	支持度计数
$\{A\}$	7
$\{B\}$	6
$\{C\}$	6
$\{D\}$	4

表 5.11　排序后数据

TID	项　　集
1	$\{A,B\}$
2	$\{B,C,D\}$
3	$\{A,C,D\}$
4	$\{A,D\}$
5	$\{A,B,C\}$
6	$\{A,B,C,D\}$
7	$\{A,B,C\}$
8	$\{A,B,C\}$

频繁模式树的构建过程如下。

（1）首先创建树的根结点，用 null 表示，读入事务$\{A,B\}$，在根结点建立分支，由顶头表通过结点链接表连向新增结点，结点计数为 1。频繁模式树生成流程如图 5.17 和图 5.18 所示。

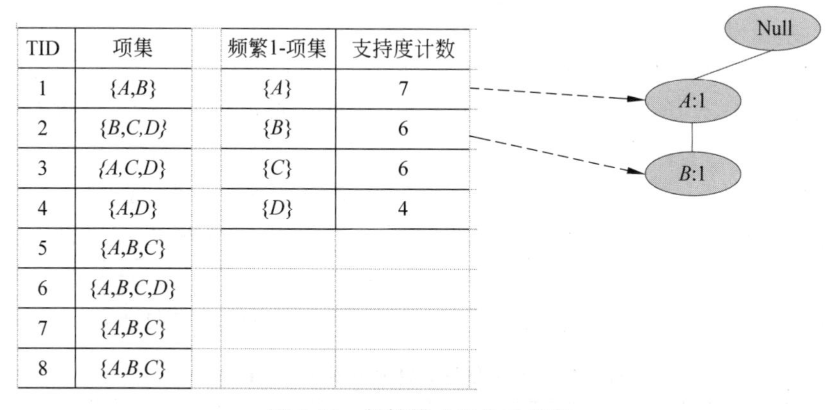

TID	项集
1	{A,B}
2	{B,C,D}
3	{A,C,D}
4	{A,D}
5	{A,B,C}
6	{A,B,C,D}
7	{A,B,C}
8	{A,B,C}

频繁1-项集	支持度计数
{A}	7
{B}	6
{C}	6
{D}	4

图 5.17　频繁模式树生成流程

（2）扫描第二条事务$\{B,C,D\}$，因为树中没有与之对应的父结点，从根结点建立新的分支，增加顶头表到顶点的链接表，对应结点处计数没有变化。

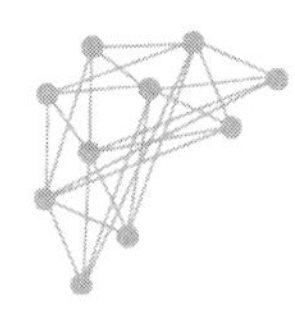

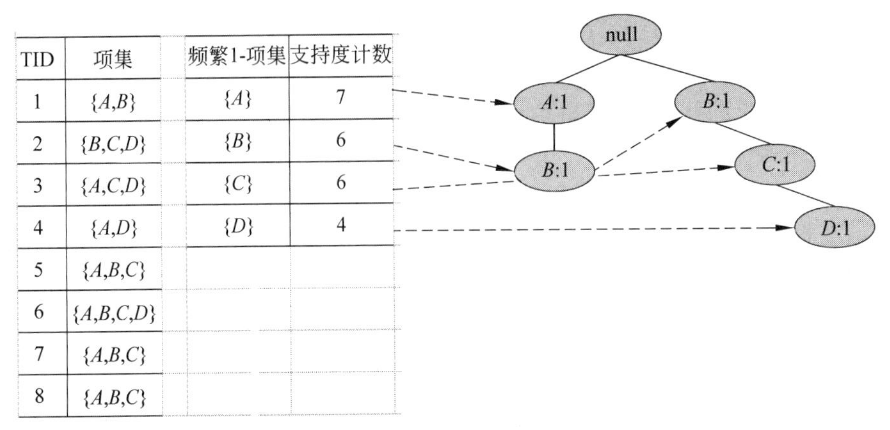

TID	项集
1	{A,B}
2	{B,C,D}
3	{A,C,D}
4	{A,D}
5	{A,B,C}
6	{A,B,C,D}
7	{A,B,C}
8	{A,B,C}

频繁1-项集	支持度计数
{A}	7
{B}	6
{C}	6
{D}	4

图 5.18　频繁模式树生成流程

(3) 按照上面的方法把剩余事务逐次加入树中，形成如下频繁模式树，如图 5.19 所示。

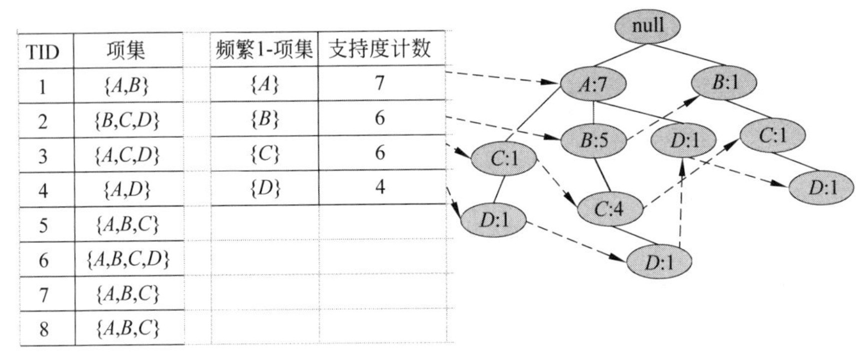

TID	项集
1	{A,B}
2	{B,C,D}
3	{A,C,D}
4	{A,D}
5	{A,B,C}
6	{A,B,C,D}
7	{A,B,C}
8	{A,B,C}

频繁1-项集	支持度计数
{A}	7
{B}	6
{C}	6
{D}	4

图 5.19　频繁模式树生成流程

构建频繁模式树完成后，可以根据顶头表、结点链表和模式树来挖掘频繁模式，首先从顶头表的底部依次向上挖掘，顶头表对应于 FP 树中的每一项，要找到它的条件模式基(所谓条件模式基，就是以挖掘项为结点的 FP 树的子树)。

对于例子中的 FP 树挖掘，首先考虑{D}，它是顶头表的最后一项，与之相连的前缀路径有<A,C：1>，<A,B,C：1>，<A：1>，<B,C：1>，因为取得最小支持度计数为 3，所以它的条件 FP 树<A：3>，<C：3>，由此产生的频繁模式集{A,D：3}，{C,D：3}；接着考虑{C}，它的条件模式基为{A：1}，{A,B：4}，{B：1}，由此生成的条件 FP 树有<A：5>，<A,B：4>，产生的频繁模式为{A,C：5}，{B,C：4}，{A,B,C：4}；最后考虑{B}，它的条件模式基为{A：5}，条件模式树为<A：5>，产生的频繁项集为{A,B：5}。综合上面模式树的挖掘过程，能够挖掘到的最大频繁模式为{A：4,B：4,C：4}。FP 树挖掘结果如表 5.12 所示。

表 5.12　通过创建条件模式基挖掘 FP 树

项	条件模式基	条件 FP 树	产生的频繁模式
{D}	{A,C：1}，{A,B,C：1} {A：1}，{B,C：1}	<A：3>，<C：3>	{A,D：3}，{C,D：3}

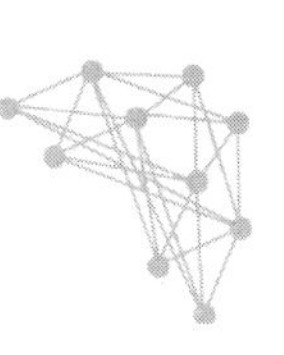

续表

项	条件模式基	条件 FP 树	产生的频繁模式
{C}	{A：1},{A,B：4},{B：1}	<A：5> <A,B：4>	{A,C：5},{B,C：4}, {A,B,C：4}
{B}	{A：5}	<A：5>	{A,B：5}

对频繁模式树算法过程总结如下。

（1）扫描数据，得到所有频繁 1-项集的计数。然后删除支持度低于阈值的项，将频繁 1-项集放入项头表，按照支持度计数降序对项集排列。

（2）扫描数据，将事务数据剔除非频繁 1-项集，并按照支持度降序排列。

（3）逐条读入排序后数据集，生成 FP 树，排序靠前的结点是父结点，而靠后的是子结点。如果有共用的父结点，则对应的共用的父结点计数加 1。插入后，如果有新结点出现，则项头表对应的结点会通过结点链表链接上新结点。直到所有的数据都插入 FP 树，FP 树建立完成。

（4）从项头表底部项依次向上找到项头表项对应的条件模式基，从条件模式基递归挖掘得到项头表项的频繁项集。

5.6　其他机器学习方法

5.6.1　隐马尔可夫模型

隐马尔可夫模型是用于标注问题的统计学习模型，描述用隐藏的马尔可夫链生成观测序列的过程，属于生成模型，它在语音识别、自然语言处理、生物信息、模式识别领域有着广泛的应用。本部分首先介绍马尔可夫模型，然后介绍隐马尔可夫模型的基本概念及相关求解和应用的问题。

1. 马尔可夫模型

如果在系统状态转移过程中，系统将来的状态只与现在的状态有关，而与过去的状态无关，符合这种性质的状态转移过程称作马尔可夫过程。马尔可夫过程的主要特征是它具有无后效性（也称马氏性），所谓马尔可夫链是指时间连续（或离散）、状态可列、时间齐次的马尔可夫过程。

考虑一个有 N 个可能状态的系统：$S_1,S_2,\cdots,S_N$，系统在某一时刻 t 的状态记为 q_t，$t=1,2,\cdots$，依据马尔可夫链的特点有

$$P(q_{t+1}=S_j \mid q_t=S_i,q_{t-1}=S_k,\cdots)=P(q_{t+1}=S_j \mid q_t=S_i)$$

记 $a_{ij}=P(q_{t+1}=S_j \mid q_t=S_i)$，则有 $a_{ij}\geqslant 0,\sum_{i=1}^{N}a_{ij}=1$，注意无论在任何时刻，由状态 S_i 转到状态 S_j 的概率是相等的。由此得到状态转移矩阵

$$\boldsymbol{A}=\begin{pmatrix} a_{11} & a_{12} & \cdots & a_{1N} \\ a_{21} & a_{22} & \cdots & a_{2N} \\ \vdots & \vdots & \ddots & \vdots \\ a_{N1} & a_{N2} & \cdots & a_{NN} \end{pmatrix}$$

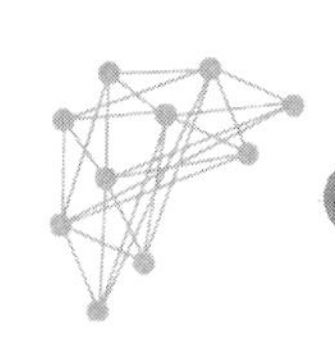

假设初始时刻状态为 S_i 的概率为 π_i，即 $\pi_i=P(q_1=S_i)$，满足 $\sum_{i=1}^{N}\pi_i=1$，称 π_i 为初始概率。以具有三个状态的马尔可夫模型为例，状态之间的关系如图 5.20 所示。

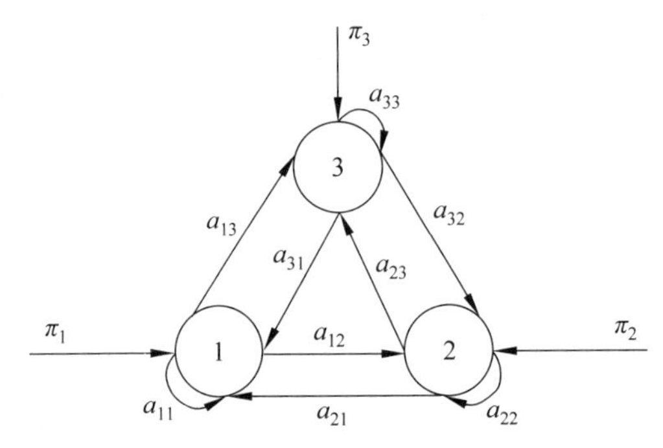

图 5.20　三状态马尔可夫模型

在一个给定 π_i 和状态转移矩阵 $\mathbf{A}$ 的可观测马尔可夫模型中，在任意时刻 t 的观测状态记为 q_t，随着系统从一个状态转移到另一个状态，会得到一个状态序列，设一个观测序列为 O，它的状态序列 $O=Q=\{q_1,q_2,\cdots,q_r\}$，则出现此状态序列的概率为

$$P(O=Q \mid \mathbf{A},\Pi)=P(q_1)\prod_{t=2}^{r}P(q_t \mid q_{t-1})=\pi_{q_1}a_{q_1q_2}\cdots a_{q_{r-1}q_r}$$

其中，π_{q_1} 为初始状态为 q_1 的概率；$a_{q_iq_j}$ 为由状态 q_i 转移到 q_j 的概率。下面举例说明上式的应用。

假设在一段时间内气象状态可以用三个状态的马尔可夫模型描述，状态为 S_1 表示雨，S_2 表示多云，S_3 表示晴，并且状态转移矩阵为

$$\begin{pmatrix}0.4 & 0.3 & 0.3\\0.2 & 0.6 & 0.2\\0.1 & 0.1 & 0.8\end{pmatrix}$$

假定第一天为晴天，求在今后 7 天中天气为 $O=\{$晴晴雨云云晴云$\}$的概率。

依据公式 $P(O=Q \mid \mathbf{A},\Pi)=P(q_1)\prod_{t=2}^{r}P(q_t \mid q_{t-1})=\pi_{q_1}a_{q_1q_2}\cdots a_{q_{r-1}q_r}$，可得

$$P(O=Q)=0.8\times0.8\times0.1\times0.3\times0.6\times0.2=0.02304$$

在机器学习任务中，初始状态概率及状态转移矩阵往往是未知的，这时就需要从观测的序列状态来估算 π_i 的状态转移矩阵 $\mathbf{A}$，给定 K 个长度为 T 的序列，用 q_t^k 表示序列 k 在 t 时刻的状态，初始估计以 S_i 为初始状态的概率为 $\pi_i=\dfrac{n_i}{K}$，n_i 表示以 S_i 开头的序列个数。状态转移矩阵估算通常按照公式

$$a_{ij}=\frac{\{\text{从 } S_i \text{ 转移到 } S_j \text{ 的序列数}\}}{\{\text{从 } S_i \text{ 转移的序列数}\}}$$

2. 隐马尔可夫模型

在隐马尔可夫模型中，系统的状态是不可观测的，它由一个隐藏的马尔可夫链随机产生状态序列，再由各个状态生成一个观测而产生观测随机序列。隐藏的马尔可夫链生成的状

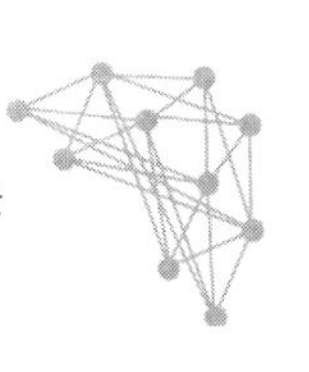

态的序列称为状态序列；每个状态生成一个观测，由此产生的观测随机序列称为观测序列。序列的每个位置可以看作一个时刻。

隐马尔可夫模型由初始概率分布、状态转移概率分布和观测概率分布确定，设 Q 是所有可能状态的集合，V 是所有可能观测的集合，有

$$Q=\{S_1,S_2,\cdots,S_N\},\quad V=\{v_1,v_2,\cdots,v_M\}$$

其中，N 是所有可能状态数；M 是可能的观测数。I 是长度为 T 的状态序列，O 为观测序列，

$$I=\{q_1,q_2,\cdots,q_T\},\quad O=\{o_1,o_2,\cdots,o_T\}$$

$\boldsymbol{A}$ 是状态转移矩阵

$$\boldsymbol{A}=\begin{pmatrix} a_{11} & a_{12} & \cdots & a_{1N} \\ a_{21} & a_{22} & \cdots & a_{2N} \\ \vdots & \vdots & \ddots & \vdots \\ a_{N1} & a_{N2} & \cdots & a_{NN} \end{pmatrix}$$

其中 $a_{ij}=P(q_{t+1}=S_j\,|\,q_t=S_i)$

$\boldsymbol{B}$ 是观测概率矩阵

$$\boldsymbol{B}=[b_j(k)]_{N\times M}$$

其中 $b_j(k)=P(o_t=v_k\,|\,q_t=S_j)$，为时刻 t 时处于状态 S_j 的情况下 $o_t=v_k$ 的概率。

$\boldsymbol{\pi}$ 是初始状态概率向量，$\boldsymbol{\pi}=(\pi_i)$，其中 $\pi_i=P(q_1=S_i)$，为 $t=1$ 时状态为 S_i 的概率。一个隐马尔可夫模型由状态转移矩阵 $\boldsymbol{A}$、观测概率矩阵 $\boldsymbol{B}$、初始状态概率向量 $\boldsymbol{\pi}$ 决定，其中 $\boldsymbol{\pi}$、$\boldsymbol{A}$ 决定状态序列，$\boldsymbol{B}$ 决定观测序列，因此隐马尔可夫模型可由一个三元组 $\lambda=(\boldsymbol{A},\boldsymbol{B},\boldsymbol{\pi})$ 表示。

从模型描述可知，隐马尔可夫模型有两个假设。

（1）齐次马尔可夫性假设，即假设隐藏的马尔可夫链在 t 时刻的状态只依赖其前一时刻的状态，与其他时刻的状态无关。

（2）观测独立性假设，即假设任意时刻的观测只依赖该时刻的马尔可夫链的状态，与其他观测及状态无关。

隐马尔可夫模型可以用来为状态序列做标注，标记问题是给定观测序列预测其对应的标记序列，其前提是假设数据是由隐马尔可夫模型生成的，在给定一定数量的观测序列下，要解决如下三个问题。

（1）概率计算问题：给定模型 $\lambda=(\boldsymbol{A},\boldsymbol{B},\boldsymbol{\pi})$ 和观测序列 $O=\{o_1,o_2,\cdots,o_T\}$，计算在该观测序列下 O 出现的概率，即 $P(O|\lambda)$。

（2）模型学习问题：已知观测序列 $O=\{o_1,o_2,\cdots,o_T\}$，估计模型 $\lambda=(\boldsymbol{A},\boldsymbol{B},\boldsymbol{\pi})$ 的参数，使得在该模型下观测序列概率 $P(O|\lambda)$ 最大化。

（3）预测问题：已知模型 $\lambda=(\boldsymbol{A},\boldsymbol{B},\boldsymbol{\pi})$ 和观测序列，$O=\{o_1,o_2,\cdots,o_T\}$，求使得给定观测序列条件概率 $P(Q|O)$ 最大的状态序列 $Q=\{q_1,q_2,\cdots,q_T\}$，此问题也称为解码问题。

3. 概率计算算法

在给定状态序列 $Q=\{q_1,q_2,\cdots,q_T\}$ 的情况下，能够得到观测序列 $O=\{o_1,o_2,\cdots,o_T\}$ 的概率为

$$P(O \mid Q,\lambda)=\prod_{t=1}^{T}P(O_t \mid q_t,\lambda)=b_{q_1}(Q_1)b_{q_2}(Q_2)\cdots b_{q_T}(Q_T)$$

无法直接利用公式计算，因为状态序列的值是未知的，状态 $Q=\{q_1,q_2,\cdots,q_T\}$ 出现的概率为

$$P(Q \mid \boldsymbol{A},\boldsymbol{\pi})=P(q_1)\prod_{t=2}^{T}P(q_t \mid q_{t-1})=\pi_{q_1}a_{q_1q_2}\cdots a_{q_{T-1}q_T}$$

$Q=\{q_1,q_2,\cdots,q_T\}$ 和 $O=\{o_1,o_2,\cdots,o_T\}$ 能够同时出现的概率为

$$P(Q,O \mid \lambda)=P(Q \mid \lambda)P(O \mid \lambda)=\pi_{q_1}b_{q_1}(o_1)a_{q_1q_2}b_{q_2}(o_2)\cdots a_{q_{T-1}q_T}b_{q_T}(o_T)$$

对所有可能的状态序列 Q 求和，得到观测序列 $O=\{o_1,o_2,\cdots,o_T\}$ 的概率为

$$P(O \mid \lambda)=\sum_{q}P(O \mid Q,\lambda)P(Q \mid \lambda)=\sum_{q_1,\cdots,q_T}\pi_{q_1}b_{q_1}(o_1)a_{q_1q_2}b_{q_2}(o_2)\cdots a_{q_{T-1}q_T}b_{q_T}(o_T)$$

利用此公式直接计算，计算量极大，因此不可行。事实上有一种解决计算 $P(O|\lambda)$ 的有效算法，称为前向后向过程（见图 5.21），算法思想是把观测序列分为两部分，一部分从时刻 1 到时刻 t，第二部分是从时刻 $t+1$ 到时刻 T，下面分两部分介绍。

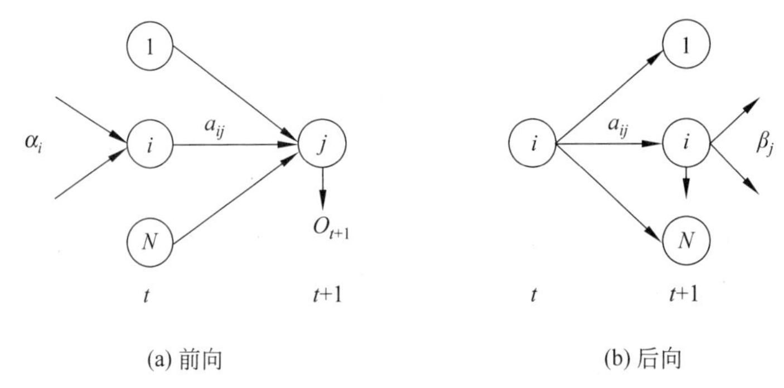

图 5.21　前向和后向过程

1）前向算法

【定义 5.8】　给定模型 $\lambda=(\boldsymbol{A},\boldsymbol{B},\boldsymbol{\pi})$，将时刻 t 观测到部分序列 $O=\{o_1,o_2,\cdots,o_t\}$ 并且状态为 S_i 时的概率 $\alpha_t(i)=P(O_1,O_2,\cdots,O_t;q_t=S_i|\lambda)$ 称为前向概率。

前向概率 $\alpha_t(i)$ 以及 $P(O|\lambda)$ 可以用递归的方法求得。

算法 5.10　前向算法

输入	隐马尔可夫模型 $\lambda=(\boldsymbol{A},\boldsymbol{B},\boldsymbol{\pi})$，观测序列 $O=\{o_1,o_2,\cdots,o_T\}$
输出	观测序列概率 $P(O\|\lambda)$
方法	(1) 初始化前向概率值 $\alpha_1(i)=P(O_1,q_1=S_i \mid \lambda)$ $=P(O_1 \mid q_1=S_i,\lambda)P(q_1=S_i \mid \lambda)$ $=\pi_i b_i(o_1)$ (2) 递归：对于 $t=1,2,\cdots,T-1$， $\alpha_{t+1}(j)=\left[\sum_{i=1}^{N}\alpha_t(i)a_{ij}\right]b_j(o_{t+1}),\quad j=1,2,\cdots,N$ (3) 终止：$P(O\|\lambda)$。

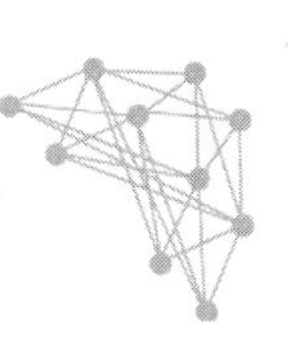

前向算法中步骤(1)初始化中的前向概率，是初始时刻状态 $q_1=S_i$ 和观测 o_1 的联合概率。步骤(2)是前向概率的递推公式，计算到时刻 $t+1$ 部分观测序列为 $o_1,o_2,\cdots,o_{t+1}$ 且在时刻 $t+1$ 时处于状态 S_j 的前向概率，其推导过程如下。

$$
\begin{aligned}
\alpha_{t+1}(j) &= P(O_1,O_2,\cdots,O_{t+1};q_{t+1}=S_j \mid \lambda) \\
&= P(O_1,O_2,\cdots,O_{t+1} \mid q_{t+1}=S_j,\lambda)P(q_{t+1}=S_j \mid \lambda) \\
&= P(O_1,O_2,\cdots,O_t \mid q_{t+1}=S_j,\lambda)P(O_{t+1} \mid q_{t+1}=S_j,\lambda)P(q_{t+1}=S_j \mid \lambda) \\
&= P(O_1,O_2,\cdots,O_t,q_{t+1}=S_j \mid \lambda)P(O_{t+1} \mid q_{t+1}=S_j,\lambda) \\
&= P(O_{t+1} \mid q_{t+1}=S_j,\lambda)\sum_i P(O_1,O_2,\cdots,O_t,q_t=S_i,q_{t+1}=S_j \mid \lambda) \\
&= P(O_{t+1} \mid q_{t+1}=S_j,\lambda)\sum_i P(O_1,O_2,\cdots,O_t,q_{t+1}=S_j \mid q_t=S_i,\lambda)P(q_t=S_i \mid \lambda) \\
&= P(O_{t+1} \mid q_{t+1}=S_j,\lambda)\sum_i P(O_1,O_2,\cdots,O_t \mid q_t=S_i,\lambda)P(q_{t+1}=S_j \mid q_t=S_i,\lambda) \\
&\quad P(q_t=S_i \mid \lambda) \\
&= P(O_{t+1} \mid q_{t+1}=S_j,\lambda)\sum_i P(O_1,O_2,\cdots,O_t \mid q_t=S_i,\lambda)P(q_{t+1}=S_j \mid q_t=S_i,\lambda) \\
&\quad P(q_t=S_i \mid \lambda) \\
&= P(O_{t+1} \mid q_{t+1}=S_j,\lambda)\sum_i P(O_1,O_2,\cdots,O_t,q_t=S \mid_i,\lambda)P(q_{t+1}=S_j \mid q_t=S_i,\lambda) \\
&= \left[\sum_{i=1}^{N}\alpha_t(i)a_{ij}\right]b_j(o_{t+1})
\end{aligned}
$$

现举例说明前向概率计算过程。考虑盒子和球模型 $\lambda=(\boldsymbol{A},\boldsymbol{B},\boldsymbol{\pi})$，状态集合有 $S=\{1,2,3\}$，观测集合 $V=\{$红，白$\}$，且

$$
\boldsymbol{A}=\begin{pmatrix}0.5 & 0.2 & 0.3\\ 0.3 & 0.5 & 0.2\\ 0.2 & 0.3 & 0.5\end{pmatrix},\quad \boldsymbol{B}=\begin{pmatrix}0.5 & 0.5\\ 0.4 & 0.6\\ 0.7 & 0.3\end{pmatrix},\quad \boldsymbol{\pi}=(0.2,0.4,0.4)^{\mathrm{T}}
$$

设 $T=3$，$O=\{$红，白，红$\}$，用前向算法求 $P(O|\lambda)$。

首先计算初值

$$
\begin{aligned}
\alpha_1(1)&=\pi_1 b_1(o_1)=0.2\times0.5=0.1\\
\alpha_1(2)&=\pi_2 b_2(o_1)=0.4\times0.4=0.16\\
\alpha_1(3)&=\pi_3 b_3(o_1)=0.4\times0.7=0.28
\end{aligned}
$$

递归计算

$$
\alpha_2(1)=\left[\sum_{i=1}^{3}\alpha_1(i)a_{i1}\right]b_1(o_2)=0.154\times0.5=0.077
$$

$$
\alpha_2(2)=\left[\sum_{i=1}^{3}\alpha_1(i)a_{i2}\right]b_2(o_2)=0.184\times0.6=0.1104
$$

$$
\alpha_2(3)=\left[\sum_{i=1}^{3}\alpha_1(i)a_{i3}\right]b_3(o_2)=0.202\times0.3=0.0606
$$

$$
\alpha_3(1)=\left[\sum_{i=1}^{3}\alpha_2(i)a_{i1}\right]b_1(o_3)=0.04187
$$

$$\alpha_3(2)=\left[\sum_{i=1}^{3}\alpha_2(i)a_{i2}\right]b_2(o_3)=0.03551$$

$$\alpha_3(3)=\left[\sum_{i=1}^{3}\alpha_2(i)a_{i3}\right]b_3(o_3)=0.05284$$

所以 $P(O\mid\lambda)=\sum_{i=1}^{3}\alpha_3(i)=0.13022$。

2）后向算法

【定义 5.9】 给定隐马尔可夫模型 $\lambda=(\boldsymbol{A},\boldsymbol{B},\boldsymbol{\pi})$，称在时刻 t 状态为 q_i 的条件下，从 $t+1$ 到 T 的部分观测序列为 $o_{t+1},o_{t+2},\cdots,o_T$ 的概率为后向概率，记作

$$\beta_t(i)=P(o_{t+1},o_{t+2},\cdots o_T\mid q_t=S_i,\lambda)$$

同样可以用递归的方法求得后向概率 $\beta_t(i)$ 及观测序列概率 $P(O|\lambda)$。如图 5.21(b)所示，当处于状态 S_i 时，有 N 种可能的下一状态 S_j，转移概率为 a_{ij}。在该状态下产生第 $t+1$ 个观测，而 $\beta_{t+1}(j)$ 表示了时刻 $t+1$ 之后所有观测的概率。

算法 5.11　后向算法

输入	隐马尔可夫模型 $\lambda=(\boldsymbol{A},\boldsymbol{B},\boldsymbol{\pi})$，观测序列 $O=\{o_1,o_2,\cdots,o_T\}$
输出	观测序列概率 $P(O\|\lambda)$
方法	(1) 初始化后向概率值 $\beta_T(i)=1$； (2) 递归 对于 $t=T-1,T-2,\cdots,1$ $\beta_t(i)=\sum_{i=1}^{N}a_{ij}b_j(o_{t+1})\beta_{t+1}(j)$ (3) 终止 $P(O\mid\lambda)=\sum_{i=1}^{N}\pi_i b_i(o_1)\beta_1(i)$。

$\beta_t(i)$计算公式此处不再做推导。利用前向概率和后向概率的定义，可以将观测序列概率 $P(O|\lambda)$统一写成

$$P(O\mid\lambda)=\sum_{i=1}^{N}\sum_{j=1}^{N}\alpha_t(i)a_{ij}b_j(o_{t+1})\beta_{t+1}(i),\quad t=1,2,\cdots,T-1$$

3）状态概率计算

(1) 给定模型 $\lambda=(\boldsymbol{A},\boldsymbol{B},\boldsymbol{\pi})$和观测序列 O，在时刻 t 处于状态 S_i 的概率记为

$$\gamma_t(i)=P(q_t=S_i\mid O,\lambda)$$

则

$$\gamma_t(i)=\frac{\alpha_t(i)\beta_t(i)}{\sum_{j=1}^{N}\alpha_t(j)\beta_t(j)}$$

事实上，可以通过前向和后向概率计算进行推导，

$$\gamma_t(i)=P(q_t=S_i\mid O,\lambda)=\frac{P(q_t=S_i,O,\lambda)}{P(O,\lambda)}=\frac{P(q_t=S_i,O\mid\lambda)P(\lambda)}{P(O\mid\lambda)P(\lambda)}$$

$$=\frac{P(q_t=S_i,O\mid\lambda)}{P(O\mid\lambda)}$$

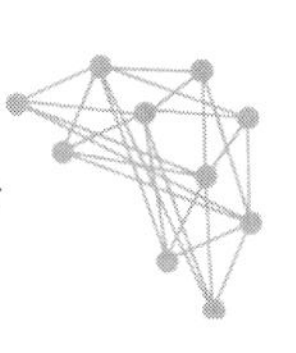

根据前向概率 $\alpha_t(i)$ 和后向概率 $\beta_t(i)$ 的定义可知

$$\alpha_t(i)\beta_t(i)=P(q_t=S_i,O\mid\lambda)$$

所以

$$\gamma_t(i)=\frac{\alpha_t(i)\beta_t(i)}{\sum_{j=1}^{N}\alpha_t(j)\beta_t(j)}$$

(2) 给定模型 $\lambda=(\boldsymbol{A},\boldsymbol{B},\boldsymbol{\pi})$ 和观测序列 O，在时刻 t 处于状态 S_i，在 $t+1$ 时刻处于 S_j 的概率，记为 $\xi(i,j)=P(q_t=S_i,q_{t+1}=S_j|O,\lambda)$，则

$$\xi(i,j)=\frac{\alpha_t(i)a_{ij}b_j(o_{t+1})\beta_{t+1}(j)}{\sum_{i=1}^{N}\sum_{j=1}^{N}\alpha_t(i)a_{ij}b_j(o_{t+1})\beta_{t+1}(j)}$$

事实上，根据前面的推导可知

$$\xi(i,j)=P(q_t=S_i,q_{t+1}=S_j\mid O,\lambda)=\frac{P(q_t=S_i,q_{t+1}=S_j,O\mid\lambda)}{P(O\mid\lambda)}$$

$$=\frac{P(q_t=S_i,q_{t+1}=S_j,O\mid\lambda)}{\sum_{i=1}^{N}\sum_{j=1}^{N}P(q_t=S_i,q_{t+1}=S_j,O\mid\lambda)}$$

而 $P(q_t=S_i,q_{t+1}=S_j,O|\lambda)=\alpha_t(i)a_{ij}b_j(o_{t+1})\beta_{t+1}(j)$，所以

$$\xi(i,j)=\frac{\alpha_t(i)a_{ij}b_j(o_{t+1})\beta_{t+1}(j)}{\sum_{i=1}^{N}\sum_{j=1}^{N}\alpha_t(i)a_{ij}b_j(o_{t+1})\beta_{t+1}(j)}$$

(3) 将 $\gamma_t(i)$ 和 $\xi(i,j)$ 对各个时刻 t 求和，可以得到如下有用的期望值。

① 在观测 O 下状态 S_i 出现的期望值：$\sum_{t=1}^{T}\gamma_t(i)$；

② 在观测 O 下状态 S_i 转移的期望值：$\sum_{t=1}^{T-1}\gamma_t(i)$；

③ 在观测 O 下状态 S_i 转移到 S_j 的期望值：$\sum_{t=1}^{T-1}\xi(i,j)$。

4. 模型学习

在隐马尔可夫模型的学习中，如果训练数据包括观测序列和对应的状态序列，这时是有监督学习，假设已给数据包含 s 个长度相同的观测序列和对应的状态序列

$$\{\{O_1,Q_1\},\{O_2,Q_2\},\cdots,\{O_s,Q_s\}\}$$

可以用极大似然估计的方法来估算模型参数，对应的参数估计结果如下。

(1) 转移概率 a_{ij} 的估计：设样本中时刻 t 处于状态 S_i，时刻 $t+1$ 转移到状态 S_j 的频数为 A_{ij}，那么状态转移概率的估计为

$$\hat{a}_{ij}=\frac{A_{ij}}{\sum_{j=1}^{N}A_{ij}}$$

(2) 观测概率 $b_j(k)$ 的估计：设样本中状态为 S_j 并观测为 S_k 的频数为 B_{jk}，那么状态为 j 观测为 k 的概率 $b_j(k)$ 的估计是

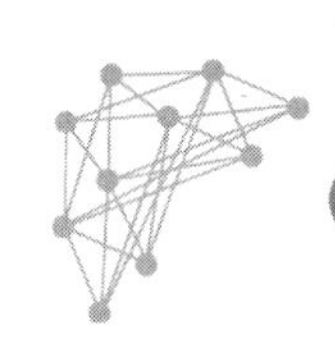

$$\hat{b}_j(k)=\frac{B_{jk}}{\sum_{k=1}^{M}B_{jk}}$$

(3) 初始状态概率 π_i 的估计：$\hat{\pi}_i$ 为 s 个样本中初始状态为 S_i 的频率。

由上面公式可以确定模型 $\lambda=(\boldsymbol{A},\boldsymbol{B},\boldsymbol{\pi})$中的参数。

如果只有观测序列,这时对应的是无监督学习。假设给定数据只包含 s 个长度为 T 的观测序列$\{O_1,O_2,\cdots,O_T\}$,而没有对应的状态序列,目标是学习模型 $\lambda=(\boldsymbol{A},\boldsymbol{B},\boldsymbol{\pi})$的参数。如果将状态序列数据看作不可观测的隐数据 Q,那么隐马尔可夫模型就是一个含隐因变量的概率模型

$$P(O\mid\lambda)=\sum_{Q}P(O\mid Q,\lambda)P(Q\mid\lambda)$$

模型参数可以由 EM 算法求解,对应算法称为 Baum-Welch 算法。算法基本思想是求解参数使得出现观测序列的概率最大,计算步骤如下。

(1) 确定数据的对数似然函数。

所有观测序列为$\{O_1,O_2,\cdots,O_T\}$,隐状态数据为 $Q=\{q_1,q_1,\cdots,q_1\}$,数据的对数似然函数为 $\ln P(O,Q|\lambda)$。

(2) EM 算法的 E 步：在给定 $\lambda=(\boldsymbol{A},\boldsymbol{B},\boldsymbol{\pi})$估计值情况下,求 Q 函数 $Q(\lambda,\hat{\lambda})$。

$$Q(\lambda,\lambda')=\sum_{Q}P(O,Q\mid\lambda')\ln P(O,Q\mid\lambda)$$

其中 λ'是隐马尔可夫模型参数的当前估计,λ 是要极大化的隐马尔可夫模型参数。由于

$$P(O,Q\mid\lambda)=\pi_{q_1}b_{q_1}(o_1)a_{q_1q_2}b_{q_2}(o_2)\cdots a_{q_{T-1}q_T}b_{q_T}(o_T)$$

所以

$$\begin{aligned}Q(\lambda,\lambda')&=\sum_{Q}P(O,Q\mid\lambda')\ln\pi_{q_1}b_{q_1}(o_1)a_{q_1q_2}b_{q_2}(o_2)\cdots a_{q_{T-1}q_T}b_{q_T}(o_T)\\&=\sum_{Q}P(O,Q\mid\lambda')\ln\pi_{q_1}+\sum_{Q}\sum_{t=1}^{T-1}P(O,Q\mid\lambda')\ln a_{q_tq_{(t+1)}}+\\&\sum_{Q}\sum_{t=1}^{T}P(O,Q\mid\lambda')\ln b_{q_t}(o_t)\end{aligned}$$

(3) EM 算法的 M 步：极大化 Q 函数 $Q(\lambda,\lambda')$,求模型 $\lambda=(\boldsymbol{A},\boldsymbol{B},\boldsymbol{\pi})$的参数。

由于要极大化 Q 函数,模型参数单独出现在 $Q(\lambda,\lambda')$的三部分中,只需对各项分别极大化即可。

$Q(\lambda,\lambda')$ 函数的第一项为 $\sum_{Q}P(O,Q\mid\lambda')\ln\pi_{q_1}$,需要满足约束条件 $\sum_{i=1}^{N}\pi_i=1$,利用拉格朗日乘数法,拉格朗日函数为

$$\sum_{i}^{N}P(O,Q\mid\lambda')\ln\pi_i+\gamma\left(\sum_{i=1}^{N}\pi_i-1\right)$$

对其求偏导,并令导数为 0,可得

$$P(O,q_i=S_i\mid\lambda')+\gamma\pi_i=0$$

利用约束条件,对 i 求和可得

$$\gamma=-P(O\mid\lambda')$$

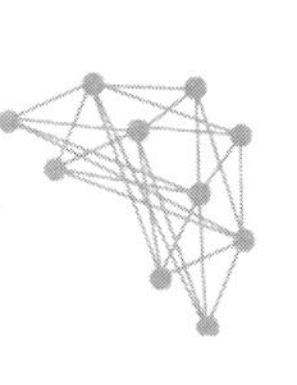

$$\pi_i = \frac{P(O, q_1 = S_i \mid \lambda')}{P(O \mid \lambda')}$$

$Q(\lambda, \lambda')$ 函数的第二项为 $\sum_{Q} \sum_{t=1}^{T-1} P(O, Q \mid \lambda') \ln a_{q_t q_{(t+1)}}$，约束条件为 $\sum_{j=1}^{N} a_{ij} = 1$，类似第一项，采用拉格朗日乘数法，可以解得

$$a_{ij} = \frac{\sum_{t=1}^{T-1} P(O, q_t = S_i, q_{t+1} = S_j \mid \lambda')}{\sum_{t=1}^{T-1} P(O, q_t = S_i \mid \lambda')}$$

$Q(\lambda, \lambda')$ 函数的第三项为 $\sum_{Q} \sum_{t=1}^{T} P(O, Q \mid \lambda') \ln b_{q_t}(o_t)$，约束条件为 $\sum_{k=1}^{M} b_j(k) = 1$，注意到只有在 $o_t = v_k$ 时 $b_j(o_i)$ 对 $b_j(k)$ 偏导不为0，利用类似方法可求得

$$b_j(k) = \frac{\sum_{t=1}^{T} P(O, q_t = S_j \mid \lambda') I(o_t = v_k)}{\sum_{t=1}^{T} P(O, q_t = S_j \mid \lambda')}$$

将上述结果分别用 $\gamma_t(i)$，$\xi(i,j)$ 表示，则上面公式改写为

$$a_{ij} = \frac{\sum_{t=1}^{T-1} \xi_t(i,j)}{\sum_{t=1}^{T-1} \gamma_t(i)}$$

$$b_j(k) = \frac{\sum_{t=1, o_t = v_k}^{T} \gamma_t(j)}{\sum_{t=1}^{T} \gamma_t(j)}$$

$$\pi_i = \gamma_1(i)$$

算法求解过程此处不再推导，模型参数的递推公式如下。

① 状态转移概率：$a_{ij}^{(n+1)} = \dfrac{\sum_{t=1}^{T-1} \xi_t(i,j)}{\sum_{t=1}^{T-1} \gamma_t(i)}$

② 观测概率：$b_j(k)^{(n+1)} = \dfrac{\sum_{t=1, o_t = v_k}^{T} \gamma_t(j)}{\sum_{t=1}^{T} \gamma_t(j)}$

③ 初始状态概率：$\pi_i^{(n+1)} = \gamma_1(i)$

5. 预测算法

隐马尔可夫模型预测有两种算法：近似算法和维特比算法。

近似算法的思想是在每个时刻 t 选择在该时刻最有可能出现的状态 q_t^*，从而得到一个状态序列 $\{q_1^*, q_2^*, \cdots, q_T^*\}$，将它作为预测的结果。给定隐马尔可夫模型 $\lambda = (\boldsymbol{A}, \boldsymbol{B}, \boldsymbol{\pi})$ 和观

测序列 O,在时刻 t 处于状态 S_i 的概率是

$$\gamma_t(i)=\frac{\alpha_t(i)\beta_t(i)}{P(O\mid\lambda)}=\frac{\alpha_t(i)\beta_t(i)}{\sum_{j=1}^{N}\alpha_t(j)\beta_t(j)}$$

在每一时刻 t 最有可能的状态是

$$q_t^*=\arg\max_{1\leqslant j\leqslant N}[\gamma_t(i)],\quad t=1,2,\cdots,T$$

从而得到状态序列$\{q_1^*,q_2^*,\cdots,q_T^*\}$。

近似算法优点是计算简单,其缺点是不能保证预测的状态序列整体是最可能的状态序列,因为预测的状态序列可能有实际不发生的状态,例如状态序列中有可能存在转移概率为0的相邻状态,如果把出现单个状态概率最大化的思想,换成出现某个序列概率最大化,这时对应的就是维特比算法。

维特比算法使用动态规划求解隐马尔可夫模型的预测问题,即用动态规划算法求概率最大的路径,及其对应的一个状态序列。维特比算法的原理是:对于最优路径来说,在时刻 t 通过结点 q_t^*,那么从 q_t^* 到 q_T^* 的部分路径与从 q_t^* 到 q_T^* 的所有可能其他路径相比必须是最优的。依据此原理,只需从时刻 $t=1$ 开始递推地计算在时刻 t 状态 $q_t=S_i$ 的各条部分路径的最大概率,直至得到时刻 $t=T$ 时,状态为 $q_T=S_i$ 的各条路径的最大概率。时刻 $t=T$ 的最大概率即为最优路径的概率 P^*,最优路径的终结点 q_T^* 也同时得到。随后,从终结点开始,由后向前逐步求得结点 $q_{T-1}^*,q_{T-2}^*,\cdots,q_1^*$,最优路径即为$\{q_1^*,q_2^*,\cdots,q_T^*\}$。

算法实现要引入两个函数 $\delta_t(i)$和 $\psi_t(i)$。定义在时刻 t 状态为 $q_t=S_i$ 的所有单个路径$(q_1,q_2,\cdots,q_t)$中概率最大值为

$$\delta_t(i)=\max_{q_1,q_2,\cdots,q_{t-1}}P(q_t=S_i,q_{t-1},\cdots q_1,o_t,\cdots,o_1|\lambda)$$

其递推公式为

$$\begin{aligned}\delta_{t+1}(i)&=\max_{q_1,q_2,\cdots,q_t}P(q_{t+1}=S_i,q_t,q_{t-1},\cdots q_1,o_{t+1},o_t,\cdots,o_1\mid\lambda)\\&=\max_{1\leqslant j\leqslant N}[\delta_t(j)a_{ji}]b_i(o_{t+1}),\quad i=1,2,\cdots,N;\ t=1,2,\cdots,T-1\end{aligned}$$

定义在时刻 t 状态 $q_t=S_i$ 的所有单个路径$(q_1,q_2,\cdots,q_t)$中概率最大的路径的第 $t-1$ 个结点为

$$\psi_t(i)=\arg\max_{1\leqslant j\leqslant N}[\delta_{t-1}(j)a_{ji}],\quad i=1,2,\cdots,N$$

算法 5.12 维特比算法

输入	模型 $\lambda=(\boldsymbol{A},\boldsymbol{B},\boldsymbol{\pi})$,和观测序列 $O=(o_1,o_2,\cdots,o_T)$
输出	最优路径 $Q=\{q_1^*,q_2^*,\cdots,q_T^*\}$
方法	(1) 初始化:$\delta_1(i)=\pi_i b_i(o_1),\quad i=1,2,\cdots,N,$ $\psi_1(i)=0,\quad i=1,2,\cdots,N.$ (2) 递推:对 $t=2,3,\cdots,T,$ $\delta_t(i)=\max_{1\leqslant j\leqslant N}[\delta_t(j)a_{ji}]b_i(o_{t+1}),\quad i=1,2,\cdots,N;\ t=1,2,\cdots,T-1$ $\psi_t(i)=\arg\max_{1\leqslant j\leqslant N}[\delta_{t-1}(j)a_{ji}],\quad i=1,2,\cdots,N$ (3) 终止:$P^*=\max_{1\leqslant j\leqslant N}\delta_T(i),q_t^*=\arg\max_{1\leqslant i\leqslant N}[\delta_T(i)]$。

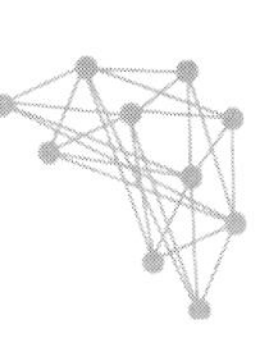

续表

方法	(4) 最优路径回溯：对 $t=T-1,T-2,\cdots,1$ $$q_t^* = \psi_{t+1}(q_{t+1}^*)$$ 求得最优路径 $\{q_1^*,q_2^*,\cdots,q_T^*\}$。

5.6.2　Boosting 算法

Boosting 算法是一种常用的机器学习方法，在分类问题中，算法通过改变训练数据的权重，学习多个分类器，并将这些分类器进行线性组合成为强分类器，以此提高分类的性能。Boosting 算法是一种典型的集成学习方法，算法采用了与随机森林不同的学习策略，它不再对样本进行独立的随机抽样构造训练集，而是重点关注那些被弱分类器分错的样本，并增加样本权重。Boosting 算法需要注意两个问题：如何改变训练样本的权重值或概率分布，以及如何将弱分类器组合成强分类器。Boosting 算法是一种框架算法，其中主要包含 AdaBoost 算法，GDBT 算法，XGBoost 算法等。

1. AdaBoost 算法

AdaBoost 也称为自适应 Boosting，是一种用于二分类问题的算法，它用弱分类器的线性组合来构造强分类器，其模型形式为

$$F(\boldsymbol{x}) = \sum_{m=1}^{M} \alpha_m f_m(\boldsymbol{x})$$

其中，$\boldsymbol{x}$ 是训练数据，是输入变量；$F(\boldsymbol{x})$是强分类器；$f_m(\boldsymbol{x})$是弱分类器；α_m 是弱分类器的权重；M 为弱分类器的数量。弱分类器的输出值为+1 或−1，对应正负样本。分类时的判别规则为 $\mathrm{sgn}(F(\boldsymbol{x}))$。

假设给定一个二分类问题的训练数据集

$$D=\{(\boldsymbol{x}_1,y_1),(\boldsymbol{x}_2,y_2),\cdots,(\boldsymbol{x}_N,y_N)\}$$

其中 $\boldsymbol{x}_i$ 为样本特征向量，$\boldsymbol{x}_i \in \boldsymbol{R}^n$，$y_i$ 为样本的标签，$y_i \in \{-1,1\}$。AdaBoost 算法描述如下。

算法 5.13　AdaBoost 算法

输入	训练数据集 $D=\{(\boldsymbol{x}_1,y_1),(\boldsymbol{x}_2,y_2),\cdots,(\boldsymbol{x}_N,y_N)\}$；弱分类器算法
输出	强分类器
方法	(1) 初始化数据的权重： $$\boldsymbol{W}_1 = (w_{11},w_{12},\cdots,w_{1N}),\quad w_{1i} = \frac{1}{N},\quad i=1,2,\cdots,N$$ (2) 对于 $m=1,2,\cdots,M$ ① 使用加权数据集学习，得到弱分类器 $f_m(\boldsymbol{x})$； ② 计算弱分类器的分类误差率 e_m； ③ 计算分类器 $f_m(\boldsymbol{x})$的系数：$\alpha_m=\frac{1}{2}\log\frac{1-e_m}{e_m}$(自然对数)； ④ 更新数据的权重分布：$\boldsymbol{W}_{m+1}=(w_{m1},w_{m2},\cdots,w_{mN})$ $$w_{m+1,i} = \frac{w_{mi}}{Z_m}\exp[-\alpha_m y_i f_m(\boldsymbol{x}_i)],\text{其中 } Z_m = \sum_{i=1}^{N} w_{mi}\exp[-\alpha_m y_i f_m(\boldsymbol{x}_i)]$$ (3) 构建线性组合 $F(\boldsymbol{x}) = \sum_{m=1}^{M}\alpha_m f_m(\boldsymbol{x})$，强分类器 $\mathrm{sgn}\left[\sum_{m=1}^{M}\alpha_m f_m(\boldsymbol{x})\right]$。

对算法 5.13 作如下解释：

(1) 初始化权重，给训练数据同等的权重，保证 $f_1(\boldsymbol{x})$是在原始数据上学习得到。

(2) 循环执行四个步骤，注意分类器的分类误差 $e_m=\sum\limits_{f_m(x_i)\neq y_i} w_{mi}$，在步骤③中由分类器系数计算公式，可以看出，如果分类误差 $e_m<\frac{1}{2}$，$\alpha_m>0$；如果 $e_m>\frac{1}{2}$，$\alpha_m<0$。并且，α_m 随着 e_m 的减小而增大，即分类误差越小的分类器在最终的强分类中起的作用越大。$e_m=\frac{1}{2}$ 对于一个二分类问题而言，可以认为分类器不起作用。在数据权重更新的步骤④中，公式 $w_{m+1,i}=\frac{w_{mi}}{Z_m}\exp[-\alpha_m y_i f_m(\boldsymbol{x}_i)]$ 可以改写为

$$w_{m+1,i}=\begin{cases}\dfrac{w_{mi}}{Z_m}\exp(-\alpha_m), & f_m(\boldsymbol{x}_i)=y_i\\ \dfrac{w_{mi}}{Z_m}\exp(\alpha_m), & f_m(\boldsymbol{x}_i)\neq y_i\end{cases}$$

由此可知，被分类器 $f_m(\boldsymbol{x})$错分的样本权重将增加，被正确分类的样本权重减小，错分数据由于权重增加，在下一轮算法学习起的作用将增加。

(3) 弱分类器的线性组合系数 α_m 表示了 $f_m(\boldsymbol{x})$在强分类器中的重要性。

对于二分类问题的 AdaBoost 算法，不加证明地给出算法最终分类误差的界

$$\frac{1}{N}\sum_{i=1}^{N} I\{\operatorname{sgn}[F(\boldsymbol{x}_i)]\neq y_i\}\leqslant\frac{1}{N}\sum_{i}\exp[-y_i f(\boldsymbol{x}_i)]=\prod_{m} Z_m\leqslant\exp\left(-2\sum_{m=1}^{M}\gamma_m^2\right)$$

公式表明，AdaBoost 的训练误差是指数下降的。

AdaBoost 算法还有另外一种解释。

可以用加法模型来解释 AdaBoost 算法的优化目标，并推导出训练算法。加法模型拟合的目标函数是多个基函数的线性组合

$$F(\boldsymbol{x})=\sum_{m=1}^{M}\beta_m f(\boldsymbol{x},\gamma_m)$$

其中，γ_m 为基函数的参数；β_m 为基函数的权重，算法要确定基函数参数和基函数的权重系数。训练目标是最小化损失函数

$$\min_{\beta_m,\gamma_m}\sum_{i=1}^{N} L\left[y_i,\sum_{m=1}^{M}\beta_m f(\boldsymbol{x}_i,\gamma_m)\right]$$

求解此优化问题的一个思想是：由于是加法模型，可以从前向后每次只学习一个基函数及其权重，逐步逼近优化目标函数，这样问题就简化为每次只需优化损失函数

$$\min_{\beta,\gamma}\sum_{i=1}^{N} L[y_i,\beta f(\boldsymbol{x}_i,\gamma)]$$

给定一个二分类问题的训练数据集 $D=\{(\boldsymbol{x}_1,y_1),(\boldsymbol{x}_2,y_2),\cdots,(\boldsymbol{x}_N,y_N)\}$其中 $\boldsymbol{x}_i$ 为样本特征向量，$\boldsymbol{x}_i\in\boldsymbol{R}^n$，$y_i$ 为样本的标签，$y_i\in\{-1,1\}$。损失函数 $L[y,F(\boldsymbol{x})]$，基函数集合 $\{b(\boldsymbol{x},\gamma)\}$，学习加法模型 $F(\boldsymbol{x})$的前向分步算法如下。

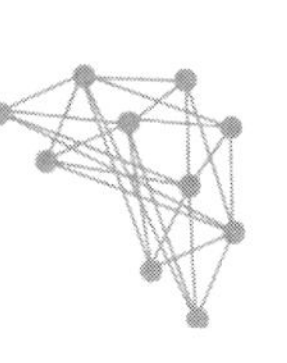

算法 5.14　前向分步算法

输入	$D=\{(\boldsymbol{x}_1,y_1),(\boldsymbol{x}_2,y_2),\cdots,(\boldsymbol{x}_N,y_N)\}$；损失函数 $L(y,F(\boldsymbol{x}))$；基函数集 $\{b(\boldsymbol{x},\gamma)\}$
输出	加法模型 $F(\boldsymbol{x})$
方法	(1) 初始化：$F_0(\boldsymbol{x})=0$。 (2) 对 $m=1,2,\cdots,M$ ① 极小化损失函数，得到 β_m,γ_m $$(\beta_m,\gamma_m)=\arg\min_{\beta,\gamma}\sum_{i=1}^{N}L(y_i,F_{m-1}(\boldsymbol{x}_i)+\beta f(\boldsymbol{x}_i,\gamma))$$ ② 更新模型：$F_m(\boldsymbol{x})=F_{m-1}(\boldsymbol{x})+\beta_m f(\boldsymbol{x},\gamma_m)$。 (3) 得到加法模型：$F(\boldsymbol{x})=\sum_{m=1}^{M}\beta_m f(\boldsymbol{x},\gamma_m)$。

由上可知，采用不同的基函数会产生不同的 AdaBoost 算法。

2. GBDT 算法

在 AdaBoost 算法中，如果采用的决策树为基函数，对应问题就是提升树(Boosting tree)，提升树模型可以表示为决策树的加法模型

$$F_M(\boldsymbol{x})=\sum_{m=1}^{M}f(\boldsymbol{x};\boldsymbol{\Theta}_m)$$

其中，$f(\boldsymbol{x};\boldsymbol{\Theta}_m)$表示决策树；$\boldsymbol{\Theta}_m$ 为决策树参数；M 为决策树的个数。对于分类问题，决策树采用二叉分类树；对于回归问题，决策树采用二叉回归树。

提升树的求解仍然采用前向分步算法。首先初始提升树 $F_0(\boldsymbol{x})=0$，第 m 步的模型是

$$F_m(\boldsymbol{x})=F_{m-1}(\boldsymbol{x})+f(\boldsymbol{x};\boldsymbol{\Theta}_m)$$

通过损失函数极小化确定下一刻决策树的参数

$$\hat{\boldsymbol{\Theta}}_m=\arg\min_{\Theta_m}\sum_{i=1}^{N}L[y_i,F_{m-1}(\boldsymbol{x}_i)+f(\boldsymbol{x}_i,\boldsymbol{\Theta}_m)]$$

最后确定加法模型 $F_M(\boldsymbol{x})=\sum_{m=1}^{M}f(\boldsymbol{x};\hat{\boldsymbol{\Theta}}_m)$。

在回归问题中，损失函数可采用平方误差损失函数

$$L[\boldsymbol{x},F(\boldsymbol{x})]=[y-F(\boldsymbol{x})]^2$$

在分类问题中，损失函数可以用指数损失函数

$$L[\boldsymbol{x},F(\boldsymbol{x})]=\exp[-yF(\boldsymbol{x})]$$

对于提升树利用加法模型与前向分步算法实现学习的优化过程，当损失函数是平方误差损失函数和是指数损失函数时，优化问题比较简单，但对于一般的损失函数来说，优化并不容易。针对此问题，Freidman 提出了梯度提升的算法，即 **GBDT 算法**(Gradient Boosting Decision Tree)。它利用梯度下降法的近似方法，利用梯度函数的负梯度在当前模型的值

$$-\left\{\frac{\partial L[y,F(\boldsymbol{x}_i)]}{\partial F(\boldsymbol{x}_i)}\right\}_{F(\boldsymbol{x})=F_{m-1}(\boldsymbol{x})}$$

作为回归问题提升树算法中的残差的近似值来拟合一棵回归树。如果损失函数为平方误差函数，此时

$$-\left\{\frac{\partial L[y,F(\boldsymbol{x}_i)]}{\partial F(\boldsymbol{x}_i)}\right\}_{F(x)=F_{m-1}(\boldsymbol{x})}=y-F_{m-1}(\boldsymbol{x})$$

此时的负梯度为拟合残差。

算法 5.15 GBDT 算法

输入	$D=\{(\boldsymbol{x}_1,y_1),(\boldsymbol{x}_2,y_2),\cdots,(\boldsymbol{x}_N,y_N)\}$;损失函数 $L[y,F(\boldsymbol{x})]$
输出	提升回归树 $\hat{F}(\boldsymbol{x})$
方法	(1) 初始化:$F_0(\boldsymbol{x})=\arg\min\sum_{i=1}^{N}L(y_i,c)$。 (2) 对于 $m=1,2,\cdots,M$, ① 对于 $i=1,2,\cdots,N$,计算 $r_{mi}=-\left\{\frac{\partial L[y,F(\boldsymbol{x}_i)]}{\partial F(\boldsymbol{x}_i)}\right\}_{F(\boldsymbol{x})=F_{m-1}(\boldsymbol{x})}$; ② 对 r_{mi} 拟合一棵回归树,得第 m 棵树的叶结点区域 R_{mj},$j=1,2,\cdots,J$; ③ 对 $j=1,2,\cdots,J$,计算 $c_{mj}=\arg\min_{c}\sum_{x_i\in R_{mj}}L[y_i,F_{m-1}(\boldsymbol{x})+c]$; ④ 更新 $F_m(\boldsymbol{x})=F_{m-1}(\boldsymbol{x})+\sum_{j=1}^{J}c_{mj}I(x\in R_{mj})$。 (3) 得到提升回归树 $\hat{F}(\boldsymbol{x})=F_M(\boldsymbol{x})=\sum_{m=1}^{M}\sum_{j=1}^{J}c_{mj}I(\boldsymbol{x}\in R_{mj})$。

(1) 初始化,估计使损失函数极小化的常数值,它是只有一个根结点的树。

(2) 计算损失函数的负梯度在当前模型的值,将它作为残差的估计,对于平方损失函数,就是通常说的残差,对一般的损失函数,负梯度就是残差的近似,接着估计回归叶结点区域,以拟合残差的近似值,然后线性搜索估计叶结点区域的值,使损失函数极小化,更新回归树,最后输出最终模型 $\hat{F}(\boldsymbol{x})$。

3. Xgboost 算法

Xgboost(eXtreme Gradient Boosting 极值梯度提升)是陈天奇等人开发的一个开源机器学习项目。Xgboost 算法是对 GBDT 的改进,它的目标函数在损失函数基础上增加了正则项,约束了模型的复杂度,在优化过程中用损失函数的二阶泰勒展开式近似损失函数。其核心算法思想与 GBDT 类似。

Xgboost 算法的任务也是在给定数据集上学习一个集成树模型

$$F_M(\boldsymbol{x})=\sum_{m=1}^{M}f_m(\boldsymbol{x})$$

给定数据集 $D=\{(\boldsymbol{x}_1,y_1),(\boldsymbol{x}_2,y_2),\cdots,(\boldsymbol{x}_N,y_N)\}$,其中 $\boldsymbol{x}_i\in\boldsymbol{R}^d$,$y_i\in\{-1,1\}$。如果 $f_m(\boldsymbol{x})$为第 m 棵回归树,$f(\boldsymbol{x})=w_{q(x)}$,其中 q 为树的结构,它可以将样本映射到对应的结点。$f(\boldsymbol{x})=w_{q(\boldsymbol{x})}$对应的树的结构和叶结点的权重。所以 Xgboost 预测值是每棵树对应叶结点的权重值的和。Xgboost 算法要最小化的目标函数为

$$\mathrm{Obj}=\sum_{i=1}^{N}l\{y_i,\hat{F}(\boldsymbol{x}_i)+\sum_{m=1}\Omega[f_m(\boldsymbol{x})]\}$$

其中第一项为损失函数,第二项是正则化项,用来控制学习模型的复杂度,防止过拟合。常用的正则化项为

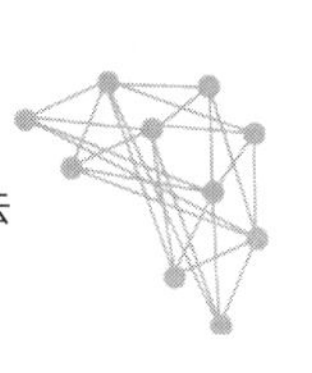

$$\Omega[f(\boldsymbol{x})]=\gamma T+\frac{1}{2}\lambda\ \|\boldsymbol{w}\|^{2}$$

其中，T 是每棵树的叶结点数；$\boldsymbol{w}$ 为每棵树叶结点的权重向量；γ，λ 为调整参数。

根据提升算法的特点，Xgboost 算法也是递归地每次增加一棵新的决策树。

$$\begin{cases}\hat{F}_0(\boldsymbol{x}_i)=0\\ \hat{F}_1(\boldsymbol{x})=\hat{F}_0(\boldsymbol{x}_i)+f_1(\boldsymbol{x}_i)\\ \hat{F}_2(\boldsymbol{x})=\hat{F}_1(\boldsymbol{x}_i)+f_2(\boldsymbol{x}_i)\\ \vdots\\ \hat{F}_t(\boldsymbol{x})=\hat{F}_{t-1}(\boldsymbol{x}_i)+f_t(\boldsymbol{x}_i)=\sum_{k=1}^{t}f_k(\boldsymbol{x}_i)\end{cases}$$

训练时新增加树的原则是使得目标函数尽量降低。

$$\begin{aligned}\mathrm{Obj}&=\sum_{i=1}^{N}l[y_i,\hat{F}_t(\boldsymbol{x}_i)]+\sum_{m=1}^{t}\Omega[f_m(\boldsymbol{x})]\\ &=\sum_{i=1}^{N}l[y_i,\hat{F}_{t-1}(\boldsymbol{x}_i)+f_t(\boldsymbol{x}_i)]+\Omega[f_t(\boldsymbol{x})]\end{aligned}$$

与 GBDT 算法不同的是，在损失函数近似时不再采用负梯度。对损失函数采用二阶泰勒多项式展开，此时的目标函数为

$$\begin{aligned}\mathrm{Obj}&\approx\sum_{i=1}^{n}[g_if_t(\boldsymbol{x}_i)+\frac{1}{2}h_if_t^2(\boldsymbol{x}_i)]+\gamma T+\frac{1}{2}\lambda\ \|\boldsymbol{w}\|^{2}\\ &=\sum_{i=1}^{n}[g_iw_q(\boldsymbol{x}_i)+\frac{1}{2}h_iw_q^2(\boldsymbol{x}_i)]+\gamma T+\frac{1}{2}\lambda\sum_{j=1}^{T}w_j^2\end{aligned}$$

其中 $g_i=\partial_{\hat{F}_{t-1}(x_i)}\{l[y_i,\hat{F}_{t-1}(\boldsymbol{x}_i)]\}$，$h_i=\partial^2_{\hat{F}_{t-1}(x_i)}\{l[y_i,\hat{F}_{t-1}(\boldsymbol{x}_i)]\}$。

如果定义 $I_j=\{i\mid q(\boldsymbol{x}_i)=j\}$ 为叶结点 j 的实例。目标函数进一步变为

$$\begin{aligned}\mathrm{Obj}&=\sum_{j=1}^{T}\left[\left(\sum_{i\in I_j}g_i\right)w_j+\frac{1}{2}\left(\sum_{i\in I_j}h_i\right)w_j^2\right]+\gamma T+\frac{1}{2}\lambda\sum_{j=1}^{T}w_j^2\\ &=\sum_{j=1}^{T}\left[\left(\sum_{i\in I_j}g_i\right)w_j+\frac{1}{2}\left(\sum_{i\in I_j}h_i+\lambda\right)w_j^2\right]+\gamma T\end{aligned}$$

令 $\frac{\partial\mathrm{Obj}}{\partial w_j}=0$，可以解得 $w^*=-\frac{\sum_{i\in I_j}g_i}{\lambda+\sum_{i\in I_j}h_i}$，最终将关于树的迭代转化为关于叶结点的迭代，并求出最优的叶结点分数。将其代入目标函数，最终目标函数形式为

$$\widetilde{\mathrm{Obj}}_t(q)=-\frac{1}{2}\sum_{j=1}^{T}\frac{\left(\sum_{i\in I_j}g_i\right)^2}{\sum_{i\in I_j}h_i+\lambda}+\gamma T$$

上式可以作为得分函数，来测量树的结构 q 的质量，它类似于决策树的不纯度得分。由上式可以看出，当树的结构确定时，树的结构得分只和损失函数的一阶导数和二阶导数有关，得分越小，树结构越好。

通常情况下无法枚举所有可能的数据结构后选择最优的,在此采用一种贪婪算法来代替,从单个叶结点开始,迭代分裂给树添加结点。结点切分后的损失函数为

$$L_{split}=\frac{1}{2}\left[\frac{G_L^2}{H_L+\lambda}+\frac{G_R^2}{H_R+\lambda}-\frac{(G_L+G_R)^2}{H_L+H_R+\lambda}\right]-\gamma$$

上式用来评估切分后的损失函数,目标是找到一个特征及其对应的值,使得切分后的损失函数最大,γ 控制模型复杂度,也可以起到预剪枝作用,例如只有当分裂后的增益大于 γ 才选择分裂。

综上,Xgboost 算法使用了和 CART 回归树类似的做法,即使用贪婪算法,遍历所有特征的划分点。不同之处在于使用的目标函数不同,Xgboost 算法设置限制树增长的阈值,只有在增益大于阈值时才进行分裂,从而继续分裂生成树,每次都是在上一次预测的基础上再生成使目标函数值减少的树。当增益小于阈值时停止分裂。

Xgboost 算法框架与 GBDT 算法类似,在目标函数设置上与 GBDT 不同,Xgboost 在工程实现上做了大量的优化。两者之间的区别和联系可以归结如下:

(1) Xgboost 算法是 GBDT 的工程实现;

(2) 在使用 CART 树作为基函数时,Xgboost 在目标函数中加入正则项来控制模型的复杂度,有利于防止过拟合,从而提高了模型的泛化能力;

(3) GBDT 算法在损失函数的近似时只使用了负梯度函数,在 Xgboost 中使用了损失函数的二阶泰勒展开式;

(4) 传统的 GBDT 算法在每轮迭代时使用全部数据,Xgboost 支持则随机采用数据。

5.6.3 条件随机场

条件随机场(CRF)是在给定一组输入随机变量的条件下,对应另一组输出随机变量的条件概率分布的概率图模型,其特点是假设输出随机变量构成马尔可夫随机场,属于判别模型。条件随机场在自然语言处理、生物序列分析、计算机视觉中的图形分割等问题中已获得成功应用。本节主要介绍条件随机场的理论基础,条件随机场的定义及表示,条件随机场的参数估计,以及条件随机场的预测。

1. 条件随机场的理论基础

条件随机场是一种概率无向图模型,概率无向图又称为马尔可夫随机场,此处先介绍概率无向图的相关概念。

概率图模型是在图论的基础上,用随机变量对应结点,随机变量之间的条件概率关系对应结点连线的一种图模型。如果图是有向的,称为概率有向图模型;如果图是无向的,称为概率无向图模型。概率图模型的一个问题是根据图中点边关系求出联合概率密度。

概率有向图的例子如图 5.22 所示,以 X_i 表示随机变量,点到点的连线表示概率关系,如果有由 X_i 指向 X_j 的边,则用条件概率 $P(X_j|X_i)$表示。对应的联合概率为

$$P(X_1,X_2,X_3,X_4)=P(X_1)P(X_2\mid X_1,X_3)P(X_3\mid X_1)P(X_4\mid X_2)$$

也就是说,如果结点 X_i 没有射入边,联合概率就为 $P(X_i)$;如果有一条由 X_j 出发的边射入,联合概率就对应 $P(X_i|X_j)$;有从 X_j,X_k 射入的边,联合概率就与 $P(X_i|X_j,X_k)$相对应。

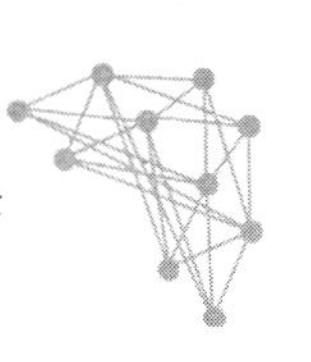

概率无向图模型需要定义团和最大团的概念。如果一个无向图 G 中任意两个结点都有边连接的结点子集，则称为团；如果 C 是无向图 G 的一个团，并且不能再加入任何一个结点，使之成为更大的团，则将此时的 C 称为最大团。

图 5.23 中有 4 个两结点的团 $\{X_1, X_2\}$，$\{X_1, X_3\}$，$\{X_2, X_3\}$，$\{X_2, X_4\}$，但只有一个最大团 $\{X_1, X_2, X_3\}$。概率无向图中，联合概率与有向图不同，其计算公式为

$$P(\boldsymbol{X}) = \frac{1}{Z}\prod_{C}\Psi_C(\boldsymbol{X}_C)$$

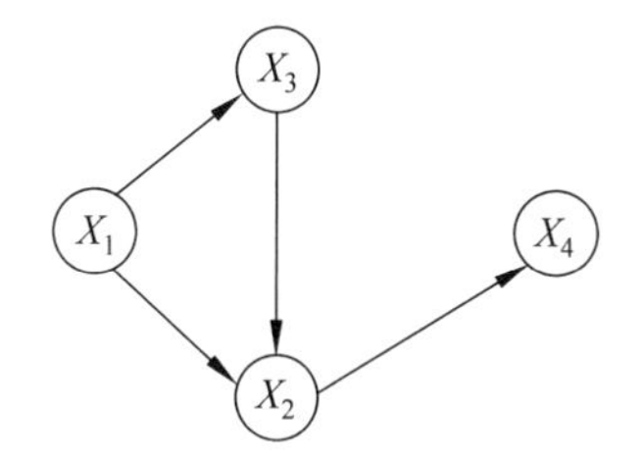

图 5.22　概率有向图示例

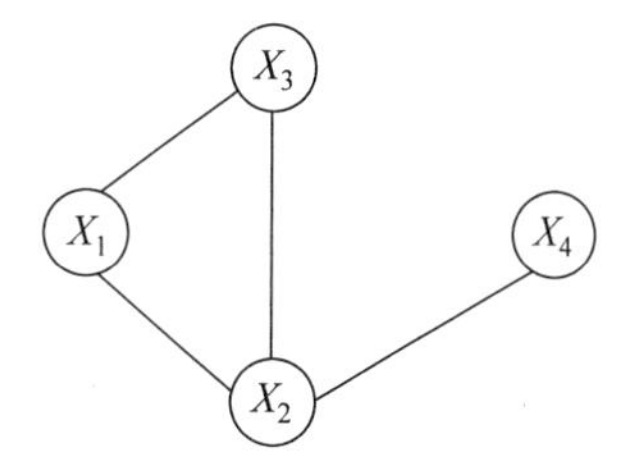

图 5.23　概率无向图示例

其中，C 为无向图的最大团；$\boldsymbol{X}$ 为随机变量向量；$\boldsymbol{X}_C$ 为 C 中所有结点对应的随机变量构成的向量；Ψ 为势函数（也称为因子）；$Z = \sum_{X}\prod_{C}\Psi_C(\boldsymbol{X}_C)$ 为规范化因子，势函数通常取指数函数；$\Psi_C = (\boldsymbol{X}_C) = \exp[-E(\boldsymbol{X}_C)]$。$E(\boldsymbol{X})$ 称为能量函数。具有上面这种形式的无向图也称为随机场。按照定义，示例中的联合概率为

$$P(X_1, X_2, X_3, X_4) = \frac{1}{Z}\Psi(X_1, X_2, X_3)\Psi(X_2, X_4)$$

下面介绍马尔可夫随机场。

给定概率无向图 G，假设 u，v 是无向图中任意两个没有两边的顶点，对应随机变量为 X_u，X_v，O 为除去这两个点之外的所有点的集合，X_O 为对应的随机变量。如果满足 $P(X_u, X_v | X_O) = P(X_u | X_O)P(X_v | X_O)$，则称该无向图满足成对马尔可夫性，如图 5.24(a)所示。

假设 u 是无向图中任意顶点，W 为与 u 有连边的点的集合，O 为除去 u 和 W 剩余所有点的集合，X_W，X_O 为对应的随机变量，如果满足

$$P(X_u, X_O \mid X_W) = P(X_u \mid X_W)P(X_O \mid X_W)$$

则称该无向图满足成对马尔可夫性，如图 5.24(b)所示。

假设 A，B 为无向图中被结点集 C 隔开的任意两个结点集合，如果

$$P(A, B \mid C) = P(A \mid C)P(B \mid C)$$

则称该无向图满足全局马尔可夫性，如图 5.24(c)所示。

如果概率无向图模型满足上述三种性质，则称图对应的联合概率分布为马尔可夫随机场。马尔可夫随机场特点是容易根据图的最大团进行因子分解。

2. 条件随机场的定义及表示

条件随机场是给定随机变量 $\boldsymbol{X}$ 条件下，随机变量 $\boldsymbol{Y}$ 的马尔可夫随机场。换言之，在 $\boldsymbol{X}$ 条件下，随机变量 $\boldsymbol{Y}$ 的条件概率可以写成

$$P(Y \mid \boldsymbol{X}) = \frac{1}{Z(\boldsymbol{X})}\prod_{i=1}^{m}\Psi_i(\boldsymbol{Y}_{C_i}, \boldsymbol{X}_{C_i})$$

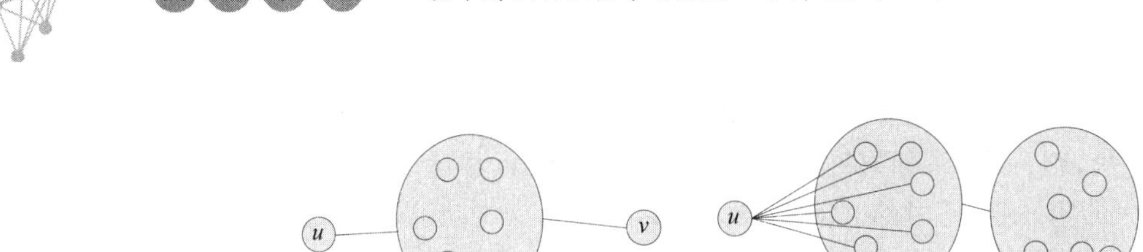

(a) 成对马尔可夫性　　(b) 局部马尔可夫性

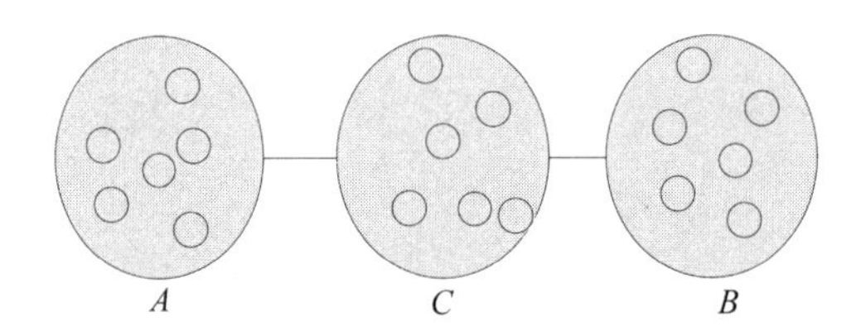

(c) 全局马尔可夫性

图 5.24　概率无向图的马尔可夫性

其中，m 为最大团的个数；C_i 为第 i 个最大团；$\boldsymbol{X}_{C_i}$，$\boldsymbol{Y}_{C_i}$ 为该团所有顶点对应的随机变量构成的向量；Ψ 为势函数；$Z(\boldsymbol{X})$为规范化因子。一般的条件随机场需要枚举所有的最大团，不易计算，这里只介绍线性条件随机场。

设 $\boldsymbol{X}=(X_1,X_2,\cdots,X_n)$，$\boldsymbol{Y}=(Y_1,Y_2,\cdots,Y_n)$为线性表示的随机变量序列，如果在给定随机变量序列 $\boldsymbol{X}$ 的条件下，随机变量序列 $\boldsymbol{Y}$ 的条件概率分布 $P(\boldsymbol{Y}|\boldsymbol{X})$构成条件随机场

$$P(Y_i|\boldsymbol{X},Y_1,\cdots,Y_{i-1},Y_{i+1},Y_n)=P(Y_i|\boldsymbol{X},Y_{i-1},Y_{i+1})$$

则称 $P(\boldsymbol{Y}|\boldsymbol{X})$为线性链条件随机场，如图 5.25 所示。

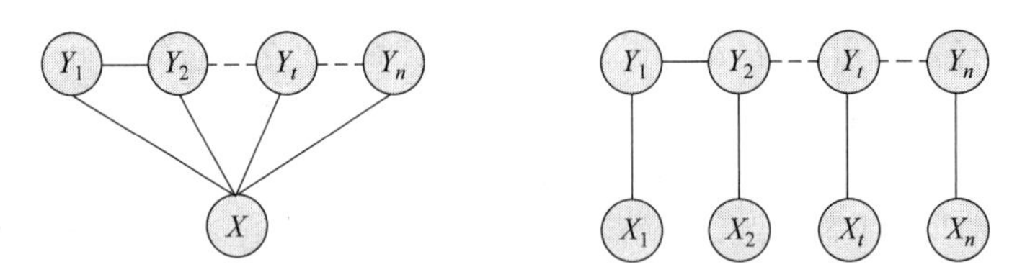

(a) X和Y结构不同的线性链条件随机场　　(b) X和Y结构相同的线性链条件随机场

图 5.25　线性链条件随机场

1）条件随机场的参数化形式

设 $P(\boldsymbol{Y}|\boldsymbol{X})$为线性链条件随机场，则在随机变量列 $\boldsymbol{X}$ 取值为 x 的条件下，状态随机变量的所有最大团为相邻的两个状态变量$\{y_{i-1},y_i\}$，如果取势函数为

$$\Psi_i(Y_{C_i},X_{C_i})=\exp\left[\sum_{j=1}^{n}\lambda_j t_j(y_{i-1},y_i,\boldsymbol{X},i)+\sum_{k=1}^{n}\mu_k s_k(y_i,\boldsymbol{X},i)\right]$$

则 $\boldsymbol{X}$ 取值为 x 的条件下，随机变量列 $\boldsymbol{Y}$ 取值为 y 的条件概率具有如下参数表达形式

$$P(y\mid x)=\frac{1}{Z(x)}\exp\left[\sum_{i=1}^{T}\sum_{j=1}^{n}\lambda_j t_j(y_{i-1},y_i,x,i)+\sum_{i=1}^{T}\sum_{k=1}^{n}\mu_k s_k(y_i,x,i)\right]$$

其中 $Z(x)=\sum_{y}\exp\left[\sum_{i=1}^{T}\sum_{j=1}^{n}\lambda_j t_j(y_{i-1},y_i,x,i)+\sum_{i=1}^{T}\sum_{k=1}^{n}\mu_k s_k(y_i,x,i)\right]$ 为规范化因子；t_j，

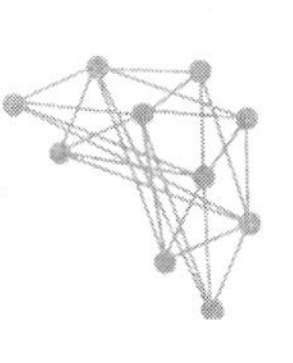

s_k 为特征函数；t_j 是转移特征，依赖于当前和前一个位置；s_k 是状态特征，依赖于当前位置，特征函数的取值为 0 或 1，满足特征条件时取值为 1，否则取 0；λ_j，μ_k 为对应的权重。

由定义可以看出，条件概率 $P(\boldsymbol{Y}|\boldsymbol{X})$完全由特征函数和对应的权重决定。

2）条件随机场的简化形式

在条件随机场中将特征函数和对应权重合写后，条件随机场可简化为如下形式：

$$P(y \mid x)=\frac{1}{Z(x)}\exp\left[\sum_{k=1}^{K} w_k f_k(y,x)\right]$$

其中 $Z(x)=\sum_{y}\exp\left[\sum_{k=1}^{K} w_k f_k(y,x)\right]$，

$$f_k(y,x)=\sum_{i=1}^{n} f_k(y_{i-1},y_i,x,i)$$

$$w_k=\begin{cases}\lambda_k, & k=1,2,\cdots,K_1\\ \mu_l, & k=K_1+l,l=1,2,\cdots,K_2\end{cases}$$

$$f_k(y_{i-1},y_i,x,i)=\begin{cases}t_k(y_{i-1},y_i,x,i), & k=1,2,\cdots,K_1\\ s_l(y_i,x,i), & k=K_1+l,l=1,2,\cdots,K_2\end{cases}$$

K_1 表示转移特征个数，K_2 表示状态特征个数。

3）条件随机场的矩阵形式

为使后续概率计算方便表达，线性链条件随机场还有矩阵表达形式，设观测序列为 $\boldsymbol{X}$，对应的标记序列为 $\boldsymbol{Y}$，引入特殊的起点和终点状态标记 $Y_0=\text{star}$，$Y_{n+1}=\text{stop}$，对于观测序列 $\boldsymbol{X}$ 的每一个位置 $i=1,2,\cdots,n+1$，定义一个 m 阶矩阵（m 是标记 y_i 取值的个数）

$$\boldsymbol{M}_i(\boldsymbol{X})=[\boldsymbol{M}_i(Y_{i-1},Y_i \mid \boldsymbol{X})]$$

$$\boldsymbol{M}_i(Y_{i-1},Y_i \mid \boldsymbol{X})=\exp(W_i(Y_{i-1},Y_i \mid \boldsymbol{X}))$$

$$W_i(Y_{i-1},Y_i \mid \boldsymbol{X})\sum_{i=1}^{n} f_k(y_{i-1},y_i,x,i)$$

这时 $\boldsymbol{P}_w(\boldsymbol{Y}|\boldsymbol{X})$可以用矩阵表示为

$$\boldsymbol{P}_w(\boldsymbol{Y} \mid \boldsymbol{X})=\frac{1}{Z_w(\boldsymbol{X})}\prod_{i=1}^{n+1}\boldsymbol{M}_i(Y_{i-1},Y_i \mid \boldsymbol{X})$$

其中 $Z_w(\boldsymbol{X})=\sum_{y}\prod_{i=1}^{n+1}\boldsymbol{M}_i(Y_{i-1},Y_i \mid \boldsymbol{X})$。

3. 条件随机场的概率计算

条件随机场的概率计算采用和隐马尔可夫模型类似的方法：前向后向算法。主要解决的问题是在给定输入序列 $\boldsymbol{X}$ 和输出序列 $\boldsymbol{Y}$ 时，计算条件概率

$$P(Y_i=y_i \mid \boldsymbol{X}) \text{ 和 } P(Y_{i-1}=y_{i-1},Y_i=y_i \mid \boldsymbol{X})$$

以及相应的期望问题。

对于每一个指标 $i=0,1,\cdots,n+1$，可以定义前向向量 $\boldsymbol{\alpha}(x)$和后向向量 $\boldsymbol{\beta}(x)$，向量元素的递推公式如下：

$$\alpha_0(y \mid x)=\begin{cases}1, & y=\text{start}\\ 0, & \text{其他}\end{cases},\beta_{n+1}(y_{n+1} \mid x)=\begin{cases}1, & y_{n+1}=\text{stop}\\ 0, & \text{其他}\end{cases}$$

$$\boldsymbol{\alpha}_i^{\mathrm{T}}(y_i \mid x)=\boldsymbol{\alpha}_{i-1}^{\mathrm{T}}(y_i \mid x)\boldsymbol{M}_i(y_{i-1},y_i \mid x),\quad i=1,2,\cdots,n+1$$

$$\boldsymbol{\beta}_i(y_i \mid x)=\boldsymbol{M}_i(y_i,y_{i+1} \mid x)\boldsymbol{\beta}_{i-1}(y_{i+1} \mid x)$$

根据上述定义，可以计算条件概率 $P(Y_i=y_i|\boldsymbol{X})$ 和 $P(Y_{i-1}=y_{i-1},Y_i=y_i|\boldsymbol{X})$：

$$P(Y_i=y_i \mid \boldsymbol{X})=\frac{\boldsymbol{\alpha}_i^{\mathrm{T}}(y_i \mid x)\boldsymbol{\beta}_i(y_i \mid x)}{Z(\boldsymbol{X})}$$

$$P(Y_{i-1}=y_{i-1},Y_i=y_i \mid \boldsymbol{X})=\frac{\boldsymbol{\alpha}_{i-1}^{\mathrm{T}}(y_{i-1} \mid x)\boldsymbol{M}_i(y_{i-1},y_i \mid x)\beta_i(y_i \mid x)}{Z(\boldsymbol{X})}$$

其中 $Z(x)=\boldsymbol{\alpha}^{\mathrm{T}}(x)\cdot\mathbf{1}$。

利用前向后向算法，可以计算特征函数关于联合分布和条件分布的期望。

$$E_{P(X,Y)}(f_k)=\sum_{x,y}P(\boldsymbol{X},\boldsymbol{Y})\sum_{i=1}^{n+1}f_k(y_{i-1},y_i,x,i)=\sum_{x,y}P(\boldsymbol{X})P(\boldsymbol{Y} \mid \boldsymbol{X})\sum_{i=1}^{n+1}f_k(y_{i-1},y_i,x,i)$$

$$E_{P(Y|X)}[f_k(x)]=\sum_{y}P(\boldsymbol{Y} \mid \boldsymbol{X})f_k(y,x)$$

4. 条件随机场的参数估计

对于条件随机场 $P(\boldsymbol{Y}|\boldsymbol{X})$ 中参数 w 的估计，可以通过在给定训练样本集上用极大似然估计最大化条件概率获得。

设给定训练样本集 $D=\{(\boldsymbol{x}_1,y_1),(\boldsymbol{x}_2,y_2),\cdots,(\boldsymbol{x}_N,y_N)\}$，每个样本可以看作由观测序列 $\boldsymbol{X}$ 和状态序列 $\boldsymbol{Y}$ 构成。联合分布的对数似然函数为

$$\begin{aligned}L(w)&=\ln\left[\prod_{i=1}^{N}P_w(Y_i \mid X_i)\right]=\sum_{i=1}^{N}\ln P_w(Y_i \mid X_i)\\&=\sum_{i=1}^{N}\sum_{t=1}^{T}\sum_{k=1}^{K}w_k f_k(y_{i,t-1},y_{i,t},x,t)-\sum_{i=1}^{N}\ln Z(x_i)\end{aligned}$$

极大化对数似然函数是一个凸优化问题，需要迭代求解。如果要约束模型复杂度，防止过拟合，可以在目标函数中添加 L_1 正则化项或 L_2 正则化项。

$$L_1(w)=\sum_{i=1}^{N}\sum_{t=1}^{T}\sum_{k=1}^{K}w_k f_k(y_{i,t-1},y_{i,t},x,t)-\sum_{i=1}^{N}\ln Z(x_i)-\alpha\sum_{k=1}^{K}|w_k|$$

$$L_2(w)=\sum_{i=1}^{N}\sum_{t=1}^{T}\sum_{k=1}^{K}w_k f_k(y_{i,t-1},y_{i,t},x,t)-\sum_{i=1}^{N}\ln Z(x_i)-\frac{1}{2}\alpha\|w\|^2$$

其中 α 为人工设定的参数。对于目标函数求解同样需要迭代算法，常采用 L-BFGS 算法，具体求解推导过程此处略去。

5. 条件随机场的预测问题

条件随机场的预测问题也就是模型的解码问题，是在根据训练数据估计模型参数的情况下求条件概率最大的输出序列 Y^*，也就是对观测序列做标记。

$$\begin{aligned}y^*&=\arg\max_y P(y \mid x)=\operatorname{argmax}\frac{\exp\left[\sum_{i=1}^{n}w_i f_i(x,y)\right]}{Z_w(x)}\\&=\operatorname{argmax}\exp\left[\sum_{i=1}^{n}w_i f_i(x,y)\right]\end{aligned}$$

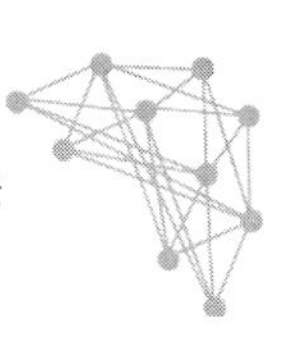

$$= \arg\max_{y} \sum_{i=1}^{n} w_i f_i(x, y)$$

由上可知，条件随机场的预测问题即为求非规范化概率最大的最优路径问题。定义递推变量

$$\delta_t(i \mid \boldsymbol{X}) = \max_{y_{[1,t-1]}} P(Y_1, Y_2, \cdots, Y_{t-1}, Y_t = i \mid \boldsymbol{X})$$

可以建立递推公式

$$\delta_t(j \mid \boldsymbol{X}) = \max_{i \in S} \Psi_t(i, j, \boldsymbol{X}) \delta_{t-1}(i)$$

根据递推公式可以找到条件概率最大的标记序列。可以按照下面公式计算

$$y_T^* = \arg\max_{i \in S} \delta_T(i \mid \boldsymbol{X})$$

$$y_t^* = \arg\max_{i \in S} \Psi_t(y_{t+1}^*, i, \boldsymbol{X}) \delta_T(i \mid \boldsymbol{X}), t < T$$

具体的求解采用的是和隐马尔可夫解码问题相同的维特比算法。

5.7 深度学习相关算法

深度学习是机器学习的一种，它的概念源于人工神经网络的研究，它的最终目标是让机器能够像人脑一样具有分析学习的能力，能够识别文字、图像和声音等数据。深度学习算法通过深层神经网络来自动学习数据中复杂有用的特征，完成数据的特征抽取与机器学习算法整合，可以提高预测的精度。它已经被广泛应用于计算机视觉、语音识别、自然语言处理、计算机图形学、推荐系统等研究领域。2016年，由Google公司开发的基于深度学习的网络围棋机器人AlphaGo战胜围棋冠军李世石，这一进展更使深度学习备受关注。

本部分介绍有关神经网络的基本概念和两种特殊的神经网络：深度神经网络和卷积神经网络。

5.7.1 神经网络相关概念

1. 神经元的工作原理及其形式化

生物神经元通过电信号相互传递信息，相邻的神经元通过树突接受信号，当神经元接收一个信号时，它树突上的跨膜电位差轻微地升高，这种膜电位的局部改变称为神经元突触的“激发”。当突触被快速、高频地激发，就会发生一过性强化，即在短时记忆形成过程中观察到的变化。但是通常单个突触短暂地激发不足以使一个神经元发放动作电位，当神经元的多个突触一起激发时，共同的作用就会使神经元膜电位改变，产生动作电位，把信号传递到回路中的另一个神经元。这样一来，大脑根据神经冲动流的方向，发展神经回路，逐步精化和完善，建立起大脑神经元间的网络联系。生物神经元模型如图5.26所示。

2. 神经元的数学形式化

神经元是人工神经网络的核心，它是最基本的处理要素，输入层为神经元接收到的信号，这些信号经过函数计算传递到隐藏层，经过激活函数，然后输出信号。图5.27中，x_1，x_2，$\cdots$，x_n 为神经元的输入，y 为神经元的输出，w_1，w_2，$\cdots$，w_n 为各输入的权重，Σ表示对输入加权求和，$\sigma(\cdot)$为激活函数，b 为偏移量，则输出可以表示为

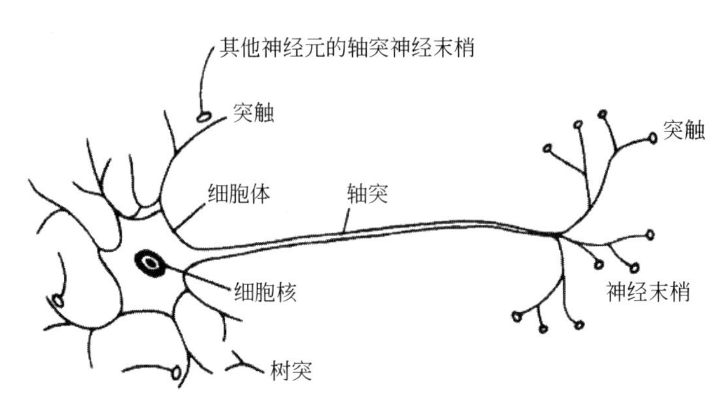

图 5.26　生物神经元模型

$$y=\sigma\left(\sum_{i=1}^{n}w_ix_i+b\right)$$

如果添加一个突触 $x_0=1$，对应权重 $w_0=b$，对应的输出可以改写为

$$y=\sigma\left(\sum_{i=0}^{n}w_ix_i\right)=\sigma(\boldsymbol{w}\cdot\boldsymbol{x})$$

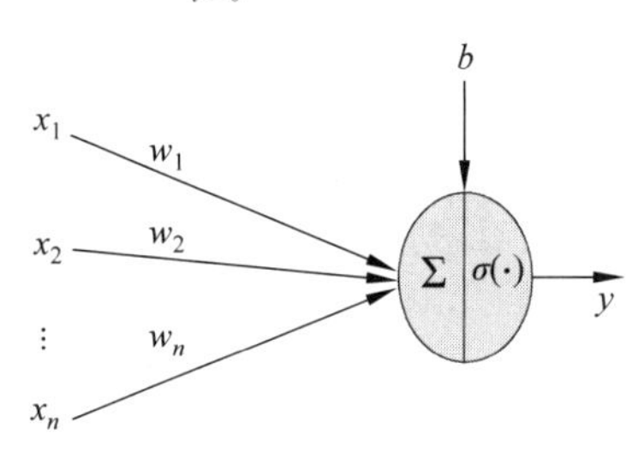

图 5.27　单个神经元模型

3. 激活函数

神经元传递信息需要通过激活函数实现非线性变化。常见的激活函数如表 5.13 所示。

表 5.13　常见的激活函数

激活函数类型	数学表达式
线性激活函数	$\sigma(x)=ax+b$
阈值函数	$\sigma(x)=\begin{cases}1, & x\geqslant\theta\\0, & x<\theta\end{cases}$
Sigmoid 函数	$\sigma(x)=\dfrac{1}{1+\exp(-x)}$
对称 Sigmoid 函数	$\sigma(x)=\beta\dfrac{1-\exp(-\alpha x)}{1+\exp(-\alpha x)}$
双曲正切函数	$\sigma(x)=\dfrac{\exp(x)-\exp(-x)}{\exp(x)+\exp(-x)}$
高斯函数	$\sigma(x)=\beta\exp(-\alpha^2x^2)$

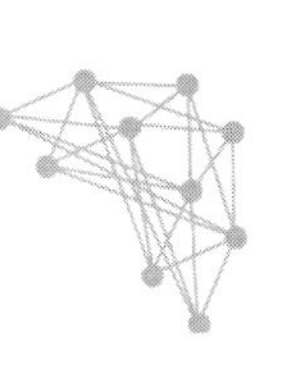

4. 常见的神经网络结构

神经网络中神经元的构造方式与用于训练网络的学习算法有着密切联系，常见的神经网络构造有两种：前馈神经网络和递归神经网络。

前馈神经网络有一层或多层隐藏层，相应的计算结点称为隐藏神经元，隐藏神经元的功能是以某种有用的方式介入外部的输入和网络的输出中。通过增加一个或多个隐藏层，网络可以根据其输入导出高阶统计特性。前馈神经网络如图 5.28 所示。

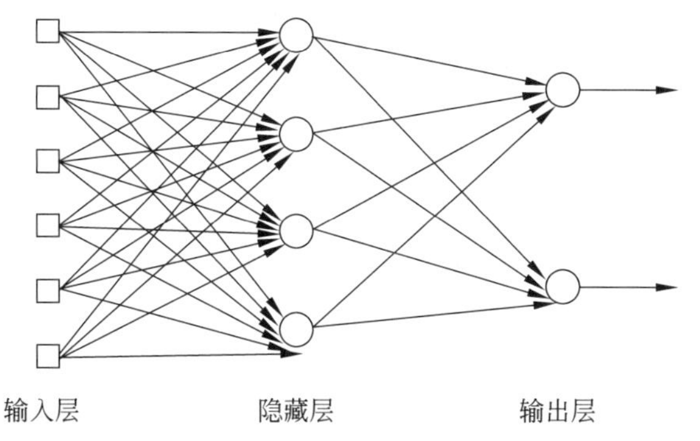

图 5.28　具有一个隐藏层和输出层的全连接前馈神经网络示意图

递归神经网络和前馈神经网络的不同在于它至少有一个反馈环。图 5.29 所示为单层神经网络组成，单层网络的每一个神经元的输出都反馈到其余神经元上。图 5.30 是另一种形式的递归神经网络，反馈连接的起点包括隐藏层神经元和输出层神经元。

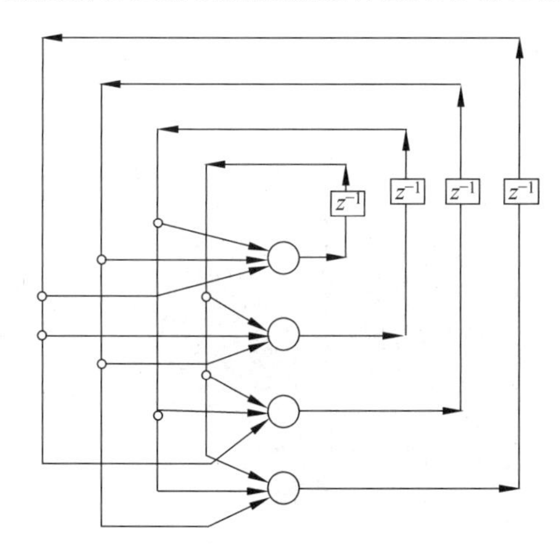

图 5.29　无自反馈环和隐藏层的递归神经网络

5. 神经网络的训练问题

给定训练样本神经网络的训练问题，最终归结到损失函数的最小化问题。问题求解通常采用梯度下降法。神经网络监督学习的学习过程一般是初始化权值矩阵、给定训练样本和其理想输出集合，逐个取出训练样本作为输入向量输入网络计算实际输出，构造实际输出和理想输出偏差函数(所有突触权值的函数)，利用梯度下降法，逐步调整突触权值，以使偏差函数值下降。

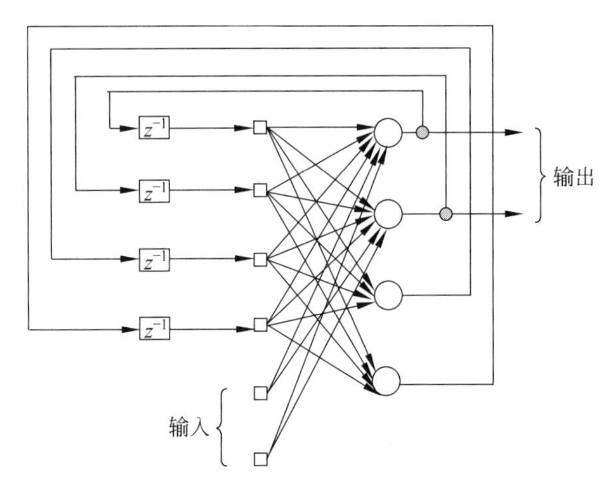

图 5.30 有隐藏神经元的递归神经网络

5.7.2 深度神经网络

深度神经网络(DNN)通常指深度前向神经网络,由浅层神经网络按层堆叠而成。浅层神经网络通过学习提取到较低层数据特征,而深度神经网络通过对数据进行多次特征提取、压缩低层次特征,并将其组合成更高层次的数据特征,抽象的高层数据特征能更好地表示原始数据,更具区分度。深度前向神经网络一般采用五层网络,一个输入层,一个输出层,三个隐藏层,通常隐藏层的数目反映了网络的深度。图 5.31 为一个五层深度神经网络。

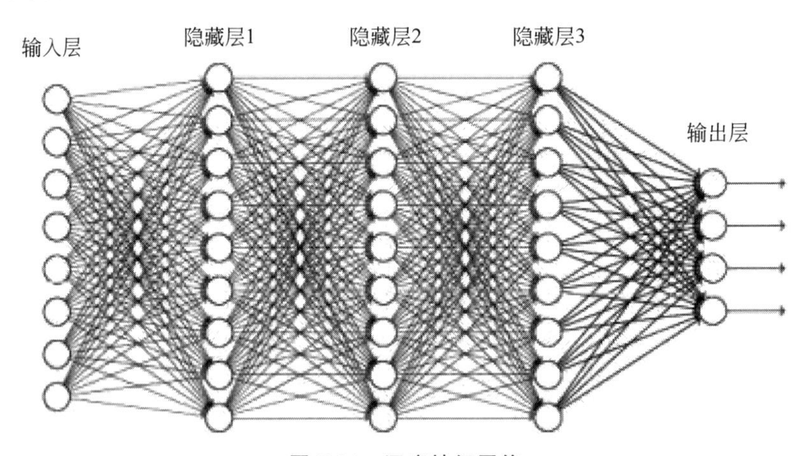

图 5.31 深度神经网络

下面以图 5.31 中的五层深度神经网络为例介绍模型的数学描述及参数设置形式。

1. 模型的数学描述及参数设置

设模型的各层结点数为 J_0, J_1, J_2, J_3, J_4,其中 J_0 表示输入结点个数,J_4 表示输出结点个数;类似于单个神经元的处理,除最后一层外,各自增加一个虚拟结点,与下一层计算结点相连,作为一个输入,输入值均为 1,这时前层和后层的权重矩阵为

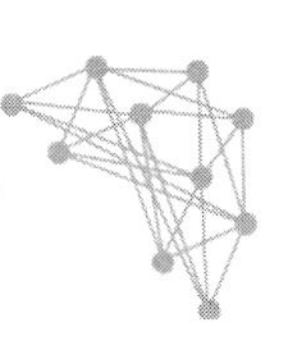

$$\boldsymbol{W}_i=\boldsymbol{w}^1_{J_i\times(J_{i-1}+1)}=\begin{pmatrix} w^1_{11} & w^1_{12} & \cdots & w^1_{1(J_{i-1}+1)} \\ w^1_{21} & w^1_{22} & \cdots & w^1_{2(J_{i-1}+1)} \\ \vdots & \vdots & \ddots & \vdots \\ w^1_{J_i1} & w^1_{J_i2} & \cdots & w^1_{J_i(J_{i-1}+1)} \end{pmatrix},\quad i=1,2,3,4$$

各层结点之间的激活函数 $\sigma_1(x),\sigma_2(x),\cdots,\sigma_4(x)$,在实际应用中可以有很多变化(使用不同的传递函数,甚至同一层单元之间也有变化)。网络中各结点计算的表示可以定义如下：

第一隐层,第 j_1 个单元的输入 $\delta_{i1}(j_1),j_1=1,2,\cdots,J_1$,

第一隐层,第 j_1 个单元的输出 $\delta_{o1}(j_1),j_1=1,2,\cdots,J_1$,

增加虚拟结点的输出：$\delta_{o1}(J_1+1)=1$,

第二隐层,第 j_2 个单元的输入 $\delta_{i2}(j_2),j_2=1,2,\cdots,J_2$,

第二隐层,第 j_2 个单元的输出 $\delta_{o2}(j_2),j_2=1,2,\cdots,J_2$,

增加虚拟结点的输出：$\delta_{o2}(J_2+1)=1$,

第三隐层,第 j_3 个单元的输入 $\delta_{i3}(j_3),j_3=1,2,\cdots,J_3$,

第三隐层,第 j_3 个单元的输出 $\delta_{o3}(j_3),j_3=1,2,\cdots,J_3$,

增加虚拟结点的输出：$\delta_{o3}(J_3+1)=1$,

第四层,第 j_4 个单元的输入 $\delta_{i4}(j_4),j_4=1,2,\cdots,J_4$,

第四层,第 j_4 个单元的输出 $\delta_{o4}(j_4),j_4=1,2,\cdots,J_4$。

如果采用向量记法,输入层的输出可表示为

$$(x_1,x_2,\cdots,x_K,x_{K+1})^{\mathrm{T}}=(\delta_{o0}(1),\delta_{o0}(2),\cdots,\delta_{o0}(K),\delta_{o0}(K+1))^{\mathrm{T}}=\boldsymbol{\delta}_{o0}$$

第一隐层的输入：$(\delta_{i1}(1),\delta_{i1}(2),\cdots,\delta_{i1}(J_1))^{\mathrm{T}}=\boldsymbol{\delta}_{i1}$,

第二隐层的输入：$(\delta_{i2}(1),\delta_{i2}(2),\cdots,\delta_{i2}(J_2))^{\mathrm{T}}=\boldsymbol{\delta}_{i2}$,

第三隐层的输入：$(\delta_{i3}(1),\delta_{i3}(2),\cdots,\delta_{i3}(J_3))^{\mathrm{T}}=\boldsymbol{\delta}_{i3}$,

第四层的输入：$(\delta_{i4}(1),\delta_{i4}(2),\cdots,\delta_{i4}(J_4))^{\mathrm{T}}=\boldsymbol{\delta}_{i4}$。

而各层计算单元的输出可以表示为

第一隐层的输出：$(\delta_{o1}(1),\delta_{o1}(2),\cdots,\delta_{o1}(J_1),\delta_{o1}(J_1+1))^{\mathrm{T}}=\boldsymbol{\delta}_{01}$,

第二隐层的输出：$(\delta_{o2}(1),\delta_{o2}(2),\cdots,\delta_{o2}(J_2),\delta_{o2}(J_2+1))^{\mathrm{T}}=\boldsymbol{\delta}_{02}$,

第三隐层的输出：$(\delta_{o3}(1),\delta_{o3}(2),\cdots,\delta_{o3}(J_3),\delta_{o3}(J_3+1))^{\mathrm{T}}=\boldsymbol{\delta}_{03}$,

第四层的输出：$(\delta_{o4}(1),\delta_{o4}(2),\cdots,\delta_{o4}(J_4),\delta_{o4}(J_4+1))^{\mathrm{T}}=\boldsymbol{\delta}_{04}$,

第一隐层到第四层的输入

$$\boldsymbol{\delta}_{i1}(j_1)=\boldsymbol{w}_1(j_1,:)\times\boldsymbol{\delta}_{o0},j_1=1,2,\cdots,J_1$$

$$\boldsymbol{\delta}_{i2}(j_2)=\boldsymbol{w}_2(j_2,:)\times\boldsymbol{\delta}_{o1},j_2=1,2,\cdots,J_2$$

$$\begin{pmatrix} \boldsymbol{w}_1(1,:)\times\delta_{o0} \\ \boldsymbol{w}_1(2,:)\times\delta_{o0} \\ \vdots \\ \boldsymbol{w}_1(J_1,:)\times\delta_{o0} \end{pmatrix}=\boldsymbol{w}_1\times\boldsymbol{\delta}_{o0}=\boldsymbol{\delta}_{i1},\begin{pmatrix} \delta_{i2}(1) \\ \delta_{i2}(2) \\ \vdots \\ \delta_{i2}(J_2) \end{pmatrix}=\boldsymbol{\delta}_{i2}=\begin{pmatrix} \boldsymbol{w}_2(1,:)\times\boldsymbol{\delta}_{o1} \\ \boldsymbol{w}_2(2,:)\times\boldsymbol{\delta}_{o1} \\ \vdots \\ \boldsymbol{w}_2(J_2,:)\times\boldsymbol{\delta}_{o1} \end{pmatrix}=\boldsymbol{w}_2\times\boldsymbol{\delta}_{o1}$$

$$\boldsymbol{\delta}_{i3}(j_3)=\boldsymbol{w}_3(j_3,:)\times\delta_{o2},j_3=1,2,\cdots,J_3$$

$$\boldsymbol{\delta}_{i4}(j_4)=\boldsymbol{w}_4(j_4,:)\times\delta_{o3},j_4=1,2,\cdots,J_4$$

$$\begin{pmatrix}\boldsymbol{\delta}_{i3}(1)\\ \boldsymbol{\delta}_{i3}(2)\\ \vdots \\ \boldsymbol{\delta}_{i3}(J_3)\end{pmatrix}=\boldsymbol{\delta}_{i3}=\begin{pmatrix}\boldsymbol{w}_3(1,:)\times\boldsymbol{\delta}_{o2}\\ \boldsymbol{w}_3(2,:)\times\boldsymbol{\delta}_{o2}\\ \vdots \\ \boldsymbol{w}_3(J_3,:)\times\boldsymbol{\delta}_{o2}\end{pmatrix}=\boldsymbol{w}_3\times\boldsymbol{\delta}_{o2},\begin{pmatrix}\boldsymbol{w}_4(1,:)\times\boldsymbol{\delta}_{o3}\\ \boldsymbol{w}_4(2,:)\times\boldsymbol{\delta}_{o3}\\ \vdots \\ \boldsymbol{w}_4(J_4,:)\times\boldsymbol{\delta}_{o3}\end{pmatrix}=\boldsymbol{w}_4\times\boldsymbol{\delta}_{o3}=\boldsymbol{\delta}_{i4}$$

第一隐层到第四层的输出如下：

$$\boldsymbol{\delta}_{o1}(j_1)=\sigma_1[\boldsymbol{\delta}_{i1}(j_1)],j_1=1,2,\cdots,J_1,\boldsymbol{\delta}_{o1}(J_1+1)=1$$

$$\boldsymbol{\delta}_{o2}(j_2)=\sigma_2[\boldsymbol{\delta}_{i2}(j_2)],j_2=1,2,\cdots,J_2,\boldsymbol{\delta}_{o2}(J_2+1)=1$$

$$\boldsymbol{\delta}_{o3}(j_3)=\sigma_3[\boldsymbol{\delta}_{i3}(j_3)],j_3=1,2,\cdots,J_3,\boldsymbol{\delta}_{o3}(J_3+1)=1$$

$$\boldsymbol{\delta}_{o4}(j_4)=\sigma_4[\boldsymbol{\delta}_{i4}(j_4)],j_4=1,2,\cdots,J_4$$

综合上面的符号表示可以看出，深层神经网络的参数数量比较多。深层神经网络一般被设计为一个分类器。分类器的生成过程也是通过样本训练模型的过程。采用监督学习训练，需要给定训练样本的理想输出。

2. 模型的输入与输出设置

设有训练样本集合中每个样本有 K 个特征，数据的矩阵表示为

$$\boldsymbol{X}=\begin{pmatrix}x_{11} & x_{12} & \cdots & x_{1N}\\ x_{21} & x_{22} & \cdots & x_{2N}\\ \vdots & \vdots & \ddots & \vdots \\ x_{K1} & x_{K2} & \cdots & x_{KN}\end{pmatrix}$$

直接增加一维，分量均为 1，作为第一隐层各处理单元的偏置参数输入的入口，则 $\boldsymbol{X}$ 变为

$$\boldsymbol{X}=\begin{pmatrix}x_{11} & x_{12} & \cdots & x_{1N}\\ x_{21} & x_{22} & \cdots & x_{2N}\\ \vdots & \vdots & \ddots & \vdots \\ x_{K1} & x_{K2} & \cdots & x_{KN}\\ 1 & 1 & \cdots & 1\end{pmatrix}$$

根据问题确定网络输出层单元数，一般情况下，输出层单元数设计为分类的类数 $J_4=I$，根据训练样本的标签定义理想输出，每一个样品的理想输出一般定义为一个 J_4 维向量，分量数代表分类个数，向量的分量按分类序号决定分量取值为 1 或者 0，如样品属于第 j 类，就把理想输出向量的第 j 个分量设为 1，其余的分量均设为 0。这样每一个样品对应一个 J_4 维理想输出列向量，这些列向量按与特征表现向量在 $\boldsymbol{X}$ 中同样的顺序，构成一个矩阵 $\boldsymbol{T}$，称为理想输出矩阵。

$$\boldsymbol{T}=\begin{pmatrix}t_{11} & t_{12} & \cdots & t_{1N}\\ t_{21} & t_{22} & \cdots & t_{2N}\\ \vdots & \vdots & \ddots & \vdots \\ t_{I1} & t_{I2} & \cdots & t_{IN}\end{pmatrix}$$

注意：矩阵 $\boldsymbol{X}$ 和 $\boldsymbol{T}$ 有相同的列数(样品数)，对应的列表达一个样品的特征表现矩阵和对应的理想输出。

3. 模型的训练过程

首先将所有突触权值矩阵初始化(例如统一初始化为[0,1]区间中的随机数矩阵)。从

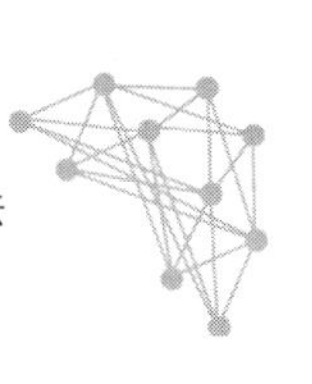

$\boldsymbol{X}$ 中取一列(如第 m 列),对应的 $\boldsymbol{T}$ 矩阵中对应列 $\boldsymbol{X}(:,m)\leftrightarrow\boldsymbol{T}(:,m)$。将 $\boldsymbol{X}(:,m)$ 输入网络,计算网络实际输出 $\boldsymbol{y}=(y_1,y_2,\cdots,y_l)^{\mathrm{T}}$。网络训练的目标是最小化损失函数,在神经网络中常采用交叉熵损失函数,其为所有突触权值的函数,可以利用梯度下降法,通过调整权值矩阵,使损失函数值减小,直至设定阈值停止训练。

4. 深层神经网络训练需要注意的几个问题

深层神经网络容易出现维数灾难问题,需要针对不同的问题适当调整。

(1) 激活函数的选择。包含函数的参数选择很重要。非线性激活函数类型除了 tansig、logsig 外,还可以选择其他函数,例如 ReLU 函数。对于复杂问题,采用 softmax 回归变换时经常用到。

(2) 梯度下降法中权值步长(学习率)的调节也很重要,如果权值的调整有层次地进行,外层调整后生效后会影响里层权值的调整,可以考虑各自不同的学习率;如果统一调整各层权重,按梯度下降法原理,选择统一的学习率。

(3) 对于复杂的问题,需要结合一些优化技术实现有效的调整。

(4) 训练过程中调整判断损失函数下降成功与否的阈值,也是好的训练途径。

5.8 本章小结

机器学习本身属于多领域交叉学科,涉及概率论、统计学、优化理论、计算机算法理论等多门学科,专门研究计算机怎样模拟或实现人类的学习行为,以获取新的知识或技能。本章依据机器学习中学习方式的不同,重点介绍了机器学习中的求解分类问题、回归问题、无监督学习问题、关联分析问题、深度学习问题等的相关算法。本章内容注重模型的数学表示,以及模型求解的理论推导,这对算法的理解以及扩展大有好处,多数算法给出了算法实现框架。由于本章所涉及的算法都是主流的机器学习算法,算法的程序实现都可在相应的程序包中找到。

参考文献

[1] 雷明. 机器学习与应用[M]. 北京：清华大学出版社,2019.

[2] Pang-Ning Tan,Michael Steinbach,Vipin Kumar. 数据挖掘导论[M]. 范明,范宏建,译. 北京：人民邮电出版社,2011.

[3] Jiawei Han,Micheline Kamber. 数据挖掘概念与技术[M].范明,孟小峰,译. 2 版. 北京：机械工业出版社,2006.

[4] Brett Lantz. 机器学习与 R 语言[M]. 李洪成,许金炜,李舰,译. 北京：机械工业出版社,2015.

[5] Richard O. Duda, Peter E. Hart, David G. Stork. 模式分类[M]. 李宏东,姚天翔,译. 北京：机械工业出版社, 2010.

[6] Simon Haykin. 神经网络与机器学习[M]. 申富饶,徐烨,郑俊等,译. 北京：机械工业出版社,2010.

[7] 罗伯托·巴蒂蒂,毛罗·布鲁纳托. 机器学习与优化[M]. 王彧弋,译. 北京：人民邮电出版社,2018.

[8] 赵春江. 机器学习经典算法剖析[M]. 北京：人民邮电出版社,2018.

[9] Ethem Alpaydin. 机器学习导论[M]. 范明,昝红英,牛常勇,译. 北京：机械工业出版社,2014.

[10] 呈显毅,施佺. 深度学习与 R 语言[M]. 北京：机械工业出版社,2017.

[11] 盛骤,谢式千,潘承毅. 概率论与数理统计[M].4 版. 北京：高等教育出版社,2008.

[12] 张立石. 概率论与数理统计[M]. 北京：清华大学出版社,2016.

[13] 李航. 统计学习方法[M]. 北京：清华大学出版社,2012.

第6章　构建项目流程

当今社会中，人类越来越依赖机器，当遇到特定问题时，人们可以训练机器解决这些问题。例如，机器可以用于医疗影像、预测客户流失率等场景。有了机器的助力，人类的生产力也会提高。目前，人类和机器已经成为合作伙伴。

机器学习可能会给人们解决问题的方式带来一场革命。在金融风控、商品推荐、新闻文本分析等领域，机器学习都有重要的应用。此外，在建筑行业，人工智能具有数字化蓝图的优势，可以评估项目的规模，如果人工评估需要1个月的时间，同样的工作机器2天就能完成。制药公司用机器学习确定研发过程中最佳因素，包括预期的市场规模、收入和潜在药物的生命周期价值。在医疗事故和医疗保健中，医生和人工智能间的动态共生关系可能改变医疗事故风险的评估方式。几乎每一家需要数据的公司都在尝试利用人工智能和机器学习来分析他们的业务，并利用这些新技术提供自动化解决方案。但将机器学习项目整合到实际生产环境中则会受到多方面因素的限制，因而没有人们想象的容易。Algorithmia公司经过调查表示：55%从事机器学习模型的企业未将其投入生产。

未来十年，人类将继续和机器共存，在享受算法带来的便利的同时，也要仔细评估机器带来的机会和风险。在企业中应用数据仓库需要井然有序，另外，企业需要鼓励创新，提高人才力量和组织目标，只有这样，人类才能充分发挥人工智能的潜力。

机器学习作为人工智能中重要的部分，在应用到实际问题中时必然要面临很多思考。遇到一个新问题要如何着手？如何确定可获得的数据，数据又该怎样处理？什么样的模型是可用的？如何通过建立模型和评估数据实现项目流程？如何将训练好的模型部署并应用到业务中？本章将依次解决这些问题。机器学习项目构建的流程如图6.1所示。

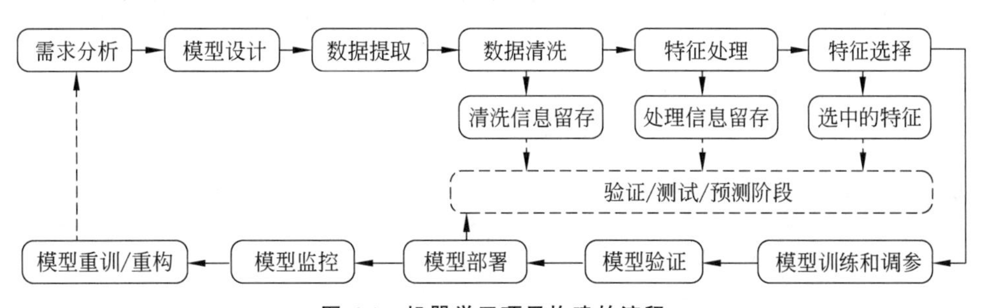

图6.1　机器学习项目构建的流程

6.1 问题的定义

从项目的角度看，项目的正确定义决定了机器学习项目的成败。在一个机器学习项目的开始，要先完成对问题的定义，根据需求和场景确定建模的目标，并将需求转换为技术实现。对应到机器学习领域，则应该确定分类、回归、聚类等算法，也就是将实际场景中的问题抽象成相应数学模型，并且明确在这个抽象过程中，数学模型有怎样的假设。之后，再对相应的数学模型参数进行求解。

确定问题后也需要明确输出是什么。举例来说，对于一个"预测机器故障"的项目，应该用具体的指标，例如"意外停机的风险何时增加 50%以上"作为输出。因为单凭"机器故障"作为输出，需要考虑的因素过多。为了对结果做出更好的预测，必须有和输出相关的数据，并且数据越多越好。另外还需要思考的问题是，什么是预测具体输出最相关的因素？哪些数据与具体数据相关？如何用算法能够理解的方式选择和分割数据？项目中提供多少样本？如何评估算法的性能？达到业务目标的最低性能是什么？解决这个问题的经验或工具是否可以复用？列出迄今为止做出的假设，尽可能验证假设。问题分析清楚后再开启机器学习流程才会事半功倍。

6.2 数据收集

项目的终极目标是建立一个高质量的模型，而使用高质量的数据集是训练高质量模型最可靠的方法。数据决定机器学习结果的上限，算法只是尽可能地逼近这个上限。数据收集之前需要明确列出要什么数据以及多少数据。新数据集就像一个包装好的礼物，充满了承诺和希望。一旦解决它，就收获了喜悦，而打开之前，它都一直保持神秘。

数据收集的方式有：搜索公开数据、网络爬虫、天池、Kaggle 等比赛网站的公开数据等。如果已经收集了数据，打开文件即可；如果做练习，建议引用 sklearn 的数据集，调用 API 即可，如表 6.1 所示。

表 6.1 sklearn 自带数据集

名 称	API	算 法	数 据 规 模
波士顿房价	load_boston()	回归	506×13
糖尿病	load_diabetes()	回归	442×10
鸢尾花	load_iris()	分类	150×4
手写数字	load_digits()	分类	5620×64
新闻分类	fetch_20newsgroups()	分类	18846×20
路透社新闻语料	fetch_revl()	分类	804414×47236
带标签的人脸数据	fetch_lfw_people()	分类、降维	13233×5749×5828
Olivetti 脸部图像	fetch_olivetti_faces()	降维	400×64×64

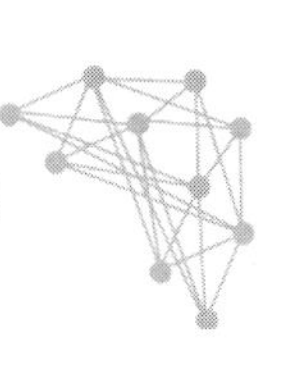

收集数据的过程中，要尽可能收集足够多的数据。在监督学习中需要打标签，这里注释是很重要的部分。注释不当会导致注释者以不同的方式标记样本。常用的注释服务有Scale、Labelbox、Prodigy等流行的注释服务，Mechanical Turk众包注释，CVAT-DIY计算机视觉注释，Doccano-NLP专用注释工具，Centaur Labs医疗数据标签服务。无监督学习不需要有对应的标签，有监督学习和无监督学习的区别如表6.2所示。

表6.2 有监督学习和无监督学习的区别

项目	有监督	无监督
数据	必须有训练集和测试集，在训练集找规律，在测试集检验准确率	只有一组数据，在组内找规律
标签	学习预先准备好的标签，给待识别数据预测标签	没有标签，如果数据集有聚集性，则可按自然的聚集性分类
目标	分类是核心	不一定要分类，寻找数据集的规律后推测结果

6.3 数据预处理

在数据预处理中，需要明确数据量大小，了解数据类型和分布等属性。其中数据量大小是数据的条数，而不是占用的存储空间大小。另外，还需要判断数据是否有缺失或者乱码。如果有，此类数据为“脏”数据，也需要做数据预处理。本节讲述如何做数据预处理。

在预处理时，切记数据要有代表性，否则会过拟合。同时要评估样本数量以及特征数量的量级，评估对内存的消耗程度，如果数据量大，需要采取降维或分布式算法。

数据的类型分为连续变量和离散变量。连续变量是一定区间内可任意取值的变量，可以是小数，相邻数值间可无限分割，如长度、时间等。离散变量必须是整数且不可分割，数值之间的差值不固定。离散变量一般通过计数方法即可得到，如人数、店铺数等。离散数据对应机器学习的分类应用，连续数据则对应预测、聚类等应用。类型确认好后，还需要明确数据属性，收集的数据属性要统一。数据类型中的数据属性如表6.3所示。

表6.3 数据属性

属性名称	含义
标称属性	分类型属性。一些符号或实物名称，每个值代表某种类别
二元属性	有两个类别的标称属性：0、1。若将0、1对应False、True，则成为布尔属性
序数属性	可用于记录不能客观度量的主观质量评估。例如：0>优 1>良 2>中 3>差
数值属性	可度量的属性，用整数或实数值表示，有区间标度和比率标度两种类型

上述判断完毕后，需要对数据做探索性分析。原始数据中可能存在不完整、不一致的数据，这些数据会影响结果。如果缺失值多，可以删除此类；缺失少的则可以补齐。

在所有数据清洗完毕后，再对数据集进行划分。数据集分为三部分：训练集、验证集和测试集。训练集用于训练模型，验证集用于给模型调参提供依据，测试集用于模型性能的最

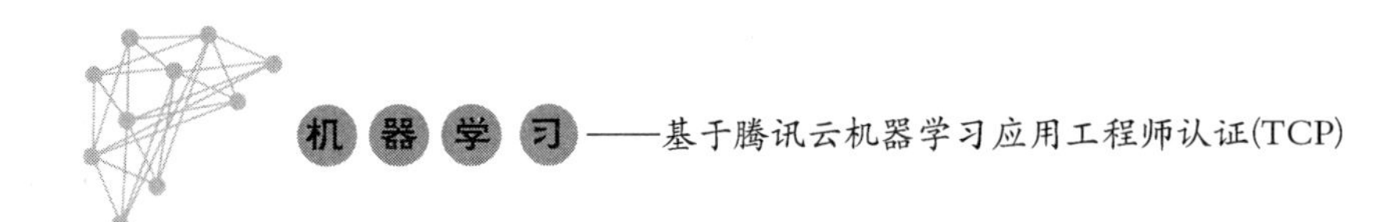

终评估。训练集、验证集和测试集的划分一般参考 6∶2∶2 的比例。

以处理数据之前,首先查看数据集,代码如下。

```
dataset.head(5)                    #显示前 5 行数据
dataset.tail(5)                    #显示后 5 行
dataset.columns                    #查看列名
dataset.info()                     #查看各字段的信息
dataset.shape                      #查看数据集行列分布,几行几列
dataset.describe()                 #查看数据的大体情况
```

查看数据集完毕后,需要做三类预处理:缺失值处理、对分类数据进行编码、切分数据集。

(1) 缺失值处理。若某类数据少于 2/3,可以直接舍弃。如果只是缺失几个值,可以用均值填补。例如在 sklearn 中使用 SimpleImputer 处理缺失值。定义类的参数以及含义及输入如表 6.4 所示。代码举例如下:

```
#首先定义类
class sklearn.impute.SimpleImputer(missing_values=nan,strategy='mean',fill_
value=None,verbose=0,copy=True)
#用均值填补缺失值
from sklearn.impute import SimpleImputer
imp_mean=SimpleImputer()
imputer=imp_mean.fit(X[ : , 1:3])
X[ : , 1:3]=imputer.transform(X[ : , 1:3])
```

表 6.4　定义 SimpleImputer 参数含义及输入

参　数	含义及输入
missing_values	为 SimpleImputer 指出数据中的缺失值,默认空值 np.nan
strategy	填补缺失值的策略,默认均值 输入 mean 表示用均值填补 输入 median 表示用中值填补 输入 most_frequent 表示用众数填补 输入 constant 表示参考 fill_value 中的值
fill_value	当参数 strategy 为 constant 时可用,可输入字符串或数字表示要填充的值,常用值为 0
copy	默认为 True,将创建特征矩阵的副本,反之则会将缺失值填补到原本的特征矩阵中

(2) 对分类数据进行编码。多数算法如逻辑回归、SVM、K 近邻算法等只能处理数值型数据,不能处理文字,但收集的数据都不是以数字来表现的。例如,评价的取值可以是['好评','中评','差评']等。为了让数据适应算法和库,需将数据进行编码,将文字型数据转换为数值型。这一功能调用 sklearn 库即可实现,代码举例如下:

```
from sklearn.preprocessing import LabelEncoder
labelencoder_X=LabelEncoder()
```

```
X[ : , 0 ]=labelencoder_X.fit_transform(X[ : , 0 ])
labelencoder_Y=LabelEncoder()
Y=labelencoder_Y.fit_transform(Y)
```

(3) 切分数据集。将数据集划分为训练集和测试集。其中 test_size 表示测试集占比，如果是 0.2 则表示 20%的数据作为测试集。代码举例如下：

```
from sklearn.model_selection import train_test_split
X_train,X_test,Y_train,Y_test=train_test_split(X,Y,test_size=0.2,
random_state=0)
```

以 Kaggle 数据集 20 Newsgroups 为例，数据提取分析和代码如下：

数据集来自业内著名的 20 Newsgroups 数据集，包含 20 类标注好的样本，数据量约 2 万条。

数据提取代码如下，调用 sklearn 的 API 即可导入数据。

```
from sklearn.datasets import fetch_20newsgroups
news=fetch_20newsgroups(subset="all")
print(news.data)
print(news.target)
print(news.DESCR)
```

从 sklearn.datasets 这个 API 中调用数据集，数据集的参数中 subset="all"表示调用全部数据。若 subset="train"表示只调用训练集，subset="test"表示只调用测试集。分别用 data、target 等数据集 API 查看数据格式。数据集相关 API 如表 6.5 所示。

表 6.5 数据集相关 API 及含义

API	含　义
data	特征数据数组
target	标签数据
DESCR	数据描述
feature_names	特征名
target_names	标签名

由于此数据集无须处理缺失数据，只需划分数据集即可，代码如下：

```
from sklearn.model_selection import train_test_split
x_train,x_test,y_train,y_test=train_test_split(x=news.data,y=news.target,
test_size=0.25,random_state=20)
```

其中的参数解释如表 6.6 所示。

表 6.6　参数和含义

参　数	含　义	
x_train	原始数据	
y_train	原始标签数据	
x_test	测试集的数据	
y_test	测试集的标签数据	
x	原始特征数据,本例中为 1.8 万条新闻	
y	原始标签数据,本例是新闻对应的分类	
test_size	float	0～1,代表着测试集的分割比例。数值是 0.25 就代表 25%测试集
	int	代表测试样本的绝对数量
	None	作为训练集的补充
train_size	float	0～1,代表训练集的分割比例。数值是 0.75 就代表 75%测试集
	int	代表训练样本的绝对数量
	None	自动补充 test_size 的值
random_state	int	随机数生成器的种子
	RandomState	随机数生成器
shuffle	是否打乱数据的顺序,再划分,默认 True	
stratify	None 或者 array/series 类型的数据,表示按这列进行分层采样。例如 stratify=data[‘a’]表示按 a 列采样,每次划分结果均相同	

6.4　特征抽取

特征抽取是为了更好地理解数据。将进入模型的变量作为特征,优先使用直接观测或收集到的特征,不建议用变换的特征。因为变换的特征容易增加工程量,不方便解释,稳定性和有效性存在风险,且不方便监控。特征提取会影响机器学习的准确率。Kaggle 上的比赛常常出现不同结果,问题大多出在特征抽取环节。

为了理解特征抽取如何实现,以 sklearn 自带数据集 fetch_20newsgroups 新闻数据集为例。新闻很适合用逆向文件频率加权,之后训练数据再做变换即可。这里有两个简化的词需说明:TF 和 IDF。TF(Term Frequency)指某词在文本中出现的频率。IDF(Inverse Document Frequency)指逆向文件频率,求某一特定词语的 IDF 可以由总文件数目除以包含该词语的文件的数目,再对得到的商取对数。TF-IDF 是 TF 和 IDF 的乘积。某一特定文件内的高频词语,以及该词语在整个文件集合中的低文件频率,可以产生出高权重的 TF-IDF。因此,TF-IDF 倾向于过滤掉常见词语,保留重要的词语。技术、大数据的词频在全部 1.8 万条新闻中并不高,但频繁出现在科技类新闻中,因此这类词的 TF-IDF 权重很高,可以作为分类标准看待。代码如下:

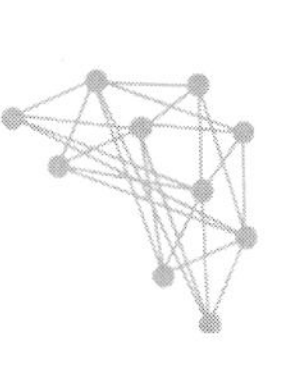

```
from sklearn.feature_extraction.text import TfidfVectorizer
tf=TridfVectorizer()
tf.fit(x_train)
x_train=tf.fit_transform(x_train)
x_test=tf.transform(x_test)
```

函数解释如表 6.7 所示。

表 6.7 函数和含义

函 数	含 义
fit()	求得训练集的均值,方差,最大值,最小值
transform()	在 fit()的基础上,进行标准化,降维,归一化等操作(如 PCA、TF-IDF)
fit_transform()	fit()和 transform()的组合,包括了训练和转换,先用 fit()求出整体指标,再根据指令转换

实例化 TfidfVectorizer()为 tf,用 tf 来对特征值使用 fit_transform()方法。这里的 fit 和 transform 没有任何关系,仅是数据处理的两个不同环境。fit_transform()这个函数写法只为了写代码方便。

6.5 模型构建及训练

6.5.1 模型构建

构建模型可以选取现有的预训练模型。这样建立模型过程有一个好的开始。例如,创建一个口罩检测模型可以从 GitHub 官网找一个预先训练好的人脸检测模型,这样再做口罩检测会方便很多。

有关模型的构建,若已经明确问题是分类问题,选择机器学习中的分类算法即可。如果问题确定为回归问题,则选择回归对应的算法。算法选择如表 6.8 所示。有关分类问题,如:花朵分类、垃圾邮件分类,为了保证速度建议选择逻辑回归和决策树算法。预测房价、销量等的回归问题时,建议选择线性回归算法。若要更重视精度,建议选择随机森林和神经网络算法。聚类问题选择 k-means 算法,其中聚类分析分为凝聚和分裂:凝聚是自下而上的方法,每个观测点从自己的集群开始凝聚,当一个集群向上移动,成对的集群将进行合并;分裂是一种自上而下的方法,所有观测点在一个集群中开始分裂,当一个集群向下移动时,递归地执行分割。

表 6.8 待解决的问题及对应算法

问题类型	算 法
分类	K 近邻算法、贝叶斯分类、决策树与随机森林、逻辑回归、神经网络、SVM
回归	线性回归、岭回归、梯度提升树
降维	主成分分析、线性判别分析、奇异值分解
聚类	k-means、Mean-Shift、DBSCAN、使用 GMMs 的 EM 聚类、凝聚层次聚类

以 6.4 节中的新闻数据集为例,用朴素贝叶斯算法做分类。朴素贝叶斯中的"朴素"是假设各特征间相互独立。虽然此方法使贝叶斯算法变得简单,但会降低分类准确率。

$$P(B \mid A)=P(B)\times\frac{P(A \mid B)}{P(A)}=P(B)\times\frac{P(A \mid B)}{\sum_{i=1}^{n}P(B_i)\times P(A \mid B_i)}$$

这里的 $P(B)$是某个文档类别数除以总文档数。1.8 万条新闻包含 14 万词,20 类新闻。在这 20 类中,娱乐类较多,有 5000 条,科技类只有 1000 条,所以娱乐新闻的概率 P(娱乐类)=5000/18000,P(科技类)=1000/18000。$P(A|B)$是被预测文档中出现的词的概率(特征的概率),P(Big Data|科技类)指的是 Big Data 这个词在 1000 篇科技类文档出现的次数,除以科技类文档总词数,这样就可以得到 Big Data 这个词的概率了。这里的 $P(A)$是给定文档的特征值。由此可知 P(Big Data)=P(科技类)P(Big Data|科技类)+P(娱乐类)P(Big Data|娱乐类)+P(财经类)P(Big Data|财经类)+…+P(第 20 类)P(Big Data|第 20 类)。

6.5.2 模型训练

问题分析清楚,模型构建完成,之后就可以开始训练模型了。训练过程中要留意图像数据集,这类数据需考虑输入分辨率以及大小等因素。训练过程中应做好实验跟踪,因为不断调整参数,需要多次迭代。要仔细地跟踪模型的不同版本以及训练时用到的超参数和数据,以便后续查找问题。如果没有可以用的预训练模型,训练前可以使用一些技巧,例如只使用原始数据的一小部分进行微调,也可以尝试用合成的数据预训练模型。

代码如下:

```
from sklearn.feature_extraction.text import TfidfVectorizer
from sklearn.model_selection import train_test_split
from sklearn.datasets import fetch_20newsgroups
from sklearn.naive_bayes import MultinomialNB
news=fetch_20newsgroups(subset="all")
x_train,x_test,y_train,y_test=train_test_split(news.data,news.target,test_size-
0.25,random_state=20)
tf=TfidVectorizer()
x_train=tf.fit(x_train)
x_train=tf.transform(x_train)
x_test=tf.transform(x_test)
mlt=MultionmialNB(alpha=0.01)
mlt.fit(x_train,y_train)
y_predict=mlt.predict(x_test)
y_score=mlt.score(x_test,y_test)
print(y_score)
```

延续 6.4 节中的例子。根据上述代码,将训练集和测试集标签传入,机器即可实现自动学习。训练代码如下:

```
.predict(x_test)                          #得到测试集的机器预测分类
.score(x_test,y_test)                     #自动判别准确率
```

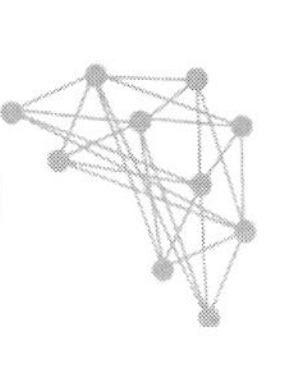

此处可得准确率结果约为 91.5%。

6.6　模型评估和优化

6.6.1　模型评估

评估模型最好的方式就是寻找最优参数和可视化。在 6.4 节的例子中，将新闻数据集的训练集和测试集分割的比例设定为 25%。数据划分也会影响结果，因此需用可视化方法确定什么时候效果最优，因此需要一个循环，将参数和准确率写入列表，最后对准确率降幂排序，得到最优参数。代码如下：

```
for num in range(50):
  num=(num+5)/100
  x_train,x_test,y_train,y_test=train_test_split(news.data,news.target,test_
size, random_state=20)
```

使用 pyecharts 将参数和准确率可视化到散点图，如图 6.2 所示，分割值在 5%和 22%时，准确率最优。由于在 5%分割的误差可能会较大，因此最终选择 22%分割值，在此时准确率达到 91.8%。

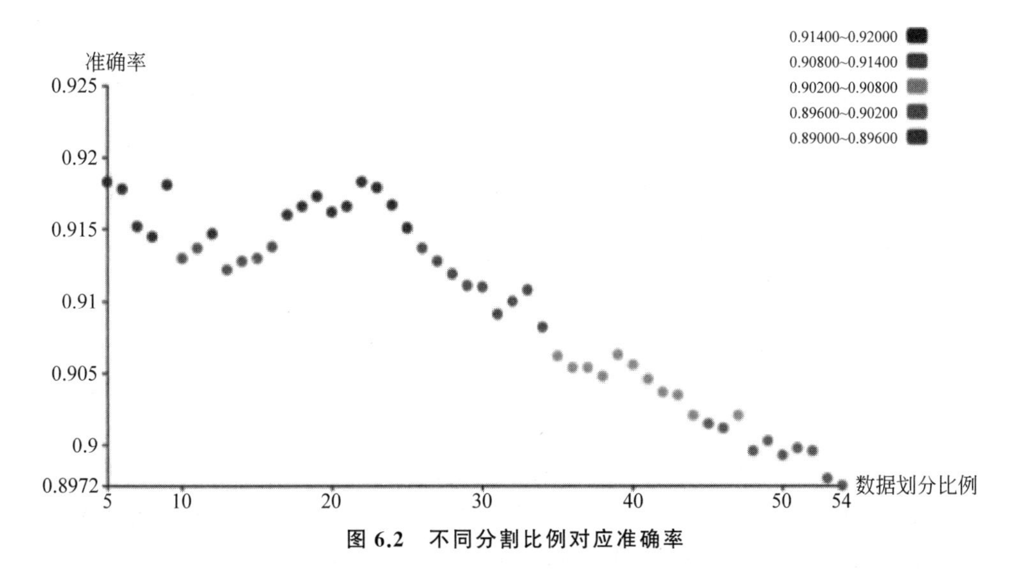

图 6.2　不同分割比例对应准确率

选取评价指标，需要将“获得更好的结果”转换成可测量可优化的具体指标，如网站的点击率等。达到了模型评估的标准后即可部署。

从评估流程看，评估需先确定评估的内容、定义或选取评价指标，遵循一定的方法和策略。模型评估的内容分为模型效果评估、模型稳定性评估、特征评估和业务评估。

(1) 模型效果评估。

当模型的应用不理想时，预测结果和实际会存在很大偏差，模型偏差的主要来源是欠拟合和过拟合。学习曲线可判断模型的过拟合问题，画出不同训练集大小时训练集和交叉验证的准确率，可以看到模型在新数据上的表现，进而判断模型是否方差偏高或偏差过高。

过拟合和欠拟合是由于模型泛化能力不强导致。欠拟合表现为模型的学习能力不足，没有学习到数据的一般规律。过拟合则是模型捕捉到数据中太多特征，将所有特征认为是数据的一般规律。如图 6.3 所示，图 6.3(a)表示欠拟合状态，拟合的函数和训练集误差较大，图 6.3(c)为过拟合，拟合函数和训练集几乎完全匹配，在测试集中结果反而变差。而图 6.3(b)则是训练出的最佳状态。因此，构建评估模型的泛化能力是检验一个模型是否更为有效的方法。训练完毕后需要运行几个测试的例子并观察输出结果，这是发现或评估 pipeline 过程是否有错误的最好的方法。

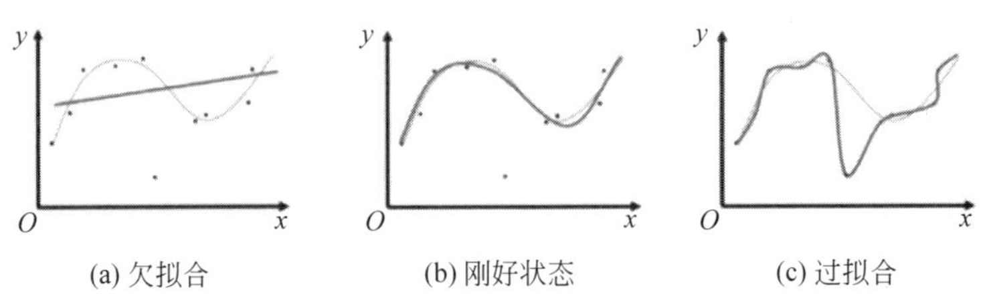

图 6.3　模型评估可能出现的三种结果

训练集和验证集的准确率很低，可能欠拟合。训练集的准确率高于验证集的准确率，可能过拟合。理想状态是偏差和方差都很小，既不欠拟合也不过拟合。

欠拟合的模型优化方法有：①添加其他特征项；②添加多项式特征；③减少正则化参数。

过拟合的模型优化方法有：①缩小网络规模；②交叉验证，将初始训练数据用作小的训练-测试拆分，将这些拆分用于调整模型，交叉验证最流行的形式是 K-fold 交叉验证；③增加权重正则化，正则化有 L1 正则化和 L2 正则化；④删除无关的特性；⑤添加 dropout；⑥数据增强，如旋转、缩放、平移等。

(2) 模型稳定性评估。

如果一个算法在输入值发生微小变化时就产生了巨大的输出变化，就认为这个算法是不稳定的。需要做测试了解模型的状态。

(3) 特征评估。

(4) 业务评估。

要在复杂的业务中梳理并定义出一个有价值的问题，对产出价值的预判需要权衡。此外在业务中没有明确的输入和输出，因此从指标定义到数据和问题分析建模都需要自己搭建。故而，需要权衡用机器学习解决此问题带来的收益是否符合预期。

通常，人们会花更多时间在数据预处理和参数调优，不断调整数据，优化模型，直到达到理想效果。由于模型需要部署上线运营，接受线上的考验，任何错误都可能会造成经济损失。因此在评估、验证模型过程中，除了常规的模型性能统计，还要重视可视化方法、多维度分析、线上比对分析、灰度上限、小流量测试等。

6.6.2　模型优化

模型优化是为了让模型效果更好。优化模型前需要对模型进行分析，找出限制模型性能的因素。模型会因为多重问题导致结果不佳，但只需要了解最重要的因素即可，解决了主

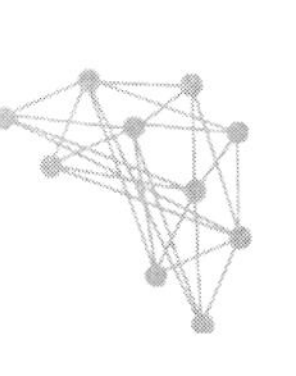

要问题,模型会有明显的提升。找出因素的检查顺序是：首先检查训练集,其次检查验证集,再次检查测试集。

如果问题出在训练集,则首先确认训练集是否有标记或者损坏的数据,尝试再次检查一些训练的样例。其次确认优化算法是否被精确调整。查看学习曲线观察损失是否在降低,以及曲线是否过拟合。如果上述没有问题,则有可能是因为模型太小或者泛化能力不够。

如果问题出在验证集。则可能由以下几类问题引起：①模型太大或者过拟合；②没有足够的训练数据学习基础模式的良好模型；③训练数据的分布和测试数据分布不匹配；④模型的超参数设置很差；⑤模型归纳和数据匹配不佳。

如果问题出在测试集,则需看一下是否在验证集过拟合。检查模型需要注意几点：①通过可视化数据识别常见的错误类型,浏览这些示例并记录每种错误发生的频率；②某些样本可能被错误标记或有多个合理的标签；③一些样本可能比其他样本难预测。

如果训练数据集太小,收集更多数据是最为快速和简单的解决方案。如果选择的模型不对,则参考现有的解决方案,选择迁移的方式实现。一般优先解决复杂的模型,并在后续逐渐简化。如果模型过拟合,则重新审视数据是否过于复杂,此外也可以通过降低模型复杂度的方式。另外,数据方面要重新评估问题的定义和样本设计。如果单个模型的效果不好,可以尝试集成策略,使用模型集成方法,如 Stacking。

6.6.3　选择正确的衡量标准

为了确保模型的效果,需要创造一个和最终目标一致的模型衡量指标。若追踪其他的重要特性,则需要更新指标。多数情况下,可以通过添加数据解决模型预测错误的问题,训练数据不可以随意添加,应寻找和测试失败例子相似的数据。解决方案的起源一般是对模型的失败例子的理解。Scikit Learn 库提供通用的衡量指标,也可以用 Python 和 Numpy 实现开发自定义指标。

6.7　模型部署和监控

经过上面的步骤,我们应已得到在评估指标表现不错的模型,且这些模型在边缘样本不会有重点的错误,此刻就可以部署模型了。模型部署和工程实现的相关性较大,不仅仅是其准确度,误差等情况,还包括运行的速度,资源消耗程度以及稳定性。

6.7.1　模型部署

拥有了模型之后,部署完毕才算完成一个机器学习系统。部署就是在生产环境中测试模型,此刻会得到一些出错的信息,持续集成的方式可以改进模型。在此过程中,为了更好地测试模型假设的有效性,通常会设置 A/B 测试,即测试组和控制组。测试组的用户看到来自当前模型的预测,控制组的用户看到来自目前的一个模型的预测。部署过程中,如果发现模型没有看起来那么好,有几方面的原因：①实时数据和训练数据有很大的不同；②没有正确的选取衡量标准；③在实现的过程中有一个错误未发现。上述部署问题解决完毕后,将模型投入生产并对其实施监控,有问题则及时改进更新模型的版本。

6.7.2 模型监控

模型监控的内容可分为如下几部分:①模型评分(输出)稳定性的监控、分布、稳定性指标、业务指标等;②特征稳定性的监控、分布、稳定性指标等;③线上服务稳定运行的监控。即使是已经部署好的机器学习模型,也需要不断被监控、维护和更新。我们不能仅仅部署模型,然后只是期望它在接下来的时间里像在测试集中一样,在现实中有很好的表现。事实上机器学习模型需要被更新,因为模型的偏差、新的数据源和额外的功能。部署完毕后也要继续理解模型,以确保模型始终反映数据和环境的最新趋势。模型中的错误和偏见需要很长时间才能被发现,只有不断测试和探索模型才能及时发现可能导致模型出现问题的边缘情况以及趋势。

在企业运用过程中,如果模型没有带来预期的利润,则需要扩展当前模型的功能:添加新类、开发新数据流以及提高现有模型的效率,这些举措都会使当前模型变得更合适。

如果想提升系统的性能,则需要重启机器学习的生命周期,更新数据和模型并对其评估,确保新系统可以按照预期顺利工作。

6.7.3 应用到业务中

机器学习应用的迭代生命周期中,流水线是产品,而不是机器学习模型。成熟的流水线是版本控制必不可少的,不仅涉及代码,还涉及数据、参数和元数据。应尽可能建立自动工作的保障措施,不依赖人工或包含很多特殊情况的过程,从而规避机器学习模型的结果存在的风险。应思考下面几个问题:

(1) 是否需要提供实时预测(10ms~20ms 还是 1s~2s 后)? 还是在接收输入数据后的 1 小时或者一天内交付预测就可以?

(2) 希望模型多久更新一次?

(3) 预测的需求是什么?

(4) 需要处理多大的数据量?

(5) 希望使用哪种算法?

(6) 是否处于一个对系统审计能力要求非常高的监管环境中?

(7) 产品适合市场吗?

(8) 在没有机器学习的情况下可以完成吗?

(9) 团队有多大,有多少经验?

6.8 本章小结

本章介绍了机器学习项目流程中的步骤,并且以新闻数据集为例实现了这一流程。机器学习项目包含问题定义、数据收集、数据预处理、特征抽取、模型构建及训练、模型评估和优化、模型部署和监控几个步骤。其中,问题定义很关键,在应用中也需要考虑其他因素,算法实现是其中一部分,能够完成部署才能真正让机器学习项目落地。

第 7 章　TI-ONE 机器学习

7.1　TI-ONE 平台介绍

智能钛机器学习平台(TI-ONE)是腾讯公司实现机器学习模型训练和运行的一站式平台。该平台主要为模型训练、运行、评估与优化提供支持。用户可以上传标注的数据,利用平台将其切分成训练集、验证集以及测试集。训练模型的算法可以由用户自行编写,也可以使用平台提供的,然后在平台上设置相关参数,计算资源参数,并训练模型,模型的可用性也可以在平台上进行检测。TI-ONE 平台主界面如图 7.1 所示。

图 7.1　TI-ONE 平台主界面

TI-ONE 机器学习平台适合有一定机器学习经验的建模人员使用,支持使用编程语言实现数据处理、特征获取,也可以使用可视化、模块化的建模工具,通过配置参数的方式构建机器学习模型训练工程。

TI-ONE 平台提供云的具备高可用性的 GPU 分布式集群服务器,可以满足大规模深度学习模型训练的性能要求。平台内部兼容 TensorFlow、Torch、Caffe 等多种主流的机器学习框架,从而支持用户自编程代码的上传和运行,为用户提供了灵活性。

TI-ONE 平台对 GPU 分布式集群服务器上的深度学习模型训练算法做了优化,能够大

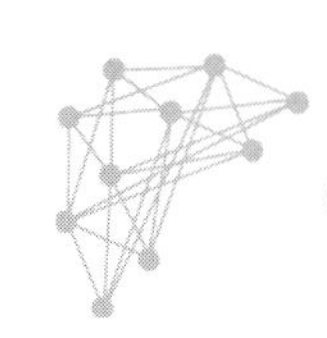

幅度地提升训练速度,从而大大减少模型训练所花费的时间。平台提供了搭建好的机器学习开发环境,并且为用户管理计算资源,使用户的精力更多集中在业务相关的工作中。平台提供的沙箱能够帮助用户在保证数据安全和稳定的环境中,整合多方数据进行建模。

TI-ONE 平台适合应用在所有需要使用机器学习或深度学习平台进行定制建模的场景中,典型的场景有风控、营销推荐、预测、非结构化数据处理、文本分析和关系挖掘等。平台可以通过接收原始数据的输入,训练各个场景下的不同模型,并应用到对应的业务场景中。

TI-ONE 平台的架构可以分为 6 个层次,从上到下依次是产品层、交互层、算法层、框架层、调度层以及资源层。产品层表示用户所接触的 TI-ONE 平台。交互层表示用户的交互方式,也就是图形化界面。算法层是平台开发团队实现的算法,以组件的形式提供给用户使用,提供的算法有机器学习、深度学习以及图算法。框架层包含 TI-ONE 平台内部算法、实现所依赖的框架以及提供给用户的自编程功能可运行的框架,如 Spark、TensorFlow、Angel、Mariana、Caffe、Scikit-Learn、MXNet、PyTorch。调度层采用新一代的企业级容器平台 GaiaStack,用于资源管理和调度。资源层可以提供计算资源以及存储资源,供用户自编程和各类组件调用。

7.2 TI-ONE 平台操作说明

7.2.1 注册与开通服务

在使用腾讯云智能钛机器学习平台之前,首先要注册并开通服务。详细步骤说明如下。

(1) 注册腾讯云账号。

若用户已在腾讯云注册,可忽略此步骤。

腾讯云注册方式包括以下 4 种,如表 7.1 所示。

表 7.1 腾讯云注册方式

注册方式	描述
微信扫码快速注册	使用微信扫码快速注册腾讯云,后续可以使用微信扫码登录腾讯云
邮箱注册	使用邮箱注册腾讯云,方便企业客户维护账号
QQ 注册	使用已有的 QQ 账号注册腾讯云,直接用 QQ 账号快捷登录腾讯云
微信公众号注册	使用已有的公众号注册腾讯云

(2) 开通智能钛服务。

在使用智能钛机器学习平台前,需要先开通所需地区的服务,此处选择后付费计费模式。智能钛服务界面如图 7.2 所示。

(3) 一键授权。

进入智能钛机器学习平台控制台,在弹出的页面上开通一键授权。

① 单击“前往一键授权”按钮,页面将跳转至访问管理控制台。

② 单击“同意授权”按钮,即可创建服务预设角色并授予智能钛机器学习平台相关权限。

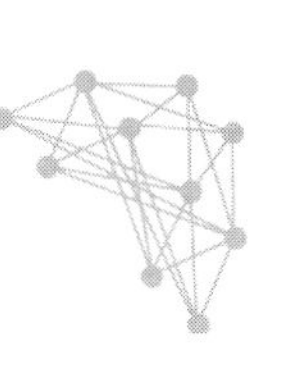

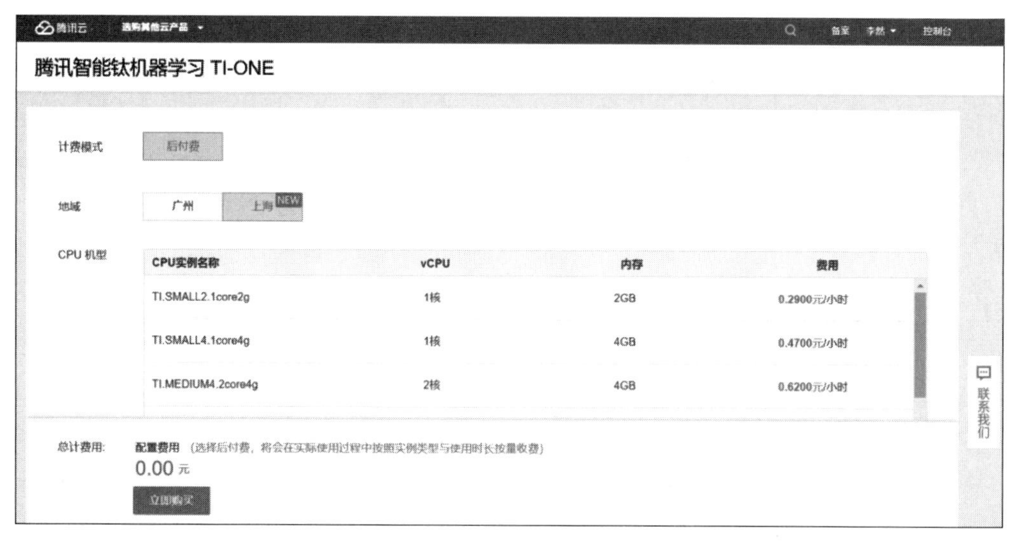

图 7.2　智能钛服务界面

（4）创建并使用 TI-ONE 免费存储桶。

完成步骤(3)后，在此步骤可选择创建个人的付费 COS 存储桶，或选择直接使用 TI-ONE 提供的免费 COS 存储桶。

COS 存储桶是腾讯云软件产品中属于分布式的存储服务，关联到自己创建的项目后，就可以应用于 TI-ONE 的各个环节，在此之前，需要创建 COS 存储桶，用来存放收集的数据，和代码执行后的训练数据与训练结果。

进入 COS 控制台，在弹框中出现的“存储桶列表”主页面中，单击蓝色的“创建存储桶”按钮，创建 COS 存储桶界面如图 7.3 所示。

创建存储桶
名称 test -1300277483
仅支持小写字母、数字和 - 的组合，不能超过50字符
所属地域 中国 上海
与相同地域其他腾讯云服务内网互通，创建后不可更改地域
访问权限 私有读写 公有读私有写 公有读写
需要进行身份验证后才能对object进行访问操作。
请求域名 test-1300277483.cos.ap-shanghai.myqcloud.com
创建完成后，您可以使用该域名对存储桶进行访问
存储桶标签 请输入标签键 请输入标签值 +
服务端加密 不加密 SSE-COS
确定 取消

图 7.3　创建 COS 存储桶界面

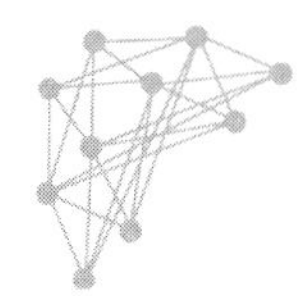

① 创建个人付费 COS 存储桶。

进入 COS 控制台，在存储桶列表页面创建存储桶。创建好的存储桶将用于平台任务数据的存放，包括工程任务、Notebook 任务、SDK 任务。

② 使用 TI-ONE 免费存储桶。

TI-ONE 提供免费存储桶供用户体验。用户只需在智能钛机器学习平台控制台中新建工程时直接使用，无须额外创建或开通。

7.2.2 可视化建模界面

智能钛机器学习平台通过可视化的拖曳布局，组合各种数据源、组件、算法、模型及评估模块，为 AI 工程师打造从数据预处理、模型训练，到模型评估的全流程开发支持。

1. 操作界面

智能钛机器学习平台可视化建模的整体操作界面如图 7.4 所示。左侧为算法框架栏，包含了 TI-ONE 提供的上百种机器学习和深度学习算子与框架，用户可以按需选择；中间是工作流画布，可以将各种数据源、组件和评估模块等在此自由组合；右侧是参数配置区域，可以在此配置算法参数和资源参数。

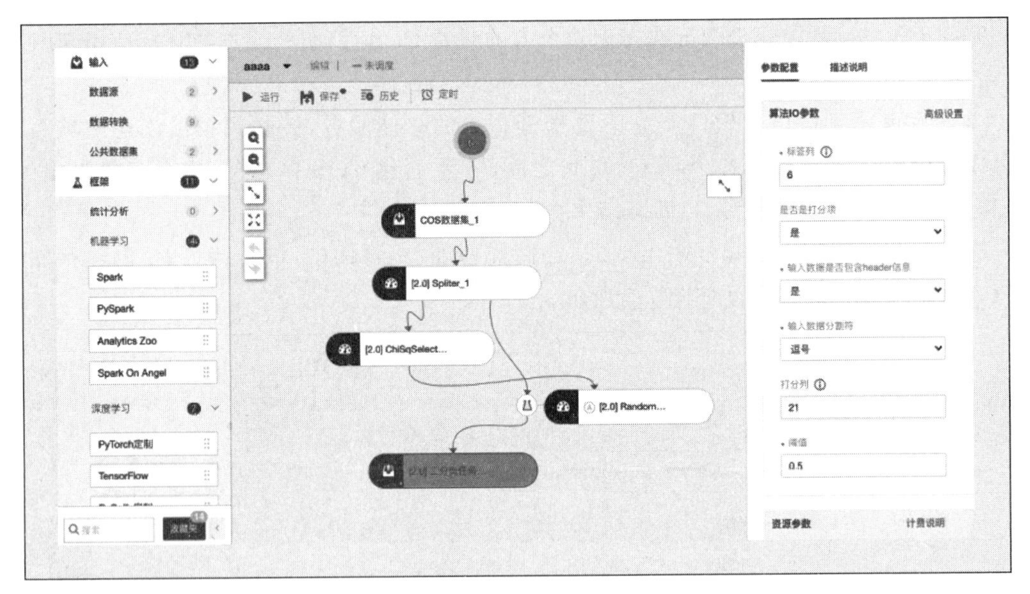

图 7.4　可视化建模操作界面

2. 核心特性

(1) 拖曳式任务流：TI-ONE 良好的交互体验和易用的功能设计，能够极大地降低机器学习的技术门槛。

(2) 多种学习框架：TI-ONE 囊括多种学习框架，如 PySpark、Spark、PyCaffe、PyTorch、TensorFlow 等，满足不同开发者的使用需求与习惯。

(3) 丰富算法支持：TI-ONE 内置丰富算法，从传统的机器学习算法到深度学习，图片分类、目标检测、NLP 等满足各类细分场景与应用方向。

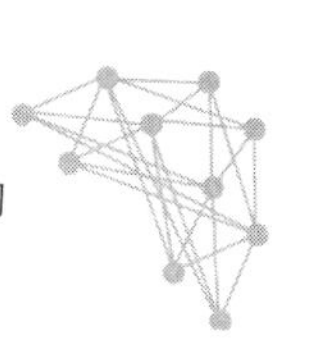

(4) 便捷的效果可视化：TI-ONE 对源数据强大的可视化交互数据解析，让用户高效直观地了解数据的全貌。

(5) 全自动建模：用户只需要拖动自动建模组件，输入数据 TI-ONE 即可自动完成建模的全流程，无基础的 AI 初学者也可毫无障碍地完成整个训练流程。自动调参工具也可大幅提升 AI 工程师的调参效率。

(6) 模型训练的完整闭环：TI-ONE 为用户提供一站式机器学习平台体验，从数据预处理、模型构建、模型训练到模型评估，覆盖全工作流程，形成机器学习训练的完整闭环。

(7) 灵活的资源调度：TI-ONE 支持多种 CPU/GPU 资源，符合用户对差异化算力的场景需求。采用灵活的计费方式，真正帮助用户降本增效。

7.2.3　新建工程与任务流

使用智能钛机器学习平台建模，首先需要完成新建工程与任务流操作。在使用之前，用户需确保已经完成了注册与开通服务。

1. 新建工程

登录智能钛机器学习平台控制台，将平台地域切换为开通服务时所选的地域。在工程列表页面选择“我的工程”→“新建工程”，根据提示填写如下信息。

(1) 工程名称：按需填写。

(2) 工程描述：按需填写。

(3) COS Bucket：COS 存储桶(Bucket)用于读写工程中的训练数据、中间结果等内容，需要在下拉列表处选择 Bucket。注意 COS Bucket 需要与平台处于相同区域，若无 COS Bucket 可选，请前往 COS 控制台新建。

2. 新建任务流

(1) 自定义任务流：在工程中单击“+”号，输入任务流名称，即可新建自定义任务流。

(2) 从模板中创建：智能钛准备了很多案例，在工程中单击“+”号，勾选“从模板中选择新建”，选择需要的典型任务流。

创建完成后，单击即可进入画布，还可以对任务流进行更名/复制/启动/删除等操作。

7.2.4　基础操作说明

可视化建模的基础操作包括创建结点、配置结点、结点右键菜单、运行工作流、常见状态与查看日志等。

智能钛机器学习平台提供输入、框架、算法、模型、输出、自动建模等大类结点。

(1) 输入：包含数据源、数据转换和公共数据集，直接拖曳即可使用。

(2) 框架：包含常用机器学习与深度学习框架。

(3) 算法：包含机器学习算法、图算法、深度学习算法。

(4) 模型：包含个人模型。

(5) 输出：包含可视化和模型评估。

(6) 自动建模：包含全自动 AutoML 组件。

1. 创建结点

(1) 从算法区选择组件拖曳至画布,即可新增结点并自动连线,自动连线后,数据输入输出路径会根据连线自动生成。

(2) 模型结点具有两个输入桩时,需要手动进行连线。手动连线时,从上一结点的输出桩按住鼠标左键移动至当前结点的输入桩,即可完成连线操作。

(3) 若需删除连线,将鼠标悬停在连线上,右击即可删除连线。

2. 配置结点

单击算法结点,页面右侧会出现参数配置框。

(1) 配置算法参数。

参数配置包含三部分:算法 IO 参数、算法参数和资源参数。在参数配置中,输入框右边会悬浮展示参数说明,用户可以根据需要调节参数,各算法详情可参考平台提供的算法手册。

(2) 配置组件参数。

智能钛机器学习平台包含机器学习框架和深度学习框架。下面以机器学习框架中的 Spark 为例,简要说明组件参数的配置。

组件参数的配置包括两部分:组件参数和资源参数。资源参数的配置与算法参数的配置类似,不再赘述。组件参数的配置步骤如下。

① 准备 Spark Jar 包。

② 单击"作业 Jar 包"右侧输入框,通过本地上传作业 Jar 包或脚本。

3. 结点右键菜单

右击画布中的结点,会出现一列工具栏,包括重命名、删除结点等,用户可根据需要进行操作。不同结点的右键菜单栏有所不同。

(1) 起点运行:以当前结点为起始点运行工作流。

(2) 停止任务:终止任务流的执行。

(3) 重命名:更改当前结点的名称(直接双击结点也可进行重命名操作)。

(4) 运行到该结点:运行工作流到该结点。

(5) 运行该结点:运行当前结点。

(6) 复制结点:复制当前结点。

(7) 删除结点:删除当前结点。

(8) 执行设置:当有结点不想执行,但是又不想删除时,可以用该功能将结点暂时屏蔽。如果选择 Yes 则执行该结点,如果选择 No 则不执行该结点,常用于调试。

(9) 收藏:收藏本结点,放入画布左侧收藏夹,使用时可直接在收藏夹中拖曳出来使用。

(10) 查看数据:可进行中间结果查看。

4. 运行工作流

(1) 保存工作流:单击工具栏中"保存"按钮。

(2) 运行工作流:单击工具栏中"运行"按钮。

(3) 从指定环节运行工作流:右击要运行的环节,选择"起点运行",从该环节开始向下

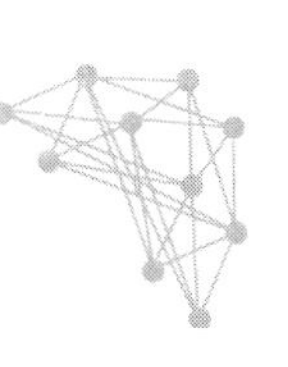

执行。

5. 常见状态

(1) 就绪：任务配置成功，已经在 TI-ONE 平台后台生成实例，等待计算集群调度。

(2) 运行中：任务已经提交集群，并在计算集群上运行。

(3) 成功：结点运行成功。

(4) 失败：运行失败，通常指计算集群上执行失败。

(5) 被终止：运行过程中用户强行停止执行。

6. 特殊状态

(1) 终止失败：强行停止执行操作本身失败。

(2) 强制终止：终止失败以后，结点的右键菜单会有一个“强制终止”按钮，单击执行后状态就是“强制终止”。

7. 查看日志

右击相关结点，在右键菜单中，选择“日志信息-查看日志”或“Spark 日志”查看该结点的运行日志。

7.3　使用可视化建模构建模型

完成注册与开通服务后，可以在智能钛机器学习平台上使用可视化建模构建模型。具体步骤如下。

(1) 新建工程与任务流。

(2) 数据接入。

智能钛机器学习平台提供两种数据源途径：本地数据和 COS 数据集。

(3) 数据预处理。

在工程实践中，为了便于数据建模，需要对数据集中存在的缺失、重复等问题进行预处理，同时需要将字符串转换为可以参与建模的数值形式。

在模型训练时通常还会对数据进行切分，将其分为训练集、验证集、测试集。训练集用来训练模型，验证集用于调节模型超参数，测试集用来整体评估模型性能。

(4) 模型训练。

智能钛机器学习平台内置百余种机器学习与深度学习算子，可以在左侧算法栏中选择合适的算子进行模型搭建。找到该算子拖入画布中，可以根据结点图式进行连线，过程中如有任何连线或算子选择有误，都可以通过右击删除。

(5) 模型评估。

利用 TI-ONE 搭建预测模型后，可以利用智能钛的模型评估算子来查看模型训练效果。

(6) 运行工作流。

单击画布上方的“运行”按钮可运行工作流。

(7) 查看模型效果。

运行成功后，右键选择“模型评估算子”→“评估指标”，查看模型效果。

第8章　TI-ONE平台应用实例

8.1　中式菜系热度预测模型

1. 案例背景

中式菜系具有历史悠久、技术精湛、品类丰富、流派众多、风格独特等特点，是中国文化的重要组成部分之一，又称中华食文化，是世界三大菜系(中国菜、法国菜、土耳其菜)之一，在世界范围内具有深远的影响。

随着信息化时代的发展，大数据逐渐走进人们的视野，中式菜系的推广有了新的方法和平台。本案例选取了中国四大菜系进行数据收集，针对在各个时间段的人均销量来计算和预测不同地区未来菜系的销售趋势。

2. 数据集介绍

本案例使用的是COS数据源，将收集的数据集放入.csv文件，导入存储桶中。

3. 整体流程

工作流整体流程图如图8.1所示。

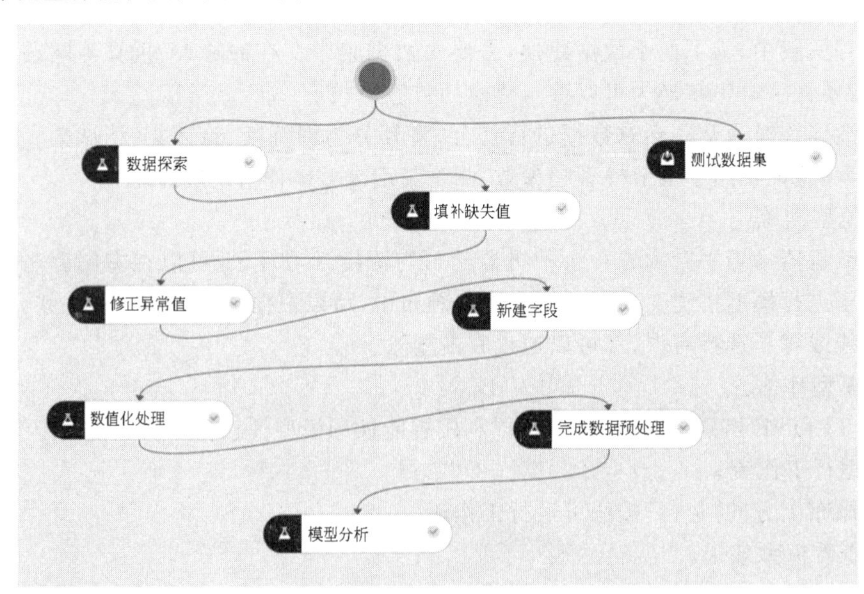

图8.1　整体流程

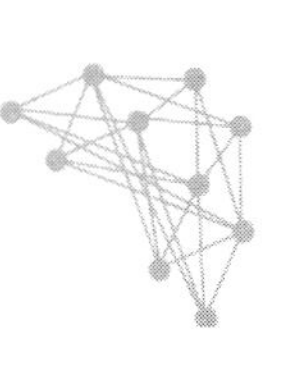

本场景共包含 9 个环节，详细介绍如下。

（1）数据准备：将存储桶连接到项目中进行检查（可省略）。

（2）数据探索：包括上传原始的数据，数据质量评估和合并数据集。

（3）填补缺失值：填补数据中的缺失值。

（4）修正异常值：修正数据中的异常值。

（5）新建字段：创建 4 个衍生字段。

（6）数值化处理：对于数据中的类型变量，将其数字化和独热编码化。

（7）数据预处理模型：完成预处理工作，重新切分训练集和验证集。

（8）模型分析：构造多种算法模型。

（9）生成评估模型结果。

工作流搭建过程中若连线有误，可右击删除连线。

4. 详细流程

（1）数据准备。

创建一个名为 test.csv 的存储桶，选定所属地区与开通的工程列表地区一致，自行设定访问权限，单击“确定”按钮。在储存桶中创建 demo 文件夹，在 demo 文件夹中创建 cuisine-forecast 文件夹存放 csv 数据集，将文件传入文件夹后进行下一步。创建好的数据存储桶如图 8.2 所示。

test.csv	533.65KB	标准存储	2020-05-11 13:11:46	下载 详情 检索 删除
train.csv	877.84KB	标准存储	2020-05-11 13:11:46	下载 详情 检索 删除

图 8.2　存储桶

（2）数据探索。

对数据进行探索的部分是数据分析过程中最重要的准备工作。通过对数据的查询和探索可以发现一些明显的数据质量问题，例如数据分布不均匀、缺失、明显错误等问题，同时可以将这些数据进行统计和归类，加深对数据字段关系的理解，为后续的数据处理过程和预测模型的选择提供有用的信息。

读取文件，将字段存入预测控制台后，将所有字段顺序排列，添加 Source 字段对不同数据集的数据进行标记和划分，再对数据进行处理。

数据探索的具体步骤如下。

在智能钛控制台的左侧导航栏，选择“框架”→“机器学习”→PySpark，并拖入画布中，右击该组件，将其重命名为“数据探索”，如图 8.3 所示。接着单击“组件参数”→“执行脚本”创建.py 文件。

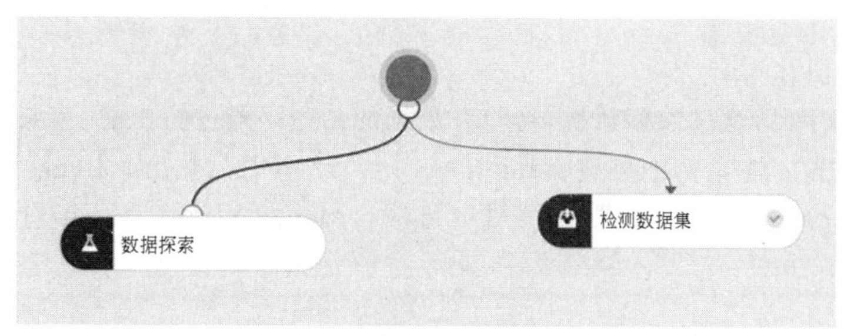

图 8.3　数据探索

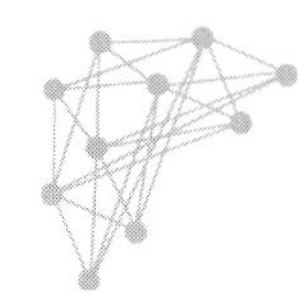

(3) 填补缺失值。

对数据中缺失数据进行填补,可使用均值、中位数和回归分析等方法进行缺失值预测,本案例采用均值方式填补。

再次创建一个 PySpark 组件,右击该组件将其重命名为"填补缺失值",如图 8.4 所示。再单击"组件参数"→"执行脚本"创建.py 文件。

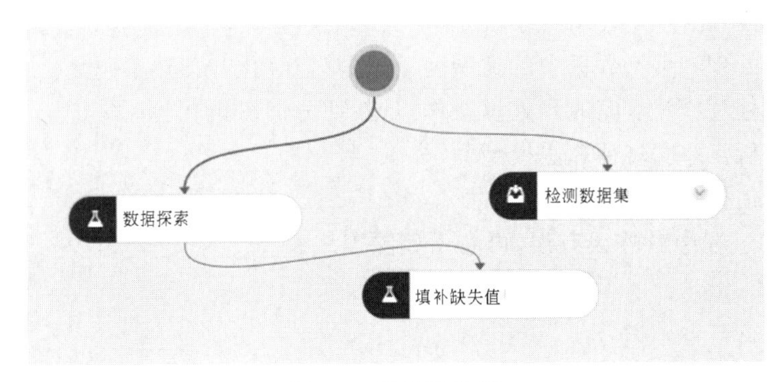

图 8.4 填补缺失值

(4) 修正异常值。

修正数据集中采集错误或者系统误差等导致的异常数据。在原始数据中,由于数据输入失误或者系统误差等原因,可能会出现与计算公式不符的异常数值。异常数据一般分为错误数值和离群数值。在数据探索阶段可以对其进行修正。通过代码用均值替换原始数据集中的异常数据,可以使数据处理结果更加精准。创建修正异常值的 PySpark 组件,如图 8.5 所示。

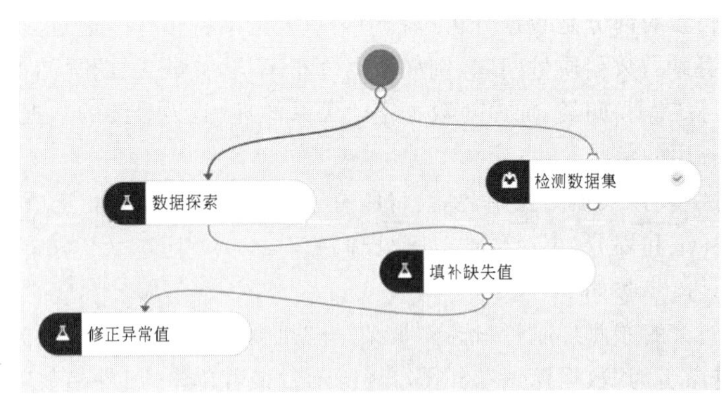

图 8.5 修正异常值

(5) 新建字段。

保留原有的字段,通过数据转换,将原有数据的某些字段进行汇总、聚集、切分或者多次计算后生成新字段。本案例中创建 Item_Visibility_Hot(菜品热度),Item_Type_Combined(独热编码),Non-Content(不需要提供热量指标),Menu_Years(菜品年份)。新建字段如图 8.6 所示。

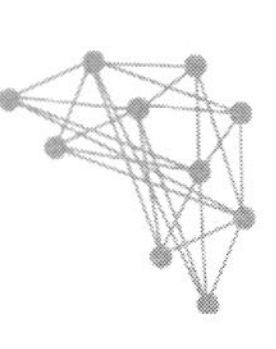

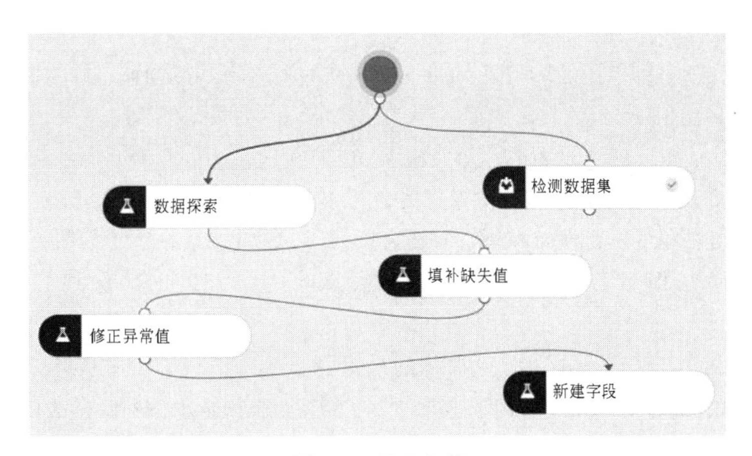

图 8.6　新建字段

(6) 数值化处理。

将数据类型变量数值化，经过独热编码，把这些字符串映射到欧氏空间上，更易于机器学习算法的表达和计算(代码中使用 pandas 和 sklearn 的 API)。数值化处理如图 8.7 所示。

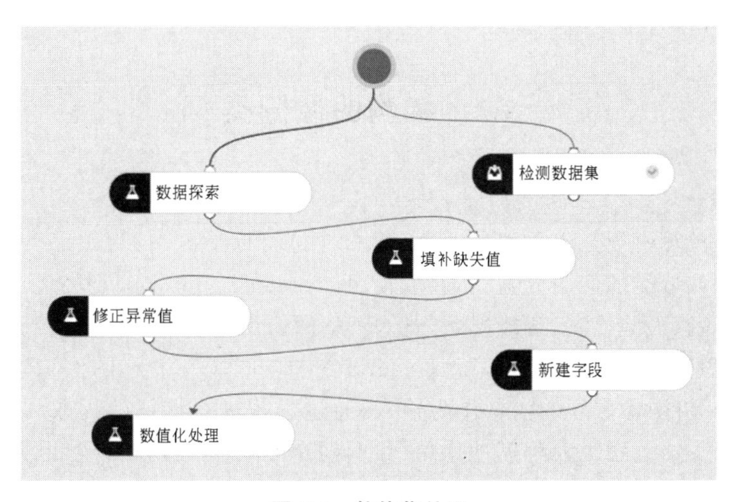

图 8.7　数值化处理

(7) 完成数据预处理。

完成上述步骤之后，数据预处理工作就结束了，案例将数据重新导出为训练集和验证集，注意在划分时进行必要的数据处理，删除预处理中的辅助索引名和列名。

(8) 算法模型分析。

可以运用线性回归、决策树回归、梯度升级树等算法构建模型，并对结果进行对比分析。

机器学习的每种算法都对应了不同层面的数据分析，角度和适用范围都有不同，读者可以通过对数据集的比较和使用，找出最符合自己需要的算法进行使用。多种算法可以一起使用，这样往往会更快地达到用户想要的效果。

回归模型评价指标有多种，例如平均绝对误差(MAE)、均方差(MSE)、均方根差(RMSE)、R^2 等。这里使用均方根差和 R^2 作为评价指标，其中均方根差是平均拟合误差，

R^2 反映了回归模型的拟合程度。

本案例在测试时使用了交叉验证的方法，并针对每个模型选择了不同的超参数进行实验，具体设置如下。

① 线性回归模型：分别设置迭代次数 10、50、100 次。

② Elastic Net 回归模型：分别设置正则化系数为 0.1、0.3、0.5、0.8，分别设置 alpha 系数为 0.2、0.4、0.6、0.8。如果系数为零，等价于 Ridge 回归；如果系数为 1，等价于 Lasso 回归。

③ 决策树回归模型：分别设置树的最大深度是 5、10、15，最少子结点数为 100、150、200。

④ 随机森林回归模型：分别设置森林的最大深度为 5、8、10，森林树木总数为 200、400。

通过选择的最优超参数构建模型进行预测。实验结果显示，树形算法的性能明显优于线性回归类算法的性能。线性回归类算法中，均方根差相差并不大，其中 Elastic Net 回归的 R^2 值更高，说明拟合模型效果更好。树回归算法中，随机森林的均方根差相对较高，且 R^2 值也更高，说明随机森林模型有更好的范化能力。

综合上述算法的评估结果，梯度提升树在均方根差和 R^2 的综合表现更好。本案例也使用梯度提升树作为构建模型的选择。值得注意的是，模型的评估结果与数据集和参数的选择有很大关系，需要进一步的调参和优化。

8.2 猫狗图像分类

1. 案例背景

图像分类是计算机视觉中重要的基本问题，也是目标检测、行为跟踪、图像分割等其他任务的基础。图像分类的应用涵盖交通、安防、医疗、政府、互联网等多个领域，其应用场景包括交通场景识别、人脸检测、智能视频分析、医学图像识别等。

近年来，卷积神经网络(Convolution Neural Network，CNN)在图像识别领域取得了惊人的成绩。CNN 将图像像素的信息作为输入，通过卷积进行特征的提取和抽象，并直接输出图像识别结果。该方法极大程度地保留了图像原始信息，端到端的学习方法取得了很好的效果。Inception 是一类特殊而强大的 CNN，它可以在利用密集矩阵的高计算性能的同时保持网络结果的稀疏性，以提高模型的泛化能力。

本案例通过智能钛机器学习平台，利用 Inception 算法搭建猫狗图像分类模型。用户无须编写代码，只要拖动相应的组件搭建模型架构，便可以在 20 分钟以内快速上手，解决图像分类场景下的实际问题。

2. 数据集介绍

本案例使用的数据集为：Cat(猫)、Dog(狗)，共 33.6MB。数据集抽样如图 8.8 所示。

3. 整体流程

工作流整体流程如图 8.9 所示。

本场景共包含如下 5 个环节。

(1) 数据准备：上传训练集和测试集的猫狗图像数据。

(2) 数据预处理：利用“图像切分转换”功能将数据拆分成训练集和验证集，并将原始

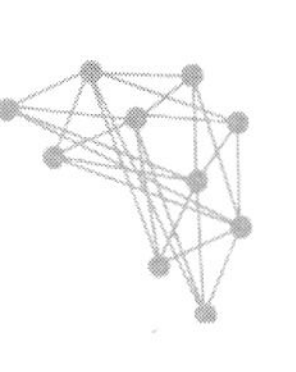

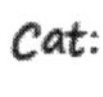

Dog:

图 8.8　猫狗数据集示例图片

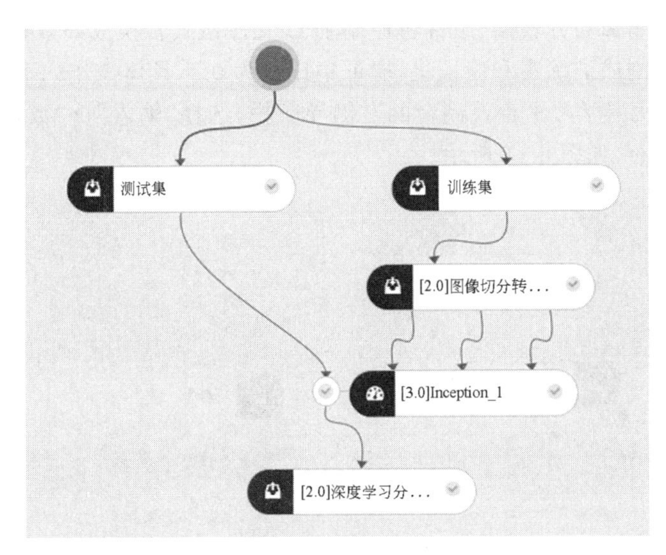

图 8.9　整体流程

JPG 图片文件转换成高效的 TFRecord 格式文件。

(3) 使用 Inception 功能处理分类任务。

(4) 使用“深度学习分类任务评估”功能评估模型效果。

4. 详细流程

1) 数据准备

本步骤中需要上传两个数据源：猫狗图像的训练集和预测集。

(1) 在智能钛控制台的左侧导航栏，选择“输入”→“数据源”→“COS 数据集”，并拖入画布中，右击该组件并重命名为“训练集”，如图 8.10 所示。

(2) 填写 COS 路径地址：${cos}/Cat_Dog/demo1/train。

注意：关闭“是否检查数据”选项。

(3) 同样，操作上传测试集，测试集路径为 ${cos}/Cat_Dog/demo1/test。

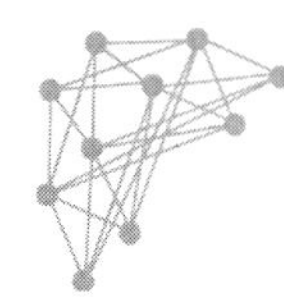

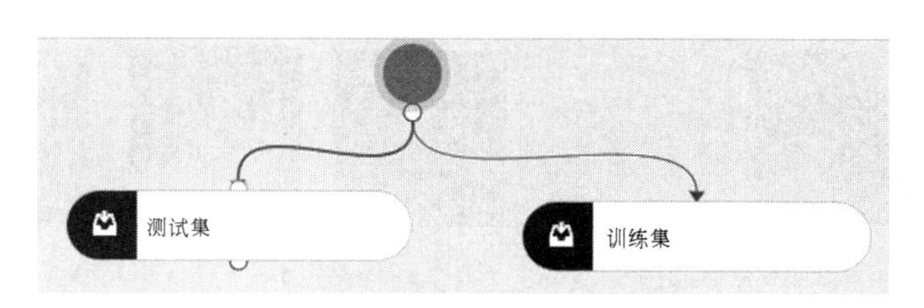

图 8.10　数据准备阶段

2）图像切分转换

TFRecord 数据文件是一种将图像数据和标签统一存储的二进制文件，能更好地利用内存，在 TensorFlow 中快速地复制、移动、读取、存储等。

智能钛机器学习平台的"图像切分转换"组件同时适用于目标检测和图像分类，用户只需在参数配置区选择任务类型和切分比例，就可以实现对图像数据的切分和类型转换。在本次实验中，使用"图像切分转换"组件将原始 JPG 文件格式转换成高效的 TFRecord 格式，同时将实验数据切割成训练集和验证集，验证集比例为 0.2，具体操作如下。

（1）在智能钛机器学习平台控制台的左侧导航栏，选择"输入"→"数据转换"→"图像切分转换"，并拖入画布，如图 8.11 所示。

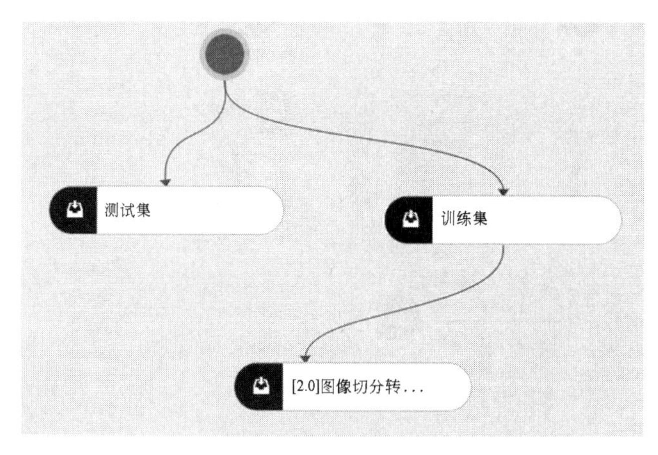

图 8.11　图像切分转换

（2）将"训练集"的输出桩，连到"图像切分转换"左边的输入桩上，数据 I/O 路径已根据连线自动生成。

（3）单击"图像切分转换"按钮，在右侧弹框中设置相关算法参数：

- 任务类型：图像分类。
- 是否进行切分：是。
- 验证集比例：0.2。
- 资源类型：TI.SMALL4.1core4g。

其余参数可默认。

3）分类网络

选择合适的 CNN 网络处理分类任务，这里以 Inception 网络为例。

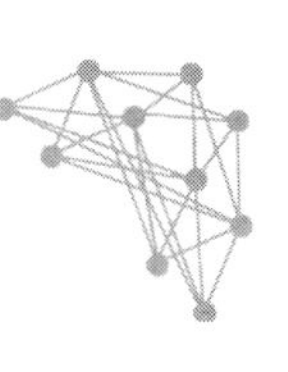

（1）在控制台的左侧导航栏选择“算法”→“深度学习算法”→“计算机视觉”→Inception，并拖入画布中。

（2）将“图像切分转换”的三个输出桩，分别连接到Inception的三个输入桩上，前两个桩分别代表训练集和验证集文件，最右侧的桩代表label_map文件所在目录。

（3）配置算法参数：

- 模型名称：inception_v3
- batch_size：32
- 学习率：0.01
- 训练步数：3000
- 是否使用预训练模型：否
- 优化器：rmsprop
- rmsprop_decay：0.9
- rmsprop_momentum：0.9
- 资源类型：TI.GN10X.2XLARGE40.1xV100

其余参数可默认。

（4）左侧小烧杯代表完成训练的模型，将“测试集”的输出桩连接到小烧杯处。单击小烧杯，“模型更新方式”可选择手动更新，将“模型运行方式”设置为自动运行，其余参数可默认，如图8.12所示。

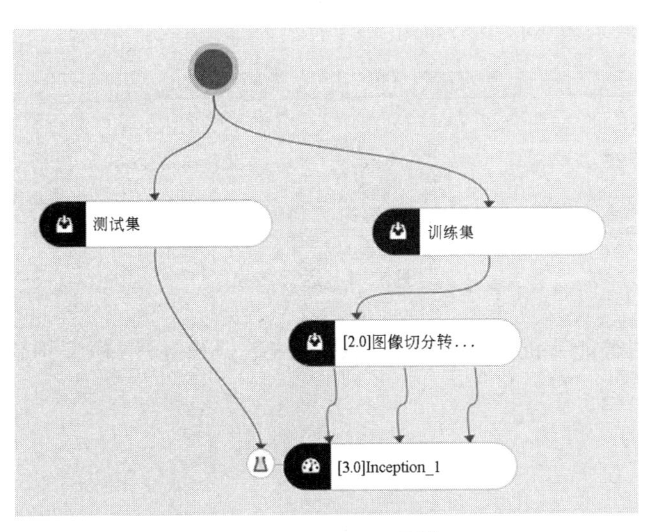

图8.12　Inception网络

4）模型评估

在控制台的左侧导航栏，选择“输出”→“模型评估”→“深度学习分类任务评估”并拖入画布，如图8.13所示。将小烧杯模型的输出桩连接至“深度学习分类任务评估”，单击该组件设置算法参数：

- 标签列的序号：2。
- 预测列序号：1。

• 资源类型：TI.2XLARGE16.8core16g。

其余参数可默认。

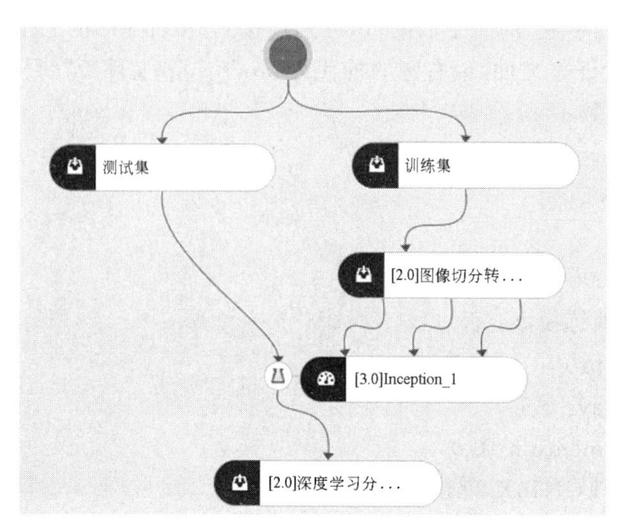

图 8.13　模型评估

5）运行调度及评估效果查看

单击画布上方“运行”按钮可运行工作流，右击选择“深度学习分类任务评估”→“查看数据”，即可查看模型效果。运行结果如图 8.14 所示。

序号	label	precision	recall	f1
1	cats	0.982	0.9939271255060729	0.9879275653923542
2	dogs	0.994	0.9822134387351779	0.9880715705765406

accuracy 0.988

当前仅支持查看1000行数据！如需查看全量数据（限制1万行），请点击

图 8.14　运行结果

至此，我们利用智能钛机器学习平台完成了从数据预处理、模型构建、模型训练到模型评估的全部流程。

图书资源支持

感谢您一直以来对清华版图书的支持和爱护。为了配合本书的使用，本书提供配套的资源，有需求的读者请扫描下方的"书圈"微信公众号二维码，在图书专区下载，也可以拨打电话或发送电子邮件咨询。

如果您在使用本书的过程中遇到了什么问题，或者有相关图书出版计划，也请您发邮件告诉我们，以便我们更好地为您服务。

我们的联系方式：

地　　址：北京市海淀区双清路学研大厦A座714

邮　　编：100084

电　　话：010-83470236　010-83470237

客服邮箱：2301891038@qq.com

QQ：2301891038（请写明您的单位和姓名）

资源下载：关注公众号"书圈"下载配套资源。

资源下载、样书申请

书圈

获取最新书目

观看课程直播